Produktivität, Präsentismus und Arbeitsfähigkeit
– *Konzepte und Instrumente* –

Schriften zur Gesundheitsökonomie 25

Produktivität, Präsentismus und Arbeitsfähigkeit – Konzepte und Instrumente –

Nadja Amler

Amler, Nadja

Universität Erlangen-Nürnberg
Lehrstuhl für Gesundheitsmanagement
Lange Gasse 20
90403 Nürnberg, Deutschland

Produktivität, Präsentismus und Arbeitsfähigkeit – Konzepte und Instrumente
Schriften zur Gesundheitsökonomie 25, HERZ, Burgdorf, 2016
Zugl. Erlangen, Nürnberg, Univ., Diss., 2015, Messung von Arbeitsfähigkeit als Voraussetzung für die Evaluation von Effekten einer Frühintervention auf den Erhalt bzw. die Wiederherstellung der Arbeits- bzw. Beschäftigungsfähigkeit
Erstreferent: Prof. Dr. Oliver Schöffski, MPH; Zweitreferent: Prof. Dr. Martin Emmert, Promotionstermin: 17. November 2015
ISBN 978-3-936863-24-6

Herstellung: BoD - Books on Demand, Norderstedt

Vorwort

„Gäbe es die letzte Minute nicht,
so würde nie(mals) etwas fertig."
(Mark Twain)

Die vorliegende Arbeit entstand während meiner Tätigkeit als wissenschaftliche Mitarbeiterin am Lehrstuhl für Gesundheitsmanagement der Friedrich-Alexander-Universität Erlangen-Nürnberg. An dieser Stelle möchte ich ganz herzlich all denen danken, die mich in dieser Zeit unterstützt haben.

An erster Stelle möchte ich mich bei meinem Doktorvater Prof. Dr. Oliver Schöffski für sein Vertrauen und die mir gewährte wissenschaftliche Freiheit bedanken. Herrn Prof. Dr. Martin Emmert danke ich für das Interesse an meiner Arbeit und die Übernahme der Rolle des Zweitgutachters. Des Weiteren möchte ich mich auch bei Herrn Prof. Dr. Harald Tauchmann für die Übernahme der Rolle des fachfremden Gutachters bzw. Drittprüfers bedanken.

Mein Dank gilt auch meinen jetzigen und ehemaligen Kollegen, die in vielerlei Hinsicht zum Gelingen dieser Arbeit beigetragen haben. Besonders hervorheben möchte ich an dieser Stelle Katharina Pohl-Dernick und Martin Bierbaum, ohne deren fachliche und persönliche Unterstützung ich diese Arbeit nicht hätte fertig stellen können.

Nicht zuletzt möchte ich mich bei meiner Familie und meinen Freunden für ihre Unterstützung und ihr Verständnis während dieser Zeit bedanken. Es waren v. a. auch die vielen aufmunternden und motivierenden Worte, die mich dazu bewogen haben nicht aufzugeben. Mein Dank gilt insbesondere auch meinem Freund, der mich während der ganzen Zeit liebevoll unterstützt und immer an mich geglaubt hat. Besonders bedanken möchte ich mich an dieser Stelle auch bei meinen Eltern, die mich von Kindesalter an gefordert und gefördert und mir somit diesen Weg erst ermöglicht haben.

Nürnberg, im März 2016 Nadja Amler

Inhaltsverzeichnis

Abbildungsverzeichnis

Tabellenverzeichnis

Abkürzungsverzeichnis

ABI	Arbeitsbewältigungsindex
Abs.	Absatz
AG	Aktiengesellschaft
AGV	Arbeitgeberverband
AKK	Arbeitsfähigkeit in kleinen Unternehmen erhalten
ALWQ	Angina-related Limitation at Work Questionnaire
AOK	Allgemeine Ortskrankenkasse
ArbSchG	Gesetz über die Durchführung von Maßnahmen des Arbeitsschutzes zur Verbesserung der Sicherheit und des Gesundheitsschutzes der Beschäftigten bei der Arbeit (Arbeitsschutzgesetz)
ARGE-BFW	Arbeitsgemeinschaft Deutscher Berufsförderungswerke
ASD	Allgemeiner Sozialdienst
ASiG	Gesetz über Betriebsärzte, Sicherheitsingenieure und andere Fachkräfte für Arbeitssicherheit (Arbeitssicherheitsgesetz)
AU	Arbeitsunfähigkeit
AVEM	Arbeitsbezogene Verhaltens- und Erlebensmuster
Az	Aktenzeichen
BASDAI	Bath Ankylosing Spondylitis Disease Activity Index
BAuA	Bundesanstalt für Arbeitsschutz und Arbeitsmedizin
BBPL	Besondere berufliche Problemlagen
BeamtVG	Beamtenversorgungsgesetz
BEG	Bundesentschädigungsgesetz
BEM	Betriebliches Eingliederungsmanagement
BeReKo	Betriebliche Rehabilitationskonzept
BETSI	Beschäftigungsfähigkeit teilhabeorientiert sichern
BGF	Betriebliche Gesundheitsförderung
BGM	Betriebliches Gesundheitsmanagement
BKK	Betriebskrankenkasse
BMAS	Bundesministeriums für Arbeit und Soziales
BMBF	Bundesministerium für Bildung und Forschung
BMG	Bundesministerium für Gesundheit
BSG	Bundessozialgericht
ca.	circa
CDAI	Crohn's Disease Actitvity Index
CHÉOS	Centre for Health Evaluation & Outcome Sciences
COPSOQ	Copenhagen Psychosocial Questionnaire
CRD	Centre for Reviews and Dissemination

DAS	Disease Activity Score
DAS28	Disease Activity Score 28
Destatis	Statistisches Bundesamt
DMARD	Disease-Modifying Anti-Rheumatic Drugs
DRV	Deutsche Rentenversicherung
e. V.	eingetragener Verein
EDV	Elektronische Datenverarbeitung
EHC	Employer Health Coalition of Tampa Assessment Instrument
EQ5D	EuroQoL-5 Dimension Questionnaire
ERI	Effort-Reward-Imbalance Model
EWPS	Endicott Work Productivity Scale
FEE	Frühintervention zum Erhalt der Erwerbsfähigkeit
FFbH	Funktionsfragebogen Hannover
FRESH	Freiburger Programm zur Erwerbsfähigkeitssicherung in der Pflege
FSA	Freiwillige Selbstkontrolle für die Arzneimittelindustrie e.V.
GDP	Gross Domestic Product (Bruttoinlandsprodukt)
ggf.	gegebenenfalls
GKV	Gesetzliche Krankenversicherung
GKV-WSG	GKV-Wettbewerbsstärkungsgesetzes
GRV	Gesetzliche Rentenversicherung
GUSI	Gesundheitsförderung und Selbstregulation durch individuelle Zielanalyse
GUV	Gesetzliche Unfallversicherung
HAM-D	Hamilton Depression Rating Scale
HAQ	Health Assessment Questionnaire
HLQ	Health and Labour Questionnaire
HPQ	Health and Work Performance Questionnaire
HRPQ-D	Health-related Productivity Questionnaire Diary
HRPQ-D	Health-Related Productivity Questionnaire Diary
i. e. S.	im engeren Sinn
i. V. m.	in Verbindung mit
IAB	Institut für Arbeitsmarkt- und Berufsforschung
ICC	Intraclass Correlation Coefficient
ICF	International Classification of Functioning, Disability and Health
ICF	International Classification of Functioning
iga	Initiative Gesundheit & Arbeit
IMBA	Integration von Menschen mit Behinderungen in die Arbeitswelt
iMTA	institute for Medical Technology Assessment
INQA	Initiative Neue Qualität der Arbeit
IPAG	Integrationsprogramm Arbeit und Gesundheit

iPCO	iMTA Productivity Cost Questionnaire
IRES	Indikatoren des Reha-Status
KFZA	Kurzfragebogen zur IST- und SOLL-Analyse der Arbeitstätigkeit
KK	Krankenkasse
KMU	Kleine und mittlere Unternehmen
KomPAS	Kombinierte Präventionsleistung für Arbeit mit Schichtanteilen
KOPAG	Kooperationsprogramm Arbeit und Gesundheit
MAXQDA	Software zur computergestützten qualitativen Daten- und Textanalyse
MBI	Maslach Burnout Inventory
MBO-Reha	Medizinisch-beruflich orientierte Rehabilitation
MBOR	Medizinisch-beruflich orientierte Rehabilitation
MdE	Minderung der Erwerbsfähigkeit
MEDLINE	Medical Literature Analysis and Retrieval System Online
MIDAS	Migraine Disablity Assessment
MSD	Musculoskeletal disorder (Muskel-Skelett-Erkrankung)
MWPLQ	Migraine Work and Productivity Loss Questionnaire
OMERACT	Outcome Measures in Rheumatology
PCQ	(i)Productivity Cost Questionnaire
PRISMA	Preferred Reporting Items for Systematic Reviews and Meta-Analyses
PRODISQ	Productivity and Disease Questionnaire
QQ	Quantity and Quality Methode
ReSuM	Stress- und Ressourcenmanagement für un- und angelernte Beschäftigte
RK	Rechtskraft
ROI	Return on Investment (Kapitalrendite)
RTW	Return-to-Work
RV	Rentenversicherung
RWTH Aachen	Rheinisch-Westfälische Technische Hochschule Aachen
SF-36	Short Form 36-Gesundheitsfragebogen
SGB	Sozialgesetzbuch
SIBAR	Screening Instrument Beruf und Arbeit in der Rehabilitation
SIMBO	Screening-Instrument zur Feststellung des Bedarfs an medizinsich-beruflich orientierten Maßnahmen
SMD	Sozialmedizinischer Dienst
SOC	Sence-of-Coherence (SOC)
SPE	Subjektive Prognose Erwerbstätigkeit
SPS	Standford Presenteeism Scale
SPSS	Statistical Package for the Social Sciences (Software)
TFR	Total Fertility Rate
StW	Stufenweise Wiedereingliederung

TPF	Trierer Persönlichkeitsfragebogen
usw.	und so weiter
UV	Unfallversicherung
vgl.	vergleiche
VOLP	Valuation of Lost Productivity Questionnaire
VVG	Versicherungsvertragsgesetz
VW	Volkswagen
WAI	Work Ability Index
WALS	Work Activity Limitations Scale
WfbM	Werkstätten für behinderte Menschen
WHI	Work and Health Interview
WHO	World Health Organization (Weltgesundheitsorganisation)
WIdO	Wissenschaftliches Institut der AOK
WIS	Work Instability Scale
WLQ	Work Limitations Questionnaire
WPAI	Work Productivity and Activity Impairment Questionnaire
WPAI-AS	WPAI-Allergy Specific
WPAI-CD	WPAI-Crohn's Disease
WPAI-ChHD	WPAI-Chronic Hand Dermatitis Questionnaire
WPAI-GERD	WPAI-Gastroesophageal Redux Disease
WPAI-GH	WPAI-General Health
WPAI-IBD	WPAI-Inflammatory Bowel Disease
WPAI-IBS	WPAI-Irritable Bowel Syndrome
WPAI-RA	WPAI-Rheumatoid Arthritis
WPAI-SHP	WPAI-Specific Health Problem
WPAI-SpA	WPAI-Ankylosing Spondylitis
WPSI	Work Productivity Short Inventory
WPS-RA	Work Productivity Scale-Rheumatoid Arthritis

1 Einleitung

1.1 Hintergrund

Im Zuge der demographischen Entwicklung gewinnt der Erhalt bzw. die Wiederherstellung der Arbeitsfähigkeit von Beschäftigten zunehmend an Bedeutung. Die demographische Entwicklung führt zu durchschnittlich älteren Belegschaften sowie Nachwuchs- und Fachkräftemangel in den Betrieben. Die Auswirkungen sind dabei bereits heute spürbar.

Bestrebungen der Politik (z. B. *Rente mit 67*) sowie ein allgemeiner gesellschaftlicher Wandel, der sich beispielsweise in einer zunehmenden Ablehnung der bis noch vor kurzem gelebten Vorruhestandskultur zeigt, tragen zu einer Verlängerung der Lebensarbeitszeit und damit zur Erhöhung der Beschäftigungsquote älterer Personen bei. Ältere Arbeitnehmer fallen krankheitsbedingt durchschnittlich wesentlich länger aus als ihre jüngeren Kollegen. Dies ist größtenteils auf die Zunahme chronischer Erkrankungen im Alter sowie das steigende Risiko von Multimorbidität zurückzuführen. Auf der anderen Seite hat sich in den letzten Jahren auch die Arbeitswelt drastisch verändert. Angst vor Arbeitsplatzverlust, zunehmender Kostendruck und eine oftmals deutlich spürbare Arbeitsverdichtung haben in den letzten Jahren und Jahrzehnten zu einer Veränderung der Arbeitsbedingungen und Belastungen der Beschäftigten geführt. Berufliche Gratifikationskrisen[1], monotone Tätigkeiten und Stress sind mit ungünstigen Erwerbsprognosen assoziiert.[2]

Die genannten Faktoren verdeutlichen den zunehmenden Bedarf an präventiv ausgerichteten Maßnahmen bzw. Interventionen, die den Verbleib der Beschäftigten im Erwerbsleben bzw. die Förderung, den Erhalt bzw. die Wiederherstel-

---

1 Das Modell der (beruflichen) Gratifikationskrise(n) (engl. Effort-Reward-Imbalance) geht zurück auf den Medizinsoziologen J. Siegrist. Eine Gratifikationskrise entsteht demnach dann, wenn der eigene Einsatz bzw. die Bemühungen nicht entsprechend honoriert bzw. belohnt werden oder anders ausgedrückt bei einem Missverhältnis bzw. Ungleichgewicht der Verausgabungen auf der einen Seite und der wahrgenommenen Belohnung (etwa in Form von Anerkennung oder Aufstiegsmöglichkeiten) auf der anderen Seite (vgl. z. B. Siegrist, J. (2015), S. 21-25).

2 Vgl. u. a. Siegrist, J., Starke, D., Chandola, T., u. a. (1996), S. 1485; Siegrist, J. (2015), S. 21-25.

lung der Arbeits- und Beschäftigungsfähigkeit der Erwerbstätigen fokussieren. Dabei gilt es insbesondere ein vorzeitiges Ausscheiden aus dem Erwerbsleben zu verhindern. Die Dringlichkeit zielgerichteter und frühzeitiger Maßnahmen zum Erhalt bzw. zur Wiederherstellung der Arbeitsfähigkeit von Beschäftigten hat sich angesichts der demographischen Entwicklung in den letzten Jahren drastisch zugespitzt und wird mittlerweile auch von einem flächendeckenden gesellschaftlichen Konsens getragen.[3]

Die Förderung bzw. der Erhalt der gesundheitlichen Voraussetzungen der Beschäftigten ist dabei ein vorrangiges Ziel des Betrieblichen Gesundheitsmanagements (BGM). Auch die Träger der Sozialversicherungen haben in der Zwischenzeit die Notwendigkeit für Maßnahmen zum Erhalt bzw. zur Wiederherstellung der Arbeitsfähigkeit erkannt. Der Stellenwert von Gesundheitsförderung und Prävention ist jedoch nach wie vor gering. Seit Jahren wird daher eine verstärkte Ausrichtung des Gesundheitssystems auf Prävention und Gesundheitsförderung gefordert. National wie international hat sich eine Vielzahl an Projekten bzw. Programmen zur Förderung bzw. Wiederherstellung der Arbeitsfähigkeit herausgebildet. Eine flächendeckende bzw. ganzheitliche Umsetzung der Konzepte findet jedoch (noch) nicht statt.[4]

Dies ist mitunter auf eine unzureichende Evaluation bestehender Modellprojekte zurückzuführen.[5] Sofern die Maßnahmen bzw. Projekte überhaupt evaluiert werden, beschränken sich die Aussagen zumeist auf die Wirksamkeit der Maßnahmen im Hinblick auf verschiedene klinische Ergebnisparameter. Zum Teil werden auch die krankheitsbedingten Fehlzeiten mit erfasst. Dies greift nach herrschender Meinung jedoch zu kurz.[6] Um die Wirksamkeit von Maßnahmen im Hinblick auf die Förderung bzw. Wiederherstellung der Arbeitsfähigkeit beurteilen zu können, muss die Arbeitsfähigkeit zwingend als Ergebnisparameter betrachtet werden. Dies setzt jedoch das Vorhandensein eines einheitlichen, reliablen und validen Messinstruments zur Abbildung der Arbeitsfähigkeit voraus.

---

3 Vgl. Meffert, C., Mittag, O., Jäckel, W. H. (2013), S. 392; Broding, H. C., Kiesel, J., Lederer, P., u. a. (2010), S. 426; Bullinger, H.-J., Buck, H. (2007), S. 61; Dragano, N., Schneider, L. (2011), S. 6; Bundesministerium für Arbeit und Soziales (o. J. c), S. 8.

4 Vgl. Initiative Neue Qualität der Arbeit (2011), S. 37; Bundesministerium für Arbeit und Soziales (o. J. c), S. 8; Meffert, C., Mittag, O., Jäckel, W. H. (2013), S. 392.

5 Vgl. Kistler, E. (2008), S. 13.

6 Vgl. Prasad, M., Wahlqvist, P., Shikiar, R., u. a. (2004), S. 242.

Auch muss der Stellenwert des Erhalts der Erwerbsfähigkeit in das Bewusstsein der Leistungserbringer, insbesondere der niedergelassenen Haus- und Fachärzte eindringen. Bei den niedergelassenen Ärzten handelt es sich letztlich um die Instanz, die entscheidet, ob jemand krankgeschrieben wird oder nicht und wie lange. Die Ärzte können dabei entscheidend auf die Patienten einwirken. Trotz des mittlerweile nachgewiesenen, gesundheitsfördernden Charakters von Erwerbsarbeit, spielt das Thema Erhalt bzw. Wiederherstellung der Arbeitsfähigkeit im ärztlichen Alltag bislang keine bzw. nur eine untergeordnete Rolle. Wenn Beschäftigte bis zum Renteneintrittsalter gesund und leistungsfähig bleiben sollen, muss der Erhalt der Arbeitsfähigkeit in den Fokus der Leistungserbringer rücken.[7] Auch dies setzt jedoch das Vorhandensein eines validen Messinstruments voraus.

Insbesondere zur Messung von Produktivität bzw. Produktivitätsverlusten haben sich in den letzten Jahren einige Messinstrumente herausgebildet. Ein allgemein akzeptierter Goldstandard hat sich jedoch bislang nicht herauskristallisiert. Entsprechend uneinheitlich ist auch die Datenlage. Zudem sind die Ansätze nicht vergleichbar. Die Frage der Übertragbarkeit von Interventionsansätzen bleibt damit weitestgehend offen.[8] Dies erschwert zudem die Auswahl geeigneter Programme bzw. Maßnahmen. Die Entwicklung und Implementierung geeigneter Präventionsprogramme steht und fällt mit dem Vorhandensein wissenschaftlich fundierter und gleichzeitig praktikabler Instrumente, mit denen die Arbeitsfähigkeit von Beschäftigten sowie Veränderungen der Arbeitsfähigkeit auf den unterschiedlichen Ebenen vernünftig bestimmt werden können.[9] Vor diesem Hintergrund gilt es einen gemeinhin akzeptierten Konsens zu finden, wie man Arbeitsfähigkeit in den unterschiedlichen Settings messen sollte. Ein anerkanntes Tool zur Messung der Arbeitsfähigkeit und verwandten Konstrukten ist Voraussetzung für gezielte Intervention.

7 Vgl. Hoß, K., Pomorin, N., Reifferscheid, A., u. a. (2013), S. 60.
8 Vgl. Kistler, E. (2008), S. 42.
9 Vgl. Freude, G., Pech, E. (2005), S. 211-212.

1.2 Ziele und Aufbau der Arbeit

Vor dem Hintergrund der in Kapitel 1.1 skizzierten Thematik, besteht die Zielsetzung der vorliegenden Arbeit darin, die verschiedenen Möglichkeiten zur Messung von Arbeitsfähigkeit und verwandten Konstrukten aufzuzeigen und dann entsprechend ein geeignet erscheinendes Tool zur flächendeckenden Verwendung vorzuschlagen bzw. zu empfehlen. Zunächst erfolgt jedoch die Herleitung des Handlungsbedarfs sowie die Darstellung allgemeiner Grundlagen.

Der Aufbau der Arbeit folgt im Wesentlichen der gerade skizzierten Zielsetzung. Kapitel 2 widmet sich der Notwendigkeit des Erhalts bzw. der Wiederherstellung der Arbeitsfähigkeit. Ausgehend von den Auswirkungen des demographischen Wandels werden dabei die Zusammenhänge der einzelnen Faktoren und der Arbeitsfähigkeit bzw. Produktivität erörtert. Der Fokus liegt dabei auf der Darstellung der Leistungsfähigkeit im Erwerbsverlauf sowie dem Zusammenhang von Alter(n), Gesundheit und chronischen Erkrankungen. Das Kapitel schließt mit einer Stellungnahme zur Relevanz bzw. Bedeutung der Gesundheit und Leistungsfähigkeit von Beschäftigten für den Einzelnen, die Arbeitgeber, das Sozialsystem und die Gesellschaft.

Im nächsten Kapitel (Kapitel 3) erfolgt die Darstellung der verschiedenen Möglichkeiten der einzelnen inner- und außerbetrieblichen Akteure zum Erhalt bzw. zur Wiederherstellung der Arbeitsfähigkeit von Beschäftigten. Besonderer Fokus liegt dabei auf dem Ansatz der Frühintervention, also dem frühzeitigen Eingreifen bzw. Intervenierens im Rahmen geeigneter Maßnahmen der Primär-, Sekundär- und Tertiärprävention.

Zunächst werden dabei die Gestaltungsmöglichkeiten innerhalb des Betriebs aufgezeigt. Neben der Darstellung der Gestaltungsfelder einer alter(n)sgerechten Arbeits- und Beschäftigungspolitik, werden insbesondere die verschiedenen Ansätze im Rahmen eines ganzheitlichen, betrieblichen Gesundheitsmanagements dargelegt. Der Fokus liegt dabei auf den gesetzlich vorgeschriebenen Maßnahmen des Arbeits- und Gesundheitsschutzes sowie dem betrieblichen Eingliederungsmanagement (BEM). Ferner wird auch die betriebliche Gesundheitsförderung als dritte Säule des betrieblichen Gesundheitsmanagements thematisiert.

Neben den Gestaltungsmöglichkeiten des Arbeitgebers, werden in diesem Kapitel auch die diversen (Unterstützungs-) Leistungen der einzelnen Sozialversicherungsträger vorgestellt. Besondere Aufmerksamkeit kommt dabei den Leistungen seitens der Gesetzlichen Rentenversicherung (GRV) sowie der Gesetzlichen Krankenversicherung (GKV) zu. Im Rahmen der Leistungen der Gesetzlichen Krankenversicherung werden dabei insbesondere die Leistungen im Rahmen der betrieblichen Gesundheitsförderung sowie die Leistungen im Zusammenhang mit dem Betrieblichen Eingliederungsmanagements sowie der stufenweisen Wiedereingliederung vorgestellt. Im Kontext der Gesetzlichen Rentenversicherung wird zunächst ein Überblick über die verschiedenen Rehabilitationsleistungen als Instrument zur beruflichen Wiedereingliederung gegeben sowie Bezug auf die Leistungen der Rentenversicherungsträger im Rahmen des Betrieblichen Eingliederungsmanagements genommen. Der Schwerpunkt dieses Kapitels liegt auf den verschiedenen Präventionsangeboten der Rentenversicherung sowie dem Ansatz des verstärkten Berufsbezugs in der Rehabilitation.

Daneben werden einige trägerübergreifende Ansätze kurz skizziert. Der Schwerpunkt liegt dabei auf der Vorstellung von Best-Practice-Beispielen zum Erhalt bzw. zur Wiederherstellung der Arbeits- und Beschäftigungsfähigkeit.

In Kapitel 3.5 werden dann die verschiedenen Hindernisse bzw. Schwierigkeiten im Rahmen von Frühinterventionsansätzen als möglicher Erklärungsansatz für die bislang nur unzureichende Verbreitung von Maßnahmen im Rahmen der Förderung bzw. des Erhalts der Arbeits- und Beschäftigungsfähigkeit thematisiert. Die Darstellung der verschiedenen Schwierigkeiten bzw. Schwachstellen erfolgt dabei getrennt nach den verschiedenen inner- und außerbetrieblichen Akteure bzw. Institutionen.

Kapitel 3 schließt mit einem Überblick zum Zusammenhang von Frühintervention und Arbeitsfähigkeit. Dabei wird zunächst die Studienlage bzw. Evidenz für einen Zusammenhang von Frühintervention und Arbeitsfähigkeit gegeben. Anschließend werden die Potenziale von Frühinterventionsansätzen abgeleitet. Ferner beinhaltet das Kapitel eine Darstellung der methodischen Schwierigkeiten im Zusammenhang mit der Evaluation der Auswirkungen bzw. Effekte von Frühinterventionen auf den Erhalt bzw. die Wiederherstellung der Arbeitsfähigkeit.

Anschließend (Kapitel 4) folgt eine Darstellung der verschiedenen Methoden der qualitativen Sozialforschung in Abgrenzung zur quantitativen Forschung. Der Fokus liegt hierbei auf den Erhebungsmethoden des Experteninterviews und der Gruppendiskussion sowie dem Auswertungsverfahren der qualitativen Inhaltsanalyse.

Kapitel 5 thematisiert die verschiedenen Ansätze bzw. Instrumente zur Messung von Arbeitsfähigkeit. Hierzu werden zunächst der Hintergrund sowie die Zielsetzung der empirischen Studie vorgestellt. Es folgt ein einführendes Kapitel, in dem die konzeptionellen Grundlagen der empirischen Arbeit vorgestellt werden. Hier wird zunächst das Vorgehen im Überblick skizziert. Dieses Kapitel schließt mit einer Abhandlung der im Kontext des Erhalts bzw. der Wiederherstellung der Arbeitsfähigkeit relevanten Begrifflichkeiten. Besondere Bedeutung kommt dabei der Abgrenzung des Konstrukts der Arbeitsfähigkeit von verwandten Begriffen wie etwa der Beschäftigungsfähigkeit im Zuge des Employability Managements oder auch Begriffen aus der Rentenversicherung wie etwa dem Leistungsvermögen bzw. der Leistungsfähigkeit im Erwerbsleben oder der Erwerbsfähigkeit zu.

Sodann werden das Vorgehen sowie die Ergebnisse der einzelnen Teile der empirischen Studie ((1) Literaturrecherche, (2) Experteninterviews, (3) Gruppendiskussion) geschildert sowie jeweils diskutiert. (1) Zunächst werden das Vorgehen sowie die Ergebnisse der systematischen Literaturrecherche zur Identifikation der in der Literatur vorhandenen Instrumente zur Messung von Arbeitsfähigkeit beschrieben. Den Mittelpunkt bildet dabei die Beschreibung und Bewertung der in der Literatur identifizierten Instrumente. Abschließend werden die Methodik der Literatursuche kritisch reflektiert und methodische Limitationen aufgezeigt. (2) Es folgt die Schilderung der Methodik und der Ergebnisse der Expertenbefragungen zur Bekanntheit bzw. Verwendung der Instrumentarien in Deutschland. Den Kern bildet dabei die Auswertung und Zusammenstellung der Ergebnisse der Interviews. (3) Schließlich werden in Kapitel 5.5 noch die Methodik und Ergebnisse der Gruppendiskussion überblicksartig dargelegt und kritisch reflektiert. In Kapitel 5.6 erfolgt eine Beurteilung der Güte bzw. Qualität der empirischen Arbeit. Abschließend werden die Ergebnisse der Literatursuche, der Expertenbefragungen sowie der Gruppendiskussion noch mit den Ergebnissen bestehender Übersichtsarbeiten verglichen und diskutiert.

Ausgehend von den Ergebnissen der empirischen Arbeit wird in Kapitel 6 das erarbeitete Lösungskonzept kritisch gewürdigt. Hierzu wird zunächst die Ausgangslage erörtert und dann geeignete Bewertungskriterien erarbeitet. Es folgt eine Bewertung der Instrumente sowie die Diskussion der mit einer Empfehlung verbundenen Schwierigkeiten. Schließlich wird mit dem WAI und/oder dem WPAI eine pragmatische Lösung vorgestellt. Das Kapitel schließt mit der Schilderung alternativer Lösungsansätze.

In Kapitel 7 wird schließlich der Beitrag der verschiedenen Instrumente im Kontext der weiteren Debatte rund um die Evaluation von (Frühinterventions-) Maßnahmen zum Erhalt bzw. zur Wiederherstellung der Arbeitsfähigkeit erörtert und bestehende Limitationen des Konzepts aufgezeigt.

Die Arbeit schließt mit einem Fazit und einem Ausblick auf weitere Forschungsaktivitäten in diesem Bereich (Kapitel 8).

2 Erhalt bzw. Wiederherstellung der Arbeitsfähigkeit als zentrale Herausforderungen

2.1 Der demographische Wandel und seine Folgen

Die Demographie (griech.: dẽmos = Volk, Bezirk, Gemeinde und gráphein = schreiben) ist die Wissenschaft von der Bevölkerung. Sie befasst sich mit den Entwicklungen der Bevölkerungszahl und -strukturen (z. B. Alter, Geschlecht, Kinderzahl, Gesundheitszustand). Die demographische Entwicklung äußert sich im Allgemeinen in Veränderungen der Bevölkerungsentwicklung, der Alters- und Geschlechterstruktur sowie Veränderungen der ethnischen Zusammensetzung eines Volkes. Diese Veränderungen sind im Wesentlichen auf die Entwicklung der demographischen Merkmale Sterblichkeit, Geburtenrate und Wanderungssaldo zurückzuführen.[10] Die Veränderungen der Kennzahlen der Fertilität, Mortalität und Migration werden häufig auch unter dem Stichwort der quantitativen Entwicklungsfaktoren diskutiert.[11]

Die Entwicklung der Geburten ist einer der Hauptfaktoren der demographischen Entwicklung in Deutschland. Die Fertilität (lat.: fertilis = fruchtbar) gibt an, wie viele Kinder eine Frau im Laufe ihres Lebens lebend gebärt.[12] Das aktuelle Geburtenniveau wird i. d. R. durch die sogenannte Total Fertility Rate (TFR), die zusammengefasste Geburtenziffer abgebildet. Diese Kennzahl beschreibt die Geburtenhäufigkeit aller Frauen, die im entsprechenden Kalenderjahr zwischen 15 bis 49 Jahre alt waren. Im Jahr 2012 beispielsweise lag die zusammengefasste Geburtenziffer bei 1,38 Kindern je Frau und damit deutlich unter dem Bestanderhaltungsniveau von 2,1 Kindern je Frau.[13] Die folgende Abbildung zeigt die Entwicklung der zusammengefassten Geburtenziffer in Deutschland.

---

10 Vgl. Bundesinstitut für Bevölkerungsforschung (2004), S. 7; Birg, H. (2003), S. 8; Münz, R. (2007), S. 2; Arnold, G., Krancioch, S. (2007), S. 8; Bundesministerium des Innern (2011), S. 11.

11 Vgl. Brandenburg, U., Domschke, J.-P. (2007), S. 18; Günther, T. (2010), S. 7; Pischke, S. (2012), S. 29; Sporket, M. (2011), S. 25.

12 Vgl. Pischke, S. (2012), S. 29.

13 Vgl. Dickmann, N. (2003), S. 17; Statistisches Bundesamt (2012a), S. 6-15; Statistisches Bundesamt (2012b); Statistisches Bundesamt (2015b), S. 15-16; Statistisches Bundesamt (2015e).

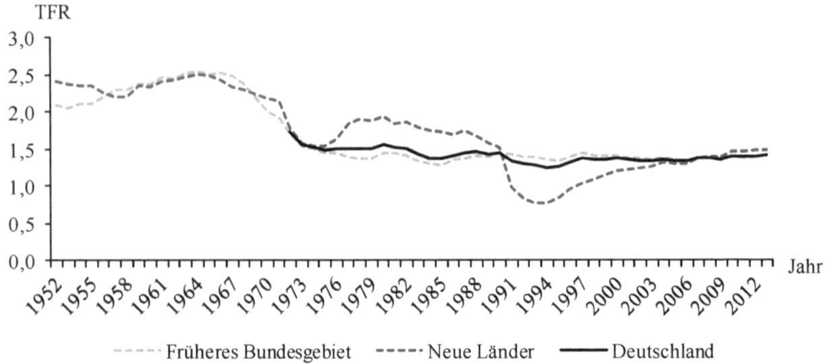

Abbildung 1: Entwicklung der zusammengefassten Geburtenziffer[14]

Der Begriff der Mortalität kommt aus dem Lateinischen (lat.: mortalitas = Sterblichkeit) und gibt die Zahl von Todesfällen in Bezug auf die Bevölkerung an.[15] Dargestellt wird die Mortalität i. d. R. mittels sogenannter Sterberaten oder Sterbeziffern, aus welchen die Lebenserwartung abgeleitet werden kann. Am bekanntesten ist dabei die Lebenserwartung bei Geburt. 2013 betrug die rohe Sterbeziffer in Deutschland 11,1 Gestorbene je 1.000 Einwohner. Gemäß der Sterbetafel 2010/2012 beträgt die Lebenserwartung bei Geburt für Mädchen 82,8 und für Jungen 77,7 Jahre. Laut der 13. koordinierten Bevölkerungsvorausberechnung soll die Lebenserwartung bis 2060 auf 88,8 respektive 84,8 Jahre ansteigen (vgl. Tabelle 1).[16]

Tabelle 1: Lebenserwartung bei Geburt bzw. im Alter von 65 Jahren[17]

	Lebenserwartung bei Geburt		**Lebenserwartung im Alter 65 Jahre**	
	2010/2012	2060	2010/2012	2060
Jungen/Männer	77,7 Jahre	84,8 Jahre	17,5 Jahre	22,0 Jahre
Mädchen/Frauen	82,8 Jahre	88,8 Jahre	20,7 Jahre	25,0 Jahre

14 In Anlehnung an Statistisches Bundesamt (2012a), S. 14.

15 Vgl. Pischke, S. (2012), S. 33.

16 Vgl. Bundesinstitut für Bevölkerungsforschung (2015b); Bundesinstitut für Bevölkerungsforschung (2015a); Pischke, S. (2012), S. 33; Statistisches Bundesamt (2015b), S. 13.

17 In Anlehnung an Statistisches Bundesamt (2015b), S. 13 (Variante 1).

Die 13. koordinierte Bevölkerungsvorausberechnung stammt aus dem Jahr 2015 und enthält Informationen über die Entwicklung Deutschlands bis zum Jahr 2060. Die Vorausberechnung beruht dabei auf Annahmen hinsichtlich Lebenserwartung, Geburtenhäufigkeit und Wanderungssaldo. Insgesamt wurden acht verschiedene Varianten berücksichtigt. Die Ergebnisse, die im Rahmen der vorliegenden Arbeit präsentiert werden, beruhen dabei entweder auf Variante 1 (Kontinuität bei schwächerer Zuwanderung) oder Variante 2 (Kontinuität bei stärkerer Zuwanderung). Diese beiden Varianten beschreiben die Entwicklung der Bevölkerungsanzahl und des Altersaufbaus unter der Annahme, dass sich die langfristigen Trends im Hinblick auf die Entwicklung der Geburten und der Lebenserwartung fortsetzen. Dabei wird von einer annähernd konstanten Geburtenhäufigkeit ausgegangen. Ferner wird unterstellt, dass die Lebenserwartung um 6 Jahre (Frauen) respektive 7 Jahre (Männer) ansteigt. Die beiden Szenarien unterscheiden sich dabei lediglich hinsichtlich des Wanderungssaldos. Während bei Variante 1 von einem Abflachen der Nettozuwanderung von knapp einer halben Million auf 100.000 Personen pro Jahr bis 2021 ausgegangen wird, wird bei Variante 2 ein moderaterer Rückgang auf 200.000 Zuwanderer pro Jahr unterstellt.[18] Vor dem Hintergrund der aktuellen Entwicklungen im Zusammenhang mit der Flüchtlingskrise sind die beiden Annahmen jedoch kritisch zu hinterfragen. Angaben des statistischen Bundesamts zufolge wäre es jedoch verfrüht die langfristigen Trends in Frage zu stellen.

Unter dem Begriff der Migration versteht man den dauerhaften Wechsel des Lebensmittelpunktes bzw. Wohnsitzes einer Person oder einer Gruppe. Deutschland gilt im Allgemeinen als Zuwanderungsland. Seit 2010 hat Deutschland einen positiven Wanderungssaldo zu verzeichnen (vgl. Tabelle 2).

Da ausländische Frauen i. d. R. mehr Kinder gebären als deutsche, wird oft von einem sogenannten Verjüngungseffekt gesprochen. Für einen deutlichen Verjüngungseffekt müsste der Wanderungsüberschuss jedoch deutlich größer ausfallen.[19]

---

[18] Vgl. Statistisches Bundesamt (2015b), S. 7.

[19] Vgl. Schimany, P. (2005), S. 39; Birg, H. (2003), S. 12.

Tabelle 2: Wanderungen zwischen Deutschland und dem Ausland 1991 bis 2013[20]

Jahr	Zugezogene	Fortgezogene	(Wanderungs-) Saldo
2013	1.226.493	797.886	428.607
2012	1.080.936	711.991	368.945
2011	958.299	678.969	279.330
2010	798.282	670.605	127.677
2009	721.014	733.796	-12.782
2008	682.146	737.889	-55.743
2007	680.766	636.854	43.912
2006	661.855	639.064	22.791
2005	707.352	628.399	78.953
2004	780.175	697.632	82.543
2003	768.975	626.330	142.645
2002	842.543	623.255	219.288
2001	879.217	606.494	272.723
2000	841.158	674.038	167.120

Die Situation in Deutschland ist durch eine kontinuierlich steigende Lebenserwartung und eine anhaltend niedrige Geburtenrate gekennzeichnet. Seit 2003 ist die Bevölkerungszahl in Deutschland rückläufig, die Bevölkerung schrumpft (vgl. Abbildung 2).

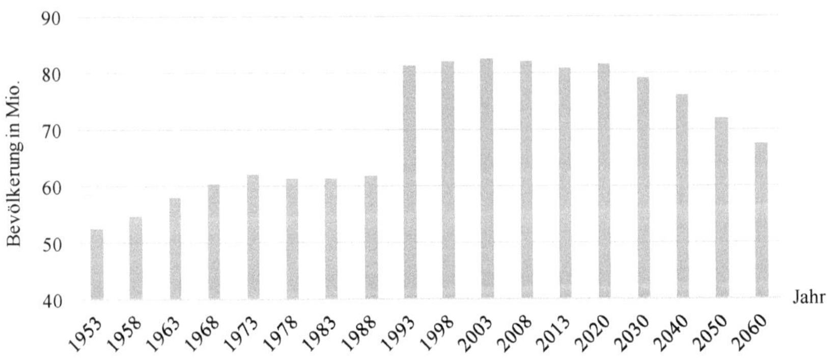

Abbildung 2: Entwicklung der Bevölkerung Deutschlands bis 2060[21]

Die Zahl der Sterbefälle übertrifft die Zahl der Geburten bereits seit 1972.[22] Der Wanderungsüberschuss ist nicht ausreichend, um diese Entwicklung auszuglei-

20 In Anlehnung an Statistisches Bundesamt (2015g).

21 In Anlehnung an Statistisches Bundesamt (2015b), S. 45 (Variante 1); Statistisches Bundesamt (2015c).

chen. Angaben der Bundesregierung zufolge wird sich dieser Trend in den kommenden Jahren nicht entschärfen. Im Gegenteil – es ist davon auszugehen, dass sich dieser Trend fortsetzen bzw. sogar verstärken wird.[23]

Neben dem Rückgang der Bevölkerung verändert sich aber auch deren Struktur (vgl. Abbildung 3).

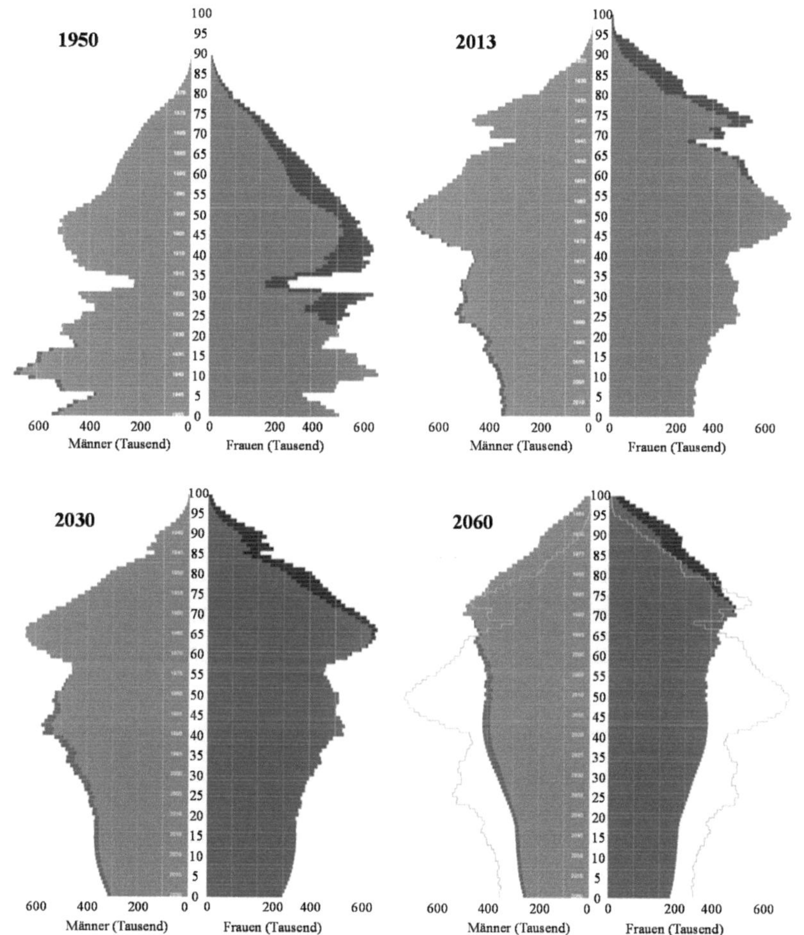

Abbildung 3: Altersaufbau der Bevölkerung in Deutschland[24]

22 Vgl. Statistisches Bundesamt (o. J.).

23 Vgl. Prezewowsky, M. (2007), S. 22; Bundesministerium des Innern (2011), S. 11, 32; Statistisches Bundesamt (o. J.); Karsten, J. (2013), S. 118; Günther, T. (2010), S. 4; Statistisches Bundesamt (2015b), S. 29.

Die Menschen werden nicht nur immer älter, sondern auch die Anteile der einzelnen Altersgruppen verschieben sich (strukturelle Alterung). Man spricht von der sogenannten doppelten Alterung der Gesellschaft. Die Veränderung des Altersaufbaus der Bevölkerung in Deutschland ist in Abbildung 3 skizziert. Der Vergleich der Jahre 1950, 2013, 2030 und letztlich 2060 verdeutlicht eindrucksvoll, dass die Bevölkerungspyramide nunmehr eher einem Weihnachtsbaum bzw. einer Urne gleicht.[25]

Die demographische Entwicklung hat jedoch nicht nur Auswirkungen auf die Gesamtbevölkerung, sondern verändert zunehmend auch die Zusammensetzung und Größe des Erwerbspersonenpotenzials. Der demographische Wandel betrifft damit auch die Arbeitswelt.[26]

Angaben des Statistischen Bundesamts (Destatis) zur Folge wird die Bevölkerung im Alter von 20 bis 64 Jahren bis 2060 stark zurückgehen. Abbildung 4 skizziert die Entwicklung der Bevölkerung im erwerbsfähigen Alter unter der Annahme von Kontinuität bei schwächerer Zuwanderung (Variante 1).

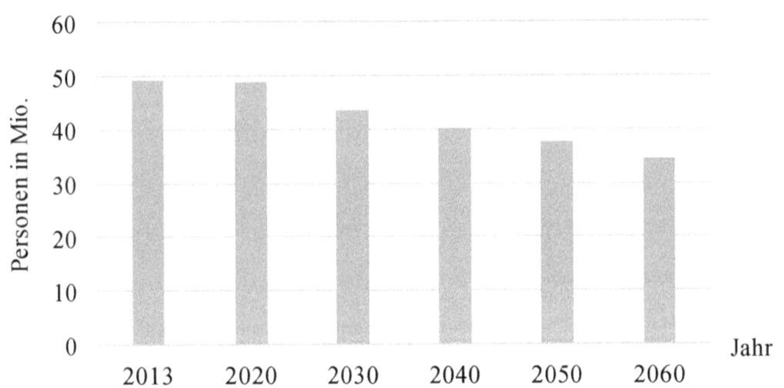

Abbildung 4: Entwicklung der Bevölkerung im erwerbsfähigen Alter[27]

2013 gehörten rund 49 Millionen Menschen der Altersgruppe zwischen 20 und 64 Jahren an. Je nach Szenario wird die Zahl bis 2030 um 4-5 Millionen Men-

---

24 In Anlehnung an Statistisches Bundesamt (2015b), S. 18.

25 Vgl. Prezewowsky, M. (2007), S. 22; Bundesministerium des Innern (2011), S. 11, 32; Karsten, J. (2013), S. 118; Günther, T. (2010), S. 4; Statistisches Bundesamt (2015b), S. 29.

26 Vgl. Richter, G., Bode, S., Köper, B. (2012), S. 3; Initiative Neue Qualität der Arbeit (2011), S. 5.

27 In Anlehnung an Statistisches Bundesamt (2015b) (Variante 1).

schen auf insgesamt 44 bis 45 Millionen zurückgehen. 2060 werden dann nur noch etwa 38 Millionen Menschen im erwerbsfähigen Alter sein. Legt man hingegen eine etwas schwächere Zuwanderung zugrunde, wird das Erwerbspersonenpotenzial im Jahr 2060 sogar nur noch 34 Millionen Menschen umfassen (vgl. Abbildung 4). Dies entspricht einem Rückgang von 30% gegenüber 2013. Selbst ein Wanderungsüberschuss von 300.000 Personen (gegenüber 200.000 bzw. 100.000) könnte die rückläufige Entwicklung des Erwerbspersonenpotenzials nicht merklich aufhalten. Auch ein Anstieg der Geburtenrate auf 1,6 würde sich erst ab 2040 spürbar auswirken. Die Anhebung des Rentenalters auf 67 Jahre hätte zur Folge, dass im Jahr 2060 rund 2 Millionen mehr Menschen zu den Personen im erwerbsfähigen Alter zählen, als bei einer Renteneintrittsgrenze von 65 Jahren. Experten gehen davon aus, dass sich der Rückwärtstrend des Erwerbspersonenpotenzials langfristig nicht aufhalten werden lässt.[28]

Zur Veranschaulichung der Entwicklung wird häufig der sogenannte Altenquotient herangezogen. Er misst das Verhältnis von Personen über 65 Jahre zu 100 Personen im erwerbsfähigen Alter.[29] Aktuellen Vorausberechnungen zufolge wird der Altenquotient im Jahr 2060 57,0 betragen (bei einem Renteneintrittsalter von 67 Jahren). D. h. wiederum auf 100 Personen im erwerbsfähigen Alter kommen 57 Personen über 67 Jahre. Legt man ein Renteneintrittsalter von 65 Jahren zugrunde, beliefe sich der Quotient Angaben des Statistischen Bundesamts zufolge sogar auf 64,9 (vgl. Tabelle 3).[30]

Tabelle 3: Altenquotient 2013, 2030 und 2060[31]

Jahr	Rente mit 65 Jahren	Rente mit 67 Jahren
2013	34,2	29,7
2030	50,0	41,6
2060	64,9	57,0

Die demographische Entwicklung in Deutschland führt jedoch nicht nur zu einem Rückgang des Erwerbspersonenpotenzials, sondern auch zu einer veränderten Altersstruktur. Während 2000 noch die Gruppe der 35 bis 44-Jährigen die

28 Vgl. Statistisches Bundesamt (2015b), S. 20-21.
29 Unter der Annahme eins Renteneintrittsalters von 65 Jahren.
30 Vgl. Schimany, P. (2005), S. 40; Statistisches Bundesamt (2015b), S. 45.
31 In Anlehnung an Statistisches Bundesamt (2015b), S. 45 (Variante 1).

am stärksten besetzte Altersgruppe war, wird es 2020 die Gruppe der 55 bis 64-Jährigen sein (vgl. Abbildung 5).

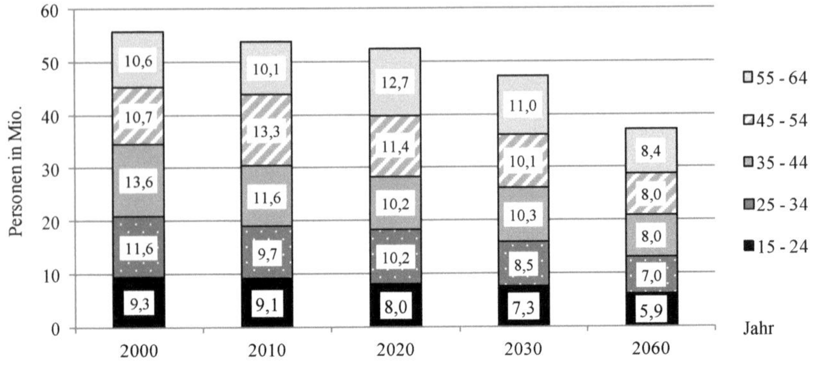

Abbildung 5: Erwerbspersonenpotenzial nach Altersgruppen[32]

Bis 2030 wird das Erwerbspersonenpotenzial in der Altersgruppe zwischen 20 und 39 Jahren um 2,4 Millionen Menschen abnehmen (vgl. Abbildung 6). Das Erwerbspersonenpotenzial in der Altersgruppe 40 bis 59 Jahre wird sogar noch stärker zurückgehen. Die Personengruppe im Alter von 60 bis 64 Jahren hingegen wird im gleichen Zeitraum um etwa 1,0 Millionen Menschen anwachsen (vgl. Abbildung 6).

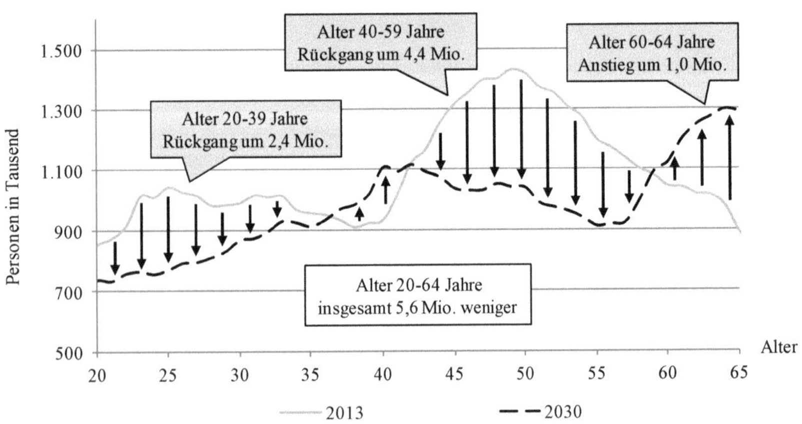

Abbildung 6: Altersstruktur der Bevölkerung 2010 und 2030[33]

32 In Anlehnung an Statistisches Bundesamt (2015a).

Sowohl die Zahl als auch der Anteil der älteren Personen am Erwerbspersonenpotenzial wird in den nächsten Jahren also erst einmal zunehmen. Den Ergebnissen der Bevölkerungsvorausberechnung zufolge wird erst ab 2029 ein prozentualer Rückgang der Personen im Alter von 55 bis 64 Jahre einsetzen.[34] Die Arbeitskräfte werden folglich immer älter. Man spricht von alternden Belegschaften.[35]

Die Zahlen basieren auf den Ergebnissen der 13. koordinierten Bevölkerungsvorausberechnung unter der Annahme der Kontinuität bei schwächerer Zuwanderung (Variante 1).

Vor dem Hintergrund der Alterung der Belegschaften wird es diversen Prognosen zufolge auch zu einem Fachkräftemangel kommen. Experten rechnen damit, dass bis 2025 etwa 350.000 Fach- und Führungskräfte fehlen werden, bis 2050 soll der Wert sogar auf rund eine Million ansteigen.[36] Bislang ist jedoch nicht vorhersehbar, ob es sich um ein regionales bzw. branchenspezifisches Phänomen handeln wird, oder ob sich der Fachkräftemangel über alle Regionen und Branchen hinweg ziehen wird.[37] So verweist beispielsweise auch die Bundesagentur für Arbeit (2014) darauf, dass man aktuell in Deutschland zwar in einzelnen Regionen und Berufsgruppen (z. B. Ingenieure, Metallbau und Schweißtechnik, Mechatronik und Automatisierungstechnik, Experten im Bereich Informatik, examinierte Fachkräfte und Spezialisten der Altenpflege) Engpässe beobachten kann, dass der Schluss auf einen generellen Fachkräftemangel jedoch überzogen sei.[38] Einer Studie der Goethe Universität Frankfurt am Main und der Otto-Friedrich Universität Bamberg zufolge, ist der Mangel an Fachkräften jedoch bereits heute ein wichtiges Thema der Betriebe. Für viele der offenen Stel-

---

33 In Anlehnung an Statistisches Bundesamt (2015a); Bundesministerium des Innern (o. J.), S. 17; Bundesministerium des Innern (2011), S. 106; Richter, G., Bode, S., Köper, B. (2012), S. 3.

34 Vgl. Statistisches Bundesamt (2015a).

35 Vgl. Fuchs, J., Dörfler, K. (2005), S. 20-22; Grünheid, E., Fiedler, C. (2013), S. 20; Voelpel, S., Leibold, M., Früchtenicht, J.-D. (2007), S. 272; Bundesministerium des Innern (o. J.), S. 17.

36 Vgl. Munz, S. (2001), S. 14-15; Singer, S., Neumann, A. (2010), S. 51; Bechmann, S., Dahms, V., Tschersich, N., u. a. (2012), S. 50.

37 Vgl. Richter, G., Bode, S., Köper, B. (2012), S. 3.

38 Vgl. Bundesagentur für Arbeit (2014a), S. 5; Bundesagentur für Arbeit (2015), S. 6.

len könne aufgrund des Mangels an gut ausgebildetem Nachwuchs wenn überhaupt nur mühsam ein geeigneter Kandidat gefunden werden.[39]

Die zunehmende Alterung der Arbeitnehmer, die rückläufige Entwicklung des Erwerbspersonenpotenzials, der damit einhergehende, drohende Fachkräftemangel sowie das Nachbesetzungsdefizit werden oftmals unter dem Schlagwort der qualitativen Entwicklungsfaktoren diskutiert.[40]

Neben den Auswirkungen des demographischen Wandels auf die Größe und Altersstruktur des Erwerbspersonenangebots, müssen Unternehmen auch mit einem veränderten Erwerbsverhalten der Beschäftigten rechnen. Die steigende Erwerbsbeteiligung von Frauen und die Verlängerung der Lebensarbeitszeit (bedingt durch einen späteren Renteneintritt) haben in den letzten Jahren mit dazu geführt, dass im Jahr 2014 mit über 42,6 Millionen Erwerbstätigen ein neuer Höchststand erreicht wurde.[41]

In den letzten Jahren zeichnet sich auch wieder ein Paradigmenwechsel in der Arbeitsmarkt- und Beschäftigungspolitik hin zu einem längeren Verbleib älterer Arbeitnehmer im Betrieb ab. Dabei gibt es sowohl große Unterschiede zwischen den einzelnen Wirtschaftssektoren als auch große regionale Differenzen. So betrug die Beschäftigungsquote[42] von Personen über 60 Jahren in Bayern lediglich 35,0%. In Brandenburg, Sachsen und Thüringen lag sie mit 38,6%, 38,7% bzw. 38,6% hingegen deutlich über dem Niveau in Bayern. Im Allgemeinen kann man sagen, dass es in den neuen Bundesländern mehr Unternehmen mit älteren Mitarbeitern gibt, als im Westen der Republik. Insgesamt ist jedoch ein positiver Trend zu verzeichnen.[43] Während 2003 nur etwa 12,7% der deutschen Unternehmen Personen über 60 Jahre beschäftigten, waren es 2014 bereits 35,8% der Unternehmen (vgl. Abbildung 7).

---

39 Vgl. Richter, G., Bode, S., Köper, B. (2012), S. 3; Bundesagentur für Arbeit (2011), S. 6; Weitzel, T., Eckhardt, A., Laumer, S., u. a. (2014), S. 5.

40 Vgl. Pischke, S. (2012), S. 33, 42; Brandenburg, U., Domschke, J.-P. (2007), S. 18, 44.

41 Vgl. Richter, G., Bode, S., Köper, B. (2012), S. 3; Statistisches Bundesamt (2015d); Bundesministerium des Innern (o. J.), S. 17.

42 Unter der Beschäftigungsquote versteht man den Anteil der sozialversicherungspflichtig beschäftigten Personen an der gleichaltrigen Bevölkerung.

43 Vgl. Bechmann, S., Dahms, V., Tschersich, N., u. a. (2012), S. 42-43; Freude, G., Pech, E. (2005), S. 185; Leber, U., Stegmaier, J., Tisch, A. (2013), S. 1.

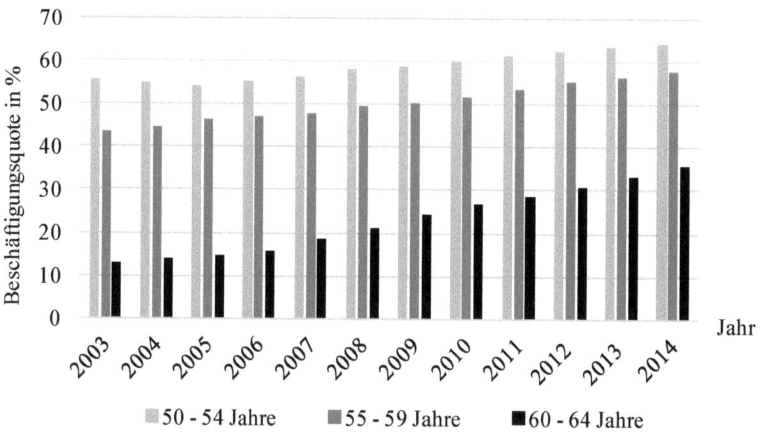

Abbildung 7: Entwicklung der Beschäftigungsquote älterer Arbeitnehmer[44]

Zusammenfassend kann man sagen, dass die demographische Entwicklung in den nächsten Jahrzehnten erhebliche Veränderungen mit sich bringen wird. Der Rückgang und die Alterung der Gesamtbevölkerung wirken sich in hohem Maße auch auf die Entwicklung des Erwerbspersonenpotenzials und damit den Arbeitsmarkt respektive die Betriebe und Unternehmen aus. Wenngleich die demographische Entwicklung stetig und langfristig verläuft, so sind die Auswirkungen bereits heute spürbar. Diversen Umfragen zufolge kristallisierten sich v. a. zwei Kernprobleme heraus: Erstens, der Erhalt der Arbeitsfähigkeit bzw. Produktivität der immer älter werdenden Belegschaften und zweitens die Sicherung der Innovationsfähigkeit und des Fachwissens vor dem Hintergrund des Ausscheidens von älteren Fachkräften bei gleichzeitig rückläufigen Nachwuchszahlen (Fachkräfte- und Nachwuchsmangel). Dabei ist zumindest mittelfristig weniger die Verknappung der Erwerbspersonenpotenzials die größte Problematik, sondern vielmehr die veränderte Altersstruktur der Belegschaften. Anders in der öffentlichen Debatte oft dargestellt, liegt das Hauptproblem nämlich in der qualitativen Zusammensetzung des Erwerbspersonenpotenzials und nicht in dem Rückgang dessen quantitativen Umfangs. Die „Unabänderlichkeit der Alterung des Erwerbspersonenpotenzials ist es auch, die eine Auseinandersetzung der Be-

[44] In Anlehnung an Bundesagentur für Arbeit (2014b).

triebe mit dieser Herausforderung erzwingt“[45]. Insbesondere die Anzahl der Beschäftigten im Alter von 55 bis 65 Jahren wird erheblich ansteigen, was eine alter(n)sgerechte Arbeitsumgebung unumgänglich macht.[46]

2.2 Leistungsfähigkeit und Produktivität im Erwerbsverlauf

2.2.1 Biologisches versus kalendarisches Alter

Der Zusammenhang von Alter und Produktivität wird kontrovers diskutiert. Vandenberghe und Kollegen (2013) beispielsweise konnten anhand von Unternehmensdaten eindrucksvoll nachweisen, dass die Produktivität bei alternden Belegschaften sinkt. Zum gleichen Ergebnis kam auch ein niederländisches Forscherteam um van Dalen (2010). Im Unterschied zu Vandenberghe und Kollegen führten die Niederländer die verringerte Produktivität jedoch nicht auf das Alter, sondern auf mangelnde Investitionen in die älteren Arbeitnehmer seitens der Unternehmen zurück. Auch in einem Bericht des Bundesministeriums des Innern heißt es, Produktivität sei keine Frage des Alters, sondern vielmehr eine Frage „des klugen Miteinanders in den Betrieben sowie des Auslotens der unterschiedlichen Fähigkeiten und Fertigkeiten“[47] der Beschäftigten in den einzelnen Lebensabschnitts- bzw. Altersstufen.[48]

Abstrakt formuliert bezeichnet Altern „alle zeitgebundenen Veränderungen eines individuellen Organismus im Laufe seines Lebens“[49]. Max Bürger, der Begründer der deutschen Gerontologie, versteht unter Altern „jede gesetzmäßige, irreversible Veränderung der lebenden Substanz als Funktion der Zeit“[50]. Dieser Prozess beginne bereits mit dem Abschluss der entwicklungsgeschichtlich be-

---

45 Kistler, E. (2008), S. 27.

46 Vgl. Kistler, E. (2008), S. 11, 27-28; Initiative Neue Qualität der Arbeit (2011), S. 5-7; Freude, G., Pech, E. (2005), S. 188.

47 Bundesministerium des Innern (o. J.), S. 16.

48 Vgl. van Dalen, H. P., Henkens, K., Schippers, J. (2010), S. 1018; Bundesministerium des Innern (o. J.), S. 16; Vandenberghe, V., Waltenberg, F., Rigo, M. (2013), S. 127.

49 Brandenburg, U., Domschke, J.-P. (2007), S. 69.

50 Brandenburg, U., Domschke, J.-P. (2007), S. 69.

dingten Zellteilungen und ende mit dem Tod. Nach Bürger können altersbedingte Veränderungen sowohl positiver als auch negativer Natur sein. Als Beispiele für positive bzw. negative Veränderungen führt er Reifungs- und Entwicklungsprozesse im Kindesalter bzw. diverse Abbauprozesse im Erwachsenenalter an.[51]

Wenn im allgemeinen Sprachgebrauch von Alter die Rede ist, so ist in der Regel das chronologische bzw. kalendarische Alter und damit die Zeitspanne, die seit Geburt vergangen ist, gemeint.[52] Das biologische Alter, manchmal auch als Funktionsalter oder Vitalität bezeichnet, hingegen ist ein Maß für die „Ausprägung der alterstypischen Veränderungen eines biologischen Systems in der Komplexität physischer, psychischer und sozialer Funktionstüchtigkeit"[53] und wird oft im Zusammenhang mit altersabhängigen Leistungsänderungen verwendet. Chronologisches und biologisches Alter einer Person können erheblich voneinander abweichen.[54] Neben dem biologischen und kalendarischen Alter gibt es aber auch noch weitere Formen der Altersbestimmung. Hier sind insbesondere das soziale Alter, das kulturelle Alter und auch das psychologische Alter zu nennen. Das kulturelle Alter etwa meint das „Ausmaß des Festhaltens an alten Normen und Wertvorstellungen sowie die nachlassende Rezeptionskraft für Neues"[55].

Generelle Hypothesen zu einer abnehmenden Produktivität und Leistungsfähigkeit älterer Mitarbeiter konnten indes nicht belegt werden. So kommen die Fachgebiete der Medizin, Gerontologie, Psychologie, Biologie und Sozialwissenschaften gleichermaßen zu der Erkenntnis, dass das biologische Alter einer Person wenig aussagekräftig ist, um deren Leistungsfähigkeit einzuschätzen oder gar zu bewerten. Diese Erkenntnis deckt sich mit unseren Alltagserfahrungen insofern, als dass sich gleichaltrige Personen, sowohl was die körperliche als auch die mentale Leistungsfähigkeit angeht, durchaus enorm unterscheiden. So gibt es zahlreiche 60-Jährige, die hervorragende Marathonzeiten absolvieren, während viele Jugendliche oder junge Erwachsene kaum in der Lage sind ein

[51] Vgl. Brandenburg, U., Domschke, J.-P. (2007), S. 69.
[52] Vgl. Freude, G., Pech, E. (2005), S. 193; Brandenburg, U., Domschke, J.-P. (2007), S. 70.
[53] Freude, G., Pech, E. (2005), S. 193.
[54] Vgl. Freude, G., Pech, E. (2005), S. 193; Brandenburg, U., Domschke, J.-P. (2007), S. 70.
[55] Brandenburg, U., Domschke, J.-P. (2007), S. 70.

paar Treppenstufen zu gehen ohne außer Atem zu geraten. Gleiches gilt auch für mentale Fähigkeiten wie etwa Konzentration oder Reaktionsvermögen.

Der eben erläuterte Sachverhalt wird auch aus den nachstehend skizzierten Grafiken deutlich (vgl. Abbildung 8). Die Grafiken zeigen deutlich, dass sowohl die kognitive Umstellungsfähigkeit als auch die Fitness im Alter nachlässt. Im statistischen Mittel verschlechtert sich der Fitness Index und es wird mehr Zeit für kognitive Umstellung gebraucht. Was aber v. a. auffällt, ist die enorme interindividuelle Variabilität. So haben einzelne 60-Jährige die gleiche Fitness als durchschnittliche 35-Jährige.[56]

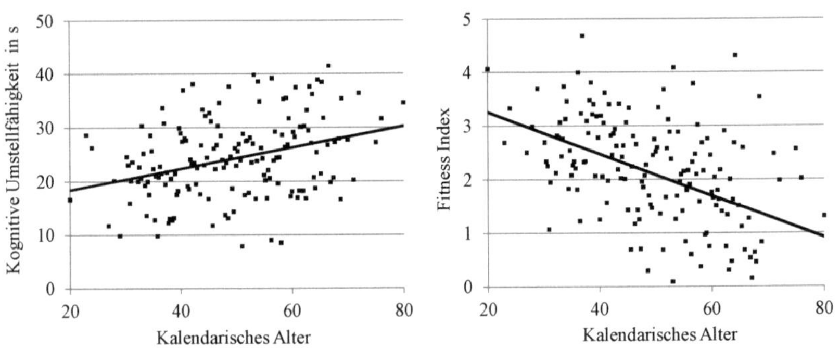

Abbildung 8: Umstellfähigkeit und Fitness Index nach Alter[57]

Dieser Vergleich macht deutlich, dass das Alter allein kein aussagekräftiger Prädiktor für die Leistungsfähigkeit einer Person darstellt.[58]

2.2.2 Altersabhängige Leistungsänderungen

Der Blick des Verstandes fängt an scharf zu werden, wenn der Blick der Augen an Schärfe verliert (Plato).

Wenngleich kein bzw. nur ein geringer Zusammenhang zwischen dem kalendarischen Alter und der Produktivität bzw. Leistungsfähigkeit besteht, so sind im

56 Vgl. Freude, G., Pech, E. (2005), S. 194.
57 In Anlehnung an Freude, G., Pech, E. (2005), S. 194.
58 Vgl. Freude, G., Pech, E. (2005), S. 192; Richter, G., Bode, S., Köper, B. (2012), S. 2, 4; Bundesministerium für Familie, Senioren, Frauen und Jugend (2010), S. 103.

Alter doch diverse Leistungsverschiebungen bzw. Veränderungen der menschlichen Leistungsvoraussetzungen zu beobachten. Der Prozess des Alterns ist tendenziell mit einem Rückgang an körperlicher Belastbarkeit (z. B. Maximalkraft, Ausdauerleistung), und gleichzeitig mit einer Zunahme an mentalen Ressourcen im Sinn von sozialer und kommunikativer Kompetenz, Lebenserfahrung, Erfahrungswissen und Urteilsfähigkeit verbunden. Man kann also nicht von einer allgemeinen Leistungsminderung, wohl aber von Veränderungen der Leistungsvoraussetzungen sprechen (vgl. auch Tabelle 4).[59]

Im Hinblick auf physische Parameter bzw. Funktionen wie Ausdauer, grobe Kraft, Feinmotorik, Schnelligkeit oder auch Koordination ist im Alter tendenziell ein Leistungsabfall zu beobachten, der zunächst (bis etwa zum 40. Lebensjahr) langsam, später jedoch immer schneller verläuft. Dieser Prozess ist durch Training verlangsambar, aufhalten kann man ihn aber nicht. Ob es in Folge dieses Leistungsfähigkeitsabfalls allerdings zu Einschränkungen der Arbeits- bzw. Beschäftigungsfähigkeit kommt, hängt maßgeblich von der Art der Tätigkeit bzw. den vorherrschenden Arbeitsanforderungen ab.[60]

Abbildung 9 skizziert den Zusammenhang zwischen dem Abfall der physischen Leistungsfähigkeit und der damit einhergehenden Abnahme der Reservekapazität, der bei unveränderten Arbeitsanforderungen zu Einschränkungen der Arbeits- bzw. Beschäftigungsfähigkeit bis hin zu ernsthaften gesundheitlichen Problemen führen kann. Die dargestellte Kurve der physischen Leistungsfähigkeit visualisiert den im statistischen Mittel einsetzenden Rückgang der funktionellen Kapazität.[61] Der Abfall der physischen Leistungsfähigkeit ist dabei im Wesentlichen auf die reduzierte Adaptationsfähigkeit des Organismus im Alter zurückzuführen. Die Reservekapazität verringert sich. Bei gleichbleibenden Arbeitsanforderungen unterschreitet die Leistungsfähigkeit irgendwann die Arbeitsanforderungen. Dies ist insbesondere in Berufen mit schwerer körperlicher Arbeit und damit einhergehend hohen physischen Anforderungen problematisch.

---

[59] Vgl. Richter, G., Bode, S., Köper, B. (2012), S. 4; Bundesministerium für Arbeit und Soziales (o. J. c), S. 11-12; Bundesministerium für Familie, Senioren, Frauen und Jugend (2010), S. 103; Brandenburg, U., Domschke, J.-P. (2007), S. 83.

[60] Vgl. Bundesministerium für Arbeit und Soziales (o. J. c), S. 11; Freude, G., Pech, E. (2005), S. 195.

[61] Vgl. Freude, G., Pech, E. (2005), S. 195.

Aufgrund der relativ hohen Reservekapazität komme es, laut Maintz (2003) jedoch nur selten zu einer Unterschreitung der Arbeitsanforderungen.[62]

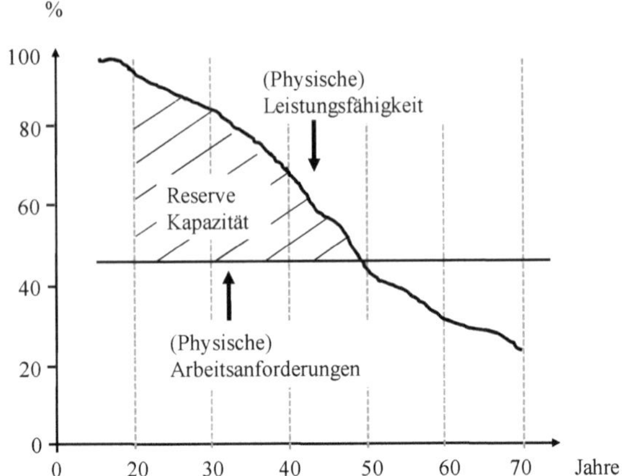

Abbildung 9: Veränderungen der Leistungsfähigkeit und Reservekapazität[63]

Neben dem Rückgang physischer Funktionen ist im Alter auch mit Funktionseinschränkungen der Sinnesorgane sowie Veränderungen der kognitiven Funktionen zu rechnen. Sinnesfunktionen wie Hören oder Sehen lassen etwa ab dem 40. Lebensjahr deutlich nach, drohende Beeinträchtigungen können jedoch größtenteils durch entsprechende Hilfsmittel, wie etwa einer Brille, aufgefangen werden.[64]

Hinsichtlich der kognitiven Funktionen ist ein Wandel bzw. eine Verlagerung von fluiden hin zu sogenannten kristallinen Funktionen erkennbar. Zu den kristallinen Funktionen zählen beispielsweise Urteilsvermögen oder auch Erfahrungswissen. Beides sind Beispiele für Funktionen, die im Alter tendenziell zunehmen. Zu den fluiden bzw. sogenannten Kontrollfunktionen hingegen gehören etwa eine schnelle Reaktion und Informationsverarbeitung, die gleichzeitige Ausführung von mehreren Tätigkeiten oder auch die Planung von Handlungssequenzen. Diese Funktionen nehmen im Alter tendenziell ab. Auch der Lernprozess verändert sich. Wenngleich Lernprozesse im Alter tendenziell langsamer

62 Vgl. Freude, G., Pech, E. (2005), S. 195; Bundesministerium für Arbeit und Soziales (o. J. c), S. 12; Maintz, G. (2003a), S. 7.

63 In Anlehnung an Freude, G., Pech, E. (2005), S. 196.

64 Vgl. Bundesministerium für Arbeit und Soziales (o. J. c), S. 11.

ablaufen, ist der Lernprozess auch kreativer, weil Neues in Beziehung zu Bekanntem gesetzt wird. Auch in dem Zusammenhang muss jedoch von einer großen interindividuellen Variabilität ausgegangen werden.[65]

Bei anderen Fähigkeiten, wie beispielsweise Allgemeinwissen, Konzentrations- und Merkfähigkeit, der Fähigkeit zur Informationsaufnahme sowie Prozesswissen, geht man im Allgemeinen davon aus, dass diese im Alter weitestgehend konstant bleiben. Es gibt aber auch Studien, die besagen, dass die Fähigkeit Aufmerksamkeit auch bei Störungen aufrechtzuerhalten im Alter nachlässt. Dies kann mitunter zu Einschränkungen der Arbeitsfähigkeit führen, etwa bei Berufen, die mit komplexen Steuer-, Fahr- oder Überwachungstätigkeiten verbunden sind. Auch bei Tätigkeiten bei denen Kombinationsanforderungen aus Wahrnehmung, Beurteilung und entsprechenden Bewegungen gefordert werden, wie etwa im Handwerk, ist im Alter mit Einschränkungen der Arbeitsfähigkeit zu rechnen.[66]

Fachwissen, Erfahrung, sozialpraktische Kompetenz sowie Expertise zählen hingegen zu den Stärken älterer Beschäftigter. Aufgrund der gut ausgebildeten kognitiven Strukturen in diesen Bereichen, können Defizite in anderen Bereichen oftmals gut kompensiert werden. Da der Prozess des Alterns i. d. R. langsam und stetig verläuft, können altersbedingte Defizite hinsichtlich fluider wie auch physischer Funktionalitäten durch die Entwicklung von Selektions-, Optimierungs- und Kompensationsstrategien i. d. R. auch relativ gut kompensiert werden.[67]

Tabelle 4 fasst die Veränderungen der menschlichen Leistungsvoraussetzungen über die Zeit überblicksartig zusammen.

---

65 Vgl. Bundesministerium für Arbeit und Soziales (o. J. c), S. 12.

66 Vgl. Bundesministerium für Familie, Senioren, Frauen und Jugend (2010), S. 103; Bundesministerium für Arbeit und Soziales (o. J. c), S. 11; Mani, T. M., Bedwell, J. S., Miller, L. S. (2005), S. 575.

67 Vgl. Bundesministerium für Arbeit und Soziales (o. J. c), S. 12.

Tabelle 4: Veränderungen der Leistungsvoraussetzungen im Alter[68]

Alter ist weder Krankheit noch Leistungsminderung Aber: Veränderungen der menschlichen Leistungsvoraussetzungen		
Abnahme ▪ Belastbarkeit und Flexibilität des Stütz- und Bewegungsapparates ▪ Körperkräfte ▪ Reaktionsflexibilität ▪ Leistungsvermögen der Sinnesorgane ▪ Geschwindigkeit der Informationsaufnahme und -verarbeitung ▪ Kurzzeitgedächtnis ▪ Risikobereitschaft ▪ Lern- und Weiterbildungsbereitschaft	**Konstanz** ▪ Leistungs- und Zielorientierung ▪ Systemdenken ▪ Kreativität ▪ Entscheidungsfähigkeit ▪ Kommunikationsfähigkeit ▪ Psychisches Durchhaltevermögen ▪ Konzentrationsfähigkeit	**Zunahme** ▪ Lebens-/Berufserfahrung ▪ Expertenwissen ▪ Urteilsfähigkeit ▪ Zuverlässigkeit ▪ Qualitätsbewusstsein ▪ Kooperationsfähigkeit ▪ Pflichtbewusstsein ▪ Angst vor Veränderungen

2.2.3 Defizit- versus Kompetenzmodell

Bis vor wenigen Jahren dominierte das Defizitmodell des Alterns die Denkweise hinsichtlich des Zusammenhangs von Alter(n) und der allgemeinen Leistungsfähigkeit. Dem Defizitmodell zufolge geht der Prozess des Alterns unweigerlich mit dem Abbau von physischen und kognitiven Funktionen und Leistungen einher. Das Modell beruht auf der Annahme, dass der menschliche Organismus im Laufe der Jahre mehr und mehr abbaut und an Funktions- und Leistungsfähigkeit einbüßt. In Folge dessen komme es vermehrt zu Störungen und Defiziten, die auch nicht kompensiert werden können.[69]

In der Zwischenzeit wurde das Defizitmodell jedoch weitestgehend widerlegt. So kamen verschiedenste gerontologische und sozialwissenschaftliche Studien sowie Studien aus der Arbeitspsychologie und den Arbeitswissenschaften gleichermaßen zu dem Ergebnis, dass Leistungseinschränkungen älterer Be-

68 In Anlehnung an Brandenburg, U., Domschke, J.-P. (2007), S. 83.

69 Vgl. Grabbe, J., Richter, G. (2014), S. 85; Kistler, E. (2008), S. 47-49; Brandenburg, U., Domschke, J.-P. (2007), S. 81; Initiative Neue Qualität der Arbeit (2005), S. 7; Bundesministerium für Arbeit und Soziales (o. J. c), S. 11; Koller, B., Plath, H.-E. (2000), S. 118.

schäftigter im Allgemeinen nicht auf altersbedingte Abbauvorgänge zurückzuführen, sondern vielmehr Folge grundlegender Mängel etwa in der Organisations- und Arbeitsgestaltung sind. Zu einem ähnlichen Ergebnis kam auch die Befragung von Personalverantwortlichen im Rahmen des IAB-Betriebspanels 2002. Die rund 16.000 Befragten gaben an, dass sie die Leistungsfähigkeit Älterer nicht prinzipiell schlechter sehen als die der jüngeren Beschäftigten. Vielmehr differenzierten die Befragten in ihrer Sichtweise. Es gäbe sowohl altersinvariante Leistungsparameter, als auch Leistungsparameter, bei denen entweder jüngeren oder älteren Arbeitnehmern Vorteile zugesprochen werden.[70]

Wenngleich das Defizitmodell durch zahlreiche wissenschaftliche Studien und praktische Untersuchungen weitestgehend widerlegt wurde, hält sich die Sichtweise nach wie vor hartnäckig in den Köpfen vieler. Ältere gelten gemeinhin als weniger effektiv bzw. weniger leistungsfähig.[71]

Erst in jüngerer Zeit hat sich ein Umdenken und gewissermaßen ein Paradigmenwechsel weg vom Defizitmodell hin zum Kompetenzmodell bzw. einem differenzierteren Altersbild eingestellt, wonach sich mit zunehmendem Lebensalter verschiedene Leistungsbereiche verschieden entwickeln. Laut Maintz (2003) sei es auch gesamtgesellschaftlich an der Zeit „sich von der Überbetonung des Jugendideals und dem Defizitmodell des Alterns zu verabschieden, die beide verschiedene Seiten einer Münze sind, die ihre Zahlungsfähigkeit längst verloren hat“[72].[73]

Insbesondere vor dem Hintergrund der gestiegenen Anforderungen am Arbeitsmarkt, wäre es jetzt jedoch verwegen anzunehmen, dass alle Älteren gleichermaßen bis 65 oder gar 67 Jahre arbeits- bzw. beschäftigungsfähig sind. Das große Problem dabei ist, ähnlich wie beim Defizitmodell auch, die damit einhergehende Homogenisierung bzw. Generalisierung. So schreibt Paul Baltes (2004): „Der jüngst verbreitete gerontologische Optimismus, dass man bis ins höchste

---

[70] Vgl. Koller, B., Plath, H.-E. (2000), S. 118; Bundesministerium für Arbeit und Soziales (o. J. c), S. 11; Initiative Neue Qualität der Arbeit (2005), S. 7; Kistler, E. (2008), S. 47-49; Bellmann, L., Hilpert, M., Kistler, E., u. a. (2003), S. 143.

[71] Vgl. Kistler, E. (2008), S. 47-49; Brandenburg, U., Domschke, J.-P. (2007), S. 81.

[72] Maintz, G. (2003b), S. 55.

[73] Vgl. Kistler, E. (2008), S. 47-49; Grabbe, J., Richter, G. (2014), S. 85; Bundesministerium für Arbeit und Soziales (o. J. c), S. 11.

Alter funktionstüchtig sein kann trifft nur auf das junge Alter zu. In dieser Positivierung des Alters wird über das Ziel hinaus geschossen. Das andere große Vorurteil ist genau das Gegenteil. Nämlich dass es immer nur bergab geht. Dieses negative Altersurteil ist auch deshalb so tragisch, weil es eine Homogenisierung mit sich bringt. Es behandelt alte Menschen, als ob sie wegen ihres Alters alle gleich seien. Eines der wichtigsten Erkenntnisse der Altersforschung ist die riesige Unterschiedlichkeit der alten Menschen. Wir brauchen also ein Altersbild, das beides zulässt und propagiert: seine Stärken und seine Schwächen, seine Gestaltbarkeit trotz gewisser Einschränkungen. Ein differenziertes Altersbild muss her"[74] Leider herrschen nach wie vor in den Betrieben überwiegend generalisierende Altersbilder vor.[75]

Dabei gilt es ein realistisches Bild des Alter(n)s zu zeichnen. Im Sinne des Kompetenzmodells, wonach Menschen nicht per se kompetent sind, sondern kompetent für bestimmte Aufgaben, sollten Stärken hervorgehoben werden, ohne jedoch unrealistische Erwartungen zu wecken. Ältere sind ihren jüngeren Kollegen gegenüber nicht weniger, aber anders leistungsfähig. Hinzu kommt, dass nicht alle Älteren in der Lage sind bis zum gesetzlichen Renteneintrittsalter auch zu arbeiten, insbesondere dann nicht wenn gesundheitliche Beeinträchtigungen vorliegen.[76]

Aufgrund einer Nicht- bzw. Fehlnutzung bestimmter Leistungsvoraussetzungen bzw. aufgrund des Fehlens entsprechender Anforderungen (im Sinne von Forderung und Förderung) kann es aber auch zu einer Verkümmerung bestimmter Kompetenzen kommen. Dies ist beispielsweise bei monotonen, wenig abwechslungsreichen Tätigkeiten oder unterfordernden Arbeiten zu erwarten und kann so weit führen, dass erworbene Fähigkeiten gänzlich verlernt werden. Diese Denkweise spiegelt sich im sogenannten Disuse- bzw. Aktivierungs-Modell des Alterns wieder. Dabei geht man u. a. davon aus, dass die Nutzung bzw. Aktivierung bestimmter Funktionen deren Verfall entgegenwirken kann. Ferner wird

---

74 Freude, G., Pech, E. (2005), S. 192.
75 Vgl. Initiative Neue Qualität der Arbeit (2005), S. 8.
76 Vgl. Brandenburg, U., Domschke, J.-P. (2007), S. 81; Koller, B., Plath, H.-E. (2000), S. 118; Freude, G., Pech, E. (2005), S. 191; Kistler, E. (2008), S. 47-49.

unterstellt, dass bestimmte Umwelt-, Lebens- und Arbeitsbedingungen stimulierend wirken und die Leistungsfähigkeit positiv beeinflussen.[77]

Während das Defizitmodell bzw. die damit verbundenen Vorurteile die bis vor wenigen Jahren vorherrschende Frühverrentungspraxis in Deutschland untermauerte, wird das Kompetenzmodell von den Verfechtern der Rente mit 67 befürwortet und als Argumentationsgrundlage genutzt.[78] Vor dem Hintergrund der großen interindividuellen Unterschiede sollte von generalisierenden Altersbildern jedoch Abstand genommen werden.

2.2.4 Fazit

Zusammengefasst kann Altern als physiologischer Prozess verstanden werden, der tendenziell mit einem Rückgang an körperlicher Belastbarkeit (z. B. Maximalkraft, Ausdauerleistung) und gleichzeitig mit einer Zunahme an mentalen Ressourcen im Sinn von sozialer und kommunikativer Kompetenz, Lebenserfahrung, Erfahrungswissen und Urteilsfähigkeit einhergeht. Sofern keine Erkrankungen vorliegen, verläuft der Alterungsprozess stetig und interindividuell unterschiedlich, wobei die Verschiedenheit und Vielfalt im Alter tendenziell zunehmen. Diversen gerontologischen und arbeitswissenschaftlichen Studien zufolge besteht kein oder nur ein sehr geringer Zusammenhang zwischen kalendarischem bzw. chronologischem Alter und Produktivität.[79]

2.3 Alter(n), Gesundheit, Multimorbidität und chronische Krankheiten

Schätzungen der Bundesanstalt für Arbeitsschutz und Arbeitsmedizin (BAuA) zufolge, führten krankheitsbedingte Fehlzeiten im Jahr 2012 volkswirtschaftlich

---

77 Vgl. Brandenburg, U., Domschke, J.-P. (2007), S. 81; Koller, B., Plath, H.-E. (2000), S. 118; Freude, G., Pech, E. (2005), S. 191; Kistler, E. (2008), S. 47-49.

78 Vgl. Kistler, E. (2008), S. 47-49; Grabbe, J., Richter, G. (2014), S. 85.

79 Vgl. Richter, G., Bode, S., Köper, B. (2012), S. 4; Bundesministerium für Arbeit und Soziales (o. J. c), S. 11-12; Initiative Neue Qualität der Arbeit (2011), S. 31; Bundesministerium für Familie, Senioren, Frauen und Jugend (2010), S. 103.

zu einem Produktionsverlust in Höhe von rund 53 Milliarden Euro bzw. einem Ausfall an Bruttowertschöpfung (Verlust an Arbeitsproduktivität) von 92 Milliarden Euro.[80]

Betrachtet man das Arbeitsunfähigkeitsgeschehen nach Altersgruppen, so fällt auf, dass zwar die Zahl der Krankschreibungen über die verschiedenen Altersklassen relativ konstant ist (nur in den jungen Jahren sind mehr AU-Fälle zu verzeichnen), dafür aber die durchschnittliche Falldauer mit zunehmendem Alter kontinuierlich ansteigt (vgl. Abbildung 10). Abbildung 10 zeigt die Anzahl der Arbeitunfähigkeitsfälle und Dauer der Arbeitsunfähigkeit der AOK-Mitglieder nach Altersgruppen im Jahr 2013.

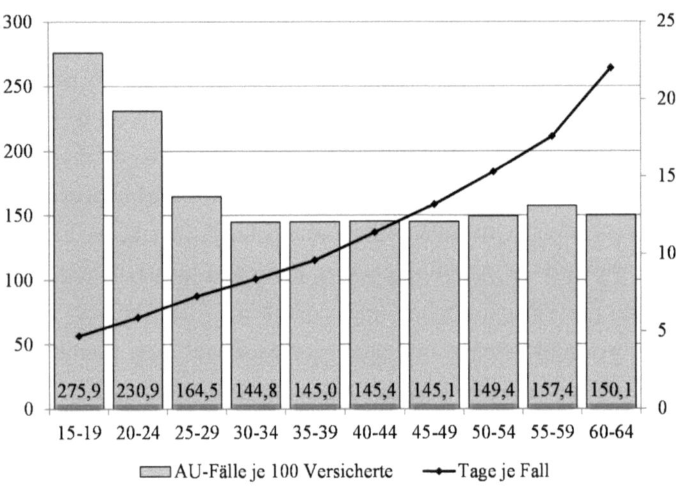

Abbildung 10: Arbeitsunfähigkeitsgeschehen AOK-Mitglieder 2013 nach Alter[81]

Ältere Arbeitnehmer sind also im Durchschnitt seltener krank als ihre jüngeren Kollegen, fallen aber bei einer Erkrankung wesentlich länger aus. Folglich steigt der Krankenstand in den älteren Altersgruppen.[82]

In diesem Zusammenhang ist auch immer der sogenannte *Healthy worker effect* zu berücksichtigen. Darunter versteht man einen natürlichen Selektionsprozess,

80 Vgl. Bundesministerium für Arbeit und Soziales (2014), S. 41.
81 In Anlehnung an Meyer, M., Modde, J., Glushanok, I. (2014), S. 336.
82 Vgl. Meyer, M., Modde, J., Glushanok, I. (2014), S. 336; Gündisch, U. (2012), S. 43; Richter, G., Bode, S., Köper, B. (2012), S. 5-6.

wonach die kränkeren Arbeitnehmer schon vorher aus dem Erwerbsleben ausgeschieden sind und demzufolge die Grundgesamtheit an älteren Arbeitnehmern ohnehin nur noch aus den Gesunden besteht.[83]

Das Phänomen, dass ältere Mitarbeiter seltener, aber dafür deutliche länger arbeitsunfähig sind als ihre jüngeren Kollegen, lässt sich jedoch nur bedingt auf eine längere Rekonvaleszenz und damit das biologische Alter zurückführen. Vielmehr ist diese Entwicklung ein Indiz für Multimorbidität und die Zunahme chronischer Erkrankungen im Alter.[84] Schätzungen des Bundesministeriums für Arbeit und Soziales (BMAS) zufolge leidet rund die Hälfte der über 50-Jährigen an mindestens einer chronischen Erkrankung. Abbildung 11 zeigt die Zunahme chronischer Erkrankungen im Alter.

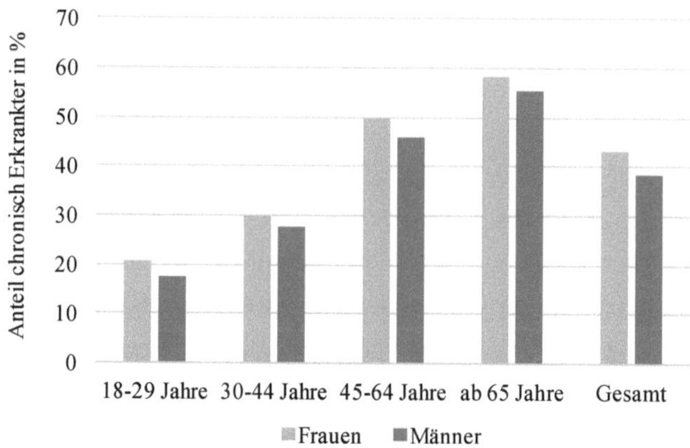

Abbildung 11: Chronische Erkrankungen nach Alter und Geschlecht[85]

Dabei spielen insbesondere psychische Erkrankungen, Erkrankungen des Muskel-Skelett-Apparats und der Atmungsorgane sowie Erkrankungen des Herz-Kreislauf-Systems eine zentrale Rolle.[86]

Obwohl ein beträchtlicher Anteil der Bevölkerung an chronischen Erkrankungen leidet, sind die ökonomischen Auswirkungen vergleichsweise wenig wissen-

83 Vgl. Richter, G., Bode, S., Köper, B. (2012), S. 5.

84 Vgl. Meyer, M., Modde, J., Glushanok, I. (2014), S. 336; Gündisch, U. (2012), S. 43; Richter, G., Bode, S., Köper, B. (2012), S. 5-6; Freude, G., Pech, E. (2005), S. 200.

85 In Anlehnung an Robert Koch-Institut (2014), S. 3.

86 Vgl. Bundesministerium für Arbeit und Soziales (o. J. c), S. 8; Robert Koch-Institut (2014), S. 3; Freude, G., Pech, E. (2005), S. 200.

schaftlich untersucht. Eine der wenigen detaillierten Abhandlungen findet sich im Fehlzeiten-Report 2006. Das Wissenschaftliche Institut der AOK (WIdO) kam damals zu dem Ergebnis, dass chronisch-degenerative Krankheiten hauptverantwortlich für krankheitsbedingte Fehltage seien. Auch die Ausgabe aus dem Jahr 2011 weist darauf hin, dass ein Großteil der Langzeiterkrankungen auf chronische Erkrankungen zurückzuführen ist.[87]

Chronische Krankheiten sind i. d. R. durch langanhaltende akute Krankheits- und damit einhergehend lange Arbeitsunfähigkeitsphasen charakterisiert.[88] Ferner zählen chronische Erkrankungen zu den häufigsten Gründen für einen vorzeitigen Ausstieg aus der Erwerbstätigkeit. Damit geht natürlich ein entsprechend hoher volkswirtschaftlicher Produktivitätsverlust einher. Angaben des statistischen Bundesamts zufolge ist 2009 lediglich etwa die Hälfte der Erwerbstätigen aufgrund des Alters in den Ruhestand gegangen. Etwa 22% der Personen haben Vorruhestandsregelungen in Anspruch genommen oder sind aus der Arbeitslosigkeit heraus in den Ruhestand übergegangen. Fast ein Drittel der Personen ist hingegen aus gesundheitlichen Gründen in die Rente gegangen. Das Risiko aus gesundheitlichen Gründen aus der Erwerbstätigkeit auszuscheiden variiert dabei erheblich nach Berufsgruppe.[89] 2013 betrug das durchschnittliche Renteneintrittsalter aufgrund von Erwerbsminderung bei Frauen 50,3 Jahre und bei Männern 51,5 Jahre. Zu den häufigsten Diagnosegruppen zählten dabei mit Abstand die psychischen und Verhaltensstörungen (42,7%), gefolgt von Erkrankungen des Muskel-Skelett-Apparats und des Bindegewebes (13,6%), Neubildungen (12,3%) und Krankheiten des Herz-Kreislauf-Systems (9,5%). Besonders auffällig ist dabei der Anstieg der Erwerbsminderungsrenten aufgrund von psychischen Erkrankungen und Verhaltensstörungen von 24,2% im Jahr 2000 auf 42,7% im Jahr 2013, während beispielsweise im gleichen Zeitraum die Erwerbsminderungsrenten aufgrund von Erkrankungen des Muskel-Skelett-Apparats und des Bindegewebes von 25,4% auf 13,6% zurückgingen.[90]

---

87 Vgl. Vetter, C., Küsgens, I., Madaus, C. (2007), S. 212; Meyer, M., Stallauke, M., Weirauch, H. (2011), S. 223-224.

88 Vgl. Freude, G., Pech, E. (2005), S. 200.

89 Vgl. Richter, G., Bode, S., Köper, B. (2012), S. 6.

90 Vgl. Deutsche Rentenversicherung Bund (2014), S. 110-111, 138.

Eine ähnliche Entwicklung ist auch im Kontext des Arbeitsunfähigkeitsgeschehens zu beobachten. Abbildung 12 visualisiert die Entwicklung der Arbeitsunfähigkeitstage nach Krankheitsarten.

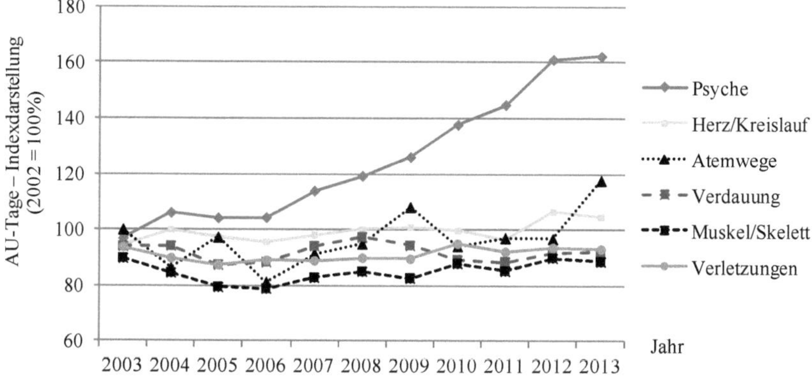

Abbildung 12: Arbeitsunfähigkeitstage nach Krankheitsarten[91]

Auch hier ist der deutliche Anstieg im Bereich der Krankheiten der Psyche sehr auffällig. Die Ursachen für diesen Anstieg werden dabei kontrovers diskutiert. Neben den Veränderungen der Arbeitswelt und hier insbesondere die Zunahme der psychischen Arbeitsanforderungen und -belastungen, spielt in dem Zusammenhang sicherlich auch das veränderte Dokumentationsverhalten der Ärzte eine Rolle. Jacobi (2009) zufolge sei die reale Prävalenz über die Jahre aber unverändert geblieben.[92]

Neben dem Produktionsausfall aufgrund von Arbeitsunfähigkeit und einem vorzeitigem Ausstieg aus dem Erwerbsleben (und somit indirekten Kosten), nehmen auch die Krankheitskosten mit zunehmendem Alter zu. Tabelle 5 zeigt die Krankheitskosten je Einwohner 2008 nach Altersgruppen.[93]

---

91 In Anlehnung an Meyer, M., Modde, J., Glushanok, I. (2014), S. 351.
92 Vgl. Jacobi, F. (2009), S. 17.
93 Vgl. Statistisches Bundesamt (2010), S. 15.

Tabelle 5: Krankheitskosten je Einwohner in € 2008 nach Altersgruppen[94]

Altersgruppe	Je Einwohner der entsprechenden Altersgruppe (in €)	
	Männer	Frauen
unter 15	1.450	1.260
15 bis 29	1.010	1.640
30 bis 44	1.440	1.980
45 bis 64	2.960	3.060
65 bis 84	6.580	6.470
85 plus	11.920	15.870
Gesamt	**25.360**	**30.280**

Zu den Risikofaktoren für die Zunahme bestimmter Krankheitsbilder im Alter (z. B. Muskel-Skelett-Erkrankungen, Herz-Kreislauf-Erkrankungen, usw.) zählen u. a. das individuelle Gesundheitsverhalten (z. B. Ernährung, Genussmittelkonsum, Maß an körperlicher Aktivität) und die Anzahl und Qualität sozialer Beziehungen im privaten Bereich. Daneben kommt im Kontext der Entstehung von chronischen Erkrankungen aber auch der Arbeitswelt eine nicht unwichtige Bedeutung zu.[95] So wirken sich beispielsweise ein schlechtes Betriebsklima, ein schwieriges Verhältnis zu Kollegen oder Vorgesetzten oder auch schwere körperliche Arbeit negativ auf die Gesundheit der Beschäftigten aus. Mit zunehmendem Alter machen sich schlichtweg auch berufstypische Belastungen stärker bemerkbar. Kuhn (2007) zufolge sind die arbeitsbedingten Einflüsse im Hinblick auf die Entstehung chronischer Erkrankungen nicht zu vernachlässigen. Erwerbstätige verbringen nun einmal einen großen Teil ihrer Zeit am Arbeitsplatz. Insofern sind der angesprochene Zusammenhang und auch die höhere Anfälligkeit für Berufskrankheiten mit zunehmendem Lebensalter wenig verwunderlich.[96]

Altern für sich ist jedoch ein biologischer Vorgang und keine Krankheit. Auf einer 2002 vom British Medical Journal publizierten Liste der Nicht-Krankheiten, steht das Altern bzw. Älterwerden ganz oben an erster Stelle. Das Lebensalter ist wohl aber ein Risikofaktor für die Gesundheit. Altern, altersabhän-

94 In Anlehnung an Statistisches Bundesamt (2010), S. 15.

95 Vgl. Freude, G., Pech, E. (2005), S. 207.

96 Vgl. Freude, G., Pech, E. (2005), S. 198-199, 207; Macco, K., Stallauke, M. (2010), S. 272; Bundesministerium für Familie, Senioren, Frauen und Jugend (2010), S. 103; Initiative Neue Qualität der Arbeit (2011), S. 11; Richter, G., Bode, S., Köper, B. (2012), S. 6; Ilmarinen, J., Tempel, J. (2002), S. 87; Kuhn, K. (2007), S. 25.

gige Beschwerden und Leiden sowie die Entstehung chronischer Krankheiten werden dabei als eine „Entwicklung auf einem Gesundheits-Krankheits-Kontinuum verstanden“[97]. Man geht davon aus, dass sich chronische Krankheiten prozesshaft in Gestalt von Krankheitskarrieren entwickeln. Chronische Erkrankungen zählen dabei als wesentliches Merkmal von Morbidität.[98]

Wenngleich im Alter Anzahl und Schwere der Erkrankungen zunehmen, ist anzunehmen, dass für einen großen Anteil chronischer Erkrankungen biologische und physiologische Alterungsprozesse weitgehend unerheblich sind. „Ob einer mit 45 viel zu alt oder mit 70 noch im besten Erwerbsalter ist, liegt eher an der Art der Tätigkeit und dem Erwerbsverlauf, der zu ihr führte, als an biologisch determinierten altersbedingten Wandlungen genereller menschlicher Leistungsfähigkeit“[99].

Das zunehmende Krankheitsrisiko im Alter ist vielmehr auf die lange, präklinische Latenzzeit bestimmter Krankheiten, die jahre- bzw. jahrzehntelange Exposition gegenüber verschiedener, exogener Noxen, sowie die im Alter abnehmende Immunresponsitivität zurückzuführen. Ferner treten bestimmte Krankheiten aufgrund veränderter „homöostatischer Regulations- und Reparaturmechanismen“[100] im Alter häufiger und mit einem höheren Schweregrad auf als in jungen Jahren. Von „altersphysiologischen Veränderungen mit möglichem Krankheitswert“[101] spricht man in dem Kontext dann, wenn Veränderungen auftreten, die zwar zu einem normalen Alterungsprozess gehören und dementsprechend auch alle Menschen gleichermaßen betreffen, aber in einem Ausmaß bzw. Grad auftreten, der das normale Maß übersteigt.[102]

Die geschilderten Zusammenhänge zwischen Alter und Krankheit verdeutlichen noch einmal, dass das Alter allein nicht automatisch mit Krankheit gleichzusetzen ist. Dennoch ist zu konstatieren, dass Krankheit und Altern sowie Altern und

---

97 Freude, G., Pech, E. (2005), S. 198-199.

98 Vgl. Brandenburg, U., Domschke, J.-P. (2007), S. 69-70; Freude, G., Pech, E. (2005), S. 198-199.

99 Behrens, J. (2003), S. 116.

100 Brandenburg, U., Domschke, J.-P. (2007), S. 69-70.

101 Brandenburg, U., Domschke, J.-P. (2007), S. 69-70.

102 Vgl. Freude, G., Pech, E. (2005), S. 198-199; Bundesministerium für Arbeit und Soziales (o. J. c), S. 13-14; Böhm, K., Tesch-Römer, C., Ziese, T. (2009), S. 11; Brandenburg, U., Domschke, J.-P. (2007), S. 69-70.

bestimmte Degenerationsprozesse im Körper über die reduzierte Anpassungs- und Widerstandsfähigkeit des Organismus sowie die zunehmende Störungsanfälligkeit miteinander verwoben sind. Bei der Diskussion eines möglichen Zusammenhangs von Alter und Krankheit geht es i. d. R. nicht um Akutkrankheiten, sondern vielmehr um die Zunahme chronischer Erkrankungen sowie das simultane Auftreten mehrerer Erkrankungen (Mulitmorbidität) mit zunehmendem Lebensalter. Neben der Chronifizierung im Alter, belegen diverse Studien den Zusammenhang zwischen Alter und Multimorbidität. Brandenburg und Kollegen (2007) zufolge leiden Personen im Alter von 37 bzw. 47 Jahren durchschnittlich an drei bzw. vier Erkrankungen. Mit 50 Jahren leidet mehr als jeder zweite Mann an zwei oder mehr Krankheiten. Bei den Frauen liegt der Anteil mit 70% deutlich höher als in der männlichen Bevölkerung. Wenngleich das Alter bzw. das Altern keine Krankheit darstellt, so werden fließende Übergänge zwischen reinen biologischen bzw. physiologischen Alterungsprozessen und Erkrankungen häufiger.[103] Das biologische Alter ist damit zwar nicht mit Krankheit gleichzusetzen, wohl aber ein bedeutender Risikofaktor für die Gesundheit.

2.4 Arbeit, sozialer Status und Gesundheit

Der Zusammenhang von Arbeit, sozialem Status und Gesundheit ist komplex und vielschichtig, die Beziehungen wechselseitig. Gesundheit beeinflusst den erreichbaren und den erreichten sozialen Status, umgekehrt beeinflusst sozialer Status aber auch Gesundheit.[104]

Sozialer Status und hier insbesondere soziale Beziehungen gelten als entscheidende Determinante im Hinblick auf das Krankheitsrisiko, Gesundheitschancen sowie die Lebenserwartung von Individuen.[105] Da die individuelle Gesundheit

[103] Vgl. Brandenburg, U., Domschke, J.-P. (2007), S. 69-70.

[104] Vgl. Bundesministerium für Arbeit und Soziales (o. J. c), S. 14-16; Holt-Lunstad, J., Smith, T. B., Layton, J. B. (2010); House, J. S., Landis, K. R., Umberson, D. (1988), S. 540.

[105] Vgl. hierzu z. B. House und Kollegen (1988): „Social relationships, or the relative lack thereof, constitute a major risk factor for health – rivaling the effect of well established

die Chancen auf dem Arbeitsmarkt sowohl positiv als auch negativ beeinflussen kann und damit letztlich auch die Wahl des Arbeitsplatzes sowie die dort vorherrschenden Arbeitsbedingungen (gesundheitsförderlicher bzw. -gefährdender Natur) gewissermaßen determiniert, müssen in dem Kontext auch immer die Arbeit bzw. die Arbeitsbedingungen mit betrachtet werden.[106] Neben der Arbeit und der Anzahl sowie Qualität von sozialen Beziehungen gibt es weitere Faktoren, über die der Zusammenhang von sozialem Status und Gesundheit hergestellt wird. In dem Zusammenhang werden u. a. Aspekte wie Wertschätzung, Respekt und soziale Integration diskutiert, aber auch milieuspezifisches Gesundheitsverhalten, Bildung, individueller Lebensstil oder der Zugang zu Präventionsangeboten und kurativer Medizin.[107]

Respekt und Wertschätzung oder anders ausgedrückt das Gefühl ein anerkanntes Mitglied der Gesellschaft zu sein, sowie der wahrgenommene Einfluss, den man auf das eigene Leben hat, haben sich als zentrale Determinanten der Gesundheit herauskristallisiert. In dem Zusammenhang hat sich Arbeitslosigkeit „als krankheitsauslösendes Worst-Case-Szenario“[108] erwiesen. Die Möglichkeit einer Erwerbstätigkeit nachzugehen ist auch für Betroffene von zentraler Bedeutung. Dies wird beispielsweise aus der Aussage einer spanischen Patientin deutlich: “I was so scared about the impact it would have on my personal working life [...]. Thanks to this clinic, I can go back to work again. Work is so important to me. It makes me feel useful and responsible. I feel alive again”[109]. Die Spanierin leidet an dem Karpaltunnelsyndrom, einem Kompressionssyndrom des Mittelarmnervs im Bereich der Handwurzel. Aus der Aussage wird deutlich, dass das Gefühl nützlich und für etwas verantwortlich zu sein mitunter sehr bedeutend für die Betroffenen ist.

Moser (2001) und Paul (2009) konnten zeigen, dass Arbeitslose ein schlechteres Befinden sowie ein höheres Erkrankungs- und Sterberisiko aufweisen als Personen in einem dauerhaften Beschäftigungsverhältnis. Auf Basis von Kausalanaly-

---

health risk factors such as cigarette smoking, blood pressure, blood lipids, obesity and physical activity“ (House, J. S., Landis, K. R., Umberson, D. (1988), S. 541).

106 Vgl. Bundesministerium für Arbeit und Soziales (o. J. c), S. 14-16; Paul, K. I., Moser, K. (2009), S. 267.

107 Vgl. Bundesministerium für Arbeit und Soziales (o. J. c), S. 14.

108 Bundesministerium für Arbeit und Soziales (o. J. c), S. 15.

109 Jover, J. (2014).

sen konnten die Wissenschaftlicher nachweisen, dass seelisches Leiden und Arbeitslosigkeit nicht nur miteinander korreliert, sondern dass Arbeitslosigkeit seelisches Leiden verursacht.[110] In dem Zusammenhang dürfe man jedoch bestimmte Selektionseffekte nicht außer Acht lassen. So ist beispielsweise davon auszugehen, dass für Personen, die unter psychischen Problemen leiden, auch per se ein erhöhtes Risiko besteht den Arbeitsplatz zu verlieren. Ferner ist bei dieser Personengruppe auch mit größeren Schwierigkeiten bei der Suche nach einer neuen Stelle zu rechnen.[111] Abgesehen von dem Aspekt, dass das Vorliegen von chronischen Erkrankungen zu Arbeitslosigkeit disponiert, konnte gezeigt werden, dass sich der Gesundheitszustand von Erwerbslosen im Vergleich zu Personen, die in einem dauerhaften Beschäftigungsverhältnis stehen, im Längsschnitt deutlich verschlechtert.[112]

Zu ähnlichen Ergebnissen kamen auch Butterworth und Kollegen (2011). Die Forscher konnten nachweisen, dass Arbeitslose eine schlechtere psychische Gesundheit aufweisen als Erwerbstätige. Interessanterweise zeigte sich aber auch, dass dieser Zusammenhang nicht losgelöst von der Art bzw. Qualität der Arbeit besteht. So fand das Forscherteam heraus, dass der Gesundheitszustand von Arbeitslosen vergleichbar, wenn nicht sogar besser ist als von Personen in prekären Beschäftigungsverhältnissen (vgl. dazu „However the mental health of those who were unemployed was comparable or superior to those in jobs of the poorest psychosocial quality“[113]). Anders als lange vermutet, spielt die Qualität der Arbeit eine Rolle und es ist keineswegs so, dass Erwerbsarbeit gleich welcher Art immer besser wäre als keine Erwerbsarbeit.[114]

---

110 Vgl. Moser, K., Paul, K. (2001), S. 431; Paul, K. I., Moser, K. (2009), S. 264.

111 Vgl. Paul, K. I., Moser, K. (2009), S. 267.

112 Vgl. Paul, K. I., Moser, K. (2009), S. 276; Bundesministerium für Arbeit und Soziales (o. J. c), S. 14-16.

113 Butterworth, P., Leach, L. S., Strazdins, L., u. a. (2011), S. 806.

114 Vgl. Bevan, S. (2015), S. 21-22; Butterworth, P., Leach, L. S., Strazdins, L., u. a. (2011), S. 806.

2.5 Arbeitsbedingungen und (gesundes) Altern

Beschäftigte verbringen einen Großteil ihres Lebens am Arbeitsplatz. Die dort vorherrschenden Arbeitsbedingungen können sich dabei sowohl positiv als auch negativ auf die Gesundheit und den Alterungsprozess der Beschäftigten auswirken.[115]

Die Erforschung des Einflusses gesundheitsgefährdender bzw. -förderlicher Faktoren auf die Gesundheit, das Erwerbsverhalten und den Alterungsprozess ist aufgrund methodischer Schwierigkeiten nur sehr eingeschränkt möglich. Ein wesentliches Problem dabei ist der dynamische und rapide Wandel der Arbeitswelt. Arbeitsmittel, Arbeitsorganisation, Aufgabenprofil und die Rahmenbedingungen unterliegen einem permanenten Veränderungsprozess. So sind beispielsweise die Auswirkungen der veränderten Anforderungen an die Beschäftigten im Hinblick auf den Umgang mit Unsicherheit, Anpassungsfähigkeit bzw. die verlangte Flexibilität bislang noch weitgehend unklar. Da sich die Bedingungen nicht konstant halten und damit auch nicht kontrollieren lassen, sind kaum kausale Schlüsse möglich. Quasiexperimentelle Studiendesigns mit Längsschnitt und Kontrollgruppe sind kaum umsetzbar. Hinzu kommt, dass bei Analysen häufig der Beruf, aber nicht die konkret ausgeübte Tätigkeit als unabhängige Variable bzw. Differenzierungskriterium herangezogen wird. Entsprechend heterogen ist auch die Literaturlandschaft. Während es eine Vielzahl von Querschnittsuntersuchungen und Fallstudien zu der Thematik gibt, sind Kohorten- und Längsschnittanalysen eher die Ausnahme. Vor dem Hintergrund der methodischen Schwierigkeiten sind die Ergebnisse von Längsschnittbetrachtungen auch nur begrenzt aussagefähig.[116]

Inhaltlich steht zumeist die Erforschung möglicher negativer Effekte verschiedener Arbeitsbelastungen und Arbeitsbedingungen auf die Gesundheit der Beschäftigten im Vordergrund.[117] Demgegenüber gibt es weitaus weniger Untersuchungen zu einem möglichen Zusammenhang von Arbeitsbedingungen und dem Alterungsprozess. Dies ist mitunter auf die Komplexität des Alterungsprozesses

[115] Vgl. Richter, G., Bode, S., Köper, B. (2012), S. 4-5.
[116] Vgl. Richter, G., Bode, S., Köper, B. (2012), S. 4-5.
[117] Vgl. Bundesministerium für Arbeit und Soziales (o. J. c), S. 15-16; Richter, G., Bode, S., Köper, B. (2012), S. 4-5.

an sich (vgl. Kapitel 2.2) sowie das Fehlen valider, einfacher und messbarer Alterungsindikatoren zurückzuführen.

Ferner geht man davon aus, dass der Alterungsprozess zu etwa 25% genetisch bedingt ist. Dies belegen zahlreiche Populations- und Zwillingsstudien. Wenngleich der Prozess des Alterns bestimmten biologischen und physiologischen Gesetzmäßigkeiten unterliegt, so sind die großen interindividuellen Unterschiede nicht ausschließlich auf genetische Unterschiede zurückzuführen. Vielmehr spielen neben dem individuellen Gesundheitsverhalten (z. B. Maß an körperlicher Aktivität, Konsum von Alkohol und/oder Zigaretten, Ernährungsweise) und der Qualität und Anzahl sozialer Kontakte, insbesondere die Arbeitsbedingungen eine zentrale Rolle.[118]

Ob die Entwicklung der „individuellen funktionalen Kapazitäten im Verlauf der Erwerbsbiografie stärker durch Gesundheit oder Krankheit, durch beschleunigtes oder verlangsamtes berufliches Altern bestimmt“[119] werde, hänge laut Richter und Kollegen (2012) insbesondere von den konkreten Anforderungen einer Tätigkeit und den vorliegenden Rahmenbedingungen ab. Neben den spezifischen Belastungen und Beanspruchungen spielten auch die Motivation und Qualifikation eine große Rolle. Nach herrschender Meinung wirken sich insbesondere langjährige Nacht-, Hitze- oder körperliche Schwerarbeit, zunehmende psychische Anforderungen sowie eine dauerhafte Exposition gegenüber bestimmten Gefahrstoffen negativ auf den Alterungsprozess aus.[120]

Um der besonderen Bedeutung des Faktors Arbeit und hier insbesondere Arbeitsorganisation und Arbeitsgestaltung Rechnung zu tragen, wird daher öfter auch von arbeitsinduziertem Altern gesprochen. Der Begriff zielt dabei auf förderliche bzw. schädliche Arbeitsbedingungen ab. Im Englischen spricht man vom human-made-ageing, also dem menschgemachten Altern. Der Begriff ist daher weiter gefasst als im deutschen Sprachgebrauch und umfasst beispielweise

118 Vgl. Freude, G., Pech, E. (2005), S. 198-199; Hacker, W. (2003), S. 8; Jacobi, G. (2005), S. 10.

119 Richter, G., Bode, S., Köper, B. (2012), S. 5.

120 Vgl. Freude, G., Pech, E. (2005), S. 198-199; Hacker, W. (2003), S. 8; Jacobi, G. (2005), S. 10; Richter, G., Bode, S., Köper, B. (2012), S. 4-5.

auch die individuelle Lebenweise.[121] Tabelle 6 skizziert die Determinanten des Alterungsprozesses im Überblick.

Tabelle 6: Determinanten des Alterungsprozesses[122]

Prozess des Alterns/ Leistungsfähigkeit im Alter - Physiologische und psychologische Gesetzmäßigkeiten -			
Genetische Einflüsse/ Unterschiede	**Personenmerkmale** ▪ Risikofaktoren ▪ Gesundheitszustand ▪ Lebensstil ▪ Bildungsstand ▪ Fähig-/Fertigkeiten ▪ Soziale Aktivitäten ▪ Gesundheitsverhalten ▪ Zufriedenheit ▪ Motivation ▪ Zukunftserwartungen ▪ usw.	**Umweltmerkmale** ▪ Räumliche Umwelt ▪ Soziale Umwelt ▪ Institutionelle Umwelt ▪ Materielle Situation	**Arbeitsmerkmale** ▪ Anforderungen ▪ Belastungen ▪ Ressourcen ▪ Perspektiven

Die wissenschaftliche Evidenz zu den eben erläuterten Sachverhalten ist jedoch begrenzt.[123]

Demgegenüber ist der Zusammenhang von Arbeitsbedingungen und Krankheit bzw. Gesundheit relativ gut wissenschaftlich untersucht. So gelten beispielsweise hohe psychische und körperliche Belastungen, aber auch dequalifizierende Arbeitstätigkeiten als gesundheitsgefährdend. Dies gilt insbesondere für ältere Arbeitnehmer. Die Erforschung und Beschreibung dieser Zusammenhänge ist zugleich eine der Kernaufgaben der Arbeitsmedizin.[124] In diesem Zusammenhang sei auf eine relativ umfangreiche Übersichtsarbeit von Bödeker und Barthelmes (2011) verwiesen. Die Autoren haben eine Reihe von arbeitsbezogenen Risikofaktoren ermittelt, die im Verdacht stehen negative Auswirkungen auf die Gesundheit der Beschäftigten zu haben. Dabei unterscheiden sie physische (wie z. B. schweres Heben), psychosoziale (z. B. hohe Arbeitsbelastung) und organi-

---

[121] Vgl. Freude, G., Pech, E. (2005), S. 198-199; Hacker, W. (2003), S. 8; Jacobi, G. (2005), S. 10; Richter, G., Bode, S., Köper, B. (2012), S. 4-5.

[122] In Anlehnung an Brandenburg, U., Domschke, J.-P. (2007), S. 82.

[123] Vgl. Bundesministerium für Arbeit und Soziales (o. J. c), S. 15-16; Freude, G., Pech, E. (2005), S. 198-199; Koller, B., Plath, H.-E. (2000), S. 118; Brandenburg, U., Domschke, J.-P. (2007), S. 69-70.

[124] Vgl. Bundesministerium für Arbeit und Soziales (o. J. c), S. 15-16; Richter, G., Bode, S., Köper, B. (2012), S. 4-5.

sationale Risikofaktoren (z. B. Schichtarbeit). Tabelle 7 gibt einen Überblick über arbeitsbezogene Risikofaktoren.[125]

Tabelle 7: Arbeitsbezogene Risikofaktoren[126]

Physische Risikofaktoren	Psychosoziale Risikofaktoren	Organisationale Risikofaktoren
▪ Lastenhandhabung/ schweres Heben ▪ Ganzkörpervibrationen ▪ Kniende/hockende Tätigkeit ▪ Schwere körperliche Arbeit ▪ Repetitive Bewegung gebeugter Nacken ▪ Dauer Mausnutzung ▪ Statistische Belastung der Nacken-Schulter-Muskulatur ▪ Häufiges Treppensteigen/ auf Leitern steigen	▪ Hohe Arbeitsdichte/ Arbeitsüberlastung ▪ Geringe soziale Unterstützung am Arbeitsplatz ▪ Geringe Arbeitszufriedenheit ▪ Selbsteinschätzung Stress ▪ Selbsteinschätzung Arbeitsfähigkeit ▪ Überzeugung, dass Arbeit gefährlich ist ▪ Emotionaler Aufwand ▪ Psychische Anforderungen ▪ Entscheidungsspielraum ▪ Job Strain ▪ Gratifikationskrisen	▪ Schichtarbeit ▪ Atypische Beschäftigungsverhältnisse

Diversen empirischen Studien zufolge ist insbesondere die Kombination von einem geringen Entscheidungs- bzw. Gestaltungsspielraum in Verbindung mit hohen Arbeitsanforderungen und psychischen Belastungen kritisch. Diese Konstellation ist u. a. mit vermindertem Wohlbefinden, Burnout und geringerer Arbeitszufriedenheit assoziiert. Daneben gibt es auch Studien, die auf einen Zusammengang mit physischen Gesundheitsbeeinträchtigungen hindeuten. So wurden Gratifikationskrisen nicht nur mit Wohlbefinden und psychosomatischen Beschwerden, sondern auch mit Bluthochdruck sowie koronaren Herzkrankheiten in Verbindung gebracht. In einer anderen Arbeit wurden Zusammenhänge mit einem erhöhten Risiko für Depressionen, Burnout, diversen psychiatrischen Störungen sowie Alkoholabhängigkeit festgestellt. Angaben des Bundesministeriums für Arbeit und Soziales zufolge könne ein großer Anteil der Herzinfarkte bei älteren Erwerbstätigen auf psychosoziale Arbeitsbelastungen zurückgeführt werden. Im Allgemeinen werden psychosoziale Faktoren auch als

[125] Vgl. Richter, G., Bode, S., Köper, B. (2012), S. 4-5; Bödeker, W., Barthelmes, I. (2011), S. 9.

[126] In Anlehnung an Bödeker, W., Barthelmes, I. (2011), S. 9.

Auslöser für Depressionen und Beschwerden des Bewegungsapparats diskutiert.[127]

Was in der Übersicht jedoch nicht enthalten ist, ist das Thema Führung. Wird beispielsweise ein dauerhaftes Engagement der Mitarbeiter nicht entsprechend honoriert, sei es finanziell, emotional oder statusbezogen, kann dies langfristig krankheitsauslösend wirken. Diversen Studien zufolge ist eine fehlende Wertschätzung seitens des Vorgesetzten mit einem erhöhten Risiko für die Entwicklung einer Depression bzw. Herz-Kreislauf-Erkrankungen assoziiert.[128]

Arbeit kann aber auch gesundheitsförderlich wirken. Gerade in der letzten Zeit werden zunehmend „die positiven, salutogenen Einflüsse gut gestalteter und gut organisierter Arbeit auf den Erhalt von Gesundheit, Leistungsfähigkeit und Wohlbefinden“[129] ersichtlich. Mittlerweile gilt als erwiesen, dass „Erwerbsarbeit eine Ressource für die Gesundheit Einzelner“[130] darstellt. Dafür sprechen nicht nur zahlreiche Studien sondern auch zahllose Beispiele aktiv alternder Menschen, die bis ins hohe Alter einer Erwerbstätigkeit nachgehen.[131] Der Erhalt der Arbeits- und Beschäftigungsfähigkeit wird damit zur wesentlichen Strategie im Hinblick auf einen gesunden Alterungsprozess.[132]

Ob Arbeit nunmehr primär gesundheitsgefährdend oder -förderlich wirkt und (ältere) Beschäftigte motiviert und unbeeinträchtigt ihrer Tätigkeit nachgehen, hängt nicht nur von den Arbeitsanforderungen und den Bedingungen am Arbeitsplatz ab, sondern vielmehr auch vom Angebot arbeitsplatzbezogener Präventionsangebote und damit eihergehend der Entwicklung der eigenen Gesundheitskompetenz. Ein eigenverantwortlicher und kompetenter Umgang mit der eigenen Gesundheit ist dabei ebenso wichtig wie eine wertschätzende Führungs- und Unternehmenskultur. Neben den genannten Faktoren beeinflussen auch die persönliche Lebensperspektive, der gesellschaftliche Stellenwert von Arbeit, die

127 Vgl. Richter, G., Bode, S., Köper, B. (2012), S. 4-5; Karasek, R., Theorell, T. (2009); Bundesministerium für Arbeit und Soziales (o. J. c), S. 14-16; Siegrist, J. (2015), S. 17-33.

128 Vgl. Bundesministerium für Arbeit und Soziales (o. J. c), S. 14-16; Siegrist, J. (1996).

129 Bundesministerium für Arbeit und Soziales (o. J. c), S. 17.

130 Richter, G., Bode, S., Köper, B. (2012), S. 2.

131 Vgl. Bundesministerium für Arbeit und Soziales (o. J. c), S. 15-16; Richter, G., Bode, S., Köper, B. (2012), S. 2.

132 Vgl. Richter, G., Bode, S., Köper, B. (2012), S. 8.

individuelle Einstellung gegenüber der Arbeit sowie wirtschaftliche Überlegungen die Bereitschaft und Fähigkeit einer Person trotz etwaiger gesundheitlicher Beschwerden einer beruflichen Tätigkeit nachzugehen.[133]

2.6 Bedeutung der Gesundheit und Leistungsfähigkeit von Beschäftigten für den Einzelnen, Arbeitgeber, Sozialsystem und Gesellschaft

Aus den vorherigen Ausführungen wird deutlich, dass die Gesundheit bzw. Leistungsfähigkeit von Beschäftigten nicht nur für den Einzelnen, sondern auch für Arbeitgeber, Sozialsystem und letztlich für die gesamte Gesellschaft von zentraler Bedeutung sind.

Gesundheit, Leistungs- und Arbeitsfähigkeit sind untrennbar miteinander verwoben und wirken sich kurz-, mittel- und langfristig auf die Lebensqualität der Einzelnen aus. Der Verlust des Arbeitsplatzes bzw. das vorzeitige Ausscheiden aus dem Erwerbsleben stellt für viele Betroffene ein Horrorszenario dar, das mit sozialem Rückzug und Isolation verbunden ist.

Vor dem Hintergrund alternder Belegschaften muss es auch das Ziel der Unternehmen sein, ihre Mitarbeiter so lange wie möglich im Betrieb zu halten. Dies kann jedoch nur gelingen, wenn Mitarbeiter bis ins Alter gesund und arbeitsfähig sind. Unternehmen können es sich heute nicht mehr leisten Mitarbeiter in den Vorruhestand zu schicken, sondern sind auf das Wissen und die Expertise ihrer älteren Mitarbeiter angewiesen. Unternehmen müssen daher umdenken und sich an die wandelnde Struktur ihrer Beschäftigten anpassen. Dies erfordert zugleich ein Umdenken der Gesellschaft. Die Auffassung, Arbeitnehmer über 50 seien kaum belastbar und für Arbeitgeber zu kostspielig muss sich aus den Köpfen der Unternehmen und der Gesellschaft gleichermaßen lösen.[134]

133 Vgl. Bundesministerium für Arbeit und Soziales (o. J. c), S. 14-16; Nilsson, K., Hydbom, A. R., Rylander, L. (2011), S. 476.

134 Vgl. Ehrentraut, O., Fetzer, S. (2007), S. 26; Initiative Neue Qualität der Arbeit (2011), S. 9.

Vor dem Hintergrund des Rückgangs von potenziellen Beitragszahlern bei gleichzeitig steigenden Kosten aufgrund der Alterung der Bevölkerung wird auch das Sozialversicherungssystem in Deutschland vor große Herausforderungen gestellt. Die Gesundheit und der möglichst lange Verbleib im Erwerbsleben stellt somit auch für das weitere Funktionieren des Sozialversicherungssystems eine entscheidende Determinante dar.

Und nicht zuletzt ist die Gesundheit und Leistungsfähigkeit jedes Einzelnen von enormer Bedeutung für die Gesellschaft. Das Arbeitsunfähigkeitsgeschehen und der vorzeitige Ausstieg aus dem Erwerbsleben führen zu erheblichen Produktivitätsverlusten, die nicht nur die Unternehmen und Betriebe tangieren, sondern die Gesellschaft als Ganzes. In Europa sind beispielsweise über 50% des Arbeitsunfähigkeitsgeschehens und mehr als 60% des Erwerbsunfähigkeitsgeschehens auf Muskelskeletterkrankungen zurückzuführen. Jährlich werden allein durch Muskelskeletterkrankungen Kosten in Höhe von 240 Milliarden Euro bzw. 2% des Bruttoinlandsprodukts von Europa verursacht.[135]

Die Bewältigung des demographischen Wandels ist eine Querschnittsaufgabe. Neben der Arbeitswelt tangiert sie gleichzeitig Sozial-, Bildungs-, Gesundheits- und Sozialpolitik.[136] Die Politik ist in der Pflicht. Wolfgang Schäuble dazu in einem Beitrag zum Thema Zukunft des Sozialstaats: „Wir haben eine Verantwortung dafür, den kommenden Generationen funktionsfähige Sozialsysteme zu hinterlassen, und wenn wir die Dinge tatenlos auf uns zukommen lassen, werden wir dieser Verantwortung nicht gerecht."[137] Wer aufgrund der steigenden Lebenserwartung in Alarmismus ausbreche oder Untergangsprophezeiungen verbreite, übersehe, laut Schäuble, dass diese Entwicklung „das gewollte Ergebnis menschlichen Handelns"[138] ist. Auch dieser Aspekt wird in der öffentlichen Diskussion oft vergessen. Eine adäquate Begegnung des demographischen Wandels erfordere die Bündelung aller Kräfte und laut Ansicht des früheren Bundesinnenministers H.-P. Friedrich insbesondere auch einen breiten „Dialog zwischen allen Verantwortlichen in Staat und Gesellschaft"[139]. Friedrich forciert damit

---

135 Vgl. Fit for Work Europe (o. J.), S. 1.
136 Vgl. Richter, G., Bode, S., Köper, B. (2012).
137 Schäuble, W. (2011), S. 79.
138 Schäuble, W. (2011), S. 84.
139 Hoß, K., Pomorin, N., Reifferscheid, A., u. a. (2013), S. 48.

auch die Zusammenarbeit von Ländern, Kommunen, Verbänden, Sozialpartnern und allen weiteren Akteuren der Zivilgesellschaft.[140]

Anfang 2012 hat die Bundesregierung die Demographiestrategie *Jedes Alter zählt*[141] ins Leben gerufen. Elementarer Baustein ist dabei auch die schrittweise Anhebung des Renteneintrittsalters auf 67 Jahre bis 2029. Diese Anhebung sei laut Angaben der Bundesregierung notwendig, um der gestiegenen Lebenserwartung sowie dem drohenden Fachkräftemangel gerecht zu werden. Dies sichere den volkswirtschaftlichen Wohlstand der Bundesrepublik, stabilisiere zugleich die Finanzierungsgrundlagen der Rentenversicherung, stärke die Gerechtigkeit zwischen den Generationen und erhöhe das durchschnittliche Einkommensniveau der künftigen Rentner.[142]

Die Bundesregierung hat mit der Rente mit 67 zwar einen verbindlichen Rahmen für die Verlängerung der Lebensarbeitszeit geschaffen, dies kann aber nur gelingen, wenn in den Unternehmen auch die Voraussetzungen dafür geschaffen werden. Die Bundesregierung weist daher auch explizit auf die Bedeutung einer alters- und alternsgerechten Arbeitswelt hin und nimmt die Betriebe in die Pflicht. In ihrer Präventionsstrategie betont sie auch explizit die Bedeutung der betrieblichen Gesundheitsförderung.[143]

Auch müssen Beschäftigte bereit sein länger arbeiten zu wollen. Die Akzeptanz auf Seiten der Bevölkerung ist jedoch gering. Das Unverständnis scheint auf der einen Seite nachvollziehbar, auf der anderen Seite wird in der öffentlichen Debatte oft vergessen, dass wir uns nach wie vor in einer sehr bequemen Lage befinden. Als das Sozialversicherungssystem in Deutschland eingeführt wurde, wurden Altersrenten nämlich erst mit Vollendung des 70. Lebensjahres bezahlt. Damit lag das Renteneintrittsalter höher als die durchschnittliche Lebenserwartung der 65-Jähringen.[144] Heute liegt die durchschnittliche Lebenserwartung von Frauen bzw. Männern deutlich höher. Im Alter von 65 Jahren können Männer

140 Vgl. Hoß, K., Pomorin, N., Reifferscheid, A., u. a. (2013), S. 49; Bundesministerium des Innern (o. J.), S. 8-9.

141 Vgl. Bundesministerium des Innern (o. J.).

142 Vgl. Bundesministerium des Innern (o. J.), S. 7, 19; Richter, G., Bode, S., Köper, B. (2012), S. 8.

143 Vgl. Bundesministerium des Innern (o. J.), S. 20-21; Bundesministerium für Gesundheit (2012).

144 Vgl. Bundesministerium des Innern (o. J.), S. 16.

heute statistisch damit rechnen weitere 17,5 Jahre zu leben, Frauen 20,7 Jahre.[145] Insofern war das „Verhältnis von Lebenserwartung zu Lebensarbeitszeit“[146] noch nie so positiv wie in der heutigen Zeit.[147]

Zusammenfassend kann man also sagen, dass die Herausforderungen des demographischen Wandels nicht nur den Staat, sondern jeden Einzelnen und auch die Unternehmen betreffen. Der Erhalt bzw. die Wiederherstellung der Arbeitsfähigkeit ist nicht nur eine elementare Aufgabe für jeden einzelnen Beschäftigten, sondern auch für die Betriebe und den Staat. Der Staat muss die notwendigen (gesetzlichen) Rahmenbedingungen für einen längeren Verbleib der Arbeitnehmer und Arbeitnehmerinnen im Erwerbsleben schaffen. Die Unternehmen und Betriebe ihrerseits tragen eine hohe Mitverantwortung. Sie müssen wiederum die notwendigen Voraussetzungen schaffen, damit ältere Mitarbeiter auch bis zum Renteneintrittsalter im Betrieb verbleiben können, etwa durch entsprechende Gesundheitsförderungsmaßnahmen oder Weiterbildungsangebote. Es gilt eine alternsgerechte Personalpolitik zu implementieren und zu leben. Demnach dürfen sich Maßnahmen nicht auf Beschäftigte über 50 oder gar 55 Jahre beschränken, sondern müssen viel früher ansetzen. Personalpolitik und Arbeitsbedingungen müssen über die gesamte Erwerbsbiographie so gestaltet werden, dass die Mitarbeiter bis zum Renteneintrittsalter gesund und motiviert sind und darüber hinaus ihren wohl verdienten Ruhestand in Gesundheit erleben können. Dabei ist Prävention und Gesunderhaltung kurativem Handeln gegenüber der Vorzug zu gewähren.

Zum anderen darf man nicht aus den Augen verlieren, dass Arbeitsfähigkeit nur ein Bestandteil von Beschäftigungsfähigkeit darstellt. D. h. wiederum, dass der Erhalt der Arbeitsfähigkeit zwar eine notwendige, aber keinesfalls eine hinreichende Voraussetzung dafür ist, dass Arbeitnehmer und Arbeitnehmerinnen bis ins höhere Alter beschäftigt werden. Vielmehr muss auch der Arbeitsmarkt aufnahmefähig und die Unternehmen bereit sein, ältere Arbeitnehmer/-innen zu beschäftigen und sie vom externen Arbeitsmarkt auch nachzufragen. Nicht zuletzt

[illegible] Statistisches Bundesamt (2015f).
[illegible] isterium des Innern (o. J.).
[illegible] che Rentenversicherung Oldenburg-Bremen (o. J.).

erfordert dies auch die Bereitschaft der Erwerbstätigen bis ins Renteneintrittsalter arbeiten zu wollen.

Die Bewältigung der Herausforderungen des demographischen Wandels erfordert damit ein Umdenken auf ganzer Ebene und die Mitwirkung und Bereitschaft aller Beteiligten.[148]

---

148 Vgl. Kistler, E. (2008), S. 40.

3 Frühintervention als vielversprechender Ansatz

3.1 Gestaltungsfelder betrieblicher Prävention und Gesundheitsförderung

3.1.1 Alter(n)sgerechte Arbeits- und Beschäftigungspolitik

Wenngleich die Evidenz im Hinblick auf die kausalen Zusammenhänge zwischen Gesundheit und Arbeitsbedingungen und insbesondere hinsichtlich Altern und Arbeitsbedingungen noch relativ schwach ist (vgl. Kapitel 2.5), so lassen sich aus den vorliegenden Querschnittsstudien doch Hinweise auf gesundheitsschädliche bzw. -gesundheitsförderliche Faktoren und damit auch Ansätze für eine alternsgerechte Ausgestaltung der Arbeit im Sinne einer demographiefesten Unternehmenspolitik ableiten. Die Schaffung einer alters- und alternsgerechten Beschäftigungs- und Arbeitspolitik ist ein äußert komplexes Unterfangen. So unterschiedlich wie die Probleme und Herausforderungen in den einzelnen Betrieben sind, so facettenreich und vielfältig sind auch die Ansatzpunkte bzw. Gestaltungsmöglichkeiten. Abbildung 13 gibt eine Übersicht über die Gestaltungsfelder und ausgewählte Maßnahmen einer altersspezifischen und alternsgerechten Beschäftigungs- und Arbeitspolitik im Betrieb.[149]

Aufgrund der unterschiedlichen Ausgangslage in den einzelnen Betrieben, sollte vor Konzipierung bzw. Initiierung von Maßnahmen eine Analyse der gegenwärtigen betrieblichen Situation erfolgen, um einen Eindruck von der Ist-Situation zu gewinnen und den Handlungsbedarf ableiten zu können.

Hierfür stehen den Unternehmen eine Reihe verschiedener Instrumente, wie z. B. Altersstrukturanalysen, Belastungsanalysen oder die gesetzlich vorgeschriebene Gefährdungsbeurteilung zur Verfügung (vgl. Abbildung 13). Wenngleich die Belastungsanalyse, die Qualifikationsbedarfsanalyse und auch die Gefährdungsbeurteilung keinen direkten Demographiebezug aufweisen, so lassen sich auch anhand dieser Instrumente wertvolle Erkenntnisse hinsichtlich demographiebedingter Schwachstellen im Unternehmen ableiten. Der erste Schritt ist

149 Vgl. Richter, G., Bode, S., Köper, B. (2012), S. 9; Initiative Neue Qualität der Arbeit (2011), S. 25-26; Kistler, E. (2008), S. 11.

jedoch die Durchführung einer Altersstrukturanalyse, um überhaupt erst einmal einen Eindruck von der Altersstruktur der Beschäftigten zu erlangen. Den Unternehmen steht hierfür eine Reihe von EDV-basierten Analyse-Tools zur Verfügung. Aktuellen Forschungsergebnissen zufolge sind die genannten Instrumente in der Praxis jedoch nur wenig verbreitet. Laut einer Erhebung der Initiative Neue Qualität der Arbeit wird selbst die Gefährdungsbeurteilung, die gemäß Arbeitsschutzgesetz und der Unfallverhütungsvorschrift *Grundsätze der Prävention* für alle Arbeitgeber verpflichtend ist, nicht flächendeckend durchgeführt.[150]

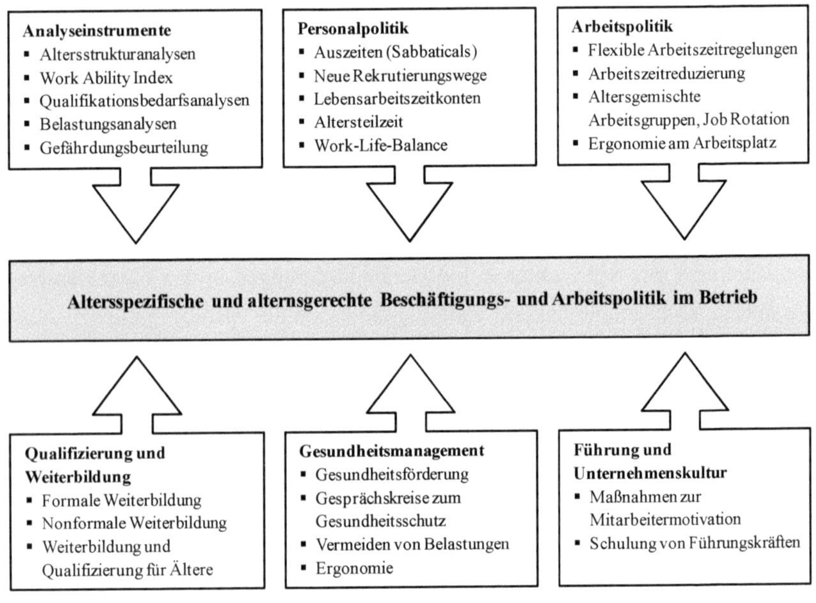

Abbildung 13: Alter(n)sgerechte Beschäftigungs- und Arbeitspolitik[151]

Auch im Rahmen der Personalpolitik existiert eine Reihe verschiedener Verfahren und Instrumente zur Generierung einer demographiefesten Unternehmenspolitik (vgl. Abbildung 13). Das nach wie vor oft praktizierte Modell der Altersteilzeit und auch das Modell der Lebensarbeitszeitkonten sind letztlich jedoch Bestandteile einer Vorruhestandskultur, die es aufgrund der demographischen

150 Vgl. Initiative Neue Qualität der Arbeit (2011), S. 27-28; § 5 ArbSchG; Bundesanstalt für Arbeitsschutz und Arbeitsmedizin (2014); Tempel, J., Ilmarinen, J. (2013), S. 32-35.

151 In Anlehnung an Initiative Neue Qualität der Arbeit (2011), S. 26.

Veränderungen zu überwinden gilt. Es sollte vielmehr Ziel der Unternehmen sein, Arbeitsbedingungen so zu gestalten, dass Beschäftigte bis zum regulären Renteneintrittsalter im Betrieb gehalten werden können. Neben der Gestaltung des Rentenübergangs, spielen im Rahmen der Personalpolitik insbesondere neue Rekrutierungsformen eine zentrale Rolle. Aufgrund des drohenden Fach- und Nachwuchskräftemangels gilt es vermehrt Präsenz in Schulen, Ausbildungsstätten und Universitäten zu zeigen sowie wieder vermehrt auch ältere Arbeitnehmer anzuwerben.[152]

Im Bereich der Arbeitspolitik spielen insbesondere Fragen der Arbeitsorganisation und Arbeitsgestaltung sowie der Arbeitszeitgestaltung eine zentrale Rolle. Hierbei gilt es die Leistungsfähigkeit der Beschäftigten auf der einen Seite und den Arbeitsprozess auf der anderen Seite möglichst zu synchronisieren. Hierbei bieten sich etwa die Neu- bzw. Umorganisation der Arbeitsabläufe, regelmäßige Tätigkeitswechsel oder auch Anpassungen hinsichtlich der Lage und/oder der Verteilung der Arbeitszeit an, um die Arbeit vielseitig zu gestalten und die Belastungen so gering wie möglich zu halten. Dabei gilt das Prinzip der differentiellen Arbeitsgestaltung.[153]

Im Kontext der Qualifizierung und Weiterbildung rücken Schlüsselbegriffe wie lebenslanges Lernen oder eine lernförderliche Arbeitsumgebung in den Mittelpunk. Es gilt gezielt Lernanreize, auch und gerade für ältere Mitarbeiter zu setzen, damit diese kognitiv leistungsfähig und geistig flexibel bleiben. Studienergebnissen zufolge gibt es allerdings nur bei einem Bruchteil der Unternehmen spezielle Qualifizierungs- bzw. Weiterbildungsangebote für ältere Beschäftigte.[154]

Ein zentrales Handlungsfeld im Rahmen einer demographiefesten Unternehmenspolitik stellt auch das Gesundheitsmanagement dar. Vor dem Hintergrund alternder Belegschaften gilt es die Gesundheit der Beschäftigten nachhaltig zu erhalten und zu fördern sowie die Entstehung von Krankheiten zu vermeiden.

---

152 Vgl. Initiative Neue Qualität der Arbeit (2011), S. 29-31.

153 Vgl. Richter, G., Bode, S., Köper, B. (2012), S. 8; Initiative Neue Qualität der Arbeit (2011), S. 31-32; Kistler, E. (2008), S. 41; Wolff, H., Spiess, C. K., Mohr, H. (2001), S. 129.

154 Vgl. Richter, G., Bode, S., Köper, B. (2012), S. 8; Kistler, E. (2008), S. 41; Wolff, H., Spiess, C. K., Mohr, H. (2001), S. 129; Initiative Neue Qualität der Arbeit (2011), S. 33.

Da Arbeit sowohl einen gesundheitsförderlichen als auch einen gesundheitsschädlichen Charakter aufweisen kann, kann durch die Gestaltung der Arbeitsbedingungen durchaus ein Einfluss auf die Gesundheit der Arbeitnehmer genommen werden. Kernelement eines demographiefesten Gesundheitsmanagements ist dabei eine erweiterte Präventionskultur. Hierbei kommt insbesondere der betrieblichen Gesundheitsförderung ein zentraler Stellenwert zu.[155]

Im Allgemeinen lassen sich die Maßnahmen zur betrieblichen Gesundheitsförderung in verhaltens- und verhältnispräventive Maßnahmen unterscheiden. Verhältnispräventive Ansätze setzen i. d. R. an den Arbeitsbedingungen an. Hier kann das Unternehmen versuchen durch die Modifikation von Arbeits- bzw. Organisationsgestaltung eine Reduktion der Belastungen zu erwirken, die sich letztlich positiv auf die Gesundheit der Beschäftigten auswirkt. Verhaltenspräventive Maßnahmen, wie beispielsweise Ernährungsberatungen oder Rückenschulen, zielen dagegen auf eine individuelle Verhaltensänderung der Beschäftigten ab. Erfahrungen zeigen, dass insbesondere verhaltenspräventive Maßnahmen oft ins Leere laufen. Die betriebliche Gesundheitsförderung ist dabei Bestandteil eines übergeordneten Betrieblichen Gesundheitsmanagements, das neben dem präventiven Aspekt auch die beiden Bestandteile Arbeits- und Gesundheitsschutz sowie das Betriebliche Eingliederungsmanagement umfasst.[156]

Aufgrund des zentralen Stellenwerts eines umfassenden und integrierten Gesundheitsmanagements, wird dieses Thema in einem gesonderten Kapitel behandelt (vgl. Kapitel 3.1.2).

Auch dem Bereich der Unternehmens- und Führungskultur kommt eine entscheidende Rolle im Hinblick auf den Erhalt sowie die Wiederherstellung der Arbeits- und Beschäftigungsfähigkeit zu. In diesem Zusammenhang ist insbesondere auf eine respektierende und wertschätzende Führungskultur hinzuweisen. Anerkennung von Leistung und Lob wirken sich positiv auf die Eigenmotivation der Mitarbeiter aus. Eine negative Bewertung Älterer, etwa hinsichtlich einer generell verminderten Leistungsfähigkeit, stellt in diesem Zusammenhang

155 Vgl. Richter, G., Bode, S., Köper, B. (2012), S. 8; Giesert, M., Reiter, D., Reuter, T. (2013), S. 17; Initiative Neue Qualität der Arbeit (2011), S. 34-35.

156 Vgl. Giesert, M., Reiter, D., Reuter, T. (2013), S. 17; Initiative Neue Qualität der Arbeit (2011), S. 34-35; Richter, G., Bode, S., Köper, B. (2012), S. 8.

das Worst-Case-Szenario dar. Eine solche Einstellung hat nicht selten eine verminderte Motivation und abnehmende Leistung der betroffenen Beschäftigten zur Folge und endet oftmals mit Gedanken an einen frühzeitigen Erwerbsausstieg. Dem gilt es mit einer wertschätzenden Kultur vorzubeugen.[157]

3.1.2 Betriebliches Gesundheitsmanagement (BGM)

Unter Betrieblichem Gesundheitsmanagement versteht man die „bewusste Steuerung und Integration aller betrieblichen Prozesse mit dem Ziel der Erhaltung und Förderung der Gesundheit und des Wohlbefindens der Beschäftigten“[158]. Es geht also um die „Entwicklung betrieblicher Strukturen und Prozesse, die die gesundheitsförderliche Gestaltung von Arbeit und Organisation und die Befähigung zum gesundheitsfördernden Verhalten der Mitarbeiterinnen und Mitarbeiter zum Ziel haben“[159]. Betriebliches Gesundheitsmanagement ist damit viel mehr als die Durchführung einzelner gesundheitsfördernder Maßnahmen. Es ist ein ganzheitlicher Ansatz, eine Managementaufgabe. Die Gesundheit der Arbeitnehmer wird dabei als strategischer Faktor in die Unternehmenskultur und das Leitbild des Unternehmens und damit letztendlich auch in die Prozesse und Strukturen eingebunden. Die Gesamtheit der Maßnahmen dient dabei der Bewahrung und Förderung der Gesundheit und Leistungsfähigkeit jedes einzelnen Mitarbeiters und damit letztlich auch der langfristigen Gesunderhaltung der Unternehmung.

Das Betriebliche Gesundheitsmanagement umfasst dabei die Teilbereiche Gesundheits- und Arbeitsschutz, Betriebliches Eingliederungsmanagement (BEM) und die Betriebliche Gesundheitsförderung (BGF) (vgl. Abbildung 14). Die drei Handlungsfelder werden je nach Literatur oftmals auch als Säulen des BGM verstanden.[160]

---

[157] Vgl. Initiative Neue Qualität der Arbeit (2011), S. 36.

[158] Wienemann, E. (2002).

[159] Badura, B., Hehlmann, T., Walter, U. (2010), S. 33.

[160] Vgl. Giesert, M., Reiter, D., Reuter, T. (2013), S. 17; Badura, B., Hehlmann, T., Walter, U. (2010), S. 33; Wienemann, E. (2002); Mozdzanowski, M. (2015), S. 485.

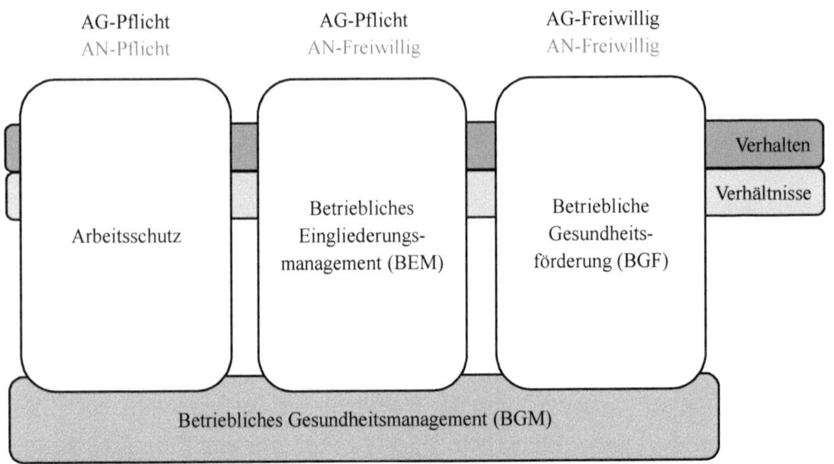

Abbildung 14: Säulen des Betrieblichen Gesundheitsmanagements[161]

3.1.2.1 Arbeits- und Gesundheitsschutz

Der Arbeits- und Gesundheitsschutz blickt in Deutschland auf eine lange Geschichte zurück. Während Arbeitsschutz und Unfallverhütung heute selbstverständlich sind, mussten die Lohnarbeiter im 19. Jahrhundert noch unter zum Teil menschenverachtenden Bedingungen arbeiten. Besserungen brachte erst das im Jahr 1891 verabschiedete Arbeiterschutzgesetz, das u. a. die Sonntagsarbeit begrenzte bzw. ganz verbot, die Beschäftigung von Kindern unter 13 Jahren in Fabriken untersagte und die Arbeitszeit von Kindern unter 16 Jahren sowie Frauen auf zehn bzw. elf Stunden am Tag begrenzte. Ferner wurden die Unternehmen in die Pflicht genommen. Gesundheits- und Unfallgefahren galten nicht mehr länger als unvermeidbarer Preis des Fortschritts bzw. wurden nicht mehr länger ausschließlich auf individuelles Verschulden zurückgeführt. Vielmehr mussten Unternehmer von nun an für eine Verbesserung der Arbeitsbedingungen sorgen und von staatlicher Seite her wurde die Einhaltung der Sicherheits- und Schutzvorschriften überprüft.[162]

---

[161] In Anlehnung an Giesert, M., Reiter, D., Reuter, T. (2013), S. 17.

[162] Vgl. Kern, P., Schmauder, M. (2005), S. 22-23; TÜV Rheinland (o. J.).

Einen wichtigen Meilenstein im heutigen Arbeits- und Gesundheitsschutz bildet das 1973 eingeführte und 1974 verabschiedete Arbeitssicherheitsgesetz (ASiG). Von da an waren Unternehmen verpflichtet Betriebsärzte zu beschäftigen und sich in Sachen Gesundheitsschutz und Arbeitssicherheit von Fachkräften beraten zu lassen. Einen weiteren wichtigen Meilenstein markiert die 1989 erlassene Richtlinie 89/391/EWG des Rates der europäischen Gemeinschaft über die Durchführung von Maßnahmen zur Verbesserung der Sicherheit und des Gesundheitsschutzes der Arbeitnehmer bei der Arbeit.[163]

Das im Sommer 1996 in Kraft getretene Arbeitsschutzgesetz (ArbSchG) setzt das europäische Recht in deutsches Recht um. Das Gesetz über die Durchführung von Maßnahmen des Arbeitsschutzes zur Verbesserung der Sicherheit und des Gesundheitsschutzes der Beschäftigten bei der Arbeit (ArbSchG) „dient dazu, Sicherheit und Gesundheitsschutz der Beschäftigten bei der Arbeit durch Maßnahmen des Arbeitsschutzes zu sichern und zu verbessern“[164]. Es gilt in allen Tätigkeitsbereichen (§ 1 ArbSchG) und regelt die Arbeitsschutzpflichten des Arbeitgebers (Zweiter Abschnitt), die Pflichten und Rechte der Beschäftigten (Dritter Abschnitt), sowie die Überwachung des Arbeitsschutzes durch zuständige Behörden (§ 21 ArbSchG). Der Arbeitgeber ist dabei dazu verpflichtet die erforderlichen Maßnahmen zum Schutz und zur Sicherheit der Arbeitnehmer zu treffen, die Maßnahmen auf ihre Wirksamkeit hin zu überprüfen und ggf. anzupassen (§ 3 Abs. 1 ArbSchG).[165]

Zentrales Element des betrieblichen Arbeitsschutzes ist die Gefährdungsbeurteilung. Gemäß Arbeitsschutzgesetz und der Unfallverhütungsvorschrift sind Unternehmen, unabhängig von der Größe, zur Durchführung der Gefährdungsbeurteilung verpflichtet. Die Beurteilung der Arbeitsbedingungen (§ 5 ArbSchG) ist dabei Grundlage für die Ermittlung geeigneter Schutzmaßnahmen und damit von zentraler Bedeutung für ein erfolgreiches und systematisches Sicherheits- und Gesundheitsmanagement im Unternehmen. Seit 2013 muss auch eine Beur-

[163] Vgl. Rat der europäischen Gemeinschaften (o. J.).
[164] § 1 Abs. 1 Satz 1 ArbSchG.
[165] Vgl. Bundesministerium für Arbeit und Soziales (o. J. a); TÜV Rheinland (o. J.); Kern, P., Schmauder, M. (2005), S. 22-23.

teilung der psychischen Belastungen bei der Arbeit (§ 5 Abs. 3 Satz 6 ArbSchG) erfolgen.[166]

Das Arbeitsschutzsystem in Deutschland beruht dabei auf zwei Säulen: Der Arbeitsschutz wird durch den Staat und durch die Träger der gesetzlichen Unfallversicherungen gewährleistet (staatliches vs. autonomes Arbeitsschutzrecht). Die Gesetzgebung und die Überwachung des Arbeitsschutzes obliegt dabei dem Staat (§ 21 Abs. 1 Satz 1 ArbSchG). Die Aufgaben und Befugnisse der Träger der Unfallversicherung richten sich gemäß § 21 Abs. 2 Satz 1 ArbSchG „soweit nichts anderes bestimmt ist, nach den Vorschriften des Sozialgesetzbuchs“[167]. Neben ihrem Versicherungsauftrag, haben die Unfallversicherungsträger gemäß § 14 Abs. 1 Satz 1 SGB VII „mit allen geeigneten Mitteln für die Verhütung von Arbeitsunfällen, Berufskrankheiten und arbeitsbedingten Gesundheitsgefahren und für eine wirksame Erste Hilfe zu sorgen“[168]. Um dieser Aufgabe nachkommen zu können, sind die Träger der Unfallversicherung beispielsweise dazu ermächtigt, Unfallverhütungsvorschriften zu erlassen und diese ggf. in Durchführungsanweisungen zu konkretisieren. In dieser Funktion nehmen die Berufsgenossenschaften und die Unfallkassen des öffentlichen Dienstes gleichzeitig auch eine Aufsichtsfunktion bezüglich der Einhaltung der von ihnen erlassenen Vorschriften gegenüber den Unternehmen ein. Damit wirken die staatlichen Arbeitsschutzinstitutionen und die Unfallversicherungsträger gemeinsam und kooperativ für die Sicherheit und Gesundheit der Arbeitnehmer und Arbeitnehmerinnen (duales Arbeitsschutzsystem).[169]

Die rechtlichen Rahmenbedingungen im Arbeits- und Gesundheitsschutz sind sehr komplex. So existieren neben den genannten Normen, eine Vielzahl weiterer Gesetze und Verordnungen. Abbildung 15 visualisiert die Gesamtheit der Rechtsnormen.

---

166 Vgl. Bundesanstalt für Arbeitsschutz und Arbeitsmedizin (2014); Bundesministerium für Arbeit und Soziales (o. J. a).

167 § 21 Abs. 2 Satz 1 ArbSchG.

168 § 14 Abs. 1 Satz 1 SGB VII.

169 Vgl. Bayrisches Staatsministerium für Arbeit und Soziales, Familie und Integration (o. J.); Deutsche Gesellschaft für Arbeitsmedizin und Umweltmedizin (o. J.).

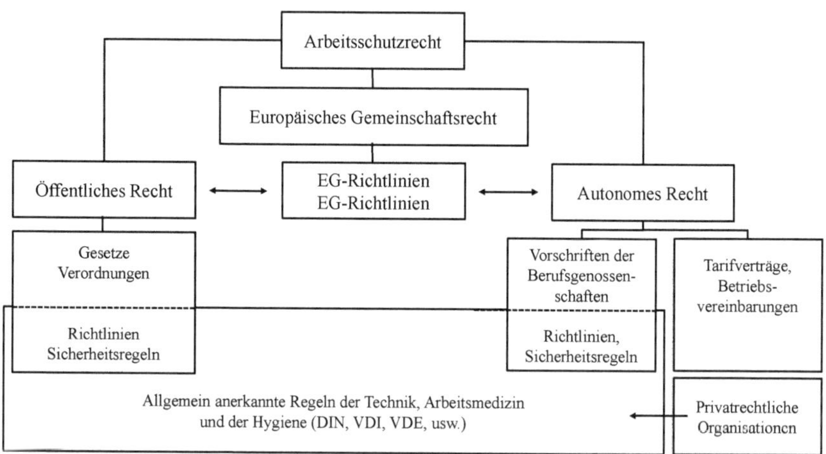

Abbildung 15: Relevante Rechtsnormen im Überblick[170]

Das deutsche Arbeitsschutzrecht basiert dabei auf Gesetzen bzw. Verordnungen des öffentlichen Rechts, dem europäischen Gemeinschaftsrecht sowie dem autonomen Recht, das sich aus Vorschriften der einzelnen Berufsgenossenschaften und Tarifverträgen bzw. Betriebsvereinbarungen zusammensetzt.[171]

Viele der gesetzlichen Vorschriften sind dabei verpflichtende Mindeststandards, deren Einhaltung durch Behörden überwacht wird. Wenngleich der Gesetzgeber auch die Beschäftigten mit in die Pflicht nimmt (vgl. § 15 ArbSchG), so ist der Arbeitgeber für den Gesundheitsschutz und die Sicherheit seiner Beschäftigten verantwortlich. Diese Pflichten können zwar teilweise auf nachgeordnete Führungskräfte übertragen werden, die Verantwortung verbleibt aber beim Unternehmer. Zudem ist jedes Unternehmen Pflichtmitglied einer Berufsgenossenschaft, sodass der Versicherungsschutz bei Berufskrankheiten und Arbeitsunfällen für alle Beschäftigten gewährleistet ist.

170 In Anlehnung an Braun, M. (2004), S. 189; Schobert, D. (2012), S. 106.
171 Vgl. Schobert, D. (2012), S. 106; Salvaggio, N. (2007), S. 21; Braun, M. (2004), S. 189.

3.1.2.2 Betriebliches Eingliederungsmanagement (BEM)

Neben dem Arbeits- und Gesundheitsschutz ist auch das Betriebliche Eingliederungsmanagement gesetzlich verankert und für alle Arbeitgeber verpflichtend (vgl. Abbildung 14). Die entsprechende gesetzliche Norm findet sich im Sozialgesetzbuch (SGB) Neuntes Buch (IX), das die Rehabilitation und Teilhabe von behinderten und von Behinderung bedrohten Menschen regelt und die Position kranker, behinderter und von Behinderung bedrohter Personen im Unternehmen stärken soll. „Sind Beschäftigte innerhalb eines Jahres länger als sechs Wochen ununterbrochen oder wiederholt arbeitsunfähig“[172], so ist der Arbeitgeber gemäß § 84 Abs. 2 SGB IX dazu verpflichtet die Möglichkeiten zu klären, „wie die Arbeitsunfähigkeit möglichst überwunden werden und mit welchen Leistungen oder Hilfen erneuter Arbeitsunfähigkeit vorgebeugt und der Arbeitsplatz erhalten werden kann“[173].

Das Betriebliche Eingliederungsmanagement wurde zum 1. Mai 2004 als neue Präventionsvorschrift gesetzlich verankert und richtet sich explizit an langzeiterkrankte Beschäftigte bzw. Arbeitnehmer, die innerhalb eines Jahres wiederholt arbeitsunfähig geschrieben waren. Mit der Einführung des BEM hat der Gesetzgeber verstärkt die Arbeitgeber in die Pflicht genommen und ihnen die Verantwortung für den Erhalt der Arbeits- bzw. Beschäftigungsfähigkeit übertragen.

Beim Betrieblichen Eingliederungsmanagement handelt es sich um ein innerbetriebliches Instrument, das sowohl personal- als auch organisationsbezogene Maßnahmen umfassen kann. Neben betriebsinternen Maßnahmen (z. B. Anpassung des Arbeitsplatzes, Reduzierung der Arbeitszeit), kann das Betriebliche Eingliederungsmanagement aber auch externe Maßnahmen, wie beispielsweise eine Rehabilitationsmaßnahme umfassen. Im Allgemeinen kommen sowohl Maßnahmen und Leistungen der Teilhabe, des Arbeits- und Gesundheitsschutzes sowie Maßnahmen der Gesundheitsförderung in Frage. Die konkrete Ausgestaltung der Maßnahme(n) und auch die Frage, wie die Klärung der Möglichkeiten erfolgen soll, wurden dabei vom Gesetzgeber bewusst offen gelassen. Betriebe und Unternehmen sind angehalten individuelle Lösungen zu finden, die an

---

172 § 84 Abs. 2 SGB IX.
173 § 84 Abs. 2 SGB IX.

die Bedürfnisse des Betroffenen sowie die Möglichkeiten des Betriebs angepasst sind. Der einzige Punkt, der gesetzlich vorgeschrieben ist, ist die Beteiligung der zuständigen Interessensvertretung sowie bei Schwerbehinderten der Schwerbehindertenvertretung. Falls erforderlich kann auch der Betriebs- oder Werksarzt hinzugezogen werden.[174]

Betriebliches Eingliederungsmanagement kann nur erfolgreich sein, wenn es in die Gesamtstrategie eines Betrieblichen Gesundheitsmanagements und in eine Kultur der Wertschätzung und des Vertrauens eingebettet ist, in der Mitarbeiterorientierung und Prävention groß geschrieben werden. Der Gesetzestext begründet dabei sowohl präventive, als auch rehabilitative und integrative Maßnahmen. Die Durchführung einmaliger Krankenrückkehrgespräche ist nicht ausreichend. Der Arbeitgeber ist vielmehr dazu angehalten gemeinsam mit dem Betroffenen nach Möglichkeiten zu suchen, wie die Arbeitsunfähigkeit überwunden und erneuter Arbeitsunfähigkeit dauerhaft entgegengewirkt sowie der bestehende Arbeitsplatz erhalten werden kann. Das Betriebliche Eingliederungsmanagement geht dabei über die bestehenden Präventionsmaßnahmen von Unternehmen hinaus. Gemäß der *Gemeinsamen Empfehlung „Prävention nach § 3 SGB IX“* der Bundesarbeitsgemeinschaft für Rehabilitation vom 16. Dezember 2004 ist Prävention ein Grundprinzip, das im Kontext aller Leistungen zur Teilhabe zu berücksichtigen ist und dementsprechend Vorrang vor anderen Maßnahmen hat. „Nach dem Grundsatz der möglichst frühzeitigen Intervention (§ 4 Abs. 1 SGB IX) soll Prävention im Sinne von § 3 SGB IX bewirken, nicht nur den Eintritt einer Behinderung, sondern auch die Chronifizierung von Krankheiten als eine mögliche Vorstufe von Behinderungen zu vermeiden.“[175]

Prävention hat dabei zum Ziel „das Fortschreiten gesundheitsbeeinträchtigender Prozesse, die zu Chronifizierung und Behinderung führen können, zu verringern, aufzuhalten bzw. zu verhindern sowie gesundheitsgefährdende Belastungen abzubauen und Ressourcen zu stärken.“[176]. Gemäß § 2 Abs. 4 der *Gemeinsamen Empfehlung „Prävention nach § 3 SGB IX“* der Bundesarbeitsgemeinschaft für

---

174 Vgl. Hoß, K., Pomorin, N., Reifferscheid, A., u. a. (2013), S. 32; § 84 Abs. 2 SGB IX; Bundesministerium für Arbeit und Soziales (o. J. b); Bundesanstalt für Arbeitsschutz und Arbeitsmedizin (2012).

175 § 2 Abs. 2 Satz 2 Gemeinsame Empfehlung „Prävention nach § 3 SGB IX“.

176 § 2 Abs. 3 Satz 2 Gemeinsame Empfehlung „Prävention nach § 3 SGB IX“.

Rehabilitation sind diesem Ziel auch Maßnahmen des Betrieblichen Eingliederungsmanagements verpflichtet und entsprechend im Betrieb zu planen und umzusetzen.[177]

3.1.2.3 Betriebliche Gesundheitsförderung (BGF)

Im Unterschied zum Arbeits- und Gesundheitsschutz sowie zum Betrieblichen Eingliederungsmanagement, ist die Betriebliche Gesundheitsförderung eine freiwillige Leistung des Arbeitgebers (vgl. Abbildung 14).[178]

Die Wurzeln der Betrieblichen Gesundheitsförderung gehen auf die Ottawa-Charta der Weltgesundheitsorganisation (WHO) aus dem Jahr 1986 zurück. Die Charta wurde im Rahmen der ersten internationalen Konferenz zur Gesundheitsförderung verabschiedet und ruft zu „aktivem Handeln für das Ziel Gesundheit für alle“[179] auf. Fortan gilt Gesundheit nicht mehr länger als Abwesenheit von Krankheit, sondern als Zustand umfassenden, körperlichen, seelischen und sozialen Wohlbefindens. Erstmals wird auch ein Weg zu mehr Gesundheit skizziert. Neben anderen Bereichen wird insbesondere der Betrieb bzw. Arbeitsplatz als wesentliches Handlungsfeld einer neuen Gesundheitspolitik betont. Ferner wird erstmals der Begriff der Gesundheitsförderung geprägt. Der Begriff der Gesundheitsförderung wird dabei als Prozess definiert „Menschen ein höheres Maß an Selbstbestimmung über ihre Gesundheit zu ermöglichen und sie damit zur Stärkung ihrer Gesundheit zu befähigen“[180] (vgl. „Health promotion is the process of enabling people to increase control over, and to improve, their health.“[181]).

Neben einer gesundheitsförderlichen Gestaltung der Lebenswelten, besteht die Grundidee der Charta in der Befähigung der Menschen zu einem selbstbestimm-

---

177 Vgl. Bundesanstalt für Arbeitsschutz und Arbeitsmedizin (2012); Hoß, K., Pomorin, N., Reifferscheid, A., u. a. (2013), S. 32; Bundesministerium für Arbeit und Soziales (2015), S. 31; Bundesarbeitsgemeinschaft für Rehabilitation (2004); § 3 SGB IX.

178 Vgl. Bundesministerium für Gesundheit (2011d), S. 8.

179 Weltgesundheitsorganisation (1986), S. 1.

180 Weltgesundheitsorganisation (1986), S. 1.

181 World Health Organization (1986), S. 1.

ten Umgang mit der eigenen Gesundheit. Die Ottawa-Charta markiert einen entscheidenden Wendepunkt im Arbeits- und Gesundheitsschutz.[182]

10 Jahre später, im Jahr 1996, wurde das Europäische Netzwerk für Betriebliche Gesundheitsförderung gegründet. Seit der Gründung verfolgt das gemeinsame Netzwerk der EU-Mitgliedstaaten die Vision *Gesunde Mitarbeiter in gesunden Unternehmen* und bestätigt damit auch noch einmal die Bedeutung der Arbeitswelt als zentrales Handlungsfeld für die Implementierung von gesundheitsfördernden Maßnahmen.[183]

Die sogenannte Luxemburger-Deklaration von 1997 markiert den ersten wichtigen Meilenstein des gemeinsamen europäischen Netzwerks. Mit der Deklaration wurde ein gemeinsames und einheitliches Verständnis von betrieblicher Gesundheitsförderung geschaffen und damit der Grundstein für alle weiteren Projekte des Netzwerks gelegt. Demnach umfasst die Betriebliche Gesundheitsförderung (BGF) „alle gemeinsamen Maßnahmen von Arbeitgebern, Arbeitnehmern und Gesellschaft zur Verbesserung von Gesundheit und Wohlbefinden am Arbeitsplatz“[184]. Dabei sei insbesondere eine Verknüpfung der drei Ansätze Stärkung persönlicher Kompetenzen, Verbesserung der Arbeitsorganisation sowie Förderung der aktiven Mitarbeiterbeteiligung erfolgsversprechend.[185]

Gemäß den Leitlinien der Luxemburger-Deklaration sind bei der Umsetzung von Maßnahmen u. a. folgende Prinzipien bzw. Grundsätze zu berücksichtigen:

- Integration (Verankerung von Gesundheitszielen in allen Unternehmensbereichen, insbesondere in der Personalpolitik),
- Partizipation (Einbeziehung der Beschäftigten bei Fragen zum Thema Gesundheit),
- Projektmanagement (systematische Durchführung sämtlicher Programme und Maßnahmen) und

---

182 Vgl. Schobert, D. (2012), S. 108; Bundesanstalt für Arbeitsschutz und Arbeitsmedizin (2001), S. 7.

183 Vgl. Bundesanstalt für Arbeitsschutz und Arbeitsmedizin (2001), S. 9; Schobert, D. (2012), S. 109.

184 Bundesanstalt für Arbeitsschutz und Arbeitsmedizin (2001), S. 10.

185 Vgl. Bundesanstalt für Arbeitsschutz und Arbeitsmedizin (2001), S. 10; Europäisches Netzwerk für Betriebliche Gesundheitsförderung (2007).

- Ganzheitlichkeit (Ausbau von Gesundheitspotenzialen bzw. Schutzfaktoren bei gleichzeitiger Risikoreduktion).[186]

Maßnahmen der betrieblichen Gesundheitsförderung umfassen dabei sowohl verhaltensorientierte als auch verhältnisorientierte Maßnahmen (Verhaltens- bzw. Verhältnisprävention). Eine klare Trennung ist dabei in der Praxis oft nicht so einfach möglich und auch nicht zielführend. Vielmehr sollten sich verhaltens- und verhältnispräventive Maßnahmen ergänzen und sinnvoll aufeinander abgestimmt sein. Tabelle 8 gibt einen Überblick über mögliche Präventionsmaßnahmen.[187]

Tabelle 8: Überblick über mögliche Präventionsmaßnahmen[188]

Kategorie	Verhaltensorientierte Maßnahmen	Verhältnisorientierte Maßnahmen
Ernährung	▪ Ernährungskurse, Ernährungsberatung	▪ Gesunde Kantinenkost
Bewegung/Ergonomie	▪ Rückenkurse, Walking	▪ Gesundheitsfördernde Arbeitsplatzgestaltung
Stressbewältigung	▪ Kurse zur Entspannung, Stressmanagement ▪ Weiterbildung	▪ Gesundheitsgerechte Mitarbeiterführung
Suchtprävention	▪ Kurse zur Tabakentwöhnung	▪ Rauchfreier Betrieb ▪ Verbesserung des Betriebsklimas (Mobbing, Mitarbeiterführung)
Organisationsgestaltung	▪ Fort- und Weiterbildung im Bereich Organisation und Gesundheit	▪ Etablierung von Gesundheitszirkeln ▪ Bauliche Maßnahmen zur Gesundheitsförderung
Arbeitsgestaltung	▪ Fort- und Weiterbildung im Bereich Arbeitsgestaltung	▪ Arbeitsplatzwechsel ▪ Flexible Arbeitszeiten
Unternehmenskultur	▪ Führungskräfteschulung	▪ Leitbild ▪ Transparente Kommunikation ▪ Führungskompetenz

Betriebliche Gesundheitsförderung ist in vielen Betrieben mittlerweile zu einem elementaren Bestandteil der Unternehmensstrategie geworden. Insbesondere in kleinen und mittelständischen Unternehmen besteht aber noch Handlungsbedarf. Zahlreiche positive Beispiele zeigen jedoch, dass mittlerweile nicht nur große

186 Vgl. Europäisches Netzwerk für Betriebliche Gesundheitsförderung (2007).
187 Vgl. Bundesministerium für Gesundheit (2011d), S. 11-12.
188 In Anlehnung an Bundesministerium für Gesundheit (2011d), S. 12.

Konzerne, sondern auch viele kleine und mittelständische Unternehmen sich aktiv für die Gesundheit ihrer Belegschaften engagieren.[189] Nachfolgend sei exemplarisch kurz auf ein Best-Practice-Beispiel der Stadt Nürnberg, sowie drei weitere Projekte aus den Bereichen Ernährung, Bewegung und Sucht verwiesen.

Ergebnissen einer Mitarbeiterbefragung zufolge litten die Mitarbeiter des Nürnberger Allgemeinen Sozialdienstes (ASD) stark unter Stress und zeigten erste Symptome für Burnout. Daraufhin wurde ein gemeinsamer Workshop organisiert, um die Ergebnisse der Mitarbeiterbefragung mit den Beschäftigten zu besprechen und gemeinsam aufzuarbeiten. Der Workshop wurde dabei von Experten der AOK moderiert. In dem Modellprojekt wurde sodann eine Reihe von Maßnahmen implementiert (z. B. Yoga Kurse, diverse Sportangebote, Maßnahmen speziell für Männer bzw. Frauen). Eine Mitarbeiterbefragung nach Ende der Modellprojektphase zeigte eine deutliche Verbesserung sowohl hinsichtlich des subjektiven Wohlbefindens der Mitarbeiter als auch hinsichtlich der wahrgenommenen Stress- und Belastungssituation am Arbeitsplatz. Einzelne Maßnahmen, wie etwa der Yoga Kurs werden nunmehr von den Beschäftigten in Eigenregie fortgeführt, was den Erfolg der Maßnahmen bestätigt.[190]

Ein Beispiel aus dem Bereich Ernährung ist das Projekt *Genuss is(s)t gesund*, ein gemeinsames Projekt der Beiersdorf AG, tesa SE und BKK Beiersdorf AG. Im Rahmen des Projekts wurden verschiedene Ernährungskurse angeboten. Die modular aufgebauten Kurse richteten sich dabei an unterschiedliche Zielgruppen: Single, Familie und 50+. Die Theoriemodule wurden durch ein Einkaufstraining sowie ein praktisches Kochtraining in der betriebseigenen Kantine ergänzt.[191]

Das Projekt *befit per click* ist ein gemeinsames Programm der Robert Bosch GmbH und Bosch BKK aus dem Bereich Bewegung. Bei *befit per click* handelt es sich um ein Online-Video-Programm zur Vermeidung negativer Auswirkungen einseitiger Haltungen sowie Reduktion von körperlichen Belastungen aufgrund einer überwiegend sitzenden Tätigkeit. Das Programm beinhaltet über 20 Videos zu diversen Kräftigungs-, Mobilisierungs- und Entspannungsübungen

189 Vgl. Bundesanstalt für Arbeitsschutz und Arbeitsmedizin (2001), S. 17.
190 Vgl. Bundesministerium für Gesundheit (2015b).
191 Vgl. Bundesministerium für Gesundheit (2011b).

und regt zum aktiven Mitmachen in Echtzeit an. Nach einem ersten Testlauf wurde das Programm nunmehr in die Struktur des Gesundheitsmanagements des Konzerns integriert und steht allen Mitarbeitern mit sitzenden Tätigkeiten und Zugang zum Intranet offen.[192]

Das Programm *Rauchfrei* ist ein gemeinsames Projekt der ZF Friedrichshafen AG und der BKK ZF & Partner. Bei dem Programm handelt es sich um eine Schulungsmaßnahme. Die Schulung findet in den Räumlichkeiten der ZF Friedrichshafen AG statt und wird von den Krankenkassen organisiert. Im Mittelpunkt stehen Themen wie Rauchen und rauchfreies Leben, Vorbereitung des Rauchstopps, Erfahrungen mit dem Rauchstopp oder auch Inhalte rund um das Thema Identität als rauchfreie Person. Ferner erhalten die Teilnehmer eine individuelle telefonische Betreuung.[193]

Für einen Überblick über bestehende Best-Practice-Beispiele aus der Praxis zu den einzelnen Themen Bewegung, Ernährung, Sucht, usw. sei auf die Internetpräsenz des Bundesministeriums für Gesundheit (BMG) verwiesen: http://www.bmg.bund.de/themen/praevention/betriebliche-gesundheitsfoer derung/best-practice-beispiele-im-ueberblick.html [Stand 17.09.2015].

3.1.2.4 Zwischenfazit

Sowohl der Arbeits- und Gesundheitsschutz als auch das Betriebliche Eingliederungsmanagement sind gesetzlich geregelt und für den Arbeitgeber verpflichtend. Entsprechend hoch ist auch der Durchdringungsgrad. In der Zwischenzeit hat jedoch auch der Großteil der Betriebe die Bedeutung und Relevanz der Betrieblichen Gesundheitsförderung erkannt. Für die meisten größeren Betriebe und Konzerne ist die Durchführung von Maßnahmen der Betrieblichen Gesundheitsförderung mittlerweile selbstverständlich. Wenngleich insbesondere bei kleinen und mittelständischen Betrieben noch Nachholungsbedarf besteht, verdeutlichen viele Beispiele aus der Praxis, dass Maßnahmen der Betrieblichen Gesundheitsförderung mittlerweile auch in kleinen und mittelständischen Betrieben zum guten Ton dazugehören. Dennoch ist die Implementierung und Um-

192 Vgl. Bundesministerium für Gesundheit (2011a).
193 Vgl. Bundesministerium für Gesundheit (2011c).

setzung eines ganzheitlichen Betrieblichen Gesundheitsmanagements im Sinne eines systematischen und nachhaltigen Bemühens „um die gesundheitsförderliche Gestaltung von Strukturen und Prozessen und um die gesundheitsförderliche Befähigung der Beschäftigten“[194] nach wie vor eher eine Seltenheit.

3.2 Leistungen der Sozialversicherungen

Alternde Belegschaften bei gleichzeitig steigenden Erwartungen an die Beschäftigten haben in den letzten Jahren zu einer erhöhten Nachfrage nach betriebsnaher Gesundheitsförderung, Prävention und stärker beruflich orientierten Rehabilitationsmaßnahmen geführt. Die gesetzlichen Grundlagen für Leistungen zur Teilhabe, einschließlich der Gesundheitsförderung, sind in unterschiedlichen Sozialgesetzbüchern verankert. Im SGB IX (Rehabilitation und Teilhabe behinderter Menschen) finden sich dabei allgemeine Regelungen. Spezifische Regelungen sind in den Sozialgesetzbüchern der einzelnen Sozialversicherungsträger (SGB V, SGB VI und SGB VII) zu finden.

Im Rahmen des GKV-Beitragsentlastungsgesetzes und des SGB VII wurden die Krankenkassen, die Berufsgenossenschaften und die Unfallkassen in den 90-iger Jahren zur Zusammenarbeit hinsichtlich der Verhütung arbeitsbedingter Gesundheitsgefahren verpflichtet. Daraufhin haben die Beteiligten im Jahr 1997 eine gemeinsame Rahmenvereinbarung zur Konkretisierung der vom Gesetz vorgegebenen Kooperation geschlossen. Im Rahmen des GKV-Gesundheitsreformgesetzes wurde der Handlungsspielraum der gesetzlichen Krankenversicherungen um Maßnahmen der Betrieblichen Gesundheitsförderung erweitert. Im Zuge dessen wurde auch die entsprechende gemeinsame Rahmenvereinbarung um Maßnahmen der Betrieblichen Gesundheitsförderung ergänzt. Im Zuge des GKV-Wettbewerbs-stärkungsgesetzes (GKV-WSG) hat der Gesetzgeber den Krankenkassen die Betriebliche Gesundheitsförderung als Pflichtaufgabe auferlegt und damit den Präventionsauftrag der gesetzlichen Krankenkassen in einem entscheidenden Punkt präzisiert.

[194] Hardes, H.-D., Holzträger, D. (2009), S. 5.

Während die gesetzlichen Krankenversicherungen ihrem Präventionsauftrag mittlerweile seit vielen Jahren nachkommen, hat der Gesetzgeber 2009 nunmehr auch die Möglichkeiten der Rentenversicherungen, Präventionsleistungen zu erbringen, erweitert. Neben der gesetzlich vorgeschriebenen Zusammenarbeit der Gesetzlichen Kranken- und Unfallversicherung (GUV) sind auch einige gemeinsame Projekte und Initiativen entstanden. Hier ist insbesondere die Initiative Gesundheit und Arbeit (iga) zu nennen, innerhalb der die erfolgreiche Zusammenarbeit aus den Projekten KOPAG (*Kooperationsprogramm Arbeit und Gesundheit*) bzw. IPAG (*Integrationsprogramm Arbeit und Gesundheit*) fortgeführt wird.[195]

Im Juli diesen Jahres hat nunmehr auch das Präventionsgesetz nach vielen vergeblichen Anläufen die letzte Hürde im Bundesrat genommen. Die Eckpunkte zum Präventionsgesetz wurden erstmals 2004 vorgelegt. Der Gesetzesentwurf der rot-grünen Regierung hätte eigentlich 2008 in Kraft treten sollen. Aufgrund von Unstimmigkeiten innerhalb der Koalition, dem Regierungswechsel und zuletzt der Bundestagswahl 2013 verzögerte sich der Prozess jedoch mehrere Male. 2014 wurde dann ein neuer Gesetzesentwurf veröffentlicht, der in der Zwischenzeit verabschiedet wurde. Das Präventionsgesetz sieht dabei eine verbesserte Zusammenarbeit der Sozialversicherungsträger, sowie der einzelnen Akteure auf Bundes-, Landes- und kommunaler Ebene in den Bereichen Prävention und Gesundheitsförderung vor. Im Einzelnen sollen beispielsweise die „Koordination der Leistungen zur Gesundheitsförderung und Prävention in betrieblichen und nichtbetrieblichen Lebenswelten“[196] sowie die „Rahmenbedingungen für die betriebliche Gesundheitsförderung und deren engere Verknüpfung mit dem Arbeitsschutz“[197] verbessert werden. Die Kranken- und Pflegekassen werden zukünftig dabei mehr als 500 Millionen Euro für Prävention und Gesundheitsförderung investieren.[198]

Im Bereich der Rehabilitation haben sich die Träger der gesetzlichen Kranken-, Unfall- und Rentenversicherung mit weiteren Akteuren wie der Bundesagentur

195 Vgl. Köpke, K.-H. (2012), S. 3-4; Meffert, C., Mittag, O., Jäckel, W. H. (2013), S. 395; GKV-Spitzenverband (2014); Hoß, K., Pomorin, N., Reifferscheid, A., u. a. (2013), S. 41.

196 Deutscher Bundestag (2015).

197 Deutscher Bundestag (2015).

198 Vgl. Bundesministerium für Gesundheit (2015a); Deutscher Bundestag (2015).

für Arbeit, dem Deutschen Gewerkschaftsbund sowie den Bundesländern zur Bundesarbeitsgemeinschaft für Rehabilitation zusammengeschlossen. Gemeinsam verfolgen sie das Ziel einer zielgenauen und lückenlosen Rehabilitation.[199]

Im Folgenden werden die einzelnen Leistungen der Sozialversicherungsträger vorgestellt.

3.2.1 Gesetzliche Krankenversicherung (GKV)

3.2.1.1 Leistungen im Rahmen der betrieblichen Gesundheitsförderung

Die gesetzliche Grundlage betrieblicher Gesundheitsförderung findet sich in § 20 a SGB V. Demnach erbringen Krankenkassen „Leistungen zur Gesundheitsförderung in Betrieben [...], um [...] für den Betrieb die gesundheitliche Situation einschließlich ihrer Risiken und Potenziale zu erheben und Vorschläge zur Verbesserung der gesundheitlichen Situation sowie zur Stärkung der gesundheitlichen Ressourcen und Fähigkeiten zu entwickeln und deren Umsetzung zu unterstützen“[200]. Zur Konkretisierung der gesetzlichen Vorgaben haben die Träger der Gesetzlichen Krankenversicherung bereits 2000 den *Leitfaden Prävention* entwickelt. Der Leitfaden wurde wiederholt fortentwickelt und gilt heute in der Fassung vom 10. Dezember 2014. Er beinhaltet Handlungsfelder und Kriterien zur Umsetzung des § 20 und § 20a SGB V.[201]

Im Kontext der betrieblichen Gesundheitsförderung soll die gesundheitliche Situation der Versicherten verbessert und die Ressourcen und Fähigkeiten einschließlich der Eigenverantwortung der Versicherten gestärkt werden. Die Krankenkassen unterstützen dabei in den folgenden Handlungsfeldern:

- Beratung zur gesundheitsförderlichen Arbeitsgestaltung,
- Gesundheitsförderlicher Arbeits- und Lebensstil,
- Überbetriebliche Vernetzung und Beratung.

---

199 Vgl. Hoß, K., Pomorin, N., Reifferscheid, A., u. a. (2013), S. 41.
200 § 20a Abs. 1 Satz 1 SGB V.
201 Vgl. Köpke, K.-H. (2012), S. 3-4; GKV-Spitzenverband (2014).

Abbildung 16 zeigt die Handlungsfelder und Präventionsprinzipien in der betrieblichen Gesundheitsförderung im Überblick. Dabei setzt die Gesetzliche Krankenversicherung auf eine Kombination von geeigneten verhaltens- und verhältnispräventiven Maßnahmen. Die einzelnen Maßnahmen sollen dabei bedarfsbezogen, geschlechts-, alters- und migrations- bzw. kultursensibel ausgestaltet sein. Durch die Maßnahmen profitieren Arbeitnehmer und Arbeitgeber gleichermaßen.[202]

Abbildung 16: Handlungsfelder in der Betrieblichen Gesundheitsförderung[203]

3.2.1.2 Hilfestellung bei der Implementierung und Durchführung des Betrieblichen Eingliederungsmanagement (BEM)

Zusätzlich zu den eben angesprochenen Leistungen im Rahmen der betrieblichen Gesundheitsförderung, können Arbeitgeber von den Trägern der Gesetzlichen Krankenversicherung auch Hilfestellung bzw. Unterstützung bei der Ein-

202 Vgl. GKV-Spitzenverband (2014), S. 71, 83.
203 In Anlehnung an GKV-Spitzenverband (2014), S. 83.

und Durchführung des Betrieblichen Eingliederungsmanagements (BEM) bekommen. Im Hinblick auf die Schaffung der nötigen Strukturen und Rahmenbedingungen etwa können die Krankenkassen finanziell wie personell unterstützen. So können die Krankenkassen beispielsweise beim Aufbau eines entsprechenden Integrationsteams, bei der Aus- und Weiterbildung von Disability-Managern oder auch bei der Vernetzung mit in- und externen Akteuren helfen.[204]

3.2.1.3 Stufenweise Wiedereingliederung

Neben Maßnahmen der Betrieblichen Gesundheitsförderung und der Hilfestellung bei der Implementierung und Durchführung des Betrieblichen Eingliederungsmanagements, kommt der stufenweisen Wiedereingliederung, im Volksmund auch oft als Hamburger Modell bezeichnet, eine zentrale Rolle zu. Die stufenweise Wiedereingliederung ist in § 74 SGB V bzw. § 28 SGB IX geregelt und stellt eine weitere Unterstützungsleistung seitens der Krankenkasse im Kontext der Wiederherstellung der Arbeits- bzw. Beschäftigungsfähigkeit dar. Die Idee bzw. das Ziel der Maßnahme ist die schritt- bzw. stufenweise Heranführung des arbeitsunfähigen Leistungsberechtigten an die alte Arbeitsbelastung. Durch die sukzessive Erhöhung der Art und/oder des Umfangs der Tätigkeiten soll der Übergang des Langzeitarbeitsunfähigen in die volle Erwerbstätigkeit erleichtert werden. Für gewöhnlich erfolgt der Einstieg mit 50% der vollen Belastung und wird im Laufe der Maßnahme bedarfsorientiert angepasst. Während der Maßnahme ist der Arbeitnehmer weiterhin krankgeschrieben und erhält folglich auch noch Krankengeld. Die Höhe des Krankengelds errechnet sich dabei nach den Maßgaben des § 47 SGB V und beträgt zwischen 70% des letzten monatlichen Bruttogehalts und 90% des letzten Nettogehalts. Schließt sich die Wiedereingliederung unmittelbar (innerhalb von vier Wochen) an eine medizinische Rehabilitationsmaßnahme an, so übernimmt die Deutsche Rentenversicherung die Kosten für die Maßnahme und der Versicherte erhält Übergangsgeld. Seit September 2011 gibt es eine Vereinbarung zur Zuständigkeitsabgrenzung bei stufenweiser Wiedereingliederung nach § 28 i. V. m. § 51 Abs. 5 SGB IX zwischen

[204] Vgl. Hoß, K., Pomorin, N., Reifferscheid, A., u. a. (2013), S. 43.

der Gesetzlichen Kranken- und Rentenversicherung. In Ausnahmefällen kann auch die Unfallversicherung oder die Agentur für Arbeit als Kostenträger in Frage kommen.[205]

Voraussetzung für die Wiedereingliederungsprogramme nach dem sogenannten Hamburger Modell ist die Feststellung des Arztes, dass die Betroffenen ihre bisherige Tätigkeit zumindest teilweise wieder verrichten können und dass sie durch die Maßnahme „voraussichtlich besser wieder in das Erwerbsleben eingegliedert werden“[206] können. Die Dauer der Maßnahmen ist abhängig vom Gesundheitszustand der Betroffenen und beträgt i. d. R. sechs Wochen. Die Programme kommen dabei allen Beteiligten zu Gute. Arbeitgeber, Arbeitnehmer und Krankenkassen profitieren gleichermaßen von einer zeitnahen Wiedereingliederung des Betroffenen in das Erwerbsleben. Die Maßnahme erfolgt in enger Absprache mit allen Beteiligten (Arbeitnehmer, Arbeitgeber, behandelnder Arzt, Betriebsarzt, ggf. Rehabilitationsarzt sowie dem Kostenträger), wobei der Antrag auf Wiedereingliederung üblicherweise auf Initiative des behandelnden niedergelassenen Arztes hin erfolgt. Prinzipiell kann die Maßnahme aber auch seitens des Arbeitnehmers oder des Arbeitgebers oder einer der anderen oben angeführten Akteure angeregt werden. Dieser Sachverhalt verdeutlicht noch einmal die Relevanz der Zusammenarbeit sämtlicher inner- und außerbetrieblichen Akteure im Kontext des Erhalts bzw. der Wiederherstellung der Arbeits- bzw. Beschäftigungsfähigkeit.[207]

3.2.2 Gesetzliche Unfallversicherung (GUV)

Die gesetzliche Unfallversicherung ist im SGB VII und SGB IX verankert. Gemäß § 1 SGB VII besteht die Aufgabe der gesetzlichen Unfallversicherung maßgeblich darin Arbeitsunfälle und Berufskrankheiten sowie arbeitsbedingte Gesundheitsgefahren zu verhindern, die Leistungsfähigkeit und Gesundheit in Fol-

---

205 Vgl. §§ 74 SGB V bzw. 28 SGB IX; Hoß, K., Pomorin, N., Reifferscheid, A., u. a. (2013), S. 43-44; Deutsche Rentenversicherung Bund (2013), S. 77; AOK-Bundesverband, BKK-Bundesverband, IKK, u. a. (2011).

206 § 74 SGB V.

207 Vgl. Hoß, K., Pomorin, N., Reifferscheid, A., u. a. (2013), S. 43-44; Deutsche Rentenversicherung Bund (2013), S. 77.

ge von Arbeitsunfällen bzw. Berufskrankheiten wiederherzustellen, sowie die Betroffenen bzw. ihre Hinterbliebenen durch die Zahlung von Geldleistungen entsprechend zu entschädigen.[208]

Arbeitsunfälle sind dabei definiert als „Unfälle von Versicherten infolge einer den Versicherungsschutz […] begründenden Tätigkeit“[209]. Die Unfälle an sich werden dann in Satz 2 genauer konkretisiert. Demnach sind Unfälle definiert als „zeitliche begrenzte, von außen auf den Körper einwirkende Ereignisse, die zu einem Gesundheitsschaden oder zum Tod führen“[210]. Neben Arbeitsunfällen zählen auch Berufskrankheiten zu den Versicherungsfällen. Berufskrankheiten sind Krankheiten, „die nach den Erkenntnissen der medizinischen Wissenschaft durch besondere Einwirkungen verursacht sind, denen bestimmte Personengruppen durch ihre versicherte Tätigkeit in erheblich höherem Grad als die übrige Bevölkerung ausgesetzt sind“[211]. Die Bundesregierung ist dabei ermächtigt mit Zustimmung des Bundesrates entsprechende Krankheiten durch eine Rechtsverordnung als Berufskrankheiten zu bezeichnen.[212]

Der Gesetzesauftrag der Unfallversicherung umfasst den Erlass und die Überwachung von Arbeitsschutzvorschriften (§ 15 bzw. § 17), die Beratung von Unternehmen und Versicherten (§ 17), die Sicherstellung der erforderlichen Aus- und Weiterbildung der zuständigen Mitarbeiter in den Unternehmen (§ 23) sowie die Verhütung arbeitsbedingter Gesundheitsgefahren (§ 14). Hinsichtlich der Verhütung arbeitsbedingter Gesundheitsgefahren sind die Unfallkassen gemäß § 14 Abs. 2 SGB VII dazu angehalten mit den Krankenkassen zusammenzuarbeiten. Die Krankenkassen unterstützen die Unfallkassen beispielsweise hinsichtlich der Ermittlung von Zusammenhängen zwischen Erkrankungen und Arbeitsbedingungen. Dies erfolgt häufig im Rahmen von Maßnahmen der Betrieblichen Gesundheitsförderung, die normalerweise auch die Unfallverhütung und den Arbeitsschutz beinhalten. Die entsprechende Grundlage für die Zusammenarbeit ist der gemeinsame Rahmenvertrag, der im Umkehrschluss auch die Unterstützung der gesetzlichen Krankenkassen im Bereich der Betrieblichen Ge-

208 Vgl. § 1 SGB VII; Hoß, K., Pomorin, N., Reifferscheid, A., u. a. (2013), S. 44-46.
209 § 8 Abs. 1 Satz 1 SGB VII.
210 § 8 Abs. 1 Satz 2 SGB VII.
211 § 9 Abs. 1 Satz 2 SGB VII.
212 Vgl. §§ 7, 8, 9 SGB VII.

sundheitsförderung durch die Unfallkassen vorsieht. Demnach sollen sich die Unfallkassen entsprechend ihrer Erfahrungen und Kompetenzen, innerhalb ihrer Möglichkeiten in die von den Krankenkassen entwickelten Konzepte mit einbringen oder zumindest ihr Wissen in Arbeitskreisen mitteilen. Das Ziel dieser präventiv ausgelegten Maßnahmen ist dabei der Erhalt des bestehenden Arbeitsplatzes sowie die Sicherung der Arbeitsfähigkeit der Beschäftigten. Das Leistungsangebot der Unfallkassen für die Betriebe umfasst dabei u. a. diverse Beratungen, oder auch die Feststellung möglicher Ursachen arbeitsbedingter Gesundheitsgefahren.

Ferner obliegt den Unfallkassen gemäß § 24 Abs. 1 SGB VII die Möglichkeit überbetriebliche arbeitsmedizinische und sicherheitstechnische Dienste einzurichten.[213]

Kommt es trotz der präventiven Maßnahmen zu einem Leistungsfall, so haben die Unfallversicherungen gemäß § 26 Abs. 2 SGB VII „1. den durch den Versicherungsfall verursachten Gesundheitsschaden zu beseitigen oder zu bessern, seine Verschlimmerung zu verhüten und seine Folgen zu mildern, 2. den Versicherten einen ihren Neigungen und Fähigkeiten entsprechenden Platz im Arbeitsleben zu sichern, 3. Hilfen zur Bewältigung der Anforderungen des täglichen Lebens und zur Teilhabe am Leben in der Gemeinschaft sowie zur Führung eines möglichst selbständigen Lebens unter Berücksichtigung von Art und Schwere des Gesundheitsschadens bereitzustellen, 4. ergänzende Leistungen zur Heilbehandlung und zu Leistungen zur Teilhabe am Arbeitsleben und am Leben in der Gemeinschaft zu erbringen“[214] sowie entsprechende Leistungen bei Pflegebedürftigkeit zu erbringen. Den Arbeitnehmern kommt dabei eine ganzheitliche Unterstützung zu. Für eine erfolgreiche Rehabilitation sind die Unfallkassen aber auch auf die Akzeptanz, aktive Mitwirkung und die Eigenverantwortung der Betroffenen sowie die Mitwirkung der Unternehmen angewiesen. Im Rahmen des Rehabilitationsprozesses übernehmen die Unfallkassen die Kosten der Akutversorgung, der medizinischen Rehabilitationsmaßnahmen und Leistungen der stufenweisen Wiedereingliederung (§ 26 SGB IX). Ferner tragen die Träger

---

[213] Vgl. §§ 14, 15, 17, 23, 24 SGB VII; Hoß, K., Pomorin, N., Reifferscheid, A., u. a. (2013), S. 44-46; Deutsche Gesetzliche Unfallversicherung, Spitzenverband der landwirtschaftlichen Sozialversicherung, Spitzenverband Bund der Krankenkassen (2009).

[214] §26 Abs. 2 SGB VII.

der Unfallversicherung die Kosten für Leistungen zur Teilhabe und leisten Verletzten- bzw. Übergangsgeld im Falle einer Umschulungsmaßnahme.[215]

Der Arbeitnehmer ist dadurch umfassend gegen gesundheitliche Schäden abgesichert, die im unmittelbaren Zusammenhang mit seiner Tätigkeit stehen.[216]

3.2.3 Gesetzliche Rentenversicherung (GRV)

3.2.3.1 Rehabilitationsleistungen als Instrument zur beruflichen Eingliederung chronisch kranker Menschen

Gemäß ihrem gesetzlichen Auftrag erbringt die Gesetzliche Rentenversicherung „Leistungen zur medizinischen Rehabilitation, Leistungen zur Teilhabe am Arbeitsleben sowie ergänzende Leistungen, um den Auswirkungen einer Krankheit oder einer körperlichen, geistigen oder seelischen Behinderung auf die Erwerbsfähigkeit der Versicherten entgegenzuwirken oder sie zu überwinden und dadurch Beeinträchtigungen der Erwerbsfähigkeit der Versicherten oder ihr vorzeitiges Ausscheiden aus dem Erwerbsleben zu verhindern oder sie möglichst dauerhaft in das Erwerbsleben wiedereinzugliedern“[217].

Im Mittelpunkt stehen dabei Arbeitnehmer, deren Erwerbsfähigkeit gemindert bzw. erheblich gefährdet ist. Dabei gilt der Grundsatz *Rehabilitation vor Rente.* Es gilt ein vorzeitiges Ausscheiden der Betroffenen aus dem Erwerbsleben und damit eine vorzeitige Berentung aus gesundheitlichen Gründen zu vermeiden. Oberstes Ziel ist dabei die Förderung der Selbstbestimmung und der gleichberechtigten Teilhabe am Leben in der Gesellschaft für Behinderte bzw. von Behinderung betroffene Personen. Die Leistungen orientieren sich dabei an den Bedürfnissen der Betroffenen.[218]

---

215 Vgl. §26 Abs. 2 SGB VII; Hoß, K., Pomorin, N., Reifferscheid, A., u. a. (2013), S. 44-46; §26 SGB IX.

216 Vgl. Hoß, K., Pomorin, N., Reifferscheid, A., u. a. (2013), S. 44-46.

217 § 9 Abs. 1 SGB VI.

218 Vgl. § 1 SGB IX.

2013 erbrachten die Träger der Deutschen Rentenversicherung 1.085.577 Leistungen zur medizinischen Rehabilitation und 274.585 Leistungen zur Teilhabe am Arbeitsleben (vgl. Abbildung 17 bzw. Abbildung 18).

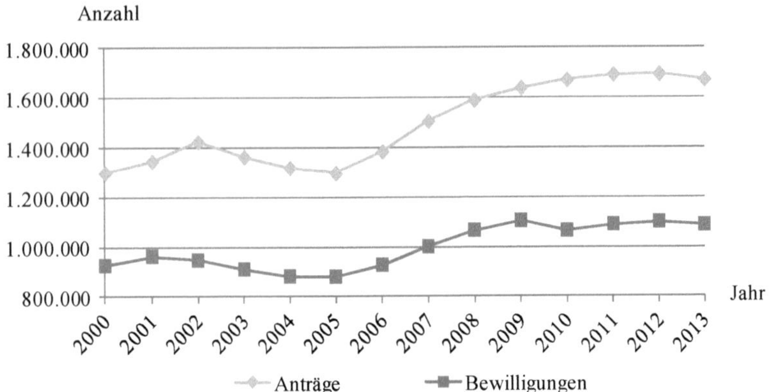

Abbildung 17: Leistungen zur medizinischen Rehabilitation[219]

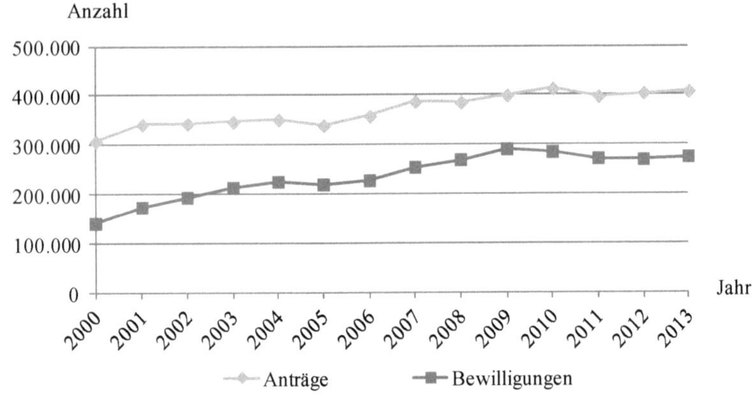

Abbildung 18: Leistungen zur Teilhabe am Arbeitsleben[220]

Die Brutto-Aufwendungen beliefen sich dabei insgesamt auf 5,8 Milliarden Euro.[221] Der größte Teil der Aufwendungen entfiel mit 3,2 Milliarden auf den Bereich der medizinischen Rehabilitation (vgl. Abbildung 19).[222]

219 In Anlehnung an Deutsche Rentenversicherung Bund (2014), S. 216, 220.
220 In Anlehnung an Deutsche Rentenversicherung Bund (2014), S. 216, 220.

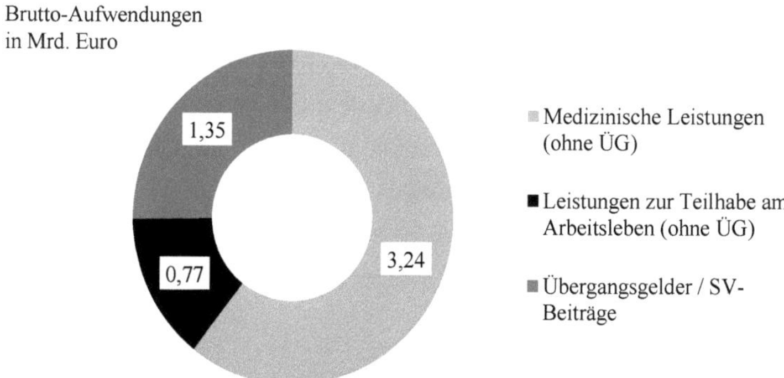

Abbildung 19: Brutto-Aufwendungen der Deutschen Rentenversicherung[223]

Erfolgreiche Rehabilitationsmaßnahmen rechnen sich dabei nicht nur für die Betroffenen, sondern auch für die Betriebe und Unternehmen. Damit die Maßnahmen ihren größtmöglichen Nutzen entfalten können, ist es wichtig, dass sie möglichst frühzeitig einsetzen. Erste Warnzeichen für eine sich andeutende Chronifizierung sind gehäufte bzw. länger anhaltende Zeiten der Arbeitsunfähigkeit. In so einem Fall sollte schnell gehandelt werden, um das Risiko einer vorzeitigen Berentung aus gesundheitlichen Gründen zu minimieren. Im Interesse Aller gilt es den Betroffenen einen möglichst frühzeitigen und niedrigschwelligen Zugang zu entsprechenden Rehabilitationsmaßnahmen zu ermöglichen.[224]

Der zunehmende Stellenwert, der der Rehabilitation auch von Arbeitsgeberseite her beigemessen wird, zeigt sich etwa auch an den konkreten Bemühungen der Unternehmen. Neben dem Betrieblichen Eingliederungsmanagement, zu dem Unternehmen gesetzlich verpflichtet sind (vgl. § 84 Abs. 2 SGB IX), hat ein Großteil der Betriebe mittlerweile auch die Betriebliche Gesundheitsförderung bzw. Rehabilitation zu einem zentralen Bestandteil der Unternehmenspolitik gemacht. Vielen großen Unternehmen gelingt es mittlerweile durch gezielte Kooperationen und den Aufbau von Netzwerken mit Leistungserbringern und Sozialversicherungsträgern ihren Beschäftigten einen schnellen und reibungslosen Zugang zu Rehabilitationsmaßnahmen zu ermöglichen. Wenngleich der Weg zu

221 Vgl. Deutsche Rentenversicherung Bund (2014), S. 216, 220, 240.
222 Vgl. Deutsche Rentenversicherung Bund (2014), S. 216, 220, 240.
223 In Anlehnung an Deutsche Rentenversicherung Bund (2014), S. 240.
224 Vgl. Friemelt, G., Ritter, J. (2012), S. 25.

einer medizinischen und berufsorientierten Rehabilitation durch entsprechende Unterstützungsangebote seitens der Unternehmen sowie einer verbesserten Zusammenarbeit aller Beteiligten in vielen Fällen deutlich vereinfacht wurde, verfügen nach wie vor nicht alle Betriebe, insbesondere nicht die kleinen und mittelständischen Unternehmen, über die nötigen Ressourcen bzw. Möglichkeiten. Insbesondere kleine und mittelständische Unternehmen sind daher auf die Unterstützung seitens der Sozialversicherungsträger angewiesen.[225]

3.2.3.2 Unterstützung der Unternehmen bei Einrichtung und Durchführung des BEM

Gemäß § 84 Abs. 2 SGB IX sind Unternehmen zu Betrieblichem Eingliederungsmanagement verpflichtet. „Sind Beschäftigte innerhalb eines Jahres länger als sechs Wochen ununterbrochen oder wiederholt arbeitsunfähig, klärt der Arbeitgeber mit der zuständigen Interessenvertretung [...], mit Zustimmung und Beteiligung der betroffenen Person die Möglichkeiten, wie die Arbeitsunfähigkeit möglichst überwunden werden und mit welchen Leistungen oder Hilfen erneuter Arbeitsunfähigkeit vorgebeugt und der Arbeitsplatz erhalten werden kann“[226].

Laut Absatz 3 des entsprechenden Paragraphen können die Rehabilitationsträger und die Integrationsämter die Unternehmen auch mittels entsprechender Boni bzw. Prämien unterstützen. Von dieser Möglichkeit wird jedoch kaum Gebrauch gemacht. Zum einen sprächen rechtliche Gründe gegen die Gewährung von Boni oder Prämien, da das SGB VI keinerlei Ermächtigungsnorm zur Zahlung entsprechender Boni oder Prämien enthielte. Zum anderen sprächen auch praktische Gründe, wie Verteilungsgerechtigkeit oder mangelnde Transparenz gegen die finanzielle Unterstützung einzelner Unternehmen. Die Träger der Rentenversicherung kommen stattdessen ihrem gesetzlichen Auftrag nach, indem sie Betriebe und Unternehmen bei der Einführung und Umsetzung des Betrieblichen Eingliederungsmanagements, etwa durch Vereinfachung des Zugangs zu entsprechenden Maßnahmen, unterstützen. In mehreren Modellprojekten konnte

225 Vgl. Friemelt, G., Ritter, J. (2012), S. 25, 27.
226 § 84 Abs. 2 S. 1 SGB IX.

gezeigt werden, dass die praktische Unterstützung durch die Rentenversicherungsträger auch den Wünschen der Unternehmen entspricht. So haben beispielsweise die Erfahrungen des Modellprojekts *Integratives Beratungsnetzwerk – Betriebliches Eingliederungsmanagement* (09/2008-08/2010) gezeigt, dass insbesondere kleine und mittlere Unternehmen einen hohen Bedarf an kostenfreien und neutralen Beratungsangeboten haben. Zu einem ähnlichen Ergebnis kam auch ein früheres Modellprojekt aus den Jahren 2006 und 2007. Hier hatte die Deutsche Rentenversicherung Unternehmen u. a. dazu befragt, welche Hilfen seitens der Rentenversicherungsträger sie als besonders wichtig bei der Ein- und Durchführung eines Betrieblichen Eingliederungsmanagements erachten. Den Ergebnissen der Arbeitgeberbefragung im Rahmen der *Regionalen Initiative Betriebliches Eingliederungsmanagement* der Deutschen Rentenversicherung Bund zufolge, wurde insbesondere der niedrigschwelligen und aufsuchenden Beratung eine hohe Bedeutung zugewiesen, während der Stellenwert von Boni bzw. Prämien eher gering eingeschätzt wurde.[227]

3.2.3.3 Sicherung der Beschäftigungsfähigkeit durch verstärkten Berufsbezug der Rehabilitation

Im Mittelpunkt der Bemühungen der Rentenversicherung im Kontext der Rehabilitation steht die Integration bzw. Reintegration chronisch Kranker in das Erwerbsleben. Dies hat in den letzten Jahren dazu geführt, dass sich das Verständnis von Rehabilitation dahingehend verändert hat, dass die berufliche Teilhabe Leitziel und damit integraler Bestandteil der Maßnahmen darstellen soll. Dies hat in der jüngeren Vergangenheit zu einer stärkeren Vernetzung mit betrieblichen Akteuren und zur Herausbildung von präventiv ausgerichteten Return-to-Work Ansätzen geführt. Das übergeordnete Ziel des Erhalts bzw. der Wiederherstellung der Erwerbsfähigkeit impliziert zugleich einen stärkeren Berufsbezug bzw. eine verstärkte berufliche Orientierung der Rehabilitationsmaßnahmen. Bereits seit vielen Jahren fordert die Rehabilitationsforschung daher einen stärkeren Bezug bzw. Fokus der Rehabilitationsmaßnahmen an die spezifischen be-

[227] Vgl. § 84 SGB IX; Lawall, C., Lewerenz, M., Muschalla, B. (2008), S. 60; Friemelt, G., Ritter, J. (2012), S. 27.

ruflichen Gegebenheiten der Rehabilitanden. Maßnahmen müssten individuell auf den Bedarf des Betroffenen und die spezifischen Arbeitsplatzgegebenheiten zugeschnitten sein.[228]

Ein vielversprechendes Konzept in diesem Zusammenhang ist die sogenannte medizinisch-beruflich orientierte Rehabilitation (MBOR). Die medizinisch-beruflich orientierte Rehabilitation ist eine besondere Form der medizinischen Rehabilitation, die speziell auf den Beruf bzw. die Arbeitsplatzbedingungen des Versicherten ausgerichtet ist. Die einzelnen diagnostischen und therapeutischen Maßnahmen können dabei drei verschiedenen Kategorien zugeordnet werden. Basismaßnahmen der Stufe A werden für alle Betroffenen und in allen Einrichtungen der Deutschen Rentenversicherung erbracht. Maßnahmen der Stufe A umfassen beispielsweise diverse Beratungen, die Berücksichtigung beruflicher Fragestellungen sowie eine berufs- bzw. arbeitsplatzbezogene Diagnostik. Maßnahmen der Stufe B, die sogenannten MBOR-Kernmaßnahmen haben einen expliziten Bezug zum Arbeitsplatz des Rehabilitanden und sind speziell auf die Bedürfnisse der Betroffenen zugeschnitten (z. B. Arbeitsplatztraining). Neben den Basis- und Kernmaßnahmen gibt es für Versicherte, bei denen eine Wiedereingliederung trotz vorheriger berufsbezogener Maßnahmen wenig wahrscheinlich erscheint, spezifische MBOR-Maßnahmen (Stufe C). Maßnahmen der Stufe C umfassen beispielsweise auch die Abklärung und Einleitung entsprechender nachfolgender Maßnahmen.[229]

Von einem verstärkten Berufsbezug der Rehabilitationsmaßnahmen profitieren dabei insbesondere Versicherte mit „besonderen beruflichen Problemlagen (BBPL)“[230]. Diversen Schätzungen zufolge betrifft dies etwa ein Drittel der Rehabilitanden. Mittlerweile gilt es als erwiesen, dass eine stärkere berufsbezogene Ausgestaltung der Maßnahmen den Erfolg der medizinischen Rehabilitation maßgeblich positiv beeinflusst. Wenngleich die MBOR mittlerweile gut wissenschaftlich erforscht, in zahlreichen Modellprojekten erprobt und die Potenziale

[228] Vgl. Hansmaier, T., Radoschewski, F. M. (2007); Egner, U., Schliehe, F., Streibelt, M., u. a. (2011), S. 143; Streibelt, M., Buschmann-Steinhage, R. (2011), S. 160; Friemelt, G., Ritter, J. (2012), S. 28; Bundesanstalt für Arbeitsschutz und Arbeitsmedizin (2012).

[229] Vgl. Hansmaier, T., Radoschewski, F. M. (2007); Egner, U., Schliehe, F., Streibelt, M., u. a. (2011), S. 143; Streibelt, M., Buschmann-Steinhage, R. (2011), S. 160; Friemelt, G., Ritter, J. (2012), S. 28; Bundesanstalt für Arbeitsschutz und Arbeitsmedizin (2012).

[230] Egner, U., Schliehe, F., Streibelt, M., u. a. (2011), S. 143.

im Hinblick auf die Wiedereingliederung chronisch Kranker belegt sind, hat die medizinisch-beruflich orientierte Rehabilitation hierzulande nur unzureichend Eingang in den klinischen Alltag gefunden. Die Ursachen für die unzureichende Verbreitung der MBOR sind vielfältig und umfassen sowohl systemimmanente als auch ökonomische Gründe. Der stärkere Berufsbezug erfordert ein Umdenken auf Seiten aller Beteiligten. Die MBOR ist nicht nur zeitlich intensiver als eine herkömmliche Rehabilitationsmaßnahme, sondern erfordert auch neue diagnostische und therapeutische Prinzipien. Dies setzt in der Praxis einen nicht zu unterschätzenden Anpassungs- und Entwicklungsaufwand sowie die Veränderungsbereitschaft der Beteiligten voraus. Hinzu kommen die semantische Unklarheit des Begriffs der medizinisch-beruflich orientierten Rehabilitation sowie die fehlende Konkretisierung.[231]

3.2.3.4 Spezifische Präventionsangebote zur Sicherung der Beschäftigungsfähigkeit

Wenngleich die bestehenden Rehabilitationskonzepte der Rentenversicherungsträger durchaus vielversprechend sind, setzen die Maßnahmen eigentlich zu spät an. Rehabilitationsmaßnahmen können nämlich erst erbracht werden, wenn die Erwerbsfähigkeit erheblich gefährdet oder bereits gemindert ist, d. h. wenn es absehbar bzw. wahrscheinlich ist, dass der Versicherte ohne die Maßnahme frühzeitig aus dem Erwerbsleben ausscheidet; oftmals ist es dann aber bereits zu spät.[232]

Um solche Situationen gar nicht erst entstehen zu lassen, muss frühzeitiger interveniert werden. Im Zuge der von der Politik geforderten Stärkung der Prävention innerhalb der bestehenden Zuständigkeiten und Strukturen, wurden 2009 die Möglichkeiten der Rentenversicherung, Präventionsleistungen zu erbringen, erweitert. Die gesetzliche Grundlage hierfür findet sich in § 31 Abs. 1 Satz 2 SGB VI. Demnach hat die Rentenversicherung nunmehr die Möglichkeit „medizinische Leistungen zur Sicherung der Erwerbsfähigkeit für Versicherte, die eine

[231] Vgl. Streibelt, M., Buschmann-Steinhage, R. (2011), S. 160; Friemelt, G., Ritter, J. (2012), S. 28; Egner, U., Schliehe, F., Streibelt, M., u. a. (2011), S. 143.
[232] Vgl. Friemelt, G., Ritter, J. (2012), S. 28-29.

besonders gesundheitsgefährdende, ihre Erwerbsfähigkeit ungünstig beeinflussende Beschäftigung ausüben“[233], zu erbringen.

Vor der Gesetzesänderung im Jahr 2009 waren derartige Leistungen nur stationär möglich. Zudem richteten sich die Maßnahmen vorwiegend an Versicherte mit schwerer körperlicher Tätigkeit bzw. hohen physischen Belastungen, wie etwa in der Schwerindustrie oder im Bergbau. Um den veränderten beruflichen Gegebenheiten Rechnung zu tragen, hat die Deutsche Rentenversicherung auch ihre Richtlinien und Anwendungsempfehlungen zu § 31 Abs. 1 Satz 1 Nr. 2 SGB VI überarbeitet. Gemäß § 2 Abs. 4 der *Richtlinien zur Sicherung der Erwerbsfähigkeit* gelten nunmehr nicht nur Beschäftigungen mit besonders schwerer körperlicher Belastung als gesundheitsgefährdend und die Erwerbsfähigkeit ungünstig beeinflussend, sondern auch Beschäftigungen mit „besonderer psychischer Belastung, […] mit ständigem Stehen oder Sitzen, […] mit besonders hohen Daueranforderungen an Konzentration, Reaktionsmögen und Verantwortung, bei sich häufig ändernden Arbeitsschichten im Wechsel von Tag und Nacht und erheblichen Anforderungen an das individuelle Anpassungsvermögen“[234], sofern die Tätigkeiten für einen längeren Zeitraum ausgeübt werden.

In den dazugehörigen Anwendungsempfehlungen finden sich detaillierte Informationen zu negativen Kontextfaktoren, wie beispielsweise Bewegungsmangel, ungesunder Ernährung oder Nikotinkonsum, die bei der Beurteilung des individuellen Präventionsbedarfs entsprechend mit berücksichtigt werden sollen. Aufgrund der mangelnden Erfahrung der Rentenversicherung mit dem Themenkomplex Prävention, ist das entsprechende Rahmenkonzept bewusst offen gehalten.[235]

Teilnahmeberechtigt sind grundsätzlich Versicherte, „die eine besonders gesundheitsgefährdende, ihre Erwerbsfähigkeit ungünstig beeinflussende Beschäftigung ausüben“[236] und bei denen sich „eine Beeinträchtigung der Aktivitäten

233 § 31 Abs. 1 Satz 2 SGB VI.

234 § 2 Abs. 4 Richtlinien zur Sicherung der Erwerbsfähigkeit.

235 Vgl. Moser, N.-T., Fischer, K., Korsukéwitz, C. (2010), S. 80, 83; Kittel, J., Fröhlich, S., Kruse, N., u. a. (2011), S. 247; Meffert, C., Mittag, O., Jäckel, W. H. (2013), S. 391-392; Friemelt, G., Ritter, J. (2012), S. 28.

236 § 31 Abs. 1 Satz 2 SGB VI.

und Teilhabe im Berufsleben"[237] abzeichnet. Für den Zugang zu den Leistungen kommt es also darauf an, ob eine Ausgangssituation gegeben ist, die ein frühzeitiges Intervenieren rechtfertigt.[238]

Zu den besonders belastenden Erwerbstätigkeiten zählen heute nunmehr nicht nur schwere körperliche Tätigkeiten, sondern auch Tätigkeiten, die mit einer besonderen psychischen Belastung einhergehen. Es muss also erstens eine spezifische berufliche Belastung gegeben sein und zweitens müssen sich bereits erste gesundheitliche Beeinträchtigungen (z. B. unspezifische Rückenschmerzen) abzeichnen. Erste Anzeichen sind dabei beginnende Funktionsstörungen innerer Organe oder der Bewegungsorgane, aber auch psychische Beeinträchtigungen. Auch auffällige AU-Zeiten oder eine länger anhaltende Schmerzsymptomatik sind mögliche Hinweise auf das Vorhandensein einer angehenden gesundheitlichen Beeinträchtigung.[239]

Das bedeutet im Umkehrschluss, dass Versicherte, bei denen entweder Rehabilitationsbedürftigkeit (für Leistungen nach § 15 SGB VI), d. h. bei einer erheblich gefährdeten oder bereits geminderten Erwerbsfähigkeit und/oder akuter medizinsicher Behandlungsbedarf vorliegt, für die Teilnahme an den Programmen nicht in Frage kommen. Insofern kommen nur Versicherte für die Teilnahme in Frage, „die sich auf dem schmalen Grat zwischen beginnender Funktionsstörung und Reha-Bedürftigkeit befinden"[240]. Demnach ist der Kreis der in Frage kommenden Versicherten relativ klein.[241]

Die Präventionsleistungen der Deutschen Rentenversicherung sind grundsätzlich modular aufgebaut und bestehen aus drei aufeinander aufbauenden Phasen: Initial-, Trainings- und Eigenaktivitätsphase. Die ersten beiden Phasen werden dabei von ambulanten oder stationären Rehabilitationseinrichtungen erbracht. Die dritte Phase erfolgt in Eigenregie. In der Initialphase werden die Teilnehmer in Kleingruppen zusammengefasst und zunächst über Ziele, Ablauf und Inhalte des

[237] Meffert, C., Mittag, O., Jäckel, W. H. (2013), S. 393.
[238] Vgl. Deutsche Rentenversicherung (2013), S. 3.
[239] Vgl. §31 Abs. 1 Satz 2 SGB VI; Meffert, C., Mittag, O., Jäckel, W. H. (2013), S. 392-393, 396; Deutsche Rentenversicherung (2013), S. 2-3.
[240] Meffert, C., Mittag, O., Jäckel, W. H. (2013), S. 396.
[241] Vgl. §31 Abs. 1 Satz 2 SGB VI; Meffert, C., Mittag, O., Jäckel, W. H. (2013), S. 392-393, 396; Deutsche Rentenversicherung (2013), S. 2-3.

Programms informiert. Ferner erfolgen eine Eingangsdiagnostik sowie die Festlegung von Zielen und die Aufstellung eines Präventionsplans. Die eigentliche Trainingsphase ist modular aufgebaut und erfolgt in den Einrichtungen der Rehabilitationszentren. Die Teilnehmer nehmen dabei über einen längeren Zeitraum berufsbegleitend an verschiedenen Modulen aus den Bereichen Selbstmanagement, Bewegung und Sport, Gesundheitsbildung sowie speziellen Entspannungstrainings teil. Die Angebote sollen dabei eine aktivierende und motivationsfördernde Komponente aufweisen. In der letzten Phase geht es dann darum, dass die Teilnehmer die erlernten Ansätze und Verfahren in Eigenregie im Alltag umsetzen. Die Phase endet i. d. R. mit einem Refresher-Tag, an dem das Erlernte noch einmal aufgefrischt oder aber auch Hilfestellung bei möglichen Schwierigkeiten gegeben werden kann.[242]

Seit der Gesetzesnovellierung hat sich eine Vielzahl von betriebsnahen Präventionsprogrammen der Rentenversicherungen (BETSI, GUSI, FRESH, FEE, KomPAS und Plan Gesundheit) herausgebildet.[243] Tabelle 9 und Tabelle 10 geben einen Überblick über die bestehenden Präventionsprogramme der Deutschen Rentenversicherung.

Die Präventionsprogramme sind allesamt indikationsübergreifend konzipiert. Teilnehmen kann prinzipiell jeder, der bei dem jeweiligen Kostenträger versichert ist und auf den die oben genannten Voraussetzungen zutreffen. Die einzigen beiden Ausnahmen davon bilden BETSI und FRESH. Bei FRESH können auch Pflegekräfte, die bei der Knappschaft bzw. der DRV Baden-Württemberg versichert sind, teilnehmen. Neben den in Tabelle 9 genannten Kostenträgern, übernehmen außerdem die DRV Niedersachsen und die DRV Rheinland die Kosten für BETSI.[244]

Die Rekrutierung der Teilnehmer erfolgt i. d. R. über die Betriebs- bzw. Werksärzte. Zum Teil sind auch die Hausärzte mit eingebunden bzw. der Zugang erfolgt über die Betriebsleitung oder Vorgesetzte. Eine große Rolle spielt auch die Mund-zu-Mund Propaganda. Den Betriebs- bzw. Werksärzten kommt im All-

---

242 Vgl. Deutsche Rentenversicherung (2013), S. 4-5; Meffert, C., Mittag, O., Jäckel, W. H. (2013), S. 395.

243 Vgl. Theißen, U., Baumann, H. (2015), S. 785-787; Meffert, C., Mittag, O., Jäckel, W. H. (2013), S. 391-392.

244 Vgl. Meffert, C., Mittag, O., Jäckel, W. H. (2013), S. 392-393.

gemeinen eine zentrale Rolle zu. Sie sind Ansprechpartner vor Ort, identifizieren die Beschäftigten mit Präventionsbedarf, führen die notwendigen Assessment- und Screening-Verfahren durch und unterstützen bei der Beantragung der Leistungen. Einzig bei den Programmen 1+12 und FEE findet kein Assessment statt.[245]

Tabelle 9: Betriebsnahe Präventionsprogramme der DRV im Überblick (1)[246]

Programm	Kostenträger	Projektstart	Ablauf
BETSI (Beschäftigungsfähigkeit teilhabeorientiert sichern)	▪ DRV Bund ▪ DRV Westfalen ▪ DRV Baden-Würtemmberg	05/2009	Flexible Ausgestaltung, i. d. R. : ▪ 2-3 Tage ganztags ambulant oder 7 Tage stationär ▪ 6-12 Wochen berufsbegleitend ambulant ▪ ½-2 Refresher-Tag(e)
GUSI (Gesundheitsförderung & Selbstregulation durch individuelle Zielanalyse)	▪ DRV Bund ▪ DRV Westfalen	04/2009	▪ 3 Tage ganztags ambulant ▪ 7 Tage berufsbegleitend ambulant ▪ 1 Refresher-Tag (nach 4-5 Monaten)
FRESH (Freiburger Programm zur Erwerbsfähigkeitssicherung in der Pflege)	▪ DRV Bund	09/2010	▪ 5 Tage teilstationär ▪ 6-7 Wochen berufsbegleitend ambulant ▪ Weiteres Angebot ist optional ▪ 1 Refresher-Tag (nach 5-6 Monaten)
FEE (Frühintervention zum Erhalt der Erwerbsfähigkeit)	▪ DRV Mitteldeutschland	01/2011	▪ 6 Tage stationär oder 5 Tage ganztags ambulant ▪ 12 Wochen berufsbegleitend ambulant (2 x pro Woche) ▪ 6 Monate Erhaltungsphase ▪ 1 Refresher-Tag (nach Erhaltungsphase)
KomPAS (Kombinierte Präventionsleistung für Arbeit mit Schichtanteilen)	▪ DRV Rheinland Pfalz	11/2010	▪ 10 Tage stationär ▪ 8-12 Wochen berufsbegleitend ambulant (16 Termine) ▪ 1 Refresher-Tag (nach 6 Monaten)
Plan Gesundheit	▪ DRV Rheinland ▪ Pronova BKK ▪ Currenta	01/2011	▪ 3 Tage ganztags ambulant ▪ 16 Wochen berufsbegleitend ambulant (2 x pro Woche) ▪ 20 Monate Bestätigungsphase ▪ 36 Monate Eigenverantwortungsphase ▪ Begleitung durch Präventionsmanager, regelmäßige Termine beim Betriebsarzt ▪ Kein Refresher-Tag
1+12 (1 Woche stationär und 12 Wochen ambulant)	▪ DRV Baden-Würtemmberg ▪ Betrieb/KK	Ende der 90er Jahre	▪ 7 Tage stationär (Kostenträger: DRV) ▪ 12 Wochen berufsbegleitend ambulant (Kostenträger: Betrieb oder KK) ▪ 3-6 Monate Eigentraining ▪ 2 Refresher-Tage

[245] Vgl. Meffert, C., Mittag, O., Jäckel, W. H. (2013), S. 393-394; Friemelt, G., Ritter, J. (2012), S. 28-29.

[246] In Anlehnung an Theißen, U., Baumann, H. (2015), S. 785-787; Meffert, C., Mittag, O., Jäckel, W. H. (2013), S. 393-397.

Tabelle 10: Betriebsnahe Präventionsprogramme der DRV im Überblick (2)[247]

Programm	Einschlusskriterien	Diagnostik	Betriebe
BETSI (Beschäftigungsfähigkeit teilhabeorientiert sichern)	▪ Drohende Beeinträchtigung der Aktivitäten und Teilhabe im Zusammenhang mit der Erwerbsfähigkeit	▪ Medizinische Diagnostik durch Betriebs-/Werksärzte, sozial-medizinischer Dienst (SMD) der RV ▪ psychologische Testverfahren	▪ Daimler, Sindelfingen ▪ Bosch, Reutlingen ▪ SWR Stuttgart/Baden Baden ▪ Verschiedene Betriebe und Unternehmen mit Sitz in den Modellregionen
GUSI (Gesundheitsförderung & Selbstregulation durch individuelle Zielanalyse)	▪ WAI-Werte von 27-43 ▪ Risikomuster A oder B im AVEM ▪ AU-Zeiten <42 Tage	▪ Medizinische, psychiatrische und berufsbezogene Diagnostik, ▪ AU-Zeiten Erhebung ▪ psychologische Testverfahren	▪ Betriebe der Region Ostwestfalen-Lippe
FRESH (Freiburger Programm zur Erwerbsfähigkeitssicherung in der Pflege)	▪ AU-Zeiten >15 und <30 Tage ▪ unspezifische Rückenschmerzen ▪ Alleinerziehende, Schichtdienst, Risiko eines Burn-Out ▪ Arbeitnehmer >50 Jahre	▪ Identifikation durch betriebs-ärztlichen Dienst der Uniklinik bzw. sozialmedizinischen Dienst der RV ▪ medizinische Diagnostik ▪ psychologische Tests	▪ Universitätsklinikum Freiburg
FEE (Frühintervention zum Erhalt der Erwerbsfähigkeit)	▪ Versicherte, die eine besonders gesundheitsgefährdende ihre Erwerbsfähigkeit ungünstig beeinflussende Beschäftigung ausüben	▪ Prüfung der persönlichen Voraussetzungen und ggf. Vorlage beim sozialmedizinischen Dienst ▪ medizinische Diagnostik	▪ Kleine und mittelständige Betriebe in Mitteldeutschland
KomPAS (Kombinierte Präventionsleistung für Arbeit mit Schichtanteilen)	▪ Anzeichen erster gesundheitlicher Störungen noch ohne pathologischen Wert ▪ versicherungsrechtlicher Voraussetzungen	▪ Medizinische Eingangs- und Abschlussdiagnostik	▪ SCHOTT AG Mainz ▪ Aleris Aluminium Koblenz ▪ Boehringer Ingelheim
Plan Gesundheit	▪ Rentenversichert bei DRV Rheinland und krankenversichert bei BKK pronova ▪ Altersobergrenze: 5 Jahre bis zur Rente ▪ Präventionsleistungen sinnvoll und durchführbar	▪ Medizinische Eingangs- und Abschlussdiagnostik	▪ Tochterunternehmen der Firmen Bayer und Lanxess
1+12 (1 Woche stationär und 12 Wochen ambulant)	▪ Es muss eine beginnende Funktionsstörung mit spezifischer beruflicher Gefährdung/Belastung vorliegen	▪ Entscheidung durch den sozialmedizinischen Dienst ▪ medizinische Eingangs- und Abschlussdiagnostik	▪ Verschiedene Betriebe und Unternehmen mit Sitz in Baden-Würtemmberg

Die betriebsnahmen Präventionsprogramme der Deutschen Rentenversicherung nutzen allesamt bestehende Versorgungsstrukturen und Ressourcen aus dem Bereich der Rehabilitation. Die konkrete Ausgestaltung der einzelnen Programme

[247] In Anlehnung an Theißen, U., Baumann, H. (2015), S. 785-787; Meffert, C., Mittag, O., Jäckel, W. H. (2013), S. 393-397.

ist jedoch sehr heterogen. Dies betrifft insbesondere die Dauer und das klinische Setting der Initialphase. Während Teilnehmer von KomPAS beispielsweise zunächst zehn Tage stationär aufgenommen werden, können Teilnehmer von FEE zwischen sechs Tagen stationär oder fünf Tagen ganztags ambulant wählen. Auch Dauer und Ausgestaltung der Trainingsphase unterscheidet sich von Programm zu Programm. So finden bei GUSI beispielsweise lediglich sieben weitere ambulante Termine statt, bei Plan Gesundheit sind es 16 Wochen, wobei die Teilnehmer zwei Termine pro Woche wahrnehmen müssen.[248]

Das Programm 1+12 unterscheidet sich in einem nicht ganz unerheblichen Punkt vom Rest der Programme. Im Unterschied zu BETSI, GUSI, FEE, usw. wurde 1+12 bereits Ende der 90er und damit lange vor der eigentlichen Gesetzesänderung des § 31 Abs. 1 Satz 2 SGB VI initiiert. Aufgrund der fehlenden gesetzlichen Legitimation für ambulante Präventionsleistungen seitens der Rentenversicherungsträger wurde das Projekt gewissermaßen als Mischung aus einer Woche stationärer Prävention (finanziert durch die Rentenversicherung) gefolgt von 12 Wochen ambulanter Präventionsleistungen (finanziert durch die Krankenkassen bzw. die beteiligten Betriebe) konzipiert. Aufgrund der positiven Erfahrungen wurde 1+12 sodann in die Routineversorgung übernommen. 1+12 ist damit gewissermaßen der Vorläufer von BETSI und damit auch allen anderen betriebsnahen Präventionsprogrammen der Rentenversicherung.[249]

BETSI (Beschäftigungsfähigkeit teilhabeorientiert sichern) ist ein gemeinsames Projekt der Deutschen Rentenversicherung Bund, Baden-Württemberg und Westfalen. Wie 1+12 stellt auch BETSI gewissermaßen einen Sonderfall dar. Bei BETSI handelt es sich nämlich um ein Rahmenkonzept, innerhalb dessen verschiedene Modellprojekte (u. a. GUSI und FRESH) stattfinden. Das BETSI-Rahmenkonzept ist dabei bewusst offen gehalten und gibt lediglich einen groben Rahmen für die Durchführung der Leistungen vor, sodass die einzelnen Träger weitgehende Handlungsspielräume haben und auch verschiedene Ansätze ausprobieren können. Dies macht sich auch in der unterschiedlichen Ausgestaltung der einzelnen Phasen sowie bei der Zielgruppe bemerkbar. Während die Deut-

[248] Vgl. Meffert, C., Mittag, O., Jäckel, W. H. (2013), S. 394-397; Deutsche Rentenversicherung (2013), S. 6.

[249] Vgl. Theißen, U., Baumann, H. (2015), S. 785-787; Meffert, C., Mittag, O., Jäckel, W. H. (2013), S. 394-395.

sche Rentenversicherung Baden-Württemberg beispielsweise ihren Fokus auf Großbetriebe als Projektpartner legt, bieten sowohl die Deutsche Rentenversicherung Westfalen als auch die Deutsche Rentenversicherung Bund ihr Angebot allen Betrieben in der jeweiligen Modellregion an.[250]

GUSI steht für Gesundheitsförderung und Selbstregulation durch individuelle Zielanalyse. Das Programm wurde im Reha-Zentrum Bad Salzuflen der Deutschen Rentenversicherung Bund gegründet und basiert, wie der Großteil der anderen Programme auch, auf dem Züricher Ressourcenmodell. Grundlage ist das BETSI-Rahmenkonzept. Bei GUSI handelt es sich gewissermaßen um ein ressourcenorientiertes Selbstmanagementtraining. Im Mittelpunkt steht dabei der Umgang mit belastenden, beruflichen und sozialen Situation. Die Teilnehmer entwickeln ein persönliches Ziel, das bewusstes und gesundheitsförderliches Verhalten unterstützen soll und erlernen Möglichkeiten wie sie besser mit schwierigen Situationen im Alltag umgehen können. Neben konkreten Handlungsanleitungen, etwa zu den Themenkomplexen Körperwahrnehmung, Entspannung, Stressbewältigung oder Ernährung, steht die Förderung von Wohlbefinden, Aktivität und Bewegungsfreude im Mittelpunkt. Neben der Teilnahme an verschiedenen Achtsamkeitsübungen, Übungen zur Körperwahrnehmung sowie Angeboten im Bereich der progressiven Muskelrelaxation, ist auch freies Üben im Reha-Zentrum vor Ort möglich und erwünscht. In der Modellregion Baden-Württemberg liegen die Schwerpunkte dagegen auf Ernährung und körperlicher Aktivität.[251]

Mit Ausnahme von FRESH werden alle Programme wissenschaftlich begleitet und evaluiert. Erste Ergebnisse der Evaluationen deuten darauf hin, dass die Teilnehmer insgesamt von den angebotenen Leistungen profitieren. Verbesserungen zeigten sich dabei insbesondere hinsichtlich des Gesundheitszustandes, der Reduktion von Risikofaktoren sowie einer verbesserten Prognose der Erwerbsfähigkeit. Die Angebote stoßen überwiegend auf großes Interesse bei den

[250] Vgl. Kittel, J., Fröhlich, S., Kruse, N., u. a. (2011), S. 247; Theißen, U., Baumann, H. (2015), S. 786; Friemelt, G., Ritter, J. (2012), S. 28-29; Meffert, C., Mittag, O., Jäckel, W. H. (2013), S. 393.

[251] Vgl. Reha-Zentrum Bad Salzuflen (2015); Olbrich, D., Ritter, J. (2010), S. 33; Friemelt, G., Ritter, J. (2012), S. 28-29; Meffert, C., Mittag, O., Jäckel, W. H. (2013), S. 395.

Betrieben. Allerdings ist die Nachfrage bislang nur sehr gering und nur wenige Versicherte nehmen die Möglichkeit in Anspruch.[252]

Zusammenfassend kann man sagen, dass alternde Belegschaften bei gleichzeitig steigenden Leistungserwartungen an die Arbeitnehmer den Bedarf an betrieblicher Gesundheitsförderung und Prävention erhöhen. Mit der Änderung des § 31 Abs. 1 Satz 1 Nr. 2 SGB VI hat der Gesetzgeber nunmehr auch für die Rentenversicherung eine Grundlage für die Durchführung ambulanter präventiver Leistungen zur Sicherung bzw. zum Erhalt der Erwerbsfähigkeit ihrer Versicherten geschaffen.[253] Ob sich die Ansätze langfristig durchsetzen werden, hängt u. a. von den Ergebnissen der Begleitforschung, einer einheitlichen Regelung hinsichtlich der Kostenübernahme bzw. der Eigenbeteiligung der Versicherten sowie von der zur Verfügungstellung eines Präventionsbudgets seitens der Rentenversicherungen ab. Bislang ist die Kostenübernahme von Programm zu Programm nämlich sehr unterschiedlich. Auch im Hinblick auf die Eigenleistung der Versicherten unterscheiden sich die Programme zum Teil sehr stark, etwa im Hinblick auf das Ob und die Höhe einer Zuzahlung sowie der Urlaubstage, die die Versicherten einbringen müssen.[254] Im Sinne einer langfristigen Umsetzung wären dahingehend einheitliche Regelungen wünschenswert. Sollte sich das Konzept flächendeckend durchsetzen, „könnte es mittelfristig zu einer Erweiterung des Grundsatzes „Reha vor Rente“ in den Dreiklang „Prävention vor Reha“ vor Rente kommen“[255].

3.2.4 Gemeinsame Servicestellen für Rehabilitation

Oftmals werden die Weichen für eine erfolgreiche Rehabilitation bereits vor dem Beginn der eigentlichen Rehabilitationsmaßnahme gestellt. Insofern ist es entscheidend, dass Versicherten bei Fragen rund um Rehabilitation und Teil-

---

[252] Vgl. Friemelt, G., Ritter, J. (2012), S. 28-29; Kittel, J., Fröhlich, S., Kruse, N., u. a. (2011), S. 248; Meffert, C., Mittag, O., Jäckel, W. H. (2013), S. 394-397; Deutsche Rentenversicherung (2013), S. 6.

[253] Vgl. Letzel, S., Stork, J., Tautz, A. (2007), S. 319; Meffert, C., Mittag, O., Jäckel, W. H. (2013), S. 395.

[254] Vgl. Meffert, C., Mittag, O., Jäckel, W. H. (2013), S. 394-397; Deutsche Rentenversicherung (2013), S. 6.

[255] Theißen, U., Baumann, H. (2015), S. 793.

nahme vor Ort ein kompetenter Ansprechpartner zur Verfügung steht. Vor diesem Hintergrund wurden bis 2002 in allen kreisfreien Städten und Landkreisen sogenannte Gemeinsame Servicestellen eingerichtet und damit das ohnehin umfangreiche Beratungs- und Informationsangebot der einzelnen Rehabilitationsträger um ein weiteres trägerübergreifendes Angebot erweitert. Selbstverständlich können Versicherte aber nach wie vor das bestehende Angebot der verschiedenen Rehabilitationsträger (gesetzliche Kranken-, Unfall- und Rentenversicherungen, Agenturen für Arbeit, Träger der Kriegsopferversorgung und Kriegsopferfürsorge oder öffentliche Jugend- oder Sozialhilfeträger) in Anspruch nehmen. Wenngleich die einzelnen Servicestellen organisatorisch immer bei einem bestimmten Rehabilitationsträger angebunden sind, so stehen durch regionale Beratungsteams immer Mitarbeiter von anderen Trägern für Rückfragen zur Verfügung. Auf diese Weise soll gewährleistet werden, dass kein Rat- oder Hilfesuchender an eine andere Stelle verwiesen werden muss, sondern der Betroffene kompetent vor Ort beraten werden kann.[256]

Das Angebot umfasst dabei die Information und Aufklärung der Betroffenen bzw. deren Angehörigen über Ziel, Zweckmäßigkeit und Erfolgsaussichten der einzelnen Leistungen, die Klärung des individuellen Hilfebedarfs und Ermittlung des zuständigen Rehabilitationsträgers sowie ggf. die Koordination der Zusammenarbeit der einzelnen Rehabilitationsträger. Ferner unterstützen die Reha-Servicestellen bei der Antragstellung und leiten die Anträge entsprechend an den zuständigen Träger weiter. Die Koordinierung der Einrichtung der einzelnen Stellen obliegt der Gesetzlichen Rentenversicherung.[257]

3.3 Best-Practice-Beispiele für trägerübergreifende Angebote

Beispiele für Verfahren bzw. Modelle zur frühzeitigen Erkennung von Rehabilitationsbedarf und/oder zur frühzeitigen Vernetzung der jeweiligen Träger sind

256 Vgl. Deutsche Rentenversicherung (o. J.); Hoß, K., Pomorin, N., Reifferscheid, A., u. a. (2013), S. 47-48.

257 Vgl. Hoß, K., Pomorin, N., Reifferscheid, A., u. a. (2013), S. 47-48; Deutsche Rentenversicherung (o. J.).

fit for work, JobReha, RehaAssessment, Web-Reha, RehaBau, RehaBeruf, RehaJob sowie diverse Projekte zur beruflichen Orientierung in der medizinischen Rehabilitation (MBOR).

Die genannten Projekte zeichnen sich allesamt durch den Fokus auf eine frühzeitige Bedarfserkennung sowie die frühzeitige Vernetzung der einzelnen Prozesse der jeweiligen Rentenversicherungsträger und ggf. Dritter (z. B. Integrationsämter, Arbeitgeber, weitere Rehabilitationsträger) aus.[258] Nachfolgend werden einige Projekte kurz vorgestellt.

Fit for work – schneller zurück in den Job ist ein gemeinsames Projekt der Arbeitsgemeinschaft Deutscher Berufsförderungswerke (ARGE-BFW) und der BARMER GEK. Das Projekt soll insbesondere für eine verbesserte Kommunikation sowie einen reibungsloseren Ablauf der einzelnen Wiedereingliederungsmaßnahmen sorgen und so den Betroffenen schneller zurück ins Berufsleben verhelfen. Den betroffenen Arbeitnehmern wird dabei über den gesamten Prozess ein Case-Manager zur Seite gestellt. Dabei wird zunächst die konkrete arbeitsplatzbezogene sowie gesundheitliche Situation analysiert und anschließend gemeinsam nach Möglichkeiten und Wegen der Rückkehr an den Arbeitsplatz gesucht. Gemeinsam mit Mitarbeitern der Rentenversicherung wird dann geklärt welche Maßnahmen in Frage kommen. Mit Einverständnis des Versicherten wird danach gemeinsam mit dem Arbeitgeber nach Möglichkeiten für eine Weiterbeschäftigung gesucht. Insofern soll auch der Arbeitgeber vermehrt in den Prozess mit eingebunden werden.[259]

Bei dem Projekt *JobReha* handelt es sich um ein gemeinsames Projekt der DRV Braunschweig-Hannover, der deutschen Postbeamtenkrankenkasse und des BKK Bundesverbands. Das Projekt wurde von der Koordinierungsstelle Angewandte Rehabilitationsforschung in Hannover initiiert und setzt auf eine enge Zusammenarbeit der Rehabilitationseinrichtungen, der Krankenkasse sowie der Betriebs- und Werksärzte. Rehabilitations- und Werks-/Betriebsärzte kommunizieren dabei regelmäßig und zeitnah. Ziel ist ein verbesserter Informations- und Kommunikationsfluss an der Schnittstelle zwischen Rehabilitation und Betrieb, um eine engere Verzahnung der Betriebe und Rehabilitationseinrichtungen zu

[258] Vgl. Bundesarbeitsgemeinschaft für Rehabilitation (2010), S. 43, 92.
[259] Vgl. BARMER GEK (2014).

gewährleisten. Das Projekt richtet sich an Mitarbeiter der Deutschen Post bzw. der VW Nutzfahrzeuge Hannover, die an muskuloskelettalen Beschwerden bzw. Erkrankungen des Bewegungsapparates leiden. Die Betroffenen profitieren dabei von einem vereinfachten Zugang zur Rehabilitationsmaßnahme, sowie durch eine auf den Arbeitsplatz und die Beschwerden abgestimmte Therapie mit gezielter beruflicher Wiedereingliederung. Die Maßnahmen können dabei hinsichtlich der Interventionsstufen ambulante Intensivintervention, ambulante Rehabilitation und Stationäre Rehabilitation differenziert werden. Bei der Rehabilitationsform der Stufe 1 beispielsweise werden bestimmte Arbeitsplatzsituationen in der Rehabilitationseinrichtung nachgestellt, um die körperlichen Probleme genauer analysieren zu können, bevor im Anschluss ein individueller Trainings- und Behandlungsplan erstellt wird.[260]

Das Vernetzungsprojekt *Web-Reha* zielt auf eine enge Kooperation zwischen den Werks- bzw. Betriebsärzten und der Deutschen Rentenversicherung Rheinland ab. Im Mittelpunkt der Kooperation stehen dabei die frühzeitige Bedarfserkennung sowie ein enger Bezug der Rehabilitationsmaßnahmen zu den bestehenden Arbeitsplatzanforderungen. Vorrangiges Ziel ist es den Rehabilitanden die dauerhafte Teilhabe am Arbeitsleben, sofern irgendwie möglich die Sicherung des bestehenden Arbeitsplatzes, zu ermöglichen.[261]

Bei dem Projekt *RehaFutur Real* der Deutschen Rentenversicherung Westfalen handelt es sich um einen Modellversuch zur Umsetzung von *RehaFutur*, einer Initiative des Bundesministeriums für Arbeit und Soziales. Das Motto der Initiative lautet: betriebsnah, flexibel und individualisiert. Ziel von *RehaFutur* ist die Modernisierung der beruflichen Rehabilitation, um einem möglichen Fachkräftemangel entgegen zu wirken. Neben der DRV Westfalen gibt es noch weitere Einrichtungen, die den vorgeschlagenen Weg von *RehaFutur* nachbilden, z. B. die Deutsche Rentenversicherung Bund, die Deutsche Gesetzliche Unfallversicherung oder auch die Arbeitsgemeinschaft Deutscher Berufsförderungswerke (ARGE-BFW). Exemplarisch werden hier mit *RehaFutur Real* und *MBO-Reha* die Ansätze der DRV Westfalen und der Deutschen Gesetzlichen Unfallversi-

260 Vgl. Medizinische Hochschule Hannover (o. J.); Bundesarbeitsgemeinschaft für Rehabilitation (2010), S. 94.

261 Vgl. Deutsche Rentenversicherung Rheinland (2015); Bundesarbeitsgemeinschaft für Rehabilitation (2010), S. 43.

cherung skizziert. Im Mittelpunkt von *RehaFutur Real* steht die Förderung bzw. Sicherung der Beschäftigungs- und Erwerbsfähigkeit der Versicherten. Sowohl die Leistungsberechtigten als auch die Arbeitgeber werden dabei aktiv am Prozess beteiligt. Das Programm beginnt mit einem ausführlichen Gespräch mit dem Betroffenen durch einen kompetenten Mitarbeiter des Betriebsservice Gesunde Arbeit der DRV Westfalen um die individuellen beruflichen Problemlagen und die betriebliche Situation aufzuklären. Es folgen zwei Betriebsbesuche. Hierbei geht es zum einen um die Klärung der bestehenden Möglichkeiten einer (Wieder-) Eingliederung innerhalb des Betriebs sowie die Vorstellung der Leistungsangebote seitens der DRV Westfalen bzw. des Berufsförderungswerks. Zum anderen wird auch die weitere Vorgehensweise abgestimmt. Das eigentliche Assessment zur Klärung der Fähigkeiten und des Leistungsvermögens des Versicherten findet im Berufsförderungswerk statt. In enger Abstimmung mit allen Beteiligten werden die Maßnahmen geplant und konkretisiert. Die Maßnahmen umfassen dabei modulare Qualifizierungs-/ Bildungs- und Unterstützungsangebote sowie die Umgestaltung des Arbeitsplatzes mit dem Ziel der (Wieder-) Eingliederung des Versicherten am alten bzw. neuen Arbeitsplatz. Parallel finden eine Qualitätskontrolle sowie ein Prozesscontrolling statt.[262]

Die *Medizinisch-beruflich orientierte Rehabilitation* (*MBO-Reha*) ist ein Angebot der Deutschen Gesetzlichen Unfallversicherung bzw. der berufsgenossenschaftlichen Unfallklinik Ludwigshafen. Primäres Ziel des Programms ist die Wiederherstellung der Arbeitsfähigkeit der Betroffenen nach einem Arbeitsunfall. Die Inhalte der Rehabilitationsmaßnahme richten sich dabei nach dem individuellen Fähigkeitsprofil und dem beruflichen Anforderungsprofil des Beschäftigten. Auf Basis eines Eingangs-Assessments wird durch ein interdisziplinäres Team aus Ärzten und anderen Leistungserbringern ein Ablaufplan für die Rehabilitationsmaßnahme erstellt. Das Programm selbst dauert in etwa vier Wochen. Am Ende der Maßnahme schließt sich noch einmal ein zweitägiges Abschluss-Assessment an. Integraler Bestandteil des Programms ist auch die Zusammenarbeit mit den Kostenträgern und die Einbeziehung von Patienten und Angehörigen. Die Einbindung der Kostenträger bzw. der Patienten ermöglicht eine vo-

262 Vgl. Gödecker-Greenen, N., Ahlvers, C., Verhorst, H. (o. J.); Gödecker-Greenen, N. (2011); Deutsche Akademie für Rehabilitation, Deutsche Vereinigung für Rehabilitation (2013).

rausschauende, zielorientierte Steuerung der Prozesse bzw. fördert Selbstbestimmung und Selbstverantwortung der Patienten. Das Programm wird dabei kontinuierlich evaluiert. Die Ergebnisse wiederum fließen in die Weiterentwicklung des Programms ein.[263]

Bei *RehaBau* beispielsweise handelt es sich um ein Rehabilitationsangebot für Beschäftigte im Baugewerbe. *RehaBau* ist ein Angebot der Deutschen Rentenversicherung Baden-Württemberg in Kooperation mit der Berufsgenossenschaft für Bauwirtschaft. Das Programm richtet sich an Beschäftigte im Baugewerbe mit eingeschränkter Arbeitsfähigkeit. Eine dreiwöchige medizinisch-beruflich orientierte Rehabilitationsmaßnahme soll den Betroffenen helfen ihre berufliche Leistungsfähigkeit zu erhöhen und die Erwerbsfähigkeit langfristig zu sichern.[264]

Gesund im Beruf ist ein gemeinsames Projekt des Arbeitgeberverbandes Chemie Rheinland-Pfalz und dem Acura Rheumazentrum Rheinland-Pfalz. Koordination und Evaluation erfolgt durch das Unternehmen Präventim. Ziel ist es Mitarbeiter dauerhaft in der Erwerbstätigkeit zu halten und entsprechend Frühverrentungen zu verhindern. Die Betriebe sollen dabei unterstützt werden tragbare Strukturen und Konzepte aufzubauen.[265]

Der Ablauf gliedert sich in drei Phasen: Zunächst erfolgt eine Risikoanalyse in den Betrieben. Im Rahmen eines Gesundheitstags werden dabei die Risikoscores der einzelnen Mitarbeiter ermittelt. Je nach Risikoscore findet eine individuelle Behandlung statt. So erhalten die Mitarbeiter mit geringem Risiko beispielsweise lediglich allgemeine Gesundheitsinformationen. Mitarbeiter mit hohem Risiko gelten als rehabilitationsbedürftig. Bei Mitarbeitern mit einem mittleren Risikoscore wird ein Antrag auf eine Präventionsleistung der Rentenversicherung initiiert. Die Initialphase findet dabei im Acura-Rheumazentrum Bad Kreuznach statt. Im Anschluss daran findet eine zwölfwöchige, ambulante Trainingsphase statt. Im Rahmen der Eigenaktivitätsphase gilt es die erlernten Übungen in den Alltag der Betroffenen zu integrieren (vgl. Kapitel 3.2.3.4). Die Evaluation des Projekts findet in Phase 3 statt und wird gemeinsam von dem Unternehmen Präventim und dem Acura Rheumazentrum Bad Kreuznach durchgeführt. In regel-

---

263 Vgl. Kohler, H. (o. J.).

264 Vgl. Deutsche Rentenversicherung Baden-Württemberg (2015).

265 Vgl. AGV Chemie Rheinland-Pfalz (o. J.); Fit for Work Europe (2015), S. 21-22.

mäßigen Zeitabständen (nach drei, sechs, zwölf und 18 Monaten) wird dabei die Veränderung des Risikoscores erfasst. Die ersten Evaluationen deuten auf sehr positive Entwicklungen hin. Den Initiatoren zufolge hänge die Akzeptanz seitens der Mitarbeiter stark von der Befürwortung und Unterstützung durch die Unternehmensleitung ab.[266]

Das *Betriebliche Rehabilitationskonzept* der Salzgitter AG (*BeReKo*) ist Bestandteil der großangelegten Initiative *GO-Die Generationen-Offensive 2025* der Salzgitter AG. Das Projekt startete 2006 und zielt primär auf den Erhalt der Erwerbsfähigkeit der Mitarbeiter ab. Im Mittelpunkt des Projekts stehen neben diversen primärpräventiven Ansätzen insbesondere sekundär- und tertiärpräventive rehabilitative Konzepte. Zielgruppe des betrieblichen Rehabilitationskonzepts der Salzgitter AG sind Mitarbeiter mit muskuloskelettalen Beschwerden. Ziel ist es Entwicklungen mit Krankheitswert frühzeitig aufzuspüren bzw. ein Fortschreiten der Krankheit zu verhindern.[267]

Partner des Konzepts sind die Salzgitter AG, die BKK Salzgitter, das Institut für Arbeits- und Sozialmedizin der Paracelsus-Klinik an der Gande, das Ambulante Rehazentrum Braunschweig sowie die Deutsche Rentenversicherung Braunschweig-Hannover. Das Projekt ist modular aufgebaut. Das Leistungsangebot besteht aus individuellen, auf die Bedürfnisse der Betroffenen zugeschnittenen, arbeitsplatzbezogenen Maßnahmen. Die intensive und durchgehende Fallführung durch Case-Manager der BKK Salzgitter stellt einen zentralen Erfolgsfaktor dar. Die Identifikation der Mitarbeiter erfolgt dabei durch die Betriebsärzte im Rahmen der arbeitsmedizinischen Vorsorgeuntersuchung. Die Betriebsärzte sind es auch, die die Indikation zur Teilnahme stellen.[268]

Je nach Schweregrad der Erkrankung werden die Mitarbeiter entweder Modul A, B oder C zugeordnet. Modul A spricht dabei Beschäftigte an, bei denen erste Veränderungen des Muskel-Skelett-Apparats mit Krankheitswert vorliegen, die sich aber noch nicht in Fehlzeiten geäußert haben. In Modul A findet zunächst ein Abgleich des beruflichen Anforderungsprofils mit der persönlichen Leistungsfähigkeit des Betroffenen statt. Daran schließt sich eine dreimonatige Trai-

[266] Vgl. AGV Chemie Rheinland-Pfalz (o. J.); Fit for Work Europe (2015), S. 21-22.
[267] Vgl. Knoche, K., Sochert, R. (2013), S. 41-48; Fit for Work Europe (2015), S. 23-24.
[268] Vgl. Fit for Work Europe (2015), S. 23-24; Knoche, K., Sochert, R. (2013), S. 41-48.

ningsphase an, bei der der Betroffene gezielt im Rehazentrum bzw. dem firmeneigenen Fitnesscenter an den Defiziten arbeitet. Im Anschluss daran trainiert der Betroffene in Eigenregie weiter. Modul B hingegen richtet sich an Beschäftigte mit ausgeprägtem Krankheitsbild, die bereits mehrfach bzw. durch längere Fehlzeiten aufgefallen sind. Die Betroffenen erhalten zunächst eine ausführliche Untersuchung durch den Betriebsarzt und den Physiotherapeuten. Daran schließt sich eine viermonatige, arbeitsplatzbezogene medizinische Traningstherapie (aMTT) an. Die Therapie findet schichtbegleitend statt und wird durch konzerneigene Physiotherapeuten durchgeführt. Gegebenenfalls wird eine Rehabilitationsmaßnahme eingeleitet. Modul C richtet sich an Mitarbeiter, deren Einsatzfähigkeit bereits erheblich eingeschränkt bzw. fraglich ist. Die Maßnahme beginnt mit einem fünftätigen, stationären Aufenthalt in der Paracelsus-Klinik an der Gande, bei dem u. a. ein Jobmatch durchgeführt wird. Auf Basis des Berichts werden dann entsprechende Maßnahmen eingeleitet. Die Maßnahmen umfassen dabei Leistungen der betrieblichen Wiedereingliederung, ambulantes Training, die Empfehlung zur Teilnahme an einer Schmerzgruppe oder auch Leistungen zur Teilhabe am Arbeitsleben.[269]

Die Ergebnisse der ersten Evaluationen sprechen für das Programm. So konnten beispielsweise 90% der Teilnehmer des Moduls C erfolgreich wieder eingegliedert werden. Im Allgemeinen sind die Abbruchquoten sehr gering, was auf eine hohe Akzeptanz seitens der Mitarbeiter hindeutet. Für das Projekt spricht zudem das steigende Interesse an den Maßnahmen innerhalb der Belegschaften.[270]

Tabelle 11 zeigt die vorgestellten Best-Practice Beispiele im Überblick und fasst die wichtigsten Erkenntnisse gegliedert nach Projektträger, Inhalt und Projektziel noch einmal zusammen.

---

269 Vgl. Knoche, K., Sochert, R. (2013), S. 41-48; Fit for Work Europe (2015), S. 23-24.

270 Vgl. Fit for Work Europe (2015), S. 23-24; Knoche, K., Sochert, R. (2013), S. 41-48.

Tabelle 11: Best-Practice Beispiele erfolgreicher Frühinterventionspiloten[271]

Projekt	Träger	Projektinhalt	Projektziel
Fit for work	▪ BARMER ▪ ARGE-BFW	▪ umfassende und kostenlose Beratung der Versicherten durch kompetente Mitarbeiter der Berufsförderungswerke ▪ gemeinsame Abstimmung möglicher Rehabilitationsmaßnahmen	▪ Berufstätige mit gesundheitlichen Beeinträchtigungen durch eine bessere Koordination der Abläufe und eine verbesserte Kommunikation schneller zurück ins Arbeitsleben führen ▪ verstärkte Einbindung der Arbeitgeber
JobReha	▪ DRV Braunschweig-Hannover ▪ Deutsche Postbeamtenkrankenkasse ▪ BKK Bundesverband	▪ vereinfachter Zugang zu Rehabilitationsmaßnahmen für Mitarbeiter mit muskuloskelettalen Beschwerden ▪ auf den Arbeitsplatz und die Beschwerden abgestimmte Therapie (verschiedene Interventionsstufen: (1) Ambulante Intensivintervention, (2) Ambulante Rehabilitation, (3) Stationäre Rehabilitation) ▪ gezielte betriebliche Wiedereingliederung	▪ engere Verzahnung der Betriebe und Rehabilitationseinrichtungen ▪ verbesserte Kommunikation zwischen Betriebs- und Rehabilitationsärzten über standardisierte Formulare
Web-Reha	▪ DRV Rheinland ▪ Werks- bzw. Betriebsärzten	▪ enge fachübergreifende Kommunikation und Abstimmung aller Beteiligten hinsichtlich der Identifikation des Reha Bedarfs, der inhaltlichen Ausgestaltung der Reha Maßnahmen, der Ergebnisübermittlung und der (Wieder-) Eingliederung der Betroffenen in das Erwerbsleben ▪ enger Bezug der Rehabilitationsleistungen zu den bestehenden Arbeitsplatzanforderungen	▪ enge Kooperation und Zusammenarbeit aller Beteiligten ▪ dauerhafte (Wieder-) Eingliederung in das Erwerbsleben ▪ sofern möglich die Sicherung des bestehenden Arbeitsplatzes
RehaStep	▪ Angebot der baden-württembergischen Berufsförderungswerke	▪ Kernelement ist ein „umfangreiches Profiling zur Identifizierung realistischer beruflicher Perspektiven mit anschließendem Coaching" sowie darauf aufbauend eine Grundlagenqualifizierung mit der Möglichkeit einer Vertiefung im betrieblichen Setting	▪ bedarfsgerechte und dauerhafte Integration behinderter Menschen in das Arbeitsleben
RehaFutur Real	▪ DRV Westfalen	▪ Gespräch mit dem Betroffenen durch einen Mitarbeiter des Betriebsservice Gesunde Arbeit zur Ermittlung der beruflichen Problemlage bzw. der betrieblichen Situation ▪ Betriebsbesuche ▪ Klärung bestehender Möglichkeiten einer Wiedereingliederung sowie Darstellung des Angebots seitens der DRV Westfalen sowie des Berufsförderungswerks ▪ Assessment zur Einschätzung der Fähigkeiten und Erstellung eines Eingliederungsprofils ▪ Planung und Durchführung der Maßnahmen ▪ (Wieder-) Eingliederung des Betroffenen am alten bzw. neuen Arbeitsplatz	▪ Förderung/Sicherung der Erwerbs-/ Beschäftigungsfähigkeit ▪ Beteiligung der Betroffenen und Arbeitgeberorientierung durch aufsuchende Beratung ▪ passgenaue, flexibilisierte Rehabilitationsmaßnahmen ▪ Vernetzung aller Beteiligten
MBO	▪ GUV ▪ Berufsgenossenschaftliche Unfallklinik Ludwigshafen	▪ 2-tägiges Eingangsassessment zur Ermittlung des beruflichen Anforderungsprofils und des individuellen Leistungsprofils ▪ 4-wöchige Rehabilitationsmaßnahme (8 Stunden täglich, davon 4 berufsspezifisch) ▪ 2-tätiges Abschlussassessment	▪ Wiederherstellung der Arbeitsfähigkeit nach einem Arbeitsunfall ▪ verstärkte Zusammenarbeit mit den Kostenträgern ▪ Verbesserung der Heilverfahrenssteuerung durch vorausschauende und zielorientierte Planung und Steuerung der Prozesse
RehaBau	▪ DRV Baden-Württemberg ▪ Berufsgenossenschaft für Bauwirtschaft	▪ Beschäftigte im Baugewerbe mit eingeschränkter Arbeitsfähigkeit ▪ 3-wöchige medizinisch-beruflich orientierte Rehabilitationsmaßnahme	▪ Erhöhung der beruflichen Leistungsfähigkeit ▪ Sicherung der Erwerbsfähigkeit
Gesund im Beruf	▪ AGV Chemie Rheinland-Pfalz ▪ Acura Rheumazentrum Bad Kreuznach ▪ DRV Rheinland-Pfalz	▪ risikoadaptiertes betriebliches Gesundheitsprogramm ▪ Ablauf: Phase 1: Risikoanalyse in den Betrieben Phase 2: individuelle Behandlung je nach Risiko Phase 3: wissenschaftliche Auswertung	▪ Vorbeugung eines frühzeitigen Berufsausstiegs aufgrund von Muskel-Skelett-Erkrankungen
BeReKo	▪ Salzgitter AG ▪ BKK Salzgitter ▪ usw.	▪ modulares Rehabilitationskonzept ▪ 3 Module je nach Krankheitsschwere	▪ Zeitnahme Identifikation von Entwicklungen mit Krankheitswert ▪ Erhalt der Erwerbsfähigkeit

271 In Anlehnung an Bundesarbeitsgemeinschaft für Rehabilitation (2010), S. 92.

Neben den dargestellten Frühinterventionsansätzen auf nationaler Ebene, haben sich in den letzten Jahren auch auf europäischer Ebene zahlreiche Frühinterventionsprogramme herausgebildet. Exemplarisch sei hier noch auf zwei weitere Ansätze aus Spanien bzw. Österreich hingewiesen.[272]

Die Initiative *Stay Active* ist ein Verbundprojekt der medizinischen Universität Wien und dem Otto-Wagner-Spital und Pflegezentrum Wien. Ziel des gemeinsamen Projekts ist es den Arzt zum Patienten an den Arbeitsplatz zu bringen. Mit mehr als 2.700 Beschäftigten zählt das Otto-Wagner-Spital zu den größten Häusern in Wien. Im Rahmen des krankenhausinternen Gesundheitsmanagements soll Beschäftigten mit angehenden muskuloskelettalen oder rheumatischen Beschwerden ein einfaches und schnelles Screening-Programm auf das Vorliegen einer Muskel-Skelett-Erkrankung angeboten werden. Die Idee hinter dem Konzept ist eigentlich relativ einfach. Anfangs erhalten alle Beschäftigten einen Fragebogen per Email. Die Betroffenen mit möglichen Anzeichen einer rheumatischen oder Muskel-Skelett-Erkrankung erhalten eine kurze Untersuchung im Umfang von etwa 10 Minuten am Arbeitsplatz durch einen Rheumatologen bzw. einen Orthopäden. Ziel ist eine möglichst schnelle Überweisung zu einem Spezialisten, sollte es notwendig sein. Das Programm wurde im September 2014 initiiert und soll demnächst auf eine große österreichische Bank ausgeweitet werden. Das Projekt wird wissenschaftlich begleitet und evaluiert. Die ersten Zwischenergebnisse stehen noch aus.[273]

Einen ähnlichen Ansatz verfolgte auch das Team um Dr. Juan Jover, Rheumatologe und Gründer des spanischen Frühinterventionspiloten *MSD Early Intervention Clinic*. Ziel des Programms war die zeitnahe Überweisung von Patienten mit muskuloskelettalen Beschwerden an einen Rheumatologen. Hierzu wurden eigens drei spezielle Kliniken in Madrid gegründet. Die Konsultation erfolgte i. d. R. innerhalb von fünf Tagen nach der ersten Vorstellung beim Hausarzt. Neben einer engmaschigen Betreuung durch Hausarzt und Spezialisten in den Kliniken wurde dabei gezielt auf das Selbstmanagement der Patienten und eine frühzeitige Rückkehr an den Arbeitsplatz gesetzt. Eine über einen Zeitraum von zwei Jahren angelegte Pilotstudie kam zu dem Ergebnis, dass sowohl die ar-

272 Vgl. Fit for Work Europe (2015).
273 Vgl. Fit for Work Europe (2015), S. 9.

beitsbedingten Fehlzeiten als auch das Risiko eines gesundheitlich bedingten Verlusts des Arbeitsplatzes um 39% bzw. 50% gegenüber der Kontrollgruppe reduziert werden konnte. Der große Erfolg des Piloten hat sodann zur Gründung von 25 weiteren Early Intervention-Kliniken in Spanien geführt, einige von ihnen zu 100% staatlich finanziert. Dem positiven Vorbild aus Spanien folgen nunmehr auch Großbritannien, Portugal, Lettland und Litauen, die allesamt eigene Ansätze auf Basis des spanischen Konzepts implementieren.[274]

3.4 Zwischenfazit

Mittlerweile hat sich eine Fülle verschiedener Programme zum Erhalt bzw. zur Wiederherstellung der Arbeitsfähigkeit von Beschäftigten herausgebildet. Den Unternehmen stehen dabei eine Reihe verschiedener Gestaltungsmöglichkeiten zur Verfügung. Neben einer alters- bzw. alternsgerechten Gestaltung der Unternehmenspolitik, sind in dem Zusammenhang v. a. die Maßnahmen im Rahmen eines Betrieblichen Gesundheitsmanagements zu nennen. Die Unternehmen können dabei zahlreiche Unterstützungsangebote der Sozialversicherungsträger in Anspruch nehmen. Daneben bieten auch die Sozialversicherungsträger ihren Mitgliedern diverse Programme zur Förderung bzw. Wiederherstellung der Arbeitsfähigkeit an. Allerdings sprechen mehrere Gründe dafür den Betrieben bzw. Unternehmen die zentrale Rolle zuzuschreiben. So stellen die Arbeitnehmer eines Betriebs bzw. einer Abteilung eine in sich geschlossene Zielgruppe dar. Experten gehen davon aus, dass dies die Chancen einer dauerhaften Beteiligung der Beschäftigten an den Maßnahmen deutlich erhöht. Ferner kann auf bereits vorhandene Strukturen (z. B. Intranet) zur Kommunikation der Programme und Maßnahmen zurückgegriffen werden. Zudem profitieren in erster Linie die Unternehmen von dem wirtschaftlichen Mehrwert präventiver Gesundheitsmaßnahmen, etwa durch einen verringerten Krankenstand oder eine erhöhte Produktivität ihrer Belegschaften.[275] Die Ergebnisse der Evaluationen zahlreicher Best-

---

[274] Vgl. Abásolo, L., Blanco, M., Bachiller, J., u. a. (2005); Jover, J. (2014); Fit for Work Europe (2015), S. 55.

[275] Vgl. Naidoo, J., Wills, J. (2010), S. 331-333; Theißen, U., Baumann, H. (2015), S. 793; Slesina, W., Bohley, S. (2010), S. 629; Meffert, C., Mittag, O., Jäckel, W. H. (2013), S. 392.

Practice-Ansätze bzw. Modellprojekte sind vielversprechend und deuten darauf hin, dass mittels geeigneter Frühinterventionsmaßnahmen die Arbeitsfähigkeit erhalten bzw. wiederhergestellt werden kann. Auch in ökonomischer Hinsicht stellt eine „frühzeitige Intervention bei gesundheitlichen Fehlentwicklungen eine condicio sine qua non“[276] dar.

Der Begriff der Frühintervention ist dabei denkbar weit gefasst. So ist Frühintervention nicht unbedingt mit dem Begriff der Primärprävention gleichzusetzen. Eine Frühinterventionsmaßnahme kann aber durchaus im Sinne einer Primärprävention ansetzen. Ziel ist es dann Einschränkungen der Arbeitsfähigkeit erst gar nicht aufkommen zu lassen. Die Maßnahmen richten sich dann an gesunde Beschäftigte. Frühintervention kann aber auch bei bereits vorliegenden gesundheitlichen Einschränkungen einsetzen und eine möglichst zeitnahe Ableitung und Initiierung von Maßnahmen im Sinne einer Sekundär- oder Tertiärprävention umfassen (vgl. Abbildung 20).

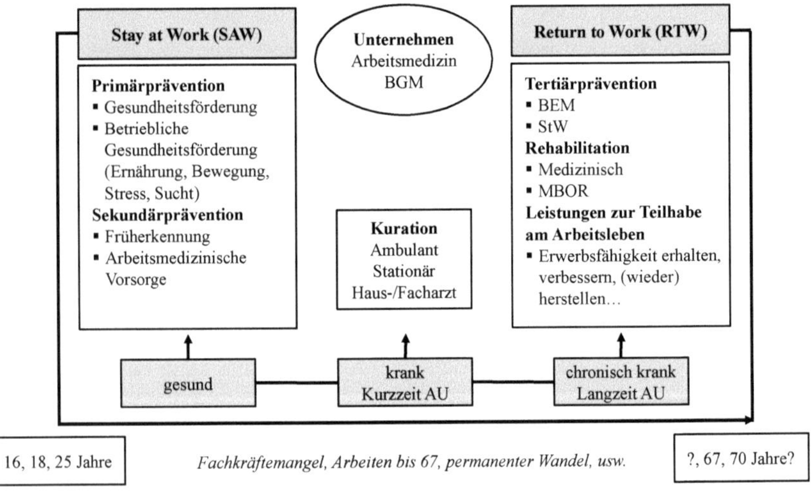

Abbildung 20: Ansatzpunkte zum Erhalt der Arbeitsfähigkeit[277]

[276] Theißen, U., Baumann, H. (2015), S. 793.

[277] In Anlehnung an Weber, A., Peschkes, L., Boer, W. de (2015), S. 24.

Es geht also primär darum, dass frühzeitig interveniert wird und keine wertvolle Zeit verstreicht.[278] Abbildung 20 zeigt die verschiedenen Ansatzpunkte zum Erhalt, zur Förderung bzw. Wiederherstellung der Arbeitsfähigkeit im Überblick.

Die Beispiele aus den vorangegangen Kapiteln zeigen, dass das Konzept der Frühintervention, im Sinne eines möglichst frühzeitigen Intervenierens, insgesamt sehr vielversprechend ist und dazu beitragen kann die Arbeitsfähigkeit langfristig auf einem hohen Niveau zu halten. Auch haben die Unternehmen den Handlungsbedarf erkannt. Einer Studie der Initiative Neue Qualität der Arbeit zufolge sind sich die Unternehmen der Relevanz der Demographieproblematik durchaus bewusst und haben auch bereits die Herausforderungen und Handlungsbedarfe identifiziert. Trotz der bestehenden Vielfalt von Möglichkeiten und des zunehmenden Handlungsdrucks, geschieht jedoch immer noch viel zu wenig.[279] Hier stellt sich die Frage nach möglichen Gründen für die nach wie vor nur unzureichende Verbreitung entsprechender Ansätze.

3.5 Erfolgs- und Risikofaktoren von Early Intervention Ansätzen

3.5.1 Arbeitnehmerebene

Auf der Ebene des einzelnen Arbeitnehmers ist insbesondere die fehlende Mitwirkung bzw. mangelnde Selbstverantwortung und Motivation ein zentrales Problem. In Kombination mit der oftmals nur eingeschränkten Kenntnis bezüglich der ihm seitens des Arbeitgebers bzw. der Sozialversicherungen zustehenden Leistungen führt das oftmals dazu, dass Leistungen gar nicht oder erst viel zu spät in Anspruch genommen werden. Vielen Beschäftigten sind beispielsweise v. a. die Möglichkeiten im Rahmen einer stufenweisen Wiedereingliederung im Krankheitsfall gänzlich unbekannt. Hinzu kommt, dass oftmals auch eine Krankheitsorientierung und damit einhergehend die Annahme einer verringerten Leistungsfähigkeit auch seitens des Arbeitnehmers besteht und er sich nicht darüber im Klaren ist, dass man, frühzeitiges Intervenieren vorausgesetzt, die Ar-

[278] Vgl. Amler, N., Felder, S., Merkesdal, S., u. a. (zur Publikation angenommen).
[279] Vgl. Initiative Neue Qualität der Arbeit (2011), S. 25, 37.

beitsfähigkeit erhalten bzw. wiederherstellen kann. In der Realität erreichen insbesondere Maßnahmen der betrieblichen Gesundheitsförderung oftmals auch die *falschen* Mitarbeiter, jene, die sich ohnehin gesund ernähren und ausreichend bewegen. Im Rahmen der betriebsnahen Präventionsangebote der Deutschen Rentenversicherung verhält es sich nicht anders. Experten aus dem Bereich der Deutschen Rentenversicherung zufolge seien es zumeist die falschen Mitarbeiter, die Anträge auf diese Leistungen stellen, also entweder die ohnehin gesunden Mitarbeiter oder aber diejenigen, bei denen es eigentlich schon zu spät ist und eine medizinische Rehabilitationsmaßnahme indiziert wäre.[280]

Neben der Unkenntnis eines großen Teils der Arbeitnehmer und Arbeitnehmerinnen hinsichtlich der ihnen seitens der Arbeitgeber bzw. seitens der Sozialversicherungen zustehenden Leistungen, gibt es aber auch Arbeitnehmer, die sich sehr genau mit der Thematik auskennen und dementsprechend das System auch gezielt für sich nutzen. So existiert beispielsweise im Zusammenhang mit der stufenweisen Wiedereingliederung eine widersprüchliche Anreizwirkung für die Versicherten. So ist das Krankengeld, das die gesetzliche Krankenkasse im Anschluss an die Arbeitsunfähigkeit bzw. mindestens fünf Wochen nach Abschluss einer Rehabilitationsmaßnahme bezahlt, höher als das Übergangsgeld, das man von der Rentenversicherung erhalten würde, wenn man mit der stufenweisen Wiedereingliederung direkt im Anschluss an die Rehabilitationsmaßnahme beginnt. Bei der bestehenden Regelung handelt es sich um einen fehlgerichteten, ökonomischen Anreiz. Dem Versicherten wird mehr bezahlt, wenn die Wiedereingliederung später stattfindet bzw. gänzlich auf eine Rehabilitationsmaßnahme und damit auf die Chance einer Verbesserung der Arbeitsfähigkeit verzichtet wird. Dies ist zugleich eine der zentralen Schwachstellen auf Ebene des Sozialversicherungssystems.[281]

Um die Hindernisse zu überkommen gilt es das Bewusstsein und die Selbstverantwortung der Beschäftigten, beispielsweise durch gezielte Kommunikation und Motivationsarbeit zu stärken. Die Arbeitnehmer und Arbeitnehmerinnen müssen sich darüber im Klaren sein, dass mittels geeigneter Frühinterventions-

280 Vgl. Hoß, K., Pomorin, N., Reifferscheid, A., u. a. (2013), S. 53.
281 Vgl. Hoß, K., Pomorin, N., Reifferscheid, A., u. a. (2013), S. 52.

maßnahmen die Arbeits- und Beschäftigungsfähigkeit langfristig gestärkt, verbessert oder auch wiederhergestellt werden kann.[282]

3.5.2 Betriebliche Ebene

3.5.2.1 Vorruhestandskultur

Auch der Blick in die Betriebe offenbart eine Vielzahl von Schwachstellen. Hier ist insbesondere auf die nach wie vor oftmals vorherrschende Vorruhestandskultur in den Unternehmen hinzuweisen. Lange Zeit war der Umgang mit älteren Arbeitnehmern durch die Möglichkeit des vorzeitigen Ausstiegs aus dem Berufs- bzw. Erwerbsleben geprägt. Diese im politischen wie gesellschaftlichen Konsens gelebte Altersteilzeitpolitik verankerte den frühzeitigen Ausstieg aus dem Berufsleben bis heute als Leitbild in den Unternehmen und der Gesellschaft. Wenngleich diese Vorruhestandskultur als lähmend und überholt gilt, ist das Modell der Altersteilzeit nach wie vor ein sehr beliebtes Instrument im Hinblick auf die Gestaltung des Rentenübergangs. Oftmals liegen die Probleme aber auch in der mangelnden Erfahrung der Betriebe im Umgang mit älteren Beschäftigten. Insbesondere bei Berufsbildern mit schwerer körperlicher Arbeit bestand der Umgang mit älteren Arbeitnehmern bis vor kurzem daraus Sozialpläne umzusetzen. Infolgedessen fehlt den Betrieben nunmehr jedwede Erfahrung.[283]

Im Allgemeinen bestehen oftmals auch erhebliche Defizite hinsichtlich einer alter(n)sgerechten Unternehmenskultur, und hier insbesondere im Bereich der Führung. Mangelndes Verständnis der Führungskraft für die Belange der Beschäftigten oder auch das Fehlen einer entsprechenden sozialen bzw. gesundheitsgerechten Führungskultur sind oftmals an der Tagesordnung.[284]

Die Vorruhestandskultur, die nach wie vor seitens der Betriebe gelebt und auch seitens der Beschäftigten nachgefragt und gefordert wird, gilt als nicht mehr zeitgemäß und muss überwunden werden. Angaben der Bundesanstalt für Ar-

---

282 Vgl. Hoß, K., Pomorin, N., Reifferscheid, A., u. a. (2013), S. 58.

283 Vgl. Initiative Neue Qualität der Arbeit (2011), S. 5, 39; Hoß, K., Pomorin, N., Reifferscheid, A., u. a. (2013), S. 55; Richter, G., Bode, S., Köper, B. (2012), S. 8.

284 Vgl. Hoß, K., Pomorin, N., Reifferscheid, A., u. a. (2013), S. 54.

beitsschutz und Arbeitsmedizin zufolge erfordere das Überwinden der Vorruhestandskultur eine neue Arbeits- und Beschäftigungskultur, eine Kultur des gegenseitigen Vertrauens und des Respekts, in der Arbeits- und Gesundheitsschutz, Betriebliches Wiedereingliederungsmanagement und Betriebliche Gesundheitsförderung gelebt werden und nicht nur leere Worte darstellen. Mit dem Auslaufen der Altersteilzeitregelung und der schrittweisen Anhebung des Renteneintrittsalters auf 67 Jahre hat nunmehr endlich auch die Politik reagiert und zwei Reformprojekte geschaffen, welche einen entscheidenden Wendepunkt im Umgang mit älteren Beschäftigten markieren und gleichzeitig die politisch gewollte Umkehr weg von der gelebten Frühverrentungspraxis hin zu einer Verlängerung der Lebensarbeitszeit untermauern.[285]

3.5.2.2 Kurzfristiger Planungshorizont und ökonomische Zwänge

Ein weiteres Problem liegt in dem oftmals sehr kurzfristigen Planungshorizont vieler Betriebe sowie in diversen ökonomischen bzw. betriebswirtschaftlichen Zwängen, denen die Unternehmen bzw. die Führungskräfte unterliegen. Oftmals prägen Quartalsergebnisse bzw. Aktienkurse das unternehmerische Handeln. Die Kapitalmarktorientierung in Verbindung mit einem geringen unmittelbar spürbaren Problemdruck seitens der Betriebe erschwert die Rechtfertigung einer präventiven Strategie. Kosten einer präventiven Maßnahme amortisieren sich nämlich i. d. R. nicht sofort, sondern erst nach einer gewissen Zeit. Hinzu kommt, dass der Nutzen der Maßnahmen sich nur schwer in monetären Einheiten beziffern lässt und somit auch nicht greifbar ist. Obwohl die Auswirkungen des demographischen Wandels bereits heute sichtbar sind, verspüren die Unternehmen bislang nur einen sehr geringen Handlungsdruck. Probleme werden aber i. d. R. erst dann richtig angegangen, wenn sie das unmittelbare Tagesgeschäft tangieren und damit im Alltag der Unternehmen spürbar an Bedeutung gewinnen. Dann ist es aber oftmals bereits zu spät und der richtige Startzeitpunkt, etwa für eine Rehabilitationsmaßnahme ist verpasst. Insbesondere in wirtschaftlich schwierigen Zeiten kommen dann auch noch ökonomische Legitimations-

[285] Vgl. Richter, G., Bode, S., Köper, B. (2012), S. 8; Hoß, K., Pomorin, N., Reifferscheid, A., u. a. (2013), S. 55.

probleme hinzu. Bedingt durch den wirtschaftlichen Druck, merken Unternehmen auch häufig zu spät, wie schlecht es um die Gesundheit bzw. Leistungsfähigkeit ihrer Mitarbeiter bestellt ist. Viele, insbesondere kleine und mittelständische Betriebe können es sich schlichtweg auch nicht leisten für die Dauer einer Rehabilitationsmaßnahme auf einen Mitarbeiter zu verzichten.[286]

Eigentümergeführte Betriebe und auch Betriebe, in denen die wichtigen Akteure bereits seit vielen Jahren erfolgreich zusammenarbeiten, haben es diesbezüglich oft deutlich leichter. Längere Planungshorizonte brauchen im Allgemeinen eine gewisse betriebliche Stabilität, die letztlich auch erst eine vorausschauende Perspektive ermöglicht. Hilfreich kann oftmals auch eine neue Sicht auf Investitionsentscheidungen sein, die nicht nur auf die unmittelbaren Anschaffungskosten fokussiert, sondern auch spätere Einsparpotenziale, etwa in Form von weniger Lohnfortzahlungen im Krankheitsfall berücksichtigt.[287]

3.5.2.3 Innerbetriebliche Widerstände bzw. schwierige zwischenmenschliche Konstellationen

Diverse Umfragen haben gezeigt, dass ein vertrauensvolles und kooperatives Verhältnis und die Zusammenarbeit von Betriebsrat und Unternehmensleitung bzw. Management eine der wichtigsten Voraussetzungen für eine erfolgreiche alter(n)sgerechte Gestaltung der Arbeit bzw. für die Initiierung und Implementierung entsprechender Maßnahmen darstellen. Schwierig wird es insbesondere dann, wenn sich wichtige Entscheidungsträger gegen das Vorhaben stellen. Es ist daher wichtig auch die Unternehmensleitung auf der Seite zu haben. Aber auch wenn Entscheidungsträger bzw. Verantwortliche untereinander ein schwieriges Verhältnis bzw. eine konfliktreiche Beziehung haben, läuft man Gefahr, dass das Vorhaben untergeht oder aber zum Spielball des Konflikts wird. Für die Gesundheit bzw. Gesunderhaltung der Mitarbeiter und damit letztlich für die

[286] Vgl. Initiative Neue Qualität der Arbeit (2011), S. 40-41; Hoß, K., Pomorin, N., Reifferscheid, A., u. a. (2013), S. 55.

[287] Vgl. Initiative Neue Qualität der Arbeit (2011), S. 40-41.

langfristige Wettbewerbsfähigkeit des Unternehmens sollten alle Betriebsparteien an einem Strang ziehen.[288]

3.5.2.4 Mangelnde Ressourcenausstattung und fehlendes Know-how

Die unzureichende Verbreitung eines systematischen Betrieblichen Gesundheitsmanagements bzw. einer alter(n)sgerechten Unternehmenspolitik ist oftmals auch auf die mangelnde Ressourcenausstattung sowie fehlendes Know-How zurückzuführen. Insbesondere bei kleinen und mittelständischen Betrieben bestehen nach wie vor zum Teil erhebliche Wissensdefizite hinsichtlich der konkreten Folgen des demographischen Wandels. Außerdem mangelt es kleinen und mittelständischen Unternehmen nicht nur an den materiellen bzw. finanziellen Voraussetzungen und notwendigen Strukturen, sondern vielmehr auch an entsprechenden kompetenten Personen bzw. Ansprechpartnern im Unternehmen, die sich mit dem Thema auseinandersetzen können. Oftmals fehlen auch schlichtweg Möglichkeiten von entsprechenden Umschulungen oder Weiterbildungsmaßnahmen oder es sind zu wenige Teilzeitarbeitsplätze vorhanden, um Mitarbeiter entsprechend zu entlasten.[289]

Erfolgreiche Best-Practice Beispiele kleinerer Unternehmen zeigen aber auch, dass dies nicht unbedingt ein Hemmnis sein muss, sondern auch als Chance betrachtet werden kann. So gilt es vorhandene innerbetriebliche Ressourcen entsprechend zu mobilisieren: Das Know-How einzelner, die Ideen, die Kreativität und das Engagement der Belegschaft und der Führungskräfte sind allesamt Beispiele für vorhandene wenig kostenintensive Ressourcen, die es zu mobilisieren gilt. Oftmals zeigt auch das Drehen an scheinbar kleinen Drehschrauben große Wirkung. Die aktive Integration und Beteiligung der Belegschaft in den Ideenfindungsprozess verringert das Aufkommen innerbetrieblicher Widerstände, fördert die Akzeptanz der Maßnahmen und trägt zudem zu einem positiven Betriebsklima bei. Oft sind es ganz triviale Dinge, die auf ganz einfache Weise ge-

---

288 Vgl. Initiative Neue Qualität der Arbeit (2011), S. 42, 44.

289 Vgl. Hoß, K., Pomorin, N., Reifferscheid, A., u. a. (2013), S. 53-55; Initiative Neue Qualität der Arbeit (2011), S. 45.

ändert werden können. Man muss den Mitarbeitern lediglich die Chance bzw. eine Möglichkeit einräumen ihre Gedanken bzw. ihre Sichtweise mit einzubringen. Die Mitarbeiter sind quasi „Experten in eigener Sache“[290] und wissen i. d. R. am besten *wo der Schuh drückt* bzw. was sich hinsichtlich der Arbeitsorganisation bzw. dem Arbeitsablauf verändert müsste. Oftmals fehlt es schlichtweg an einer geeigneten Plattform, auf der die Mitarbeiter ihre Ideen (gefahrlos) äußern können.[291]

Eine weitere Chance besteht darin externe Impulse zu nutzen. Das Zurückgreifen auf externe Informations- bzw. Beratungsangebote ist oftmals von Vorteil, insbesondere bei vorhandenen innerbetrieblichen Konflikten. Ein Impuls von außen kann dabei oftmals einen entscheidenden Richtungswechsel einläuten. Ein außenstehender Dritter sieht die Welt oftmals ganz anders und kann auch eine moderierende bzw. vermittelnde Funktion einnehmen und so dabei helfen, das Thema zu versachlichen bzw. es überhaupt erst einmal auf die betriebliche Agenda zu setzen. Wenn das Eis dann erst einmal gebrochen ist und alle Beteiligten merken, dass es auch für sie selbst von Vorteil ist, so entwickelt sich eine solche Strategie auch schnell zum Selbstläufer. Für kleine und mittelständische Unternehmen kann auch die Beteiligung an entsprechenden Projekten bzw. geförderten Modellvorhaben eine Chance darstellen.[292]

Leider bestehen auch auf Unternehmensseite immer noch erhebliche Wissensdefizite im Hinblick auf die Unterstützungs- und Beratungsangebote der Sozialversicherungen und anderer Dienstleister. Insbesondere kleine und mittelständische Betriebe wissen oftmals viel zu wenig über die spezifischen Unterstützungsleistungen seitens der Sozialversicherungsträger. Dies liegt mitunter daran, dass in den kleinen Betrieben i. d. R. nicht immer ein Betriebsarzt vor Ort ist, der über die entsprechenden Angebote informieren könnte. Die fehlende Transparenz und die Wissensdefizite im Hinblick auf die verschiedenen Angebote der einzelnen Träger führen dazu, dass die vorhandenen Möglichkeiten zur Einbeziehung der Sozialversicherungsträger nicht oder nicht durchgängig genutzt werden. Dies betrifft insbesondere die spezifischen Unterstützungsleistungen im Krankheits-

[290] Initiative Neue Qualität der Arbeit (2011), S. 43.
[291] Vgl. Initiative Neue Qualität der Arbeit (2011), S. 43.
[292] Vgl. Initiative Neue Qualität der Arbeit (2011), S. 46.

fall. So ist beispielsweise vielen Betrieben nicht bewusst, dass sie für die Umrüstung des Arbeitsplatzes eines chronisch kranken Arbeitnehmers finanzielle Unterstützung erhalten könnten.[293]

3.5.2.5 Zusammenfassung

Die folgende Tabelle gibt einen Überblick über die bestehenden förderlichen bzw. hemmenden Faktoren auf betrieblicher Ebene und fasst die in Kapitel 3.5.2 genannten Faktoren noch einmal zusammen.

Tabelle 12: Herausforderungen von Maßnahmen auf betrieblicher Ebene[294]

	Förderliche Faktoren	**Hemmende Faktoren**
Betriebliche Rahmenbedinungen	▪ Gute Ausstattung mit **Ressourcen** (personell, finanziell) ▪ Betriebliche **Stabilität** (Planungssicherheit ermöglicht langfristige Perspektive)	▪ Schwache Ausstattung mit **Ressourcen** (personell, finanziell) ▪ **Betriebliche Unsicherheiten** (z. B. Krisen, struktureller Wandel, hohe Fluktuation insb. in Schlüsselpositionen) ▪ **Kurzfrist-Orientierung** (kurzer Planungshorizont) sowie **Effizienz-Orientierung** (Amortisierung von Investitionen)
Akteursebene	▪ Vorhandene **Sensibilität** im Unternehmen, insb. bei den Entscheidungsträgern (Verantwortungsbewusstsein bei der Geschäftsleitung) ▪ Unternehmenskultur: **Kooperatives Verhältnis** zwischen den betrieblichen Akteuren ▪ Engagement von Einzelpersonen (Treiber) und vorhandenes **Know-how** ▪ Besetzung des Themas durch einzelne Bereiche (z. B. Personalbereiche); **Durchsetzungsfähige Akteure** (Entscheidungskompetenzen, Legitimationen evtl. durch das Label Demographie) ▪ Bestehende Strukturen (z. B. Gesundheitszirkel) zur Bearbeitung der Thematik	▪ **Fehlendes Problembewusstsein** im Unternehmen, möglicherweise Fokus auf frühzeitigen Ausstieg aus dem Erwerbsleben ▪ **Konfliktreiches Verhältnis** zwischen den betrieblichen Akteuren, Misstrauen seitens der Beschäftigen gegenüber Impulsen ▪ **Überforderung** durch Komplexität der Thematik ▪ Fehlende Durchsetzungsfähigkeit seitens der Treiber ▪ fehlende Unterstützung durch das obere Management
Institutioneller/externer Einfluss	▪ Externer **Impuls** (Agenda-Setting durch Modell-vorhaben oder Tarifpolitik) ▪ Know-how-Transfer in die Betriebe durch externe Expertise ▪ **Versachlichung** des Themas durch externen Input (Neutralität externer Akteure)	▪ Unzureichende **Anreizstrukturen** ▪ Unzureichende **Informationen**

293 Vgl. Hoß, K., Pomorin, N., Reifferscheid, A., u. a. (2013), S. 53-54.
294 In Anlehnung an Initiative Neue Qualität der Arbeit (2011), S. 47.

3.5.3 Herausforderungen auf Ebene des Versorgungssystems bzw. der Sozialversicherung

3.5.3.1 Zersplitterung der Sozialversicherungslandschaft

Die Zersplitterung der Sozialversicherungslandschaft stellt insbesondere kleine und mittelständische Unternehmen vor eine große Herausforderung. Aufgrund der großen Anzahl verschiedener Träger und Akteure, existiert auch eine Vielzahl verschiedener Ansprechpartner für die Betriebe. Bei großen Konzernen ist der Großteil der Beschäftigten i. d. R. bei der jeweiligen Betriebskrankenkasse versichert, sodass auch dieser Aspekt insbesondere die kleinen und mittelständischen Betriebe betrifft.[295]

3.5.3.2 Kastendenken hinsichtlich der Erfüllung des Versorgungsauftrags

Eine weitere zentrale Schwachstelle im System ist die sektorale Gliederung bzw. Finanzierung des deutschen Gesundheitssystems. Dies führt mitunter zu einem Kastendenken hinsichtlich der Erfüllung des Versorgungsauftrags und zu wenig Kooperationsverhalten. Die einzelnen Kostenträger arbeiten oftmals nur dann zusammen, wenn es explizit gesetzlich gefordert wird.[296] So ist beispielsweise das Engagement der gesetzlichen Unfallversicherung im Sinne einer erweiterten Präventionskultur im Unternehmen eher fraglich und geht auch nur selten über das gesetzlich vorgeschriebene Mindestmaß hinaus. Obwohl die Unfallkassen gesetzlich dazu verpflichtet sind im Rahmen der betrieblichen Gesundheitsförderung mit den Krankenkassen zusammen zu arbeiten (vgl. § 20a Abs. 2 Satz 1 SGB V), ist das Eigeninteresse an einer erfolgreichen Zusammenarbeit eher fraglich. Es gilt nämlich das sogenannte Kausalprinzip, wonach die Träger der Unfallversicherungen lediglich für Berufskrankheiten bzw. (Arbeits-) Unfälle haften, die im unmittelbaren Zusammenhang mit der Ausübung der beruflichen Tätigkeit stehen. Für chronische Erkrankungen oder Krankheiten, die nicht in

---

[295] Vgl. Hoß, K., Pomorin, N., Reifferscheid, A., u. a. (2013), S. 55.
[296] Vgl. Hoß, K., Pomorin, N., Reifferscheid, A., u. a. (2013), S. 56.

der Liste der Berufskrankheiten aufgeführt sind bzw. deren Ursache nicht eindeutig in der Ausübung der beruflichen Tätigkeit liegt, müssen andere Kostenträger, etwa die gesetzlichen Krankenkassen die Kosten übernehmen. Die Unfallversicherung ist zwar gesetzlich zur Vermeidung arbeitsbedingter Gesundheitsgefahren verpflichtet, muss die Folgen dieser Gefahren aber häufig nicht tragen. Insofern ist es verständlich, wenn die Unfallversicherungsträger sich eher zurückhaltend verhalten und anderen Kostenträgern wie etwa der Gesetzlichen Kranken- oder Rentenversicherung den Vortritt lassen, wenn es um präventive Maßnahmen geht.[297]

3.5.3.3 Schnittstellenprobleme

Eng mit der Problematik verbunden sind auch die Probleme an den Schnittstellen der Sektoren. Oftmals vergeht beim Übergang zwischen den Sektoren bzw. von der Diagnose bis zum Therapiebeginn schlichtweg zu viel Zeit. Insbesondere bei psychischen Erkrankungen ist es eigentlich nicht tragbar, dass Betroffene Monate auf einen Therapiebeginn warten müssen. Auch Rehabilitationsmaßnahmen setzen oftmals viel zu spät an und wertvolle Zeit geht verloren.[298]

Auch im Rahmen des betrieblichen Eingliederungsmanagements und hinsichtlich der stufenweisen Wiedereingliederung besteht Optimierungspotenzial. So ist der eigentliche Rehabilitationsprozess oftmals vom eigentlichen betrieblichen Kontext abgekoppelt. Die Koordination von Arbeitgeber und Gesetzlicher Krankenversicherung setzt die Einwilligung des Beschäftigten zur Freigabe der Daten voraus. Infolgedessen setzen Wiedereingliederungsmaßnahmen oftmals viel zu spät an. Auch wird der Prozess viel zu spät angestoßen. Der Eingliederungsprozess setzt grundsätzlich erst nach sechswöchiger Arbeitsunfähigkeit ein. Der Ansicht vieler Experten zufolge müsse man sich viel früher mit der Wiederherstellung der Arbeitsfähigkeit der Betroffenen beschäftigen. Im Rahmen der stufenweisen Wiedereingliederung kommt es zu ganz ähnlichen Problemen. So wird der Antrag auf eine stufenweise Wiedereingliederung i. d. R. vom behan-

297 Vgl. Hoß, K., Pomorin, N., Reifferscheid, A., u. a. (2013), S. 44-46.
298 Vgl. Amelung, V. (2011), S. 6-7; Hoß, K., Pomorin, N., Reifferscheid, A., u. a. (2013), S. 57; Deutscher Bundestag (2003).

delnden niedergelassenen Arzt und damit außerhalb des betrieblichen Umfelds initiiert, wodurch unnötig Zeit verstreicht. Dieser Aspekt betont wiederum die Bedeutung der Schnittstelle zwischen Unternehmen und außerbetrieblichen Akteuren und spricht für eine bessere Verzahnung von betriebsärztlichem Dienst und den niedergelassenen Hausärzten.[299]

3.5.3.4 Mangelnde präventive Ausrichtung des Systems

Auch die mangelnde präventive Ausrichtung des Gesundheitssystems stellt eine zentrale Schwachstelle dar. Gesundheitsförderung und Prävention spielen kaum eine Rolle. Lediglich knapp 4% aller Gesundheitsausgaben fallen im Bereich Prävention bzw. Gesunderhaltung an. Schätzungen des Sachverständigenrates zur Konzertierten Aktion im Gesundheitswesen (2003) zufolge könnten bis zu 30% der Gesamtausgaben durch gezielte Maßnahmen der Gesundheitsförderung bzw. Prävention eingespart werden. Das System ist jedoch gänzlich auf Krankheit und nicht auf Gesundheit bzw. Gesunderhaltung der Bevölkerung ausgerichtet. Die bestehende Grundlogik ist damit grundsätzlich in Frage zu stellen. Der Stellenwert von Prävention, auch in der Gesellschaft ist nach wie vor viel zu gering. Hinzu kommt, dass bei bestehenden Präventionsansätzen häufig nach dem Gießkannenprinzip vorgegangen wird und Maßnahmen nur selten an die Belange der Betroffenen bzw. der Unternehmen angepasst werden.[300]

Vor dem Hintergrund des Stellenwerts des Faktors Arbeit für die Gesundheit eines Individuums, kommt diesem insbesondere bei niedergelassenen Ärzten eine viel zu geringe Bedeutung zu. Der Erhalt bzw. die Wiederherstellung der Arbeits- bzw. Beschäftigungsfähigkeit spielt keine Rolle im Alltag der niedergelassenen Ärzte und wird auch in keinster Weise, beispielsweise auf Kongressen, Tagungen oder Fortbildungen thematisiert. Wenn überhaupt wird der Erhalt der Arbeitsfähigkeit als sekundäres Zielkriterium aufgeführt. So heißt es beispielsweise in der S3-Leitlinie Management der frühen rheumatoiden Arthritis: „Üblicherweise erfolgt die Beurteilung der Effektivität einer DMARD-Therapie an-

---

[299] Vgl. Hoß, K., Pomorin, N., Reifferscheid, A., u. a. (2013), S. 56-57.
[300] Vgl. Freude, G., Pech, E. (2005), S. 206-207; Hoß, K., Pomorin, N., Reifferscheid, A., u. a. (2013), S. 57-58.

hand der […] Outcome-Parametern: Krankheitsaktivität (DAS), Funktionalität (FFbH, HAQ), Lebensqualität (SF-36, Patientenselbsteinschätzung, Fatigue) und radiologische Progression. In jüngeren Studien wird teilweise die Arbeitsfähigkeit als Therapieziel miterfasst“[301] bzw. in den Handlungsempfehlungen zur sequenziellen medikamentösen Therapie der rheumatoiden Arthritis „Die individuelle Therapiestrategie sollte neben der Krankheitsaktivität auch weitere Faktoren wie radiologische Progression, Begleiterkrankungen, Sicherheitsaspekte sowie Teilhabe (z. B. Erhalt der Arbeitsfähigkeit und Einbezogensein in das soziale Umfeld) berücksichtigen. […] Darüber hinaus sind auch der Erhalt der Arbeitsfähigkeit und die Teilhabe am sozialen Leben wichtige Kriterien für die Wahl der Therapie“[302]. Die Rheumatologie ist nach wie vor die einzige Fachgruppe in Deutschland, die den Erhalt der Arbeitsfähigkeit explizit als Therapieziel in ihren Leitlinien nennt.[303] Wenn Beschäftigte bis zum Renteneintrittsalter gesund und leistungsfähig bleiben sollen, muss der Erhalt der Arbeitsfähigkeit in den Fokus der Leistungserbringer rücken.[304]

3.5.4 Übergeordnete Herausforderungen

Sowohl in den Unternehmen, der Gesellschaft und der Politik muss ein Bewusstsein für die Arbeitsfähigkeitsproblematik sowie Inklusion im Allgemeinen geschaffen werden. Gesellschaft wie Wirtschaft müssen gleichermaßen sensibilisiert werden. Es muss aufhören, dass Alte bzw. chronisch Kranke prinzipiell als weniger leistungsfähig bzw. weniger produktiv eingeschätzt werden. Es gilt die Arbeitgeber umfassend über die vielfältigen Unterstützungsleistungen außerbetrieblicher Funktionsbereiche zu informieren. Oftmals ist bei Beachtung bestimmter Voraussetzungen und einer entsprechenden Ausgestaltung der Arbeitsbedingungen nämlich auch eine Erwerbstätigkeit trotz (chronischer) Krankheit möglich bzw. zumindest nicht ausgeschlossen. Getreu nach dem Motto „Diagnosis of chronic illness should be no impediment to leading a healthy and ful-

---

301 Schneider, M., Lelgemann, M., Abholz, H.-H., u. a. (2011), S. 24.
302 Deutsche Gesellschaft für Rheumatologie (2012), S. 9.
303 Vgl. Hoß, K., Pomorin, N., Reifferscheid, A., u. a. (2013), S. 57.
304 Vgl. Hoß, K., Pomorin, N., Reifferscheid, A., u. a. (2013), S. 60.

filling working life"[305] gilt es die notwendigen Rahmenbedingungen zu schaffen, sodass auch gesundheitlich beeinträchtigte Beschäftigte bis ins hohe Alter einer erfüllenden Erwerbstätigkeit nachkommen können. Dies erfordert auf Unternehmensebene die entsprechende Schaffung alter(n)s- wie krankheitsgerechter Arbeitsbedingungen sowie gleichzeitig die Schaffung eines entsprechenden ordnungspolitischen Rahmens.[306]

Ferner gilt es den Nutzen von präventiven Maßnahmen besser zu kommunizieren. Präventionsprogramme dürfen nicht ausschließlich als zusätzlicher Aufwand gewertet werden. Sowohl die Arbeitnehmer als auch die Arbeitgeber müssen verstehen, dass Prävention nützlich ist und zu einem langfristigen Verbleib im Beruf verhelfen kann. In diesem Zusammenhang sollte auch das betriebsärztliche Leistungsspektrum erweitert und die Wissensdefizite im Hinblick auf die Angebote seitens der Sozialversicherungsträger abgebaut werden. Dies gilt insbesondere für den Bereich der kleinen und mittelständischen Unternehmen. So richten sich beispielsweise auch viele der Präventionsprogramme der Deutschen Rentenversicherung explizit an große Unternehmen und Konzerne, die oftmals aber bereits über das entsprechende Know-How und eigene entsprechende Programme verfügen. Die Präventionsprogramme der Sozialversicherungsträger sollten daher insbesondere kleine und mittelständische Betriebe fokussieren und in die Programme mit einbinden, um auch den Mitarbeitern die Möglichkeit zu geben an präventiven Maßnahmen teilzunehmen. Insbesondere kleine und mittelständische Betriebe sind auf die Beratung und Unterstützung seitens der Sozialversicherungen angewiesen. Dies gilt sowohl im Hinblick auf die Implementierung eines Betrieblichen Gesundheitsmanagements als auch im Hinblick auf den Umgang mit älteren bzw. chronisch kranken Beschäftigten im Allgemeinen.[307]

Zahlreiche positive Praxisbeispiele verdeutlichen die Relevanz einer besseren Abstimmung aller Beteiligten sowie die Intensivierung der Zusammenarbeit zwischen außer- und innerbetrieblichen Akteuren im Hinblick auf Maßnahmen

---

305 Bevan, S. (2015), S. 5.

306 Vgl. Bundesministerium für Arbeit und Soziales (o. J. c), S. 8; Hoß, K., Pomorin, N., Reifferscheid, A., u. a. (2013), S. 58-60.

307 Vgl. Meffert, C., Mittag, O., Jäckel, W. H. (2013), S. 396; Hoß, K., Pomorin, N., Reifferscheid, A., u. a. (2013), S. 58-60.

zum Erhalt bzw. zur Wiederherstellung der Arbeitsfähigkeit. Niedergelassene Ärzte, Sozialversicherungsträger, Arbeitsmediziner und die Betriebsvertreter der Patienten sollten an einem Strang ziehen. Auch sollten die Sozialversicherungsträger vermehrt in die Pflicht bzw. Verantwortung genommen werden. Gegebenenfalls können auch entsprechende Case-Manager hinzugezogen werden, die sich um besonders schwierige Fälle bemühen.[308]

Weder einzelne Weiterbildungsmaßnahmen noch die Verbesserung der Führungssituation im Unternehmen, das Angebot einzelner präventiver Maßnahmen oder die Durchführung einzelner arbeitsorganisatorischen Maßnahmen werden zum Ziel führen. Die Ausgestaltung einer alter(n)sgerechter Arbeits- und Beschäftigungspolitik lässt sich nicht auf ein einzelnes Handlungsfeld reduzieren. Vielmehr gilt es einen ganzheitlichen, integrierten Ansatz zu schaffen.[309]

3.6 Potentiale von Frühinterventionsmaßnahmen

Im Allgemeinen ist die bestehende Literatur im Hinblick auf die Wirksamkeit bzw. Kosteneffektivität von Maßnahmen zum Erhalt bzw. zur Wiederherstellung der Arbeitsfähigkeit ausgesprochen heterogen.[310] Während einzelne Studien bzw. Übersichtsarbeiten darauf hindeuten, dass Präventionsprogramme für Beschäftigte weitestgehend im Sande verlaufen und sich wenn überhaupt nur kurzfristig positive Effekte einstellen,[311] gelangt eine Vielzahl von Studien zu sehr positiven Einschätzungen hinsichtlich der Effektivität bzw. Wirtschaftlichkeit von betrieblichen Präventionsprogrammen.[312] So konnten in vielen Studien positive Effekte bewegungsbasierter Präventionsprogramme hinsichtlich des Bewegungs- und Ernährungsverhaltens sowie der damit verbundenen Krankheiten gezeigt werden.[313]

---

308 Vgl. Hoß, K., Pomorin, N., Reifferscheid, A., u. a. (2013), S. 59-60.

309 Vgl. Kistler, E. (2008), S. 41; Hoß, K., Pomorin, N., Reifferscheid, A., u. a. (2013), S. 59-60.

310 Vgl. Chau, J. (2009), S. 8.

311 Vgl. Mattke, S., Liu, H., Caloyeras, J. P., u. a. (2013), S. 16-19.

312 Vgl. Gloede, D. (2010), S. 1-2.

313 Vgl. Chau, J. (2009), S. 6-7; Anderson, L. M., Quinn, T. A., Glanz, K., u. a. (2009), S. 345.

Auch die Studien von Rogerson und Kollegen (2009), Squires und Kollegen (2011), Gatchel und Kollegen (2003) und Hagen und Kollegen (2000) deuten auf positive Effekte bewegungs- bzw. arbeitsplatzbezogener, interdisziplinärer Frühinterventionsmaßnahmen im Hinblick auf den Gesundheitszustand, Schmerzen und die Lebensqualität hin.[314]

Neben zahlreichen Arbeiten, die die klinische Wirksamkeit von Frühinterventionsmaßnahmen belegen, gibt es weitaus weniger Arbeiten, die die Kosteneffektivität bzw. Wirtschaftlichkeit solcher Maßnahmen evaluiert haben. Die wenigen (gesundheitsökonomischen) Evaluationen deuten jedoch auf sehr positive Ergebnisse hin. So kommen Rogerson und Kollegen (2009), Squires und Kollegen (2011), Gatchel und Kollegen (2003), Theodore und Kollegen (2015), Hagen und Kollegen (2000), Abasolo und Kollegen (2005) und Vermeulen und Kollegen (2013) zu dem Schluss, dass die untersuchten Frühinterventionsmaßnahmen im Vergleich zur bestehenden Standardtherapie als kosteneffektiv bezeichnet werden können. Grundlage der Einschätzungen ist dabei zumeist die Inanspruchnahme medizinischer Leistungen bzw. das QALY-Konzept.[315]

Im Rahmen der Ermittlung der Kosteneffektivität von Ansätzen zum Erhalt bzw. zur Wiederherstellung der Arbeitsfähigkeit von Beschäftigten greift dies jedoch zu kurz. Um den Nutzen zu quantifizieren, den solche Programme stiften, müssen auch die damit verbundenen Produktivitätsgewinne, die entstehen wenn Beschäftigte schneller wieder arbeiten können oder nicht frühzeitig in Rente gehen, berücksichtigt werden. Wenngleich das QALY-Konzept mittlerweile ein weit verbreiteter und weitestgehend akzeptierter Ansatz ist, um den Nutzen von Interventionen indikationsübergreifend zu erfassen, besteht im Rahmen der Ermittlung bzw. Quantifizierung indirekter Kosten und Nutzenaspekte (einschließlich Produktivitätsgewinne bzw. -verluste) nach wie vor erheblicher Forschungsbedarf. So ist beispielsweise nach wie vor nicht geklärt, wie man diese

[314] Vgl. Rogerson, M. D., Gatchel, R. J., Bierner, S. M. (2010), S. 382; Squires, H., Rick, J., Carroll, C., u. a. (2012), S. 121; Gatchel, R. J., Polatin, P. B., Noe, C., u. a. (2003), S. 5; Molde Hagen, E., Grasdal, A., Eriksen, H. R. (2003), S. 2311-2312.

[315] Vgl. Rogerson, M. D., Gatchel, R. J., Bierner, S. M. (2010), S. 382; Squires, H., Rick, J., Carroll, C., u. a. (2012), S. 121; Gatchel, R. J., Polatin, P. B., Noe, C., u. a. (2003), S. 1; Theodore, B. R., Mayer, T. G., Gatchel, R. J. (2015), S. 303; Molde Hagen, E., Grasdal, A., Eriksen, H. R. (2003), S. 2312-2313; Abásolo, L., Blanco, M., Bachiller, J., u. a. (2005), S. 404; Vermeulen, S. J., Heymans, M. W., Anema, J. R., u. a. (2013), S. 46.

Bausteine am besten in die Berechnungen im Rahmen gesundheitsökonomischer Evaluationen mit einfließen lässt.[316]

Die meisten Arbeiten in dem Bereich sind sogenannte ROI-Studien. Die Arbeiten weisen dabei verschiedene Renditekennzahlen aus. Die Ergebnisse der einzelnen Studien divergieren dabei stark. So weisen die Arbeiten Renditen zwischen 105 und 1841% aus.[317] Wenngleich Kosten-Nutzen-Analysen und insbesondere solche ROI-Studien zur Evaluation der Effizienz von Maßnahmen der betrieblichen Gesundheitsförderung zunehmender Beliebtheit erfreuen, ist der Ansatz der Ermittlung des ROI nicht ohne Kritik geblieben.[318] Abgesehen von zum Teil exorbitant hohen Renditen, die sich weit außerhalb dessen bewegen was man als marktübliche Kapitalverzinsung ansehen könnte, weisen verschiedene Studien, z. B. auch die Ergebnisse im Rahmen des vom Bundesministerium für Bildung und Forschung (BMBF) geförderten Forschungsprojekts *ReSuM – Stress- und Ressourcenmanagement für un- und angelernte Beschäftigte* auf erhebliche methodische Schwierigkeiten bzw. Defizite hin.[319]

Neben dem Ansatz den ROI ex-post zu ermitteln, gibt es insbesondere in den USA seit einigen Jahren Bemühungen Kalkulatoren bzw. Modelle zu konzipieren, die eine prospektive Ermittlung des ROI einer Maßnahme erlauben. Dazu gehören u. a. der Employers‘ Diabetes Costs Calculator, der Business Case for Smoking Cessation oder auch der Alcohol Cost Calculator.[320] Die Initiative Gesundheit und Arbeit hat die verschiedenen Ansätze analysiert, bezüglich deren Übertragbarkeit auf Deutschland überprüft und auf Basis der Ergebnisse die Entwicklung eigener Modelle zur prospektiven Bestimmung der Wirtschaftlichkeit einer Maßnahme initiiert. Bei den Ansätzen stehen jedoch allesamt die Abwesenheit vom Arbeitsplatz aufgrund von Krankheit (Absentismus) sowie die Krankheitskosten im Mittelpunkt.[321] Insbesondere im Rahmen der Primärprävention greift dieser Ansatz jedoch zu kurz.

---

316 Vgl. Bevan, S. (2015), S. 19.
317 Vgl. Gloede, D. (2010), S. 37.
318 Vgl. Gloede, D. (2010), S. 37-38; Gloede, D., Ducki, A. (2011), S. 131.
319 Vgl. Gloede, D. (2010), S. 2; Gloede, D., Ducki, A. (2011), S. 135-137.
320 Vgl. Kramer, I., Bödeker, W. (2008a), S. 7-8.
321 Vgl. Kramer, I., Bödeker, W. (2008b).

Die zuverlässige und vollständige Bewertung der monetären Auswirkungen von (betrieblichen) Präventionsmaßnahmen stellt im Allgemeinen eine große Schwierigkeit im Rahmen von Wirtschaftlichkeitsstudien dar. Viele Untersuchungen beschränken sich daher darauf, den Nutzen anhand diverser klinischer Ergebnisparameter abzubilden. Auch die Auswirkungen auf die Arbeitsfähigkeit von Betroffenen werden kaum betrachtet. So beschränken sich die meisten Arbeiten auf die Erfassung krankheitsbedingter Fehlzeiten. Die verminderte Produktivität aufgrund von Krankheit wird hingegen kaum berücksichtigt. Prinzipiell gäbe es doch verschiedene Möglichkeiten zur Ermittlung der reduzierten Produktivität. So kann man beispielsweise das Ausmaß der Einschränkungen erfassen. Daneben besteht die Möglichkeit die verringerte Produktivität über die relative Leistungsfähigkeit im Vergleich zu Kollegen oder der eigenen Leistung zu messen. Ferner gibt es auch Verfahren, die direkt nach der Anzahl der unproduktiven Stunden fragen. Für einen Überblick zu den einzelnen Verfahren sei auf Mattke und Kollegen (2007), S. 213-214 verwiesen.[322]

Die Bewertung indirekter Kosten erfolgt zumeist mit dem Humankapitalansatz, sodass tendenziell mit einer Überschätzung der positiven Effekte auszugehen ist. Neben dem Humankapitalansatz gibt es jedoch eine Fülle weiterer Verfahren zur Ermittlung bzw. Abschätzung der mit der verringerten Produktivität bzw. den Produktivitätsausfällen verbundenen Kosten. Diese lassen sich grob in Methoden der Entgeltumwandlung, zu denen auch der Humankapitalansatz sowie die Friktionskostenmethode zu zählen sind, introspektive Verfahren sowie Verfahren auf Unternehmensebene unterteilen. Für eine Übersicht der Verfahren sowie deren Vor- und Nachteile sei auf Mattke und Kollegen (2007), S. 214 verwiesen.[323]

Vereinzelt wird auch die Dauer bis zur Rückkehr an den Arbeitsplatz (RTW) bzw. der Arbeitsplatzerhalt als Ergebnisparameter betrachtet.[324] Aus diversen Studien ist bekannt, dass Arbeit überwiegend gesundheitsförderlichen Charakter

322 Vgl. Mattke, S., Balakrishnan, A., Bergamo, G., u. a. (2007), S. 213-214.
323 Vgl. Mattke, S., Balakrishnan, A., Bergamo, G., u. a. (2007), S. 214.
324 Vgl. Gatchel, R. J., Polatin, P. B., Noe, C., u. a. (2003); Theodore, B. R., Mayer, T. G., Gatchel, R. J. (2015).

aufweist.[325] Insofern kann erst einmal davon ausgegangen werden, dass eine frühzeitige Rückkehr an den Arbeitsplatz und damit eine kürzere Phase der Arbeitsunfähigkeit ein positives Ergebnis einer Intervention darstellt. Diesbezüglich muss jedoch differenzierter betrachtet werden, was unter dem Begriff Return-to-Work verstanden wird. So wird der Begriff mitunter mit dem Begriff des Arbeitsplatzerhalts gleichgesetzt. Demnach würde der Betroffene an seinen alten Arbeitsplatz zurückkehren.[326] Return-to-Work kann aber auch im Zusammenhang mit der Wiedereingliederung chronisch Kranker nach einer längeren Periode der Arbeitsunfähigkeit gemeint sein. Dies kann sowohl die Rückkehr an den alten Arbeitsplatz mit unveränderten, reduzierten oder angepassten Anforderungen oder aber an einen anderen Arbeitsplatz mit den gleichen, reduzierten oder angepassten Anforderungen implizieren.[327] Return-to-Work kann ebenso die Rückkehr in eine gänzlich andere Tätigkeit bedeuten oder aber im Kontext von präkären Beschäftigungsverhältnissen verwendet werden.

Neben der begrifflichen Unschärfe beinhaltet der Ergebnisparameter Return-to-Work das Risiko der Unterschätzung der Schwere der Beeinträchtigung und der Überschätzung des Behandlungserfolgs. Im Falle einer schweren Depression oder einer chronischen Schmerzproblematik beispielsweise sind die Beschäftigten möglicherweise sehr früh wieder so weit wiederhergestellt, dass sie ihrer Tätigkeit nachkommen können, wenngleich sie möglicherweise noch unter erheblichen funktionellen Einschränkungen leiden, die ihre Lebensqualität erheblich einschränken. Die Rückkehr an den Arbeitsplatz darf nicht mit einer vollständigen Genesung gleichgesetzt werden. So ist auch bei der stufenweisen Wiedereingliederung beispielsweise davon auszugehen, dass die Beschäftigten zu Beginn nicht die volle Leistungsfähigkeit erbringen können. Wenngleich man zu Beginn noch nicht von der vollen Produktivität bzw. Leistungsfähigkeit ausgehen kann, ist eine baldige Wiedereingliederung in den Job einer länger andauernden Arbeitsunfähigkeit vorzuziehen.[328] Wenn man die frühzeitige Rückkehr an den Arbeitsplatz mit einer vollständigen Genesung gleichsetzen könnte,

[325] Vgl. Waddell, G., Burton, A. K. (2006), S. 9-10; World Health Organization (2013); Butterworth, P., Leach, L. S., Strazdins, L., u. a. (2011), S. 806.

[326] Vgl. Bevan, S. (2015), S. 21.

[327] Vgl. Bevan, S. (2015), S. 21.

[328] Vgl. Baldwin, M. L., Johnson, W. G., Butler, R. J. (1996), S. 632; Tordrup, D., Stephan, L., Attwill, A., u. a. (o. J.) zitiert nach Bevan, S. (2015).

könnte man auch auf den RTW als Outcome-Parameter verzichten und anstelle dessen wieder auf das altbewährte QALY-Konzept zurückgreifen. Deutliche Einsparpotenziale sind jedoch dann zu erwarten, wenn der Betroffene vor der vollständigen Genesung wieder seine Tätigkeit aufnehmen kann. In den meisten Fällen stellt die frühzeitige Rückkehr an den Arbeitsplatz auch einen wünschenswerten Outcome dar, der soziale Integration und Wohlbefinden stärkt. Dies ist jedoch nicht immer der Fall. Insofern ist es wichtig, dass Studien, die die Rückkehr an den Arbeitsplatz als Outcome-Parameter verwenden, offenlegen was sie darunter verstehen.[329]

Trotz methodischer Schwächen deutet die bestehende Literatur darauf hin, dass Frühinterventionsansätze im Allgemeinen als kosteneffektiv bezeichnet werden können.[330] Bislang gibt es jedoch nur sehr wenige (gesundheitsökonomische) Studien, die die Effekte von Frühinterventionen auf den Erhalt bzw. die Wiederherstellung der Arbeitsfähigkeit untersucht haben.

Abgesehen von der Überlegenheit zielgerichteter Frühinterventionsmaßnahmen im Hinblick auf klinische Ergebnisparameter, deuten die wenigen verfügbaren Arbeiten darauf hin, dass geeignete Frühinterventionsansätze dazu beitragen können krankheitsbedingte Fehlzeiten zu reduzieren und zu einer schnelleren Rückkehr an den Arbeitsplatz zu verhelfen.[331] Allerdings fehlt für diese Behauptung nach wie vor die Evidenz aus methodisch hochwertigen Studien. Die schlechte Datengrundlage, insbesondere in Deutschland führt dazu, dass die Ergebnisse auch nicht studienübergreifend vergleichbar sind.

---

329 Vgl. Franche, R., Krause, N. (2003); Bevan, S. (2015), S. 21-22.

330 Vgl. Bevan, S. (2015), S. 9.

331 Vgl. z. B. Prof. Stephan Bevan anlässlich der Fit-for-Work Konferenz (April 2015) in Riga, Lettland: „Well timed workplace and health care investments among working age people deliver sustainable returns in terms of productivity gains and social inclusion“.

4 Qualitative versus quantitative Sozialforschung

Die Wahl der geeigneten Untersuchungsmethode ist u. a. abhängig vom jeweiligen Datensatz und der angestrebten Zielsetzung. In der Sozialforschung lassen sich grundsätzlich zwei verschiedene Forschungsrichtungen bzw. Paradigmen differenzieren: die qualitative und die quantitative Sozialforschung. Der wohl gravierendste Unterschied der beiden Richtungen besteht darin, dass der Erforschende den Datensatz bei einer quantitativen Erforschung objektiv gegenübertritt, während der qualitative Ansatz offener gestaltet ist, um auch subjektive Einflüsse abzubilden. Diese Unterscheidung machen u. a. auch Kiefl und Lamnek (1984) zum Gegenstand ihrer Definition: „Zielt die konventionelle Methodologie darauf ab, zu Aussagen über Häufigkeiten, Lage-, Verteilungs- und Streuungsparameter zu gelangen, Maße für Sicherheit und Stärke von Zusammenhängen zu finden und theoretische Modelle zu überprüfen, so interessiert sich eine qualitative Methodologie primär für das „Wie" dieser Zusammenhänge und deren innere Struktur vor allem aus der Sicht der jeweils Betroffenen"[332].

Im Allgemeinen kann man sagen, dass es in der quantitativen Forschung primär darum geht mittels empirischer Daten Aussagen zur Gültigkeit von Hypothesen oder Theorien zu treffen, während das qualitative Forschungsdesign eher theoriebildend wirkt und vorwiegend in weniger erforschten Untersuchungsfeldern eingesetzt wird. Diese strikte Trennung wird jedoch in der heutigen Zeit immer weiter aufgeweicht und die Grenzen zwischen qualitativer bzw. quantitativer Forschung verschwimmen zunehmend. So werden die verschiedenen Verfahren mittlerweile auch häufig kombiniert.[333]

Grundsätzlich kann man sagen, dass quantitative Verfahren und Methoden immer dann nicht angemessen sind, „wenn das Erleben des Menschen im Mittelpunkt der Untersuchung steht"[334].

Im Gegensatz zu quantitativen Methoden wird in der qualitativen Sozialforschung auch eher mit offenen Verfahren gearbeitet. Die Vorgaben sind weniger restriktiv; den Befragten und auch den Forschern wird somit im Allgemeinen

---

[332] Kiefl, W., Lamnek, S. (1984), S. 474 zitiert nach Lamnek, S. (2005b).
[333] Vgl. Kelle, U. (2007), S. 15.
[334] Hussy, W., Schreier, M., Echterhoff, G. (2013), S. 185.

mehr Freiraum eingeräumt.[335] So fordert beispielsweise Mayring (2002) sogar, dass die Techniken an die Bedürfnisse einer Fragestellung angepasst werden sollen. Diese Flexibilität sei ja geradezu die große Stärke qualitativer Sozialforschung. Fertige Verfahren dürften nicht blindlings angewendet werden. Ein allzu sklavisches Verwenden der Methoden berge die Gefahr den Forschungsgegenstand durch die verwendete Methodik zu vereinheitlichen und damit zu verzerren.[336]

Mayring zufolge bedeute qualitative Forschung gerade „Vielfalt, nicht Einseitigkeit, [...] Gegenstandsbezogenheit, nicht Methodenfixiertheit"[337]. Die Wahl der Methoden müsse auf den Forschungsgegenstand bzw. die wissenschaftliche Fragestellung abgestimmt sein und dürfe nicht etwa durch ein gewisses Schulendenken oder gar persönliche Vorlieben des Forschers determiniert werden.[338]

Damit spricht Mayring auch zugleich das Grundprinzip qualitativer Forschung an: die Gegenstandsangemessenheit bzw. Nähe zum Gegenstand. Die Forderung nach Gegenstandsangemessenheit der Forschungsmethoden hat dabei in der Vergangenheit zu einer Vielzahl von verschiedenen Methoden geführt.[339] Tabelle 13 visualisiert einen Teil des Methodenarsenals der qualitativen und quantitativen Sozialforschung.

In den nachfolgenden Kapiteln werden jeweils verschiedene Verfahren der Datenerhebung und der Datenauswertung vorgestellt. Im Rahmen der Datenerhebung liegt der Fokus dabei auf den zwei Verfahren Experteninterview und Gruppendiskussion. Im Zusammenhang mit der Datenauswertung wird die qualitative Inhaltsanalyse detaillierter betrachtet. Zunächst erfolgt jedoch ein kurzer Überblick über die verschiedenen Forschungsdesigns.

---

335 Vgl. Hussy, W., Schreier, M., Echterhoff, G. (2013), S. 223.
336 Vgl. Mayring, P. (2002), S. 65, 149.
337 Mayring, P. (2002), S. 133.
338 Vgl. Mayring, P. (2002), S. 133.
339 Vgl. Hussy, W., Schreier, M., Echterhoff, G. (2013), S. 186.

Tabelle 13: Methodenarsenal der Sozialforschung[340]

	Quantitative Sozialforschung	Qualitative Sozialforschung
Forschungsansatz/ -design	▪ (Labor-) Experiment ▪ Quasiexperiment ▪ Korrelationsstudie ▪ Metaanalyse ▪ usw.	▪ Deskriptive Feldforschung ▪ Handlungsforschung ▪ Biographische Methode ▪ Gegenstandsbezogene Theoriebildung ▪ usw.
Datenerhebung	▪ Beobachten ▪ Zählen ▪ Urteilen ▪ Testen ▪ usw.	▪ Interview ▪ Struktur-Lege-Verfahren ▪ Gruppendiskussion ▪ Teilnehmende Beobachtung ▪ usw.
Datenauswertung	▪ Beschreibende Methoden ▪ Schlussfolgernde Methoden ▪ Multivariate Methoden ▪ Modelltests ▪ usw.	▪ Inhaltsanalyse ▪ Hermeneutik ▪ Semionik ▪ Diskursanalyse ▪ usw.

4.1 Forschungsansatz/-design

Unter dem Forschungsansatz bzw. dem Forschungsdesign im weiteren Sinn versteht man zunächst einmal die Gesamtheit der Entscheidungen hinsichtlich des Vorgehens bei einer empirischen Untersuchung. Dieses Begriffsverständnis beinhaltet damit auch die Entscheidungen im Rahmen der Datenerhebung und -analyse. Gebräuchlicher hingegen ist jedoch die Sichtweise im engeren Sinn. Demnach legt das Forschungsdesign bzw. der Forschungsansatz die übergreifende, gegenstandsbezogende Vorgehensweise zur Beantwortung einer Fragestellung fest.[341]

Zu den Forschungsansätzen in der quantitativen Sozialforschung gehören u. a. das (echte) Experiment, Varianten des Experiments (z. B. Quasiexperiment), sowie diverse nicht-experimentelle Designs wie beispielsweise die Prognosestudie, die Korrelationsstudie, systematische Übersichtsarbeiten und Metaanalysen. Beispiele für Forschungsdesigns in der qualitativen Sozialforschung sind die Handlungsforschung, die biographische Methode, die deskriptive Feldfor-

340 In Anlehnung an Hussy, W., Schreier, M., Echterhoff, G. (2013), S. 27; Mayring, P. (2002), S. 134.

341 Vgl. Hussy, W., Schreier, M., Echterhoff, G. (2013), S. 26.

schung, die Fallstudie, das qualitative Experiment oder auch die gegenstandsbezogene Theoriebildung (vgl. Tabelle 13).[342]

Im Rahmen der Fallstudie beispielsweise steht die umfassende Untersuchung und Erforschung eines interessanten bzw. besonderen Falls im Vordergrund. Fallstudien können dabei sowohl als multiple oder Einzelfallstudien, als erklärende oder beschreibende, als eingebettete oder holistische Studien konzipiert sein. Die Zielsetzung im Zusammenhang mit der deskriptiven Feldforschung hingegen besteht darin eine „Kultur aus der Sicht ihrer Mitglieder"[343] zu erforschen und kennen zu lernen. Der Forscher begibt sich dabei ins Feld und beobachtet. Das Umfeld bzw. die Kultur sollte dabei möglichst unverändert bleiben. Die Biographieforschung zeichnet sich durch die Erfassung und „Rekonstruktion lebensgeschichtlicher Erzählungen"[344] aus und das qualitative Experiment ist letztendlich das explorative, heuristische Pendant des Experiments in der quantitativen Sozialforschung.[345]

Flick (2009) zufolge schenke die qualitative Sozialforschung dem Aspekt des Forschungsansatzes bzw. insbesondere der Frage der Kontrolle von Bedingungen deutlich weniger Aufmerksamkeit als die quantitative Sozialforschung.[346] Zu den Standarddesigns qualitativer Sozialforschung zählt er insbesondere Fallstudien, Vergleichsstudien, retrospektive Studien, Momentaufnahmen und Längsschnittstudien. Bei Fallstudien steht die „genaue Beschreibung oder Rekonstruktion eines Falls", sei es einer Person, einer Gruppe oder einer Organisation im Mittelpunkt. Normalerweise wird jedoch nicht der einzelne Fall in seiner Vielschichtigkeit untersucht. Vielmehr erfolgt eine Betrachtung und Beschreibung verschiedener Fälle im Hinblick auf bestimmte Facetten, etwa im Hinblick auf das Expertenwissen. In diesem Fall spricht man von einer Vergleichsstudie. Die biographische Forschung ist Flick zufolge exemplarisch für ein retrospektives Forschungsdesign. Ein Großteil qualitativer Sozialforschung bestehe laut Flick in Momentaufnahmen. Hierzu seien auch Experteninterviews zu zählen, bei denen das Expertenwissen, das zu einem gegebenen Zeitpunkt existiert im

342 Vgl. Hussy, W., Schreier, M., Echterhoff, G. (2013), S. 26.
343 Hussy, W., Schreier, M., Echterhoff, G. (2013), S. 203.
344 Hussy, W., Schreier, M., Echterhoff, G. (2013), S. 211.
345 Vgl. Hussy, W., Schreier, M., Echterhoff, G. (2013), S. 26, 199, 203, 211, 213.
346 Vgl. Flick, U. (2009), S. 82.

Rahmen von Befragungen erhoben wird. Interviews können aber auch wiederholt werden oder Beobachtungen über einen längeren Zeitraum stattfinden. In so einem Fall spricht Flick von Längsschnittstudien.[347]

Aufgrund der vergleichsweise geringen Bedeutung des Forschungsansatzes im Rahmen der qualitativen Sozialforschung, erfolgt keine ausführlichere Beschreibung der einzelnen Designs.

4.2 Methoden der Datenerhebung

4.2.1 Überblick

Generell können in der qualitativen Sozialforschung verschiedene Formen der Datenerhebung unterschieden werden. So kann man die Verfahren grob in visuelle und verbale Verfahren unterteilen. Beispiele für visuelle Verfahren wären die (teilnehmende) Beobachtung bzw. Ethnographie oder auch die Foto- oder Filmanalyse. Interviews und Gruppenverfahren können hingegen den verbalen Verfahren zugeordnet werden.[348]

Neben der Einteilung in verbale und visuelle Verfahren, existieren in der Literatur zahlreiche weitere Strukturierungsansätze. Mit dem Ansatz von Flick (2012) bzw. Schnell und Kollegen (2013) werden nachfolgend exemplarisch zwei Konzepte vorgestellt.

Der Ansatz von Flick (2012) ist der gerade skizzierten Einteilung in verbale und visuelle Verfahren sehr ähnlich. Hinsichtlich der Hauptstrategie der Datensammlung differenziert er zwischen verbalen Daten, Beobachtung und medialen Daten. Verbale Daten werden beispielsweise in Erzählungen, Interviews oder Fokus-Gruppen generiert. Unter Beobachtung und medialen Daten fasst er sowohl die teilnehmende und nicht-teilnehmende Beobachtung und die Ethnographie, als auch die Analyse von Film, Fotos und Videos, visuelle Daten sowie die Dokumentenanalyse.[349]

---

347 Vgl. Flick, U. (2009), S. 82-85.
348 Vgl. Heistinger, A. (2006), S. 3.
349 Vgl. Flick, U. (2012), S. 15-17.

Datenerhebungstechniken können aber auch ganz anders strukturiert werden. Nach Rainer Schnell und Kollegen (2013) beispielsweise können Datenerhebungstechniken in Befragung, Beobachtung, Inhaltsanalyse sowie nicht-reaktive Messverfahren unterschieden werden. Unter der Erhebungstechnik Befragung subsummieren die Autoren dabei das standardisierte Interview, die schriftliche Befragung, das Telefoninterview, internetgestützte Befragungen sowie Sonderformen der Befragung wie Leitfadengespräche oder narrative Interviews.[350] Je nach Distanz zur Untersuchungssituation (teilnehmend oder nicht-teilnehmend) und Strukturierungsgrad (strukturiert oder nicht-strukturiert) unterscheiden die Autoren nicht-wissenschaftliche Alltagsbeobachtungen (Typ 1), anthropologische bzw. ethnologische Beobachtungen (Typ 2) sowie Beobachtungsverfahren der empirischen Sozialforschung (Typ 3 bzw. 4). Unter dem Begriff der Inhaltsanalyse versteht das Autorenteam um Schnell dabei die quantitative Analyse von Texten aller Art, Rundfunk- und Fernsehsendungen, Filmen, Facebook-Profilen, Todesanzeigen, und so weiter. Interessanterweise führen sie die Inhaltsanalyse dennoch unter der Kategorie Erhebungsmethoden. Als nicht-reaktive Messverfahren bezeichnen Schnell und Kollegen Erhebungsmethoden, „die eine Rückwirkung der Erhebung auf die Reaktion der untersuchten Personen weitgehend dadurch ausschließen, dass den untersuchten Personen durch die Art der Untersuchung nicht bewusst werden kann, dass ihre Handlungen oder die Folgen ihrer Handlungen Gegenstand einer wissenschaftlichen Datenerhebung sind“[351]. Zu den nicht-reaktiven Messverfahren zählen bestimmte Beobachtungsverfahren, nicht-reaktive Feldexperimente, aber auch die Analyse von physischen Spuren oder Archivdaten.[352]

Im Rahmen qualitativer Forschung spielt der verbale Zugang, also das Gespräch eine elementare Rolle. Dem Interview kommt dabei eine zentrale Bedeutung zu. Qualitative Interviews sind in der Sozialforschung sehr verbreitet. Das eine qualitative Interview gibt es nicht. Vielmehr hat sich seit dem Aufkommen der qualitativen Sozialforschung eine Reihe unterschiedlicher Formen der qualitativen Befragung herausgebildet. In der Praxis werden die verschiedenen Interviewtypen auch mitunter kombiniert. Die Vielzahl unterschiedlicher Typen und Ver-

[350] Vgl. Schnell, R., Esser, E., Hill, P. B. (2013), S. 311-408.
[351] Schnell, R., Esser, E., Hill, P. B. (2013), S. 404.
[352] Vgl. Schnell, R., Esser, E., Hill, P. B. (2013), S. 382, 397, 404-407.

fahren macht eine exakte Einordnung oft schwierig. Erschwerend kommt hinzu, dass in der Literatur viele verschiedene Bezeichnungen für ein und dieselbe Interviewform existieren. Auch werden verschiedene Arten von Interviews oftmals unter der gleichen Bezeichnung geführt.[353]

Qualitative Interviews werden oftmals auch in der quantitativen Sozialforschung angewandt. Dort dienen sie aber primär der Vorbereitung standardisierter Erhebungen.[354]

Der Begriff des Interviews steht also für eine Vielzahl verschiedener Methoden und Verfahren. Zur Differenzierung der einzelnen Formen hat sich in der Vergangenheit eine Fülle von Strukturierungsansätzen bzw. Unterscheidungskriterien herausgebildet.

Ein oft genanntes Unterscheidungskriterium ist der *Grad der Strukturierung bzw. Standardisierung*. Halbstandardisierte Befragungen zeichnen sich dadurch aus, dass sowohl Reihenfolge als auch Formulierung der Fragen flexibel gehandhabt werden können. Je nach Strategie wird dabei also eher das Ziel der Generierung einer Offenheit gegenüber dem Forschungsgegenstand sowie den Perspektiven des/r Befragten verfolgt oder aber versucht die Datenerhebung zu lenken und zu strukturieren. Jan Kruse (2014) zufolge gibt es praktisch keine nicht-strukturierenden Interviews. Alle Interviewformen strukturierten den Gesprächsverlauf, aber die verschiedenen Formen strukturierten unterschiedlich stark. Das Leitfadeninterview und die Gruppendiskussion zählen zu den bekanntesten und am häufigsten verwendeten stärker gelenkten Verfahren. Leitfadeninterviews beispielsweise zeichnen sich durch eine hohe Gewichtung der thematischen Steuerung aus. Auf diese Weise gelingt es sich auf bestimmte Themen zu fokussieren. Die Methode des lauten Denkens würde man hingegen eher den weniger gelenkten Verfahren zuordnen.[355] Auch narrative Interviews beispielsweise orientieren sich eher an Spielraum und Offenheit, um den Befragten den größtmöglichen Freiraum zu gewährleisten. Der steuernde Part des Interviewers

---

353 Vgl. Heistinger, A. (2006), S. 3; Hopf, C. (2013), S. 349, 351; Mayring, P. (2002), S. 66; Flick, U. (2012), S. 268-273.

354 Vgl. Heistinger, A. (2006), S. 3.

355 Vgl. Hussy, W., Schreier, M., Echterhoff, G. (2013), S. 224-225; Heistinger, A. (2006), S. 5; Kruse, J. (2014).

beschränkt sich dabei auf die Erzählaufforderung zu Beginn des Gesprächs sowie das gezielte Nachfragen am Ende des Interviews.

Neben den narrativen Interviews zählen auch Tiefeninterviews und episodische Interviews zu den nicht-standardisierten Interviewverfahren. Heistinger spricht in diesem Zusammenhang vom Grad der *Hörerorientierung* bzw. *Ausmaß der Fremdstrukturierung*. So ist das narrative Interview beispielsweise durch den niedrigsten Grad an Fremdstrukturierung und den höchsten Grad an Hörerorientierung gekennzeichnet. Der Interviewer ist dazu angehalten sich vollständig zurückzuhalten. Der Interviewer hört aufmerksam zu, bis der Befragte selbst seine Erzählung abschließt. Daran schließt sich dann eine Phase der Nachfrage bzw. Bilanzierung an. Innerhalb der Spontanerzählung hat somit der Befragte das absolute Rederecht, der Interviewer darf ihn nicht unterbrechen. Erst im Anschluss im dialogischen Teil ist Nachfragen erlaubt. Im Unterschied dazu sind beim teilnarrativen Interview Zwischen- bzw. Rückfragen erlaubt. Damit wechseln sich Frage-Antwort-Passagen und reine Erzählpassagen ab. Die unterschiedlichen Verfahren sind damit für die jeweilige Fragestellung mehr oder minder geeignet.[356]

Eng damit hängt auch die Frage zusammen, ob man sich im Rahmen der Interviewführung an einem vorgefertigten Fragenkatalog orientiert, oder ob das Interview eher offen geführt wird. Das unstrukturierte Interview verfügt über keinen vorgefertigten Fragenkatalog. Die Fragen ergeben sich vielmehr aus dem Kontext. Damit ist das unstrukturierte Interview für qualitative Fragestellungen prädestiniert. Das vollkommen standardisierte Interview ist im Gegenzug dadurch gekennzeichnet, dass alles, vom exakten Wortlaut und der Reihenfolge der Fragen über die Antwortvorgaben bis hin zum Verhalten des Interviewers, von vornherein festgelegt wurde. Damit eignet sich das standardisierte Interview auch für die quantitative Forschung. Die meisten in der Praxis sehr häufig eingesetzten Verfahren qualitativer Interviews „sind als relativ flexibel eingesetzte teilstandardisierte Interviews zu beschreiben“[357] und lassen sich demnach weder dem einen, noch dem anderen Extremum zuordnen, sondern finden sich eher in

356 Vgl. Flick, U. (2012), S. 268-269; Hussy, W., Schreier, M., Echterhoff, G. (2013), S. 227; Heistinger, A. (2006), S. 4; Mayring, P. (2002), S. 72-76.

357 Hopf, C. (2013), S. 351-352.

der Mitte dieses Kontinuums. Die Interviewer orientieren sich zwar an einem Leitfaden, dieser lässt jedoch zumeist Spielräume hinsichtlich der konkreten Formulierung von Fragen, Nachfragestrategien oder auch hinsichtlich der Reihenfolge der Fragen.[358]

Auch lassen sich Interviews nach der *Anzahl der befragten Personen* und der *Anzahl der Interviewer* unterscheiden. Je nachdem, ob die Personen einzeln oder als Gruppe befragt werden, können Einzel- und Gruppeninterviews unterschieden werden. In Abhängigkeit von der Anzahl der beteiligten Forscher spricht man von Einzel-, Tandem- oder Boardinterviews.[359]

Hinsichtlich der *Modalität* lassen sich telefonische, face-to-face und online durchgeführte Interviews unterscheiden. Jede Modalität weist dabei ihre spezifischen Vor- und Nachteile auf.[360]

Ein weiteres Unterscheidungskriterium ist die *Ausgestaltung der Gesprächssituation*. Verschiedene Interviewformen unterscheiden sich beispielsweise auch dahingehend, ob eher eine monologische Gesprächssituation oder eine dialogische Gesprächssituation vorliegt, bei der der Interviewende mit dem Befragten durch gezieltes Rück- bzw. Nachfragen in einen Dialog tritt.[361]

Damit hängt auch die Frage zusammen, ob bei der Interviewdurchführung eher die Erhebung allgemeiner Meinungen bzw. Einstellungen oder die Aufforderung zur Erzählung im Mittelpunkt steht. Je nach Konstellation sind ganz andere Kompetenzen auf Seiten des Interviewers gefragt. Während es im letzteren Fall v. a. um das aktive Zuhören geht, ist bei der Erhebung von Meinungen eher eine aktive Beteiligung am Gespräch gefragt.[362]

Auch die Frage, ob im Rahmen des Interviews eine breite Palette verschiedener Themen im Mittelpunkt steht, oder ob man sich bei der Interviewdurchführung auf einzelne Sachverhalte konzentriert, kann als Differenzierungskriterium herangezogen werden. Ist das Interview also eher *breit angelegt* oder *fokussiert*?

[358] Vgl. Brosius, H.-B., Haas, A., Koschel, F. (2012), S. 99-102; Gläser, J., Laudel, G. (2008), S. 41; Bortz, J., Döring, N. (2009), S. 238; Hopf, C. (2013), S. 351-352.
[359] Vgl. Hussy, W., Schreier, M., Echterhoff, G. (2013), S. 224.
[360] Vgl. Hussy, W., Schreier, M., Echterhoff, G. (2013), S. 224-225.
[361] Vgl. Heistinger, A. (2006), S. 4.
[362] Vgl. Hopf, C. (2013), S. 351-352.

Das fokussierte Interview ist dabei wie der Name schon sagt der Extremfall einer starken Fokussierung.[363]

Die folgenden Tabellen geben eine Übersicht über die verschiedenen Verfahren zur Erhebung verbaler Daten. Flick (2012) unterscheidet dabei verschiedene Formen des Leitfadeninterviews, sowie erzählungsgenerierende und gruppenbezogene Verfahren. Die Verfahren werden dabei hinsichtlich der Kriterien Offenheit für die subjektive Sicht des Interviewpartners, Strukturierung, Anwendungsbereich, Probleme der Durchführung sowie Grenzen verglichen.[364]

Tabelle 14: Varianten des Leitfadeninterviews im Überblick[365]

	Offenheit für den Interviewpartner	Strukturierung des Gegenstands	Anwendungsbereich (insb.)	Probleme der Durchführung	Grenzen der Methode
Fokussiertes Interview	▪ Nichtbeeinflussung durch unstrukturierte Fragen	▪ Stimulusvorgabe ▪ Strukturierte Fragen ▪ Fokussierung von Gefühlen	▪ Analyse subjektiver Bedeutungen	▪ Dilemma der Vereinbarkeit der Kriterien	▪ Annahme, objektive Merkmale des Gegenstands zu kennen, ist fraglich ▪ Kaum Einsatz in Reinform
Halbstandardisiertes Interview	▪ Offene Fragen	▪ Hypothesengerichtete Fragen ▪ Konfrontationsfragen	▪ Rekonstruktion subjektiver Theorien	▪ Umfangreiche methodische Vorgaben ▪ Auswertungsprobleme	▪ Vorgabe einer Struktur ▪ Notwendigkeit, Methode an Gegenstand/ Interviewpartner anzupassen
Problemzentriertes Interview	▪ Gegenstands- und Prozessorientierung ▪ Raum für Erzählungen	▪ Leitfaden als Grundlage für Wendungen und Abbruch unergiebiger Darstellungen	▪ Gesellschaftlich oder biographisch relevante Probleme	▪ Unsystematischer Wechsel von Erzählung zu Frage-Antwort-Schema	▪ Problemorientierung ▪ Unsystematische Verbindung der Teilelemente
Experten-Interview	▪ Ist begrenzt, da Interesse nur am Experten, nicht an der Person	▪ Leitfaden als Strukturierungsinstrument	▪ Expertenwissen in Institutionen	▪ Rollendiffusion beim Interviewpartner ▪ Blockade des Experten	▪ Begrenzung der Auswertung auf Expertenwissen
Ethnographisches Interview	▪ Beschreibende Fragen	▪ Strukturelle Fragen ▪ Kontrastive Fragen	▪ Im Rahmen der Feldforschung in offenen Feldern	▪ Vermittlung zwischen freundlicher Unterhaltung und formalem Interview	▪ v. a. in Kombination mit Beobachtung und Feldforschung sinnvoll

363 Vgl. Hopf, C. (2013), S. 351-352.
364 Vgl. Flick, U. (2012), S. 269-277.
365 In Anlehnung an Flick, U. (2012), S. 270-273.

Tabelle 15: Erzählungsgenerierende Verfahren im Überblick[366]

	Offenheit für den Interviewpartner	Strukturierung des Gegenstands	Anwendungs-bereich (insb.)	Probleme der Durchführung	Grenzen der Methode
Narratives Interview	▪ Nichtbeeinflussung einmal begonnener Erzählungen	▪ Erzählaufforderung ▪ Narrativer Nachfrageteil am Ende ▪ Bilanzierungsteil	▪ Biographische Verläufe	▪ Extrem einseitige Interviewsituation ▪ Probleme des Erzählers ▪ Problematik der Zugzwänge	▪ Unterstellte Analogie von Erfahrung und Erzählung ▪ Reduzierung des Gegenstands auf Erzählbares
Episodisches Interview	▪ Erzählung bedeutsamer Erfahrungen ▪ Auswahl durch den Interviewpartner	▪ Verbindung von Erzählung und Argumentation ▪ Vorgabe konkreter Situationen, die erzählt werden sollen	▪ Wandel, Routinen und Situationen im Alltag	▪ Verdeutlichung des Prinzips ▪ Handhabung des Leitfadens	▪ Beschränkung auf Alltagswissen

Tabelle 16: Gruppenbezogene Verfahren im Überblick[367]

	Offenheit für den Interviewpartner	Strukturierung des Gegenstands	Anwendungs-bereich (insb.)	Probleme der Durchführung	Grenzen der Methode
Focus-Groups	▪ Berücksichtigung des Kontexts der Gruppe	▪ Verwendung eines Leitfadens zur Steuerung	▪ Marketing, Medien, Evaluation	▪ Sampling von Gruppen und Teilnehmern	▪ Dokumentation der Daten ▪ Identifikation einzelner und paralleler Sprecher
Gruppen-diskussion	▪ Non-direktive Diskussionsleitung ▪ Permissives Diskussionsklima	▪ Dynamik, die sich in der Gruppe entwickelt ▪ Steuerung durch Leitfaden	▪ Meinungs- und Einstellungsforschung	▪ Vermittlung zwischen Schweigern und Vielrednern ▪ Kaum planbarer Verlauf	▪ Hoher organisatorischer Aufwand ▪ Probleme der Vergleichbarkeit
Gemeinsames Erzählen	▪ Verzicht auf Erzählstimulus und methodische Interventionen	▪ Dynamik der gemeinsamen Erzählung ▪ Kontroll-Liste für Sozial-daten ▪ Beobachtungsprotokoll	▪ Familienforschung	▪ Verzicht auf thematische Fokussierung der Erzählungen	▪ Verzicht auf Steuerung ▪ Eigenständigkeit als Einzelmethode ▪ Umfang der Fallanalysen

Die Gegenüberstellung kann dabei als erster Anhaltspunkt für die Auswahl eines Verfahrens herangezogen werden. Im Allgemeinen sollte bei der Entscheidung

366 In Anlehnung an Flick, U. (2012), S. 270-273.
367 In Anlehnung an Flick, U. (2012), S. 270-273.

für oder gegen ein Verfahren insbesondere die Gegenstandsangemessenheit der Methode berücksichtigt werden.[368]

Dem Leitfadeninterview kommt im Kontext qualitativer Sozialforschung besondere Bedeutung zu. Dabei ist der Begriff denkbar weit zu verstehen. Im Prinzip spricht man immer dann von einem Leitfadeninterview, wenn die Erhebung der Daten leitfadengestützt erfolgt. Auf diese Weise kann gewährleistet werden, dass keine wichtigen Aspekte der Forschungsfrage während des Interviews vergessen werden. Der Leitfaden dient als Orientierungshilfe, die Fragen werden i. d. R. jedoch offen formuliert, sodass der Befragte frei antworten kann. Der Leitfaden enthält dabei mehr oder weniger ausführliche und mehr oder weniger fixe Vorgaben an den Interviewer. Demnach kann man auch verschiedene Arten von Leitfadeninterviews unterscheiden: Halb- bzw. teilstandardisierte Leitfadeninterviews aber auch strukturierte Leitfadeninterviews. In Abhängigkeit vom Strukturierungsniveau des Leitfadens steuert der Befragte das Gespräch mehr oder weniger selbst bzw. der Interviewende greift mehr oder weniger stark ein und lenkt das Gespräch. Bei eher offenen Formen beschränkt sich das Aufgabenspektrum der interviewenden Person darauf zu achten, dass alle Punkte auch angesprochen werden. Auch wenn das Interview eher strukturierter erfolgen soll, ist darauf zu achten, dass die Fragen immer noch erzählgenerierend und hörerorientiert formuliert sind.[369]

Zu den wichtigsten Spielarten des Leitfadeninterviews zählen das problemzentrierte, das fokussierte und insbesondere das Experteninterview. Das problemzentrierte Interview setzt dabei an einem konkreten, zumeist gesellschaftlichen Problem an. Beim fokussierten Interview hingegen steht die Erhebung der Meinungen und Reaktionen der Befragten im Hinblick auf ein fokussiertes Objekt, etwa ein neuer Spielfilm, im Mittelpunkt. Das Besondere beim Experteninterview hingegen ist die Zielgruppe, nämlich die Experten bzw. Expertinnen, also Personen, die über einen besonderen Wissensvorrat verfügen. Aufgrund der

---

368 Vgl. Flick, U. (2012), S. 269-277.

369 Vgl. Heistinger, A. (2006), S. 5-6; Hussy, W., Schreier, M., Echterhoff, G. (2013), S. 226; Brosius, H.-B., Haas, A., Koschel, F. (2012), S. 99-102; Gläser, J., Laudel, G. (2008), S. 41.

enormen Bedeutung dieser Variante des Leitfadeninterviews wird es gesondert behandelt.[370]

Ob es sich nun bei einem Leitfadeninterview um ein standardisiertes oder aber ein unstrukturiertes Interview handelt, kann nicht abschließend geklärt werden, da sich die Literatur hinsichtlich des Standardisierungsgrads dieser Art von Interviews uneinig ist. So wird das Leitfadeninterview je nach Quelle entweder dem halbstandardisierten Interview[371], oder aber der nicht-standardisierten Befragung mit gewissen Vorgaben für den Interviewer[372] zugeordnet. Hussy und Kollegen beispielsweise ordnen das Leitfadeninterview den halbstandardisierten Verfahren zu. Demnach könne sowohl die Reihenfolge der Fragen als auch die Formulierung derselben flexibel dem Gesprächsverlauf bzw. der Begrifflichkeit der Interviewten angepasst werden. Der Leitfaden diene dabei als Anhaltspunkt.[373]

Die verschiedenen gruppenbezogenen Verfahren und insbesondere die Gruppendiskussion werden in Kapitel 4.2.3 thematisiert.

Neben den genannten Verfahren zur Erhebung verbaler Daten gibt es noch eine Vielzahl weiterer Spielarten, wie beispielsweise ethnografische Interviews, biographische oder auch episodische Interviews. Dabei handelt es sich aber allesamt um Sonderformen, die daher auch nicht weiter thematisiert werden.[374]

Eines ist jedoch allen Interviewformen gemein: „Jedes Interview ist Kommunikation, und zwar wechselseitige, und aber auch ein Prozess. Jedes Interview ist Interaktion und Kooperation. Das ‚Interview' als fertiger Text ist gerade das Produkt des ‚Interviews' als gemeinsamem Interaktionsprozess, von Erzählperson und interviewender Person gemeinsam erzeugt."[375]

---

370 Vgl. Heistinger, A. (2006), S. 6; Mayer, H. O. (2009), S. 37-38; Pfadenhauer, M. (2009), S. 100; Hussy, W., Schreier, M., Echterhoff, G. (2013), S. 225-226; Mayring, P. (2002), S. 67-72.

371 Vgl. Brosius, H.-B., Haas, A., Koschel, F. (2012), S. 99-102; Hussy, W., Schreier, M., Echterhoff, G. (2013), S. 225.

372 Vgl. Gläser, J., Laudel, G. (2008), S. 41; Bortz, J., Döring, N. (2009), S. 239.

373 Vgl. Hussy, W., Schreier, M., Echterhoff, G. (2013), S. 225.

374 Vgl. Heistinger, A. (2006), S. 5.

375 Helfferich, C. (2011), S. 12.

4.2.2 Experteninterviews

4.2.2.1 Definition, Schwierigkeiten und methodologische bzw. wissenschaftstheoretische Fundierung

Das Experteninterview ist streng genommen keine eigene Interviewform, sondern gewissermaßen eine Sonderform, eine Spielart des Leitfadeninterviews. Je nach Literatur wird das Experteninterview aber auch als autarkes Verfahren gehandelt. Da Experteninterviews in aller Regel jedoch als Leitfadeninterviews konzipiert werden, ist diese Unterscheidung eigentlich hinfällig.[376]

Das Besondere ist die Zielgruppe, nämlich die Experten, also Personen, die über einen besonderen Wissensvorrat auf einem bestimmten Gebiet verfügen. Der Experte gilt als Quelle von Spezialwissen. Er verfügt über exklusives Wissen, das prinzipiell nicht jedem frei zugänglich ist, bzw. das Wissen wird ihm zugesprochen und der Experte nimmt diese Kompetenz auch für sich selbst in Anspruch.[377]

Die Befragten agieren dabei nicht als Einzelfall, sondern als Repräsentant für eine bestimmte Gruppe. Damit stehen nicht die Befragten als Person im Zentrum der Betrachtung, sondern es geht vielmehr darum einen Zugang zu Sicht- und Handlungsweisen einer bestimmten Gruppe zu erhalten. Der Leitfaden übernimmt dabei eine stark steuernde und strukturierende Funktion und muss daher gut vorbereitet werden. Ein gelungenes Experteninterview erfordert auch eine gründliche Einarbeitung in die Thematik, damit man als kompetenter Gesprächspartner fungieren und gezielt Fragen stellen können muss.[378]

Lange Zeit wurde das Experteninterview wie selbstverständlich angewendet, ohne dass man sich mit methodischen Fragestellungen auseinandergesetzt hätte. Die Gespräche schienen interessante Informationen zu liefern. Dabei wurde oft nicht reflektiert, wie die Informationen entstanden sind, oder gar wie man diese

---

376 Vgl. Przyborski, A., Wohlrab-Sahr, M. (2014), S. 121; Pfadenhauer, M. (2009), S. 99.

377 Vgl. Przyborski, A., Wohlrab-Sahr, M. (2014), S. 118-119; Heistinger, A. (2006), S. 6; Mayer, H. O. (2009), S. 37-38; Pfadenhauer, M. (2009), S. 100.

378 Vgl. Heistinger, A. (2006), S. 6; Mayer, H. O. (2009), S. 37-38; Pfadenhauer, M. (2009), S. 100.

auswerten könnte. Die methodische Diskussion wurde erstmals nach einer Veröffentlichung von Meuser und Nagel (2005) angestoßen.[379]

Die größte Schwierigkeit beim Experteninterview besteht darin, dass man auf der einen Seite dem Experten fachlich kompetent auf gleicher Augenhöhe begegnen muss, auf der anderen Seite aber muss es gelingen deutlich zu machen, dass man als Interviewer an dem spezifischen Experten- bzw. Erfahrungswissen interessiert ist. Der Interviewer wird gewissermaßen zum Quasi-Experten. Manche Autoren gehen soweit zu sagen, dass ein Experteninterview zum Experteninterview wird, weil ein Experte und ein Quasi-Experte gewissermaßen auf gleicher Augenhöhe miteinander kommunizieren.[380] Hintergrund der Überlegungen ist, dass „Menschen mit anderen Menschen- und zwar sowohl hinsichtlich dessen, wie geredet wird, als auch dessen, was zur Sprache kommt – anders reden, je nachdem, ob sie ihre Gesprächspartner eher für kompetent oder für inkompetent [...] halten“[381].

Im Folgenden wird der Ablauf eines leitfadengestützten Experteninterviews ausgehend von der wissenschaftlichen Fragestellung bis hin zur Interviewplanung und -durchführung dargestellt.

4.2.2.2 Wissenschaftliche Fragestellung, Hypothesen und Fragengenerierung

Ausgangspunkt beim Experteninterview, ist wie bei jeder anderen wissenschaftlichen Studie auch, die Formulierung einer Forschungsfrage. Ausgehend von der wissenschaftlichen Fragestellung werden dann Hypothesen abgeleitet. Die Hypothesen dienen wiederrum der Entwicklung der sogenannten Programmfragen. Programmfragen sind Fragen, die Forscher im Sinne eines Erkenntnisgewinns beantwortet haben wollen, die jedoch nicht explizit gestellt werden. Es handelt

[379] Vgl. Przyborski, A., Wohlrab-Sahr, M. (2014), S. 118; Meuser, M., Nagel, U. (2005).
[380] Vgl. Pfadenhauer, M. (2009), S. 99, 107; Przyborski, A., Wohlrab-Sahr, M. (2014), S. 125; Mayer, H. O. (2009), S. 37-38.
[381] Pfadenhauer, M. (2009), S. 107.

sich also um ein theoretisches Konstrukt, das der Ableitung von Arbeitshypothesen dient.[382]

Die Formulierung der Arbeitshypothesen dient dazu die oft komplexe Problemstellung in konkrete und überschaubare Untersuchungsschritte aufzuspalten, aus denen dann letztendlich die eigentlichen Fragen konzipiert werden. Diese sogenannten Testfragen können wiederum in Sach-, Wissens-, Einstellungs- bzw. Meinungsfragen sowie Verhaltensfragen untergliedert werden. Die Fragen können dabei geschlossen oder offen formuliert werden. Während sich geschlossene Fragen insbesondere bei quantitativen Forschungsansätzen eignen, erlauben offene Fragen eine freie und beliebige Antwort und eignen sich daher für die qualitative Sozialforschung. Offene Fragen werden in der Literatur häufig auch als W-Fragen bezeichnet. Neben den Testfragen sollten einige Funktionsfragen (Eisbrecher-, Überleiter-, Trichter-, Filter-, Kontrollfragen) generiert werden. Funktionsfragen dienen im Allgemeinen der Gesprächssteuerung.[383]

4.2.2.3 Erstellung des Interviewleitfadens

Im nächsten Schritt gilt es die vorab generierten Fragen thematisch zu ordnen. Damit wäre man auch bereits bei Schritt drei der von Helfferich (2011) vorgeschlagenen Methode zur Erstellung eines Interviewleitfadens angekommen. Gemäß der SPSS-Methode der Leitfadenerstellung nach Helfferich gilt es zunächst möglichst viele Fragen zu generieren und zu **sammeln**. Dabei gilt es auch gezielt Funktionsfragen einzubauen und den Katalog um Überleitungs- und Auflockerungsfragen zu erweitern. Die Fragen werden in einem nächsten Schritt über**prüft** und ggf. modifiziert oder verworfen. Die verbleibenden Fragen müssen dann sowohl thematisch als auch nach Fragetyp (z. B. Testfrage, Erzählaufforderung, Aufrechterhaltungsfrage, usw.) **sortiert** werden. Zuletzt werden die Fragen in einem Leitfaden **subsummiert**.[384] Generell sind ausformulierte Fragen

382 Vgl. Gläser, J., Laudel, G. (2008), S. 122; Brosius, H.-B., Haas, A., Koschel, F. (2012), S. 91-99; Stöber, R. (2008), S. 194.

383 Vgl. Brosius, H.-B., Haas, A., Koschel, F. (2012), S. 81-82, 91-99; Stöber, R. (2008), S. 194.

384 Vgl. Helfferich, C. (2011), S. 182-185; Heistinger, A. (2006); Brosius, H.-B., Haas, A., Koschel, F. (2012), S. 91-99; Stöber, R. (2008), S. 194.

im Leitfaden kein Muss, sie können aber dem Interviewer Sicherheit geben und erhöhen auch die Vergleichbarkeit der Interviews, da die Fragen immer identisch formuliert werden.[385]

Im Folgenden sollte der Leitfaden auf seine Brauchbarkeit hin überprüft werden. Dabei bietet es sich an in einem ersten Pretest zu prüfen, ob man bei Orientierung an dem Leitfaden Antworten auf die vorher gesetzten Programmfragen bekommt. In weiteren Durchläufen wird der Leitfaden hinsichtlich Formulierung der Fragen und Handhabung getestet.[386]

4.2.2.4 Expertenauswahl und Ansprache

Die größte Schwierigkeit bei der Auswahl der Experten ist die Identifikation der richtigen Personen, also der Personen, die über die relevanten Informationen verfügen. Art und Qualität der gewonnenen Daten hängen letztendlich erheblich von der Auswahl der Experten ab.[387]

Generell können zwei verschiedene Methoden zur Auswahl der Experten unterschieden werden: die Vorabfestlegung und das theoretische Sampling. Bei der Vorabfestlegung werden, wie der Name bereits sagt, die Experten ex-ante festgelegt, wohingegen beim theoretischen Sampling im Laufe des Interviewprozesses immer weitere Interviewpartner hinzukommen können. Unabhängig von der Wahl der Methode, ist bei der Auswahl der Experten auf Generalisierbarkeit zu achten.[388]

Bei der Kontaktaufnahme ist das Prinzip der informierten Einwilligung zu beachten. Unabhängig ob die erste Kontaktaufnahme per Email, Brief oder Telefon erfolgt, sollten den Experten sowohl die Ziele des Forschungsprojekts als auch die Art und Weise ihrer Teilnahme und deren mögliche Folgen kommuniziert werden.[389]

---

385 Vgl. Gläser, J., Laudel, G. (2008), S. 144.
386 Vgl. Mayer, H. O. (2009), S. 43-46.
387 Vgl. Przyborski, A., Wohlrab-Sahr, M. (2014), S. 121.
388 Vgl. Mayer, H. O. (2009), S. 38-42.
389 Vgl. Gläser, J., Laudel, G. (2008), S. 144, 159-160; Hussy, W., Schreier, M., Echterhoff, G. (2013), S. 228.

4.2.2.5 Interviewplanung und Durchführung

Bei der Interviewplanung sollte frühzeitig der Befragungsmodus bestimmt werden. Generell ist eine telefonische, schriftliche (online oder per Brief) oder auch persönliche Befragung denkbar. Laut Gläser (2008) ist das face-to-face Interview das Mittel der Wahl. Es ist jedoch i. d. R. mit hohen Kosten verbunden und überdies sehr zeitaufwendig. Das Telefoninterview ist dabei deutlich flexibler, wenngleich die Auswertung hierbei auf die Akustik beschränkt bleiben muss.[390] Damit geht ein nicht unwichtiger Bestandteil menschlicher Kommunikation, die Körpersprache, die Mimik und Gestik des Gegenübers verloren. „Social cues, such as voice, intonation, body language etc. of the interviewee can give the interviewer a lot of extra information that can be added to the verbal answer of the interviewee on a question"[391] – auf diese Art von Informationen wird verzichtet. Allerdings könne man insbesondere bei Experten auch auf diese Art von Informationen verzichten, da die Bedeutung von der Körpersprache gerade bei dieser Zielgruppe als weniger wichtig eingestuft werden dürfte (vgl. „When the interviewer interviews an expert about things or persons that have nothing to do with the expert as a subject, then social cues become less important"[392]). Damit dürfte das Telefoninterview, das durch die bloße voice-to-voice Kommunikation gekennzeichnet ist, am ehesten für Experteninterviews geeignet sein. Auch Busse spricht in seinem Beitrag ganz wie selbstverständlich von dem telefonischen Experteninterview. Es wirkt beinahe so, als geschähe dies beiläufig, wobei er damit eigentlich bzw. streng genommen die Interviewform implizit quasi auf den Kreis von Experten einschränkt, ohne dies jedoch zu begründen oder näher zu erläutern.[393]

Dennoch ist das telefonische Experteninterview nach wie vor als methodisches Neuland zu bezeichnen. Wenngleich sich die Interviewform im angloamerikanischen Raum einer zunehmenden Beliebtheit erfreut (vgl. „Face-to-face interviews have long been the dominant interview technique in the field of qualitative research. In the last two decades, telephone interviewing became more and

390 Vgl. Brosius, H.-B., Haas, A., Koschel, F. (2012), S. 103-108; Bortz, J., Döring, N. (2009), S. 241.

391 Opdenakker, R. (2006).

392 Opdenakker, R. (2006).

393 Vgl. Christmann, G. (2009), S. 205-206, 208; Busse, G. (2003), S. 28.

more common"[394]), sind Telefoninterviews in Deutschland doch eher selten. In den USA werden Telefoninterviews in der Zwischenzeit zwar relativ häufig eingesetzt, eine Problematisierung bzw. ein Hinterfragen der Methodik an sich findet jedoch kaum statt. Die Telefoninterviews werden zumeist relativ pragmatisch durchgeführt. Die vorhandenen Arbeiten sind oft stark gegenstandsbezogen und es finden sich kaum Aussagen zum methodischen Vorgehen. Auch in Deutschland deutet sich ein Bedeutungszuwachs dieses Befragungsmodus an. Auch hierzulande wurde und wird die methodische Vorgehensweise jedoch kaum reflektiert. Die wenigen methodischen Arbeiten zu der Thematik bieten oftmals lediglich „praktisch-technische Anleitungen“[395] zum Vorgehen. Methodische Überlegungen, etwa für welche Art von Fragestellung bzw. welche Zielgruppe Telefoninterviews geeignet erscheinen, sind nur sehr spärlich vorhanden.[396]

Im Mittelpunkt der Ausführungen stehen hingegen oftmals die Vorteile von Telefoninterviews im Vergleich zu face-to-face Befragungen. Laut Busse (2003) beispielsweise stellen Telefoninterviews „eine sehr effiziente und ökonomische Art der qualitativen Datenerhebung dar, da weder Wege noch (Reise-) Kosten entstehen, um ein Interview führen zu können“[397].

Neben diesem gewichtigen Vorteil ist eine Reihe von Nachteilen anzuführen. So kann beispielsweise bei einem Telefoninterview nie sichergestellt werden, dass sich das Gegenüber ausschließlich und exklusiv dem Interview widmet und nicht etwa andere Nebentätigkeiten erledigt. Insofern hat der Interviewer relativ wenig Kontrolle über die eigentliche Interviewsituation. Hinzu kommt, dass man bei der Auswertung nie ganz sicher sein kann, ob es sich bei längeren Pausen schlichtweg um Denkphasen handelte oder ob der Interviewte durch externe Störungsquellen abgelenkt wurde. Während des Interviewverlaufs können externe Störungen i. d. R. nicht als solche erkannt werden, sofern der Experte diese nicht direkt kommuniziert.[398]

---

394 Opdenakker, R. (2006).
395 Christmann, G. (2009), S. 204.
396 Vgl. Busse, G. (2003); Christmann, G. (2009), S. 204-205.
397 Busse, G. (2003), S. 28.
398 Vgl. Christmann, G. (2009), S. 214.

Ferner ist es oftmals schwierig den Gesprächsfluss aufrechtzuerhalten. So können längere Pausen beispielsweise auch entstehen, weil über das Telefon keinerlei Aufmerksamkeitssignale, wie beispielsweise ein zustimmendes Nicken, signalisiert werden können. Dies lässt sich ein Stück weit über sprachliche Rezeptionssignale (wie z. B. ein zustimmendes „Aha“ oder ein „Hmmm“) abfangen, ein persönliches Gespräch ersetzt es aber nicht. Auch in der Methodenliteratur wird immer wieder auf die enorme Bedeutung einer zugewandten Körperhaltung hervorgehoben, signalisiert etwa durch Blickkontakt oder Kopfnicken, um den Interviewverlauf positiv zu beeinflussen.[399]

Das Zuhören und dies auch entsprechend signalisieren zu können, ist also nach dem Stellen von Fragen eine sehr wichtige Kompetenz des Interviewers. Ebenso muss es dem Interviewer gelingen Gesagtes stichhaltig zusammenzufassen und auch den Befragten ggf. auf das Thema zurückzuführen, falls dieser zu stark von der Thematik abweicht.[400]

Telefoninterviews sind grundsätzlich methodisch betrachtet ein forderndes Unterfangen. Das heißt aber nicht, dass sie deswegen unbrauchbar sind. Vielmehr muss die Entscheidung für oder gegen ein reines voice-to-voice Interview von der Fragestellung und der zu befragenden Personen abhängig gemacht werden.[401]

Neben der Klärung des Befragungsmodus, ist auch organisatorisch einiges zu beachten. Dies beginnt bei einem sorgfältigen Zeitmanagement. Ein vernünftiges Zeitmanagement ist ein wesentlicher Faktor, der bei der Planung nicht unterschätzt werden sollte. Nicht nur die eigentliche Durchführung der Interviews ist mit einem erheblichen Zeitaufwand verbunden, sondern bereits im Vorfeld muss genügend Zeit für die Terminfindung berücksichtigt werden muss. Aufgrund von Dienstreisen, Krankheit oder Urlaub gestaltet sich bereits dieser erste Schritt oft als sehr zeitintensiv. Jedes Interview muss zudem entsprechend vor- und nachbereitet werden. Die Nachbereitung kostet dabei i. d. R. ein Vielfaches an Zeit als das eigentliche Interview. Es ist empfehlenswert das Interview unmittelbar nach dem Gespräch nachzubereiten und ggf. auch bereits zu transkribieren,

399 Vgl. Christmann, G. (2009), S. 214-215.
400 Vgl. Hussy, W., Schreier, M., Echterhoff, G. (2013), S. 228-229.
401 Vgl. Christmann, G. (2009), S. 218.

da zu diesem Zeitpunkt die meisten Informationen noch im Gedächtnis sind. Die Transkription an sich nimmt sehr viel Zeit in Anspruch. Je nach Übung des Interviewers bedeutet die Verschriftlichung des Materials oftmals den vier- bis sechsfachen Aufwand im Vergleich zur Interviewführung. Eine Kompromissvariante sieht daher vor, nur einige bzw. die wichtigsten Passagen des Interviews zu transkribieren, um den Aufwand minimal zu halten. Hierfür bestehen allerdings keine allgemeingültigen Vorschriften, sodass es mehr oder weniger dem Forscher überlassen wird, wie und v. a. in welchem Umfang er das vorhandene Material verschriftlicht. Dies muss bei der Planung berücksichtigt werden.[402]

Bei einem Interview handelt es sich um eine künstliche Situation. Der Interviewer fungiert gewissermaßen als Teil des Messinstruments und der Befragte verkörpert einen bestimmten Merkmalsträger. Die Situation, das Gespräch dient ausschließlich der Datenerhebung.[403] Wichtig für eine gelungene Interviewdurchführung ist daher insbesondere die „Normalisierung bzw. Veralltäglichung der relativ außergewöhnlichen Kommunikationssituation“[404].Es geht darum eine möglichst normale Situation herzustellen, die den „kulturell üblichen Gewohnheiten des Miteinander-Redens“[405] möglichst nahe kommt.

Ein positives Gesprächsklima kann dazu beitragen den Gesprächspartner zu motivieren. Der Befragte ist i. d. R. dann eher dazu bereit ausführlich zu berichten. Das beginnt bereits bei der ersten Kontaktaufnahme und zieht sich über Anschreiben, sämtliche Telefonate bzw. Schriftverkehr im Vorfeld bis hin zum eigentlichen Interview. Über das Gesprächsklima entscheiden i. d. R. bereits die ersten Sekunden bzw. Minuten des Gesprächs. Daher ist es wichtig gleich zu Beginn des Gesprächs eine freundliche und offene Atmosphäre herzustellen. Daher sollte wenn möglich mit einer Anwärm- bzw. Eisbrecherfrage begonnen werden, die leicht zu beantworten ist und gleich zu Beginn für eine angenehme Gesprächsatmosphäre sorgt. Die Bereitschaft des Befragten am Interview teilzunehmen, sollte noch einmal gesondert gewürdigt werden. Ferner bietet es sich während der Eröffnungsphase an, auf den Anlass und den Verlauf der Befragung einzugehen. Ferner sollte zu Beginn auch auf den Wissensstand des Interviewers

---

402 Vgl. Gläser, J., Laudel, G. (2008), S. 144:95, 193.

403 Vgl. Brosius, H.-B., Haas, A., Koschel, F. (2012), S. 119.

404 Pfadenhauer, M. (2009), S. 103.

405 Pfadenhauer, M. (2009), S. 103.

hingewiesen werden und dem Experten signalisiert werden, welches Wissen er voraussetzen und wie (fach-)spezifisch er antworten kann. Auch können bzw. sollten Thema und Ziel des Forschungsprojekts genannt werden. Es sollte jedoch davon abgesehen werden konkrete Hypothesen zu formulieren, um den Gesprächspartner nicht bereits im Vorhinein zu beeinflussen. Geschlossene Fragen sollten wenn möglich eher zum Ende des Gesprächs gestellt werden. Ausnahmen bilden Fragen, die für den Interviewverlauf essentiell sind. Ferner sollte gleich zu Beginn auf die Anonymität und Vertraulichkeit hingewiesen werden sowie das Einverständnis für einen Audiomitschnitt eingeholt werden.[406]

Die Gewährleistung von Anonymität und Vertraulichkeit gilt als eine zentrale Herausforderung in der qualitativen Sozialforschung und stellt zugleich ein ethisches Problem dar. Lösungsansätze, die eine Identifikation der Befragten erschweren, beinhalten etwa die Verfremdung oder auch die Abstrahierung persönlicher Daten. Für weitere Lösungsansätze bzw. -strategien sei auf Hussy und Kollegen (2013), S. 282 verwiesen. Bei Bedarf können auch die Strategien zur Anonymisierung zu Beginn des Gesprächs thematisiert werden.[407]

4.2.3 Gruppendiskussion

Erhebungen in gruppenförmigen Settings erfreuen sich in letzter Zeit einer zunehmenden Beliebtheit. Sowohl in Deutschland als auch im angelsächsischen Bereich haben die Verfahren in den letzten Jahren stark an Bedeutung gewonnen.[408] Insbesondere die Methode der Gruppendiskussion „ist auf dem besten Wege, sich zu einem Standardverfahren qualitativer Sozialforschung“[409] und damit zu einer „ernsthafte[n] Alternative zu den in der quantitativen wie der qualitativen Forschung dominanten Einzelinterviews“[410] zu entwickeln. Wenngleich sich die Methode der Gruppendiskussion einer zunehmend größeren Beliebtheit erfreut, so führt sie in der Praxis neben anderen kommunikativen Me-

406 Vgl. Mayer, H. O. (2009), S. 46-47; Heistinger, A. (2006), S. 12; Gläser, J., Laudel, G. (2008), S. 114-115, 147-148.
407 Vgl. Hussy, W., Schreier, M., Echterhoff, G. (2013), S. 281.
408 Vgl. Przyborski, A., Wohlrab-Sahr, M. (2014), S. 88; Bohnsack, R. (2013), S. 369.
409 Bohnsack, R., Przyborski, A., Schäffer, B. (2010), S. 7.
410 Bohnsack, R., Przyborski, A., Schäffer, B. (2010), S. 7.

thoden, wie etwa dem offenen, unstrukturierten Interview, nach wie vor ein Schattendasein.[411]

Auch in diesem Zusammenhang hinkt die methodische Fundierung der gelebten Forschungspraxis etwas hinterher. So hat sich beispielsweise noch keine allgemeingültige Definition des Begriffs durchgesetzt. Auch tauchen in diesem Kontext immer wieder verwandte Begriffe wie Gruppenexperiment, Kollektivinterview oder Gruppengespräch auf. Diese sind insofern irreführend, als dass es sich weder um ein Gespräch noch um ein Experiment im klassischen Sinne handelt. Lamnek (2005) definiert die Gruppendiskussion ganz allgemein als „ein Gespräch mehrerer Teilnehmer zu einem Thema, das der Diskussionsleiter benennt“[412] und das dazu dient Informationen zu generieren. Laut Lamnek stellt die Gruppendiskussion eine spezifische Form des Gruppeninterviews dar, die eng mit der Methode der Befragung verwandt ist. Er zählt die Gruppendiskussion zu den nicht-standardisierten, mündlichen Befragungsmethoden (vgl. Tabelle 17). Demnach kann die Gruppendiskussion als Spezialform der Befragung verstanden werden.[413]

Tabelle 17: Die Gruppendiskussion als Befragungsmethode[414]

	Standardisiert	Teilstandardisiert	Nicht-standardisiert
Mündlich	▪ Einzelinterview ▪ Gruppeninterview	▪ Leitfadeninterview ▪ Intensivinterview ▪ Gruppenbefragung ▪ Expertenbefragung	▪ Experteninterview ▪ Informelles Gespräch ▪ Narratives situationsflexibles Interview ▪ Gruppendiskussion
Schriftlich	▪ Postalische Befragung ▪ Persönliche Verteilung und Abholung ▪ Befragung in der Gruppensituation ▪ Panelbefragungen ▪ Postwurfbefragung	▪ Expertenbefragung ▪ Zielgruppenbefragung	▪ Informelle Umfrage bei Experten oder Zielgruppen

[411] Vgl. Lamnek, S. (2005a), S. 11.
[412] Lamnek, S. (2005a), S. 11.
[413] Vgl. Lamnek, S. (2005a), S. 32, 37; Hirth, C., Ziegler, M. (2005), S. 4.
[414] In Anlehnung an Lamnek, S. (2005a), S. 32.

4.2.3.1 Historie und methodologische Fundierung

Das Gruppendiskussionsverfahren, je nach Literatur manchmal auch als Kollektivinterview, Gruppenexperiment oder Gruppengespräch bezeichnet, ist eine vergleichsweise junge Methode der qualitativen Sozialforschung. Das Verfahren hat seinen Ursprung im angloamerikanischen Raum und geht zurück auf Kurt Lewin. Er führte um 1930 sozialpsychologische Kleingruppenexperimente mit seinen Schülern durch, um die Auswirkungen von Gruppenprozessen auf das Verhalten Einzelner zu erforschen. Heute steht i. d. R. eher das inhaltliche Interesse im Mittelpunkt. Das Geschehen auf Prozessebene ist eher von nachrangiger Bedeutung. Im deutschsprachigen Raum wird die Gruppendiskussion erst seit etwa 50 Jahren eingesetzt. Dabei sind die Einsatzmöglichkeiten vielfältig. Das Gruppendiskussionsverfahren kann sowohl mit anderen Verfahren der qualitativen Forschung, wie etwa dem Einzelinterview oder auch bestimmten Beobachtungsverfahren, kombiniert werden, ist aber auch als eigenständiges Verfahren einsetzbar. In qualitativen Forschungsprojekten wird es häufig als alleiniges Verfahren eingesetzt und gilt als gleichberechtigte Quelle der Datengenerierung.[415]

Die methodologische Entwicklung und Fundierung der Methode erfolgte dabei im Wesentlichen in Deutschland und geht zurück auf Pollock, Mangold, Nießen und Bohnsack. Im angloamerikanischen Sprachraum hingegen herrscht bis heute eher eine pragmatische Orientierung vor. Wegweisend waren dabei insbesondere die frühen Arbeiten eines Forscherteams des Frankfurter Instituts für Sozialforschung um Pollok. Kurz nach Ende des zweiten Weltkriegs befragten Pollok (1955) und Kollegen rund 1.800 Menschen in Kleingruppen über die nationalsozialistische Vergangenheit Deutschlands sowie die demokratische Gegenwart der Bundesrepublik. In einem Großteil des Materials fanden sie antisemitische Vorurteile und Ideologien, die man vermutlich aus Einzelinterviews so nicht erhalten hätte.[416]

Während im angloamerikanischen Raum überwiegend gruppendynamische bzw. gruppenprozessuale Aspekte der Diskussion im Vordergrund stehen, geht es in

[415] Vgl. Hirth, C., Ziegler, M. (2005), S. 4-5, 8-9; Lamnek, S. (2005a), S. 18-19.

[416] Vgl. Mangold, W. (1960); Pollok, F. (1955) zitiert nach Mayring, P. (2002); Lamnek, S. (2005a), S. 19, 22.

Deutschland unabhängig von der Konzeption der Gruppendiskussion primär um die Gewinnung von inhaltlichen bzw. thematischen Erkenntnissen. Dennoch unterscheiden sich die Positionen von Pollock, Mangold, Nießen und Bohnsack. Pollock etwa setzte Gruppendiskussionen primär zur Ermittlung der nichtöffentlichen Meinung Einzelner ein. Mangolds Interesse hingegen richtete sich v. a. auf die informelle (situationsunabhängige) Gruppenmeinung. Im Unterschied zu Mangold geht Nießen davon aus, dass die Gruppenmeinung situationsabhängig ist und legt seinen Fokus daher auf die Gruppenmeinung, die sich in einer konkreten Situation ergibt. Bohnsack hingegen versteht die Gruppendiskussion als ein Verfahren zur Ermittlung kollektiver Orientierungsmuster.[417]

4.2.3.2 Ziele und Anwendungsbereiche

Die Gruppendiskussion gilt im Allgemeinen als eine sehr flexible Methode. Laut Mayring ist das Verfahren der Gruppendiskussion sehr vielfältig für die unterschiedlichsten Fragestellungen einsetzbar. Denkbar breit sind daher auch die möglichen Anwendungsbereiche, wobei sich nach Mayring die Gruppendiskussion insbesondere zur Erfassung kollektiver Einstellungen sowie von Ideologien und Vorurteilen eigne.[418]

Neben den in Kapitel 4.2.3.1 skizzierten Konzeptionen nach Pollock, Mangold, Nießen und Bohnsack und den damit verbundenen unterschiedlichen Erkenntnisinteressen, gibt es noch eine Reihe weiterer Anwendungsbereiche. So können Gruppendiskussionen nach Lamnek beispielsweise auch zur Ermittlung von Gruppenmeinungen, zur Informationsermittlung in der Markt- und Meinungsforschung, als Pretest-Methode, therapeutisches Instrument oder auch als Methode der Evaluation eingesetzt werden. Im Rahmen der Ermittlung von Gruppenmeinungen geht es darum eine einheitliche Meinung zu einem vorgegebenen Diskussionsgegenstand zu ermitteln. Im besten Fall wird diese von allen Grup-

[417] Vgl. Lamnek, S. (2005a), S. 53, 68.
[418] Vgl. Mayring, P. (2002), S. 78; Lamnek, S. (2005a), S. 79.

penmitgliedern oder zumindest vom Großteil der Diskussionsteilnehmer getragen, auch wenn ursprünglich sehr heterogene Meinungen bestanden.[419]

4.2.3.3 Ablauf

Je nach Quelle werden hinsichtlich des idealtypischen Ablaufs von Gruppendiskussionen unterschiedlich viele Schritte genannt. Die einzelnen Konzepte unterscheiden sich jedoch nicht wesentlich voneinander. Die nachfolgenden Ausführungen beziehen sich dabei auf die die Konzepte von Mayring, Hirth bzw. Hussy und Kollegen und gliedern sich in die Abschnitte theoretische Vorüberlegungen und die eigentliche Gruppendiskussion (vgl. Abbildung 21).

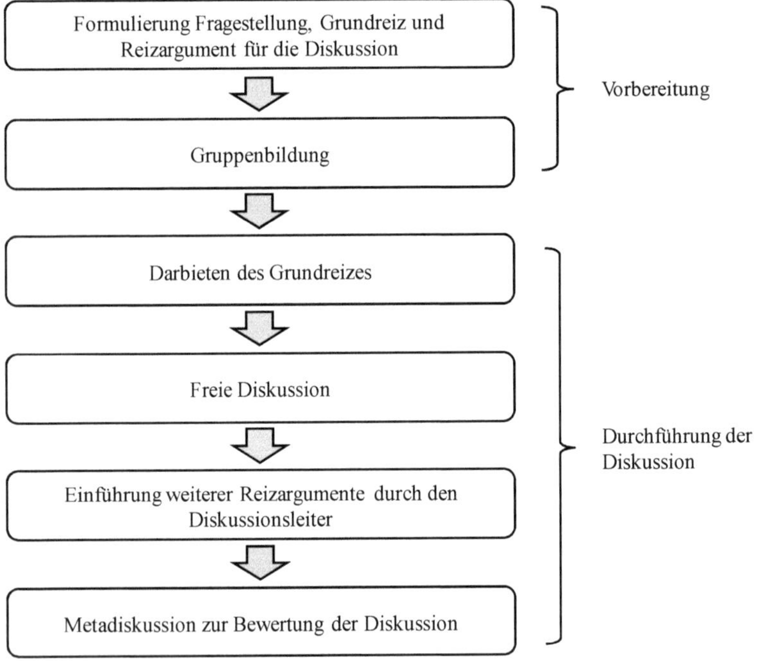

Abbildung 21: Ablaufschema Gruppendiskussion[420]

419 Vgl. Lamnek, S. (2005a), S. 69-76.

420 In Anlehnung an Mayring, P. (2002); Hirth, C., Ziegler, M. (2005), S. 10; Mayring, P. (2002), S. 79.

Die Schwerpunkte liegen dabei auf den Entscheidungen hinsichtlich der Zusammensetzung der Gruppe sowie den verschiedenen Prinzipien zur Durchführung einer Gruppendiskussion.

Zunächst steht eine Phase der theoretischen Vorüberlegungen an. Hier werden beispielsweise die Zusammensetzung der Gruppe oder auch die anzusprechenden Themen geklärt. Es gilt die Fragestellung sowie Grundreiz und Reizargument entsprechend zu formulieren. Ferner müssen Entscheidungen hinsichtlich der Zusammensetzung und Teilnehmerstärke der Gruppe getroffen werden. Die Zusammensetzung und Größe der Gruppe entscheidet letztlich über die Ergebnisse.[421]

Die erste Frage, die sich im Zusammenhang mit der Zusammensetzung der Gruppe stellt, ist die Frage nach dem Bekanntheitsgrad unter den Teilnehmern. Hinsichtlich des Bekanntheitsgrads lassen sich sogenannte *natürliche Gruppen*, also Gruppen, die auch im Alltag eine Gruppe bilden würden und vom Forscher speziell für diesen Forschungszweck zusammengestellte Gruppen, sogenannte *Ad-hoc Gruppen,* unterscheiden. Natürliche Gruppen werden je nach Literatur manchmal auch als Realgruppen bezeichnet. Realgruppen zeichnen sich dabei durch eine gemeinsame Erfahrungsbasis aus. Dementsprechend ist zu erwarten, dass sich im Gespräch eine gewisse Selbstläufigkeit einsetzt und eine hohe interaktive Dichte herrscht, sodass man am Ende ergiebiges Material für die nachfolgende Auswertung zur Verfügung haben dürfte. Bei natürlichen Gruppen kann auf die Aufwärmphase bzw. eine Vorstellungsrunde verzichtet werden, da sich die Teilnehmer bereits kennen.[422]

Die Empfehlungen bzw. Meinungen, welche Art von Gruppen nun vorzuziehen sei, unterscheiden sich je nach Literatur sehr stark. So empfiehlt beispielsweise Mayring bei der Gruppenbildung auf Teilnehmer zurückzugreifen, die möglichst auch im Alltag als Gruppen bestehen. Auch Przyborski und Kollegen (2014) zufolge ist Realgruppen der Vorzug zu geben. Die Autoren gehen sogar so weit von der Strategie unterschiedliche Teilnehmer zu rekrutieren strikt abzuraten. Allerdings weisen ebenso viele Autoren darauf hin, dass es nicht entscheidend

---

421 Vgl. Hussy, W., Schreier, M., Echterhoff, G. (2013), S. 231-232.

422 Vgl. Przyborski, A., Wohlrab-Sahr, M. (2014), S. 95-96; Hussy, W., Schreier, M., Echterhoff, G. (2013), S. 233.

sei, ob sich die Personen kennen, sondern vielmehr, dass sie über gemeinsame Erfahrungen verfügen, die für den Erkenntnisgewinn wichtig sind. Maßgeblich sei also die Strukturidentität, die Homologie der Erfahrungen. Hierzu müssen sich Personen nicht zwangsläufig persönlich kennen. Je nach Fragestellung könne es sogar wenig vorteilhaft sein auf natürliche Gruppen zu setzen.[423]

Ähnliches gilt für die Zusammensetzung der Gruppe bezüglich soziodemographischer Merkmale und auch bezüglich der Meinungsverteilung innerhalb der Gruppe. *Homogene Gruppen* bieten den Vorteil, oder Nachteil (je nach Forschungsdesign), dass die Diskussion eher symmetrisch verlaufen wird. Es kann jedoch auch sein, dass sich gar keine eigentliche Diskussion einstellt, wenn die Meinungen zu ähnlich sind. *Heterogene Gruppen* hingegen bergen die Gefahr, dass sich ein sehr breites Spektrum an unterschiedlichen Meinungen und Einstellungen findet und sich quasi kein Gruppenkonsens einstellt oder die Diskussion sogar in einen Streit ausartet. Zudem ist bei heterogenen Gruppen, ähnlich wie bei sehr großen Gruppen die Gefahr gegeben, dass sich Einzelne nicht äußern, etwa aus Angst eine Meinung zu äußern, die nicht ins Gruppenbild passt.[424]

Hinsichtlich der Gruppengröße herrscht hingegen vermehrt Konsens. So gilt eine Gruppengröße zwischen fünf und 15 Personen als optimal. Umso mehr Teilnehmer bzw. umso größer die Gruppe, desto weniger Redeanteil entfällt auf jeden Einzelnen und umso schwieriger wird es auch die Meinungen der Einzelnen zu erschließen. Auch die Terminfindung gestaltet sich umso schwieriger, je mehr Teilnehmer berücksichtig werden müssen. Ferner wird es möglicherweise einige Teilnehmer geben, die keine einzige Wortmeldung äußern und sich somit nicht am Gespräch beteiligen. Dieses sogenannte Problem der Schweiger ist erfahrungsgemäß in größeren Gruppen größer als in kleineren, da der Druck kleiner ist sich zu äußern. Die angeführten Argumente sprechen eher für eine kleinere Gruppe. Hier kann es jedoch passieren, dass die Diskussion sehr schnell beendet ist.[425]

---

423 Vgl. Przyborski, A., Wohlrab-Sahr, M. (2014), S. 95-96; Mayring, P. (2002), S. 77.

424 Vgl. Hussy, W., Schreier, M., Echterhoff, G. (2013), S. 233.

425 Vgl. Hussy, W., Schreier, M., Echterhoff, G. (2013), S. 233; Mayring, P. (2002), S. 77.

Die Gruppendiskussion selbst sollte mit einer Erläuterung der Gesprächsregeln beginnen. Anschließend folgen die Präsentation des Grundreizes, sowie die eigentliche Gruppendiskussion. Hierbei ist es wichtig, dass der Gruppenleiter das Gespräch zwar moderiert, aber nicht inhaltlich eingreift. Seine Rolle beschränkt sich auf die Gesprächssteuerung. Sollte das Gespräch bzw. die Diskussion ins Stocken geraten, sollten Reizargumente vorbereitet sein, um das Gespräch am Laufen zu halten.[426] Das Verhalten der Diskussionsleitung während der freien Diskussion bestimmt den Diskussionsverlauf maßgeblich mit. Insofern ist es wichtig, dass sich der Diskussionsleiter inhaltlich weitestgehend zurückhält und seine Rolle auf die Gesprächssteuerung beschränkt. Dabei gilt es Bedingungen zu schaffen, in denen sich „der Fall, hier also die Gruppe, in seiner Eigenstrukturiertheit prozesshaft entfalten kann."[427]. Nachfragen ist zunächst nicht gestattet bzw. nur zugelassen, wenn die Diskussion zum Erliegen kommt. Auch dann zielt Nachfragen aber nur darauf ab die Selbstläufigkeit der Diskussion wiederherzustellen. Erst in einer späteren Phase ist ein gezieltes Nachfragen gestattet. Dann können auch bisher nicht thematisierte Aspekte fremdinitiiert werden. Für die anschließende Auswertung ist schließlich auch interessant, welche Aspekte nicht fokussiert bzw. überhaupt nicht diskutiert wurden.[428]

Auf Basis ihrer eigenen Erfahrung schlagen Bohnsack und Kollegen (2013) einige Kriterien bzw. Prinzipien vor, die es bei der Durchführung bzw. Leitung einer Gruppendiskussion zu beachten gilt:

- *Die gesamte Gruppe ist Adressatin der Interventionen*: Um nicht nachhaltig das Gespräch bzw. die Diskussion vorzustrukturieren, in dem man beispielsweise einzelnen Personen das Rederecht zuteilt, sei es wichtig immer die ganze Gruppe anzusprechen, verbal und auch auf Ebene der Körpersprache.
- *Vorschlag von Themen, nicht Vorgabe von Propositionen*: Themenvorschläge bzw. Themen sollten aufgeworfen werden, ohne dass ein bestimmter Orientierungsrahmen vorgegeben wird.

426 Vgl. Hussy, W., Schreier, M., Echterhoff, G. (2013), S. 231-232.
427 Bohnsack, R. (2013), S. 380.
428 Vgl. Bohnsack, R. (2013), S. 380-382; Hussy, W., Schreier, M., Echterhoff, G. (2013), S. 233.

- *Demonstrative Vagheit* und *Prinzip der Generierung detaillierter Darstellungen*: Das Prinzip der demonstrativen Vagheit bzw. methodisch reflektierten Fremdheit besagt, dass Themen vage initiiert werden sollten, es geht als darum Themen auszuloten. Fragen sollten „eher vorsichtig und nicht vollkommen bestimmt gestellt werden.“[429] Außerdem sollten Fragen und Themeninitiierungen so artikuliert werden, dass sie detaillierte Beschreibungen und Erzählungen aufrühren. Bohnsack und Kollegen haben dabei positive Erfahrungen mit Fragenreihungen, im Sinn einer Hintereinanderschachtelung einzelner Fragen, gemacht.
- *Kein Eingriff in die Verteilung der Redebeiträge* bzw. *Prinzip des weitgehenden Verzichts auf die Teilnehmerrolle und des Zurückhaltens im Gespräch*: Nachfragen dürfen erst erfolgen, sobald die Diskussion zum Erliegen gekommen ist, nicht etwa bei einer Pause oder einer kurzen Lücke. Die Diskussionsleiter sind angehalten sich weitestgehend zurückzuhalten und nicht etwa eine Moderator-Rolle oder gar eine aktive Teilnehmerrolle einzunehmen. Auf diese Weise soll gewährleistet werden, dass die Teilnehmer ein Thema selbst beenden und auch die Redebeiträge selbstständig verteilen.[430]

Im Allgemeinen haben immanente Nachfragen, also Fragen hinsichtlich des bestehenden Themas bzw. Orientierungsrahmens Vorrang gegenüber exmanenten Fragen, also Fragen, die auf die Initiierung neuer Themen bzw. Themenaspekte abzielen (*Prinzip der immanenten Nachfragen*). Erst im Anschluss an die eigentliche Gruppendiskussion ist es den Forschern bzw. dem Diskussionsleiter gestattet auch exmanente Nachfragen zu stellen. Während der Phase des exmanenten Nachfragens können „die für die Forschenden selbst relevanten und bisher nicht behandelten Themen eingebracht“[431] werden (*Prinzip der Phase des exmanenten Nachfragens*).

Zum Ende der Diskussion hin, in der sogenannten direktiven Phase, haben die Forscher noch einmal die Möglichkeit Aspekte aufzugreifen, die ihnen in ir-

---

429 Przyborski, A., Wohlrab-Sahr, M. (2014), S. 96-99.
430 Vgl. Bohnsack, R. (2013), S. 380-382; Przyborski, A., Wohlrab-Sahr, M. (2014), S. 96-99.
431 Bohnsack, R. (2013), S. 382.

gendeiner Weise auffällig vorkamen oder gar widersprüchlich waren (*Prinzip der direktiven Phase*).[432]

Am Ende einer Gruppendiskussion sollte sich noch eine Metadiskussion anschließen, in der die Teilnehmer noch einmal Gelegenheit haben darzustellen, wie sie die Diskussion erlebt haben, was sie sich anders gewünscht hätten, und so weiter.[433]

An die Phase der Datenerhebung im Rahmen der Gruppendiskussion, schließt sich sodann der Prozess der Datenanalyse an. Die verschiedenen Verfahren und Methoden im Rahmen der Datenanalyse werden im nachfolgenden Kapitel 4.3 vorgestellt.

4.3 Datenanalyse

Hinsichtlich der Analyse qualitativer Daten lassen sich verschiedene Phasen differenzieren (vgl. Abbildung 22): Zunächst erfolgt eine Phase der Datenaufbereitung bzw. Transkription, gefolgt von der eigentlichen Analyse bzw. Auswertung der Daten. Der letzte Schritt besteht aus der Systematisierung der Ergebnisse, die man aus der Analyse gewonnen hat. Grundsätzlich sind die beiden Schritte Datenaufbereitung und Systematisierung fakultativ, also kein zwingend notwendiger Bestandteil einer qualitativen Untersuchung. Liegen die Daten jedoch in einem auditiven Format vor, wie beispielsweise nach der Durchführung von Interviews, müssen diese jedoch zunächst verschriftlicht werden. Eine Systematisierung biete sich immer dann an, wenn die durch die Auswertung gewonnenen Ergebnisse sehr umfangreich und/oder schwer zu überschauen sind.[434] Für alle drei Phasen existiert eine Vielzahl verschiedener Methoden und Verfahren, wovon im Folgenden einige kurz angerissen werden. Einen Überblick über die verschiedenen Phasen und dazugehörigen Methoden bzw. Entscheidungen bietet Abbildung 22.

---

432 Vgl. Bohnsack, R. (2013), S. 380-382.
433 Vgl. Hussy, W., Schreier, M., Echterhoff, G. (2013), S. 231-232.
434 Vgl. Hussy, W., Schreier, M., Echterhoff, G. (2013), S. 245.

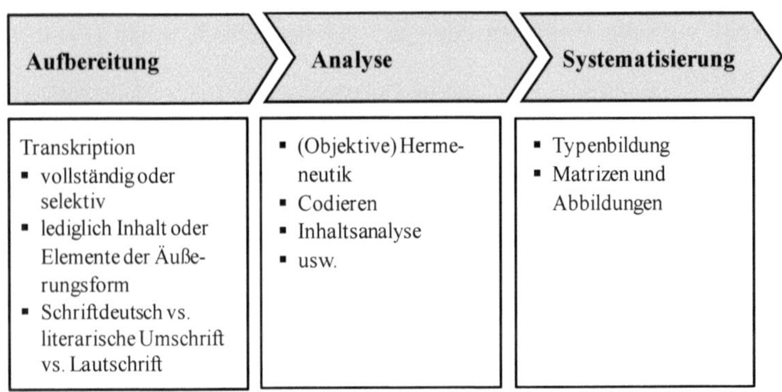

Abbildung 22: Phasen der Auswertung qualitativer Daten[435]

Manche Autoren führen die Datenaufbereitung auch als separaten Schritt. So unterscheidet beispielsweise Mayring Techniken der Erhebung, Aufbereitung und Auswertung von Daten.[436]

4.3.1 Datenaufbereitung

Ähnlich wie in der quantitativen Forschung auch, liegt bei der qualitativen Forschung zwischen der Datenerhebung und der eigentlichen Auswertung bzw. Analyse der Daten eine Phase der Datenaufbereitung. Die Aufbereitung ist insbesondere dann erforderlich, wenn die Daten in verbaler Form vorliegen. Dies ist etwa bei der Erhebung verbaler Daten in Form von Interviews oder Gruppendiskussionen der Fall. Die so erhobenen Daten müssen dann in einem ersten Schritt erst einmal verschriftlicht werden. Der Prozess der Transkription, also die Überführung des auditiven Datenmaterials in eine schriftliche Form, ist sehr aufwendig, aber für eine systematische und vollständige Auswertung und Analyse unverzichtbar. Ansonsten läuft man Gefahr bei der Auswertung selektiv vorzugehen. Mayring (2002) zufolge nütze die beste Datenerhebung nichts bzw. sei wertlos, wenn bei diesem Schritt unsauber vorgegangen wird. Er plädiert daher dafür, dass der Aufbereitung des Materials größeres Gewicht beigemessen

[435] In Anlehnung an Hussy, W., Schreier, M., Echterhoff, G. (2013), S. 245.
[436] Vgl. Mayring, P. (2002), S. 65.

werden sollte. Die Verschriftlichung des Materials ist Voraussetzung für viele Auswertungsverfahren, u. a. für eine qualitative Inhaltsanalyse.[437]

Jedes Transkript stellt bereits eine Rekonstruktion des Gesprächs und nie ein reales Abbild des Interviews dar. Daher sollten nonverbale Handlungen (z. B. ein Lachen des Gesprächspartners) i. d. R. entsprechend ausgewiesen, aber nicht interpretiert werden. Die Forschungsfrage bestimmt dabei die Methode der Transkription. Interessiert beispielsweise neben dem *WAS* einer Erzählung auch das *WIE*, so müssen Pausen, Tonlage und andere nonverbale Kommunikationsweisen mit transkribiert werden. Interessiert hingegen nur das *WAS*, so ist die Transkription dergleichen hinfällig. Ob Dialekt mit transkribiert werden muss, wird in der Literatur widersprüchlich diskutiert. Das Verschriftlichen von Dialekt ist aber sehr schwierig und auch zeitaufwendig. Insofern bietet es sich an Dialekt beim Verschriftlichen in Hochsprache zu übertragen, wohl wissend, dass im Dialekt i. d. R. ein anderer, aber v. a. ein höherer Bedeutungsgehalt steckt. Aufgrund der hohen Bedeutung der Subjektivität und Reflexivität in der qualitativen Forschung ist es wichtig eigene Beobachtungen, Eindrücke, Verunsicherungen auf Seiten des Interviewpartners, aber auch eigene Emotionen in einem gesonderten Protokoll festzuhalten.[438]

Wie aus den Ausführungen sowie Abbildung 22 ersichtlich wird, müssen im Rahmen der Datenaufbereitung bzw. Transkription mehrere Entscheidungen getroffen werden. Diese werden im Folgenden kurz skizziert.

Die erste Entscheidung betrifft die Vollständigkeit der Transkription. Soll die gesamte Aufnahme transkribiert werden, oder lediglich die notwendigen Ausschnitte der Tonaufzeichnungen? Eine vollständige Transkription des Datenmaterials ist einer selektiven grundsätzlich vorzuziehen, da bei der Auswahl des zu verschriftlichenden Materials im Rahmen einer selektiven Transkription im Prinzip bereits ein erster Analyseschritt stattfindet, nämlich die Entscheidung, ob die Passage für die Fragestellung relevant ist oder nicht. Dennoch ist es in

[437] Vgl. Gläser, J., Laudel, G. (2008), S. 202; Mayring, P. (2002), S. 85, 89; Hussy, W., Schreier, M., Echterhoff, G. (2013), S. 246.

[438] Vgl. Heistinger, A. (2006), S. 13.

manchen Fällen, beispielsweise bei einer Fülle an Rohdaten nicht möglich bzw. nicht zweckdienlich das komplette Datenmaterial zu verschriftlichen.[439]

Neben der Frage wie vollständig ein Material zu verschriftlichen ist, stellt sich auch die Frage nach dem Umfang des zu transkribierenden Materials, also die Frage, ob lediglich der Äußerungsinhalt (was gesagt wird) oder auch Teile der Äußerungsform (wie etwas gesagt wird) verschriftlicht werden sollen. Der Inhalt besteht dabei aus der reinen Aussage sowie dem Ko-Text, also Worten, die der eigentlichen Äußerung vorausgehen oder unmittelbar auf sie folgen. Bezüglich der Äußerungsform sind nonverbale und paraverbale Elemente zu differenzieren. Zu den paraverbalen Elementen zählen u. a. die Lautstärke, der Stimmverlauf, Versprecher und Pausen. Alle anderen stimmlichen Aspekte, etwa Lachen, Schluchzen, Gähnen usw. sind den sogenannten nonverbalen Elementen zuzuordnen. Unabhängig davon, ob nur Ausschnitte oder das gesamte Tonmaterial verschriftlicht wird (Frage der Vollständigkeit), kann somit das Transkript ganz erheblich im Umfang variieren, je nachdem welche Art von Information verschriftlicht wird. Je nach Kontext kann die Äußerungsform, also das *WIE* etwas gesagt wird, mitunter sogar wichtiger sein als der eigentliche Äußerungsinhalt.[440]

Bezüglich der Art der Wiedergabe kann unterschieden werden, ob das Material in Schriftdeutsch, in literarische Umschrift oder in Lautschrift wiedergeben wird. Sofern der Schwerpunkt der Analyse auf dem Äußerungsinhalt liegt, ist die Übertragung ins Schriftdeutsch ausreichend und auch üblich. Eine Übertragung in literarische Umschrift oder gar in Lautschrift, die beide näher am tatsächlich gesprochenen Wort liegen, macht nur Sinn, wenn auch formale Elemente mit transkribiert und später auch analysiert werden sollen. Oftmals ist man an sprachlichen Färbungen und dergleichen jedoch nicht interessiert, weil die thematisch-inhaltliche Ebene im Vordergrund steht.[441]

Neben der wörtlichen Transkription gibt es auch noch weitere Protokollierungstechniken wie die sogenannte kommentierte Transkription, oder auch das zu-

---

439 Vgl. Hussy, W., Schreier, M., Echterhoff, G. (2013), S. 246.
440 Vgl. Hussy, W., Schreier, M., Echterhoff, G. (2013), S. 246-247.
441 Vgl. Hussy, W., Schreier, M., Echterhoff, G. (2013), S. 247; Mayring, P. (2002), S. 89, 91.

sammenfassende bzw. selektive Protokoll. Bei dem Verfahren der kommentierten Transkription werden neben dem eigentlichen Wortprotokoll beispielsweise in einer gesonderten Spalte zusätzliche Informationen wie etwa Auffälligkeiten in der Sprache (z. B. Betonungen, Pausen, usw.) durch bestimmte Sonderzeichen festgehalten. Der zusätzliche Informationsgewinn geht jedoch auf Kosten der Lesbarkeit des Protokolls. Insofern muss immer abgewogen werden, ob diese Informationen für die Beantwortung der Forschungsfrage relevant sind. Bei sehr großen Textmengen bietet sich u. U. auch ein zusammenfassendes bzw. im Falle von vielen Abschweifungen vom eigentlichen Thema das selektive Protokoll an. Beim zusammenfassenden Protokoll wird gleich im ersten Schritt eine Zusammenfassung des Materials vorgenommen, der konkrete Kontext und Informationen zur Gesprächssituation gehen dabei natürlich verloren. Beim selektiven Protokoll werden im Unterschied zum zusammenfassenden Protokoll nur ganz bestimmte Aspekte mit aufgenommen. Die Kriterien dafür müssen jedoch ex-ante genau festgelegt und später auch offen gelegt werden.[442]

Bei allen Entscheidungen muss der Trade-Off zwischen Lesbarkeit auf der einen Seite und Authentizität im Sinne einer möglichst detailgetreuen Niederschrift auf der anderen Seite berücksichtigt werden. Generell sollte daher bei einer Transkription nach dem Motto so viel wie nötig, so wenig wie möglich, vorgegangen werden. Regel sollte daher sein, „so viel Information in das Transkript aufzunehmen, wie dies für die Beantwortung der Forschungsfrage erforderlich ist – aber auch nicht mehr“[443].

4.3.2 Datenauswertung

4.3.2.1 Überblick

Auch für die Auswertung qualitativer Daten steht eine Vielzahl von Methoden zur Verfügung. Die Bandbreite reicht dabei von sehr flexiblen und individualisierten Verfahren wie z. B. der Hermeneutik über Kodieren bis hin zu systematischeren Verfahren, wie beispielsweise der Inhaltsanalyse. Zu den derzeit promi-

---

442 Vgl. Mayring, P. (2002), S. 91-92, 94-97.
443 Hussy, W., Schreier, M., Echterhoff, G. (2013), S. 248.

nentesten Verfahren gehören die qualitative Inhaltsanalyse, die Grounded Theory, die Narrationsanalyse, die objektive Hermeneutik sowie die dokumentarische Methode. Auch die sogenannte Diskursanalyse erfreut sich in der letzten Zeit großer Beliebtheit. Welche Technik zur Auswertung in Frage kommt, hängt insbesondere von der Zielsetzung der Studie und den zu beantwortenden Fragestellungen ab. Nicht zuletzt spielen aber auch eine Reihe anderer Faktoren, wie etwa die zur Verfügung stehenden personellen und finanziellen Ressourcen sowie der Zeitfaktor eine entscheidende Rolle. Methoden wie die Gattungsanalyse oder auch die Konversationsanalyse finden sich dagegen vorwiegend in der Linguistik. Im Folgenden werden mit der Hermeneutik und dem Kodieren zwei eher flexible Auswertungsverfahren kurz vorgestellt. Aufgrund der Bedeutung der Inhaltsanalyse wird diese in einem separaten Kapitel (vgl. Kapitel 4.3.2.2) aufgeführt.[444]

Hermeneutik ist die „älteste Methode zur Auslegung von bedeutungshaltigem Material"[445]. Ziel hermeneutischer Verfahren ist ein umfassendes Verständnis des Materials. Es geht darum aus einzelnen subjektiven Bedeutungsstrukturen im Material auf allgemeine, objektive Strukturen zu schließen. Die Basis des Verstehens ist dabei die sogenannte hermeneutische Spirale bzw. der hermeneutische Zirkel: „Vorverständnis und Textverständnis [auf der einen Seite und] Verständnis von Textteilen und Textganzem [auf der anderen Seite] greifen ineinander"[446]. Durch diesen Prozess wird das Verständnis des Textes schrittweise vertieft. Hermeneutik stellt ein tendenziell wenig regelgeleitetes und gleichzeitig sehr individualisiertes und flexibles Verfahren der Auswertung qualitativer Daten dar.[447]

Auch das Kodieren stellt eine flexible Methode zur Auswertung verbaler Daten dar. Hussy und Kollegen zufolge handelt es sich beim Kodieren vermutlich sogar um das am häufigsten eingesetzte Verfahren zur Auswertung bzw. Analyse qualitativer Daten. Dabei wird die „Bedeutung relevanter Textbausteine er-

---

444 Vgl. Przyborski, A., Wohlrab-Sahr, M. (2014), S. 189; Hussy, W., Schreier, M., Echterhoff, G. (2013); Schmidt, C. (2013), S. 447.

445 Hussy, W., Schreier, M., Echterhoff, G. (2013), S. 249.

446 Hussy, W., Schreier, M., Echterhoff, G. (2013), S. 249.

447 Vgl. Mayring, P. (2002), S. 121; Hussy, W., Schreier, M., Echterhoff, G. (2013), S. 248-249.

fasst“[448], indem man dem Text ein zusammenfassendes Etikett, den sogenannten Code zuweist. Die Codes werden dabei i. d. R. induktiv, d. h. aus dem vorliegenden Datenmaterial heraus entwickelt. Beim Kodieren lassen sich prinzipiell zwei Arten unterscheiden. So geht es beim datenerweiternden Kodieren primär darum neue Fragestellungen oder neue Gesichtspunkte mit einzubringen, wohingegen beim datenreduzierenden Kodieren die Zusammenfassung von Textmaterial im Vordergrund steht.[449]

Im Gegensatz zur Inhaltsanalyse werden beim Kodieren auch individuelle Bedeutungsaspekte berücksichtigt. Während eine Einzelmeinung im Zuge der Inhaltsanalyse untergehen würde, geht sie beim Kodieren in die Forschungsergebnisse mit ein. Das Verfahren des Kodierens eignet sich daher insbesondere dann, wenn die einzelnen Interviewten sehr unterschiedliche Aspekte bzw. Meinungen vertreten und dies auch berücksichtigt werden soll. Diese Offenheit stellt zugleich auch den größten Nachteil des Auswertungsverfahrens dar. Indem man einer Textstelle einen bestimmten Code zuweist, hebt man gleichzeitig einen Bedeutungsaspekt hervor. Dieser Bedeutungsaspekt ist aber nur einer von vielen, dementsprechend könnte die Textstelle auch anders kodiert werden. Es bestehen keinerlei Vorgaben für die korrekte Durchführung einer Kodierung und die richtige Kodierung gibt es ohnehin nicht. Dies führt oftmals dazu, dass sich eine Fülle von verschiedenen Codes ergibt und man dadurch auch schnell Gefahr läuft den Überblick zu verlieren. Neben der Berücksichtigung einzelner Bedeutungsaspekte, eignet sich das Auswertungsverfahren zur Analyse einzelner längerer Textabschnitte oder zur Theorieentwicklung.[450]

4.3.2.2 Qualitative Inhaltsanalyse

Ähnlich wie das Kodieren ist auch die Inhaltsanalyse ein Verfahren zur Erfassung von Textbedeutung. Im Unterschied zum Kodieren geht die Inhaltsanalyse jedoch sehr viel systematischer vor. So entsteht beispielsweise ein ganzes Kategoriensystem, wobei genau festgehalten wird, unter welchen Bedingungen ein

448 Hussy, W., Schreier, M., Echterhoff, G. (2013), S. 253.
449 Vgl. Hussy, W., Schreier, M., Echterhoff, G. (2013), S. 254.
450 Vgl. Hussy, W., Schreier, M., Echterhoff, G. (2013), S. 255.

Textbaustein einer bestimmten Kategorie zuzuordnen ist. Ferner erfolgt die Kodierung i. d. R. durch mindestens zwei Kodierer unabhängig voneinander. Die Zuordnung der Textstellen zu den einzelnen Kategorien ist somit weniger subjektiv. Die Systematik zeigt sich in der Regel- und Theoriegeleitetheit des Vorgehens. So sollte sich das Vorgehen beispielsweise an vorher definierten Ablaufmodellen und theoretisch abgesicherten Fragestellungen orientieren. Ferner hat die Inhaltsanalyse den Anspruch bestimmten Qualitätsanforderungen bzw. Gütekriterien zu genügen.[451]

Die Inhaltsanalyse zählt zu den kommunikationswissenschaftlichen Techniken und hat ihre Ursprünge in den USA. Dort wurde sie primär zur quantitativen Analyse von Massenmedien entwickelt. Dabei standen zunächst reine Häufigkeitsauszählungen im Vordergrund, bei denen das Vorkommen bestimmter Textpassagen gezählt wurde, etwa wie häufig in einem Artikel der Name einer Partei auftauchte. Nach und nach entwickelten sich dann weitere Varianten, wie etwa Indikatorenanalysen, Valenz- und Intensitätsanalysen sowie Kontingenzanalysen.[452]

Eine eindeutige Definition des Begriffs Inhaltsanalyse ist schwierig, da sich die Inhaltsanalyse in ihrer klassischen Form nicht auf die Analyse des Inhalts von Kommunikation beschränkt, sondern darüber hinaus werden oft auch formale Aspekte der Kommunikation wie beispielsweise unvollständige Sätze, Wortwiederholungen oder latente Sinngehalte analysiert. In vielen Definitionen spiegeln sich aber auch die Interessen bzw. das jeweilige Forschungsgebiet des Autors wieder. Viele der in der Literatur aufzufindenden Definitionen sind daher sehr speziell. Hinsichtlich des Ziels einer Inhaltsanalyse ist sich die Literatur jedoch einig. Es geht um die „Analyse von Material, das aus irgendeiner Art von Kommunikation stammt“[453]. Ziel der Inhaltsanalyse ist also die systematische Erfassung und Analyse von Kommunikationsmaterial. Dabei muss es sich nicht zwangsläufig um einen Text handeln. Auch bildliches, musikalisches oder plastisches Material kann einer Inhaltsanalyse unterzogen werden. Wenngleich die

---

451 Vgl. Hussy, W., Schreier, M., Echterhoff, G. (2013), S. 255; Mayring, P. (2002), S. 114; Mayring, P. (2013), S. 468-469, 471.

452 Vgl. Mayring, P. (2013), S. 469; Mayring, P. (2015), S. 13-16; Mayring, P. (2002), S. 114.

453 Mayring, P. (2015), S. 11.

Inhaltsanalyse ursprünglich aus den Kommunikationswissenschaften kommt, beansprucht sie heute zur Analyse und Auswertung in den verschiedensten Wissenschafts- und Forschungsbereichen anwendbar zu sein.[454] Laut Mayring (2002) eigne sich die qualitative Inhaltsanalyse insbesondere für die theoriegeleitete und systematische Untersuchung von Textmaterial, wobei aufgrund ihres mitunter zusammenfassenden Charakters auch große Textmengen bewältigt werden können.[455]

Die klassische Inhaltsanalyse beinhaltet sowohl Elemente der quantitativen Forschung, etwa das streng systematische Vorgehen, verbindet diese aber mit Elementen der qualitativen Forschung, etwa der Flexibilität. So gehen viele Forscher soweit das Verfahren zwischen quantitativer und qualitativer Forschung einzuordnen. Insofern wäre vielleicht auch der Begriff der qualitativ-orientierten Inhaltsanalyse[456] dem der qualitativen Inhaltsanalyse vorzuziehen. Da bei Inhaltsanalysen oftmals sowohl quantitative als auch qualitative Schritte erfolgen, ordnen manche Autoren die Inhaltsanalyse auch den sogenannten Mixed-Methods-Ansätzen zu.[457]

Die Inhaltsanalyse steht und fällt mit dem sogenannten Kategoriensystem, „in dem alle relevanten Textbedeutungen als inhaltsanalytische Kategorien expliziert sind“[458]. Kategoriensysteme sind i. d. R. hierarchisch aufgebaut und bestehen aus verschiedenen Ober- und Unterkategorien, wobei sich die Unterkategorien gegenseitig ausschließen. Kategoriensysteme können sowohl induktiv (also gänzlich aus dem vorliegenden Material heraus), als auch deduktiv (also literatur- bzw. theoriebasiert) entwickelt werden. Theoretisch ist auch ein deduktiv-induktives Vorgehen denkbar. Beide Vorgehensweisen haben ihre Vor- und Nachteile.[459] Das Kategoriensystem muss dabei bestimmten Anforderungen gerecht werden. So muss es objektiv, reliabel und valide sein. Ferner sollten die Kategorien den Kriterien Exhaustion, Saturiertheit und Disjunktheit genügen.

---

454 Vgl. Mayring, P. (2015), S. 11; Mayring, P. (2013), S. 468-469.

455 Vgl. Mayring, P. (2002), S. 121.

456 Vgl. Mayring, P. (2015).

457 Vgl. Hussy, W., Schreier, M., Echterhoff, G. (2013), S. 256; Mayring, P. (2015), S. 17; Mayring, P. (2013), S. 471.

458 Hussy, W., Schreier, M., Echterhoff, G. (2013), S. 256.

459 Vgl. Hussy, W., Schreier, M., Echterhoff, G. (2013), S. 256-257.

Kapitel 4.6.5 beschäftigt sich ausführlich mit den inhaltsanalytischen Gütekriterien.

Hinsichtlich des Vorgehens bei einer qualitativen Inhaltsanalyse existiert kein allgemeingültiges Schema. Die Hinweise der einzelnen Autoren hinsichtlich der einzelnen Schritte unterscheiden sich jedoch nur marginal. Nachfolgend werden kurz die Vorschläge von Gläser (2008) sowie Meuser und Kollegen (2009) skizziert, bevor im Anschluss detaillierter auf das Konzept von Mayring eingegangen wird. Nach Gläser (2008) sind folgende vier Schritte zu befolgen: zunächst erfolgt die Vorbereitung der Extraktion, anschließend die Extraktion als solche. Hier wiederrum schließt sich die Aufbereitung der Daten und schlussendlich deren Auswertung an.[460] Meuser und Nagel (2009) hingegen sprechen von fünf Schritten, die nacheinander vollzogen werden müssen: Zunächst muss demnach eine Transkription der Interviews bzw. der relevanten Passagen stattfinden. Daran schließt sich das Paraphrasieren und Sequenzieren der Texte nach Kategorien an. Der dritte Schritt besteht in dem Kodieren und Verdichten des Textmaterials. Anschließend folgen eine Phase der Konzeptualisierung (im Sinne von Gemeinsamkeiten und Unterschieden) sowie die theoretische Generalisierung.[461]

Der in Deutschland am weitesten verbreitete Ansatz ist der nach Philipp Mayring. Hinsichtlich des konkreten Vorgehens unterscheidet Mayring zehn Schritte. Diese sind in Abbildung 23 skizziert. Der eigentliche Kernprozess der Inhaltsanalyse findet dabei in Schritt 8 statt.

Der erste Schritt des Modells besteht aus der Festlegung des Materials, des sogenannten Korpus der Untersuchung. Bei diesem Schritt wird bestimmt, welche Art von Material für die Auswertung herangezogen wird. Dabei kann es sich beispielsweise um Material aus Interviews handeln. Ferner ist hier auch festzulegen, ob bezüglich der Forschungsfrage lediglich Teile oder das gesamte Datenmaterial relevant sind.[462] Im zweiten Abschnitt wird die Entstehungssituation des Datenmaterials näher betrachtet und analysiert. Von wem wurde das Material produziert und unter welchen Bedingungen entstand es?[463]

460 Vgl. Gläser, J., Laudel, G. (2008), S. 202.
461 Vgl. Meuser, M., Nagel, U. (2009), S. 476-477.
462 Vgl. Mayring, P. (2015), S. 54-55.
463 Vgl. Mayring, P. (2015), S. 55.

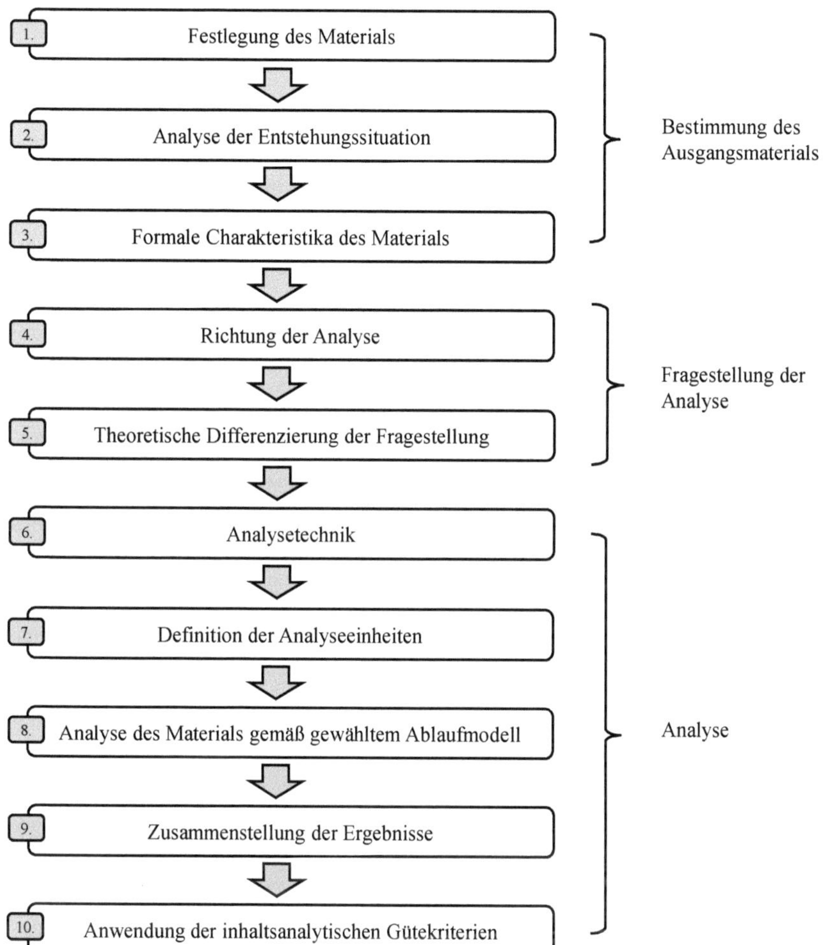

Abbildung 23: Ablaufmodell der qualitativen Inhaltsanalyse nach Mayring[464]

Im dritten Schritt werden die formalen Charakteristika des Materials bestimmt. Für eine qualitative Analyse ist es notwendig, das Ausgangsmaterial in Textform vorliegen zu haben. Bei Audiodaten, wie das i. d. R. bei Interviews üblich ist, müssen die Daten zunächst verschriftlicht werden. Bei der Transkription ist darauf zu achten, dass die Texte so anonymisiert werden, dass kein Rückschluss auf den jeweiligen Interviewpartner getroffen werden kann. Je nach Umfang des

464 In Anlehnung an Mayring, P. (2015), S. 62.

Materials empfiehlt es sich das Material bereits vorab zusammenzufassen.[465] Bevor nun begonnen werden kann das Material zu interpretieren, muss eine Fragestellung formuliert werden. Die Festlegung der Fragestellung erfolgt dabei in zwei Schritten. Zunächst wird die Richtung der Analyse festgelegt (Schritt 4). Hierbei wird bestimmt, über welchen Aspekt des vorliegenden Materials Aussagen getroffen werden sollen. Dies kann beispielsweise der emotionale Zustand der Befragten sein oder auch der inhaltliche Gegenstand an sich.[466]

Der nächste Schritt im Rahmen der Bestimmung der Fragestellung bzw. Zielsetzung der Analyse umfasst die theoriegeleitete Differenzierung der Fragestellung. Die qualitative Inhaltsanalyse zeichnet sich neben der Regelgeleitetheit insbesondere auch durch die Theoriegeleitetheit der Interpretation aus. Theoriegeleitetheit meint in diesem Zusammenhang zunächst einmal lediglich, „dass die Analyse einer präzisen theoretisch begründeten inhaltlichen Fragestellung folgt“[467]. Man knüpft quasi an den bisherigen Erfahrungen anderer über den zu untersuchenden Forschungsgegenstand an. Ziel ist es einen Erkenntnisfortschritt zu generieren. Da der Begriff der Theorie in diesem Zusammenhang also lediglich meint, dass man an den Erfahrungen anderer über einen Forschungsgegenstand anknüpft, sei auch die Kritik nicht berechtigt, man verzerre das Material, verhindere das Eintauchen ins Material oder enge den Blick durch die Theoriegeleitetheit zu sehr ein.[468]

Die Bestimmung der Analysetechnik und des Ablaufmodells erfolgen im sechsten Schritt und bilden die Grundlage für das weitere Vorgehen innerhalb der qualitativen Inhaltsanalyse. An dieser Stelle wird festgelegt, welches inhaltsanalytische Verfahren zur Auswertung der Texte herangezogen werden soll. Im Rahmen der Analysetechnik sind drei verschiedene Verfahren mit jeweils unterschiedlichen Zielsetzungen zu unterscheiden:

- Zusammenfassung,
- Explikation,
- Strukturierung.

465 Vgl. Mayring, P. (2015), S. 55.
466 Vgl. Mayring, P. (2015), S. 58.
467 Mayring, P. (2015), S. 59.
468 Vgl. Mayring, P. (2015), S. 59-60.

Ziel der *zusammenfassenden Inhaltsanalyse* ist es das Material soweit zu reduzieren und zusammenzufassen, „dass die wesentlichen Inhalte erhalten bleiben, aber ein überschaubarer Kontext entsteht“[469]. Laut Mayring bieten sich zusammenfassende Inhaltsanalysen immer dann an, wenn man primär „an der inhaltlichen Ebene des Materials interessiert ist und eine Komprimierung zu einem überschaubaren Kurztext benötigt“[470] wird.

Die *explizierende Inhaltsanalyse* steht im krassen Gegensatz zur zusammenfassenden Inhaltsanalyse. Ziel ist nicht die Zusammenfassung von Material, sondern genau das Gegenteil. Dabei geht es darum zu einzelnen Textstellen zusätzliches (Explikations-) Material heranzuziehen, um einzelne unklare Textstellen verständlich zu machen. Im Rahmen der engen Kontextanalyse beschränkt sich die Suche nach Explikationsmaterial auf das direkte Textumfeld, während bei der weiten Kontextanalyse Zusatzmaterial, über den eigentlichen Text hinaus, gesammelt wird. Zur Erklärung unklarer Textstellen können dabei etwa Informationen über den Kommunikator, oder auch Informationen über den (soziokulturellen) Hintergrund, den Forschungsgegenstand an sich oder die Zielgruppe herangezogen werden.[471]

Ziel der *strukturierenden Inhaltsanalyse* ist es „bestimmte Aspekte aus dem Material heraus[zu]filtern, [...] unter vorher festgelegten Ordnungskriterien einen Querschnitt durch das Material [zu] legen oder das Material unter bestimmten Kriterien ein[zu]schätzen.“[472] Dabei können sowohl inhaltliche, typisierende, formale oder skalierende Verfahren angewendet werden.

Im Rahmen dieser drei Grundformen des Interpretierens hat sich nunmehr eine Vielzahl verschiedener Analyseformen herausgebildet (z. B. Zusammenfassung, induktive Kategorienbildung, enge Kontextanalyse, weite Kontextanalyse, formale, inhaltliche, typisierende sowie skalierende Strukturierung, usw.). Für einen Überblick über die einzelnen Verfahren sei auf Mayring (2015) verwiesen.[473]

[469] Mayring, P. (2013), S. 472.
[470] Mayring, P. (2013), S. 472.
[471] Vgl. Mayring, P. (2013), S. 472-473.
[472] Mayring, P. (2013), S. 472-473.
[473] Vgl. Mayring, P. (2015), S. 61, 67.

Im siebten Abschnitt erfolgt die Definition der Analyseeinheiten. Die Kodiereinheit stellt dabei den kleinsten Materialbestandteil dar, der ausgewertet bzw. analysiert werden darf und damit zugleich den minimalen Textteil, der einer Kategorie bzw. einer Unterkategorie zugeordnet werden kann. Das Gegenstück zur Kodiereinheit bildet die Kontexteinheit. Die Kontexteinheit bestimmt den größten Textbestandteil, der ausgewertet werden darf und somit einer Kategorie zugeordnet werden kann. Die Auswertungseinheiten legen fest, welche Textstellen für die Kategorienbildung herangezogen werden können.[474]

Die Analyse des Materials gemäß festgelegtem Ablaufmodell als achter Prozessschritt bildet die eigentliche Analyse ab und wird im Folgenden ausführlich dargestellt. Exemplarisch wird dabei das Vorgehen bei einer zusammenfassenden, qualitativen Inhaltsanalyse beschrieben. Da bei der zusammenfassenden Inhaltsanalyse oftmals große Textmengen analysiert werden, bietet sich der Einsatz computergestützter Verfahren zur Unterstützung des Datenmanagements an. Das Computerprogramm ersetzt dabei nicht den Analysevorgang selbst, kann aber zum verbesserten Organisieren, Analysieren und Interpretieren der Daten beitragen (vgl. Kapitel 4.5).

Grundprinzip der zusammenfassenden Inhaltsanalyse ist das schrittweise Anheben des Abstraktionsniveaus, d. h. die Abstraktionsebene wird sukzessive verallgemeinert, sodass die Zusammenfassung mit zunehmendem Fortschritt der Analyse immer abstrakter wird. Das Ergebnis dieses Vorgehens ist ein inhaltsanalytisches Kategoriensystems, dessen Entwicklung einem vorgegebenen Prozess folgt. Das Ablaufmodell einer zusammenfassenden Inhaltsanalyse (nach Mayring) ist in Abbildung 24 veranschaulicht.

Die Prozessschritte 1 bis 4 zeigen den Vorgang von der Paraphrasierung bis hin zur Kategorienbildung. Die Kategorienbildung erfolgt dabei oftmals deduktiv-induktiv, d. h. die Kategorien orientieren sich teils an der bestehenden Literatur, werden aber zum Teil auch induktiv aus dem Text selbst entwickelt. Bei großen Textmengen werden die Schritte 1 bis 4 häufig auch zu einem Schritt zusammengefasst.

---

474 Vgl. Mayring, P. (2015), S. 61.

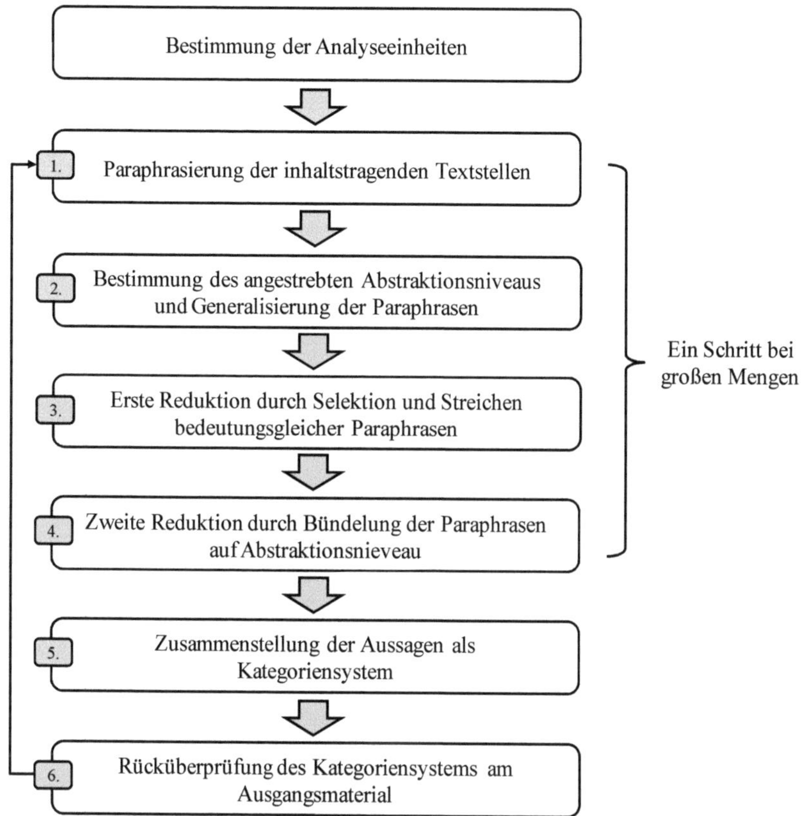

Abbildung 24: Ablaufmodell einer zusammenfassenden Inhaltsanalyse[475]

Im ersten Schritt erfolgt nunmehr die Paraphrasierung der inhaltstragenden Textstellen. Dabei werden die einzelnen Kodiereinheiten in eine knappe, inhaltsbezogene Kurzform gebracht. Inhaltsleere Textbestandteile, also z. B. wiederholende, ausschmückende oder verdeutlichende Redewendungen, werden dabei nicht berücksichtigt. Das Textmaterial wird quasi umformuliert und gleichzeitig reduziert. Im darauf folgenden Schritt werden die Paraphrasen auf ein im Vornherein festgelegtes Abstraktionslevel aggregiert und als Kernaussagen generalisiert. Doppelte Inhaltspassagen, die durch die Generalisierung entstanden sind, können nun gestrichen werden. In der Reduktionsphase werden sinnmäßig ver-

475 In Anlehnung an Mayring, P. (2015), S. 70.

wandte Paraphrasen als Kategorie zusammengefasst. Diese bilden später das Kategoriensystem. Die Reduktionsphase kann je nach gewähltem Abstraktionsgrad mehrmals wiederholt werden, solange bis der gewünschte Level erreicht ist.[476]

Um eine Überschneidung der Codes in mehrere Kategorien zu vermeiden, bietet es sich an einen Kodierleitfaden für den Datensatz festzulegen, in welchem die einzelnen Kategorien definiert und mit einem typischen Ankerbeispiel versehen werden, um die jeweilige Kategorie zu veranschaulichen und möglichst trennscharf abzugrenzen.[477]

Im fünften Schritt der zusammenfassenden Inhaltsanalyse werden alle Aussagen zu einem fertigen Kategoriensystem zusammengefasst. Im abschließenden, sechsten Schritt wird das Kategoriensystem nochmals am Ausgangsmaterial auf Stimmigkeit untersucht und überprüft, ob alle relevanten Textstellen einer Kategorie zugeordnet werden können.

Nach Abschluss der Entwicklung des Kategoriensystems können die gefundenen Ergebnisse zusammengestellt (vgl. Abbildung 23) und gemäß der Hauptfragestellung interpretiert werden.

Den letzten Schritt im Rahmen der Durchführung einer qualitativen Inhaltsanalyse bildet die Anwendung inhaltsanalytischer Gütekriterien.

Die qualitative Inhaltsanalyse ist mittlerweile zu einem integralen Bestandteil qualitativer Sozialforschung geworden. Dennoch ist auch die qualitative Inhaltsanalyse nicht frei von Kritik geblieben. So haben beispielsweise Przyborski und Kollegen (2014) diese nicht einmal in ihr Lehrbuch aufgenommen, weil sie dort, wo es um inhaltliche Klassifikation ginge, den Autoren nach nicht hilfreich sei. Przyborski und Kollegen zufolge klassifiziere die Inhaltsanalyse eher, als dass sie Sinnstrukturen rekonstruiere. Sie sei nicht in der Lage implizite Bedeutungen, wie sie beispielsweise in der Art und Weise einer Formulierung zum Vorschein kommen, zu erfassen.[478] Von Flick wird darüber hinaus angemerkt, dass

476 Vgl. Mayring, P. (2015), S. 71.
477 Vgl. Hussy, W., Schreier, M., Echterhoff, G. (2013), S. 256.
478 Vgl. Przyborski, A., Wohlrab-Sahr, M. (2014), S. 189.

mit der Paraphrasierung, also der Vereinfachung der Textstellen, ein Verlust der Ganzheit und des Kontextes einhergeht.[479]

Auch hinsichtlich des Ansatzes von Mayring ist konkret Kritik geübt worden. So führen beispielsweise Gläser und Laudel (2010) an, dass Mayring das für die qualitative Inhaltsanalyse so typische Prinzip der Offenheit lediglich bei der Überprüfung des Kategoriensystems am Text anwendet, während dem Material am Ende ein unveränderliches Kategoriensystem übergestülpt wird.[480]

4.3.3 Systematisierung

Das Datenmaterial, das im Rahmen qualitativer Untersuchungen generiert wird, ist i. d. R. sehr umfangreich. Folglich sind die Ergebnisse qualitativer Studien oftmals auch kaum zu überblicken.[481] Die Inhaltsanalyse zählt zwar zu den mit am stärksten datenreduzierenden Verfahren, dennoch sind die Ergebnisse oftmals kaum überschaubar und man läuft Gefahr, dass man sich bei der Interpretation auf besonders passende bzw. in Erinnerung gebliebene Aspekte fokussiert. Um die Ergebnisse übersichtlicher aufzubereiten und darzustellen, empfiehlt es sich daher die Daten im Anschluss an die eigentliche Auswertung noch einer Systematisierung zu unterziehen. Die Anwendung solcher Systematisierungsverfahren ist dabei lediglich ein fakultatives Unterfangen, setzt allerdings eine vorangegangene Auswertung der Rohdaten voraus. Systematisierungen können nicht auf Transkripte angewandt werden.[482]

Auch bei den Systematisierungsverfahren gibt es wieder unterschiedliche Methoden. Zu den Verfahren der Systematisierung zählen die Typenbildung, Matrizen sowie Abbildungen und Tabellen (vgl. Abbildung 22).

Das Ziel der Typenbildung ist dabei die Identifikation und anschließende Zusammenfassung bzw. Gruppierung ähnlicher Fälle zu Gruppen. Die Fälle innerhalb einer Gruppe sollten dabei möglichst homogen sein, die einzelnen Gruppen hingegen sollten sich möglichst stark voneinander unterscheiden. Die Typenbil-

[479] Vgl. Flick, U. (2011), S. 279-283.
[480] Vgl. Gläser, J., Laudel, G. (2010), S. 198.
[481] Vgl. Hussy, W., Schreier, M., Echterhoff, G. (2013), S. 270.
[482] Vgl. Hussy, W., Schreier, M., Echterhoff, G. (2013), S. 270.

dung ist nicht immer sinnvoll einsetzbar. Bei einigen Fragestellungen, insbesondere wenn es um verschiedene Meinungen bzw. Ansichten geht, kann es aber durchaus zielführend sein einzelne Fälle zu Typen bzw. Gruppen zusammenzufassen.[483]

Matrizen sind gewissermaßen das (qualitative) Pendant zu Tabellen in der quantitativen Sozialforschung. Im Gegensatz zu Tabellen enthalten Matrizen aber i. d. R. keine Zahlen, sondern Text. Die Matrizen sollen dabei „die innere Ordnung des Datenmaterials wiedergeben“[484]. Je nach Zielstellung lassen sich zwei verschiedene Arten von Matrizen unterscheiden: individuelle und überindividuell-zusammenfassende Matrizen. Möchte man einen Einzelfall zusammenfassend abbilden, so eignet sich eine individuell angelegte Matrix. Die einzelnen Zellen werden dann mit einzelnen Äußerungen des Befragten gefüllt, die die Meinung bzw. Sichtweise des Befragten besonders treffend wiedergeben. Überindividuell-zusammenfassende Matrizen können, je nach Intention, entweder konzeptuell oder fallvergleichend angelegt werden. Konzeptuelle Matrizen eignen sich dabei besonders zur Darstellung und Verdeutlichung der Kategoriensysteme. In diesem Zusammenhang bietet es sich an für jede Kategorie bzw. Unterkategorie ein Textbeispiel (sog. Ankerbeispiel) anzugeben, sodass der Aufbau des Kategoriensystems bzw. das Kodierschema besser verständlich wird. Fallvergleichende Matrizen eignen sich, wie der Name bereits impliziert, zur Gegenüberstellung zweier oder mehrerer Fälle. Auf diese Weise lässt sich beispielsweise visualisieren, was bzw. wie zwei Interviewte auf eine (Leit) Frage geantwortet haben. Die Matrizenbildung eignet sich dabei besonders für verbale Daten. Beide Systematisierungsverfahren, also sowohl die Typenbildung als auch die Erstellung von Matrizen, erlauben es Systematik und hohe Anschaulichkeit bzw. Nähe zum Forschungsgegenstand bzw. Datenmaterial zu verbinden.[485]

---

483 Vgl. Hussy, W., Schreier, M., Echterhoff, G. (2013), S. 271.
484 Hussy, W., Schreier, M., Echterhoff, G. (2013), S. 274.
485 Vgl. Hussy, W., Schreier, M., Echterhoff, G. (2013), S. 273-274.

Abbildungen eignen sich insbesondere zur Darstellung und Veranschaulichung komplexer Zusammenhänge, wie sie sich oftmals bei ethnographischen Studien oder auch bei der gegenstandsbezogenen Theoriebildung ergeben.[486]

4.4 Triangulation, Mixed-Methods und Hybride

Insbesondere in Deutschland hält sich nach wie vor die Sichtweise hartnäckig in den Köpfen, dass es sich bei qualitativer bzw. quantitativer Forschung um zwei verschiedene Paradigmen und demzufolge grundlegend verschiedene Weltansichten bzw. Denkweisen handle. Oftmals lassen sich quantitative und qualitative Forschung jedoch nicht so klar gegeneinander abgrenzen. Vielmehr hat sich in den letzten Jahren eine pragmatische Sichtweise bzw. Position herauskristallisiert, die davon ausgeht, dass Methoden zunächst einmal lediglich Werkzeuge darstellen, die je nach Forschungsgegenstand gewählt werden sollten. So sei es durchaus angemessen, Methoden der quantitativen und qualitativen Forschung zu kombinieren, wenn die Untersuchungsfrage bzw. der Untersuchungsgegenstand es erfordere.[487]

Dieser Ansatz, also die Kombination von qualitativen und quantitativen Methoden, wird häufig als Mixed-Methods-Research bezeichnet. Im Prinzip handelt es sich bei Mixed-Methods-Ansätzen um nichts anderes als eine Art Methodenmix. Der Begriff der Mixed-Methods ist mittlerweile zu einer Art Modewelle geworden. Die pragmatischere und offenere Sichtweise hinsichtlich der Kombination verschiedener qualitativer und quantitativer Methoden in den vergangenen Jahren, hat zu einer buchstäblichen Begriffsinflation geführt. Es existiert eine Vielzahl verschiedener Ansätze, ebenso weitreichender Systematisierungs- bzw. Strukturierungsvorschläge und auch unterschiedlicher Bezeichnungen für ein und dasselbe Konstrukt. So finden sich in der Diskussion beispielsweise immer wieder die Begrifflichkeiten Triangulation, Mixed-Models, Hybride, Mixed-Methods oder auch Multimethodik-Untersuchungen.[488]

---

486 Vgl. Hussy, W., Schreier, M., Echterhoff, G. (2013), S. 274.

487 Vgl. Kelle, U., Erzberger, C. (2013), S. 299-300; Hussy, W., Schreier, M., Echterhoff, G. (2013), S. 285.

488 Vgl. Hussy, W., Schreier, M., Echterhoff, G. (2013), S. 286, 290-291.

Die verschiedenen Begriffe werden dabei keinesfalls einheitlich verwendet. Im Unterschied zur Forschungspraxis, in der bereits seit vielen Jahren eine Kombination von Elementen qualitativer und quantitativer Sozialforschung stattfindet, ist die methodologische Diskussion und Fundierung vergleichsweise jung. Dementsprechend hat sich auch noch keine allgemeingültige bzw. verbindliche Definition durchsetzen können.[489]

Der sozialwissenschaftliche Ansatz der Triangulation geht auf die beiden Forscher Campbell und Fiske (1959) zurück und wurde ursprünglich im Rahmen der quantitativen Methodenlehre entwickelt. Der Ansatz der beiden Forscher beruht auf der Überlegung, dass der Forschungsgegenstand immer auch durch die dahinter liegende Methode bestimmt und damit möglicherweise auch verfälscht wird. Vor diesem Hintergrund entwickelten Campbell und Fiske den Ansatz der Multitrait-Multimethod-Matrix. Das Konzept sieht die Erfassung des Forschungsgegenstands bzw. unterschiedlicher Facetten des Gegenstands durch mehrere Methoden vor. Triangulation in diesem Sinne meint die „Erfassung eines Gegenstands durch verschiedene Methoden"[490].

Auch Denzin, der diesen Begriff wenige Jahre später wieder aufnahm, verstand darunter zunächst ein Verfahren zur gegenseitigen Validierung von Forschungsmethoden und -ergebnissen.[491]

Im Gegensatz zu den Gedanken von Campbell und Fiske, finden Denzins auch heute noch Beachtung. In seiner Theorie unterschied er verschiedene Formen der Triangulation:

- Daten-Triangulation (Kombination von Daten aus verschiedenen Quellen, die bei unterschiedlichen Personen, zu verschiedenen Zeitpunkten oder an unterschiedlichen Orten erhoben wurden),
- Investigator-Triangulation (Einsatz unterschiedlicher Interviewer bzw. Beobachter, um subjektive Effekte zu vermeiden),

[489] Vgl. Hussy, W., Schreier, M., Echterhoff, G. (2013), S. 286, 290-291.
[490] Hussy, W., Schreier, M., Echterhoff, G. (2013), S. 287.
[491] Vgl. Hussy, W., Schreier, M., Echterhoff, G. (2013), S. 287; Kelle, U., Erzberger, C. (2013), S. 303.

- Theorien-Triangulation (Annäherung an einen Untersuchungsgegenstand aus unterschiedlichen Perspektiven bzw. ausgehend von verschiedenen Hypothesen),
- Methodologische Triangulation innerhalb einer Methode (within-method) bzw. von verschiedenen Methoden (between-method).

Das zentrale Konzept Denzins ist die methodologische Triangulation. Zweck der methodologischen Triangulation verschiedener Methoden (between-methods) ist laut Denzin das Gegeneinander-Ausspielen einer Methode gegen die andere, mit dem Ziel die Validität von Feldforschungen zu maximieren.[492] Die Verwendung unterschiedlicher Subskalen in einem Fragebogen hingegen ist ein Beispiel für die methodologische Triangulation innerhalb einer Methode (within-method).

Diesem Verständnis von Triangulation steht ein anderes Konzept gegenüber. So vertreten etwa Flick (1991) oder auch Fielding und Fielding (1986) die Ansicht, dass quantitative und qualitative Methoden „weniger zur gegenseitigen Validierung als zur gegenseitigen Ergänzung geeignet seien"[493].

Damit bestehen also zwei rudimentär verschiedene Sichtweisen bzw. Definitionen des Begriffs: Triangulation als „kumulative Validierung von Forschungsergebnissen"[494] bzw. „als Ergänzung von Perspektiven, die eine umfassendere Erfassung, Beschreibung und Erklärung eines Gegenstandsbereichs ermöglichen"[495]. In der neueren Methodenliteratur gewinnt dabei zunehmend der Aspekt der Komplementarität und somit die Ergänzung von Sichtweisen gegenüber der Validierung von Forschungsmethoden bzw. -ergebnissen an Bedeutung. Nach Flick wird Triangulation damit „weniger zu einer Strategie der Validierung der Ergebnisse und Vorgehensweisen als zu einer Alternative dazu [...], die Breite, Tiefe und Konsequenz im methodischen Vorgehen erhöht"[496]. Auch Flick (2004) und Lamnek (2005) erachten die beiden Ansätze nicht mehr als unvereinbar,

---

492 Vgl. Denzin, N. (1978), S. 304 zitiert nach Flick, U. (2013).
493 Kelle, U., Erzberger, C. (2013), S. 303.
494 Kelle, U., Erzberger, C. (2013), S. 303-304.
495 Kelle, U., Erzberger, C. (2013), S. 303-304.
496 Kelle, U., Erzberger, C. (2013), S. 303-304.

sondern als sich gegenseitig ergänzend mit jeweils eigenen Stärken und Schwächen.[497]

Unter dem Begriff der Triangulation versteht man also im weiteren Sinne das Einnehmen verschiedener Perspektiven auf einen Forschungsgegenstand. Triangulation bezeichnet somit die Erhebung von Daten zu einem Forschungsgegenstand unter Verwendung von verschiedenen Methoden.[498]

Dabei ist zu konstatieren, dass es sich bei einer Triangulationsstudie nicht zwangsläufig auch um eine Mixed-Methods-Studie handeln muss. Auch die Kombination von zwei qualitativen bzw. zwei quantitativen Methoden innerhalb einer Untersuchung stellt streng genommen eine Methodentriangulation dar. Es handelt sich also nur dann auch um eine Mixed-Methods-Studie, wenn mindestens eine quantitative und eine qualitative Methode miteinander kombiniert werden. Daneben existiert ein weiterer Unterschied zwischen Triangulations- und Mixed-Methods-Studien. Während Triangulationsstudien immer die Kombination von Methoden der Datenerhebung vorsehen, so können Mixed-Methods-Studien beispielsweise auch aus einer Kombination von verschiedenen Auswertungsmethoden bestehen.[499]

Unter dem Begriff Mixed-Methods versteht man im Allgemeinen „eine Forschungsmethode, die eine Kombination von Elementen qualitativer und quantitativer Forschungstraditionen beinhaltet, typischerweise (aber nicht notwendig) innerhalb einer Untersuchung“[500]. Der Begriff ist somit eine Art Oberbegriff im Kontext der Methodenkombination.[501]

Im Kontext der Mixed-Methods-Studien existieren nunmehr verschiedene Möglichkeiten bzw. Varianten der Methodenkombination. Die Kombination von quantitativen und qualitativen Methoden kann beispielsweise in der gleichen Phase einer Untersuchung erfolgen. Wird die Kombination innerhalb der Phase der Datenerhebung realisiert, dann spricht man auch von einer Triangulationsstudie. Die Kombination kann aber auch erst bei der Datenauswertung erfolgen.

---

497 Vgl. Lamnek, S. (2005a), S. 80; Kelle, U., Erzberger, C. (2013), S. 303-304.

498 Vgl. Hussy, W., Schreier, M., Echterhoff, G. (2013), S. 288; Kelle, U., Erzberger, C. (2013), S. 300.

499 Vgl. Hussy, W., Schreier, M., Echterhoff, G. (2013), S. 288-289.

500 Hussy, W., Schreier, M., Echterhoff, G. (2013), S. 290-291.

501 Vgl. Hussy, W., Schreier, M., Echterhoff, G. (2013), S. 290-291.

So können beispielsweise Interviewdaten zunächst mittels der Methode des Kodierens oder der qualitativen Inhaltsanalyse analysiert werden, bevor im Anschluss eine Auszählung der Häufigkeiten der verwendeten Kodes erfolgt. Die Methodenkombination kann aber auch über die Phasen der Erhebung und Auswertung hinweg realisiert werden, etwa im Rahmen eines quantitativ-experimentellen Studiendesigns, bei dem qualitative Daten explizit zur Überprüfung von Hypothesen erhoben werden. Dieses Vorgehen entspricht dem sogenannten Phasenmodell. So argumentiert beispielweise auch Mayring (2015), dass wissenschaftliches Arbeiten immer mit einem qualitativen Schritt beginnt. Demnach dienten qualitative Verfahren eher der Hypothesengenerierung, während quantitative Verfahren primär zur Hypothesenüberprüfung herangezogen würden. Das Phasenmodell wird häufig von Vertretern der quantitativen Sozialforschung befürwortet. Gemäß der oben angeführten Definition muss die Kombination auch nicht zwingendermaßen innerhalb der gleichen Studie stattfinden. Dies ist häufig bei der Konzipierung und Entwicklung neuer Fragebögen der Fall. Die Entwicklung von Fragebögen erfolgt i. d. R. mittels einem zweistufigem Verfahren. Zunächst werden qualitative Befragungen geführt. Die Ergebnisse der Interviews bilden dabei die Grundlage für die eigentliche Entwicklung der Fragen für den späteren Fragebogen. Daran schließt sich i. d. R. eine quantitative Phase der Validierung des Fragebogens an. Auch in so einem Fall, bei dem eine qualitative und eine quantitative Phase direkt aufeinander folgen, spricht man von einem Mixed-Methods-Design.[502]

Als Hybride zählen Methoden, „in deren Konzeption bereits eine Kombination von Elementen der quantitativen und der qualitativen Forschungstradition enthalten ist“[503]. Nach Hussy sind sowohl die (explanative) Fallstudie als auch die komplexe Inhaltsanalyse zu den sogenannten Hybriden Methoden zu rechnen.[504]

[502] Vgl. Kelle, U., Erzberger, C. (2013), S. 300; Hussy, W., Schreier, M., Echterhoff, G. (2013), S. 290-291; Mayring, P. (2015), S. 20.

[503] Hussy, W., Schreier, M., Echterhoff, G. (2013), S. 292-293.

[504] Vgl. Hussy, W., Schreier, M., Echterhoff, G. (2013), S. 292-293.

4.5 Software

In der Zwischenzeit existiert eine ganze Bandbreite an Programmen, die Forscher bei der Aufbereitung und Auswertung von verbalen Daten unterstützen (sollen). Zu ihnen zählen beispielsweise General Inquirer, Intext, Testpack, NVivo, Atlas.ti oder auch MAXQDA. Bei den drei zuletzt genannten Programmen handelt es sich um qualitative Software. Die anderen drei zählen zu der Variante der quantitativen Programme. Im Unterschied zur quantitativen Software ist qualitative Software darauf ausgelegt den Prozess des Kodierens zu unterstützen, sie automatisiert diesen aber nicht.[505]

Aufgrund ihres systematischen Charakters eignet sich die qualitative Inhaltsanalyse besonders für eine Softwareunterstützung. Dabei steht nicht etwa eine automatische Auswertung der Daten im Vordergrund, wie es bei den quantitativen, computergestützten Inhaltsanalysen der Fall ist, sondern vielmehr die Dokumentation und Unterstützung des Forschers bei den einzelnen Analyse- und Auswertungsschritten. Ferner bieten die meisten Programme diverse Hilfsfunktionen zur Ordnung und Aufbereitung der Daten sowie eine Suchfunktion an, die das Auffinden bestimmter Passagen bzw. Textstellen erleichtert.[506]

Für einen Überblick über gängige Software sei auf Hussy (2013), Evers (2011), Kuckartz (2014) sowie Mayring (2002) verwiesen.[507]

4.6 Bewertung der Qualität qualitativer Forschung

In der sozialwissenschaftlichen Methodenlehre werden die Gütekriterien üblicherweise in „Maße der Reliabilität (Zuverlässigkeit) als der Stabilität und Genauigkeit [einer] Messung sowie der Konstanz der Messbedingungen“[508] sowie

505 Vgl. Mayring, P. (2002), S. 135; Hussy, W., Schreier, M., Echterhoff, G. (2013), S. 260.
506 Vgl. Mayring, P. (2013), S. 474-475.
507 Vgl. Mayring, P. (2002), S. 137-139; Evers, J. C., Silver, C., Mruck, K., u. a. (2011); Hussy, W., Schreier, M., Echterhoff, G. (2013), S. 260; Kuckartz, U. (2014), S. 142.
508 Mayring, P. (2015), S. 123.

in Maße der Validität (Gültigkeit) einer Messung eingeteilt, „die sich darauf beziehen, ob das gemessen wird, was gemessen werden sollte“[509].

4.6.1 Positionen in der Forschung

Die bestehende Literatur zu Güte- bzw. Qualitätskriterien qualitativer Forschung ist ausgesprochen heterogen und die Positionen gehen sehr weit auseinander. Während viele Autoren die Übertragung bestehender Gütekriterien der quantitativen Sozialforschung (insb. Objektivität, Reliabilität und Validität) auf die qualitative Forschung fordern, lehnen andere diese Haltung strikt ab und sprechen sich für die Entwicklung eigener Kriterien für qualitative Forschung aus. Neben diesen beiden Positionen hat sich in der jüngeren Zeit eine weitere Richtung von Kritikern herauskristallisiert. Vertreter dieser Position lehnen es völlig ab, Kriterien für die Qualitätsbewertung qualitativer Forschung zu formulieren.[510]

Vertreter der ersten Position, zu denen auch Mayring (1983) sowie Miles und Hubermann (1994) zu zählen sind, fordern die Übertragung quantitativer Kriterien auf die qualitative Forschung. Die Kriterien werden dabei an die Besonderheiten qualitativer Forschung angepasst, indem sie operationalisiert und umformuliert werden. Gute Beispiele für die Übertragung quantitativer Kriterien auf qualitative Forschung sind die Intercodierreliabilität nach Mayring (1983) oder auch die Überlegungen von Miles und Hubermann (1994). Miles und Hubermann (1994) schlagen vor qualitative Kriterien wie etwa die Glaubwürdigkeit dem bestehenden Schema quantitative Gütekriterien zuzuordnen:

- Objektivität/Bestätigbarkeit qualitativer Untersuchungen,
- Reliabililtät/Verlässlichkeit/Auditability,
- Interne Validität/Glaubwürdigkeit/Authentizität,
- Externe Validität/Transferierbarkeit/Passung,
- Nutzen/Anwendung/Handlungsorientierung.[511]

---

[509] Mayring, P. (2015), S. 123.

[510] Vgl. Mayer, H. O. (2009), S. 55-57; Hussy, W., Schreier, M., Echterhoff, G. (2013), S. 277; Steinke, I. (2013), S. 319-321; Loosen, W. (2011), S. 102.

[511] Vgl. Steinke, I. (2013), S. 320.

Glaubwürdigkeit und Authentizität fänden sich dabei beispielsweise auf der gleichen Ebene wie die interne Validität. Die Idee bzw. der Gedanke, der hinter diesen Überlegungen steckt, ist die weit verbreitete Auffassung bzw. Forderung nach Einheitskriterien, denen auch qualitative Forschung genügen müsse.[512]

Vertreter der zweiten Position lehnen die Übertragung quantitativer Gütekriterien auf qualitative Forschung hingegen vollkommen ab. Vielmehr müssten qualitative Gütekriterien den Besonderheiten qualitativer Sozialforschung, deren Kennzeichen, Zielen sowie methodologischen und wissenschaftstheoretischen Grundgedanken gerecht werden. Qualitative Sozialforschung unterscheide sich hinsichtlich Vorgehen und Zielsetzung so sehr von der quantitativen Sozialforschung, dass die Entwicklung eigener Gütekriterien unerlässlich sei. Dementsprechend fordern die Anhänger dieser Position die Entwicklung eigener, eigens auf die Besonderheiten der qualitativen Sozialforschung abgestimmter Kriterien. In diesem Zusammenhang werden oftmals die Kriterien Triangulation, Authentizität, kommunikative Validierung und die Validierung der Interviewsituation diskutiert. Die kommunikative Validierung wird in der Methodendiskussion oftmals auch unter dem Schlagwort des *member checks* diskutiert. Dabei werden Ergebnisse oder Daten des Forschungsprojekts den Untersuchten vorgezeigt, mit dem Ziel diese durch die Probanden auf ihre Gültigkeit hin zu überprüfen bzw. bewerten zu lassen. Unter Triangulation versteht man die „Erfassung eines Gegenstands durch verschiedene Methoden“[513] (vgl. 4.4). Das Kriterium der Authentizität geht zurück auf Guba und Lincoln (1989) und analysiert beispielsweise, ob mit den Aussagen und Äußerungen der Befragten sorgfältig umgegangen wurde. Bei der Validierung der Interviewsituation wird überprüft, „ob es Hinweise darauf gibt, dass ein Arbeitsbündnis zwischen Forscher und untersuchter Person nicht zustande gekommen ist“[514]. Das besagte Bündnis zwischen Forscher und Befragten sollte durch ein möglichst geringes Machtgefälle, Vertrauen, Offenheit und einer gewissen Arbeitsbereitschaft geprägt sein. Die Daten

512 Vgl. Steinke, I. (2013), S. 320-321; Mayer, H. O. (2009), S. 55-57; Loosen, W. (2011), S. 102.
513 Hussy, W., Schreier, M., Echterhoff, G. (2013), S. 287.
514 Steinke, I. (2013), S. 320.

werden dahingehend überprüft, ob die Partner aufrichtig bzw. wahrheitsgemäß erzählen.[515]

Befürworter der dritten Position lehnen Gütekriterien im Zusammenhang mit qualitativer Forschung vollständig ab. Vertretern dieser Position zufolge werde Realität „stets durch die Forschenden (mit) konstituiert“[516]; eine Bewertung bzw. Beurteilung mittels bestimmter Kriterien sei daher letztlich nicht möglich. Je nach Sichtweise bzw. Perspektive begründen die Gegner qualitativer Gütekriterien ihren Standpunkt unterschiedlich. Richardson (1994) oder Smith (1984), Vertreter der postmodernen Perspektive, argumentieren beispielsweise, dass es „unmöglich sei, Kriterien auf ein festes Bezugssystem zu beziehen“[517]. Aus sozial-konstruktivistischer Sicht wird unterstellt, dass die „Annahme, die Welt sei sozial konstruiert, nicht mit Standards für die Bewertung von Erkenntnisansprüchen vereinbar ist, da damit die Grundlage des sozialen Konstruktivismus verlassen werde“[518]. Zuletzt vertreten Anhänger der postmodernen Ethnographie die Ansicht, „dass Forscher ihre Texte in der ersten Person Singular schreiben, wodurch die Kluft zwischen der beobachtenden Person und der beobachteten Realität überwunden wird und Fragen nach Reliabilität oder Validität sich nicht mehr stellen“[519].

Ines Steinke zufolge hängt die weitere Entwicklung und Anerkennung der qualitativen Sozialforschung außerhalb ihrer eigenen Scientific Community in nicht unerheblichem Maße von der Entwicklung geeigneter Gütekriterien ab. Auch im Bereich der qualitativen Sozialforschung gibt es gute und schlechte Studien. Entsprechend müsse die Güte bzw. Qualität der Forschung auch beurteilt werden.[520]

Eine Ablehnung von Gütekriterien, wie es Vertreter der dritten Position propagieren, berge das Risiko der Willkürlichkeit bzw. Beliebigkeit qualitativer Sozialforschung und erschwere das ohnehin schon bestehende Problem Gegner qua-

---

[515] Vgl. Hussy, W., Schreier, M., Echterhoff, G. (2013), S. 277; Steinke, I. (2013), S. 320-321, 324.

[516] Hussy, W., Schreier, M., Echterhoff, G. (2013), S. 277.

[517] Steinke, I. (2013), S. 321.

[518] Steinke, I. (2013), S. 321.

[519] Steinke, I. (2013), S. 321.

[520] Vgl. Steinke, I. (2013), S. 319, 321-322; Hussy, W., Schreier, M., Echterhoff, G. (2013), S. 277.

litativer Forschung von Wissenschaftlichkeit, Geltung und Güte qualitativer Forschung zu überzeugen. Allerdings erscheint es aus Sicht von Steinke auch wenig zielführend quantitative Gütekriterien zur Bewertung qualitativer Forschungsansätze heranzuziehen, da diese schlichtweg nicht zur Bewertung qualitativer Forschung geeignet seien. Quantitative Gütekriterien wurden für quantitative Ansätze und Methoden entwickelt. Die Grundannahmen quantitativer Forschung sind grundsätzlich nicht mit qualitativer Forschung vereinbar. Insofern sei es nicht gerechtfertigt, „von ihr zu erwarten, dass sie den Kriterien quantitativer Forschung entsprechen kann und soll“[521]. Auch die Anwendung der Re-Test-Reliabilität, wie sie auch im Rahmen der qualitativen Sozialforschung erfolgt, erscheint zweifelhaft. Im Rahmen der Überprüfung der Re-Test-Reliabilität wird die gleiche Untersuchung am gleichen Gegenstand, also mit den gleichen Versuchspersonen zu einem späteren Zeitpunkt noch einmal durchgeführt. Anschließend werden die Ergebnisse verglichen. Dies ist aus zweierlei Hinsicht problematisch. Zum einen verändere sich der Forschungsgegenstand ja bereits beim ersten Eingriff des Forschers (z. B. durch eine Messung). Zum anderen entwickeln sich Menschen weiter und auch die Rahmenbedingungen bleiben nicht konstant, sodass die gleiche Untersuchung schlichtweg nicht zweimal hintereinander durchgeführt werden kann. Folglich können quantitative Kriterien nicht unmittelbar auf qualitative Forschung übertragen werden.[522]

Relativ unumstritten ist jedoch mittlerweile, dass auch qualitative Forschung Gütekriterien gerecht werden muss. Auch setzt sich mehr oder weniger die Position durch, dass man qualitative Forschung nicht anhand von quantitativen Gütekriterien messen dürfe.[523]

4.6.2 Objektivität

Unter dem psychometrischen Gütekriterium der Objektivität versteht man die Unabhängigkeit der Forschungsergebnisse bzw. Daten von der Person des For-

[521] Steinke, I. (2013), S. 322.
[522] Vgl. Mayring, P. (2002), S. 142; Steinke, I. (2013), S. 322.
[523] Vgl. Mayring, P. (2002), S. 140.

schers und der Versuchssituation. Demnach müssen verschiedene Forscher bzw. Versuchsleiter „unter den gleichen (Versuchs-) Bedingungen zu den gleichen Ergebnissen“[524] kommen. Bei der Überprüfung der Objektivität wird insbesondere beurteilt, ob die Ergebnisse von den Forschern, die die Untersuchung durchführen, auswerten und interpretieren, unabhängig sind. Daher spricht man in diesem Zusammenhang auch oftmals von der sogenannten intersubjektiven bzw. interpersonellen Übereinstimmung. Als Maß der Objektivität kann der Korrelationskoeffizient zwischen den durch verschiedene Untersucher erhobenen Ergebnissen herangezogen werden. Das Vorliegen von Objektivität ist dabei Voraussetzung für die Erfüllung der Gütekriterien Reliabilität und Validität.[525]

Grundsätzlich lassen sich verschiedene Aspekte der Objektivität differenzieren: Durchführungs-, Auswertungs- und Interpretationsobjektivität. Die Durchführungsobjektivität meint dabei den Grad der Unabhängigkeit der (Test-) Ergebnisse von der Person des Untersuchers während der Durchführung der Untersuchung. Je standardisierter die Untersuchungssituation und je exakter die Vorgaben bzw. Instruktionen bezüglich der Durchführung, desto höher die Durchführungsobjektivität. Auf der anderen Seite schmälern fixe Vorgaben den Gestaltungsspielraum der Untersucher und gehen damit zu Lasten einer anwendungsorientierten bzw. flexiblen Verwendung des Messinstruments. Die Auswertungsobjektivität betrifft die Unabhängigkeit der Auswertung eines Tests von der Person des Untersuchers. Erfolgt die Auswertung nach festen, vorgegebenen Regeln, kann daher i. d. R. Auswertungsobjektivität angenommen werden. Ähnlich verhält es sich auch mit der Interpretationsobjektivität. Interpretationsobjektivität liegt vor, wenn „aus den gleichen Auswertungsergebnissen [...] gleiche Schlüsse gezogen werden“[526]. Die Interpretationsobjektivität ist daher umso höher, je genauer die Angaben im Hinblick auf die Interpretation bzw. Auslegung bestimmter Ergebnisse sind. Objektivität kann also vor allem dadurch erreicht

[524] Hussy, W., Schreier, M., Echterhoff, G. (2013), S. 23.
[525] Vgl. Hussy, W., Schreier, M., Echterhoff, G. (2013), S. 23-25; Lienert, G. A., Raatz, U. (1998), S. 7.
[526] Lienert, G. A., Raatz, U. (1998), S. 8.

werden, dass Durchführung, Auswertung und Interpretation des Tests weitgehend standardisiert sind.[527]

Das Gütekriterium der Objektivität ist nur sehr bedingt auf die qualitative Forschung übertragbar. Insbesondere im Kontext der Datenerhebung wird das Konzept der Objektivität kritisch beurteilt. In der qualitativen Sozialforschung ist der Prozess der Datenerhebung geradezu als soziale Situation konzipiert, sodass Objektivität zum einen nicht bzw. nur partiell realisierbar ist und zum anderen aber auch nicht als erstrebenswert betrachtet wird. Das Konzept der *inneren Vergleichbarkeit* stellt dabei eine Annäherung an das Gütekriterium der Objektivität dar. Das Konzept basiert dabei auf der Annahme, „dass bei der Datenerhebung nicht die äußere, sondern die innere Entsprechung der Situationen ausschlaggebend ist“[528]. Da jeder Mensch ein und dieselbe Situation anders erlebt und wahrnimmt, kann Objektivität nur erzeugt werden, wenn sich der Forscher personenspezifisch und damit unterschiedlich verhält und nicht etwa, indem er versucht sich unterschiedlichen Menschen gegenüber identisch zu verhalten. Dies käme nämlich der Herstellung einer äußerlich vergleichbaren Situation nahe. Vielmehr geht es aber darum eine vergleichbare innere Situation bei den Befragten herzustellen (z. B. eine Atmosphäre der Zuversicht). Dies erfordere mitunter ein unterschiedliches Verhalten des Forschers den einzelnen Befragten gegenüber. Den Begründern des Konzepts nach emergiere „Objektivität gerade aus der Subjektivität der Interaktionsrelationen“[529].

In Rahmen der Datenauswertung haben sich in den vergangenen Jahren einige Varianten bzw. Adaptionen des Kriteriums Objektivität herausgebildet. Das Konzept der *Interraterübereinstimmung* kommt dabei der quantitativen Forschungstradition am nächsten. Das Konzept stammt aus dem Bereich der Inhaltsanalyse und wurde explizit in Anlehnung an das Gütekriterium der Objektivität konzipiert. Darunter versteht man die „Intersubjektivität der Bedeutungszuweisung“[530] beim Kodieren. Ferner spricht man von Objektivität, wenn die Auswertung im Konsens der Untersucher geschieht. Dabei verständigen sich die

---

527 Vgl. Lienert, G. A., Raatz, U. (1998), S. 8; WAI-Netzwerk am Institut für Sicherheitstechnik Bergische Universität Wuppertal (2015), S. 11.
528 Hussy, W., Schreier, M., Echterhoff, G. (2013), S. 277.
529 Hussy, W., Schreier, M., Echterhoff, G. (2013), S. 277.
530 Hussy, W., Schreier, M., Echterhoff, G. (2013), S. 277.

Forscher darauf, dass einer Textpassage eine bestimmte Bedeutung zugewiesen wird. Diese Lesart[531] muss dann auch entsprechend in der Diskussion offen gelegt und plausibel erklärt werden. Dieses Vorgehen entspricht zugleich dem Gütekriterium der *argumentativen Interpretationsabsicherung* nach Mayring. Der Interpretation kommt nach Mayring die zentrale Bedeutung im Rahmen qualitativer Forschung zu. Interpretationen dürfen nicht gesetzt, sondern müssen argumentativ begründet werden. Die Interpretationen müssen dabei in sich schlüssig sein. Ferner fordert Mayring, dass Alternativinterpretationen gesucht und entsprechend geprüft werden müssen.[532]

Sowohl hinsichtlich der Datenerhebung als auch der Datenauswertung wird vermehrt die Forderung nach einem systematischen und regelgeleiteten Vorgehen laut, das auch entsprechend dokumentiert werden sollte. Diese Forderungen kommen den beiden 2002 von Mayring postulierten Kriterien der *Regelgeleitetheit* bzw. *Verfahrensdokumentation* sehr nahe. Gemäß dem Kriterium der Regelgeleitet-heit sollte qualitative Forschung, trotz aller Flexibilität und Offenheit, dem Forschungsgegenstand gegenüber stets darum bemüht sein bestimmte Regeln zu befolgen und systematisch vorzugehen. Laut dem Kriterium der Verfahrensdokumentation gilt es alle Vorgehensweisen sorgfältig zu dokumentieren. Im Unterschied zur quantitativen Sozialforschung sind die Methoden und Verfahren in der qualitativen Sozialforschung nämlich sehr viel weniger standardisiert. Insofern muss das jeweilige Vorgehen sehr sorgfältig dokumentiert werden, damit es für Außenstehende nachvollziehbar wird. Die Dokumentation umfasst sämtliche Schritte des Forschungsprozesses von der Explikation des Vorverständnisses über die Durchführung der Datenerhebung bis hin zu einer Zusammenstellung der verwendeten Analyseinstrumente. Die Forderungen nach Regelgeleitetheit bzw. Verfahrensdokumentation machen das Vorgehen transparent und nachvollziehbar. Bei der *Nachvollziehbarkeit* handelt es sich um eine weitere Variante bzw. Adaption des Gütekriteriums Objektivität. Nachvollzieh-

---

531 Unter einer Lesart versteht man die Art und Weise, wie etwas gedeutet oder ausgelegt wird.

532 Vgl. Hussy, W., Schreier, M., Echterhoff, G. (2013), S. 25, 277-278; Mayring, P. (2002), S. 145.

barkeit ist dabei sowohl bei der Datenerhebung als auch im Rahmen der Datenauswertung anwendbar.[533]

4.6.3 Reliabilität

Unter dem Kriterium der Reliabilität versteht man die Zuverlässigkeit bzw. Genauigkeit und Stabilität eines Tests bzw. einer Untersuchung. Der deutsche Begriff der Zuverlässigkeit, der sich aus der englischen Entsprechung *reliability* ableitet, ist dabei etwas irreführend. Der Begriff der Genauigkeit ist eigentlich besser geeignet. Einer gängigen Definition zufolge meint Reliabilität den „Grad der Genauigkeit, mit dem [ein Test] ein bestimmtes Persönlichkeits- oder Verhaltensmerkmal misst, gleichgültig, ob er dieses Merkmal auch zu messen beansprucht“ [534]. Als Maß der Reliabilität wird ein Reliabilitätskoeffizient herangezogen. Der Reliabilitätskoeffizient gibt dabei an, in welchem Maß das Ergebnis reproduzierbar ist.[535]

Zur Ermittlung der Reliabilität stehen verschiedene Verfahren zur Verfügung:

- Test-Retest-Methode zur Bestimmung der Test-Retest-Reliabilität,
- Paralleltest-Methode zur Bestimmung der Paralleltest-Reliabilität,
- Halbtest-Methode (Split-half-Methode) oder Konsistenzanalyse zur Bestimmung der internen bzw. inneren Konsistenz eines Tests.[536]

Die sogenannte Test-Retest-Reliabilität, in der Literatur manchmal auch als Stabilität bezeichnet, meint das Ausmaß der Übereinstimmung bei wiederholter Anwendung eines Tests bei der gleichen Stichprobe. Eine weitere Möglichkeit zur Bestimmung der Reliabilität eines Messinstrumentariums ist die sogenannte Interrater-Reliabilität. Die Kennzahl beschreibt die Höhe bzw. das Ausmaß der Übereinstimmung der Ergebnisse unterschiedlicher Forscher. Bei der Parallel-Test Methode wird die Untersuchung ein weiteres Mal mittels einer anderen

---

533 Vgl. Mayring, P. (2002), S. 144-146; Hussy, W., Schreier, M., Echterhoff, G. (2013), S. 25, 278.

534 Lienert, G. A., Raatz, U. (1998), S. 9.

535 Vgl. Igl, W. (2007), S. 24; Lienert, G. A., Raatz, U. (1998), S. 9; Prasad, M., Wahlqvist, P., Shikiar, R., u. a. (2004), S. 228.

536 Vgl. Prasad, M., Wahlqvist, P., Shikiar, R., u. a. (2004), S. 228; Lienert, G. A., Raatz, U. (1998), S. 9-10.

Methode durchgeführt und sodann die Ergebnisse verglichen. Die Parallel-Test-Methode gilt gemeinhin als beste Methode zur Ermittlung der Reliabilität. Bei der Split-half-Methode wird das Material, wie der Name bereits impliziert, in zwei gleiche Teile aufgeteilt und überprüft, ob man bei beiden Teilen zu gleichen oder zumindest ähnlichen Ergebnissen kommt. Die Methode der Inneren Konsistenz ist gewissermaßen eine Erweiterung der Halbtest-Methode. Bei der Methode der inneren Konsistenz wird der Test nicht in zwei wie bei der Halbtest-Methode, sondern in so viele Teile wie möglich (bis hin zu einzelnen Items) zerlegt. Neben den genannten korrelationsbasierten Verfahren stehen eine Reihe alternativer Methoden zur Bestimmung der Reliabilität zur Verfügung. Für eine Übersicht hierzu sei auf Igl (2007), S. 28-30 verwiesen. Das Vorliegen von Reliabilität setzt dabei das Vorliegen von Objektivität voraus.[537]

Auch die Übertragung des Kriteriums der Reliabilität auf qualitative Methoden stellt sich höchst kritisch dar. Vor dem Hintergrund der Einzigartigkeit jeder Situation, wird die Test-Retest-Reliabilität geradezu abgelehnt. In manchen Bereichen qualitativer Forschung, etwa in der Aktionsforschung, wird sogar bewusst angestrebt, dass sich die Versuchspersonen im Laufe des Forschungsprojekts verändern. Dennoch dürfen natürlich auch die Ergebnisse qualitativer Forschung nicht beliebig sein. Auch Paralleltests erscheinen problematisch. So dürfte die Äquivalenz zweier unterschiedlicher Methoden nur sehr schwer nachweisbar sein. Auch die Split-half-Methode lässt sich nur sehr bedingt anwenden. Oftmals ist das Material ja geradezu so konzipiert, dass in einzelnen Teilen elementare Ergebnisse auftauchen, sodass eine Teilung des Materials nicht zielführend wäre. Inhaltsanalysen werden dahingegen oftmals von mehreren Personen durchgeführt und die Ergebnisse werden dann verglichen (Intercoderreliabilität). Streng genommen handelt es sich bei der Intercoderreliabilität aber um ein Maß der Objektivität im Sinne der Unabhängigkeit der Untersuchung von der Person des Forschers. Auch das Maß der Intercoderreliabilität ist jedoch nicht ohne Kritik geblieben. So führt Ritsert (1972) beispielsweise an, dass eine hohe Übereinstimmung bzw. Äquivalenz nur bei sehr einfachen Analysen zu verwirklichen wäre. Bei umfangreichen bzw. differenzierten Kategoriensystemen wäre dies

[537] Vgl. Hussy, W., Schreier, M., Echterhoff, G. (2013), S. 23-25; Igl, W. (2007), S. 24-26; Mayring, P. (2015), S. 123.

kaum möglich. Lisch und Kritz (1978) gehen noch einen Schritt weiter und stellen das Konzept gänzlich in Frage. Interpretationsunterschiede bei der Analyse von sprachlichem Material seien geradezu die Regel. Um Reliabilität im engeren Sinne herzustellen bzw. zu überprüfen, müsste dieselbe Person die gleiche Untersuchung nochmals durchführen (Intracoderreliabilität). Am Beispiel der Inhaltsanalyse würde dies bedeuten, dass der gleiche Forscher am Ende der Inhaltsanalyse nochmals das komplette Material bzw. zumindest die relevantesten Abschnitte erneut kodiert, ohne aber seine vorherigen Kodierungen zu kennen. Dies kann zwar unter Umständen sinnvoll sein, ist aber wenig praktikabel und wird auch kaum eingesetzt, zumal eigentlich nicht gewährleistet werden kann, dass der Forscher seine vorherigen Kodierungen nicht kennt.[538]

Konsens unter den Forschern, Nachvollziehbarkeit und Interrater-Übereinstimmung steigern nicht nur die Unabhängigkeit der Forschungsergebnisse von der Person des Forschers, sondern verringern auch die Fehleranfälligkeit und erhöhen damit die Reliabilität der Ergebnisse.[539]

4.6.4 Validität

Das Gütekriterium der Validität gibt an, ob eine Untersuchung das misst, was sie zu messen vorgibt.[540] Dabei werden verschiedene Validitätskriterien unterschieden. Zu den bekanntesten zählen die Inhaltsvalidität, die Konstruktvalidität und die kriterienbezogene Validität.

Die Inhaltsvalidität beispielsweise gibt dabei an, ob die Items bzw. Fragen eines Tests bzw. Fragebogens das Zielkonstrukt angemessen wiedergeben. Die Operationalisierung erfolgt dabei zumeist über Expertenmeinung. Es steht also somit

[538] Vgl. Mayring, P. (2015), S. 124; Hussy, W., Schreier, M., Echterhoff, G. (2013), S. 278; Lisch, R., Kriz, J. (1978), S. 90 zitiert nach Mayring, P. (2015); Ritsert, J. (1972), S. 70.

[539] Vgl. Hussy, W., Schreier, M., Echterhoff, G. (2013), S. 278.

[540] Vgl. Lienert, G. A., Raatz, U. (1998), S. 10-11; Prasad, M., Wahlqvist, P., Shikiar, R., u. a. (2004), S. 228.

keine Maßzahl für die Überprüfung der Inhaltsvalidität zur Verfügung. Vielmehr wird einem Instrument Inhaltsvalidität zugesprochen.[541]

Die Bestimmung der Kriteriumsvalidität setzt das Vorliegen eines validen Außenkriteriums voraus. Die kriterienbezogene Validität wird dabei überprüft, indem man die Ergebnisse des zu untersuchenden Tests bzw. Fragebogens mit einem Außenkriterium korreliert, welches unabhängig vom Test erhoben wurde. Die Kriteriumsvalidität eines Tests bzw. Fragebogens hängt somit vom Grad der Gemeinsamkeit der durch den Test bzw. das Außenkriterium ermittelten Merkmalsanteile, aber auch von der Reliabilität des Tests und der Reliabilität des Außenkriteriums ab. Mit der Standardmethode, der Vergleichsmethode und dem Methodenvergleich liegen wiederum drei verschiedene Arten von Kriterien vor. Bei der Standardmethode stellt das Außenkriterium „eine exakte Messung des Merkmals dar“[542]. Im Rahmen der Vergleichsmethode hingegen ist das Kriterium eine „ebenfalls fehlerbehaftete Methode, welche das gleiche Merkmal erfasst“[543]. Beim Methodenvergleich hingegen erfasst das Außenkriterium ein anderes Merkmal. Am gebräuchlichsten ist dabei die Vergleichsmethode, also der Vergleich mit einem bewährten, aber möglicherweise ebenfalls fehlerbehafteten Tool. Je nach gewähltem Studiendesign spricht man von *konkurrenter* oder *prädiktiver/prognostischer* respektive von *diskriminativer Validität.* Sieht das Studiendesign die Erhebung an lediglich einer Stichprobe vor, so spricht man von konkurrenter oder prädiktiver/prognostischer Validität (je nachdem, ob das Außenkriterium zur gleichen Zeit oder zu einem späteren Zeitpunkt ermittelt wird). Sieht das Studiendesign hingegen die Erhebung an zwei Stichproben unterschiedlicher Populationen vor, so spricht man von diskriminativer Validität. Das Außenkriterium ist in dem Fall die Gruppenzugehörigkeit.[544]

Die Konstruktvalidität meint die Übereinstimmung von mittels des zu untersuchenden Messinstrumentariums ermittelten Ergebnissen mit den Ergebnissen anderer Instrumente, die ähnliche Konstrukte erfassen. Ein Test hat dann eine

---

541 Vgl. Lienert, G. A., Raatz, U. (1998), S. 11; Igl, W. (2007), S. 35-36; Prasad, M., Wahlqvist, P., Shikiar, R., u. a. (2004), S. 228.

542 Igl, W. (2007), S. 35.

543 Igl, W. (2007), S. 36.

544 Vgl. Prasad, M., Wahlqvist, P., Shikiar, R., u. a. (2004), S. 228; Igl, W. (2007), S. 35-36; Lienert, G. A., Raatz, U. (1998), S. 11.

hinreichende Konstruktvalidität, wenn nachgewiesen werden konnte, dass „das vom Test erfaßte Merkmal in genügender Übereinstimmung mit dem theoretischen Konstrukt […] steht“[545]. Auch in diesem Zusammenhang bestehen wieder verschiedene Methoden zur Ermittlung der Konstruktvalidität. Besondere Bedeutung kommt hierbei zwei Ansätzen zu, die nachfolgend kurz skizziert werden. Zum einen handelt es sich dabei um den sogenannten Multitrait-Multimethod-Ansatz nach Campbell und Fiske (1959), bei dem verschiedene (Zusammenhangs-) Hypothesen überprüft werden. Bei der Multitrait-Multimethod-Methode werden verschiedene Konstrukte, wie z. B. die funktionale, psychische und physische Gesundheit, gemessen und anschließend miteinander verglichen. Bei einem Fragebogen zur Messung der subjektiven Gesundheit beispielsweise sollten die einzelnen Subskalen zur funktionalen Gesundheit stärker miteinander korrelieren als beispielsweise mit der psychischen Befindlichkeit. Die Fähigkeit eines Instruments zwischen verschiedenen Konstrukten zu unterscheiden, wird in diesem Zusammenhang als *diskriminante Validität* bezeichnet. Neben der Erfassung und dem Vergleich unterschiedlicher Merkmale (vgl. *Multitrait*), werden beim Ansatz nach Campbell und Fiske auch verschiedene Methoden zur Messung der Konstrukte herangezogen (vgl. *Mulitmethod*). So sollten sich beispielsweise die Ergebnisse der im Rahmen einer Selbsterhebung durch den Patienten erfassten Daten, mit den Ergebnissen seitens der Beurteilung des behandelnden Arztes decken. In diesem Zusammenhang spricht man dann von der sogenannten *konvergenten Validität*. Neben der Mulitrait-Multimethod-Methode gibt es auch noch die Möglichkeit die Konstruktvalidität mittels einer Faktorenanalyse zu überprüfen. Dabei werden nicht die Zusammenhänge zwischen den unterschiedlichen Tests überprüft, sondern die Ladungen der Items auf gemeinsame, latente Faktoren getestet. Stimmt die theoretisch angenommene Struktur der Ergebnisse mit der empirischen Struktur eines Fragebogens überein, spricht man von *faktorieller Validität*. Der große Vorteil dieses Verfahrens gegenüber der Kriteriumsvalidität besteht darin, dass die Ladungen bzw. Korrelationen der einzelnen Items nicht durch eine mangelnde Reliabilität des Außenkriteriums beeinträchtigt bzw. verfälscht werden.[546]

---

545 Lienert, G. A., Raatz, U. (1998), S. 11.

546 Vgl. Prasad, M., Wahlqvist, P., Shikiar, R., u. a. (2004), S. 228; Igl, W. (2007), S. 37.

Validität setzt Reliabilität und Objektivität voraus. Ein Messinstrument, das nicht objektiv und/oder reliabel ist, kann auch nicht valide sein. Insofern treffen die Kritikpunkte der Reliabilitäts- bzw. Objektivitätsbestimmung auch auf die Bestimmung der Validität zu.

Im Kontext der Forschungsmethoden spielen auch die interne und die externe Validität eine Rolle. Unter interner Validität versteht man das Ausmaß in dem es gelungen ist, etwaige Störvariablen auszuschalten bzw. anders formuliert „die Eigenschaft einer Studie, dass Ergebnisse im Hinblick auf die Hypothese einer Untersuchung eindeutig interpretierbar sind, d. h. alternative, plausible Erklärungen ausgeschlossen werden können“[547]. Von diesem Begriffsverständnis der experimentellen Psychologie ist die Bedeutung des Begriffs im Kontext der Testtheorie zu unterscheiden. Im Rahmen der Testtheorie spricht man dann von interner Validität, „wenn sich das zu Grunde liegende Testmodell als gültig erweist, d. h. Annahmen über das Antwortverhalten sich anhand der erhobenen Daten bestätigen lassen“[548]. Externe Validität meint dagegen die Verallgemeinerbarkeit bzw. Generalisierbarkeit der Ergebnisse auf die Grundgesamtheit, auf andere Situationen bzw. andere Operationalisierungen. Externe Validität setzt dabei das Vorliegen interner Validität voraus. Im Kontext der Testtheorie liegt externe Validität dann vor „wenn das Testergebnis mit einer anderen Variable, welche sich nicht im Test, d. h. außerhalb befindet, eine ausreichende Übereinstimmung aufweist“[549].[550]

Im Gegensatz zu Objektivität und Reliabilität, die beide nur sehr eingeschränkt auf die qualitative Sozialforschung übertragbar sind, gewinnt das Gütekriterium der Validität im Kontext der qualitativen Sozialforschung an Bedeutung. Dennoch sind auch die verschiedenen Validitätskonzepte nicht frei von Kritik geblieben. Die meisten Kritikpunkte setzen dabei an der Zirkularität der Validierung an. Werde Material von außen als Qualitätsmaßstab herangezogen (wie z. B. bei der Kriteriums- bzw. Konstruktvalidität), so müsse laut Ritsert (1972) dessen Gültigkeit überhaupt erst einmal erwiesen sein. Bei Krippendorff (1980)

---

547 Igl, W. (2007), S. 35.

548 Igl, W. (2007), S. 34.

549 Igl, W. (2007), S. 34-35.

550 Vgl. Hussy, W., Schreier, M., Echterhoff, G. (2013), S. 23-25, 278-279; Mayring, P. (2015), S. 125; Igl, W. (2007), S. 34-35.

finden sich ganz ähnliche Überlegungen: „Wenn der Inhaltsanalytiker kein direktes Wissen über seinen Gegenstand besitzt, dann kann er tatsächlich nichts über die Validität seiner Ergebnisse aussagen. Wenn er einiges Wissen über den Kontext des Materials besitzt und er dies zur Entwicklung seiner analytischen Konstrukte benutzt, dann ist dieses Wissen nicht länger unabhängig von seiner Untersuchung und kann nicht zur Validierung der Ergebnisse benutzt werden. Und wenn er es fertigbringt, das Wissen über den Untersuchungsgegenstand unabhängig von seiner Untersuchung zu bewahren, dann ist die Anstrengung, dieses durch das Material zu erschließen, eigentlich überflüssig und liefert bestenfalls einen Fall zur Generalisierung des Untersuchungsverfahrens“[551]. Diese Kritik wirkt jedoch etwas überzogen. So müssen Forschungsergebnisse immer in den „Strom der Erkenntnis, Stand der Forschung, Theoriehintergrund eingeordnet werden“[552], um vernünftig einsetzbar zu sein und zum wissenschaftlichen Erkenntnisgewinn beitragen zu können, auch wenn der Wissensstand nie vollkommen gesichert oder abgeschlossen sein kann. Wenngleich zahlreiche Varianten und Adaptionen der Validität existieren, wird der Begriff teilweise aber auch sehr vage „im Sinne einer generischen Güte der Untersuchungsergebnisse“[553] verwendet.[554]

4.6.4.1 Forschungsmethoden

Im Kontext der Forschungsmethoden sei zunächst kurz auf die beiden Kriterien interne und externe Validität hingewiesen. Die *interne Validität* findet in der qualitativen Sozialforschung kaum Anwendung. Dies liegt schlichtweg an der Natur qualitativer Sozialforschung. Qualitative Studien sind zumeist beschreibend und eben nicht erklärend angelegt, sodass sich die Frage nach der internen Validität gar nicht stellt. Die explanative Fallstudie und das qualitative Experi-

551 Krippendorff, K. (1980), S. 156 übersetzt nach Mayring, P. (2015), S. 125.
552 Mayring, P. (2015), S. 125.
553 Hussy, W., Schreier, M., Echterhoff, G. (2013), S. 278.
554 Vgl. Hussy, W., Schreier, M., Echterhoff, G. (2013), S. 278; Ritsert, J. (1972), S. 72-75; Mayring, P. (2015), S. 125.

ment konstituieren die wenigen Beispiele, bei denen die Kontrolle von Störvariablen zielführend ist.[555]

Anders verhält es sich bei der *externen Validität* und hier insbesondere hinsichtlich der Verallgemeinerbarkeit der Ergebnisse auf andere Situationen. Externe Validität im Sinne einer Generalisierbarkeit der Ergebnisse auf die Grundgesamtheit ist zumeist überhaupt nicht Ziel der Studie. Zumal wäre es aufgrund der oftmals sehr geringen Teilnehmerzahlen bei qualitativen Studien oftmals auch gar nicht möglich. Ausnahmen (z. B. im Rahmen der objektiven Hermeneutik) bestätigen aber auch hier die Regel. Externe Validität im Hinblick auf die Verallgemeinerbarkeit auf andere Situationen bzw. Operationalisierungen hingegen ist tief in den Grundprinzipien qualitativer Sozialforschung verankert. Die Forderung bzw. das Bestreben den Forschungsgegenstand in seinem natürlichen Umfeld zu untersuchen und ihn möglichst nicht zu verändern zielt darauf ab, die Generalisierbarkeit auf andere Situation zu gewährleisten.[556]

4.6.4.2 Datenerhebung

Die Frage der Verallgemeinerbarkeit der Ergebnisse hängt eng mit der Validität der verwendeten Methoden im Rahmen der Erhebung und Auswertung der Daten zusammen. Im Zusammenhang mit der Datenerhebung stellt sich etwa die Frage, ob es dem Forscher gelingt die tatsächlichen Gedanken bzw. Gefühle der Befragten zu erheben. Befürworter der qualitativen Sozialforschung zufolge sei die Validität von Methoden der Datenerhebung schon insofern als hoch einzustufen, als die Befragung in nicht-standardisierter Form abläuft und die Befragten damit auch in ihren Antwortmöglichkeiten frei sind und ihre Gedanken in eigene Worte fassen und wiedergeben können. Daneben hängt die Validität der Datenerhebung aber auch von der Erhebungssituation ab. Gibt der Forscher beispielsweise unbewusst bereits eine Antwortrichtung vor oder ist er unsicher, dann muss die Validität der Datenerhebung und damit letztlich auch die Qualität des gewonnenen Datenmaterials kritisch hinterfragt werden. Problematisch kann es auch sein, wenn der Interviewer, beispielsweise aufgrund eigener Unsicher-

555 Vgl. Hussy, W., Schreier, M., Echterhoff, G. (2013), S. 278-279.
556 Vgl. Hussy, W., Schreier, M., Echterhoff, G. (2013), S. 278-279.

heit, kein Schweigen aufkommen lassen will oder der Befragte sich nicht verstanden oder noch schlimmer nicht ernst genommen fühlt. Zweifel an der Validität der Daten sind auch dann angebracht, wenn die Befragten sich vermehrt rückversichern, ob sie die Fragen richtig verstanden haben oder immer nur sehr zögerlich antworten. Ein detailliertes Untersuchungsprotokoll sollte daher auch unbedingt solche Vorbehalte und Beobachtungen beinhalten. Insbesondere bei Gruppendiskussionen und Interviews jedweder Art erlaubt die Analyse des Gesprächsverlaufs wichtige Rückschlüsse im Hinblick auf die Validität der Datenerhebung und damit auch auf die Qualität der gewonnenen Daten.[557]

Um die Validität im Rahmen der Datenerhebung zu erhöhen, bietet es sich beispielsweise an Interviewleitfäden in Pretests zu überprüfen und ggf. zu modifizieren. Ferner sollten die Interviewer entsprechend geschult werden. Unerfahrene Interviewer sollten vorab einige Probeinterviews führen. Während der Befragung selbst gilt es eine vertrauensvolle Atmosphäre herzustellen und die Teilnehmer über Ziel und Zweck der Befragung zu informieren. Die Zusicherung der Vertraulichkeit und Anonymität sollte eine Selbstverständlichkeit darstellen. Mit den genannten Maßnahmen lässt sich die Validität hinsichtlich der Datenerhebung deutlich steigern.[558]

4.6.4.3 Datenauswertung

Die Validität im Zusammenhang mit der Datenauswertung hängt maßgeblich davon ab, ob im Rahmen der Auswertung das gesamte Material berücksichtigt wurde. Oftmals können die Ergebnisse qualitativer Befragungen in ihrer Fülle gar nicht mehr überschaut werden. Die Erinnerung ist dabei oft selektiv und man erinnert sich insbesondere an die Aussagen, die mit den eigenen Annahmen bzw. Überzeugungen übereinstimmen. Insofern ist ein regelgeleitetes, systematisches Vorgehen bei der Auswertung unabdingbar. Ferner ist es hilfreich, wenn

557 Vgl. Hussy, W., Schreier, M., Echterhoff, G. (2013), S. 279.
558 Vgl. Hussy, W., Schreier, M., Echterhoff, G. (2013), S. 279.

man bei der Auswertung bewusst Gegenbeispiele sucht und diese entsprechend berücksichtigt.[559]

Neben einem regelgeleiteten Vorgehen, haben sich einige eigenständige Verfahren bzw. Kriterien zur Sicherung und Wahrung der Validität der Datenauswertung herausgebildet. In diesem Zusammenhang ist dabei insbesondere auf die Verfahren der Triangulation bzw. der kommunikativen Validierung hinzuweisen.[560]

Bei dem Verfahren der *kommunikativen Validierung* wird die Gültigkeit der Forschungsergebnisse überprüft, indem man den Befragten die Ergebnisse mitteilt und mit ihnen diskutiert. Wenn die Beforschten den Ergebnissen zustimmen, sich in den Ergebnissen wiederfinden, kann dem Konzept der kommunikativen Validierung folgend, Validität angenommen werden. Die Zustimmung der Befragten ist damit ein wichtiger Anhaltspunkt im Rahmen der Absicherung der Forschungsergebnisse. Das Verfahren ist jedoch nicht immer sinnvoll. Bei einigen Methoden der qualitativen Sozialforschung, etwa der objektiven Hermeneutik, geht es schließlich genau darum „über das subjektiv Zugängliche hinauszugehen“[561]. In vielen anderen Bereichen ist es aber durchaus sinnvoll, sich die Ergebnisse bzw. insbesondere die getroffenen Interpretationen und Deutungen von den Befragten absichern zu lassen, insbesondere wenn es um persönliche Sichtweisen oder Bedeutungen geht.[562]

Auch die *Methodentriangulation* wird oftmals als Validitätskriterium herangezogen. Dabei versucht man für eine Fragestellung verschiedene Lösungswege bzw. Herangehensweisen zu finden und die Ergebnisse im Anschluss daran zu vergleichen. Auf diese Weise können nicht nur die Stärken und Schwächen der einzelnen Herangehensweisen aufgedeckt werden, sondern die einzelnen Bausteine können schließlich auch „zu einem kaleidoskopartigen Bild zusammengesetzt werden. […] Wie bei einem Triangel erst die Verbindung der drei Seitenstäbe den Klang des Instrumentes ausmacht, so kann auch bei qualitativer Forschung die Qualität der Forschung durch die Verbindung mehrerer Analysegän-

[559] Vgl. Hussy, W., Schreier, M., Echterhoff, G. (2013), S. 280.
[560] Vgl. Hussy, W., Schreier, M., Echterhoff, G. (2013), S. 280.
[561] Hussy, W., Schreier, M., Echterhoff, G. (2013), S. 280.
[562] Vgl. Mayring, P. (2002), S. 147; Hussy, W., Schreier, M., Echterhoff, G. (2013), S. 280; Mayring, P. (2015), S. 127.

ge vergrößert werden“[563]. Dabei können auch verschiedene qualitative und quantitative Verfahren zum Einsatz kommen. Demnach gelten Ergebnisse dann als valide, wenn sie unter Verwendung verschiedener Verfahren bzw. Methoden gleichermaßen als gesichert betrachtet werden können. Da verschiedene Methoden den Forschungsgegenstand aber immer ganz anders betrachten bzw. auf einzelne Aspekte abzielen, muss eine fehlende Übereinstimmung nicht zwangsläufig bedeuten, dass die Untersuchung bzw. die Ergebnisse nicht valide sind bzw. dass eine Methode valider wäre als die andere.

Vor diesem Hintergrund wird das Verfahren der Triangulation heute eher unter „dem Gesichtspunkt der Komplementarität als dem der Validität gesehen: Verschiedene Methoden eröffnen unterschiedliche Sichtweisen auf einen Gegenstand und ergänzen sich wechselseitig“[564] (vgl. Kapitel 4.4).[565]

4.6.5 Methodenspezifische (insbesondere inhaltsanalytische) Gütekriterien

Neben den oben angeführten, eher allgemeinen Kriterien, von denen viele auf Mayring (2002)[566] zurückgehen, hat sich in den vergangenen Jahren aber auch eine Vielzahl von methodenspezifischen Gütekriterien entwickelt. Vor dem Hintergrund der Gegenstandsangemessenheit müssen die Gütekriterien den Methoden gegenüber angemessen sein. Insofern wird auch die Forderung nach methodenspezifischen Gütekriterien verständlich.[567] Für eine Übersicht methodenspezifischer Gütekriterien für die teilnehmende Feldforschung bzw. die Einzelfallanalyse sei auf Mayring (2002), S. 142-144 verwiesen.

563 Mayring, P. (2002), S. 147-148.

564 Hussy, W., Schreier, M., Echterhoff, G. (2013), S. 280.

565 Vgl. Hussy, W., Schreier, M., Echterhoff, G. (2013), S. 23-26, 280; Mayring, P. (2002), S. 147-148.

566 Mayring (2002) unterscheidet folgende übergreifende Kriterien: Verfahrensdokumentation, argumentative Interpretationsabsicherung, Regelgeleitetheit, Nähe zum Gegenstand, kommunikative Validierung und Triangulation. Bis auf die Nähe zum Gegenstand wurden alle anderen Kriterien bereits erläutert. Die Nähe zum Gegenstand, die Gegenstandsangemessenheit ist nicht nur ein zentrales Kennzeichen qualitativer Sozialforschung, sondern kann gleichzeitig auch als Qualitätskriterium herangezogen werden (vgl. Mayring, P. (2002), S. 146).

567 Vgl. Mayring, P. (2002), S. 142.

Auch im Bereich der Inhaltsanalyse haben sich in den letzten Jahrzehnten vermehrt eigene Kriterien herausgebildet. Bereits 1969 bzw. 1981 haben Holsti bzw. Rust darauf verwiesen, dass nicht nur der Prozess der Kodierung und damit das Anwenden der Kategorien auf das Textmaterial an sich zuverlässig von statten gehen muss, sondern bereits der Prozess der Konstruktion der Kategorien zuverlässig erfolgen muss. Krippendorf (1980)[568] hat in diesem Zusammenhang eines der weitestgehendsten Konzepte vorgeschlagen. Nach wie vor fehlen dennoch bei einem Großteil der verfügbaren Publikationen zu Inhaltsanalysen Informationen zu Reliabilität und Validität vollkommen. Dies mag aber auch darauf zurückzuführen sein, dass viele der Inhaltsanalytiker die klassischen Gütekriterien der Zuverlässigkeit und Gültigkeit in Frage stellen bzw. oftmals vollkommen ablehnen. Von ihrem Grundprinzip her hat die qualitative Inhaltsanalyse aber den Anspruch gewissen Gütekriterien bzw. Qualitätsanforderungen, zu genügen.[569] Abbildung 25 visualisiert die von dem Forscher Krippendorff vorgeschlagene Systematik.

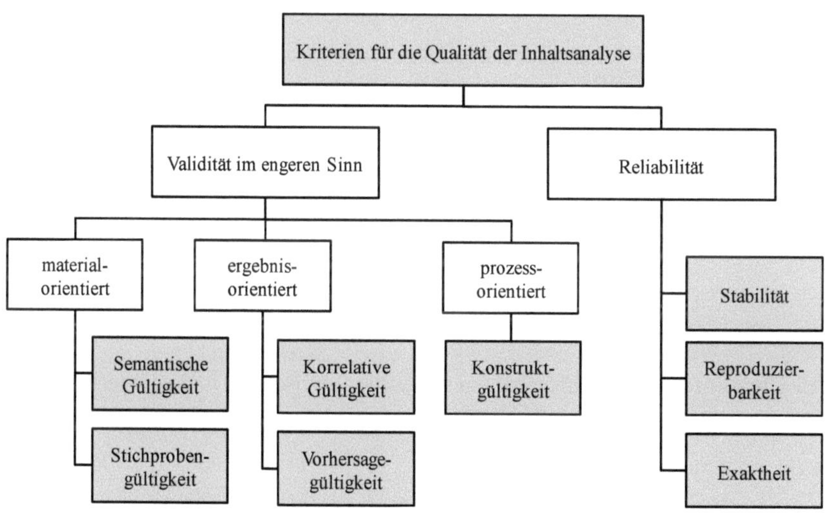

Abbildung 25: Inhaltsanalytische Gütekriterien nach Krippendorff[570]

[568] Vgl. Krippendorff, K. (1980), S. 158 zitiert nach Mayring, P. (2015).
[569] Vgl. Mayring, P. (2015), S. 123; Mayring, P. (2013), S. 471.
[570] In Anlehnung an Mayring, P. (2015), S. 125-128.

Er differenziert zwischen acht verschiedenen inhaltsanalytischen Gütekriterien, die im Folgenden kurz vorgestellt werden.

Das Kriterium der *semantischen Gültigkeit* meint nach Krippendorff „die Richtigkeit der Bedeutungsrekonstruktion des Materials“[571]. Die semantische Gültigkeit drückt damit gewissermaßen die Angemessenheit der Kategoriendefinitionen u. a. hinsichtlich Ankerbeispielen bzw. Kodierregeln aus. Das Kriterium besagt letztendlich, ob die Textbedeutungen auch tatsächlich durch das Kategoriensystem wiedergegeben werden oder nicht. Neben der semantischen Gültigkeit ist auch die *Stichprobengültigkeit* materialorientiert (vgl. Abbildung 25). Unter diesem Begriff subsummiert Krippendorff die üblichen Kriterien hinsichtlich exakter Stichprobenziehung. Dass eine Verallgemeinerbarkeit auf die Grundgesamtheit oftmals gar nicht Ziel einer qualitativen Studie und die Notwendigkeit einer exakten Stichprobenziehung damit auch hinfällig ist, wurde bereits in einem vergangenen Kapitel hingewiesen. Unter dem Begriff der *korrelativen Gültigkeit* versteht Krippendorff die „Validierung durch Korrelation mit einem Außenkriterium“[572]. Dies setzt jedoch das Vorliegen ähnlicher Untersuchungen voraus. Auch das nächste Gütekriterium, die *Vorhersagegültigkeit* ist nicht immer anwendbar, sondern setzt voraus, dass sich aus dem Datenmaterial Prognosen ableiten lassen. Ist dies der Fall, so ist die Prüfung der Vorhersagegültigkeit aber auch relativ einfach umsetzbar und zugleich sehr aussagekräftig. Die *Konstruktgültigkeit* ist prozessorientiert und lässt sich etwa mittels etablierten Modellen oder Theorien, durch Experten bzw. repräsentative Interpretationen oder auch mittels bisherigen Erfolgen im Kontext ähnlicher Situationen überprüfen.[573]

Zur Überprüfung der Reliabilität einer inhaltsanalytischen Untersuchung schlägt Krippendorff die drei Kriterien Stabilität, Reproduzierbarkeit und Exaktheit vor (vgl. Abbildung 25).

Das Kriterium der *Stabilität* ist eng an die Intracoderreliabilität angelehnt und lässt sich überprüfen, indem dasselbe Analysewerkzeug noch einmal auf das

571 Mayring, P. (2015), S. 126.
572 Mayring, P. (2015), S. 126.
573 Vgl. Hussy, W., Schreier, M., Echterhoff, G. (2013), S. 258; Mayring, P. (2015), S. 125-127.

vorliegende Textmaterial angewendet wird. Dabei ordnet ein Kodierer die Textbausteine den einzelnen Kategorien zu zwei verschiedenen Zeitpunkten zu, etwa im Abstand von einer oder zwei Wochen. Die *Reproduzierbarkeit* steht für „den Grad, in dem die Analyse unter anderen Umständen, anderen Analytikern zu denselben Ergebnissen führt"[574]. Gemessen wird sie mittels der sogenannten Intercoderreliabilität. Zur Bestimmung der Intercoderreliabilität existieren verschiedene Reliabilitätsmaße, angefangen bei relativ simplen Koeffizienten, die lediglich den Anteil der übereinstimmenden Einschätzungen berücksichtigen, bis hin zu sehr komplexen Formeln, bei denen u. a. eine Bereinigung um die zufälligen Übereinstimmungen zwischen den Kodierern vorgenommen wird (z. B. Cohen's Kappa). Die *Exaktheit* stellt das letzte und gleichzeitig auch das am schwierigsten überprüfbare Reliabilitätsmaß dar. Diese bezieht sich auf den „Grad, zu dem die Analyse einem bestimmten funktionellen Standard entspricht"[575] und setzt das Vorliegen von Stabilität und Reproduzierbarkeit voraus. Oftmals lässt sich die Reliabilität mittels einfacher Schritte erhöhen. Liegt die Ursache fehlender Reliabilität beispielsweise in der Kategoriendifferenzierung, so ist es oft hilfreich, wenn man einzelne, uneindeutige Kategorien zusammenfasst. Auf diese Weise erhält man zwar ein gröberes Kategoriensystem, aber es ist exakter anwendbar. Zeigt sich etwa, dass es bei einzelnen Kategorien vermehrt zu Unstimmigkeiten der Analytiker kommt, so lässt sich dies oftmals durch eine eindeutigere bzw. klarere Definition beheben. Kommt es hingegen hinsichtlich einzelner Auswertungseinheiten vermehrt zu Abweichungen mehrerer Kodierer, so sollte man untersuchen, ob sich diese Stellen in irgendeiner Weise systematisch vom Rest des Textmaterials unterscheiden.[576]

Wenngleich es sich bei den vorgeschlagenen Kriterien um größtenteils gut anwendbare und in sich schlüssige Kriterien handelt, müsse eine systematische Zusammenstellung von Gütekriterien nach der Auffassung von Mayring (2015) an möglichen Fehlerquellen der Inhaltsanalyse ansetzen. Einerseits erlaube die Reflexion möglicher Fehlerquellen die Entwicklung gänzlich neuer inhaltsanalytischer Gütekriterien, andererseits müsse sich aber auch die Tauglichkeit bzw.

---

574 Mayring, P. (2015), S. 127.
575 Mayring, P. (2015), S. 128.
576 Vgl. Mayring, P. (2015), S. 127-128; Hussy, W., Schreier, M., Echterhoff, G. (2013), S. 258.

Eignung der Inhaltsanalyse als sozialwissenschaftliches Verfahren überhaupt herausstellen.[577]

Neben den drei Gütekriterien Validität, Reliabilität und Objektivität, haben sich in der Literatur weitere verfahrensspezifische Gütekriterien herausgebildet, die explizit den Aufbau bzw. das Kategoriensystem an sich betreffen.[578]

Hierzu zählt beispielsweise das Kriterium der *Exhaustion.* Demnach muss jede Textpassage einer Kategorie bzw. Unterkategorie zuordenbar sein. Dies kann im Extremfall dazu führen, dass eine Restkategorie eingeführt werden muss. Über Sinn und Unsinn einer solchen Restkategorie, in der sich dann sämtliche Textstellen finden, die keiner anderen Kategorie zugewiesen werden konnten, bleibt zu diskutieren. Eine übermäßig hohe Besetzung dieser Kategorie deutet jedoch auf mangelnde Validität des Kategoriensystems hin. Das Kriterium der Validität besagt, dass die Textbedeutungen auch tatsächlich durch das Kategoriensystem wiedergegeben werden. Wenn sich in der Kategorie *Sonstiges* nunmehr sehr viele Textstellen finden, deutet dies darauf hin, dass der entsprechende Bedeutungsaspekt im bestehenden Kategoriensystem nicht differenziert genug abgebildet ist. Ferner deutet auch eine überproportionale Besetzung einer Kategorie auf unzureichende Validität des Kategoriensystems hin und zwar insbesondere wenn die Kategorien induktiv ermittelt wurden.[579]

Neben der Forderung der *Exhaustion* findet sich oftmals auch das Kriterium der *Saturiertheit.* Dem Kriterium folgend darf keine Kategorie leer bleiben. Jeder Kategorie bzw. Unterkategorie muss demzufolge mindestens eine Textpassage zugeordnet werden. In den meisten Fällen ist dies durchaus sinnvoll, insbesondere wenn die Kategorien induktiv, d. h. aus dem Textmaterial heraus gebildet werden. Bei einer deduktiven Vorgehensweise, insbesondere wenn es beispielsweise darum geht, eine Hypothese zu bestätigen bzw. zu widerlegen, ist die Forderung der Saturiertheit jedoch nicht gangbar. In diesem Fall hat es eine wichtige Aussage, wenn eine Kategorie gar nicht besetzt ist.[580]

---

577 Vgl. Mayring, P. (2015), S. 128-129.
578 Vgl. Hussy, W., Schreier, M., Echterhoff, G. (2013), S. 258.
579 Vgl. Hussy, W., Schreier, M., Echterhoff, G. (2013), S. 258.
580 Vgl. Hussy, W., Schreier, M., Echterhoff, G. (2013), S. 258.

Mit der *Disjunktheit* soll ein weiteres verfahrensspezifisches Gütekriterium vorgestellt werden. Das Kriterium der Disjunktheit besagt, dass jede Textpassage nur einer Unterkategorie zuordenbar sein sollte. Die Forderung gilt jedoch nur für die Unterkategorien einer Oberkategorie, d. h. eine Textstelle kann durchaus mehreren Oberkategorien zugeordnet werden. Diese Forderung wirkt sich zugleich positiv auf die Intercoderreliabilität aus.[581]

4.6.6 Kerngütekriterien als pragmatischer Ansatz

Abschließend sei in diesem Zusammenhang noch auf einen Vorschlag von der Psychologin I. Steinke hingewiesen. Anstelle gänzlich auf Gütekriterien zu verzichten bzw. auf genau fixierte Gütekriterien zu bestehen, vertritt sie einen eher pragmatischen Ansatz, der dem Charakter qualitativer Forschung sehr nahekommt. Steinke (2013) zufolge laufe „der gegenstands-, situations- und milieuabhängige Charakter qualitativer Forschung [...], die Vielzahl unterschiedlicher qualitativer Forschungsprogramme [...] und die stark eingeschränkte Standardisierbarkeit methodischer Vorgehensweisen“[582] der Idee eines allgemeingültigen, universellen Kriterienkatalogs zuwider. Insofern scheint auch die Vielzahl der vorgeschlagenen einzelnen Kriterien wenig zielführend. Vielmehr gilt es laut Steinke ein System von Kriterien inklusive verschiedener Operationalisierungen zu entwickeln, an dem sich qualitative Forschung halten kann. Sowohl die Kriterien als auch die konkreten Operationalisierungen sollten für die jeweilige Anwendung spezifisch sein. D. h. Kriterien wie Prüfverfahren sollten je nach Fragestellung, Forschungsgegenstand und Methode konkretisiert, ggf. angepasst und/oder durch weitere Kriterien ergänzt werden.[583]

Steinke (2013) schlägt dabei eine Reihe solcher Kernkriterien vor: Intersubjektive Nachvollziehbarkeit, Indikation des Forschungsprozesses, empirische Verankerung, Limitation, Kohärenz, Relevanz sowie reflektierte Subjektivität.[584]

---

581 Vgl. Hussy, W., Schreier, M., Echterhoff, G. (2013), S. 258.
582 Steinke, I. (2013), S. 323.
583 Vgl. Steinke, I. (2013), S. 324.
584 Vgl. Steinke, I. (2013), S. 324-331.

Das Kernkriterium der *intersubjektiven Nachvollziehbarkeit* ist eng an dem Kriterium der intersubjektiven Überprüfbarkeit angelehnt. Nur kann aufgrund der Besonderheit qualitativer Forschung keine Überprüfbarkeit gefordert werden. Die Forderung nach intersubjektiver Nachvollziehbarkeit sei hingegen legitim. Die intersubjektive Nachvollziehbarkeit kann dabei anhand drei verschiedener Möglichkeiten sichergestellt bzw. geprüft werden:

Als zentrale Möglichkeit der Sicherstellung von Nachvollziehbarkeit und Intersubjektivität gilt die sorgfältige *Dokumentation des Forschungsprozesses*. Eine sorgfältige Dokumentation des Vorgehens erlaubt es externen Personen die Untersuchung nachzuvollziehen und anhand eigener Kriterien zu beurteilen. Ferner kann man damit der Dynamik qualitativer Sozialforschung Rechnung tragen. Dabei sollten nicht nur die Erhebungs- und Auswertungsmethoden sauber dokumentiert werden, sondern auch das Vorverständnis des Forschers und die angewandten Transkriptionsregeln. Die Notwendigkeit einer sorgfältigen Dokumentation des Vorverständnisses des Forschers ergibt sich beispielsweise daraus, dass seine Erwartungen sowohl seine Wahrnehmung, als auch die Auswahl der Methoden und damit letztlich auch die gewonnenen Daten und das Gegenstandsverständnis des Forschers erheblich beeinflussen. Daneben sollte etwa auch die Herkunft der Informationen sauber dokumentiert werden. So sollte beispielsweise ersichtlich werden, ob die Informationen aus wörtlichen Äußerungen der Interviewten stammen oder aber ob es sich um Beobachtungen, Deutungen oder gar Interpretationen des Forschers handelt. Ferner sollten sämtliche während der Untersuchung auftretenden Probleme offengelegt und deutlich gemacht werden, welchen Qualitätskriterien die Untersuchung genügen soll.[585]

Neben einer sorgfältigen Dokumentation des Forschungsprozesses lässt sich intersubjektive Nachvollziehbarkeit auch durch *Interpretationen in Gruppen* herstellen. Beim Ansatz des *Peer Debriefings* etwa wird das Forschungsprojekt mit Kollegen diskutiert, die nicht direkt an der Untersuchung beteiligt sind. Auch die *Verwendung kodifizierter Verfahren* ist eine Möglichkeit zur Herstellung von intersubjektiver Nachvollziehbarkeit.[586]

585 Vgl. Steinke, I. (2013), S. 324-325.
586 Vgl. Steinke, I. (2013), S. 326.

Die Gegenstandsangemessenheit und damit die Forderung nach Angemessenheit der Erhebungs- und Auswertungsmethoden als elementares Kennzeichen qualitativer Sozialforschung wurde bereits in Kapitel 4 eingeführt. Die Forderung nach der *Indikation des Forschungsprozesses* nach Steinke geht nunmehr einen Schritt weiter und fordert die Angemessenheit des gesamten Forschungsprozesses, angefangen bei der Wahl eines qualitativen Ansatzes über Methodenwahl, Transkriptionsregeln, Samplingstrategie und sämtlichen methodischen Einzelentscheidungen bis hin zur Angemessenheit der Bewertungskriterien.[587]

Die Überprüfung der Indikation des Forschungsprozesses beginnt bereits bei der Frage, ob die Entscheidung für ein qualitatives Design vor dem Hintergrund der Fragestellung als gerechtfertigt erscheint oder ob nicht doch ein quantitatives Design besser geeignet gewesen wäre. Gilt es beispielsweise lediglich bestehende Hypothesen zu überprüfen oder die Repräsentativität abzufragen, ist mitunter ein quantitativer Ansatz besser geeignet. Auch die Wahl der Erhebungs- und Auswertungsmethoden muss im Hinblick auf deren Angemessenheit kritisch hinterfragt werden.[588] Waren die Transkriptionsregeln angemessen? Hinsichtlich der Angemessenheit bzw. dem Detailierungsgrad von Transkriptionen und somit der Frage wie detailliert verschriftlicht werden muss, herrscht Uneinigkeit in der Methodenliteratur. Es besteht immer ein Trade-Off zwischen Lesbarkeit auf der einen Seite und Authentizität im Sinne einer möglichst detailgetreuen Verschriftlichung des Materials auf der anderen Seite. Laut Hussy und Kollegen sollten genau so viele Informationen transkribiert werden, wie es die jeweilige Forschungsfrage erfordert, jedoch nicht mehr. Anhaltspunkte seien laut Bruce (1992) die Handhabbarkeit (aus Sicht des Transkribierenden) sowie Lesbarkeit, Erlernbarkeit und Interpretierbarkeit aus Sicht derjenigen, die mit dem Material arbeiten.[589]

Die Überprüfung der Indikation des Forschungsprozesses erfordert zudem auch die Überprüfung der Angemessenheit des Vorgehens beim Sampling, der methodischen Einzelentscheidungen sowie der Auswahl der Qualitätskriterien. Erfolgte das Sampling zweckgerichtet, kann die Auswahl der Fälle als indiziert

---

587 Vgl. Steinke, I. (2013), S. 326.
588 Vgl. Steinke, I. (2013), S. 326-327.
589 Vgl. Hussy, W., Schreier, M., Echterhoff, G. (2013), S. 248; Bruce, G. (1992), S. 145; Steinke, I. (2013), S. 327-328.

betrachtet werden? Im Kontext der Angemessenheit der methodischen Einzelentscheidungen sollte überprüft werden, ob die Verfahren der Datenerhebung und -auswertung zueinander passen. Kann das Untersuchungsdesign vor dem Hintergrund begrenzter Ressourcen als angemessen bezeichnet werden? Sind die Gütekriterien vor dem Hintergrund des Forschungsgegenstands, der Fragestellung und der Methoden indiziert?[590]

Laut Steinke sollte sowohl die Bildung als auch die Überprüfung von Hypothesen und Theorien empirisch erfolgen.[591] Diese Forderung subsummiert die Forscherin Steinke unter dem Kernkriterium der *empirischen Verankerung*. Hinsichtlich der Überprüfung der Forderung stehen laut Steinke wieder diverse Verfahren zur Verfügung. So eignen sich beispielsweise die Anwendung *kodifizierter Verfahren*, die *analytische Induktion*, oder auch das *Verfahren der kommunikativen Validierung*. Ferner biete es sich an das Material nochmals dahingehend zu untersuchen, ob für die entwickelte Theorie hinreichende Textbelege bestehen. In diesem Zusammenhang stellt sich etwa die Frage, wie mit abweichenden Meinungen oder Aussagen bzw. Widersprüchen im Textmaterial umgegangen wurde.[592]

Unter dem Kriterium der *Limitation* versteht Steinke das Prüfen der Ergebnisse hinsichtlich Verallgemeinerbarkeit bzw. Geltungsbereich. Hierzu eignen sich die Verfahren der Fallkontrastierung oder auch die „explizite Suche und Analyse abweichender, negativer und extremer Fälle“[593].

Auch sollte die im Rahmen des Forschungsprozesses konzipierte Theorie in sich konsistent sein. Diese Forderung fasst die Forscherin unter dem Kriterium der *Kohärenz* zusammen. In diesem Zusammenhang sei es laut Steinke auch besonders wichtig Widersprüche und ungelöste Fragen offenzulegen.[594]

Die Frage der *Relevanz* und damit des (pragmatischen) Nutzens einer Theorie bzw. eines Forschungsansatzes ist insbesondere in der qualitativen Sozialforschung von besonderer Bedeutung. So sollte man sich die Frage stellen, inwie-

---

590 Vgl. Steinke, I. (2013), S. 328.
591 Vgl. Steinke, I. (2013), S. 328.
592 Vgl. Steinke, I. (2013), S. 328-329.
593 Steinke, I. (2013), S. 330.
594 Vgl. Steinke, I. (2013), S. 330.

fern die wissenschaftliche Fragestellung relevant ist und welcher Beitrag durch das Forschungsprojekt zur Lösung des Problems geleistet werden kann.[595]

Als letztes Kernkriterium schlägt die Forscherin Steinke die *reflektierte Subjektivität* vor. Demnach solle „die konstituierende Rolle des Forschers als Subjekt [...] und als Teil der sozialen Welt, die er erforscht, möglichst weitgehend methodisch reflektiert in die Theoriebildung“[596] mit eingehen.

Bei den von Steinke vorgeschlagenen Kerngütekriterien und den dazugehörigen Operationalisierungs-vorschlägen handelt es sich einen pragmatischen und damit auch sehr gangbaren Ansatz, da er den Forschern sehr viele Freiräume offen lässt und damit nahezu auf jede Untersuchung anwendbar ist. Bei dem skizzierten Konzept handelt es sich um eine sehr zielführende Idee, um die Qualität qualitativer Arbeiten zu beurteilen.

[595] Vgl. Steinke, I. (2013), S. 330.
[596] Steinke, I. (2013), S. 330-331.

5 Messung von Arbeitsfähigkeit

5.1 Hintergrund und Zielsetzung

Die Landscape-Analyse (vgl. Kapitel 3) hat gezeigt, dass in Deutschland und auch international eine Reihe vielversprechender Frühinterventionsansätze existieren. Dennoch ist die Datengrundlage nach wie vor unzureichend. Dies ist mitunter auf eine unzureichende Evaluation (bzw. möglicherweise auch nicht publizierte Evaluationen) der bestehenden Modellprojekte zurückzuführen. Sofern überhaupt evaluiert wird, beschränken sich die Aussagen auf die Wirksamkeit der Maßnahmen im Hinblick auf verschiedene klinische Ergebnisparameter. Selten werden Kostenaspekte oder Parameter im Zusammenhang mit dem Erhalt bzw. der Wiederherstellung der Arbeitsfähigkeit erhoben. Auf der anderen Seite behaupten die Ansätze aber das Potenzial zu haben die Arbeitsfähigkeit positiv zu beeinflussen. Oftmals wird diese jedoch in keinerlei Weise überprüft. Falls entsprechende Parameter erhoben werden, dann zumeist die krankheitsbedingten Fehlzeiten oder die Dauer bis zur Rückkehr an den Arbeitsplatz (RTW). Vor dem Hintergrund der in Kapitel 3 erörterten methodischen Schwächen, ist der Return-to-Work jedoch nur bedingt geeignet.[597]

Auch die Messung krankheitsbedingter Fehlzeiten greift nach herrschender Meinung zu kurz. Ferner ist aufgrund der Sensibilisierung der Betroffenen für die eigene Gesundheit kurz- und auch mittelfristig erst einmal mit einem Anstieg der Fehlzeiten zu rechnen. Man vermutet, dass Beschäftigte, die an Maßnahmen der betrieblichen Gesundheitsförderung teilnehmen, im Umgang mit der eigenen Gesundheit sensibilisiert sind und sich daher häufiger krank melden, anstelle sich krank zur Arbeit zu schleppen. So gaben beispielsweise Beschäftigte in Betrieben mit Maßnahmen der betrieblichen Gesundheitsförderung häufiger an sich krank zu melden, als in Betrieben ohne betriebliche Gesundheitsförderung.[598]

---

597 Vgl. Schmidt, J., Schröder, H. (2010), S. 98; Kistler, E. (2008), S. 13; Prasad, M., Wahlqvist, P., Shikiar, R., u. a. (2004), S. 242.

598 Vgl. Schmidt, J., Schröder, H. (2010), S. 98; Kistler, E. (2008), S. 13; Prasad, M., Wahlqvist, P., Shikiar, R., u. a. (2004), S. 242.

In der letzten Zeit wird vermehrt die Forderung laut Arbeitsfähigkeit als Ergebnisparameter zu implementieren (vgl. z. B. „Work as a clinical outcome is crucial, and must be put on the agenda both at European and country levels. [...] Healthcare professionals and policymakers must be informed on the importance of work being a desired clinical outcome and they need to work towards achieving this for the benefit of individuals and society."[599]). Dies setzt jedoch das Vorhandensein eines einheitlichen Tools zur Messung von Arbeitsfähigkeit voraus.

Auch auf der internationalen Fit-for-Work Konferenz in Riga, Lettland (2015) wurde deutlich, dass die Messung von Arbeitsfähigkeit nach wie vor eine der zentralen Problemstellungen im Rahmen der Evaluation von Frühinterventionsprogrammen darstellt. So verwiesen viele andere Redner in ihren Vorträgen auf die Notwendigkeit eines reliablen und validen Messinstrumentariums. Auch in der Literatur wird vermehrt die Forderung nach einem wissenschaftlich fundierten Instrument laut.[600]

Trotz der mittlerweile erwiesenen salutogenen Wirkung von Erwerbsarbeit, spielt die Förderung bzw. Wiederherstellung der Arbeitsfähigkeit im ärztlichen Alltag kaum eine Rolle. Dem lättischen Gesundheitsminister Dr. Guntis Belevics zufolge sei Erwerbsarbeit jedoch elementar für Patienten. Dies wäre bislang überwiegend ignoriert worden (vgl. "Work is crucial for patients, it's therapeutic and it helps to keep patient's social esteem and maintain their place in society. Work has been unfairly neglected as a part of health outcome, but that needs to be changed if we want to ensure a sustainable future for both our health and social systems."[601]). Vielmehr dominiert eine sehr negative Sichtweise. Wenn überhaupt wird über Arbeitsunfähigkeit, nie aber über das (positive) Gegenstück der Arbeitsfähigkeit gesprochen. Auch die Beurteilung der Arbeitsunfähigkeit geschieht i. d. R. mehr oder weniger aus einem Bauchgefühl heraus. Der Erhalt bzw. die Wiederherstellung der Arbeits- bzw. Beschäftigungsfähigkeit wird auch in keinster Weise auf Kongressen, Tagungen oder Fortbildungen themati-

---

599 Fit for Work Europe (2015).

600 Vgl. u. a. Goetzel, R. Z., Long, S. R., Ozminkowski, R. J., u. a. (2004), S. 398, 411.

601 Fit for Work Europe (2015), S. 39.

siert. Die Rheumatologie ist nach wie vor die einzige Fachgruppe in Deutschland, die den Erhalt der Arbeitsfähigkeit explizit als Therapieziel formuliert.

Dr. Julia Rautenstrauch, Generalsekretärin der Deutschen Gesellschaft für Rheumatologie, zufolge spiele der Erhalt der Arbeitsfähigkeit eine wichtige Rolle für die gesellschaftliche Teilhabe der Patienten. Wenn Beschäftigte bis zum Renteneintrittsalter gesund und leistungsfähig bleiben sollen, muss der Erhalt der Arbeitsfähigkeit in den Fokus der Leistungserbringer rücken. Auch wird von den verschiedenen Seiten in letzter Zeit verstärkt gefordert, dass im Rahmen des Managements von chronischen Erkrankungen das Ziel einer zeitnahen Rückkehr an den Arbeitsplatz fokussiert verfolgt werden sollte (vgl. z. B. „Make Early Intervention (prevention, diagnosis, treatment and care) and return to work a priority of Chronic Disease Management!“[602]). Beides setzt jedoch das Vorhandensein eines validen Messinstruments zur Bestimmung der Arbeitsfähigkeit von Betroffenen voraus.[603]

Ein solches Messinstrument könnte dann nicht nur in der betrieblichen und ärztlichen Routine, sondern auch im Rahmen der Evaluation verschiedener medikamentöser oder anderer Formen von Therapien für Patienten als auch im Rahmen der Evaluation verschiedener betriebsnaher Präventionsprogramme eingesetzt werden. Dies würde auch die Forschung im Bereich der gesundheitsökonomischen Evaluation ein großes Stück noch vorne bringen. Die Schätzung der indirekten Kosten erfolgt dabei nämlich üblicherweise lediglich auf Basis der krankheitsbedingten Fehlzeiten bzw. einem frühzeitigen Erwerbsausstieg. Die Kosten, die aufgrund der krankheitsbedingt verringerten Produktivität am Arbeitsplatz entstehen, werden hingegen oftmals nicht berücksichtigt.[604]

Die Entwicklung und Implementierung geeigneter Präventionsprogramme steht und fällt mit dem Vorhandensein von wissenschaftlich fundierten und gleichzeitig praktikablen Instrumenten, mit denen die Arbeitsfähigkeit von Beschäftigten

[602] Fit for Work Europe (2015), S. 65.
[603] Vgl. Deutsche Gesellschaft für Rheumatologie (2012), S. 9; Hoß, K., Pomorin, N., Reifferscheid, A., u. a. (2013), S. 57, 60; Schneider, M., Lelgemann, M., Abholz, H.-H., u. a. (2011), S. 24; Fit for Work Europe (2015), S. 34, 39, 65; Fit for Work Europe (o. J.).
[604] Vgl. Koopmanschap, M., Burdorf, A., Jacob, K., u. a. (2005), S. 47-48.

sowie Veränderungen der Arbeitsfähigkeit über die Zeit vernünftig bestimmt werden können.[605]

Vor diesem Hintergrund stellt sich die Frage nach einem geeigneten Instrument zur Messung von Arbeitsfähigkeit bzw. Absentismus, Präsentismus, Produktivität und verwandten Konstrukten. Die Zielsetzung der vorliegenden Arbeit besteht darin die verschiedenen Möglichkeiten zur Messung von Arbeitsfähigkeit und verwandten Konstrukten aufzuzeigen und dann entsprechend ein geeignet erscheinendes Tool zur flächendeckenden Verwendung vorzuschlagen bzw. zu empfehlen. Auf diese Weise soll sukzessive die Datengrundlage verbessert und zukünftig der Vergleich verschiedener Interventionsansätze, auch über Studien bzw. unterschiedliche Settings hinaus, ermöglicht werden.

5.2 Konzeptionelle Grundlagen

5.2.1 Vorgehen im Überblick

Um der Komplexität der Thematik Rechnung zu tragen, fiel die Wahl auf ein mehrstufiges Vorgehen. Zunächst wurde eine umfassende systematische Literaturrecherche durchgeführt, um einen Überblick über die in der internationalen Literatur vorhandenen Instrumente zu gewinnen. Darauf aufbauend wurden Experteninterviews mit Leitern bestehender Frühinterventionspilotprojekte oder Initiatoren/Repräsentanten anderer Interventionsansätze (z. B. entsprechende Sprechstunden) aus Deutschland geführt, um die Bekanntheit und Verwendung der Instrumente in Deutschland in den verschiedenen Settings abzufragen. Abschließend wurden die Ergebnisse der Literaturrecherche und der Interviews im Rahmen eines gemeinsamen Arbeitstreffens mit den Mitgliedern des Kernteams und den Experten zusammengeführt und diskutiert. Die Zielsetzung der Gruppendiskussion bestand in der Herbeiführung eines Konsenses bezüglich der Empfehlung eines Instruments. Abbildung 26 zeigt das methodische Vorgehen inklusive der Zielsetzungen der einzelnen Schritte im Überblick.

---

[605] Vgl. Freude, G., Pech, E. (2005), S. 211-212.

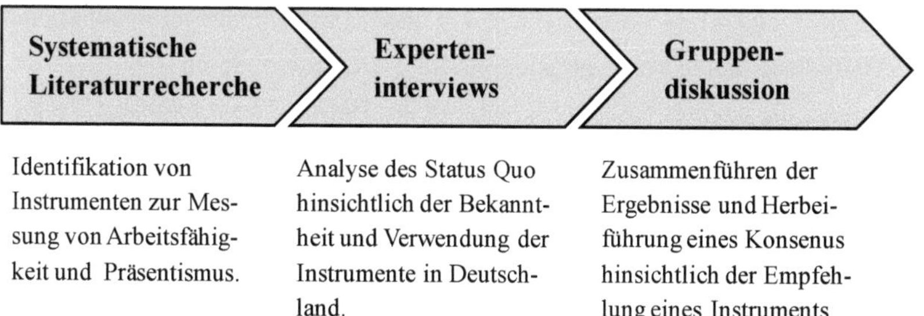

Abbildung 26: Methodisches Vorgehen im Überblick

Die vorliegende Arbeit entstand im Rahmen eines gemeinsamen Projekts mit Prof. Dr. Stefan Felder, Professor für Health Economics der Universität Basel, Prof. Dr. Wilfried Mau, Direktor des Instituts für Rehabilitationsmedizin der Martin-Luther-Universität Halle-Wittenberg, PD Dr. med. Sonja Merkesdal, Mitarbeiterin der Klinik für Immunologie und Rheumatologie der Medizinischen Hochschule Hannover und Prof. Dr. Oliver Schöffski, Leiter des Lehrstuhls für Gesundheitsmanagement der Friedrich-Alexander-Universität Erlangen-Nürnberg. Das Projekt wurde durch ein pharmazeutisches Unternehmen finanziell unterstützt. Von dem pharmazeutischen Unternehmen wurde keinerlei Einfluss auf die Arbeit der Arbeitsgruppe genommen. Die im Rahmen des Projekts erarbeitete Empfehlung sollte am Ende in einer geeigneten Zeitschrift veröffentlicht werden.

Die Methodik sowie die Ergebnisse der einzelnen Schritte werden in den nachfolgenden Kapiteln 5.3, 5.4 respektive 5.5 vorgestellt. Ferner werden jeweils die Limitationen aufgezeigt. Das Kapitel schließt mit der Beurteilung der Güte bzw. Qualität der empirischen Studie(n) sowie einer Gegenüberstellung der vorliegenden Arbeit mit bestehenden Übersichtsarbeiten. Zunächst erfolgt jedoch noch eine begriffliche Abgrenzung.

5.2.2 Begriffsabgrenzung

Im Mittelpunkt der vorliegenden Untersuchung steht die Messung von Arbeitsfähigkeit. Was aber ist unter dem Begriff bzw. vielmehr dem Konstrukt der Arbeitsfähigkeit eigentlich zu verstehen? Für das Konstrukt der Arbeitsfähigkeit hat sich bislang noch keine allgemeingültige Definition durchsetzen können. Das vorliegende Kapitel beschäftigt sich mit der Definitionsproblematik des Begriffs und versucht eine Abgrenzung zu bestehenden verwandten Begrifflichkeiten herzustellen. Im Unterschied zu dem Begriff der Arbeitsfähigkeit existieren nämlich für einige der verwandten Begrifflichkeiten sogar Legaldefinitionen. Eine eindeutige Abgrenzung des Begriffs von den bestehenden Konstrukten ist von entscheidender Relevanz für die empirische Untersuchung.

5.2.2.1 Arbeitsunfähigkeit und Arbeitsfähigkeit

Arbeitsunfähigkeit ist ein unbestimmter Rechtsbegriff und demnach nicht eindeutig definiert, wurde aber durch die Rechtsprechung des Bundessozialgerichts fortlaufend weiterentwickelt. So heißt es etwa im BSG-Urteil vom 30.05.1967, Az.: 3 RK 15/65: „Arbeitsunfähig ist ein Versicherter, der seiner bisher ausgeübten Erwerbstätigkeit überhaupt nicht mehr oder nur auf die Gefahr hin nachgehen kann, seinen Zustand zu verschlimmern“[606]. Gemäß der Begutachtungsanleitung Arbeitsunfähigkeit des GKV-Spitzenverbandes und des Medizinischen Dienstes des Spitzenverbands Bund der Krankenkassen e. V. liegt Arbeitsunfähigkeit auch vor, „wenn auf Grund eines bestimmten Krankheitszustandes, der für sich allein noch keine AU bedingt, absehbar ist, dass aus der Ausübung der Tätigkeit für die Gesundheit oder die Gesundung abträgliche Folgen erwachsen, die AU unmittelbar hervorrufen“[607].[608]

Gemäß § 2 Absatz 1 der Richtlinie des Gemeinsamen Bundesauschusses über die Beurteilung der Arbeitsunfähigkeit und die Maßnahmen zur stufenweisen Wiedereingliederung liegt Arbeitsunfähigkeit dann vor, „wenn Versicherte auf Grund von Krankheit ihre zuletzt vor der Arbeitsunfähigkeit ausgeübte Tätigkeit nicht mehr oder nur unter der Gefahr der Verschlimmerung der Erkrankung ausführen können. Bei der Beurteilung ist darauf abzustellen, welche Bedingungen

606 Bundessozialgericht (BSG).

607 Medizinischer Dienst des Spitzenverbandes Bund der Krankenkassen (2011), S. 9.

608 Vgl. Deutsche Rentenversicherung Bund (2013), S. 27; Medizinischer Dienst des Spitzenverbandes Bund der Krankenkassen (2011), S. 9.

die bisherige Tätigkeit konkret geprägt haben. Arbeitsunfähigkeit liegt auch vor, wenn auf Grund eines bestimmten Krankheitszustandes, der für sich allein noch keine Arbeitsunfähigkeit bedingt, absehbar ist, dass aus der Ausübung der Tätigkeit für die Gesundheit oder die Gesundung abträgliche Folgen erwachsen, die Arbeitsunfähigkeit unmittelbar hervorrufen."[609]

Nach herrschender Meinung ist Arbeitsunfähigkeit ein Ergebnis aus den Anforderungen des Arbeitsplatzes auf der einen Seite und krankheitsbedingter Leistungsminderung auf der anderen Seite.[610] Diese Definition bzw. Sichtweise geht in Richtung des Begriffsverständnisses von Arbeitsfähigkeit. Demnach basiert die Arbeitsfähigkeit einer Person auf den vielschichtigen Wechselwirkungen zwischen Arbeitsanforderungen auf der einen Seite und den menschlichen Ressourcen auf der anderen Seite. Eine gute Arbeitsfähigkeit setzt also voraus, dass eine Person mit der ihr zur Verfügung stehenden individuellen Ressourcen und Fähigkeiten ihre Arbeit verrichten kann. Eine schlechte Arbeitsfähigkeit ist demnach weder allein auf die Arbeit bzw. die vorliegenden Arbeitsbedingungen, noch allein auf die Person zurückzuführen. Vielmehr geht es um die Passung zwischen dem Beschäftigten bzw. dessen individuellen Ressourcen im Sinne von Leistungsmöglichkeiten und -voraussetzungen und den psychischen, physischen wie sozialen Anforderungen der jeweiligen Tätigkeit. Im Gegensatz zur Leistungsfähigkeit ist Arbeitsfähigkeit damit von den jeweiligen Anforderungen der Arbeit abhängig. Arbeitsfähigkeit setzt dabei ein Mindestmaß an Leistungsfähigkeit bzw. Gesundheit voraus.[611]

Das Konzept der Arbeitsfähigkeit geht zurück auf den finnischen Forscher Ilmarinen (2004). Er definiert Arbeitsfähigkeit als „die Fähigkeit eines Menschen, eine gegebene Arbeit zu einem bestimmten Zeitpunkt zu bewältigen."[612]. Zur Konzeptualisierung bzw. Veranschaulichung des Konzepts der Arbeitsfähigkeit haben die Forscher rund um Ilmarinen das sogenannte *Haus der Arbeitsfähigkeit* entwickelt (vgl. Abbildung 27).

[609] Gemeinsamer Bundesausschuss (2013), S. 3.
[610] Vgl. Deutsche Rentenversicherung Bund (2013), S. 27.
[611] Vgl. Oldenburg, R., Ilmarinen, J. (2010), S. 429; Freude, G., Pech, E. (2005), S. 187.
[612] Hasselhorn, H.-M., Freude, G. (2007), S. 9.

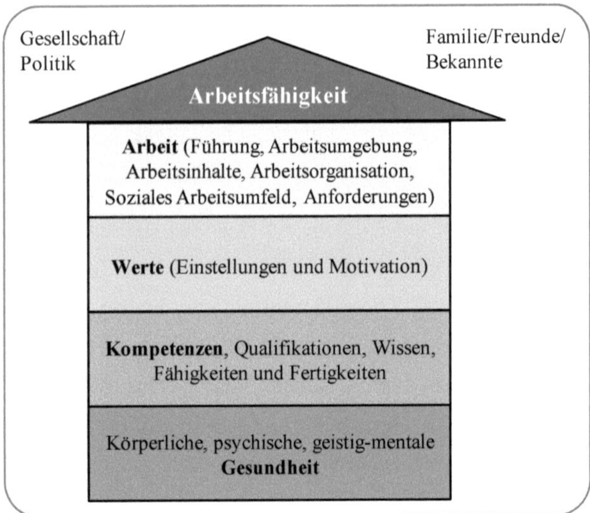

Abbildung 27: Haus der Arbeitsfähigkeit[613]

Basis des Modells bilden Längsschnittdaten von rund 6.000 finnischen Arbeitnehmern. Das Haus der Arbeitsfähigkeit visualisiert dabei die gegenseitigen Beziehungen bzw. Abhängigkeiten der gesellschaftlichen, betrieblichen und individuellen Aspekte rund um das Thema Arbeitsfähigkeit.

Aus den einzelnen Faktoren bzw. Ebenen lassen sich unmittelbar Anhaltspunkte für die Ausgestaltung präventiver Maßnahmen zur Förderung bzw. zum Erhalt der Arbeitsfähigkeit ableiten. Abgesehen von Maßnahmen der Betrieblichen Gesundheitsförderung, die an den unteren Ebenen ansetzen, liegt der Schwerpunkt auf der betrieblichen Ebene. Zu den möglichen Maßnahmen zählen u. a. die Sensibilisierung von Führungskräften hinsichtlich der Belange älterer Arbeitnehmer, Maßnahmen der Kompetenzentwicklung bzw. Qualifikation sowie Maßnahmen im Rahmen einer alters- bzw. alternsgerechten Arbeitsgestaltung.[614]

Die Gesundheit bildet dabei das Fundament des Hauses. Veränderungen in der Gesundheit bzw. Leistungsfähigkeit wirken damit unmittelbar auf die Arbeitsfä-

613 In Anlehnung an Hasselhorn, H.-M., Freude, G. (2007), S. 10; Hoß, K., Pomorin, N., Reifferscheid, A., u. a. (2013), S. 20; Tempel, J., Ilmarinen, J. (2013), S. 41.

614 Vgl. Hasselhorn, H.-M., Freude, G. (2007), S. 9-10; Freude, G., Pech, E. (2005), S. 191; Tempel, J., Ilmarinen, J. (2013), S. 41.

higkeit eines Beschäftigten. Einschränkungen hinsichtlich der Gesundheit bzw. Leistungsfähigkeit können die Arbeitsfähigkeit eines Individuums damit ernsthaft bedrohen. Umgekehrt kann die Arbeitsfähigkeit aber auch durch gezielte Maßnahmen, die auf die Verbesserung der Gesundheit bzw. Leistungsfähigkeit abzielen, unterstützt und verbessert werden. Gesundheit ist damit die Grundvoraussetzung für eine gute Arbeitsfähigkeit.[615]

Im ersten Stock finden sich die Kompetenzen eines Individuums. Hierunter fallen sowohl Wissen als auch Fertigkeiten, die fachliche Qualifikation und bestimmte Schlüsselkompetenzen. Je nach Literatur ist manchmal auch die Unterteilung in Fähigkeiten und Fertigkeiten zu finden. Während man unter Fertigkeiten die Anteile des eigenen Könnens fasst, „die schon ausgebildet sind“[616], versteht man unter den Fähigkeiten die Anteile des eigenen Könnens, die „noch nicht erlernt, aber prinzipiell erlernbar sind“[617].

Im nächsten Stock befinden sich die Werte, die Einstellungen und Motivation einer Person, die sich beispielsweise in nicht unerheblichem Maße auf die Arbeitszufriedenheit auswirken. Um eine gute Arbeitsfähigkeit erhalten zu können, müssen die Werte bzw. Motivationen und Einstellungen im Einklang mit der Tätigkeit bzw. der Arbeit stehen.[618]

Der vierte Stock stellt die betriebliche Ebene dar und umfasst sämtliche Aspekte rund um das Thema Arbeit und Arbeitsgestaltung, wie z. B. Aspekte der Arbeitsgestaltung, der Organisation und Führung, oder die Arbeitsinhalte. Eine gute Arbeitsfähigkeit setzt dabei i. d. R. ein gutes und kommunikatives Miteinander mit den Kollegen und auch eine verantwortungsvolle Führungskraft, die sich ihren Aufgaben bewusst ist, voraus.[619]

Abbildung 28 stellt die vier Säulen bzw. Einflussfaktoren der Arbeitsfähigkeit aus einer etwas anderen Perspektive dar.

---

615 Vgl. Hoß, K., Pomorin, N., Reifferscheid, A., u. a. (2013), S. 20.
616 Hoß, K., Pomorin, N., Reifferscheid, A., u. a. (2013), S. 20.
617 Hoß, K., Pomorin, N., Reifferscheid, A., u. a. (2013), S. 20.
618 Vgl. Hoß, K., Pomorin, N., Reifferscheid, A., u. a. (2013), S. 20.
619 Vgl. Hoß, K., Pomorin, N., Reifferscheid, A., u. a. (2013), S. 20.

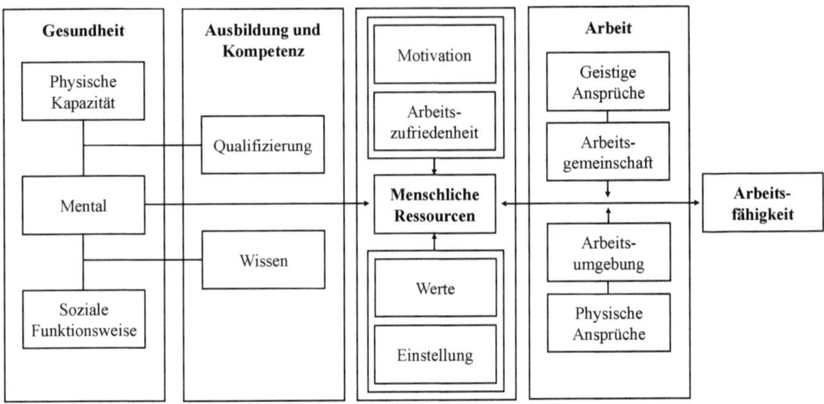

Abbildung 28: Einflussfaktoren auf die Arbeitsfähigkeit aus individueller Sicht[620]

5.2.2.2 Leistungsfähigkeit, Leistungsvermögen und Leistungsminderung

Der Begriff der Arbeitsfähigkeit ist dabei nicht gleichzusetzen mit dem Begriff der (allgemeinen) Leistungsfähigkeit. In Anlehnung an Ilmarinen ist Arbeitsfähigkeit definiert als „Potenzial eines Menschen [...] eine gegebene Aufgabe zu einem gegebenen Zeitpunkt zu bewältigen“[621]. Die Arbeitsfähigkeit ist also von den Arbeitsanforderungen abhängig. Der Begriff der Leistungsfähigkeit ist hingegen von der Arbeitssituation losgelöst bzw. stärker auf das Individuum bezogen und meint eher „abstrakte [...] menschliche Eigenschaften, [...] Grundfähigkeiten (wie z. B. Geschlecht, Konstitution, Gesundheit und Alter) sowie [...] erworbene Kenntnisse und Fertigkeiten“[622]. Im weitesten Sinne meint Leistungsfähigkeit die „allgemeine körperliche und psychische Funktionstüchtigkeit“[623] und damit die „Fähigkeit, den Anforderungen des Alltagslebens körperlich und geistig entsprechen zu können“[624]. Dabei muss zwischen psychischer und physi-

620 In Anlehnung an Ilmarinen, J., Tempel, J. (2002), S. 161.
621 Hoß, K., Pomorin, N., Reifferscheid, A., u. a. (2013), S. 19.
622 Hoß, K., Pomorin, N., Reifferscheid, A., u. a. (2013), S. 20.
623 Freude, G., Pech, E. (2005), S. 186.
624 Freude, G., Pech, E. (2005), S. 186.

scher Leistungsfähigkeit differenziert werden. Leistungsfähigkeit gilt ebenso wie Gesundheit zu den zentralen Determinanten der Arbeitsfähigkeit.[625]

Das Zusammenspiel von Gesundheit, Leistungsfähigkeit und Arbeitsfähigkeit ist dabei noch deutlich komplexer als das Haus der Arbeitsfähigkeit suggeriert. So spricht beispielsweise auch Richter (2012) von Arbeitsfähigkeit im Sinne von Leistungsfähigkeit und Leistungsmotivation. Diese Betrachtungsweise allein ist aber noch nicht ausreichend. So ist beispielsweise Gesundheit Voraussetzung für Leistungsfähigkeit und ebenso die Kompetenz bzw. Qualifikation. Aber erst in Kombination mit der nötigen Motivation, also der Leistungsbereitschaft und bestimmten organisatorischen wie technischen Leistungsvoraussetzungen resultiert dies in Leistung. Diese Zusammenhänge gelten für ältere und jüngere Beschäftigte gleichermaßen.[626]

Die Begriffsdebatte rund um das Thema Leistungsfähigkeit hat mittlerweile auch Einzug in die Sozialgesetzgebung gefunden. Der Begriff der Leistungsfähigkeit ist dabei je nach Kontext unterschiedlich definiert und hat je nach Kontext auch einen Bezug zur beruflichen Tätigkeit bzw. den spezifischen, beruflich bedingten Arbeitsanforderungen. Im Rahmen der sozialmedizinischen Beurteilung der Leistungsfähigkeit bzw. des Leistungsvermögens im Erwerbsleben steht die „Leistungsfähigkeit mit den funktionellen Einschränkungen durch Krankheits- oder Behinderungsfolgen vor dem Hintergrund der beruflichen Belastungs- und Gefährdungsfaktoren und deren Kompensationsmöglichkeiten“[627] im Zentrum. Dahingegen bezeichnet Leistungsfähigkeit im Rahmen der International Classification of Functioning, Disability and Health (ICF) der WHO „das maximale Leistungsvermögen einer Person bezüglich Aktivität und Teilhabe unter Test-, Standard-, Ideal- oder Optimalbedingungen“[628].

Bei Beeinträchtigungen des Leistungsvermögens im Erwerbsleben wurde in der sozialmedizinischen Beurteilung bislang von Leistungsminderung gesprochen. Dies ist aus zweierlei Hinsicht nicht ganz unproblematisch. Zum einen spielt für

625 Vgl. Brandenburg, U., Domschke, J.-P. (2007), S. 81; Hoß, K., Pomorin, N., Reifferscheid, A., u. a. (2013), S. 19; Freude, G., Pech, E. (2005), S. 186.
626 Vgl. Brandenburg, U., Domschke, J.-P. (2007), S. 81; Richter, G., Bode, S., Köper, B. (2012), S. 9.
627 Deutsche Rentenversicherung Bund (2013), S. 60-61.
628 Deutsche Rentenversicherung Bund (2013), S. 60-61.

die Beurteilung „nicht die tatsächlich erbrachte oder unter optimalen oder standardisierten Bedingungen maximal erbringbare Leistung“[629] eine Rolle, sondern die „krankheits- oder behinderungsbedingte zumutbare Leistungsfähigkeit im Erwerbsleben“[630]. Für die Sozialmedizin ist damit die Leistung einer Person unter den gegebenen Arbeits- bzw. Lebensbedingungen relevant und nicht das Begriffsverständnis nach der ICF. Ferner ist die defizitorientierte Perspektive nicht zielführend. Anstelle die Leistungsminderung zu fokussieren, sollte vielmehr das vorhandene Leistungsvermögen einer Person betrachtet werden. Aufgrund dessen und wegen der erforderlichen Abgrenzung zu dem eher allgemein gehaltenen Leistungsbegriff der ICF, erscheint der Begriff der Leistungsminderung nicht mehr zeitgemäß.[631]

Im Rahmen des Leistungsvermögens im Erwerbsleben kann zwischen dem quantitativen und dem qualitativen Leistungsvermögen differenziert werden. Unter qualitativem Leistungsvermögen versteht man dabei die Gesamtheit der „festgestellten positiven und negativen Fähigkeiten [...] im Hinblick auf die noch zumutbare körperliche Arbeitsschwere, Arbeitshaltung und Arbeitsorganisation [...] und der Fähigkeiten, die krankheitsbedingt oder behinderungsbedingt nicht mehr bestehen bzw. wegen der Gefahr einer gesundheitlichen Verschlimmerung nicht mehr zu verwerten sind [...]“[632]. Quantitatives Leistungsvermögen meint hingegen den zeitlichen Rahmen bzw. Umfang, „in dem eine Erwerbstätigkeit unter den festgestellten/beurteilten Bedingungen des qualitativen Leistungsvermögens arbeitstäglich ausgeübt werden kann, d. h. zumutbar ist.“[633] Das quantitative Leistungsvermögen spielt insbesondere im Zusammenhang mit dem Anspruch auf eine Erwerbsminderungsrente eine zentrale Rolle.[634]

[629] Deutsche Rentenversicherung Bund (2013), S. 60-61.
[630] Deutsche Rentenversicherung Bund (2013), S. 60-61.
[631] Vgl. Deutsche Rentenversicherung Bund (2013), S. 60-61.
[632] Deutsche Rentenversicherung Bund (2013), S. 60-61.
[633] Deutsche Rentenversicherung Bund (2013), S. 60-61.
[634] Vgl. Deutsche Rentenversicherung Bund (2013), S. 60-61.

5.2.2.3 Beschäftigungsfähigkeit

Ein weiterer Begriff, der in der Debatte rund um das Thema Förderung bzw. Erhalt der Arbeitsfähigkeit immer wieder auftaucht, ist der Begriff der Beschäftigungsfähigkeit. Im Rahmen des Employability-Managements hat der Begriff in den letzten Jahren einen Bedeutungszuwachs erhalten. Beschäftigungsfähigkeit bzw. Employability gilt als zentrale Stellgröße für die Leistungsfähigkeit und Produktivität der Beschäftigten. Je nach Literatur wird die Beschäftigungsfähigkeit auch als Arbeitsmarktfähigkeit oder Arbeitsmarktfitness bezeichnet. Die Begrifflichkeiten sind jedoch sehr vielschichtig und komplex. Bestehende Definitionen bleiben daher sehr vage bzw. allgemein.[635]

Oftmals werden die beiden Begriffe Arbeits- und Beschäftigungsfähigkeit auch mehr oder weniger synonym verwendet. Dies ist so streng genommen aber nicht korrekt. Vielmehr stellt Arbeitsfähigkeit eine notwendige Voraussetzung bzw. Komponente der Beschäftigungsfähigkeit dar. Der Begriff der Beschäftigungsfähigkeit geht weiter als der Begriff der Arbeitsfähigkeit und beschreibt „die Fähigkeit einer Person, auf der Grundlage ihrer fachlichen und Handlungskompetenzen, Wertschöpfungs- und Leistungsfähigkeit ihre Arbeitskraft anbieten zu können und damit in das Erwerbsleben einzutreten, ihre Arbeitsstelle zu halten oder, wenn nötig, sich eine neue Erwerbsbeschäftigung zu suchen“[636].

Beschäftigungsfähigkeit meint „die Fähigkeit, fachliche, soziale und methodische Kompetenzen unter sich wandelnden Rahmenbedingungen zielgerichtet und eigenverantwortlich anzupassen und einzusetzen, um eine Beschäftigung zu erlangen oder zu erhalten.“[637]

Die Fähigkeiten, Kompetenzen und Eigenschaften einer Person werden dabei nicht nur in Bezug zu den Anforderungen der Arbeit gesetzt, sondern insbesondere auch ins Verhältnis zu den Anforderungen des Arbeitsmarkts.[638] Die Beschäftigungsfähigkeit wird damit primär durch die gesellschaftlich bedingten Erfordernisse des Arbeitsmarkts bestimmt. Beschäftigungsfähigkeit meint dabei

---

635 Vgl. Rump, J., Eilers, S. (2011), S. 78; Eichhorst, W. (2014), S. 8.

636 Definition laut EU-Komission zitiert nach Blancke, S., Roth, C., Schmid, J. (2000), S. 9 bzw. Freude, G., Pech, E. (2005), S. 187.

637 Rump, J. (2006), S. 21.

638 Vgl. Hoß, K., Pomorin, N., Reifferscheid, A., u. a. (2013), S. 22.

eine „andauernde Arbeitsfähigkeit, die sich in sich verändernden Arbeitsmärkten und somit in immer wieder verschiedenen Person-Situation-Konstellationen beweist“[639].

Gesundheit bildet damit nicht nur die Grundlage für Arbeitsfähigkeit sondern auch für eine lebenslange Beschäftigungsfähigkeit. Aus dieser Definition wird auch die besondere Dynamik, die mit dem Begriff verbunden ist, deutlich.[640]

Der Zusammenhang von Arbeits- und Beschäftigungsfähigkeit ist in Abbildung 29 skizziert.

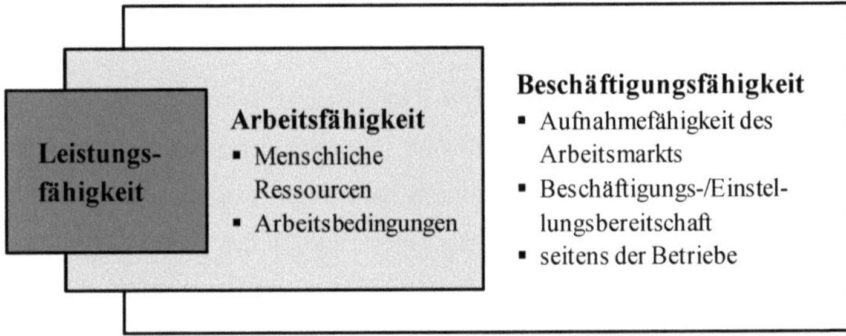

Abbildung 29: Arbeitsfähigkeit, Beschäftigungsfähigkeit und Beschäftigung[641]

Je nach Literatur werden unterschiedliche Elemente bzw. Dimensionen der Beschäftigungsfähigkeit diskutiert. So unterscheidet Ruf (2008) mit Kompetenz, Gesundheit, Lernfähigkeit, Integration, (Selbst-) Management und Verantwortung insgesamt sechs Dimensionen der Beschäftigungsfähigkeit (vgl. Abbildung 30).[642] Das Bundesministerium für Arbeit und Soziales hingegen nennt lediglich drei Komponenten: Gesundheit, Kompetenz und Engagement.[643]

---

639 Hoß, K., Pomorin, N., Reifferscheid, A., u. a. (2013), S. 21.
640 Vgl. Ilmarinen, J., Tempel, J. (2002), S. 162; Richenhagen, G. (2009), S. 81; Freude, G., Pech, E. (2005), S. 187; Hasselhorn, H.-M., Freude, G. (2007), S. 9.
641 In Anlehnung an Ilmarinen, J., Tempel, J. (2002); Ilmarinen, J. (2000), S. 89; Initiative Neue Qualität der Arbeit (2011), S. 9; Kistler, E. (2008), S. 39.
642 Vgl. Ruf, U. P. (2008), S. 26.
643 Vgl. Bundesministerium für Arbeit und Soziales (o. J. c), S. 7.

Abbildung 30: Dimensionen der Beschäftigungsfähigkeit nach Ruf[644]

5.2.2.4 Produktivität, Absentismus und Präsentismus

Die (Arbeits-) Leistung einer Person am Arbeitsplatz ist abhängig von einer Vielzahl von Faktoren. Dabei spielen, wie schon in Kapitel 5.2.2.2 kurz angesprochen, insbesondere die Leistungsfähigkeit und die Leistungsbereitschaft einer Person und damit auch deren Motivation eine große Rolle. Auch Gesundheit als Grundvoraussetzung für Leistungsfähigkeit zählt zu den entscheidenden Faktoren für eine hohe Arbeitsleistung. Die Arbeitsproduktivität ist dabei eine Möglichkeit die Leistung zu quantifizieren. In der einfachsten Definition meint Produktivität das Verhältnis von Output zu Input. Die Messung der Arbeitsproduktivität setzt also voraus, dass sowohl Input also auch Output quantifizierbar sind. Insbesondere bei überwiegend geistigen Tätigkeiten ist die Produktivität aber kaum beobachtbar bzw. messbar.[645]

Insbesondere der Zusammenhang von Gesundheit bzw. Lebensqualität und Produktivität ist äußerst komplex und nach wie vor nur unzureichend wissenschaftlich untersucht. Feststeht, dass Krankheit die Produktivität negativ beeinflusst und zwar sowohl kurz- als auch langfristig. Die Produktivitätsverluste, die dadurch für Unternehmen und insbesondere die Gesellschaft entstehen sind enorm. Die Produktivitätsverluste entstehen dabei im Wesentlichen durch

644 In Anlehnung an Ruf, U. P. (2008), S. 26.

645 Vgl. Beaton, D., Bombardier, C., Escorpizo, R., u. a. (2009), S. 2101; Hungenberg, H., Wulf, T. (2015), S. 224.

krankheitsbedingtes Fernbleiben vom Arbeitsplatz (Absentismus) bzw. durch eine verringerte Produktivität bzw. Leistung am Arbeitsplatz (Präsentismus). Dabei ist der Zusammenhang keinesfalls linear. Man kann also nicht einfach sagen, dass ein Mehr an Schmerzen oder Beeinträchtigung mit einem proportionalen Produktivitätsverlust einhergehen würde. Ferner führt auch das vorzeitige Ausscheiden aus dem Erwerbsleben aufgrund von Krankheit oder gar Tod zu enormen Produktivitätsverlusten für die Volkswirtschaft.[646]

Der Begriff des Präsentismus hängt dabei eng mit dem Begriff des Absentismus bzw. der Produktivität am Arbeitsplatz zusammen. Ähnlich wie für viele andere Begrifflichkeiten in diesem Kontext, existiert auch für den Begriff des Präsentismus keine allgemeingültige Definition. Vielmehr existiert eine große Bandbreite an verschiedenen Ansätzen. Bei genauerem Hinsehen können im Rahmen der Präsentismusdebatte jedoch zwei verschiedene Forschungsstränge unterschieden werden: (1) Präsentismus als das Verhalten trotz Krankheit auf die Arbeit zu gehen, und (2) Präsentismus als Produktivitätseinbußen, die entstehen, weil Mitarbeiter krank zur Arbeit erscheinen.

Der erste Forschungsansatz setzt dabei an der verhaltensbezogenen Ebene an. Demnach ist Präsentismus definiert als das Verhalten trotz Krankheit zur Arbeit zu gehen (vgl. z. B. Aronsson (2000): „phenomenon of people, despite complaints and ill health that should prompt rest and absence from work, still turning up at their jobs"[647]).[648]

Dabei steht die Erforschung der Folgen für die Gesundheit der Betroffenen (z. B. Bergstrom und Kollegen (2009a), Bergstrom und Kollegen (2009b), (Hansen und Andersen (2009), Kivimaki und Kollegen (2005), Westerlund und Kollegen (2009)) sowie Ursachen für dieses Verhalten und dessen Verbreitung (Böckermann und Laukkanen (2009), Dew und Kollegen (2005), Hansen und Andersen (2008), Johansson und Lundberg (2004)) im Mittelpunkt.[649]

---

646 Vgl. Beaton, D., Bombardier, C., Escorpizo, R., u. a. (2009), S. 2101; Greiner, W., Damm, O. (2012), S. 32-33.

647 Aronsson, G. (2000), S. 503.

648 Vgl. Steinke, M., Badura, B. (2011), S. 16; Schmidt, J., Schröder, H. (2010), S. 93; Aronsson, G. (2000), S. 503.

649 Vgl. Bergström, G., Bodin, L., Hagberg, J., u. a. (2009a); Bergström, G., Bodin, L., Hagberg, J., u. a. (2009b); Hansen, C. D., Andersen, J. H. (2009); Kivimäki, M., Head, J.,

Die andere Forschungsrichtung zielt hingegen eher auf den Produktivitätsverlust ab, der sich ergibt, wenn Mitarbeiter krank zur Arbeit erscheinen. Präsentismus ist demnach definiert als Produktivitätseinbußen, die Unternehmen entstehen, wenn Beschäftigte aufgrund gesundheitlicher Beeinträchtigungen in ihrer Leistungsfähigkeit eingeschränkt sind und unter ihrem normalen Arbeitspensum bleiben. Oder anders ausgedrückt: „Presenteeism, as defined by researchers, isn't about malingering (pretending to be ill to avoid work duties) or goofing off on the job (surfing the Internet, say, when you should be preparing that report). The term [...] refers to productivity loss resulting from real health problems"[650] (vgl. z. B. auch Burton (1999): „decrement in performance associated with remaining at work while impaired by health problems"[651]). Die Produktivitätsverluste, die durch dieses Verhalten entstehen sind enorm und werden je nach Literatur auf ebenso groß bzw. ein Vielfaches der Verluste beziffert, die den Unternehmen bzw. der Gesellschaft durch Absentismus entstehen.[652]

Die zweite Perspektive stammt ursprünglich aus den USA und gilt auch heute noch als die anglo-amerikanische Sichtweise. In Deutschland hingegen basiert die Debatte im Wesentlichen auf dem ersten verhaltensbezogenen Begriffsverständnis von Präsentismus.[653]

Auch im Hinblick auf die Definition von Absentismus unterscheiden sich die Positionen in der Literatur. Insbesondere in der Arbeitssoziologie/-psychologie findet sich ein eher breites Begriffsverständnis. Absentismus steht dabei für das Fernbleiben vom Arbeitsplatz unabhängig von der Ursache. Die Fehlzeiten können damit sowohl auf motivationale Probleme als auch auf Schwierigkeit im privaten Umfeld oder auf Krankheit zurückzuführen sein. Wenn von Absentismus die Rede ist, müssen also nicht zwangsläufig krankheitsbedingte Fehlzeiten gemeint sein. Demgegenüber gibt es aber auch Quellen, die unter dem Begriff

Ferrie, J. E., u. a. (2005); Westerlund, H., Kivimaki, M., Ferrie, J. E., u. a. (2009); Steinke, M., Badura, B. (2011), S. 18; Böckerman, P., Laukkanen, E. (2009), S. 1007; Dew, K., Keefe, V., Small, K. (2005), S. 2273; Hansen, C. D., Andersen, J. H. (2008), S. 956; Johansson, G., Lundberg, I. (2004), S. 1857.

650 Hemp, P. (2004), S. 50.

651 Burton, W. N., Conti, D. J., Chen, C. Y., u. a. (1999), S. 863.

652 Vgl. Burton, W. N., Conti, D. J., Chen, C. Y., u. a. (1999), S. 863; Steinke, M., Badura, B. (2011), S. 16; Hemp, P. (2004), S. 49; Schmidt, J., Schröder, H. (2010), S. 93.

653 Vgl. Steinke, M., Badura, B. (2011), S. 19-20.

des Absentismus explizit das Fernbleiben vom Arbeitsplatz aufgrund von Krankheit bezeichnen.[654] Wenn in der vorliegenden Arbeit von Absentismus die Rede ist, so ist damit das krankheitsbedingte Fernbleiben vom Arbeitsplatz gemeint.

5.2.2.5 Erwerbsfähigkeit, Erwerbsminderung, Minderung der Erwerbsfähigkeit und Erwerbsunfähigkeit

Im Rahmen der Deutschen Rentenversicherung ist Erwerbsfähigkeit definiert als „die Fähigkeit eines Versicherten, sich unter Ausnutzung der Arbeitsgelegenheiten, die sich ihm nach seinen Kenntnissen und körperlichen und geistigen Fähigkeiten im ganzen Bereich des wirtschaftlichen Lebens bietet, einen Erwerb zu erzielen“[655]. Der besondere Arbeitsmarkt (z. B. Werkstätten für behinderte Menschen (WfbM)) ist hierbei explizit ausgenommen. Erwerbsfähig im Kontext des SGB VI ist, wer über die notwendige physische wie psychische Leistungsfähigkeit verfügt, unter den üblichen Bedingungen des Arbeitsmarkts regelmäßig einer Erwerbstätigkeit nachkommen zu können.[656]

Erwerbsfähig im Sinn des § 8 SGB II ist „wer nicht wegen Krankheit oder Behinderung auf absehbare Zeit außerstande ist, unter den üblichen Bedingungen des allgemeinen Arbeitsmarktes mindestens drei Stunden täglich erwerbstätig zu sein.“[657]

Eine erhebliche Gefährdung der Erwerbsfähigkeit liegt vor, wenn aufgrund von gesundheitlichen Einschränkungen innerhalb von drei Jahren von einer Minderung der Leistungs-/Erwerbsfähigkeit auszugehen ist. Das Vorliegen einer erheblichen Gefährdung der Erwerbsfähigkeit ist eine der persönlichen Voraussetzungen für den Anspruch auf Leistungen zur Teilhabe (vgl. § 10 SGB VI). Der Begriff der Minderung der Erwerbsfähigkeit im Sinne des § 10 SGB VI ist dabei

---

654 Vgl. Chojnacki, M. (1982), S. 173; Sonntag, K., Frieling, E., Stegmaier, R. (2013), S. 349; Böckerman, P., Laukkanen, E. (2009), S. 1007.

655 Deutsche Rentenversicherung Bund (2013), S. 39.

656 Vgl. Deutsche Rentenversicherung Bund (2013), S. 39; Medizinischer Dienst des Spitzenverbandes Bund der Krankenkassen (2011), S. 18.

657 § 8 SGB Abs. 1 SGB II.

vom Begriff der Erwerbsminderung nach § 43 SGB VI bzw. vom Begriff der Minderung der Erwerbsfähigkeit zu unterscheiden.[658]

Unter dem Begriff der Erwerbsminderung versteht man eine Einschränkung der Erwerbsfähigkeit. § 43 SGB VI unterscheidet dabei zwischen teilweiser und voller Erwerbsminderung. Teilweise erwerbsgemindert ist, wer „wegen Krankheit oder Behinderung auf nicht absehbare Zeit außerstande [ist], unter den üblichen Bedingungen des allgemeinen Arbeitsmarktes mindestens sechs Stunden täglich erwerbstätig zu sein"[659]. Als voll erwerbsgemindert gilt, wer im gleichen Sinn nicht mindestens für drei Stunden pro Tag einer Erwerbstätigkeit nachkommen kann (vgl. § 43 Abs. 2 Satz 2 SGB VI). Versicherte, die teilweise bzw. voll erwerbsgemindert sind haben (unter gewissen anderen Voraussetzungen) Anspruch auf eine Rente wegen Erwerbsminderung (vgl. § 43 SGB VI). Die Rente wegen Erwerbsminderung ist im Volksmund besser bekannt als Erwerbsminderungsrente.[660]

Der Begriff der Minderung der Erwerbsfähigkeit (MdE) ist hingegen ein Begriff aus der Gesetzlichen Unfallversicherung, dem Bundesentschädigungsgesetz (BEG) bzw. dem Beamtenversorgungsgesetz (BeamtVG). Darunter versteht man „eine infolge gesundheitlicher Beeinträchtigungen erhebliche und länger andauernde [d. h. länger als sechs Monate] Einschränkung der Leistungsfähigkeit, wodurch der Versicherte seine bisherige oder zuletzt ausgeübte berufliche Tätigkeit nicht mehr oder nicht mehr ohne wesentliche Einschränkungen ausüben kann."[661]. Gemäß § 56 Abs. 1 Satz 1 SGB VII haben „Versicherte, deren Erwerbsfähigkeit infolge eines Versicherungsfalls über die 26. Woche nach dem Versicherungsfall hinaus um wenigstens 20 vom Hundert gemindert ist"[662] Anspruch auf die Zahlung einer Rente. Der Begriff der Minderung der Erwerbsfähigkeit ist negativ besetzt. Es geht um die Beeinträchtigung des Leistungsvermögens. Im Unterschied dazu geht es im Bereich der Gesetzlichen Rentenversi-

[658] Vgl. Medizinischer Dienst des Spitzenverbandes Bund der Krankenkassen (2011), S. 18; Deutsche Rentenversicherung Bund (2013), S. 38-39.

[659] § 43 Abs. 1 Satz 2 SGB VI.

[660] Vgl. Deutsche Rentenversicherung Bund (2013), S. 40.

[661] Medizinischer Dienst des Spitzenverbandes Bund der Krankenkassen (2011), S. 18.

[662] § 56 Abs. 1 Satz 1 SGB VII.

cherung darum „das verbliebene individuelle Leistungsvermögen“[663] zu beurteilen. Daher kann vom Ausmaß der Minderung der Erwerbsfähigkeit auch nicht auf das Leistungsvermögen im Erwerbsleben (vgl. Kapitel 5.2.2.2) geschlossen werden.[664]

Zuletzt soll noch kurz auf den Begriff der Erwerbsunfähigkeit eingegangen werden. Wenngleich der Begriff im allgemeinen Sprachgebrauch noch häufig auftaucht, wird er im Bereich der Gesetzlichen Rentenversicherung heute eigentlich nicht mehr verwendet. Mit Inkrafttreten des Gesetzes zur Reform der Renten wegen verminderter Erwerbsfähigkeit zum 01.01.2001 ist auch § 44 SGB VI (Rente wegen Erwerbsunfähigkeit) entfallen. Im Zuge der Novellierung wurde der Begriff der Erwerbsunfähigkeit nahezu vollständig durch den Begriff der vollen Erwerbsminderung ersetzt. Im Rahmen des § 302b SGB VI (Renten wegen verminderter Erwerbsfähigkeit) entfaltet der Paragraph aber nach wie vor seine Wirkung. Gemäß § 44 Abs. 2 SGB VI, in der Fassung bis zum 31.12.2000, galt als erwerbsunfähig, wer „wegen Krankheit oder Behinderung auf nicht absehbare Zeit außerstande ist, eine Erwerbstätigkeit in gewisser Regelmäßigkeit auszuüben oder Arbeitsentgelt oder Arbeitseinkommen zu erzielen, das monatlich 630 Deutsche Mark übersteigt“[665]. Ferner galten auch Versicherte als erwerbsunfähig, die aufgrund ihrer „Behinderung nicht auf dem allgemeinen Arbeitsmarkt tätig sein“[666], sondern beispielsweise nur in Werkstätten für Behinderte arbeiten konnten.[667]

Bestand Ende Dezember 2000 jedoch ein Anspruch auf eine Rente wegen Erwerbsunfähigkeit (oder Berufsunfähigkeit), so besteht dieser Anspruch gemäß § 302b Abs. 1 Satz 1 SGB VI „bis zum Erreichen der Regelaltersgrenze weiter, solange die Voraussetzungen vorliegen, die für die Bewilligung der Leistung maßgebend waren“[668].[669]

---

663 Deutsche Rentenversicherung Bund (2013), S. 62.

664 Vgl. Deutsche Rentenversicherung Bund (2013), S. 40, 62; Medizinischer Dienst des Spitzenverbandes Bund der Krankenkassen (2011), S. 18.

665 § 44 Abs. 2 SGB VI in der Fassung bis 31.12.2000.

666 § 44 Abs. 2 SGB VI in der Fassung bis 31.12.2000.

667 Vgl. Deutsche Rentenversicherung Bund (2013), S. 41.

668 § 302b Abs. 1 Satz 1 SGB VI.

669 Vgl. Deutsche Rentenversicherung Bund (2013), S. 41.

5.2.2.6 Berufsunfähigkeit

Auch der Begriff der Berufsunfähigkeit ist je nach Kontext unterschiedlich definiert. Aus den Sozialgesetzbüchern ist der Begriff beinahe total verschwunden. Seit Inkrafttreten des Gesetzes zur Reform der Renten wegen verminderter Erwerbsfähigkeit zum ersten Januar 2001 kann ein Rentenanspruch aufgrund von Berufsunfähigkeit nämlich nur noch von Versicherten geltend gemacht werden, die „vor dem 2. Januar 1961 geboren“[670] sind. Als berufsunfähig gelten dabei Versicherte, „deren Erwerbsfähigkeit wegen Krankheit oder Behinderung [...] auf weniger als sechs Stunden gesunken ist“[671] und „die unter Berücksichtigung ihres [...] Leistungsvermögens und der Qualität ihres bisherigen Berufs [...] nicht mehr auf eine ihren Kräften und Fähigkeiten entsprechende zumutbare berufliche Tätigkeit verwiesen werden können.“[672]. Eine Erwerbsminderung im Sinn von § 43 SGB VI besteht jedoch (noch) nicht. Die Definition gemäß § 240 Abs. 2 SGB VI entspricht dabei im Wesentlichen der alten Fassung des § 43 Abs. 2 SGB VI.[673]

Von diesem Verständnis ist das Verständnis von Berufsunfähigkeit im Rahmen der privaten Berufsunfähigkeitsversicherung abzugrenzen. Eine Legaldefinition findet sich dabei in § 172 Abs. 2 VVG. Berufsunfähig ist demnach „wer seinen zuletzt ausgeübten Beruf, so wie er ohne gesundheitliche Beeinträchtigung ausgestaltet war, infolge Krankheit, Körperverletzung oder mehr als altersentsprechendem Kräfteverfall ganz oder teilweise voraussichtlich auf Dauer nicht mehr ausüben kann“[674]. Die Beeinträchtigung muss dabei voraussichtlich dauerhaft (vgl. § 172 Abs. 2 VVG), zumindest aber für sechs Monate gegeben sein. Die Ausführungen in den allgemeinen Bedingungen für die Berufsunfähigkeitsversicherung bzw. Berufsunfähigkeitszusatzversicherung unterscheiden sich dabei nur marginal von der Definition im Versicherungsvertragsgesetz (VVG).[675]

[670] § 240 Abs. 1 Satz 1 SGB VI.
[671] § 240 Abs. 2 Satz 1 SGB VI.
[672] Deutsche Rentenversicherung Bund (2013), S. 34.
[673] Vgl. § 240 Abs. 1 SGB VI; Deutsche Rentenversicherung Bund (2013), S. 34.
[674] § 172 Abs. 2 VVG.
[675] Vgl. Hirschberg, A. (2011), S. 17; Deutsche Rentenversicherung Bund (2013), S. 34.

5.2.2.7 Zwischenfazit

Aufgrund der vielfältigen Zusammenhänge ist die alleinige Messung der Arbeitsfähigkeit im engeren Sinne nicht ausreichend. Möchte man nun also Arbeitsfähigkeit in einem weiteren Sinn messen, so muss auch die Produktivität und damit sowohl das krankheitsbedingte Fernbleiben vom Arbeitsplatz (Absentismus) als auch Präsentismus mit abgebildet werden.

5.3 Instrumente zur Messung von Arbeitsfähigkeit

5.3.1 Systematische Literaturrecherche

Das Ziel der systematischen Literaturrecherche bestand darin einen umfassenden Überblick über die vorhandenen Instrumente zur Messung von Arbeitsfähigkeit und Präsentismus sowie verwandten Konstrukten zu schaffen.

Abbildung 31 zeigt das Vorgehen der Literaturrecherche im Überblick.

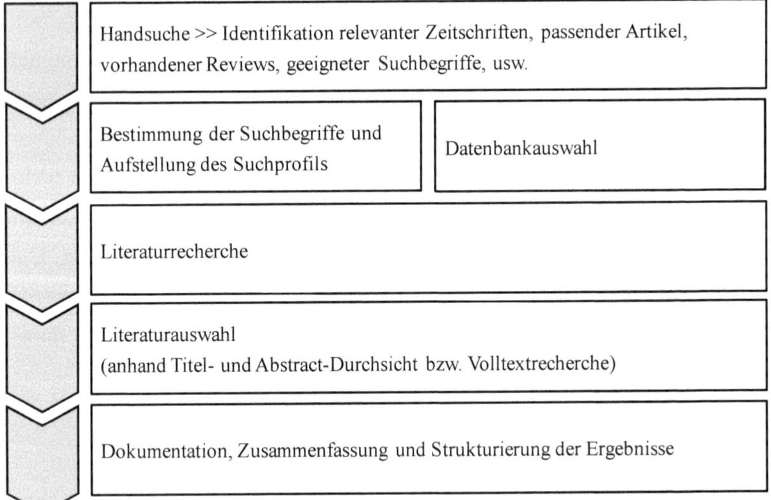

Abbildung 31: Vorgehen der Literaturrecherche im Überblick

Um einen Überblick über die komplexe Thematik zu gewinnen, wurde zunächst eine breite Handsuche im Internet durchgeführt. Diese diente nicht nur einer ersten Orientierung, sondern auch der Identifikation relevanter Zeitschriften, geeigneter Suchbegriffe, vorhandener Reviews, und so weiter. Die Handsuche bildete dabei die Basis für alle weiteren Schritte.

5.3.1.1 Aufstellung des Suchalgorithmus, Datenbankauswahl und Literaturrecherche

Die Datenbankauswahl sowie die Bestimmung der Suchbegriffe erfolgten in Anlehnung an vorhandene Übersichtsarbeiten sowie auf Basis der ersten groben Recherche. Hinsichtlich der elektronischen Datenbanken fiel die Wahl auf PubMed, die Cochrane Library sowie ScienceDirect. Mit den drei Datenbanken war ein relativ großes Spektrum abgedeckt. Bestehende Übersichtsarbeiten durchsuchten zwar oftmals auch viele kleinere Datenbanken, diese waren jedoch zum großen Teil mit den Meta-Datenbanken abgedeckt.

Die finale Suchstrategie umfasste diverse Suchbegriffe aus den drei Themenfeldern (1) Arbeit(splatz), (2) Arbeits(un)fähigkeit/Präsentismus/Absentismus/Produktivität und (3) Instrumente. Abbildung 32 zeigt den finalen Suchalgorithmus im Überblick. Für das vollständige Suchprofil sei auf Anhang 1 verwiesen.

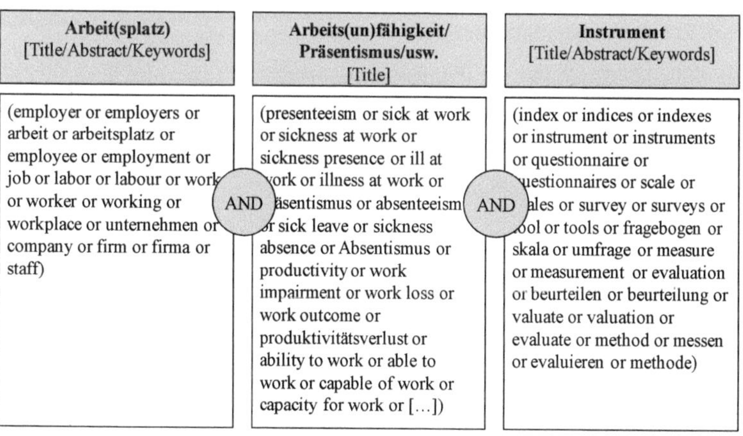

Abbildung 32: Auszug aus dem Suchalgorithmus

Der dort abgebildete Suchalgorithmus ist das Ergebnis zahlreicher Testdurchläufe. Zu Beginn bestand die Suche lediglich aus den beiden Komponenten (2) Arbeits(un)fähigkeit/Präsentismus/usw. sowie (3) Instrument. Testläufe zeigten jedoch, dass sehr viele Treffer zum Themenkomplex Leistungseinschränkungen im Allgemeinen und nicht bezogen auf das Arbeitsumfeld auftauchten, sodass der Algorithmus letztendlich um eine dritte Komponente, den (1) Arbeitsplatz ergänzt wurde. Die Tatsache ist sicherlich zum großen Teil auch der Integration des englischen Begriffs *disability* geschuldet, der im Deutschen nicht nur für Arbeits- bzw. Erwerbsunfähigkeit, sondern auch für Behinderung, Gebrechen oder Invalidität steht. Auf der anderen Seite konnte auf den Begriff aber auch nicht verzichtet werden, da mit Ausschluss des Terms wichtige Studien aus dem vorher definierten Testset verloren gingen.

Im Allgemeinen offenbarten die zahlreichen Testläufe bereits die Vielzahl von Treffern. Eine Einschränkung der Suchstrategie gestaltete sich jedoch schwierig. Vor dem Hintergrund der Fragestellung (Überblick über alle verfügbaren Instrumente) erschien es weder zielführend die Suche auf einen bestimmten Zeitraum noch auf bestimmte Publikationsarten einzuschränken. Wie oben bereits erläutert, konnte auch nicht ohne Weiteres auf einzelne eher allgemein gehaltene Suchbegriffe (z. B. disability) verzichtet werden.

Ferner war zu erwarten, dass die eigentliche Analyse vor dem Hintergrund der Fragestellung weniger umfangreich ausfallen würde. Normalerweise müssen die Artikel im Rahmen systematischer Reviews sehr detailliert erfasst und ausgewertet werden. Da es in der vorliegenden Arbeit aber primär darum ging die verwendeten Instrumentarien aus den Artikeln herauszufiltern, konnte von einem vergleichsweise geringen Arbeitsaufwand hinsichtlich der eigentlichen Auswertung der Texte ausgegangen werden.

Eine Handsuche in einschlägigen Sammelbänden und Zeitschriften, gezielte Internetrecherche auf den Webseiten einzelner Universitäten (z. B. Bergische Universität Wuppertal) und Kostenträger (z. B. Deutsche Rentenversicherung Mitteldeutschland), sowie den Internetpräsenzen öffentlicher und privater Einrichtungen (z. B. Initiative Neue Qualität der Arbeit (INQA), Bundesanstalt für Arbeitsschutz und Arbeitsmedizin (BAuA), Initiative Gesundheit & Arbeit (iga)) rundete die Suche ab. Basis für die Auswahl relevanter Journals bildeten die Ergebnisse der ersten überblicksartigen Handsuche. Die in den Übersichtsarbeiten identifizierten Artikel wurden u. a. in den Zeitschriften *American Journal of Health Promotion, Journal of Occupational and Environmental Medicine, Scandinavian Journal of Public Health, Scandinavian Journal of Work* sowie *Environmental Health* publiziert. Die beiden Journals *American Journal of Health Promotion* sowie *Environmental Health* konnten mangels Zugang nicht gesondert recherchiert werden. Relevant erschienen zudem der Fehlzeiten-Report, der jährlich gemeinsam vom WIdO, dem wissenschaftlichen Institut der AOK und der Universität Bielefeld herausgegeben wird und interessante Daten und Untersuchungen zu krankheitsbedingten Fehlzeiten beinhaltet sowie diverse Zeitschriften aus dem Bereich der Arbeitsmedizin (u. a. *International Journal of Occupational and Environmental Medicine, International Journal of Occupational Medicine and Environmental Health*).

5.3.1.2 Literaturauswahl

Die Literaturauswahl erfolgte im ersten Schritt mittels Titel- bzw. Abstract-Durchsicht und im zweiten Schritt mittels einer Volltextrecherche. Wichtigster Richtwert bestand zunächst in einem starken inhaltlichen Bezug des Papers zum Themenkomplex Messung von Arbeitsfähigkeit, Präsentismus, oder Return-to-Work (RTW). Hatte eine Studie lediglich die Messung von Produktivität im Allgemeinen zum Ziel, wurde diese nur weiter betrachtet, sofern es explizit um die Messung von Produktivität am Arbeitsplatz ging. Einschluss- bzw. Ausschlusskriterien im engeren Sinn bestanden nicht. Einziges Einschlusskriterium, wenn man so möchte, war, dass in der Publikation mindestens ein Instrument bzw. Fragebogen genannt werden musste, das zur Messung von Arbeitsfähigkeit, Präsentismus oder verwandten Konstrukten herangezogen werden kann.

Publikationen mit Instrumenten, die lediglich krankheitsbedingte Fehlzeiten (Absentismus), Arbeitsbedingungen oder sonstige Einschränkungen (z. B. Einschränkungen im täglichen Leben) abbilden, wurden ausgeschlossen. Des Weiteren wurden Publikationen ausgeschlossen, in denen ausschließlich Instrumente zur Messung von Lebensqualität, Schmerzen, Wohlbefinden oder rein medizinischen Parametern genannt wurden.

5.3.1.3 Dokumentation, Zusammenfassung und Strukturierung der Ergebnisse

Die Dokumentation, Zusammenfassung und Strukturierung der Ergebnisse erfolgte in zwei Schritten, die zum Teil auch parallel abliefen. Abbildung 33 zeigt den Prozess der Dokumentation, Zusammenfassung und Strukturierung im Überblick.

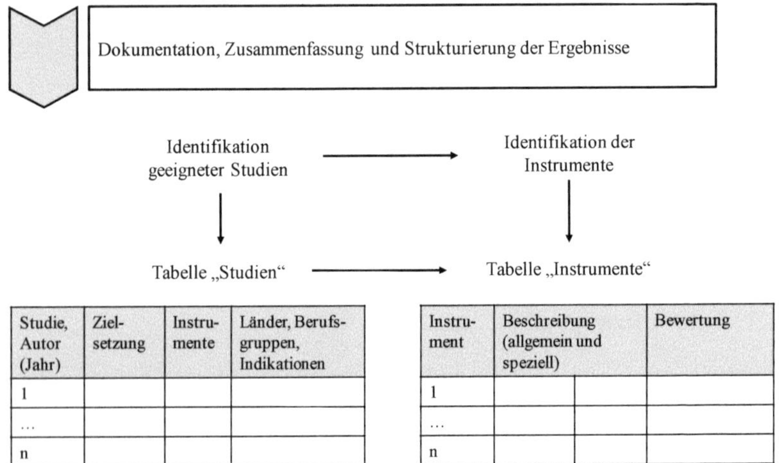

Abbildung 33: Zusammenfassung und Strukturierung der Ergebnisse

Zunächst wurden die verbliebenen Artikel hinsichtlich Zielsetzung (z. B. Berechnung der Produktivitätsausfälle in einzelnen Indikationen, Validierung einzelner Instrumente, Vergleich verschiedener Instrumente, usw.), Kontext (z. B. Land, betrachtete Indikationen/Berufsgruppen, usw.) und vorkommenden Instrumenten analysiert. Ferner wurde festgehalten, welche Rolle das Instrument in der Publikation spielt (z. B. Verwendung, Messung, Vergleich, usw.) (vgl. Abbildung 33).

Im Anschluss und zum Teil auch simultan erfolgte eine Zusammenstellung der einzelnen Instrumente in einer separaten Tabelle. Die identifizierten Instrumente wurden dabei zunächst anhand von eher allgemeinen Kriterien, wie Name, Synonyme, verschiedene Versionen, Abkürzungen, Jahr, Autor, Ziel, Zugang (z. B. frei verfügbar, urheberrechtlich geschützt), verfügbare Sprachen, usw. beschrieben. Ferner wurden auch spezifischerer Merkmale der Fragebögen, wie beispielsweise Messgegenstand/Merkmalsbereiche (z. B. Erhebung der Anzahl krankheitsbedingter Fehlzeiten, Ausmaß des Produktivitätsverlusts, usw.), Aufbau/Struktur (Module, Anzahl Items, usw.), Art der Befragung (Selbst-/Fremderhebung, Papier-/online-basiert), Antwort-Format (z. B. 7-Punkt Lickert-Skala), Recall-Periode, usw. festgehalten (vgl. Abbildung 33).

In einem weiteren Schritt wurden die identifizierten Tools nach den Kriterien Praktikabilität (u. a. Art der Befragung, Kosten, verfügbare Sprachen/Versionen), wissenschaftliche Evidenz (Gütekriterien: Validität, Reliabilität, Änderungssensitivität), Verbreitung/Anwendbarkeit (u. a. industrie-/berufsgruppenspezifisch, generisch oder krankheitsspezifisch, in welchen Ländern) und Quantifizierung in monetären Einheiten bewertet.

Bei der vorliegenden Arbeit handelt es sich nicht um ein systematisches Review im engeren Sinn, da die Fragestellung relativ offen gehalten wurde. Dennoch wurde versucht sich weitestgehend an den Kriterien für die Durchführung von systematischen Übersichtsarbeiten zu halten, die von den einschlägigen Institutionen (Cochrane Collaboration, Institut für Qualität und Wirtschaftlichkeit im Gesundheitswesen, Centre for Reviews and Dissemination) empfohlen werden.[676]

5.3.2 Suchergebnisse

Insgesamt konnten mit der oben beschriebenen Suchstrategie in den elektronischen Datenbanken Science Direct, Pubmed und der Cochrane Library 4.665 Titel identifiziert werden (siehe Tabelle 18). Nach der Eliminierung von Duplikaten mittels der von Citavi bereitgestellten Funktion *Duplikate entfernen* verblieben 4.479 Artikel. Hierbei wurden jedoch nicht alle Duplikate erkannt. Daraufhin erfolgte ein manueller Abgleich der Titel und Autoren, wodurch nochmals einige Doppelungen aufgespürt werden konnten, sodass sich die Zahl der verbleibenden Artikel am Ende auf 4.437 belief (siehe Tabelle 18).

---

[676] Vgl. Institut für Qualität und Wirtschaftlichkeit im Gesundheitswesen (2015); Centre for Reviews and Dissemination (2009); Higgins, J. P. T., Green, S. (2008).

Tabelle 18: Suchergebnisse nach Datenbanken

	Science Direct	Pubmed	Cochrane	Gesamt
#1 (Arbeitsplatz) [Titel/Abstract/(Keywords)]	742.684	986.816	39.845	1.769.345
#2 (Instrument) [Titel/Abstract/(Keywords)]	3.476.380	4.471.595	484.699	8.432.674
#3 (Arbeits(un)fähigkeit/ Präsentismus/usw.) [Titel]	850	30.846	2.142	33.838
#4 (#1 AND #2 AND #3)	112	3.948	605	4.665
nach Entfernung von Duplikaten				4.437

Die Sichtung von Referenzen, die Konsultation von Experten und die Internetrecherche resultierten in 26 Artikeln. Ein Abgleich mit den mittels elektronischen Datenbanken aufgespürten Treffern ergab eine Überschneidung von 20 Treffern, sodass faktisch lediglich sechs Publikationen hinzukamen. Insgesamt ergaben sich damit 4.443 Publikationen zur weiteren Betrachtung.

Durch die manuelle Handsichtung von Titel bzw. Abstract konnten 3.847 Titel ausgeschlossen werden. Hauptausschlussgrund war hierbei ein fehlender Themenbezug.

Von den verbliebenen 596 Artikeln wurden die Volltexte besorgt und einer detaillierteren Bewertung unterzogen. Bei insgesamt 202 Titeln war der Volltext nicht frei verfügbar. Bei 91 der 202 Publikationen konnten die relevanten Informationen jedoch aus dem Abstract gezogen werden, sodass diese Publikationen mit in der Analyse verblieben. Die restlichen 111 Beiträge wurden aus der weiteren Untersuchung ausgenommen, da der Volltext nicht ausfindig gemacht werden konnte. Aufgrund der ohnehin sehr großen Trefferanzahl und zahlreicher Dopplungen im Hinblick auf die betrachteten Instrumente wurde davon abgesehen die Volltexte einzeln bei den Autoren anzufragen.

239 Titel mussten, weil sie eine oder mehrere Ausschlusskriterien aufwiesen, verworfen werden. Die meisten Publikationen wurden ausgeschlossen, weil sie entweder gar kein Instrument verwendeten bzw. weil das zu verwendete Instrument lediglich Schmerzen oder Wohlbefinden im Allgemeinen oder aber rein medizinische Indikatoren abbildet. Von den 596 Titeln verblieben letztlich 357 Titel für die weitere Untersuchung (vgl. Abbildung 34).

Abbildung 34 zeigt das Vorgehen der Literatursuche, - auswahl und -selektion im Überblick.

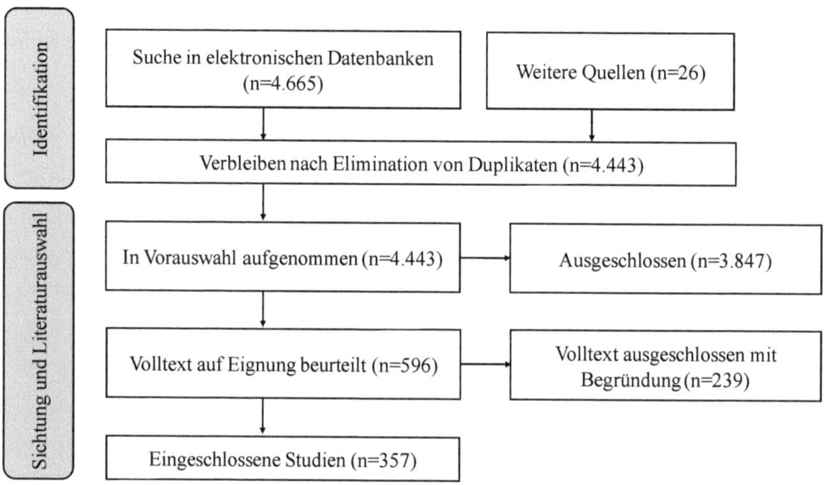

Abbildung 34: PRISMA-Schema[677]

In den besagten 357 Studien fanden sich insgesamt knapp 60 Instrumente zur Messung von Arbeitsfähigkeit, Präsentismus, Leistungseinschränkungen bei der Arbeit, usw. Darunter sind jedoch auch verschiedene Versionen einzelner Instrumente zu finden. Eine genaue Abgrenzung ist auch aufgrund begrifflicher Unschärfen schwierig. So wird ein und dasselbe Instrument oftmals anders bezeichnet. Hinzu kommt, dass es oftmals auch unterschiedlich lange (z. B. SPS-6, SPS-13, SPS-34) oder verschiedene krankheits- bzw. indikationsspezifische Versionen eines Instruments gibt (z. B. WPAI-GH, WPAI-RA, WPAI-SpA, usw.). Auch wurden einige Instrumente über die Jahre weiterentwickelt und werden mittlerweile unter einer anderen Bezeichnung geführt. Oftmals unterscheiden sich diese aber auch gänzlich von der ursprünglichen Version. Die Grenzen sind fließend, was eine exakte Abgrenzung der einzelnen Tools nahezu unmöglich macht. Insofern ist die Angabe bzw. Ermittlung einer genauen Anzahl von verschiedenen Instrumenten schwierig. Die Entscheidung, wann man ein Instrument als eigenständiges Instrument und wann als Version führt, war auch nicht immer ganz einfach, sodass diesbezüglich einige Annahmen getrof-

677 In Anlehnung an Moher, D., Liberati, A., Tetzlaff, J., u. a. (2009), S. 1009.

fen werden mussten. So wurden beispielsweise verschiedene krankheitsspezifische Varianten eines Instruments als Version(en) geführt, während Weiterentwicklungen von Instrumenten als extra Instrument geführt wurden. Unter diesen Annahmen belief sich die Anzahl der im Rahmen der Literaturrecherche identifizierten Tools auf 36 verschiedene Instrumente.

Zu den mit Abstand am häufigsten auftauchenden Instrumenten zählen der Work Productivity and Activity Impairment Questionnaire (WPAI), der Work Limitations Questionnaire (WLQ), die Standford Presenteeism Scale (SPS), der Health and Work Performance Questionnaire (HPQ), der Health and Labour Questionnaire (HLQ), der Work Ability Index (WAI) und der Migraine Disablity Assessment Test (MIDAS). Der WPAI und der WLQ wurden mit 137 bzw. 100 Nennungen in den 357 Studien mit Abstand am häufigsten aufgeführt. Die SPS wurde in insgesamt 41 Studien und damit in knapp mehr als 10% der Arbeiten genannt. Der HPQ wurde in 31, der HLQ in 26 und der WAI sowie der MIDAS in jeweils 25 Studien aufgeführt.[678] Mit Ausnahme der EWPS und der SDS, die in 16 respektive 14 der 357 Studien genannt wurden, wurden alle anderen Tools in weniger als 10 der 357 Studien genannt. Der Großteil der Instrumente tauchte dabei lediglich in einer bzw. maximal zwei Publikationen auf.

5.3.3 Beschreibung und Bewertung der Messinstrumente

Im Folgenden werden die in der Literatur am häufigsten auftretenden Instrumente (WPAI, WLQ, SPS, HPQ, HLQ, WAI und MIDAS) sowie drei weitere Fragebögen (EWPS, QQ, VOLP) kurz beschrieben und bewertet. Aufgrund der geringeren Verbreitung der anderen Tools, wird auf eine detaillierte Ausführung dieser Instrumente verzichtet.

Der **Work Productivity and Activity Impairment Questionnaire (WPAI)** ist ein Fragebogen zur Erfassung der Auswirkungen gesundheitlicher Beeinträchtigungen auf die Arbeitsfähigkeit sowie nicht berufsbezogene Aktivitäten im Allgemeinen. Der Fragebogen deckt die Merkmalsbereiche Absentismus sowie die angloamerikanische Sichtweise des Präsentismus, also die verminderte Produk-

[678] Vgl. Amler, N., Felder, S., Merkesdal, S., u. a. (zur Publikation angenommen).

tivität am Arbeitsplatz durch gesundheitsbezogene Probleme, ab. Der WPAI tauchte in den identifizierten Studien mit Abstand am häufigsten auf, was auf einen hohen Bekanntheitsgrad des Instruments hindeutet. Deutsche Studien existierten jedoch kaum, was darauf schließen lässt, dass der Bogen in Deutschland bislang eher selten eingesetzt wird. Das Instrument wurde 1993 durch Reilly Associates entwickelt. Neben der allgemeinen krankheitsübergreifenden Version WPAI-General Health existiert eine Vielzahl krankheitsspezifischer Versionen des Fragebogens. In der Specific Health Problem-Version taucht dabei anstelle des Begriffs Gesundheitsproblem ein Platzhalter bzw. der Begriff Problem auf, der dann entsprechend durch das jeweilige Krankheitsbild ersetzt werden kann. Ansonsten unterscheiden sich die Versionen eigentlich nicht voneinander. Der WPAI ist mittlerweile in mehr als 100 Sprachen übersetzt und kostenfrei verfügbar. Neben den Fragebögen finden sich online auch detaillierte Auswertungshinweise. Der WPAI besteht lediglich aus sechs Items und ist somit sehr schnell ausfüllbar. Das Skalenniveau der einzelnen Items ist unterschiedlich (Nominal-, Verhältnis- und Intervallskala). Die Fragen hinsichtlich der verringerten Produktivität sind dabei entlang einer 11 Punkte Likert-Skala zu beantworten. Der Fragebogen kann sowohl von den Betroffenen selbst oder von Dritten ausgefüllt werden. Ferner ist er berufs- und krankheitsgruppenübergreifend einsetzbar. Insofern eignet sich der Bogen auch für den Einsatz im Unternehmen. Die Recall-Periode beträgt sieben Tage.[679] Der WPAI zählt zu den Instrumenten, die am häufigsten auf deren psychometrische Güte hin untersucht wurden. Die entsprechenden Studien kamen dabei überwiegend zu dem Ergebnis, dass die psychometrische Güte des Tools insgesamt als gut eingestuft werden kann.[680]

Der **Work Limitations Questionnaire (WLQ)** geht zurück auf ein Forscherteam um Lerner und Amick (1998). Ziel von Lerner und Kollegen war die Entwicklung eines wissenschaftlich fundierten Instruments zur Messung der Auswirkungen chronischer Erkrankungen bzw. Behandlungen auf die Leistungs-

---

679 Vgl. Margaret Reilly Associates (2013); Steinke, M., Badura, B. (2011), S. 46.

680 Vgl. u. a. Zhang, W., Bansback, N., Boonen, A., u. a. (2010a); Tang, K. (2015); Lofland, J. H., Pizzi, L., Frick, K. D. (2004), S. 171; Loeppke, R., Hymel, P. A., Lofland, J. H., u. a. (2003), S. 356; Prasad, M., Wahlqvist, P., Shikiar, R., u. a. (2004), S. 231; Reilly, M. C., Zbrozek, A. S., Dukes, E. M. (1993); für eine Übersicht der Studien zu Validität siehe Reilly Associates (o. J.).

bzw. Arbeitsfähigkeit eines Beschäftigten. Die spezifischen Arbeitsanforderungen werden dabei anhand vier verschiedener Dimensionen abgebildet. Auf jeder Dimension werden die gesundheitsbedingten Beeinträchtigungen bzw. Einschränkungen der Leistungsfähigkeit während der letzten zwei Wochen erfragt. Der Fragebogen besteht aus insgesamt 25 Items. Fünf Items beziehen sich auf den Bereich Zeitmanagement (z. B. Einhaltung eines vorgegebenen Zeitplans), sechs auf körperliche Anforderungen, neun auf mentale bzw. interpersonelle Arbeitsanforderungen (z. B. Konzentration auf eine Sache) und fünf Fragen fokussieren den Bereich der ergebnisorientierten Anforderungen, also beispielsweise die Frage inwiefern man innerhalb der vergangenen zwei Wochen dem Arbeitspensum gerecht werden konnte. Die Einschränkung der Produktivität bzw. die Produktivitätsverluste werden somit indirekt ermittelt. Das Antwortformat ist einheitlich (5 Punkte Likert-Skala). Neben der 25 Item Version (WLQ-25) existieren auch zwei verkürzte Fassungen mit acht (WLQ-8) bzw. 16 Items (WLQ-16). Auch der WLQ wurde in zahlreichen Studien auf seine psychometrische Güte hin untersucht. Die Güte wurde dabei überwiegend als gut eingestuft. Der Fragebogen ist jedoch urheberrechtlich geschützt und darf nur mit spezieller Genehmigung verwendet werden.[681]

Die **Stanford Presenteeism Scale (SPS)** wurde 2002 von Koopman und Kollegen entwickelt. Die ursprüngliche Version umfasste damals 42 Items. Heute zählt die Standford Presenteeism Scale nunmehr lediglich sechs Items und gehört damit zu den kürzesten Fragebögen in diesem Bereich. Daneben gibt es auch noch eine Version mit 13 und eine mit 34 Items. Beide spielen jedoch nur eine untergeordnete Rolle. Die sechs Items der SPS-6 erfassen die unterschiedlichen Facetten von Präsentismus. Einzig die Version mit 13 Items erhebt zusätzlich die krankheitsbedingten Fehlzeiten.[682] Die Fragen sind dabei allgemein formuliert, sodass die Skala krankheitsübergreifend verwendet werden kann. Man könne den Fragebogen jedoch auch im Hinblick auf eine spezifische Fragestellung adaptieren, indem man den sehr allgemein gehaltenen Begriff des *Gesundheitsproblems* durch andere, spezifischere Begriffe wie etwa Rückenschmerzen oder Magenprobleme ersetzt. Die Befragten können dabei anhand einer 5 Punkte

681 Vgl. Lerner, D., Amick, B. C., Rogers, W. H., u. a. (2001).
682 Vgl. Tang, K. (2015), S. 37.

Likert-Skala bewerten, inwiefern sie den einzelnen Aussagen zustimmen. Am Ende ergibt sich daraus dann ein Gesamtwert, der das Ausmaß des Präsentismus wiedergibt. Zu Beginn des Fragebogens finden sich einige einleitende Worte sowie der Hinweis, dass sich die Fragen bzw. Items auf die letzten vier Wochen beziehen. Die SPS-6 ist inkl. Auswertungshinweisen online frei verfügbar. Die SPS ist bislang nur unzureichend wissenschaftlich evaluiert.[683]

Der **Health and Work Performance Questionnaire (HPQ)** wurde 2003 durch ein Forscherteam um Ron Kessler, Professor an der Harvard Medical School, in Zusammenarbeit mit der Weltgesundheitsorganisation (WHO) entwickelt. Das Projekt wurde damals durch die John D. and Catherine T. MacArthur Foundation unterstützt. Der Fragebogen wurde ursprünglich für den Einsatz im betrieblichen Setting konzipiert. Die Items fragen daher zum Teil auch nicht explizit nach gesundheitsbedingten Beeinträchtigungen. In der Langversion enthält der Fragebogen 89 Items. Damit ist der HPQ das mit Abstand längste der hier skizzierten Instrumente. Der Fragebogen deckt die Themenkomplexe Absentismus und Präsentismus sowie arbeitsbedingte Verletzungen bzw. Unfälle und die Fluktuation innerhalb der letzten vier Wochen ab. Trotz der vielen Items differenziert der HPQ nicht zwischen verschiedenen Arten der Leistungsfähigkeit, sondern ermittelt lediglich ein sehr allgemeines Maß der Leistungsfähigkeit bzw. Produktivität der Beschäftigten. Neben der Langversion für Arbeitnehmer existieren zwei weitere Versionen: eine Version für klinische Studien (mit einer Recall-Periode von sieben Tagen respektive vier Wochen), sowie eine Kurzversion mit elf Items, die lediglich den Absentismus- und Präsentismusbereich umfasst. Der Fragebogen ist online frei verfügbar, wurde mittlerweile in viele Sprachen übersetzt und ist industrie- bzw. berufsgruppenübergreifend anwendbar.[684]

Die psychometrische Güte des Tools wurde anhand von vier verschiedenen Samples untersucht. Die auf diese Weise erhobenen Daten wurden im Nachgang mit Daten aus der Lohnbuchhaltung bzw. mit Bewertungen seitens der Kollegen

683 Vgl. Tang, K. (2015), S. 37; Steinke, M., Badura, B. (2011), S. 43; Koopman, C., Pelletier, K. R., Murray, J. F., u. a. (2002); Lofland, J. H., Pizzi, L., Frick, K. D. (2004), S. 179; Loeppke, R., Hymel, P. A., Lofland, J. H., u. a. (2003), S. 5.

684 Vgl. Tang, K. (2015), S. 35-36; Loeppke, R., Hymel, P. A., Lofland, J. H., u. a. (2003), S. 353-354; Prasad, M., Wahlqvist, P., Shikiar, R., u. a. (2004), S. 233-235; Kessler, R. C., Barber, C., Beck, A., u. a. (2003); Zhang, W., Gignac, M. A. M., Beaton, D., u. a. (2010b).

oder Vorgesetzten verglichen. Abgesehen von einem Sample ergaben sich bei der Untersuchung von Kessler und Kollegen hinsichtlich der Kriteriumsvalidität akzeptable Werte. Zhang und Kollegen (2010) fanden moderate Übereinstimmung zum WPAI (ICC=0,61), aber nur sehr geringe Übereinstimmung mit dem WLQ (ICC=0,26) und dem HLQ (ICC=0,16). Kessler und Kollegen zufolge müsse die Anwendbarkeit des Tools jedoch noch weiter erforscht werden. Insbesondere müsse der Frage nachgegangen werden, ob und inwiefern sich das Instrument zur Verlaufsbeobachtung bzw. -kontrolle, etwa zur Abbildung von Effekten einer Intervention, eigne. Zudem ist bislang keine Studie bekannt, die die Reliabilität des Tools überprüft hätte.[685]

Der **Health and Labour Questionnaire (HLQ)** wurde 1996 von van Roijen und Kollegen in den Niederlanden entwickelt. Der Fragebogen ist online frei verfügbar. Neben der normalen Version gibt es eine Kurzversion. Der Health and Labour Questionnaire besteht aus vier Modulen und insgesamt 23 Items. Die Module adressieren dabei die Themenbereiche Absentismus, Präsentismus, unbezahlte Tätigkeiten (z. B. Hausarbeit) sowie Einschränkungen bei Erwerbsarbeit und unbezahlter Arbeit. Anders als der Großteil der bislang angesprochenen Fragebögen thematisiert der HLQ auch unbezahlte Arbeit und kann damit auch bei Nicht-Erwerbstätigen eingesetzt werden. Die Angaben lassen sich über bestimmte Transformationen in monetäre Größen umrechnen. Die psychometrische Güte des Instruments wurde anhand von vier relativ kleinen Samples untersucht. Dabei handelte es sich zum einen um gesunde Personen und zum anderen um Patienten (z. B. Migränepatienten). Die Probanden benötigten im Durchschnitt zehn Minuten um den Fragebogen auszufüllen. Eine Rücklaufquote von 68% und nur 4,5% fehlende Angaben deuteten auf eine gute Umsetzbarkeit seitens der Befragten hin. Die Studienlage hinsichtlich der Validität des Instruments ist sehr dünn und auch nicht einheitlich. So deutet ein Vergleich mit der Osterhaus-Methode auf eine sehr geringe konvergente Validität des Tools hin. Ein Vergleich des Absentismusscores mit Daten des niederländischen statistischen Bundesamts hingegen deutet auf eine hohe Kriteriumsvalidität des Mess-

[685] Vgl. Tang, K. (2015), S. 35-36; Loeppke, R., Hymel, P. A., Lofland, J. H., u. a. (2003), S. 353-354; Prasad, M., Wahlqvist, P., Shikiar, R., u. a. (2004), S. 233-235; Kessler, R. C., Barber, C., Beck, A., u. a. (2003); Zhang, W., Gignac, M. A. M., Beaton, D., u. a. (2010b).

instrumentariums hin, zumindest was die Fehlzeiten betrifft. Einschränkend muss hinzugefügt werden, dass auch die Validität der Osterhaus-Technik bislang nicht eindeutig erwiesen ist.[686]

Der **Work Ability Index (WAI)**, oder manchmal auch als Arbeitsbewältigungsindex (ABI) bezeichnet, ist ein Index zur Bestimmung und Prognose der Arbeitsfähigkeit. Das Instrument zeigt auf, inwiefern ein Beschäftigter angesichts der Arbeitsbedingungen und der individuellen Voraussetzungen in der Lage ist seiner Tätigkeit nachzukommen. Dabei handelt es sich gewissermaßen um eine Selbsteinschätzung der eigenen Leistungs- bzw. Arbeitsfähigkeit. Der Wert ist jedoch nicht gleichzusetzen mit der Leistungsfähigkeit oder dem Leistungsvermögen im Erwerbsverlauf. In der Kurzversion besteht der WAI aus zehn Fragen aus sieben verschiedenen Kategorien. Der einzige Unterschied zur Langfassung besteht in der Dimension drei, der Abfrage der Krankheiten. Während in der Kurzversion lediglich 13 Krankheitsgruppen abgefragt werden, werden in der Langversion 51 Krankheiten erfragt. Die Kurzversion ist dabei eher für den betrieblichen Kontext geeignet. Die Langversion empfiehlt sich für den Einsatz in der betriebsärztlichen Praxis sowie in der Versorgungsforschung. Der Fragebogen kann entweder von den Befragten selbst oder von Dritten, beispielsweise von Betriebsärzten ausgefüllt werden. Neben der Printversion existiert mittlerweile auch eine Onlineversion. Zum Teil werden hinsichtlich der Onlineerhebung aber erhebliche datenschutzrechtliche Bedenken geäußert. Der WAI ist relativ breit einsetzbar. So erfasst er sowohl geistige als auch körperliche Tätigkeiten und ist auch krankheitsübergreifend einsetzbar. Er ist benutzerfreundlich, schnell auszufüllen und kostenfrei verfügbar. Nicht zuletzt deshalb wird er häufig eingesetzt. Auch in Deutschland erfreut er sich großer Beliebtheit und ist weitestgehend anerkannt und akzeptiert. Die psychometrische Güte wird gemeinhin als akzeptabel bis gut eingestuft. Der WAI ist an sich ein reines Analyseinstrument, dient zugleich aber auch als erster Ansatzpunkt für mögliche Interventionsmaßnahmen.[687]

---

686 Vgl. van Roijen, L., Essink-Bot, M. L., Koopmanschap, M. A., u. a. (1996); Steinke, M., Badura, B. (2011), S. 43; Prasad, M., Wahlqvist, P., Shikiar, R., u. a. (2004), S. 235-236; Lofland, J. H., Pizzi, L., Frick, K. D. (2004), S. 171.

687 Vgl. Freude, G., Pech, E. (2005), S. 213; Hasselhorn, H.-M., Freude, G. (2007), S. 14.

Der **Migraine Disablity Assessment (MIDAS) Test** ist ein Selbsterhebungsfragebogen zur Messung der Auswirkungen von Migräne auf die Erwerbstätigkeit, Haushalt und sonstige tägliche Aktivitäten. Der MIDAS ist das einzige krankheitsspezifische Instrument. Insofern nimmt er im Rahmen der eben beschriebenen Fragebögen eine gewisse Sonderstellung ein. Alle anderen sind krankheitsübergreifend einsetzbar. Zwei der insgesamt sieben Items beziehen sich dabei explizit auf Migräne bzw. Kopfschmerzen. Ein Item erfragt dabei die Häufigkeit der Kopfschmerzen und das andere das Ausmaß bzw. die Schwere der Erkrankung. Die anderen fünf Items erfassen die Anzahl der krankheitsbedingten Fehlzeiten, sowie die Anzahl der Tage, an denen die Produktivität bei Tätigkeiten im Haushalt bzw. am Arbeitsplatz oder in der Schule erheblich (> 50%) eingeschränkt war. Das letzte der fünf Items fragt nach der Anzahl der Tage, an denen man aufgrund der Kopfschmerzen weiteren familiären, sozialen oder anderen Freizeitaktivitäten nicht wie gewollt nachkommen konnte. Die Items beziehen sich dabei allesamt auf die letzten drei Monate. Das Instrument geht zurück auf die Forscher Lipton, Professor für Neurologie am Albert Einstein College of Medicine in New York und Stewart, Privatdozent für Epidemiologie der Johns Hopkins University in Baltimore und ist kostenfrei verfügbar. Stewart und Kollegen haben 1999 die Test-Retest-Reliabilität sowie die interne Konsistenz der einzelnen Items sowie des Gesamtscores von Kopfschmerzpatienten untersucht und kamen zu dem Ergebnis, dass sowohl die Test-Retest-Reliabilität (r=0,60-0,70) als auch die interne Konsistenz (Cronbach's α=0,83) insgesamt als akzeptabel einzustufen seien. In einer anderen Studie wurde der MIDAS im Vergleich zu einer tagebuchbasierten Erfassung der Kopfschmerzen validiert. Die Autoren kamen dabei zu dem Ergebnis, dass sowohl Intensität als auch Häufigkeit der Kopfschmerzen relativ gut erinnert werden und insofern kaum ein Unterschied zu einer tagebuchbasierten Methode bestehe. Die Items im Zusammenhang mit Fehlzeiten bzw. einer verringerten Produktivität hingegen wurden wesentlich schlechter erinnert (r=0,41-0,59), was die Autoren zu scharfer Kritik an diesem Instrument veranlasste.[688]

688 Vgl. Prasad, M., Wahlqvist, P., Shikiar, R., u. a. (2004), S. 237-238; Stewart, W. F., Lipton, R. B., Kolodner, K., u. a. (1999); Stewart, W. F., Lipton, R. B., Kolodner, K., u. a. (2000).

Neben den sieben am häufigsten vorkommenden Instrumenten werden mit der Endicott Work Productivity Scale (EWPS), dem Valuation of Lost Productivity Questionnaire (VOLP) und der Quantity and Quality Methode (QQ) nachfolgend exemplarisch drei weitere Tools vorgestellt.

Die **Endicott Work Productivity Scale (EWPS)** wurde 1997 von Endicott und Nee zur Messung von Produktivität entwickelt. Das Tool ist urheberrechtlich geschützt und gegen Gebühr erhältlich. Die Endicott Work Productivity Scale besteht aus 25 Items und ist innerhalb von ca. fünf Minuten auszufüllen. Die EWPS deckt sowohl Absentismus als auch Präsentismus ab und ist als Selbsterhebungsinstrument konzipiert. Die Fragen werden auf einer 5 Punkte Lickert-Skala beantwortet. Die Recall-Periode beträgt eine Woche. Aus den Antworten ergibt sich am Ende ein Gesamtscore, der die Produktivität des Individuums wiedergibt. Dieser kann jedoch nicht direkt in eine monetäre Größe umgewandelt werden. Lofland und Kollegen (2004) zufolge handle es sich bei der Skala um ein zweckmäßiges Tool, das zur Messung der Produktivität am Arbeitsplatz bei den unterschiedlichsten Krankheiten geeignet sei. Dennoch weisen auch Lofland und Kollegen darauf hin, dass die EWPS bislang nur sehr selten angewendet und nur wenig auf ihre psychometrische Güte hin untersucht wurde. Die vorhandenen Arbeiten weisen jedoch auf sehr gute Eigenschaften des Instruments hin. So scheint die EWPS sowohl eine gute Test-Retest-Reliabilität (ICC=0,92) sowie interne Konsistenz (Cronbach's α =0,93) aufzuweisen. Der Vergleich mit bestehenden Messinstrumenten wie beispielsweise der Hamilton Depression Rating Scale (HAM-D) oder dem Global Clinical Index of Severity weisen auf eine hohe konvergente Validität der Skala hin. Die Angaben gehen jedoch auf lediglich zwei Untersuchungen mit nur sehr geringen Fallzahlen von 42 bzw. 66 Probanden zurück, sodass die Werte nicht verallgemeinert werden können.[689]

Der **Valuation of Lost Productivity Questionnaire (VOLP)** ist ein relativ neues Instrument. Das Tool wurde 2006 von Wissenschaftlern des Centre for Health Evaluation and Outcome Sciences in Vancouver auf Basis bestehender Fragebögen, wie dem Work Productivity and Activity Impairment Questionnaire, dem

[689] Vgl. Lofland, J. H., Pizzi, L., Frick, K. D. (2004), S. 179; Prasad, M., Wahlqvist, P., Shikiar, R., u. a. (2004); Steinke, M., Badura, B. (2011), S. 34.

PROductivity and DISease Questionnaire (PRODISQ), dem Health and Labour Questionnaire, dem Work Limitations Questionnaire sowie diverser neuerer Tools, entwickelt und im Rahmen einer Studie mit Patienten, die an rheumatischer Arthritis leiden, validiert. Der Fragebogen wurde mittlerweile in 12 Sprachen übersetzt, wobei auch eine deutsche Version verfügbar ist. Der Fragebogen besteht aus sechs Modulen und erfasst neben Absentismus und Präsentismus auch den Beschäftigungsstatus, die Tätigkeitsmerkmale, unbezahlte Arbeit sowie die Dynamik der Arbeitsumgebung. Damit ist der Fragebogen zwar relativ allumfassend, zugleich jedoch auch sehr lang.[690]

Die krankheitsbedingten Fehlzeiten werden über die Abwesenheit vom Arbeitsplatz innerhalb der letzten drei Monate ermittelt. In die Kalkulation fließen dabei ähnlich wie beim WPAI, sowohl komplette Fehltage mit ein, als auch die Tage bzw. Zeiten, an denen man aufgrund gesundheitlicher Beschwerden später an den Arbeitsplatz kam bzw. früher verlies. Die Erfassung des Präsentismus erfolgt in Anlehnung an den HLQ. Die Befragten werden gebeten die Zeit abzuschätzen, die sie innerhalb der letzten sieben Tage zur Ausübung ihrer Tätigkeiten gebraucht haben und die Zeit, die sie für die gleichen Tätigkeiten ohne gesundheitliche Einschränkung benötigt hätten. Auf diese Weise kann der prozentuale Zeitverlust errechnet werden. Die Berücksichtigung der Arbeitsumgebung (z. B. Teamorientierung, Vorhandensein von Vertretungskräften, inwiefern die Arbeit zeitkritisch erledigt sein muss) dient dabei der Ermittlung von Korrekturfaktoren. Der VOLP wurde bislang nur in der einen genannten Studie in Großbritannien hinsichtlich seiner psychometrischen Eigenschaften untersucht. In dieser Studie konnten gute Werte für die Test-Retest-Reliabilität gefunden werden. Der Vergleich der einzelnen Skalen mit den vergleichbaren Subskalen des WPAI deutet zudem auf moderate Konstruktvalidität hin. Auch dieses Tool ist jedoch nicht frei verfügbar, sondern muss angefragt werden.[691]

Die **Quantity and Quality Method (QQ)** kann als das genaue Gegenteil des Valuation of Lost Productivity Questionnaire (VOLP) bezeichnet werden. Mit gerade einmal zwei Items ist die QQ-Methode vermutlich das kürzeste Instrument in diesem Bereich. Die Quantity and Quality Methode wurde konzipiert,

690 Vgl. Tang, K. (2015); Zhang, W., Bansback, N., Kopec, J., u. a. (2011).
691 Vgl. Tang, K. (2015); Zhang, W., Bansback, N., Kopec, J., u. a. (2011).

um die Auswirkungen gesundheitlicher Beeinträchtigungen auf die Quantität und die Qualität der erledigten Arbeiten zu erfassen. Das Konzept ist eingängig und intuitiv. Bei der Erfassung der Produktivität am Arbeitsplatz (Präsentismus) sei nicht allein die Quantität der erledigten Arbeiten ausschlaggebend, sondern auch die Qualität, da minderwertige Qualität ein Nacharbeiten erfordere und damit auch wiederum zu Lasten der Quantität der Arbeit gehe. Die Befragten werden bei beiden Items jeweils aufgefordert ihre quantitative sowie qualitative Leistung innerhalb des letzten Arbeitstages im Vergleich zu ihrer normalen Leistung auf einer Skala von 0 bis 10 (praktisch nichts/sehr schlechte Qualität bis normale Quantität/Qualität) einzuschätzen. Die Ergebnisse einzelner Studien weisen allerdings darauf hin, dass die Befragten nicht bzw. nur ungenügend in der Lage sind zwischen Quantität und Qualität der Arbeit zu differenzieren. So fanden sowohl Brouwer und Kollegen (1999) als auch Meerding und Kollegen (2005) moderate bis starke Zusammenhänge zwischen den beiden Items. Überraschenderweise deuten die bestehenden Studien zur Überprüfung der psychometrischen Güte auf moderate bis gute Werte für die Konstruktvalidität des Tools hin. Das Instrument punktet insbesondere dadurch, dass es lediglich aus zwei Items besteht und damit sehr praktikabel ist. Es wird jedoch lediglich Präsentismus erfasst. Auch wird die Art und Weise der Zusammenführung der Ergebnisse der beiden Items immer wieder hinterfragt bzw. kritisch diskutiert. So spielen qualitative und quantitative Effekte bei den unterschiedlichen Tätigkeiten auch eine ganz unterschiedliche Rolle.[692]

Tabelle 19 zeigt die Instrumente WPAI, WLQ, SPS, HPQ, HLQ, WAI, MIDAS, EWPS, VOLP, und QQ im Überblick.

692 Vgl. Brouwer, W. B. F., Koopmanschap, M., Rutten, F. F. H. (1999), S. 15-16; Tang, K. (2015); Meerding, W. J., IJzelenberg, W., Koopmanschap, M. A., u. a. (2005).

Tabelle 19: WPAI, WLQ, SPS, usw. im Überblick

Tool	Zielsetzung	Autor (Jahr)	Versionen	Zugang	Struktur	Recall	Sonstiges
WPAI	Erfassung gesundheitsbedingter Beeinträchtigungen auf die Produktivität und sonst. Aktivitäten	Reilly Associates (1993)	WPAI-GH, -SHP sowie diverse krankheitsspezifische Versionen	Kostenfrei verfügbar	6 Items	7 Tage	krankheits-/berufsgruppenübergreifend einsetzbar; oft untersucht; unbezahlte Tätigkeiten; > 100 Sprachen; deutsche Version
WLQ	Auswirkungen von Interventionen bzw. chronischer Erkrankungen auf die Leistungsfähigkeit	Lerner et al. (1999)	Langversion sowie 2 kürzere Versionen mit 8 bzw. 16 Items	Geschützt	4 Module/ 25 Items	2 Wochen	oft untersucht; > 30 Sprachen; deutsche Version
SPS	Erfassung der unterschiedlichen Facetten von Präsentismus	Koopman et al. (2002)	SPS-13/-34/ -42, krankheitsspezifisch modifizierbar	Kostenfrei verfügbar	6 Items	4 Wochen	Nur Präsentismus; krankheitsübergreifend einsetzbar; wenig untersucht; deutsche Version auf Anfrage
HPQ	Messung von Absentismus, Präsentismus und Fluktuation	WHO/ Kessler et al. (2003)	Kurzversion mit 11 Items sowie Version für klinisches Setting	Kostenfrei verfügbar	89 Items	4 Wochen	Industrie-/ berufsgruppenübergreifend einsetzbar; wenig wissenschaftlich untersucht
HLQ	Einschränkungen bei Arbeit und unbezahlten Tätigkeiten	iMTA/ Roijen et al. (1996)	Kurzversion	Kostenfrei verfügbar	4 Module/ 23 Items	1 Monat	unbezahlte Tätigkeiten; unzureichend untersucht
WAI	Bestimmung und Prognose der Arbeitsfähigkeit	Ilmarinen et al. (90iger Jahre)	Kurz- und Langversion	Kostenfrei verfügbar	7 Dimensionen/ 11 Fragen	Unterschiedlich	Breit einsetzbar; deutsche Version
MIDAS	Auswirkungen von Migräne auf Produktivität sowie sonst. Tätigkeiten	Lipton et al. (1999)	-	Kostenfrei verfügbar	7 Items	3 Monate	Krankheitsspezifisch einsetzbar; deutsche Version
EWPS	Messung von Produktivität	Endicott & Nee (1997)	-	Geschützt	25 Items	1 Woche	Wenig untersucht; krankheitsübergreifend einsetzbar
VOLP	Messung von Produktivität	CHÉOS (2006)	Kurz- und Langversion	Nicht frei verfügbar	6 Module/ 36 Items	3 Monate	12 Sprachen; deutsche Version; umfassend
QQ	Erfassung gesundheitsbedingter Beeinträchtigungen auf Qualität und Quantität der Arbeit	-	-	Kostenfrei verfügbar	2 Items	1 Tag	Sehr kurz

5.3.4 Limitationen

Die Literaturrecherche diente der Identifikation bestehender Instrumente bzw. Tools zur Messung von Arbeitsfähigkeit und verwandten Konstrukten. Eine derart weit gefasste Zielsetzung ist für ein systematisches Literaturreview eigentlich nicht üblich. Im Gegenteil, bei einer systematischen Übersichtsarbeit geht es normalerweise darum, die Fragestellung so präzise wie möglich zu formulieren. Entsprechend werden dann auch explizit Ein- und Ausschlusskriterien formuliert, die der Selektion und Auswahl der entsprechenden Literatur dienen.[693] In der vorliegenden Arbeit ging es jedoch primär darum, einen Überblick über sämtliche vorhandene Instrumente zu gewinnen. Entsprechend weit waren auch die Forschungsfrage und die Ein- und Ausschlusskriterien formuliert. Ein- und Ausschlusskriterien im engeren Sinn waren überhaupt nicht vorhanden. Eine Studie wurde eingeschlossen, sofern in dieser die Rede von mindestens einem Instrument war, das zur Messung von Arbeitsfähigkeit, Präsentismus und verwandten Konstrukten geeignet schien. Dennoch sollte das Vorgehen so systematisch erfolgen wie möglich, sodass es auch für Außenstehende nachvollzogen werden kann. Sämtliche Schritte von der Suche, über die Auswahl der Studien bis zur Dokumentation der Ergebnisse wurden daher sauber dokumentiert und festgehalten. Wenngleich sich das Vorgehen an der Methodik einer systematischen Literaturrecherche anlehnt, kann aus den eben erläuterten Sachverhalten bei der vorliegenden Studie streng genommen nicht von einer systematischen Literaturrecherche (im engeren Sinn) gesprochen werden.

Die Literaturauswahl erfolgte im ersten Schritt mittels Titel- bzw. Abstract-Durchsicht und im zweiten Schritt mittels einer Volltextrecherche. Wichtigster Richtwert bestand zunächst in einem starken inhaltlichen Bezug des Papers zum Themenkomplex Messung von Arbeitsfähigkeit, Präsentismus, oder Return-to-Work (RTW). Einziges Einschlusskriterium, wenn man so möchte, war, dass in der Publikation mindestens ein Instrument bzw. Fragebogen genannt werden musste, das zur Messung von Arbeitsfähigkeit, Präsentismus oder verwandten Konstrukten herangezogen werden kann. Dementsprechend mussten einige weitere Annahmen über den Einschluss von Studien getroffen werden. So wurden

693 Vgl. Centre for Reviews and Dissemination (2009), S. 6, 8-9; Craig, D., Rice, S. (2007), S. 30; Institut für Qualität und Wirtschaftlichkeit im Gesundheitswesen (2015), S. 145.

beispielsweise keine Studien bzw. vielmehr Instrumente aufgenommen, die lediglich Arbeitsbedingungen, -belastungen bzw. die allgemeine Situation am Arbeitsplatz erheben (z. B. Workstyle Scale, Work Environment Scale, Work Performance Scale). Hatte eine Studie lediglich die Messung von Produktivität im Allgemeinen zum Ziel, wurde diese nur weiter betrachtet, sofern es explizit um die Messung von Produktivität am Arbeitsplatz ging. Publikationen mit Instrumenten, die lediglich krankheitsbedingte Fehlzeiten (Absentismus) oder sonstige Einschränkungen (z. B. Einschränkungen im täglichen Leben) abbilden, wurden ausgeschlossen. Des Weiteren wurden Publikationen ausgeschlossen, in denen ausschließlich Instrumente zur Messung von Lebensqualität, Schmerzen, Wohlbefinden oder rein medizinischen Parametern genannt wurden (z. B. Disability Rating Scale, Pain Disability Index, General Health Questionnaire).

Ein weiterer Kritikpunkt betrifft die Formulierung der Suchbegriffe bzw. die Zusammenstellung des finalen Suchprofils. Der finale Algorithmus bestand aus den drei Komponenten Arbeitsplatz, Arbeits(un)fähigkeit/Präsentismus/usw. sowie Instrument. Die zweite Komponente enthielt dabei sämtliche Begriffe rund um die Thematik Arbeitsfähigkeit und Präsentismus (u. a. presenteeism, sick at work, sickness at work, sickness presence, ill at work, illness at work, präsentismus) sowie die jeweiligen Antonyme. Ferner wurden auch verwandte Begrifflichkeiten wie die Erwerbs- oder Beschäftigungsfähigkeit sowie allgemeinere Begriffe wie Produktivität (bzw. Produktivitätsverlust) und Leistungsfähigkeit mit aufgenommen. Was jedoch fehlt ist eine positive Komponente im Sinn von Wiedereingliederung bzw. Return-to-Work. Dies sollte in weiterführenden Arbeiten berücksichtigt werden.

Eine weitere Limitation der Literaturrecherche betrifft das Vorgehen bei der Auswahl der, für eine flächendeckende Empfehlung, potenziell geeigneten Instrumente. Wichtigstes Entscheidungskriterium war dabei die Häufigkeit der Nennungen in der Literatur. Dies spricht auf der einen Seite für eine gewisse Bekanntheit und Verbreitung des Instruments und damit letztendlich auch für die Akzeptanz auf Seiten der Anwender. Auf der anderen Seite ist damit sicherlich auch ein gewisser Selbstläufer- bzw. Schneeballeffekt verbunden. Es ist anzunehmen, dass viele Wissenschaftler beim Auflegen der Studie einen Blick in die vorhandene Literatur geworfen und nachgesehen haben, welche Instrumente mitunter für ihre Zielsetzung in Frage kommen könnten. Wenn ein Instrument nunmehr bereits häufig eingesetzt wird, womöglich sogar in der gleichen Indikation und es dort augenscheinlich funktioniert hat, spricht auch nichts dagegen das gleiche Instrument für die eigene Studie zu verwenden, ohne die Vor- und Nachteile des Instruments groß zu reflektieren bzw. über alternative Möglichkeiten nachzudenken, sodass sich daraus ein gewisser Schneeballeffekt entwickeln könnte. Inwiefern das bei den genannten sieben Instrumenten der Fall war, kann nicht abschließend festgestellt bzw. beurteilt werden. Fest steht jedoch, dass es sich bei den dargestellten sieben Instrumenten nicht nur um die häufigsten in der Literatur genannten Instrumente handelt, sondern zugleich auch um die Instrumente, die für die vorliegende Fragestellung und einen breiten Einsatz in Wissenschaft und Praxis mehr oder weniger geeignet erschienen.

5.3.5 Zwischenfazit

Die Zielsetzung der systematischen Literaturrecherche bestand darin einen Überblick über die vorhandenen Instrumente zur Messung von Arbeitsfähigkeit zu generieren. Die mittels Literaturrecherche ermittelten Instrumente wurden herausgearbeitet und hinsichtlich allgemeiner Merkmale (z. B. Zielsetzung, verfügbare Sprachen, usw.) und spezifischerer Kriterien (z. B. Aufbau/Struktur, Art der Befragung, usw.) analysiert. Ferner wurden die Fragebögen hinsichtlich der Kriterien Praktikabilität, wissenschaftlicher Evidenz, Verbreitung bzw. Anwendbarkeit und der Möglichkeit der Quantifizierung der Effekte in monetären Einheiten bewertet.

Im Rahmen der Literaturrecherche wurden insgesamt 4.655 Treffer identifiziert, wovon letztendlich 357 Studien näher betrachtet wurden. In den 357 Publikationen tauchten insgesamt 57 verschiedene Instrumente inkl. verschiedener Versionen einzelner Messinstrumentarien auf, die die Aspekte Absentismus, Präsentismus sowie Arbeits- bzw. Erwerbsfähigkeit in unterschiedlichem Ausmaß erfassen. Einige Fragebögen erfassen Details zur beruflichen Tätigkeit, Schwere der Gesundheitsbeeinträchtigung sowie Leistungseinschränkungen in anderen Bereichen. Die einzelnen Instrumente entstanden in ganz unterschiedlichen Kontexten. Einige Fragebögen wurden speziell für eine bestimmte Fragestellung entwickelt. Insofern verwundert es nicht, dass die Bögen sehr heterogen sind. Die Messinstrumente unterscheiden sich u. a. hinsichtlich der abgedeckten Merkmalsbereiche (Absentismus, Präsentismus, Arbeitsfähigkeit und/oder nur einzelne Aspekte), der betrachteten Recall-Periode, dem Bewertungsansatz zur Quantifizierung der Effekte in monetäre Einheiten sowie der Länge bzw. Anzahl der Items. Das älteste Instrument wurde 1983 entwickelt (vgl. Sheehan Disability Scale (SDS)). Daneben gibt es aber auch einige relative junge Tools, die erst in den letzten Jahren konzipiert wurden (z. B. VOLP). Außerdem unterscheiden sich die Instrumente hinsichtlich der Erforschung der psychometrischen Gütekriterien. Aufgrund der Fragestellung bzw. Einschlusskriterien der Studie beinhalten die Suchergebnisse keine Instrumente, die lediglich Arbeitsbedingungen, Lebensqualität bzw. Einschränkungen sonstiger Natur (außerhalb des Arbeitsplatzes) messen.

Wenige Instrumente werden häufig angewendet. Zu den am häufigsten verwendeten Instrumenten zählen: Work Productivity and Activity Impariment Questionnaire (WPAI), Work Limitations Questionnaire (WLQ), Stanford Presenteeism Scale (SPS), Health and Work Performance Questionnaire (HPQ), Health and Labor Questionnaire (HLQ), Work Ability Index (WAI) und Migraine Disability Assessment Questionnaire (MIDAS). Fünf der genannten Instrumente erfassen krankheitsbedingte Fehlzeiten. Arbeitsfähigkeit wird explizit lediglich mit dem WAI abgefragt; die eingeschränkte Produktivität wird mit allen sieben Instrumenten erfasst. Der HPQ und der HLQ messen zusätzlich die verhaltensbezogene Ebene der Anwesenheit am Arbeitsplatz trotz Krankheit (vgl. Abbildung 35).

Viele der 57 Instrumente schneiden bei zwei oder drei Kriterien gut bis sehr gut ab, nur ein kleiner Teil der Instrumente kann bei allen vier Kriterien überzeugen. Nur wenige eignen sich für einen breiten Einsatz in der Praxis (Praktikabilität und hinreichende wissenschaftliche Evidenz). Auf Basis der Literatur kann folglich kein Instrument empfohlen werden. Es herrscht kein Konsens, ein allgemein akzeptiertes Instrument konnte nicht identifiziert werden. Vielmehr hängt die Eignung der Instrumente stark von der jeweiligen Fragestellung und dem Kontext ab. Daher liegt die Idee nahe die Vielzahl von Instrumenten in einer Art Matrix bzw. Toolbox darzustellen, aus der je nach Kontext bzw. Fragestellung der Untersuchung ein passendes Instrument gewählt werden kann. Eine solche Matrix ist in Abbildung 35 dargestellt.

	WPAI	WLQ	SPS	HPQ	HLQ	WAI	MIDAS
Absentismus	▒□*			▒□*	□▒	▒□*	▒□*
Präsentismus Verhalten Neg. Auswirkungen	 □* 	 □* ▒■*	 □* ■	 ▒■*	 ▒ ▒■	 □* ▒*	
Produktivität/Leistung/ Leistungsfähigkeit	■□*	■*	■*	▒■	□■	▒■	▒■*
Arbeitsfähigkeit						▒■	
Wissenschaftl. Evidenz (Gütekriterien)	+	+/-	+/-	+/-	+/-	+/-	+
Praktikabilität (Format, Kosten, Sprachen)	+	+/-	+/-	+/-	+/-	+	+
Anwendungsbereiche (breit vs. industrie-/ krankheitsspezifisch)	+	+	+	+	+	+	+/-
Quantifizierung in monetäre Einheiten	+	+	-	+	+	-	-

□ ja/nein ▒ wie oft ■ in welchem Ausmaß * implizit erfasst +/- positiv/negativ

Abbildung 35: Bewertung der in der Literatur am häufigsten genannten Tools[694]

5.4 Bekanntheit und Verwendung der Instrumente in Deutschland

5.4.1 Experteninterviews

5.4.1.1 Ziele, methodologische und wissenschaftstheoretische Fundierung

Die Zielsetzung der Experteninterviews bestand in der Erhebung des Status Quo zur Verwendung und Akzeptanz der Instrumente in Deutschland (vgl. Abbildung 26). In Deutschland gibt es mittlerweile eine Reihe von Pilotprojekten, der Großteil davon wird auch wissenschaftlich begleitet bzw. evaluiert. Welche Instrumente dabei jedoch verwendet werden, bzw. warum genau dieses Instrument

[694] In Anlehnung an Amler, N., Felder, S., Merkesdal, S., u. a. (zur Publikation angenommen).

verwendet wird, bzw. im Allgemeinen anhand welcher Ergebnisparameter der Erfolg bemessen wird ist aus der Literatur oft nicht ersichtlich. Es galt diese Lücke zu schließen.

Eine weitere Zielsetzung des Gesamtprojekts bestand in der Ermittlung der Erfolgs- und Risikofaktoren hinsichtlich der Implementierung von Projekten zum Erhalt bzw. zur Wiederherstellung der Arbeitsfähigkeit. Dabei handelte es sich um eine Vorgabe des Projektpartners, die ebenfalls im Rahmen der Interviews abgedeckt werden sollte. Hintergrund dieser Vorgabe war die Idee von den Erfahrungen anderer zu lernen. Dementsprechend sollten die Stolpersteine und Hürden identifiziert werden, die die Experten im Rahmen der Implementierung von Maßnahmen bzw. Programmen gemacht haben, damit Neulinge daraus lernen und Fehler vermeiden können.

Das Interview selbst war als ein teilstandardisiertes, strukturiertes Leitfadeninterview konzipiert und wurde telefonisch ausgeführt.

5.4.1.2 Fragengenerierung und Erstellung des Interviewleitfadens

Ausgehend von der Zielsetzung wurde zunächst ein Katalog mit möglichen Fragen zu den zwei Themenkomplexen entwickelt. Als Orientierung dienten dabei sowohl die einschlägige Literatur als auch bestehende Evaluationen bzw. Beschreibungen einzelner Pilotprojekte. Bevor es an die eigentlich Konzipierung des Interviewleitfadens ging, wurde die Vielzahl von Fragen zunächst thematisch geordnet und auf ihre Brauchbarkeit hin überprüft.

Bei der Erstellung des Interviewleitfadens stand die Generierung von Informationen bezüglich Bekanntheit, Verbreitung und Akzeptanz der Messinstrumente in Deutschland im Vordergrund. Daneben sollten Informationen zu den Erfahrungen der Experten mit einschlägigen Frühinterventionspilotprojekten erhoben werden. Aufgrund der Zielstellungen ergab sich eine zweiteilige Struktur des Interviewleitfadens. Der Interviewleitfaden ist in Anhang 2 dargestellt.

Im ersten Block ging es konkret um die Erhebung der Bekanntheit und Verwendung der Instrumente in Deutschland. Der erste Block bestand dabei aus vier übergeordneten Fragen. Als Einstieg wurde zunächst die ungestützte, bzw. ggf.

die gestützte Bekanntheit[695] von Instrumenten zur Messung von Arbeitsfähigkeit und Präsentismus sowie die Verwendung der Instrumente in bisherigen Projekten abgefragt (vgl. Frage 1.1: Welche Instrumente zur Messung von Arbeitsfähigkeit/Präsentismus/Absentismus sind Ihnen bekannt? Welche Instrumente verwenden Sie?).

Die zweite Frage zielte auf die Einschätzung der Experten bezüglich der Eignung der von Ihnen genannten Instrumente zur Messung von Arbeitsfähigkeit, Präsentismus, usw. ab. Von Interesse war hier nicht nur die Eignung der Instrumente zur Zustandsmessung, sondern konkret auch die Einschätzung der Experten hinsichtlich der Eignung der Instrumente zur Veränderungsmessung. Die dazugehörige Frage der Teilnehmerversion des Interviewleitfadens lautete wie folgt: „Wie schätzen Sie die Eignung der Instrumente zur Messung bzw. zur Abbildung des Erfolgs von Frühinterventionsmaßnahmen ein?“ (Frage 1.2 Interviewleitfaden – Version Teilnehmer). Die korrespondierende Frage im eigentlichen Interviewleitfaden war etwas spezifischer formuliert und unterschied sich daher marginal von der Fragestellung der Teilnehmerversion. Konkret lautete die Frage: „Wie schätzen Sie die Eignung der Instrumente zur Messung bzw. zur Abbildung des Erfolgs von Frühinterventionsmaßnahmen ein/ Wie schätzen Sie die Eignung der Instrumente zur Messung von (Verlaufs-) Effekten bei Interventionen ein?“ (Frage 2.1. Interviewleitfaden).

Die dritte Frage zielte auf die Ableitung von geeigneten Bewertungskriterien für die Instrumente ab. Ferner wollte man einen Eindruck davon gewinnen, welche Merkmalsbereiche ein optimales Messinstrument aus Sicht der Experten abbilden müsste, um das vielschichtige Konstrukt der Arbeitsfähigkeit abbilden zu können (vgl. Frage 1.3: “Was ist Ihnen bei den Instrumenten wichtig? Welche Eigenschaften müssen die Instrumente aufweisen, damit sie sich eignen, um den

[695] Im Unterschied zur gestützten Bekanntheit ermittelt man bei der ungestützten Bekanntheit die Bekanntheit von Produkten ohne Zuhilfenahme bestimmter Gedächtnishilfen. Während bei der Ermittlung der ungestützten Bekanntheit die Fragestellung i. d. R. sehr offen ist (z. B. „Welche Instrumente zur Messung von Arbeitsfähigkeit/Präsentismus/ usw. sind Ihnen bekannt?“), wird bei der Ermittlung der gestützten Bekannheit ein bestimmtes Set vorgegeben (z. B. „Welche der folgenden Instrumente zur Messung von Arbeitsfähigkeit/ Präsentismus/usw. sind Ihnen bekannt: WAI, SPS, WPAI, usw.“). Der ungestützte Bekanntheitsgrad ist i. d. R. deutlich geringer als der gestützte, weshalb bei der Bestimmung von Bekanntheitsgraden immer mit angegeben werden muss, wie der Bekanntheitsgrad ermittelt wurde (vgl. Esch, F.-R. (2004), S. 280).

Erfolg von Frühinterventionsmaßnahmen abbilden zu können? Wie müsste ein optimales Messinstrument Ihrer Ansicht nach ausgestaltet sein?“).

Mit der letzten Frage des ersten Blocks (vgl. Frage 1.4: „Welche Instrumente würden Sie empfehlen? Und warum?“) wollte man abschließend in Erfahrung bringen, ob die Experten zum gegenwärtigen Zeitpunkt ein Instrument empfehlen können und wenn ja, welches und warum.

Im zweiten Teil des Interviews ging es um die Erfahrungen der Experten im Zusammenhang mit den jeweiligen Frühinterventionspiloten bzw. Interventionen zum Erhalt bzw. zur Wiederherstellung der Arbeits-/Erwerbsfähigkeit im Allgemeinen. Im Zentrum standen dabei die persönlichen Erfahrungen der Experten hinsichtlich Effektivität und Akzeptanz der Programme sowie im Allgemeinen deren Erfahrungen hinsichtlich Schwierigkeiten bzw. Hindernisse sowie Erfolgsfaktoren im Zusammenhang mit den Pilotprojekten bzw. allgemein im Zusammenhang mit dem Erhalt bzw. der Wiederherstellung der Arbeits-/Erwerbsfähigkeit.

5.4.1.3 Expertenauswahl und Ansprache

Die Expertenauswahl erfolgte semi-systematisch. Primäre Zielgruppe waren Leiter bestehender Frühinterventionspilotprojekte sowie Initiatoren oder Repräsentanten ähnlicher Interventionsansätze in Deutschland. Wichtigstes Entscheidungskriterium war dabei die Expertise bzw. Erfahrung im Bereich Frühintervention, gleich welcher Art. Basis bildete auch hier die Handsuche nach Frühinterventionsansätzen in Deutschland sowie die Recherche der Internetpräsenzen diverser privater und öffentlicher Institutionen (siehe Kapitel 5.3.1).

Experten aus den Bereichen Gesundheitsmanagement/-ökonomie, Rehabilitationsmedizin und aus dem betriebsärztlichen Dienst sowie Vertreter der medizinischen Profession wurden postalisch angeschrieben und gefragt, ob sie Interesse an der Mitwirkung des Projekts hätten. Auf dem beigefügten Revers-Schreiben hatten die Kontaktierten die Möglichkeit ihr Interesse zu bekunden sowie terminliche Präferenzen für das Arbeitstreffen zu äußern. Ferner waren die Experten dazu angehalten die beigefügte Datenschutz- und Einwilligungserklärung zur

Verwendung personenbezogener Daten zu unterschreiben und zusammen mit dem Revers zurückzusenden.

Ferner wurden die Kontaktierten im Einladungsschreiben darauf hingewiesen, dass das gesamte Projekt finanziell durch ein pharmazeutisches Unternehmen unterstützt wird. Der Educational Grant sah auch die Vergütung des Aufwands vor, der den Experten im Rahmen der Interviews sowie des Konsensustreffens entstand. Bei positiver Rückantwort erhielten die Experten einen Dienstleistungsvertrag von dem pharmazeutischen Unternehmen, der es ihnen ermöglichte ihren Aufwand in Rechnung zu stellen. Voraussetzung für den Abschluss des Vertrags war jeweils die Zustimmung des Dienstherrn sowie die ausgefüllte und unterschriebene Transparenzerklärung im Rahmen des FSA-Transparenzkodex für das Jahr 2015.

5.4.1.4 Interviewplanung und Durchführung

Die Terminvereinbarung erfolgte per Email. Den Interessierten wurden mögliche Terminvorschläge genannt und sie hatten überdies die Möglichkeit eigene Vorschläge zu unterbreiten, falls keiner der genannten Termine passend war.

Die Teilnehmer erhielten im Vorfeld zur Vorbereitung auf das Interview eine verkürzte Version des Leitfadens zur Verfügung gestellt (siehe Anhang 2.1).

Voraussetzung für die Durchführung des Interviews war der unterschriebene Vertrag sowie das Vorliegen der Dienstherrengenehmigung. Die strengen unternehmensinternen Compliance-Richtlinien des pharmazeutischen Unternehmens ließen diesbezüglich keinen Spielraum. Sofern sämtliche Unterlagen schriftlich vorlagen, konnten die Interviews durchgeführt werden.

Zunächst war angedacht die Interviews persönlich vor Ort bei den Experten durchzuführen. Dies hätte es erlaubt das Interview mit einer teilnehmenden Beobachtung zu verbinden. Aus organisatorischen und praktischen Gründen wurde jedoch davon abgesehen. Die Interviews wurden entweder vom Heimarbeitsplatz oder dem eigenen Arbeitsplatz aus geführt. In allen Räumlichkeiten waren eine ungestörte Aufmerksamkeit und auch eine gute Akustik gegeben.[696]

Die Zeitdauer war auf etwa 30 bis maximal 60 Minuten terminiert, da nach einer Stunde erfahrungsgemäß die Aufmerksamkeit auf beiden Seiten nachlässt. Ferner musste auch beachtet werden, dass die Interviews transkribiert werden müssen. Bei einer Transkription ist mit einem sieben- bis zehnfachen Zeitaufwand im Vergleich zur Interviewzeit zu kalkulieren.[697]

Die Termine waren immer so gelegt, dass zwischen den Interviews mindestens 30 Minuten Zeit war, um das vorherige Interview nachzubereiten und sich kurz auf das nächste Interview einstimmen zu können. Um das Informationsgefälle so klein wie möglich zu halten, wurde im Vorfeld versucht über die Person und deren Erfahrungen im Rahmen von Frühinterventionsprojekten zu recherchieren.

Die Kontaktaufnahme erfolgte jeweils durch die Autorin der vorliegenden Arbeit. Nach einer kurzen Begrüßung und Danksagung für das Interesse und die Bereitschaft am Projekt teilzunehmen, stellte sich die Autorin zunächst selbst kurz vor. Im Anschluss wurde die Zustimmung für die Tonaufzeichnung eingeholt sowie gleichzeitig auf die Anonymität der Daten verwiesen. Einleitend wurde ferner der ungefähre zeitliche Rahmen des Gesprächs geklärt. Sodann folgte eine kurze Vorstellung des Projekts sowie des Interviewablaufs. Im Zuge dessen wurde nochmals auf die Zielsetzungen der einzelnen Teilschritte verwiesen und Bezug auf den aktuellen Projektstatus genommen. Ferner wurde hier auch noch einmal auf die Zweiteilung des Interviews hingewiesen. Im Anschluss an die einleitenden Worte hatten die Experten die Möglichkeit Fragen zu stellen, bevor das eigentliche Interview begann. Auf diese Weise sollte auch eine möglichst angenehme Gesprächsatmosphäre generiert werden.

Aufgrund der Komplexität der Thematik fiel die Wahl auf ein semi-strukturiertes teil-standardisiertes Interview. Demnach war ein Leitfaden vorgegeben, wobei die Gesprächsführung relativ offen gestaltet wurde. So hatten beide Seiten die Möglichkeit bei Bedarf Rückfragen zu stellen.

---

696 Vgl. Heistinger, A. (2006), S. 12.
697 Vgl. Heistinger, A. (2006), S. 12.

Sofern die Teilnehmer keines der in der Literatur vorkommenden Instrumente nannten bzw. lediglich medizinische Messparameter oder andere Verfahren aufgezählt wurden, wurde explizit nach der Bekanntheit verschiedener Instrumente gefragt, um auf diese Weise wenigstens eine Information über die gestützte Bekanntheit der Instrumentarien zu erlangen. Konkret wurde insbesondere nach der Bekanntheit der fünf in der Literatur am häufigsten verwendeten Instrumente (WPAI, SPS, WLQ, HPQ sowie WAI) gefragt.

Die zweite Frage zielte auf die Einschätzung der Experten bezüglich der Eignung der von Ihnen genannten Instrumente zur Messung von Arbeitsfähigkeit, Präsentismus, usw. ab. Die Frage zielte dabei sowohl auf die Einschätzung der Eignung der Instrumente hinsichtlich Zustands- als auch Veränderungsmessung ab. Gegebenenfalls wurde auch bei der zweiten Frage wieder gezielt nach der Eignung hinsichtlich der Messung von Arbeitsfähigkeit sowie nach der Abbildung von Veränderungen der Arbeitsfähigkeit über die Zeit gefragt.

Auch bei der dritten Frage wurden ggf. einige Hinweise gegeben bzw. Schlagworte in Richtung der in der Literatur genannten Bewertungskriterien (Praktikabilität, wissenschaftliche Evidenz, Anwendungsbereiche, Umrechenbarkeit der Effekte in Geldeinheiten) genannt bzw. es wurde explizit danach gefragt, was die Instrumente messen können sollten. So wurde beispielsweise danach gefragt, ob es die Experten für notwendig erachten, dass das Instrument Arbeitsbedingungen bzw. psychische Belastungen misst. Außerdem wurde immer auch nachgefragt, ob die Experten der Ansicht seien, dass man krankheitsspezifische Tools bräuchte oder ob ein generisches Instrument ausreichend wäre, sofern der Einzelne nicht ohnehin schon in seinen Ausführungen auf die Thematik Bezug genommen hat.

Im zweiten Teil des Interviews sollten Informationen zu den Erfahrungen der Experten mit einschlägigen Frühinterventionspilotprojekten erhoben werden. Sofern der Interviewte einschlägige Erfahrungen mit einem Leuchtturmprojekt vorweisen konnte, wurde zunächst detailliert auf das Programm eingegangen. Zunächst ging es dabei eher allgemein um Ziel(e) und Hintergrund des Projekts. Sodann wurde konkreter auf die Ausgestaltung des einzelnen Piloten hinsichtlich Strukturelemente, (Anzahl) beteiligter Player, Setting, zeitlichem Rahmen, usw. eingegangen. Im Mittelpunkt stand dabei der Aspekt der Evaluation und hier insbesondere die Ergebnisparameter sowie die Messung derselben (vgl. Teil 2 Interviewleitfaden).

War der Befragte hingegen nicht unmittelbar in ein Leuchtturmprojekt involviert, wurde der Teil zur Ausgestaltung des Piloten übersprungen und sogleich auf den Teil *Erfahrungen, Schwierigkeiten, Erfolgsfaktoren und Empfehlungen im Zusammenhang mit dem Piloten bzw. allgemein im Zusammenhang mit dem Erhalt bzw. der Wiederherstellung der Arbeits-/Erwerbsfähigkeit* übergegangen. Wo sehen die Experten Verbesserungspotenziale? Welche Schwierigkeiten bzw. Hürden entstehen bei der Implementierung von derartigen Projekten? Was sind die Lessons Learned? Was sind die Erfolgsfaktoren gelungener Frühinterventionsprojekte? Welche Empfehlungen haben die Experten für die Politik, Arbeitgeber, Ärzte und andere Stakeholder? Aufgrund der unterschiedlichen Vorerfahrungen der Beteiligten und der unterschiedlichen Hintergründe, war die Interviewgestaltung in diesem Block relativ offen, um flexibel auf die jeweilige Gesprächssituation eingehen zu können. Insofern dienten die vorbereiteten Leitfragen hier eher als Orientierungshilfe bzw. Anhaltspunkte für die Gesprächsführung.

Zum Ende des Gesprächs wurde sich nochmals ausgiebig bei den Experten bedankt und angeboten die Experten über die Ergebnisse und den weiteren Verlauf der Arbeit zu informieren, sofern sie dies wünschten. Ferner wurde auch noch einmal Bezug zum anstehenden Konsensustreffen hergestellt und sich implizit vergewissert, ob derjenige denn nun auch wirklich teilnehmen wird.

Im Allgemeinen war die Interviewgestaltung relativ offen. Die Oberpunkte des Leitfadens fungierten gewissermaßen als Leitfragen. Die Fragen wurden bewusst sehr offen formuliert und dienten der Erzählaufforderung. Gegebenenfalls wurden Aufrechterhaltungsfragen wie z. B. „Und sonst?“ oder „Und weiter?“ gestellt, um den Erzählfluss aufrechtzuerhalten bzw. gezielt Impulse für assoziative Gedanken zu setzen. Zum Teil wurde auch gezielt nachgefragt.[698]

[698] Vgl. Heistinger, A. (2006); Helfferich, C. (2011), S. 89.

5.4.1.5 Auswertung

Die Zielsetzung der Experteninterviews bestand in der Erhebung des Status Quo zur Verwendung und Akzeptanz der Instrumente in Deutschland. Das mit dem Forschungsprojekt verbundene Forschungsinteresse erforderte demzufolge eine systematische Auswertung der subjektiven Sichtweise und Erfahrungen der Experten. Das Forschungsinteresse lag dabei rein auf inhaltlichen Aspekten und nicht etwa auf den Befindlichkeiten der Befragten. Wenngleich zur Auswertung prinzipiell verschiedene Verfahren in Frage gekommen wären, erschien für die vorliegende Fragestellung insbesondere die qualitative Inhaltsanalyse als besonders geeignet. Das Verfahren ist nicht nur weit verbreitet, sondern eignet sich auch zur Analyse großer Textmengen. Für das Verfahren sprach zudem die besondere Systematik des Vorgehens, die die Analyse auch für Außenstehende gut nachvollziehbar macht (vgl. Kapitel 4.3.2.2).

Wie im Methodenkapitel (vgl. Kapitel 4.3.2.2) aufgezeigt, gibt es unterschiedliche Herangehensweisen bei einer qualitativen Inhaltsanalyse. Der Ansatz von Mayring ist nach wie vor das am weitesten verbreitete Konzept. Trotz bestehender Kritik am Ansatz von Mayring (vgl. Kapitel 4.3.2.2) wird in dieser Arbeit dessen Ablaufmodell angewandt, da es zur Beantwortung der Forschungsfrage und für den Umfang der 20 Experteninterviews gut geeignet erschien.

Vor dem Hintergrund der Fragestellung galt es das vorliegende Textmaterial auf ein aggregiertes, aber dem Ausgangsmaterial entsprechendes Abbild zu reduzieren. Hierzu eignet sich insbesondere die zusammenfassende Inhaltsanalyse. Ziel der zusammenfassenden Inhaltsanalyse ist es das Material soweit zu reduzieren und zusammenzufassen, „dass die wesentlichen Inhalte erhalten bleiben, aber ein überschaubarer Kontext entsteht“[699]. Laut Mayring bietet sich eine zusammenfassende Inhaltsanalyse immer dann an, wenn man primär „an der inhaltlichen Ebene des Materials interessiert ist und eine Komprimierung zu einem überschaubaren Kurztext benötigt“[700] wird. Die Bedeutung der Interviewinhalte wurde mittels des Verfahrens des Kodierens erfasst. Dabei wird die Textbedeu-

[699] Mayring, P. (2013), S. 472.
[700] Mayring, P. (2013), S. 472.

tung des Materials nicht als Gesamtes, sondern im Hinblick auf die Forschungsfragen analysiert.[701]

Die Datenauswertung erfolgte mit der qualitativen Datenanalyse Software MAXQDA. Bei MAXQDA handelt es sich um die gängige Standardsoftware im Rahmen qualitativer Inhaltsanalysen. Die Anwendung der Software ermöglicht dabei insbesondere ein besseres Datenmanagement und erleichtert die eigentliche Analyse. Wie bei den anderen qualitativen Programmen auch, muss die eigentliche Analyse vom Verwender durchgeführt werden. Die Software unterstützt jedoch erheblich und erleichtert beispielsweise das Auffinden bestimmter Textstellen, erlaubt die Erstellung von Memos oder unterstützt hinsichtlich des Aufzeigens von Beziehungen zwischen einzelnen Codes.[702]

5.4.1.5.1 Datenaufbereitung

Der eigentlichen Auswertung des Datenmaterials geht, wie in Kapitel 4.3 beschrieben, der Prozess der Datenaufbereitung bzw. der Transkription voraus. Auch im Bereich der Transkription existiert eine Vielzahl verschiedener Empfehlungen bzw. Hinweise. Da bei der Auswertung die inhaltlichen Aspekte der Befragung im Vordergrund standen, konnte auf vereinfachte Transkriptionsregeln zurückgegriffen werden. In der vorliegenden Arbeit kamen dabei die nachfolgenden Transkriptionsregeln zur Anwendung:

- Die Transkription erfolgte wortwörtlich. Dialekte wurden dabei weitestgehend ins Hochdeutsch überführt.
- Sprache und Interpunktion wurden leicht an das Schriftdeutsch angepasst.
- Aus Vereinfachungszwecken wurden Pausen, Unterbrechungen, Lautäußerungen, usw. nicht berücksichtigt. Das heißt es wurde davon abgesehen Äußerungen wie „Ähm“, „Hmmm“, usw. zu verschriftlichen, außer wenn dies unerwartet geschah, also beispielsweise wenn ein Befragter durchgängig sehr flüssig und eloquent antwortete und bei einer Frage ständig ins Zögern geriet bzw. fühlbar unsicher bzw. nachdenklich gestimmt war.

701 Vgl. Hussy, W., Schreier, M., Echterhoff, G. (2013), S. 253.
702 Vgl. Kuckartz, U. (2014), S. 133-134.

- Absätze des Interviewers werden durch I: gekennzeichnet, die des Interviewten durch X1:, X2:, X3:, [...].
- Jeder Sprechbeitrag wurde als eigener Absatz formatiert. Sprecherwechsel wurden durch zwei Leerzeilen verdeutlicht.
- Unverständliche Wörter wurden mit (unv.) gekennzeichnet.[703]

Der Vollständigkeit halber wurde das gesamte Material, d. h. sowohl Teil 1 als auch Teil 2 der 20 Interviews transkribiert. Wie eingangs erläutert, handelte es sich bei der Erhebung der Erfahrungen der Experten im Zusammenhang mit dem Thema Frühintervention um eine Vorgabe des Projektpartners. Für die Fragestellung der vorliegenden Arbeit sind die Erfahrungen der Experten jedoch nur von untergeordneter Bedeutung, sodass man streng genommen auf eine Verschriftlichung des zweiten Teils der Interviews verzichten hätte können. Letztlich wurden mit der Entscheidung für eine vollständige Transkription zwar viele Teile der Interviews verschriftlicht, die für die eigentliche Fragestellung der Studie unerheblich waren, für ein gutes Textverständnis war dies jedoch unerlässlich. Viele Aussagen zu den Instrumenten wurden nämlich im Zusammenhang mit den Erfahrungen zum Thema Frühintervention und damit im zweiten Teil des Interviews geäußert. Im Rahmen der Auswertung wurde der zweite Teil des Interviewleitfadens jedoch nicht weiter betrachtet.

5.4.1.5.2 Analyse und Systematisierung der Ergebnisse

Die eigentliche Analyse und Auswertung des Materials schloss sich unmittelbar an die Transkription an. Gemäß des von Mayring (2015) vorgeschlagenen Ablaufmodells (vgl. Abbildung 24) erfolgte zunächst die Bestimmung der Analyseeinheiten. Die kleinstmögliche Kodiereinheit wurde dabei auf drei aufeinanderfolgende Worte und die Kontexteinheit auf ein gesamtes Interview festgelegt. Als Auswertungseinheiten wurden nur inhaltstragende Textstellen innerhalb der zwanzig Interviews berücksichtigt.

[703] Vgl. Kuckartz, U. (2014), S. 136-137.

Aufgrund der großen Datenmenge wurden die Schritte 1 bis 4 des Ablaufschemas (vgl. Abbildung 24) zu einem Schritt zusammengefasst. Grundlage für die Entwicklung des Kategoriensystems war das wiederholte Sichten des Materials. Die Bildung der Kategorien erfolgte deduktiv-induktiv. Die Kategorien wurden größtenteils induktiv aus dem Textmaterial heraus entwickelt. Durch den Bezug zu den Fragen im Leitfaden hat die Entwicklung des Kategoriensystems jedoch auch einen deduktiven Charakter. Hierfür wurden die inhaltlich relevanten Textstellen zunächst paraphrasiert, anschließend generalisiert und schlussendlich reduziert.[704]

Abbildung 36 zeigt das Vorgehen exemplarisch an einigen Beispielen. Zunächst wurden alle Textstellen, die für die Fragestellung nicht relevant erschienen (z. B. Mehrfachnennungen, Verdeutlichungen, usw.) aus dem zu analysierenden Material herausgestrichen. Gleichzeitig wurden inhaltstragende, d. h. relevante Textstellen paraphrasiert, z. B. „Patent, Sie wissen schon, urhebergeschützt“ (vgl. Abbildung 36).

1. Durchgang der Kategorienbildung			
Fall	**Paraphrasierung**	**Generalisierung**	**1. Reduktion**
1	Patent, Sie wissen schon, urhebergeschützt	urhebergeschützt	Freiverfügbarkeit
1	Die füllen den selber aus	Die füllen den selber aus	Selbsteinschätzung
2	was ist denn überhaupt Arbeitsfähigkeit?	was ist Arbeitsfähigkeit	
2	ob der Arbeitsfähigkeitsindex tatsächlich Arbeitsfähigkeit so misst, wie die Definition ist	~~Definition von Arbeitsfähigkeit~~	
2	einen Fragebogen hat, der auch wissenschaftlich untersucht ist	wissenschaftlich sauber untersucht	Wissenschaftlich diskutiert/ fundiert
3	wir haben auch nur Selbstbeurteilungsbögen eingesetzt	~~nur Selbstbeurteilungsbögen~~	
3	dass man auch Veränderungen messen kann, gerade für den Präventionsbereich	Veränderungen messen kann	Responsiveness to change

2. Durchgang der Kategorienbildung				
Fall	**Paraphrasierung**	**Generalisierung**	**1. Reduktion**	**2. Reduktion**
2	einen Fragebogen hat, der auch wissenschaftlich sauber untersucht ist	wissenschaftlich sauber untersucht	Wissenschaftlich diskutiert/ fundiert	Gütekriterien
3	wir haben auch nur Selbstbeurteilungsbögen eingesetzt	~~nur Selbstbeurteilungsbögen~~		
3	dass man auch Veränderungen messen kann, gerade für den Präventionsbereich	Veränderungen messen kann	Responsiveness to change	Gütekriterien

Abbildung 36: Vorgehen bei der Entwicklung des Kategoriensystems

Im nächsten Schritt, der Generalisierung erfolgte die Herausarbeitung der Kernaussage der Paraphrase, in diesem Falle *urhebergeschützt*. Doppelte Inhaltspassagen, im Beispiel *Definition von Arbeitsfähigkeit*, die durch die Generalisierung entstanden sind, konnten nun gestrichen werden. In der Reduktionsphase wur-

[704] Vgl. Mayring, P. (2015), S. 71.

den sinnmäßig verwandte Paraphrasen als Kategorie zusammengefasst. Die Phase der Reduktion kann je nach gewähltem Abstraktionsgrad mehrfach wiederholt werden bis der gewünschte Aggregationslevel erreicht ist.[705] Im Beispiel werden die Kategorie *wissenschaftlich diskutiert/fundiert* sowie *Responsiveness to Change* eine Ebene höher zur Überkategorie *Gütekriterien* reduziert.

Bei der Kategorienbildung in MAXQDA erfolgte eine direkte Zuordnung der Module zu bereits abgeleiteten Haupt- bzw. Unterkategorien (vgl. Abbildung 37).

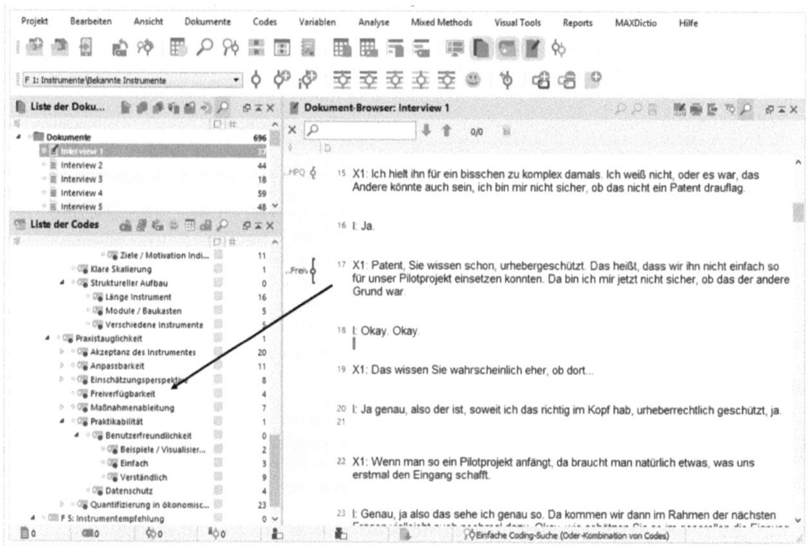

Abbildung 37: Zuweisung von Textmodulen zu Kategorien in MAXQDA

Im Beispiel wird die Textstelle „Patent, Sie wissen schon, urhebergeschützt" der Kategorie *Freiverfügbarkeit* direkt zugewiesen. Die Schritte der Paraphrasierung und Generalisierung wurden übersprungen und es fand direkt eine Reduktion zu einer Kategorie statt. War keine passende Kategorie vorhanden, wurde eine neue Kategorie eröffnet.

Basis für die Zuordnung der Textstellen zu den Kategorien bildete ein Kodierleitfaden. Ein Auszug daraus ist in Abbildung 38 dargestellt.

705 Vgl. Mayring, P. (2015), S. 71.

Kategorie	Definition	Ankerbeispiel
Gütekriterien	Qualitätskriterien, die eine tragende Rolle für eine verlässliche Auswertung spielen	
Klassische Gütekriterien	Reliabilität, Validität, Objektivität	
Reproduzierbarkeit / Reliabilität	Grad der Genauigkeit eines Ergebnisses	*„Ist er reproduzierbar (...), das ist was entscheidend ist."*
Validität / Gültigkeit	Genauigkeit, mit der das Ergebnis das gesuchte Merkmal erfasst	*„Ja danach haben wir ihn ausgewählt, ist er validiert, das ist für uns entscheidend."*
Nebengütekriterien	Kriterien, die über Objektivität, Reliabilität und Validität für eine Analyse relevant sind	
Nicht-Verfälschtbarkeit / Verzerrungen	Test soll nicht willentlich oder unwillentlich in gewünschte Richtung verfälscht werden; Ergebnisverzerrungen durch subjektive Antworten oder Erinnerungsprobleme; oder auch durch beabsichtigtes Verschweigen	*„Wo ich mir aber vorstellen könnte, dass Patienten dort auch bewusst oder unbewusst Einschränkungen verschweigen"*
Responsiveness to Change	Fähigkeit, Veränderungen über die Zeit aufzudecken und abzubilden	*„also dass es änderungssensitiv ist, wie sie es schon beschrieben haben, dass man auch Veränderung messen kann, gerade für den Präventionsbereich, dass man auch kleinere Änderungen erfassen kann"*
Vergleichbarkeit	Möglichkeit eine einheitliche Basis zu schaffen, um Sachen miteinander vergleichen zu können	*„man findet mal einen Konsens und hat dann auch wirklich ein Instrumentarium und ich denke es wird schon vieles helfen, wenn viele das gleiche Instrument einfach verwenden würden, weil dann hätte man auch eine gewisse Vergleichbarkeit"*
Wissenschaftlich diskutiert / fundiert	Ausreichende wissenschaftliche Diskussion und Prüfung des Instrumentes	*„Also ich denke, wenn man so etwas macht, sollte es schon wissenschaftlich fundiert sein und auch evaluiert werden"*

Abbildung 38: Auszug aus dem Kodierleitfaden

Ein Kodierleitfaden enthält die Definition der entsprechenden Kategorie bzw. Unterkategorie sowie jeweils ein Ankerbeispiel. Die Orientierung an dem Kodierleitfaden erlaubte die Veranschaulichung sowie Abgrenzung der einzelnen Kategorien. Die Formulierung fester Kodierregeln sollte eine eindeutige Zuordnung der Textbausteine zu den einzelnen Kategorien erlauben.[706]

Der im Rahmen der Auswertung sukzessive erarbeitete Kodierleitfaden wurde nach Analyse des fünften und 20. Interviews überprüft und entsprechend modifiziert.

Zur besseren Veranschaulichung und Darstellung des Materials wurden konzeptuelle, überindividuell-zusammenfassende Matrizen gewählt.

---

[706] Vgl. Hussy, W., Schreier, M., Echterhoff, G. (2013), S. 256.

5.4.2 Befragte, Gesprächssituation, Zeitraum und Dauer der Interviews

Insgesamt wurden 20 Experteninterviews durchgeführt. Von 39 kontaktierten Personen, standen somit etwas mehr als die Hälfte für ein Gespräch zur Verfügung. Bei dem Kreis der Befragten handelt es sich um Experten aus den unterschiedlichsten Disziplinen. So waren u. a. Experten aus den Bereichen Gesundheitsmanagement/-ökonomie, Rehabilitationsmedizin und aus dem betriebsärztlichem Dienst vertreten. Ferner fanden sich einige Vertreter verschiedener medizinischer Fachgebiete (u. a. Rheumatologen, Gastroenterologen und Dermatologen) unter den Befragten. Der Kreis der Experten bestand damit aus einem bunten Mix unterschiedlichster Disziplinen. Unter den Experten fanden sich sechs weibliche Personen. Der Großteil der Gesprächspartner war männlich.

Die Telefoninterviews fanden im Zeitraum von 21.01.2015 bis 06.02.2015 statt. Ursprünglich war die Durchführung der Interviews für den Zeitraum Ende November 2014 bis Januar 2015 anberaumt. Aufgrund von Projektverzögerungen verschob sich jedoch bereits der Versand der Einladungsschreiben auf Ende 2014. Somit war schnell klar, dass die Durchführung der Interviews erst im neuen Jahr und nicht wie geplant im Dezember beginnen konnte. Aufgrund von Verzögerungen hinsichtlich der Rückläufe und hier insbesondere der Dienstherrengenehmigungen bzw. nicht unterschriebener Verträge, krankheitsbedingter Ausfälle bzw. anderweitiger terminlicher Vorkommnisse mussten bereits terminierte Interviews immer wieder verschoben werden, sodass die Interviews erst Anfang Februar 2015 abgeschlossen werden konnten. Ein weiteres Interview konnte krankheitsbedingt sogar erst Anfang März 2015 (02.03.2015) nachgeholt werden.

Diese Schwierigkeiten hinsichtlich der Terminierung bzw. auch der eigentlichen Durchführung der Interviews ist insofern wenig verwunderlich, als dass sich in der Literatur zahlreiche Hinweise auf derartige Herausforderungen finden bzw. sich dies auch bei diversen anderen Untersuchungen als schwieriges Unterfangen herausstellte. Anders als face-to-face Interviews scheinen Telefoninterviews einen geringeren Verbindlichkeitsgrad aufzuweisen, „kann doch der telefonische

Kontakt mühelos ein anders Mal wieder aufgenommen werden"[707]. Insofern wird von den Interviewern ein nicht unerhebliches Maß an Flexibilität erwartet.[708]

Die Gespräche dauerten im Durchschnitt 48 Minuten. Das kürzeste Gespräch dauerte 24 Minuten, das längste Telefonat nahm 112 Minuten in Anspruch. Die Länge des gesamten Tonbandmaterials belief sich auf 982 Minuten.

Insgesamt entstand der Eindruck, dass sich die Experten sehr unterschiedlich auf die Gesprächssituation vorbereitet hatten. Dementsprechend heterogen fielen auch die Interviews aus. Auch dieses Phänomen ist in der Literatur bekannt. So sprechen beispielsweise Gläser und Laudel (2009) von guten und schlechten Interviewpartnern. Es sei bekannt, dass es zwischen sehr guten, exzellenten Wissenschaftlern und mittelmäßigen oder schlechten Wissenschaftlern erhebliche Qualitätsunterschiede gäbe. Die meisten Studien ignorieren das jedoch vollkommen. Gläser und Laudel schlagen daher vor dies bei der Auswertung des Materials zu berücksichtigen. Dazu müsse man jedoch erst einmal die Qualität einschätzen. Sie weisen auch auf die Gefahr der Voreingenommenheit hin. Ihnen sei durchaus bewusst, dass man Daten mit dem Wissen um die Qualität der Experten anders lese. Daher solle man sich grundsätzlich auch erst einmal mit der Frage auseinandersetzen, ob die Qualität der Experten für die Untersuchung grundsätzlich eine Rolle spielen könnte und ob diese die Ergebnisse beeinflusst haben könnte. Sie halten es aber generell für wichtig, dass man sich mit der Thematik auseinandersetzt.[709]

5.4.3 Auswertung und Zusammenstellung der Ergebnisse

5.4.3.1 Kategoriensystem

Das im Zuge der qualitativen Inhaltsanalyse entwickelte Kategoriensystem ist an die Fragestellungen des ersten Teils des Interviewleitfadens angelehnt und in Abbildung 39 visualisiert.

---

707 Christmann, G. (2009), S. 212.
708 Vgl. Christmann, G. (2009), S. 212.
709 Vgl. Gläser, J., Laudel, G. (2009), S. 140-157.

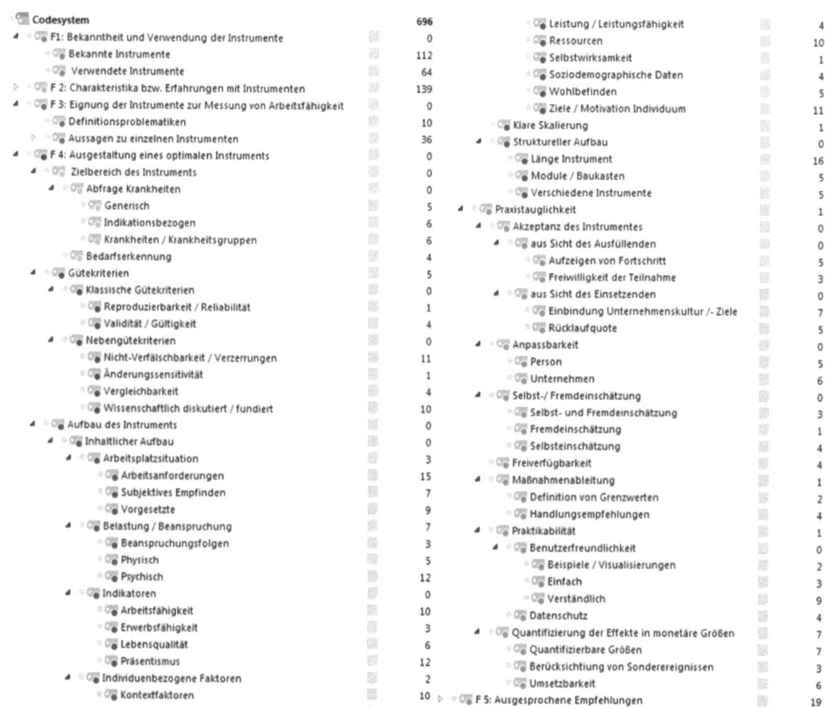

Abbildung 39: Kategoriensystem

Die Abbildung zeigt dabei die verschiedenen Ober- und Unterkategorien sowie die Anzahl der jeweils zugeordneten Textstellen. So wurden der Oberkategorie *F2 Charakteristika bzw. Erfahrungen mit Instrumenten* beispielsweise 139 Textstellen zugeordnet. Insgesamt wurden 696 Textstellen aus dem Material als relevant erachtet und mindestens einer der Kategorien zugeordnet.

Das Kategoriensystem ist in Anlehnung an die Fragen des Leitfadens in fünf Hauptkategorien (F1 bis F5) untergliedert. Die erste Hauptkategorie F1 enthält gemäß der ersten Frage des Interviewleitfadens (vgl. „Welche Instrumente zur Messung von Arbeitsfähigkeit/Präsentismus/Absentismus/usw. sind Ihnen bekannt und welche Instrumente verwenden Sie?") Äußerungen der Befragten über den Bekanntheitsgrad bzw. die Verwendung der Messinstrumente in der Forschung oder im ärztlichen Alltag (vgl. Abbildung 39).

Die zweite Oberkategorie F2 findet sich nicht explizit im Leitfaden, sondern wurde induktiv aus dem Material heraus entwickelt und enthält Aussagen der Experten hinsichtlich Charakteristika bzw. Erfahrungen mit den einzelnen Messinstrumenten. Diese wurden dem jeweiligen Instrument zugeordnet (vgl. Abbildung 39).

Die dritte Hauptkategorie F3 enthält gemäß der zweiten Frage des Interviewleitfadens (vgl. „Wie schätzen Sie die Eignung der Instrumente zur Messung bzw. zur Abbildung des Erfolgs von Frühinterventionsmaßnahmen ein?“) Aussagen der Experten bezüglich der Eignung der verschiedenen Tools zur Messung bzw. zur Abbildung der Effekte von (Früh-) Interventionen. Die Kategorie ist, ähnlich wie Kategorie F2 in die einzelnen Instrumente unterteilt. Ferner wurden in dem Zusammenhang auch Aussagen bezüglich der Definitionsproblematik abgehandelt (vgl. Abbildung 39).

Die vierte Oberkategorie F4 ist die umfangreichste des Kategoriensystems und enthält im Wesentlichen die Aussagen der Experten bezüglich der dritten Frage des Interviewleitfadens (vgl. „Was ist Ihnen bei den Instrumenten wichtig? Welche Eigenschaften müssen die Instrumente aufweisen, damit sie sich eignen, um den Erfolg von Frühinterventionsmaßnahmen abbilden zu können? Wie müsste ein optimales Messinstrument Ihrer Ansicht nach ausgestaltet sein?“). Die Oberkategorie ist dabei in vier Unterkategorien unterteilt. Die vier Unterkategorien *Zielbereich des Instruments*, *Gütekriterien*, *Aufbau des Instruments* sowie *Praxistauglichkeit* wurden dabei induktiv aus dem Textmaterial heraus entwickelt und sind jeweils nochmals in verschiedene Punkte untergliedert (vgl. Abbildung 39).

Die fünfte Oberkategorie F5 ist an die vierte Frage des Interviewleitfadens angelehnt (vgl. „Welche Instrumente würden Sie empfehlen? Und warum?“) und enthält dementsprechend sämtliche Aussagen rund um die Empfehlungen der Experten inklusive der Begründungen (vgl. Abbildung 39).

5.4.3.2 Bekanntheit und Nutzung von Instrumenten zur Messung von Arbeitsfähigkeit in Deutschland

Als Einstieg in das Interview wurden die Experten danach gefragt, welche Instrumente zur Messung von Arbeitsfähigkeit/Präsentismus/Absentismus und verwandten Konstrukten ihnen bekannt seien und welche sie bereits verwenden. Die Aussagen der Experten hinsichtlich der Bekanntheit bzw. Verwendung der einzelnen Instrumente wurden dabei quantitativ nach der Häufigkeit der Nennungen ausgewertet.

Tabelle 20 zeigt die 20 am häufigsten genannten Instrumente und Tools absteigend nach ihrem Bekanntheitsgrad. Insgesamt haben die Experten 61 verschiedene *Instrumente* angesprochen, ein Großteil der Instrumente wurde dabei jeweils lediglich von einem Experten angeführt. 85% der Experten (17) gaben an den WAI zu kennen, 14 Experten haben ihn schon einmal genutzt oder wenden ihn derzeit aktiv an. Dies deutet auf einen hohen Bekanntheitsgrad und die Popularität des Instruments unter den Befragten hin. Mit 8 Nennungen im Bereich Bekanntheit und 3 Nennungen hinsichtlich Verwendung schließt sich die Erfassung der krankheitsbedingten Fehlzeiten bzw. die Erhebung von AU-Daten nahtlos an. Mit jeweils 4 Nennungen im Bereich Bekanntheit folgen der WPAI, der HPQ sowie der SF-36. Der SF-36 ist ein Instrument zur Erfassung der gesundheitsbedingten Lebensqualität. Der SF-36 erfasst jedoch auch gesundheitsbedingte Einschränkungen bei der (Erwerbs-) Arbeit auf verschiedenen Ebenen (vgl. z. B. „Ich konnte nicht so lange wie üblich tätig sein“ oder „Ich habe weniger geschafft als ich wollte“). Im Unterschied zum WPAI sowie dem HPQ, bei denen jeweils nur zwei bzw. ein Befragter angab sie auch im Alltag zu verwenden, wird der SF-36 von allen Experten, die angaben ihn zu kennen, auch verwendet.

Von den sieben in der Literaturrecherche am häufigsten auftauchenden Instrumenten wurde die Standford Presenteeism Scale (SPS) insgesamt dreimal, der Work Limitations Questionnaire (WLQ) zweimal und der Health and Labour Questionnaire (HLQ) sowie das Migraine Disability Assessment (MIDAS) jeweils einmal genannt. Mit dem Würzburger Screening sowie dem SIBAR (Screening Instrument Beruf und Arbeit in der Rehabilitation) und SIMBO

(Screening-Instrument zur Feststellung des Bedarfs an medizinisch-beruflich orientierten Maßnahmen) wurden weitere, bereits im Rahmen der Literaturrecherche identifizierte Instrumente aus dem Bereich der Rehabilitation angeführt. In diesen Kontext fällt auch die von einer Person genannte SPE-Skala von Raspe und Mittag. Dabei handelt es sich um eine lediglich aus drei Items bestehende Skala zur Messung der subjektiven Prognose der Erwerbstätigkeit.

Tabelle 20: Überblick über die in den Interviews genannten Instrumente

Nr.	Name Instrument	Bek.	Verw.
1	Work Ability Index (WAI)	17	14
2	AU-Daten	8	3
3	HPQ (Health and Work Performance Questionnaire)	4	1
4	SF36 (Short Form)	4	4
5	WPAI (Work Productivity and Activity Impairment Questionnaire)	4	2
6	KFZA (Kurzfragebogen zur IST- und SOLL-Analyse der Arbeitstätigkeit)	4	4
7	Crohn's Disease Activity Index (CDAI)	3	1
8	Kopenhagener Social Questionnaire (COPSOQ)	3	1
9	Funktionsfragenbogen Hannover (FFbH)	3	2
10	Haus der Arbeitsfähigkeit	3	2
11	ICF (International Classification of Functioning Disability and Health)	3	2
12	Stanford Presenteeism Scale (SPS)	3	0
13	Arbeitsbewältigungscoaching	4	2
14	EQ5D (EuroQol)	2	1
15	Gutachten vom Haus- oder Werksarzt (Reha)	2	2
16	IMPULS-Test	2	2
17	Work Limitation Questionnaire (WLQ)	2	0
18	Würzburger Screening	2	1
19	Betriebsarzt	2	1
20	Kurzfragenbogen REHA der dt. Rentenversicherung	2	2

Bei einem Großteil der genannten Instrumente handelt es sich um krankheitsspezifische Tools zur Messung funktioneller Einschränkungen in den verschiedenen Krankheitsbildern oder zur Messung der Krankheitsaktivität. In die Gruppe der krankheits- bzw. indikationsbezogenen Tools fallen z. B. der BASDAI (Bath Ankylosing Spondylitis Disease Activity Index) zur Messung der Krankheitsaktivität bei Morbus Bechterew, der Disease Activity Score 28 (DAS28) zur Erfassung der Krankheitsaktivität bei rheumatischer Arthritis oder auch der Crohn's Disease Actitvity Index (CDAI) als Maß der Krankheitsaktivität bei Morbus Crohn. Dabei handelt es sich jedoch um Instrumente zur Erfassung bestimmter medizinischer (Surrogat-) Parameter und weniger um Instrumente zur Erfassung arbeitsbedingter Ergebnisparameter wie etwa Präsentismus oder Arbeitsfähigkeit.

Daneben wurden auch einige eng mit der Thematik der Messung von Arbeitsfähigkeit bzw. Präsentismus verwandte Messinstrumente genannt. In diesen Bereich fallen beispielsweise der Kopenhagener Social Questionnaire (COPSOQ) zur Erfassung psychischer Belastungen am Arbeitsplatz, der KFZA (Kurzfragebogen zur IST- und SOLL-Analyse der Arbeitstätigkeit) zur Messung von Einflüssen der Arbeits- und Organisationsstruktur, das arbeitsbezogene Verhaltens- und Erlebensmuster (AVEM) zur Messung gesundheitsgefährdender bzw. -förderlicher Verhaltens- und Erlebensweisen der Beschäftigten in Bezug auf die Berufs- bzw. Arbeitsanforderungen sowie der IMPULS-Test zur Erfassung psychischer Belastungen. In diesen Bereich fallen auch das Effort-Reward-Imbalance Model (ERI), der Fragebogen Irritation von Gisela Mohr sowie der Fragebogen zur Selbstwirksamkeit mit Blick auf Wiedereingliederung an den Arbeitsplatz.

Ferner wurden einige Instrumente aus dem Bereich Wohlbefinden, Lebensqualität bzw. Schmerzen angeführt. Darunter fallen beispielsweise der EQ5D (EuroQol), die Schmerz-Skala oder der Disability Index, die mit Ausnahme des EQ5D, der zweimal genannt wurde, jeweils von einem Experten angeführt wurden.

Außerdem wurden von einigen Experten selbst konzipierte Fragebögen (z. B. IMBA, AKKu-Werkzeugkasten, Index Gesundheitsbezogene Produktivitätsverluste, usw.) genannt. IMBA (Integration von Menschen mit Behinderungen in die Arbeitswelt) beispielsweise entstand im Rahmen einer vom Bundesministerium für Gesundheit und soziale Sicherung in Auftrag gegebenen Studie und wird heute an der Schnittstelle von beruflicher und medizinischer Rehabilitation eingesetzt.[710]

Der AKKu-Werkzeugkasten entstand im Rahmen des Projekts *AKKu – Arbeitsfähigkeit in kleinen Unternehmen erhalten*, ein gemeinsames Projekt des Bera-

[710] Vgl. o. A. (o. J.).

tungsunternehmens d-ialogo, des Instituts für Arbeitswissenschaft der Universität Aachen (RWTH) sowie des Instituts für Sicherheitstechnik der Universität Wuppertal. Ziel des vom Bundesministerium für Arbeit und Soziales geförderten Projekts ist die Anpassung bestehender Analyse- und Gestaltungsinstrumente an die Besonderheiten und Bedürfnisse kleiner und mittelständischer Unternehmen. Der AKKu-Werkzeugkasten wird derzeit im Rahmen von Schulungen bundesweit verbreitet und bereits in einigen kleinen Unternehmen angewendet.[711]

Die genannten Instrumente lassen sich dabei in die folgenden Kategorien einordnen (in Klammern ist jeweils die Anzahl der Nennungen angegeben):

- Instrumente zur Messung von **krankheitsbedingten Fehlzeiten bzw. Absentismus** (z. B. AU-Daten (8), Selbsteinschätzung der Fehlzeiten (1)),
- Tools zur Messung von **Präsentismus bzw. eingeschränkte Produktivität** (z. B. WPAI (4), SPS (3)),
- **Arbeitsfähigkeit** (z. B. WAI (17), Arbeitsbewältigungscoaching (4)),
- **Erwerbsfähigkeit** (z. B. ICF (3), Würzburger Screening (2), SIBAR (1), IRES (1), SIMBO (1), SPE-Skala (1)),
- **gesundheitsbezogener Lebensqualität, Wohlbefinden bzw. Schmerzen** (z. B. SF-36 (4), EQ-5D (2), Schmerz-Skala (1)),
- Instrumente zur Erhebung von **Belastungen, Beanspruchungen und Beanspruchungsfolgen** (z. B. KFZA (4), IMPULS-Test (2), COPSOQ (3), AVEM (2), Skala Irritation (1), ERI (2)), sowie
- diverse **krankheitsspezifische Messinstrumente** (z. B. FFbH (3), CDAI (3), DAS28 (1), HAQ (1)).

5.4.3.3 Beurteilung und Eigenschaften der Instrumente im Allgemeinen

Kategorie F2 wurde induktiv aus dem Textmaterial heraus entwickelt. In dieser Kategorie wurden alle Äußerungen der Experten im Hinblick auf Eigenschaften bzw. Vor- oder Nachteile der einzelnen Instrumente subsummiert. Von den Ex-

[711] Vgl. Zentralstelle für die Weiterbildung im Handwerk (2015).

perten wurden Aussagen zu 41 verschiedenen Instrumenten getätigt. Im Folgenden werden die Äußerungen zu einzelnen Instrumenten überblicksartig dargestellt. Die Ausführungen beschränken sich dabei auf die Instrumente, die von mindestens zwei verschiedenen Experten angesprochen wurden.

Am häufigsten wurden die Vor- und Nachteile des WAI thematisiert. Der Großteil der Experten hat positive Erfahrungen mit diesem Instrument gemacht. Der WAI stünde kostenfrei zur Verfügung (vgl. Interview 2) und werde von offizieller Seite gefördert. Er sei allgemein anerkannt, weit verbreitet und hätte sich in der Praxis bewährt (vgl. z. B. Interview 9, 10, 15). Ferner betonen die Experten, dass der WAI in verschiedenen Sprachen vorhanden sei (vgl. z. B. Interview 15) und auch viele Vergleichsdaten bzw. Referenzwerte vorlägen. Zudem sei dessen Verwendung vom „Arbeitsaufwand sehr überschaubar“ (Interview 12). Im Allgemeinen wird seine Handhabbarkeit und Praktikabilität als sehr gut eingestuft. Von einem Experten wurde das Instrument sogar als „das bekannteste Instrument“ (Interview 2) betitelt. Andere wiederum kritisierten, dass er „nicht komplett die Situation des Arbeitnehmers“ (Interview 1) abbilden würde und lediglich Anhaltspunkte liefere (vgl. Interview 5) oder bezeichnen ihn als „nicht ganz präzise“ (Interview 5). Zudem sei er für kleine und mittelständische Unternehmen nicht geeignet. Auch seien die „Gewichtungen, die beim WAI gemacht werden, [...] mehr oder weniger willkürlich“ (Interview 9). Aufgrund der unterschiedlichen Skalenniveaus wären die Skalen auch nicht miteinander vergleichbar. Zudem erschwere dies die Datenaufbereitung (vgl. Interview 9). Einige Experten bezweifeln auch die Konstruktvalidität und bemängeln die fehlende interne Konsistenz. Dennoch aber funktioniere er (vgl. Interview 9).

Die Messung von Arbeitsunfähigkeit anhand von krankheitsbedingten Ausfallzeiten wurde im Allgemeinen kritisch betrachtet. Die AU-Zeiten sagten lediglich aus, dass ein „Mitarbeiter nicht am Arbeitsplatz“ (Interview 10) war, sie seien jedoch nicht geeignet, um die Krankheitsproblematik abzubilden (vgl. Interview 1 bzw. 8). Die Messung von AU-Zeiten werde auch von den Betriebsärzten stark kritisiert (vgl. Interview 10).

Der HPQ gilt gemeinhin als „sehr umfassender Bogen“ (Interview 2). Er decke viele Konstrukte mit ab (z. B. Reizbarkeit, Konzentration, Zufriedenheit mit dem Vorgesetzten) und sei insofern auch sehr aussagefähig (vgl. Interview 19).

Ein anderer Experte hingegen erachtet es als fraglich, ob der HPQ „praktische Anwendung“ (Interview 2) finden werde, da er „viel zu umfangreich für Projekte“ (Interview 2) sei.

Der SF-36 werde vorwiegend in klinischen Studien eingesetzt (vgl. Interview 16). Der SF-36 hätte „vordergründig [auch] erst mal den allgemeinen Gesundheitszustand zum Ziel“ (Interview 10), in „irgendeinem Unter-Item [erfasse er jedoch auch] das Präsentismusverhalten“ (Interview 10).

Die Experten, die den WPAI kennen bzw. anwenden, haben überwiegend positive Erfahrungen mit dem Instrument gemacht. Den Experten zufolge handle es sich um ein sehr veränderungssensitives, reliables und valides Instrument. Für ihn sprächen auch seine Einfachheit und Praktikabilität (vgl. Interview 18). Der WPAI finde „als Routinefragebogen in der Sprechstunde“ (Interview 18) Anwendung, werde aber auch im Rahmen von „Verlaufsbeobachtungen [...] für bestimmte Therapien“ (Interview 18) eingesetzt. Für den Fragebogen sprächen auch das positive Feedback seitens der Patienten und die hohen Rücklaufquoten. Laut der Auffassung der Experten sei er auch zur Erfassung von Arbeitsfähigkeit sehr gut geeignet (vgl. Interview 6).

Auch im Zusammenhang mit dem KFZA wurden überwiegend positive Bemerkungen geäußert. Er stünde kostenfrei zur Verfügung (vgl. Interview 2) und man könne „in Kürze [alle] wesentlichen Faktoren für [einen] Dialog“ (Interview 2) erfassen. Der Bogen decke dabei sowohl Belastungen als auch Ressourcen im Arbeitsleben ab und eigne sich daher auch im Kontext der „Belastungs- und Ressourcenanalyse“ (Interview 9).

Obwohl im ersten Teil des Interviews sehr viele krankheitsspezifische Tools genannt und aufgeführt wurden, äußerten sich kaum Experten zu deren Vor- oder Nachteilen. Sowohl der CDAI (Crohn's Disease Activity Index)[712] als auch der FFbH (Funktionsfragebogen Hannover)[713] beispielsweise wurden im ersten Teil von jeweils drei Experten als bekannt angegeben. Dabei äußerte sich jeweils lediglich einer der Experten zu deren Vor- und Nachteilen. Der CDAI wurde dabei scharf kritisiert. So führte der Experte beispielsweise an, dass der Fragebo-

712 Der CDAI ist ein Instrument zur Messung der Krankheitsaktivität von Morbus Crohn.

713 Beim FFbH handelt es sich um einen Fragebogen zur Messung der subjektiven Funktionskapazität bei Alltagstätigkeiten.

gen „viele Mängel in der Aussagekraft“ (Interview 17) hätte. Dies wäre auch schon lange bekannt. Aus Mangel an besseren Alternativen werde er aber immer noch verwendet (Interview 17). Der Funktionsfragebogen Hannover (FFbH) hingegen wurde als „eigentlich sehr gut handlebar[es]“ (Interview 16) Instrument angesehen. Der FFbH umfasse lediglich zwei Seiten und sei weitestgehend gut akzeptiert (vgl. Interview 16).

Der Copsoq gilt gemeinhin als ein sehr langes und umfangreiches Instrument. Er gehe „detailliert auf [das] Thema der Belastungen und Ressourcen ein“ (Interview 2) und messe zudem „indikationsübergreifend die psychosozialen Belastungen am Arbeitsplatz“ (Interview 8). Ein Experte findet den Bogen zwar „ein bisschen zu lang“ (Interview 2), argumentiert aber auch, dass er „auf mehr Facetten [einginge als andere Instrumente], gerade was das Thema der Belastungen und der Ressourcen angeht“ (Interview 2).

Beim Haus der Arbeitsfähigkeit handle es sich zwei Experten zufolge um einen „sehr nachvollziehbare[n] und gleichzeitig einen sehr gut nach außen dokumentierbare[n] Ansatz“ (Interview 11). Das Haus der Arbeitsfähigkeit verdeutliche, „dass man nicht nur beim Thema Gesundheit ansetzen darf, sondern dass es noch viele andere Ebenen gibt, die man betrachten“ (Interview 11) müsse. Das Tool sei insbesondere auch für die Probanden durchschaubar und gut verständlich (vgl. Interview 7).

Ferner äußerten sich auch zum EQ-5D und zur SPS jeweils zwei Experten. Der EQ-5D sei „sehr schön standardisiert“ (Interview 6) und man könne „Vergleichsgruppen bilden“ (Interview 6). Die SPS sei im Allgemeinen unzureichend untersucht und weise „keine guten psychometrischen Kennwerte“ (Interview 4) auf.

5.4.3.4 Eignung der Instrumente zur Veränderungsmessung

Im Rahmen der zweiten Frage wurden die Experten gebeten die Eignung der genannten Instrumente zur Messung bzw. zur Abbildung des Erfolgs von Frühinterventionsmaßnahmen zu beurteilen. Damit war letztlich die Eignung der Instrumente zur Verlaufskontrolle und damit zur Veränderungsmessung gemeint.

Die Frage entstand vor dem Hintergrund, dass viele der Instrumente nicht explizit für die Verlaufsbeobachtung bzw. -kontrolle konzipiert wurden, sondern vielmehr als Instrument zur Zustandsmessung.

Die meisten Aussagen, die zu dieser Frage getätigt wurden, wurden bereits in Kapitel 5.4.3.3 abgehandelt. Streng genommen handelt es sich dabei aber nicht um Aussagen im Hinblick auf die Eignung der Instrumente zur Veränderungsmessung, sondern vielmehr um allgemeine Vor- und Nachteile bzw. Schwierigkeiten der Instrumente. Auch wurden einige eher generelle Äußerungen im Hinblick auf die Eignung der Instrumente zur Messung von Arbeitsfähigkeit getroffen.

Die wenigen Aussagen, die im Hinblick auf die Eignung der Instrumente zur Verlaufskontrolle bzw. -beobachtung getätigt wurden, werden im Folgenden kurz thematisiert. Dabei wurden von den Experten Aussagen zum IMPULS-Test, zur Skala Subjektive Prognose Erwerbstätigkeit (SPE-Skala), zum Funktionsfragebogen Hannover (FFbH), zum Work Ability Index (WAI) sowie zum Work Productivity and Activity Impairment Fragebogen (WPAI) geäußert. Zuvor werden jedoch die Äußerungen hinsichtlich der generellen Eignung der Instrumente für den vorliegenden Kontext dargestellt.

Diesbezüglich gehen die Meinungen zwischen den Experten weit auseinander. So können sich einige gut vorstellen die Instrumente im Alltag bzw. in der Sprechstunde einzusetzen, während andere die Instrumente für die Routine bzw. den klinischen Alltag als nicht geeignet einstuften. Dennoch ist der Großteil der Experten der Meinung, dass die Instrumente bzw. die Messung der Arbeitsfähigkeit wichtig wäre und dass dies auch die Qualität der Beurteilungen erhöhen würde. Im Allgemeinen wurden sowohl das Problem der Erinnerungsverzerrungen als auch die unzureichende wissenschaftliche Evidenz der Instrumente bemängelt. Einem Experten zufolge seien die Instrumente lediglich bedingt geeignet, da sie nur Personen erfassen, die arbeiten gehen.

Von rund einem Viertel der Experten (5) wurde in diesem Zusammenhang ferner die Thematik der Definitionsproblematik adressiert. Es sei schwierig Effekte zu messen, obwohl viele Konstrukte, über die man hier spreche noch nicht einmal einheitlich definiert seien (vgl. Interview 9). Solange unklar sei, was man unter Präsentismus bzw. Arbeitsfähigkeit verstehe (vgl. Interview 2 bzw. 10), könne auch nicht beurteilt werden, „ob ein Arbeitsfähigkeitsindex Arbeitsfähigkeit [auch] tatsächlich so misst, wie die Definition von Arbeitsfähigkeit ist“ (Interview 2). Wenngleich eine Reihe von Vorschlägen existiert, was man unter dem Konstrukt Präsentismus verstehe und wie man es messen könne, so sei das Ganze immer noch sehr heterogen (vgl. Interview 4), insbesondere auch deswegen, weil es hinsichtlich des Präsentismus zwei verschiedene Forschungsstränge zu berücksichtigen gäbe (vgl. Interview 4).

Abgesehen von den eher allgemeinen Äußerungen, wurden dennoch einige Aussagen im Hinblick auf die Eignung der einzelnen Instrumente zur Abbildung von Effekten einer (Früh-) Intervention getroffen. So äußerte einer der Experten beispielsweise, dass der IMPULS-Test zwar „zur Identifizierung [von gefährdeten Individuen] geeignet sei, aber weniger zur Verlaufskontrolle“ (Interview 10) eingesetzt werden könne, da man mit ihm lediglich das „Frühstadium [...], [aber] noch keinen Erfolg (Interview 10) messe. Der IMPULS-Test könne zwar als erster Schritt zur Frühidentifikation eingesetzt werden, dann müsse aber „zwingend ein zweiter Schritt kommen“ (Interview 10). Ähnlich verhält es sich auch mit der SPE-Skala. Die SPE-Skala sei als Screening-Instrument geeignet und weise zudem eine gute Vorhersagevalidität auf (vgl. Interview 8). Aussagen wie diese deuten darauf hin, dass sowohl der IMPULS-Test als auch die SPE-Skala zwar zur Bedarfserkennung, aber weniger zur Verlaufskontrolle geeignet sind. Ein anderer Experte bringt den FFhB zur Sprache und schätzt ihn „in Deutschland [...] [als] sehr gut geeignet“ (Interview 16) ein, um eine Veränderung hinsichtlich der funktionellen Einschränkung zwischen zwei Zeiträumen zu erfassen. Die Aussagen zum WPAI sind konträr. So bezeichnet ein Experte den WPAI als ein sehr positives bzw. gutes Instrument, welches durchaus veränderungssensitiv sei (vgl. Interview 18), wohingegen ein anderer Experte die Auffassung vertritt, dass das WPAI „sicherlich in der Routine nicht erhoben werden [wird] und [...] deshalb auch kein Instrument sein [wird], um im täglichen Alltag [...] eine Frühintervention zu dokumentieren“ (Interview 6).

Die meisten Aussagen wurden zum WAI getätigt. Die eine Gruppe der Experten ist der Meinung, dass man mit dem WAI „Effekte zeigen“ (Interview 2) und „Erfolge nachweisen“ (Interview 9) könne. Der WAI würde „auch kleine Änderungen gut abbilde[n]" (Interview 8), was gerade in der Prävention von entscheidender Bedeutung wäre. Der WAI sei „stark veränderungssensibel" (Interview 9), was „für ein Instrument der Frühintervention ein wichtiges Kriterium" (Interview 9) sei. Ein weiterer Experte gab an, dass der WAI zur Abbildung von Verlaufseffekten durchaus geeignet sei, „vorausgesetzt, dass die Mitarbeiter mit der gleichen Wahrheitstreue antworten wie beim ersten Mal" (Interview 13). Auf der anderen Seite wird kritisiert, dass der WAI „zu wenig Ansatzpunkte" (Interview 11) biete und lediglich nach Risikopotenzial, „nicht [aber] nach gezielten Verbesserungen" (Interview 10) frage. Man könne „nur ein Endergebnis, aber keine Veränderung in Einzelpositionen" (Interview 10) sehen. Deshalb könne er „auch schnell verschleiern" (Interview 11). Ein Experte vertritt die Auffassung, dass der WAI zwar schon reagiere, allerdings nur sehr träge. Insgesamt zeigen die getätigten Aussagen, dass es unterschiedliche Meinungen zur Eignung des Work Ability Index im Hinblick auf die Eignung zur Verlaufskontrolle gibt und er sowohl Stärken als auch Schwachstellen in gewissen Bereichen besitzt.

5.4.3.5 Ausgestaltung eines optimalen Messinstruments

Im weiteren Verlauf des Interviews wurden die Experten danach gefragt, was Ihnen bei den Instrumenten wichtig sei und welche Eigenschaften ein Instrument aufweisen müsste, damit es dafür geeignet ist den Erfolg von Frühinterventionsmaßnahmen abzubilden. Ferner wurde nach der Ausgestaltung eines optimalen Messinstrumentariums gefragt.

Die Antworten der Experten konnten dabei in vier Unterkategorien (Zielbereich, Gütekriterien, Aufbau des Instruments und Praxistauglichkeit) geordnet werden, die nochmals untergliedert wurden. Die vier Unterkategorien wurden dabei induktiv aus dem vorliegenden Textmaterial entwickelt. So wurde beispielsweise nicht konkret nach dem Zielbereich eines Instruments gefragt.

Die Kategorie Zielbereich gliedert sich wiederum in die beiden Unterkategorien *Abfrage Krankheiten* und *Bedarfserkennung* und enthält die Aussagen der Experten bezüglich des angestrebten Zwecks der Instrumente.

Die Mehrheit der Befragten erachtet die Abfrage von Krankheiten bzw. zumindest von Krankheitsgruppen als sehr wichtig und fordert, dass der Gesundheitszustand „nach Erkrankungsgruppen speziell überprüft werden" (Interview 20) solle. Andere wiederum vertreten die Auffassung, dass „wenn es um Frühintervention geht, [man] Krankheiten nicht nennen" sollte (Interview 13).

Auch hinsichtlich der Einbindung der krankheitsspezifischen Faktoren im Instrument herrscht Uneinigkeit bei den Interviewten. Eine Gruppe „würde [das Instrument] nicht krankheitsspezifisch machen" (Interview 10) und „für den Bereich der Frühintervention einen indikationsübergreifenden [Fragebogen] nehmen" (Interview 8). Für „Menschen, die im Erwerbsleben stehen, [wäre] ein Bogen geeignet [...], unabhängig von der Indikation" (Interview 13). Andere wiederum stufen einen indikationsbezogenen Fragebogen als besser geeignet ein. Das Instrument sollte „störungsspezifisch [...]" (Interview 4) sein und „nach den klinischen Parametern der Grunderkrankung" (Interview 12) fragen. Ob und inwiefern nun Krankheiten erfragt werden sollten, konnte nicht abschließend geklärt werden.

Neben der Erhebung der Grunderkrankung(en) wurde in diesem Zusammenhang auch das Ziel der Bedarfserkennung genannt. Dies geht aus Aussagen wie der folgenden hervor: „Wie erkenne ich überhaupt den Bedarf von Frühintervention?" (Interview 13). Ein optimales Instrument sollte nach Meinung der Experten fähig sein, diejenigen aus einer Gruppe zu ermitteln, bei denen „eine Frühintervention sinnvoll [bzw.] notwendig ist" (Interview 17), um beispielsweise „schon bei bedrohter Erwerbsfähigkeit [...] Maßnahmen" (Interview 8) einleiten zu können.

Neben dem Zielbereich bzw. Zweck des Instruments wurde insbesondere auch die Bedeutung der Gütekriterien bzw. der wissenschaftlichen Evidenz thematisiert. In der Kategorie Gütekriterien findet sich eine Reihe von Kriterien, die in den Augen der Experten eine wichtige Rolle spielen. Zum Themenbereich Gütekriterien haben sich insgesamt 16 der 20 Experten im Gespräch geäußert.

Im Bereich der klassischen Gütekriterien gibt ein Befragter an, dass für ihn maßgeblich ist, dass das Instrument „reproduzierbar und valide"(Interview 18) sei. Die Validität gilt als Auswahlkriterium für den Einsatz eines Instrumentes und wurde von 20% der Befragten explizit als relevant erachtet.

Bei den Nebengütekriterien wurden vier Aspekte genannt, die ein optimales Instrument abdecken sollte. Zum einen sei es wichtig, dass man „einen Fragebogen hat, der [...] wissenschaftlich sauber untersucht wurde" (Interview 2), was 50% der Befragten „bei Instrumenten grundsätzlich [als] wichtig" (Interview 3) erachten und dass diese „mit wissenschaftlicher Erkenntnis entwickelt werden" (Interview 11) sollten.

Darüber hinaus wünschten sich die Befragten, dass Instrumente „untereinander besser vergleichbar" (Interview 9) sind. Wenn nur viele das gleiche Instrument verwenden würden, so wäre eine gewisse Vergleichbarkeit gegeben (vgl. Interview 5). Ein Befragter betont zusätzlich die Notwendigkeit, „dass es änderungssensitiv ist [...], dass man auch kleinere Änderungen erfassen kann" (Interview 8).

Das letztgenannte Nebengütekriterium stellt die Kategorie *Nicht-Verfälschbarkeit/Verzerrungen* dar. In diesem Zusammenhang finden die Experten es wichtig, dass die Beschäftigten bzw. Patienten „einfach [...] spontan antworten" (Interview 7) können. In dem Kontext wird auch die Möglichkeit einer Tagebuchbefragung bzw. einer zeitnahen Befragung mittels neuer Medien (vgl. Interview 4) angesprochen. Auf diese Weise seien die „die Erinnerungsverzerrungen erheblich geringer, insbesondere wenn die Personen das [...] täglich machen" (Interview 4). Darüber hinaus beinhaltet die Kategorie *Nicht-Verfälschbarkeit/Verzerrungen* auch die Bedenken der Experten, Patienten könnten Einschränkungen „bewusst oder unbewusst [...] verschweigen" (Interview 12). Man müsse immer davon ausgehen bzw. sich darauf verlassen, „dass das, was sie im Fragebogen ankreuzen auch der Wahrheit einigermaßen entspricht" (Interview 15).

Generell wäre es „wichtig, dass die psychometrischen Gütekriterien gut sind" (Interview 8). Im Prinzip gehen die Experten sogar soweit die Gütekriterien als gegeben vorauszusetzen (z. B. Interview 10). Aufgrund der großen Anzahl der Nennungen in diesem Bereich, kann generell von einer hohen Bedeutung der Gütekriterien ausgegangen werden.

Die Aussagen zum Aufbau eines optimalen Messinstrumentes wurden in die Unterkategorien *inhaltlicher Aufbau, klare Skalierung* und *struktureller Aufbau* untergliedert. Die meisten Aussagen wurden dabei zum inhaltlichen Aufbaus getätigt, was auf eine besonders hohe Wichtigkeit der Thematik schließen lässt.

Der Themenbereich *inhaltlicher Aufbau* besteht aus den vier Subkategorien *Arbeitsplatzsituation, Belastung/Beanspruchung, Indikatoren* sowie *individuenbezogene Faktoren.* Die Experten favorisieren generell die Einbeziehung arbeitsplatzbezogener Faktoren und finden es wichtig, dass „die Arbeitsplatzsituation abgefragt“ (Interview 4) wird. Dabei sollten sowohl die Arbeitsanforderungen deutlich werden (vgl. „Was sind die Arbeitsanforderungen?“ (Interview 5)) als auch was „wirklich an [dem] Arbeitsplatz gemacht werden“ (Interview 13) müsse und „ob die [...] Arbeit [generell] das Richtige ist, also [...] ob [es überhaupt] erstrebenswert ist, dass er da überhaupt hinkommt“ (Interview 3).

Darüber hinaus wird es als wichtig erachtet, das subjektive Empfinden der Zielperson durch das Messinstrument mit abzufragen. Aussagen wie „ich hatte nicht so viel Freude bei der Arbeit“ (Interview 11) müssten in die spätere Auswertung mit einbezogen werden, um bessere Rückschlüsse auf das vorliegende Problem ziehen zu können. Hier könnte man in einem Teil des Instrumentes die „Mitarbeiter zur Arbeitszufriedenheit befragen“ (Interview 14) oder auch Fragen wie z. B. „Wie ist das hier auch mit Mobbing?“ (Interview 1) mit aufnehmen, um ein besseres Bild von der Situation am Arbeitsplatz zu erhalten. Dies sei insbesondere deshalb relevant, da die Entstehung von Krankheiten von einer Vielzahl verschiedener Faktoren abhängt.

Als ein dritter Faktor, der die Arbeitsplatzsituation maßgeblich beeinflusst, wird die Führungssituation bzw. das Verhalten des Vorgesetzten gesehen. Der Vorgesetzte sollte „eine Achtsamkeit [...] für seine Mitarbeiter [entwickeln] und ein bisschen einen Blick für seine Mitarbeiter kriegen“ (Interview 10). Auf diese Weise könnten gefährdete Mitarbeiter auch frühzeitig identifiziert werden. Die Experten sehen die Führungskraft in der Verantwortung. Sie sei dafür verantwortlich zu überlegen, was man „da vielleicht noch tun [kann], dass auch Arbeitsabläufe oder auch Arbeitsanforderungen verbessert werden“ (Interview 10), um die Belastungssituation insgesamt zu reduzieren. Auch die Zufriedenheit mit dem Vorgesetzten (vgl. Interview 19) spiele eine große Rolle im Hinblick auf die Motivation des Betroffenen an den Arbeitsplatz zurückkehren zu wollen. Insgesamt wurde deutlich, dass die Führungssituation als ein sehr wesentlicher „Faktor [gesehen wird], der bis jetzt noch nicht so ganz im Fokus ist" (Interview 19).

Ferner müsse die allgemeine Belastungs- bzw. Beanspruchungssituation mit erhoben werden. Belastungen und Ressourcen müssten gleichermaßen erhoben werden, um ein Bild von der Beanspruchung des Individuums zu erhalten (vgl. Interview 2 und 13). Dabei müsse man „zwischen körperlich und nicht-körperlich" (Interview 10) unterscheiden. Insbesondere „die psychische Komponente [spiele] eine ganz große Rolle" (Interview 19). Insofern müssen auch die „psychischen Beeinträchtigungen […] abgefragt werden" (Interview 12).

Diese Meinung teilt ein großer Teil der interviewten Experten. Zwei Experten fordern zudem explizit, dass nicht nur die Beanspruchung selbst, sondern auch die Beanspruchungsfolgen mit abgebildet werden sollten. Mit Hilfe der Fragestellung „Wie ist der einzelne mit seiner Gesundheitsstörung auch in seiner Aktivität beeinträchtigt?" (Interview 13) könnten „neben den Belastungen und Ressourcen auch die Auswirkungen […], das heißt die Beanspruchungsfolgen" (Interview 9) erhoben werden, was weitestgehend einem ganzheitlichen Bild entspräche.

Außerdem ist es den Experten wichtig, die Arbeitsfähigkeit der Befragten mit aufzunehmen, um eine „Einschätzung der Arbeitsfähigkeit" (Interview 15) treffen zu können. Andere Experten fordern zudem den Einbezug der Erwerbsfähigkeit, da sie es als „notwendig […] [ansehen] bei gefährdeter Erwerbsfähigkeit etwas zu tun" (Interview 8). Ungefähr ein Drittel der Experten wünscht sich die Aufnahme von Präsentismus und dessen Folgen (vgl. z. B. Interview 4). Das Themenfeld Präsentismus sei dabei ein komplexes Konstrukt. Zwei Experten fordern explizit, dass das Instrument „beide Hauptstränge des Präsentismus beinhalten" (Interview 19) sollte, da „beide [Ansätze ihre] Berechtigung" (Interview 5) hätten. Auch diese Aussage unterstreicht wiederrum das uneinheitliche Begriffsverständnis. In dem Kontext wurde oftmals auch die Problematik der Messung angesprochen. Während einige Experten der Auffassung sind, dass man Präsentismus kaum messen kann (vgl. z. B. Interview 10 oder 15), sieht ein anderer Experte Mitarbeiterbefragungen als ein geeignetes Instrument zur Messung von Präsentismus an (vgl. Interview 14).

Der letzte Bereich des inhaltlichen Aufbaus enthält die Aussagen der Experten zu *individuenbezogenen Faktoren*, wie beispielsweise Kontextfaktoren, Wohlbefinden, Lebensqualität oder die Ziele und Motivation des Individuums, um „personenvariable Persönlichkeitsmerkmale“ (Interview 4) mit abzubilden.

Hierbei wird von einem Drittel der Befragten der Einbezug der Kontextfaktoren als wichtige Dimension des Instrumentes angesehen, um einschätzen zu können, ob eine auftretende Beschwerde „krankheitsbezogen ist oder deswegen, weil der Partner davongelaufen ist“ (Interview 17) oder der Betroffene im häuslichen Umfeld einen Pflegefall zu betreuen hat (vgl. Interview 13).

Weiterhin sollte das Instrument „eine Untersuchung zu Fähigkeiten und Leistungen“ (Interview 5) enthalten, und nach Ressourcen (vgl. Interview 9) fragen, damit bewertet werden kann, ob „die Fähigkeiten [...] kompatibel mit den Anforderungen auf der Arbeit“ (Interview 8) sind. Weiterhin wünschen sich die Experten den Einbezug der Selbstwirksamkeit (vgl. Interview 4) und von „Fragen, die in Richtung psychisches Wohlbefinden gehen“ (Interview 15). Darüber hinaus präferieren die Experten die Abfrage soziodemographischer Daten, um beispielsweise die Arbeitsfähigkeit ins Verhältnis zum Alter setzen zu können (vgl. Interview 2). Knapp die Hälfte der Interviewten (40%) findet es zudem notwendig, „die Ziele des Arbeitnehmers [zu] erfragen“ (Interview 5). Wenn beispielsweise „ein Rentenbegehren besteht [...] [dann kann auch] nichts besser werden“ (Interview 16). Für rund ein Fünftel der Experten spielt die Aufnahme von „Fragen zur Lebensqualität“ (Interview 18) eine entscheidende Rolle. Damit könne man letztlich dann auch messen, ob „die Lebensqualität des Patienten steigt“ (Interview 12).

Den dritten Themenkomplex bildet der strukturelle Aufbau des Messinstruments. Die Kategorie *Struktureller Aufbau* ist in die Subkategorien *Länge Instrument*, *Module/Baukasten* sowie *verschiedene Instrumente* unterteilt.

Die meisten Aussagen wurden dabei zum Bereich *Länge des Instruments* getroffen. Einigkeit besteht dahingehend, dass das Instrument nicht zu lang sein dürfe. Die Angaben bzw. Aussagen dahingehend, welche Länge noch akzeptabel wäre, divergieren jedoch sehr stark voneinander. Während ein Befragter angibt, dass alles „was über 10 Items geht […] eigentlich nicht akzeptabel“ (Interview 4) sei, plädiert ein anderer Experte dafür, dass ein Fragebogen „nicht über 10 Seiten gehen“ (Interview 8) sollte. Ein Dritter fordert, dass „alle Items auf eine Seite passen“ (Interview 5) sollten. Auch hinsichtlich der Ausfüllzeit schwanken die Aussagen stark. Während ein Experte angibt, dass es eine „halbe Minute bis eine Minute [sind], die ein Arzt investieren kann“ (Interview 20), um das Messinstrument einzusetzen, wünscht sich ein anderer Experte, dass „zwanzig Minuten“ (Interview 9) nicht überschritten werden sollten. Die getätigten Angaben variieren dabei von einer halben Minute bis zu 20 Minuten, wobei die meisten Experten (30%) ein Instrument mit der Länge von bis zu zehn Minuten favorisieren würden. Dies hänge jedoch auch vom Einsatzkontext des Instruments ab. Beim Hausarzt beispielsweise wäre ein Instrument, welches „fünf Minuten dauert, […] schon viel“ (Interview 13) zu lang, wohingegen die Patienten „im stationären Bereich […] ein bisschen mehr Zeit“ (Interview 16) für das Ausfüllen eines Fragebogens investieren könnten. Auch im Bereich der Rehabilitation spiele der zeitliche Aspekt eine geringere Rolle, das Instrument sollte wenn möglich jedoch auch hier „nicht über 10 Seiten gehen“ (Interview 8).

Dahingegen sind die anderen Subkategorien deutlich unterrepräsentiert was die Anzahl der Nennungen in diesem Bereich betrifft. Bezogen auf den strukturellen Aufbau können sich einige der Befragten vorstellen, „Module [zu] basteln, die man austauschen kann" (Interview 12) und halten „eine modulare Zusammenstellung“ (Interview 19) für gut geeignet. Auch der Ansatz mehrere Fragebögen einzusetzen, beispielsweise „verschiedene Fragebögen für körperliche und geistige Belastungen“ (Interview 14) oder „krankheitsspezifische [Fragen] dann mit einem separaten Bogen ab[zu]fragen“, stößt bei einigen der Experten auf Interesse.

Die vierte und letzte Hauptthematik Praxistauglichkeit ist in sieben Unterkategorien (Akzeptanz des Instruments, Anpassbarkeit, Einschätzungsperspektive, Freiverfügbarkeit, Maßnahmenableitung, Praktikabilität, Quantifizierung in ökonomische Messeinheiten) unterteilt.

Die *Akzeptanz* des Instrumentes sowohl seitens der Einsetzenden als auch seitens der Probanden wird von den Experten als wichtiges Kriterium erachtet. Es sei vor allem relevant, dass man mit dem Instrument den Fortschritt, den eine Person gemacht hat, abbilden könne. Darüber hinaus sei es wichtig aufzuzeigen, „wo habe ich [...] Verbesserungen“ (Interview 8) erzielt, damit die Befragten „merken, dass es ihnen besser geht“ (Interview 14). Zudem wäre es von Belang, dass der Einsatz des Instrumentes „auf freiwilliger Basis“ (Interview 19) geschehe. Für die Akzeptanz auf Seiten der Anwender bzw. der Unternehmen wäre es förderlich, wenn die Unternehmensziele bei der Ausgestaltung des Instrumentes mit einbezogen oder das „Instrumentarium [gar] im Unternehmen entwickelt“ (Interview 5) würde. Zudem „braucht man natürlich auch eine entsprechende Rücklaufquote“ (Interview 2).

Ein weiterer Faktor, der von den Experten genannt wurde, ist die Notwendigkeit die Messinstrumente „individuell nicht nur auf das Unternehmen, sondern individuell auf den Mitarbeiter“ (Interview 1) anzupassen. Es sei nicht nur wichtig, dass „das Instrument [...] zum Unternehmen“ (Interview 11) passe, sondern man müsse „auch von Person zu Person [...] kucken, was passt“ (Interview 4). Einem Experten zufolge gilt es „die richtigen Werkzeuge [einzusetzen], die genau auf die Größe [und] die Zielgruppe angepasst sind“ (Interview 11).

Hinsichtlich der Frage, ob eine Selbsteinschätzung oder eine Fremdeinschätzung zu präferieren sei, gibt es unterschiedliche Meinungen unter den Experten. Die Mehrzahl der Experten plädiert jedoch dafür, dass es „das Beste [sei], [...] den Menschen in Form von Selbsteinschätzung“ (Interview 5) zu befragen, um eine „Beurteilung des eigenen Zustandes“ (Interview 17) zu erreichen. Ein anderer Experte wiederum favorisiert eine Fremdeinschätzung durch den behandelnden Arzt. „Der Arzt [...] [könne] eine globale Einschätzung“ (Interview 3) der Gefährdung geben. Ein Dritter schlägt vor, dass sich die Patienten vorab „selbst einschätzen, aber dann noch von einem Dritten bewerten werden“ (Interview 19). Damit liegen also drei unterschiedliche Tendenzen vor.

Aussagen, dahingehend ob ein Instrument auf dem Markt frei zugänglich sein sollte, wurden von drei der Befragten getätigt. Einer der Experten fordert dabei, dass das Messinstrument „kostenfrei zugänglich sein“ (Interview 19) sollte, wohingegen ein anderer Experte die Meinung vertritt, dass „wenn man nachweisen kann, dass Instrumente wirklich sinnvoll sind [...], die Unternehmen auch wirklich Geld in die Hand nehmen“ (Interview 2) würden. Diese Meinung wird auch von einem weiteren Experten vertreten, welcher die Bereitschaft äußert Geld für ein Instrument auszugeben, sofern „erwiesen ist, dass [es] [...] die Probleme [sehr gut] abbildet“ (Interview 1). Darüber hinaus führt der Experte aus, dass das Thema der Freiverfügbarkeit insbesondere „für [...] Pilotprojekt[e]“ (Interview 1) relevant wäre.

Ein weiterer Aspekt, der den Experten zum größten Teil sehr wichtig war, ist, dass man aus dem Ergebnis der Befragung unmittelbar Maßnahmen ableiten könnte. Lediglich die Erhebung des Status Quo sei nicht ausreichend, vielmehr müsse sichergestellt werden, „dass auch [et]was passiert“ (Interview 11). Dafür wäre es zielführend, wenn ein Instrument „Grenzwerte aufzeigen“ (Interview 9) würde, ab denen man handeln müsse. Darüber hinaus sei es wichtig, dass „nachher eine klare Handlungsempfehlung“ (Interview 10) abgeleitet werden könne. Es müsse klar sein, was man tun kann, „wenn bestimmte Ergebnisse da sind“ (Interview 11).

In der Kategorie Praktikabilität werden Aussagen hinsichtlich *Benutzerfreundlichkeit* und *Datenschutz* subsummiert. Aus der Anzahl der Nennungen zur Praktikabilität wird ersichtlich, dass die Praktikabilität beim Einsatz eines Instruments in der Praxis eine zentrale Rolle spielt. Ein Experte beispielsweise führte an, dass ein Fragebogen, insbesondere im Alltag praktikabel sein müsse (vgl. Interview 18). Den Aussagen der Experten zufolge spiele dabei insbesondere die Benutzerfreundlichkeit eine wichtige Rolle. Für eine bessere Visualisierung sollte ein Instrument „am besten mit Beispielen versehen“ (Interview 14) werden. Darüber hinaus sollte es „extrem einfach“ (Interview 3) und gleichermaßen „durchschaubar [...] und [...] nachvollziehbar“ (Interview 7) sein. Knapp ein Drittel der Interviewten gab an, dass ein Messinstrument „klar formulierte, verständliche Fragen“ (Interview 14) enthalten sollte. Ein Fragebogen sollte „sprachlich so [formuliert] sein, dass er auch von Nicht-Akademikern verstanden“ (Interview 12) wird. Das ganze Tool sei wertlos, wenn die Fragen nicht verstanden würden.

Zudem müssten auch immer „alle Regeln der Anonymität und des Datenschutzes“ (Interview 11) eingehalten werden. Dies sei insbesondere bei kleineren Abteilungen wichtig (vgl. Interview 7), da man aus den Angaben mitunter leicht auf die Person des Arbeitnehmers schließen könne.

Auch die Frage, ob das Tool die *Quantifizierung der Effekte in monetäre Größen* erlaube, spielt hinsichtlich der Praxistauglichkeit eine Rolle. In diesem Zusammenhang gaben die Experten an, dass es mitunter durchaus „wichtig für die Arbeitgeber [wäre], [...] wenn sie wissen, was sie an Geld sparen können" (Interview 13). Ein Experte merkte auch an, dass „Unternehmen [...] die Auswirkungen in Geldeinheiten [...] quantifizieren" (Interview 4) möchten. Einem anderen Experten zufolge wäre dies auch wichtig, um einen „Anreiz für Betriebe zu schaffen, [...] [Messinstrumente] verstärkt einzusetzen" (Interview 8). Nicht zuletzt könnte man damit den Arbeitgeber auch überzeugen „an der Stelle auch zu investieren" (Interview 13). Als potentielle, quantifizierbare Größen werden hierbei beispielsweise die AU-Zeiten (vgl. Interview 1), die Länge des durchschnittlichen Eingliederungsprozesses (vgl. Interview 2) oder das Ausmaß des Krankenstands (vgl. Interview 7) genannt. Im Allgemeinen wird die Umsetzbarkeit des Vorhabens jedoch als sehr schwierig eingeschätzt (vgl. z. B. Interview 14). Man müsse „Annahmen treffen [...] [und] von irgendwelchen Mittelwerten ausgehen, weil man [...] die Effekte [nicht genau] antizipieren" (Interview 2) könne.

5.4.3.6 Empfehlung

Die Auswertung der Interviews ergab, dass die Mehrheit der Befragten zum jetzigen Zeitpunkt bzw. im jetzigen Format kein Instrument guten Gewissens empfehlen könne. Einschränkend ist jedoch hinzuzufügen, dass sich einige Experten nicht zu dieser Fragestellung geäußert haben.

Sieben der Experten sprachen sich explizit für den WAI in der Kurzversion aus. Der WAI sei ein Instrument, mit dem man „auf den ersten Blick ein Ergebnis bekommt" (Interview 10). Zudem sei der Work Ability Index „sehr praktikabel und [würde] schon vielfach eingesetzt" (Interview 8). Ferner beinhalte der WAI den Gedanken der ICF. Demnach liege es nicht ausschließlich an der befragten Person allein. Vielmehr sei die Arbeitsfähigkeit ein Konstrukt aus der Fähigkeit des Einzelnen in Verbindung mit den Rahmenbedingungen (Interview 8). Zwei andere Experten könnten sich vorstellen, den WAI als Instrument zu empfehlen, sofern man „ihn regelmäßig und systematisch" (Interview 11) einsetzen würde bzw. ihn „ein Stückchen abwandelt“ (Interview 7). Darüberhinaus plädierten zwei Experten dafür den WAI in Kombination mit dem KFZA einzusetzen (vgl. Interview 2 bzw. 9). Damit hätte man „seit vielen Jahren gute Erfahrungen gemacht“ (Interview 9). Einzelne Experten befürworten auch das Arbeitsbewältigungscoaching in Verbindung mit dem WAI. Die beiden Tools in Kombination böten „sehr konkret Unterstützung für den Einzelnen [...] und gleichzeitig viele viele Anstöße für das Unternehmen“ (Interview 11).

Weitere zwei Experten sprachen sich, wenn auch mit Einschränkungen, für den WPAI aus. So bezweifelte einer, dass das Instrument „im schlichten Klinik- [bzw.] Behandlungsalltag Fuß fassen wird“ (Interview 6). Der andere fügte einschränkend hinzu, dass er das Instrument zumindest für das Krankheitsbild der Hidradenitis Suppurativa empfehlen könne (vgl. Interview 18).

Ferner wurden einzelne selbst konzipierte Fragebögen bzw. Instrumente zur breiten Anwendung empfohlen (z. B. AKKu).

Der Großteil der Befragten, die sich zu dieser Frage geäußert haben, würde demnach den WAI bzw. den WAI in Kombination mit dem KFZA bzw. dem Arbeitsbewältigungscoaching empfehlen. Aufgrund der Tatsache, dass einige Experten sich enthielten bzw. kein Instrument empfehlen konnten, kann trotz einigen Fürsprechern des WAI kein einheitliches Meinungsbild, welches die unterschied-lichen Perspektiven und Anforderungen vereinen könne, abgeleitet werden.

5.4.4 Limitationen

Die folgenden Ausführungen im Hinblick auf die methodischen Limitationen orientieren sich am allgemeinen Ablaufschema der Planung und Durchführung von Expertenbefragungen. Zunächst wird jedoch die Wahl der Erhebungsmethode des Experteninterviews an sich kritisch reflektiert.

Experteninterviews werden in aller Regel als Leitfadeninterviews konzipiert. Die Konzeption als Leitfadeninterview setzt jedoch voraus, dass im Vorfeld schon Informationen bzw. Erkenntnisse hinsichtlich des Forschungsgegenstandes vorliegen, die man für die Erstellung des Leitfadens heranziehen kann. Die

Zielstellung muss daher von vornherein klar umrissen sein und man sollte im Vorfeld zumindest auch schon im Groben wissen, was man fragen möchte. Die Zielsetzung der vorliegenden Expertenbefragung bestand darin den Status Quo hinsichtlich der Bekanntheit und der Verwendung der Instrumente in Deutschland zu eruieren. Insofern war die Zielsetzung von vorneherein klar umrissen und die Fragen zumindest grob vorgegeben. Das Leitfadeninterview eignet sich auch besonders dann, wenn man die Sichtweisen bzw. Perspektiven unterschiedlicher Personen zu einer Thematik bzw. Problemstellung miteinander vergleichen möchte. Vor dem Hintergrund des Oberziels des Gesamtprojekts, der Einigung auf ein Instrument, um dieses dann zur flächendeckenden Verwendung in Deutschland zu empfehlen, kann auch dieser Aspekt bejaht werden.[714]

Das Experteninterview ist dadurch gekennzeichnet, dass ein Experte und ein Quasi-Experte mehr oder weniger auf Augenhöhe kommunizieren. Die Schwierigkeit besteht darin auf der einen Seite als fachlich kompetent wirkender Gesprächspartner aufzutreten. Gleichzeitig muss es dem Interviewer aber auch gelingen deutlich zu machen, dass er an dem spezifischen Wissen des Experten interessiert ist.[715] Inwiefern dies gelungen ist, kann nicht abschließend beurteilt werden.

Neben der genannten Zielsetzung sollten im Rahmen der Befragungen auch die Erfahrungen der Experten im Rahmen von Frühinterventionen erhoben werden. Bei dieser Forderung handelte es sich um eine Vorgabe des pharmazeutischen Unternehmens. Die daraus resultierende Zweiteilung des Interviewleitfadens führte bei einigen Beteiligten zu Verwirrungen. So war einigen unklar, was ihre Erfahrungen mit dem eigentlichen Projekt zu tun haben. Dies führte in einigen Interviews zu einer Vermischung der beiden Themenkomplexe, was die Datenauswertung erschwerte.

Ein weiterer Kritikpunkt im Rahmen der Erstellung des Interviewleitfadens betrifft den fehlenden Pretest. Ursprünglich sollte der Interviewleitfaden an den Mitgliedern des Kernteams auf seine Verständlichkeit und Brauchbarkeit getestet werden. Aufgrund von Verzögerungen im Projektablauf konnte der Inter-

[714] Vgl. Hussy, W., Schreier, M., Echterhoff, G. (2013), S. 227.

[715] Vgl. Mayer, H. O. (2009), S. 37-38; Przyborski, A., Wohlrab-Sahr, M. (2014), S. 125; Pfadenhauer, M. (2009), S. 99, 107.

viewleitfaden jedoch keinem Pretest mehr unterzogen werden. Daher einigte man sich darauf, dass der Interviewleitfaden ggf. nach Durchführung der ersten zwei bis drei Interviews abgeändert wird, sollte es notwendig erscheinen.

Eine der größten Schwierigkeit hinsichtlich der Durchführung von Expertenbefragungen ist die Identifikation und Auswahl der richtigen Experten, also der Personen, die über die für die Fragstellung relevanten Informationen verfügen. Die Auswahl der Experten beeinflusst Art und Qualität der gewonnen Daten beträchtlich.[716] Bei der vorliegenden Untersuchung wurde dabei eine Mischung aus Vorabfestlegung und theoretischem Sampling angewandt, d. h. ein Großteil der Experten stand von vorneherein fest, einige kamen aber auch im Laufe des Prozesses noch hinzu.[717]

Die Expertenauswahl erfolgte dabei semi-systematisch. Primäre Zielgruppe waren Leiter bestehender Frühinterventionspilotprojekte, Initiatoren oder Repräsentanten ähnlicher Interventionsansätze sowie weitere Personen, die bereits im Bereich der Messung von Arbeitsfähigkeit geforscht hatten. Wichtigstes Entscheidungskriterium war dabei die Expertise bzw. Erfahrung im Bereich Frühintervention, gleich welcher Art. Die Identifikation und Auswahl der Experten erfolgte dabei auf Basis einer einschlägigen Handsuche nach Frühinterventionsansätzen in Deutschland sowie der Recherche von Internetpräsenzen diverser privater und öffentlicher Institutionen. Des Weiteren wurden einige Experten auch von dem pharmazeutischen Unternehmen vorgeschlagen. Mit insgesamt knapp 40 kontaktierten Personen wurde eine Vielzahl von Experten ganz unterschiedlicher Bereiche angeschrieben und gefragt, ob sie Interesse an der Mitwirkung des Projekts hätten. Letztendlich erklärte sich etwas über die Hälfte der Angeschriebenen bereit am Projekt mitzuwirken und an den Interviews bzw. dem Konsensustreffen teilzunehmen. Beim Kreis der Befragten handelte es sich um Experten aus den Bereichen Gesundheitsmanagement/-ökonomie, Rehabilitationsmedizin und aus dem betriebsärztlichem Dienst. Ferner fanden sich einige Vertreter verschiedener medizinischer Fachgebiete (u. a. Rheumatologen, Psychologen, Gastroentero-logen und Dermatologen) unter den Befragten. Mit den vertretenen Fachgruppen war ein Großteil der für die Debatte des Erhalts bzw. der Wieder-

716 Vgl. Przyborski, A., Wohlrab-Sahr, M. (2014), S. 121.
717 Vgl. Mayer, H. O. (2009), S. 38-42.

herstellung der Arbeitsfähigkeit von Beschäftigten wichtigen Fachgruppen, zumindest im Bereich der chronischen Erkrankungen anwesend. Da der Großteil des Arbeitsunfähigkeitsgeschehens auf chronische Erkrankungen zurückzuführen ist, kann hierbei von einer gewissen Repräsentativität gesprochen werden. Mit den Arbeitsmedizinern fehlte jedoch eine ganz wichtige Gruppe. Im Rahmen der Fortführung des Projekts sollte diese Gruppe als primärer Ansprechpartner und zentrale Lenkungsinstanz in den Betrieben vor Ort unbedingt mit integriert werden.

Die Befragungen wurden als Telefoninterviews konzipiert und durchgeführt. Methodisch betrachtet sind Telefoninterviews ein forderndes Unterfangen. Dies macht sie jedoch nicht gleich vollkommen unbrauchbar. Im Gegenteil – Telefoninterviews haben face-to-face Befragungen gegenüber auch einige Vorteile. Die Entscheidung für oder gegen eine telefonische Befragung sollte daher insbesondere von der Fragestellung und dem zu befragenden Personenkreis abhängig gemacht werden. So ist die Durchführung von Telefoninterviews im Vergleich zu face-to-face Interviews wesentlich kostengünstiger, weniger zeitaufwendig und deutlich flexibler.[718]

Auf der anderen Seite bleibt die Auswertung natürlich auf die reine Akustik beschränkt. Damit geht ein nicht unwichtiger Bestandteil menschlicher Kommunikation, die Körpersprache, die Mimik und Gestik des Gegenübers verloren. Allerdings könne man insbesondere bei Experten auch auf diese Art von Informationen verzichten.[719] Zudem bestand das Erkenntnisinteresse ausschließlich in der Gewinnung von Informationen hinsichtlich Bekanntheit und Verwendung der Messinstrumentarien, das Interesse war also rein inhaltlicher Natur. Ferner wurde den Experten angeboten, dass man das Interview in Ausnahmefällen auch persönlich führen könne, sofern gewichtige Gründe gegen eine telefonische Befragung sprechen sollten. Vor diesem Hintergrund kann die gewählte Methode bzw. der Befragungsmodus als gerechtfertigt gelten.

718 Vgl. Brosius, H.-B., Haas, A., Koschel, F. (2012), S. 103-108; Bortz, J., Döring, N. (2009), S. 241; Busse, G. (2003), S. 28; Christmann, G. (2009), S. 205, 218.

719 Vgl. Christmann, G. (2009), S. 206; Busse, G. (2003), S. 28; Opdenakker, R. (2006); Brosius, H.-B., Haas, A., Koschel, F. (2012), S. 103-108; Bortz, J., Döring, N. (2009), S. 241.

Daneben sind aber auch noch weitere Nachteile anzuführen. So kann beispielsweise bei einem Telefoninterview nie sichergestellt werden, dass sich das Gegenüber ausschließlich und exklusiv dem Interview widmet und nicht etwa gleichzeitig andere Nebentätigkeiten erledigt oder sonstige externe Störungen auftauchen. Insofern hat der Interviewer immer relativ wenig Kontrolle über die eigentliche Interviewsituation. Dies erschwerte auch die Auswertung, da man nie sicher sein konnte, ob es sich bei längeren Pausen schlichtweg um Denkphasen handelte oder ob der Interviewte durch irgendeine externe Störung abgelenkt war.[720] Bei einigen Befragten war es zudem schwierig den Gesprächsfluss aufrechtzuerhalten. Dies kann mitunter auf fehlende Aufmerksamkeitssignale, wie etwa ein zustimmendes Nicken oder im Allgemeinen auf die fehlende zugewandte Körpersprache zurückzuführen sein.[721]

Ferner weisen Telefoninterviews einen geringeren Verbindlichkeitsgrad auf als persönliche Interviews. Dieses Problem zeigte sich auch bei der vorliegenden Untersuchung. Einige Interviews mussten immer wieder verschoben werden bzw. fanden zu sehr unüblichen Zeiten statt. Dies setzte eine gewisse Flexibilität voraus. Zum Teil waren diese Verzögerungen bzw. Verschiebungen auch auf die strengen Compliance-Richtlinien seitens des pharmazeutischen Unternehmens zurückzuführen. So konnten die Interviews nur durchgeführt werden, wenn sämtliche Unterlagen inklusive der unterschriebenen Dienstherrengenehmigung vorlagen.[722]

Unabhängig vom Befragungsmodus kann das Antwortverhalten durch verschiedene Effekte beeinflusst bzw. verzerrt werden. Die Reihenfolge bzw. Abfolge der Fragen kann beispielsweise kognitive bzw. affektive Ausstrahlungseffekte haben oder auch Primacy- bzw. Recency- Effekte hervorrufen. Beide Antwortverzerrungen sind zwar beim leitfadengestützten Experteninterview theoretisch denkbar, aber wohl eher zu vernachlässigen.[723]

Wahrscheinlicher hingegen sind Beeinflussungen durch sogenannte Konsistenz- bzw. Kontrasteffekte, den Effekt der sozialen Erwünschtheit bzw. Konformität

720 Vgl. Christmann, G. (2009), S. 214.

721 Vgl. Hussy, W., Schreier, M., Echterhoff, G. (2013), S. 228-229; Christmann, G. (2009), S. 214-215.

722 Vgl. Christmann, G. (2009), S. 212.

723 Vgl. Brosius, H.-B., Haas, A., Koschel, F. (2012), S. 86-87.

sowie das Phänomen der sogenannten Non-Opinions.[724] Um diese Effekte zu umgehen, wurde der Interviewleitfaden im Vorfeld verschickt, sodass sich die Experten auch auf das Gespräch vorbereiten konnten. Ferner hätten die Experten auch die Möglichkeit gehabt andere Personen vorzuschlagen, die an der unmittelbaren Umsetzung der Projekte beteiligt waren. Insofern wollte man dem Problem entgegenwirken, dass Personen einfach irgendetwas antworten, nur um sich nicht eingestehen zu müssen, dass sie eigentlich relativ wenig Erfahrung mit den einzelnen Tools haben. Von dieser Möglichkeit hat jedoch keiner der Experten Gebrauch gemacht. Alle Experten, die auf das Einladungsschreiben hin ihr Interesse am Projekt bekundet hatten, standen auch persönlich für das Interview zur Verfügung. Die meisten Befragten erschienen auch sehr kompetent. Einige äußerten auch mehr oder weniger offen, dass sie mit den verschiedenen Tools sehr wenig Erfahrung hätten und sich vieles lediglich im Rahmen der Vorbereitung auf das Interview angelesen hätten. Insofern kann das Phänomen der sozialen Erwünschtheit in diesem Kontext weitestgehend ausgeschlossen werden.

Neben der Durchführung der eigentlichen Interviews, muss auch die Wahl der Auswertungsmethode kritisch reflektiert und hinterfragt werden. Vielen Methodikern zufolge eigne sich insbesondere die Inhaltsanalyse zur Auswertung von leitfadengestützten Experteninterviews.[725] Mitunter muss man sich dennoch die Frage stellen, ob nicht das Verfahren des Kodierens besser zur Auswertung der verbalen Daten geeignet gewesen wäre als die Inhaltsanalyse. Beide Auswertungsverfahren sind sich einander sehr ähnlich, wobei die Inhaltsanalyse sehr viel systematischer und strukturierter vorgeht als das Kodieren. Die größere Systematik zeigt sich u. a. in den Kategorienexplikationen, aber auch beispielsweise in der Möglichkeit der Berechnung der Übereinstimmung zwischen zwei Kodierern. Ferner ist die Inhaltsanalyse ein „überindividuell zusammenfassendes Verfahren“[726]. Dies führt dazu, dass Aspekte, die nur von einer Person geäußert wurden im Zuge bzw. zu Gunsten der überindividuellen Zusammenfassung quasi verloren gehen bzw. lediglich einer Rest- bzw. Auffangkategorie zugeordnet werden. Individuelle Bedeutungsaspekte können somit nur schwer bzw. kaum berücksichtigt werden. Für die Inhaltsanalyse als Auswertungsverfahren spricht

724 Vgl. Brosius, H.-B., Haas, A., Koschel, F. (2012), S. 88, 120.
725 Vgl. Hussy, W., Schreier, M., Echterhoff, G. (2013), S. 227.
726 Hussy, W., Schreier, M., Echterhoff, G. (2013), S. 259.

jedoch die mit dem Vorgehen verbundene besondere Systematik sowie die Möglichkeit auch größere Textmengen zu analysieren. Zudem lassen sich quantitative und qualitative Schritte kombinieren.[727] Außerdem wird die Inhaltsanalyse in der gängigen Methodenliteratur als Verfahren der Wahl gehandelt. Nicht zuletzt aufgrund der Zielsetzung der Studie, erscheint das Verfahren der Inhaltsanalyse daher gerechtfertigt.

5.5 Position der interdisziplinären Arbeitsgruppe

5.5.1 Gruppendiskussion

5.5.1.1 Vorbereitung und Durchführung

Zu Beginn der Vorbereitungsphase galt es die Fragestellung der Gruppendiskussion zu bestimmen und Entscheidungen hinsichtlich der Größe und Zusammensetzung der Gruppe zu treffen.[728]

Ziel des Arbeitstreffens war die Zusammenführung und Diskussion der Ergebnisse der Literaturrecherche und der Interviews sowie die Herbeiführung eines Konsenses hinsichtlich der Empfehlung eines Instruments für Deutschland. Das Erkenntnisziel der Gruppendiskussion bestand damit in der Ermittlung einer Gruppenmeinung.[729]

Die Teilnehmer des Treffens standen bereits im Vorfeld fest, insofern erübrigte sich der Punkt der Entscheidung hinsichtlich Größe und Zusammensetzung der Gruppe. Wie bereits im Gliederungspunkt 5.4.1.3 erwähnt, erfolgte die Auswahl der Experten semi-systematisch. Leiter bestehender Frühinterventionsprojekte sowie Repräsentanten ähnlicher Interventionsansätze wurden zu Beginn der Projektlaufzeit angeschrieben und gefragt, ob sie Interesse an der aktiven Mitwirkung am vorliegenden Projekt hätten. Im Laufe der Ansprache und Rekrutierung kamen weitere Experten hinzu. Insofern handelte es sich bei der Auswahl der

727 Vgl. Mayring, P. (2013), S. 474.
728 Vgl. Hirth, C., Ziegler, M. (2005).
729 Vgl. Lamnek, S. (2005a), S. 70.

Experten um eine Mischung aus Vorabfestlegung und theoretischem Sampling (vgl. Kapitel 4.2.2.4).[730]

Ferner galt es im Vorfeld Zeit und Örtlichkeit zu klären. Die organisatorische Planung erfolgte dabei im Wesentlichen durch eine auf Medizin spezialisierte Agentur. Die Wahl fiel dabei auf die Räumlichkeiten der Rheumatologischen Fortbildungsakademie GmbH in Berlin. Das Arbeitstreffen wurde für Freitag, den 13.03.2015 im Zeitraum von 12 bis 16 Uhr angesetzt. Der Termin entsprach dabei im Wesentlichen den Präferenzen der Teilnehmer.

Die Agenda sah nach einem lockeren Get-togehter bei Snacks zunächst eine Begrüßung und Vorstellungsrunde vor. Im Anschluss sollten die Ergebnisse der Literaturrecherche und der Interviews präsentiert werden. Anschließend war eine kurze Pause von 15 Minuten angedacht. Diese war extra so gelegt, um die Möglichkeit zu haben Kritikern erst einmal im Einzelgespräch zu begegnen und wenn möglich erste Bedenken zu entkräften. Der letzte Tagesordnungspunkt war die Diskussion der Ergebnisse sowie eine Abstimmung hinsichtlich des zu empfehlenden Instruments. Im Vorfeld erging an die Teilnehmer noch einmal ein gesondertes Einladungsschreiben. Mit versendet wurde u. a. die Agenda für das Treffen sowie nützliche Literaturhinweise zur Vorbereitung auf das bevorstehende Treffen in Berlin.

Nach einer allgemeinen Einführung und Projektvorstellung durch Herrn Prof. Schöffski erfolgte die Präsentation der Ergebnisse der Literaturrecherche und der Interviews. Das Fazit der Präsentation diente zugleich als Grundreiz bzw. erstes Reizargument. Im Zuge dessen wurde ein möglicher Lösungsansatz präsentiert, auf den sich die Mitglieder des Kernteams, Herr Prof. Felder, Frau Merkesdal, Herr Prof. Mau, Herr Prof. Schöffski und die Autorin dieser Arbeit, im Vorfeld geeinigt hatten. So wurden lange vor der eigentlichen Gruppendiskussion im kleinen Kreis über die verschiedenen Varianten inkl. deren Vor- und Nachteile diskutiert. Schließlich einigte man sich mit der Empfehlung des WAI und des WPAI auf eine pragmatische Lösung. Die Unterbreitung eines ersten Lösungsvorschlags läuft dem Charakter einer Gruppendiskussion eigentlich zuwider, da man grundsätzlich so wenig wie möglich in den Prozess eingreifen

730 Vgl. Mayer, H. O. (2009), S. 38-42.

sollte. Aufgrund der begrenzten Zeit sollte die Diskussion jedoch so fokussiert wie möglich ablaufen.

Durch die Präsentation eines bewusst konkret gehaltenen Konzepts wollte man die Diskussion gleich auf die Konsensusfindung lenken und unnötige, zeitraubende Diskussionen über allgemeine Schwachstellen umgehen.

Die Gesprächssteuerung und Moderation erfolgte dabei durch Herrn Prof. Schöffski. Abschließend wurde über die verschiedenen Möglichkeiten abgestimmt. Anstelle einer herkömmlichen Meta-Diskussion, bei der die Teilnehmer noch einmal Gelegenheit haben darzustellen, wie sie die Diskussion erlebt haben, was sie sich anders gewünscht hätten, usw., wurde ein Feedbackbogen ausgeteilt, bei dem die Teilnehmer noch einmal Gelegenheit hatten zu verschiedenen Punkten Stellung zu nehmen.[731] Abgefragt wurden u. a. wie sie den Projektverlauf im Allgemeinen empfunden haben, wie sie mit der Gruppendiskussion zufrieden waren, was sie sich anders gewünscht hätten, wie sie die Bedeutung der Problematik im Allgemeinen einschätzen, sowie ob sie weiterhin Interesse an der Fortführung des Projekts hätten.

Die Gruppendiskussion wurde aufgezeichnet und mitprotokolliert. Das Protokoll wurde im Nachgang zunächst an die Mitglieder des Kernteams und anschließend an alle Mitglieder verschickt. Die Teilnehmer hatten danach noch einmal die Möglichkeit Stellung zu nehmen. Ferner war ein Fotograph anwesend, der die Diskussion auch bildlich festhalten sollte. Die Aufnahmen waren insbesondere für eine spätere Pressemitteilung gedacht.

5.5.1.2 Datenaufbereitung, Analyse und Systematisierung

Im Zuge der Auswertung der im Rahmen der Gruppendiskussion erhobenen Daten galt das Credo so viel wie nötig, so wenig wie möglich. Dieses Motto zog sich von der Datenaufbereitung bis hin zur eigentlichen Analyse der Daten und der Systematisierung der Ergebnisse.

---

[731] Vgl. Hussy, W., Schreier, M., Echterhoff, G. (2013), S. 231-232.

Im Kapitel 4.3 wurde bereits darauf hingewiesen, dass es eine Vielzahl verschiedener Transkriptions- und Auswertungsverfahren gibt. So muss beispielsweise bei der Wahl des Transkriptionsverfahrens entschieden werden, ob die Verschriftlichung von Lautäußerungen bzw. sonstige Auffälligkeiten in der Sprache (z. B. Betonungen, Pausen, usw.) Informationen liefert, die für die Forschungsfrage relevant sind. Ansonsten geht die Verschriftlichung solcher Aspekte lediglich auf Kosten der Lesbarkeit und es ist davon abzusehen. Ähnlich verhält es sich auch im Rahmen der Auswertungsverfahren. Ist man lediglich am Inhalt des Materials, im vorliegenden Fall etwa den Ergebnissen der Diskussion interessiert, oder ist auch der gruppendynamische Prozess dahinter von Interesse. Ähnlich wie bei den Experteninterviews auch, ist für die eigentliche Forschungsfrage lediglich das Ergebnis der Gruppendiskussion relevant. Insofern konnte sowohl bei Transkription als auch Auswertungsverfahren ein pragmatischer Ansatz gewählt und auf stark vereinfachende Verfahren zurückgegriffen werden.

Bei großen Textmengen bietet sich insbesondere das zusammenfassende, bzw. im Fall von zahlreichen Abschweifungen vom eigentlichen Thema das selektive Protokoll an. In beiden Fällen gehen natürlich Informationen verloren.[732] Vor dem Hintergrund der Fragestellung und der zur Verfügung stehenden Ressourcen, insbesondere in zeitlicher Hinsicht, wurde dennoch auf die Methode des zusammenfassenden Protokolls zurückgegriffen, wobei im Rahmen der Auswertung auch noch einmal selektiert wurde. Insofern handelt es sich um eine Mischung aus zusammenfassendem und selektivem Protokoll.

Der Feedbackbogen wurde mittels verschiedener deskriptiver Verfahren, insbesondere Häufigkeitsauszählungen ausgewertet. Die Ergebnisse wurden in der Tabellenkalkulationssoftware Microsoft Excel aufbereitet und zusammen mit dem Protokoll an die Teilnehmer der Gruppendiskussion rückübermittelt.

[732] Vgl. Mayring, P. (2002), S. 91-92, 94-97; Hussy, W., Schreier, M., Echterhoff, G. (2013), S. 248.

5.5.2 Ablauf, Anwesende, Gesprächssituation, Örtlichkeit und zeitlicher Rahmen

Am Freitag, den 13.03.2015 kamen die Mitglieder des Kernteams, 15 Mitglieder der interdisziplinären Arbeitsgruppe, fünf Vertreter des pharmazeutischen Unternehmens sowie zwei Mitarbeiter der Agentur zusammen, um über die verschiedenen Möglichkeiten zur Messung von Arbeitsfähigkeit zu diskutieren und einen Konsens im Hinblick auf die Verwendung eines Instruments zu finden. Das Treffen fand in den Räumlichkeiten der Rheumatologische Fortbildungsakademie GmbH in der Köpenicker Str. 48/49 in Berlin statt und dauerte von ca. 12 bis 16 Uhr. Die Teilnehmer kannten sich zum Teil schon aus der Vergangenheit, größtenteils waren sie sich aber vollkommen unbekannt. Die einzige Gemeinsamkeit war im Wesentlichen das Interesse am Thema Erhalt und Förderung der Arbeitsfähigkeit. Aufgrund des unerwarteten regen Interesses am Projekt, wurde die Gruppengröße am Ende auch deutlich größer als ursprünglich erwartet. Abgesehen von den damit verbundenen organisatorischen und methodischen Herausforderungen, ist das große Interesse am Projekt eine sehr erfreuliche Entwicklung, die auch die Bedeutung der Thematik unterstreicht.

Bereits im Rahmen des Get-Togethers bei Snacks und Gebäck wurde rege und intensiv über die Thematik diskutiert, was das Interesse der Teilnehmer am Themengebiet unterstreicht. Auch die Mitglieder des Kernteams inklusive meiner eigenen Person wurden immer wieder in Gespräche verwickelt, sodass sich bereits vor Beginn der eigentlichen Gruppendiskussion ein leidenschaftlicher Meinungsaustausch abzeichnete.

Die Vorstellung des Projekts sowie die Präsentation der Ergebnisse der Literaturrecherche und der Experteninterviews verliefen im Wesentlichen reibungslos und bis auf wenige Ausnahmen ohne Zwischenfragen. Im Anschluss an die Präsentationen folgten ein moderierter Erfahrungsaustausch sowie eine offene Diskussion der verschiedenen Möglichkeiten, losgelöst vom eingangs vorgestellten Lösungskonzept. Die angedachte Pause von 15 Minuten konnte in dieser Form jedoch nicht stattfinden. Vielmehr begannen im Anschluss an die Präsentation des Grundreizes in Form des Lösungsvorschlags die ersten hitzigen Debatten und es gelang nur schwer die Diskussion auf das eigentliche Thema zurückzulenken. Insbesondere zu Beginn der Diskussion, kamen auch immer wieder Punkte auf den Tisch, die auch bereits im Vorfeld zu Diskussionen innerhalb des Kernteams geführt hatten. So wurde beispielsweise immer wieder die Frage in den Raum geworfen, wie man etwas messen können soll, für das noch nicht einmal eine allgemeingültige Definition existiert.

Im Verlauf des Nachmittags gelang es schließlich etwas Luft aus der hitzigen Atmosphäre zu nehmen. Im Nachgang an eine kurze Pause beruhigten sich die Gemüter auch deutlich. Fokussiert auf die eigentliche Zielsetzung des Treffens verlief die weitere Diskussion rege aber konstruktiv.

Trotz der unterschiedlichen Standpunkte und Ansichten der Experten gelang es gegen Ende sich auf einen Konsens sowie das weitere Vorgehen zu einigen. Aufgrund der Heterogenität der Teilnehmer war dieses Ergebnis nicht unbedingt zu erwarten. So unterschiedlich wie die Teilnehmer, so unterschiedlich waren auch deren Ansichten bzw. Interessen. Die Teilnehmer argumentierten zum Teil auch aus sehr unterschiedlichen Perspektiven heraus, sodass es eine ganze Zeit lang unmöglich schien die Vielzahl verschiedener Standpunkte unter einen Hut zu bringen. Dennoch konnte man sich dann dazu einigen, diese Andersartigkeit bzw. Heterogenität als Chance zu begreifen und daraus Profit zu schlagen. Wann arbeiten schon so viele verschiedene Menschen unterschiedlicher Fachdisziplinen an einem Tisch zusammen? Die große Erfahrungsbreite im Zusammenhang mit Frühintervention stellt eine große Chance der Arbeitsgruppe dar.

Vor dem Hintergrund der großen Teilnehmeranzahl und der heterogenen Zusammensetzung der Gruppe und den bereits im Vorfeld sich angedeuteten unterschiedlichen Sichtweisen und zum Teil sehr kritischen Einstellung gegenüber dem Vorhaben im Allgemeinen, kann der Verlauf der Gruppendiskussion in der Gesamtschau als positiv beurteilt werden.

5.5.3 Ergebnisse im Überblick

5.5.3.1 Heterogenität der Begrifflichkeiten

Ziel der Gruppendiskussion war die Einigung auf im besten Fall ein bzw. zwei oder drei Instrumente zur Messung von Arbeitsfähigkeit. Die Diskussion drehte sich zunächst vorrangig um die Problematik eines einheitlichen Begriffsverständnisses. So sind viele der in diesem Zusammenhang auftauchenden Begriffe, wie etwa Arbeitsfähigkeit oder Präsentismus, nicht eindeutig definiert. Es sei unklar, ob es sich diesbezüglich um die Leistungsfähigkeit eines Individuums im allgemeinen Sinne oder etwa um das Leistungsvermögen im Erwerbsverlauf oder gar um Erwerbsfähigkeit handle. Der Mehrzahl der Teilnehmer zufolge müsse dies zunächst geklärt werden. Man bräuchte sich nicht zu wundern, dass es für die Vielzahl verschiedener Aspekte, die man gerne mit einem Instrument abdecken möchte, kein optimales Messwerkzeug gäbe. Die Kernproblematik der Definition bzw. fehlenden Definitionen wurde bereits im Vorfeld im engeren Kreis durch die Mitglieder des Kernteams diskutiert. So konnte man sich im Laufe der Gruppendiskussion dann letztendlich doch darauf verständigen, dass eine abschließende Definition bzw. Festlegung der Begrifflichkeit in diesem Rahmen nicht zu leisten ist. Dies ändere jedoch nichts an der Tatsache, dass eine einheitliche Definition bzw. ein einheitliches Begriffsverständnis für die weitere Diskussion bzw. Forschung dringend von Nöten wäre. Auch der Begriff der Frühintervention sei nirgends definiert. Wenn man aber Frühinterventionen im Hinblick auf deren Wirksamkeit messen wolle, müsse vorher festgelegt werden, was unter dem Begriff der Frühintervention bzw. dem englischen Äquivalent *Early Intervention* zu verstehen sei. Auch diese Diskussion wurde im Vorfeld im Kernteam ausführlich diskutiert. Dabei verständigte man sich darauf, dass eine Frühintervention nicht zwangsläufig eine Primärprävention sein müsse. Auch Maßnahmen der Sekundär- bzw. Tertiärprävention könnten dem Bereich der Frühintervention zugeordnet werden, vorausgesetzt die Intervention findet frühzeitig statt. Letztendlich ist aber auch der Begriff frühzeitig wieder ein dehnbarer Begriff, es müsse auf jeden Fall aber frühzeitiger interveniert werden als bisher. Der Begriff der Intervention ist dabei auch denkbar weit gefasst. So können darunter sowohl medikamentöse Therapien, aber auch Leistungen der medizinischen Rehabilitation oder Maßnahmen der betrieblichen Gesundheitsförderung subsummiert werden.[733]

5.5.3.2 Wissenschaftliche Evidenz versus Praktikabilität

Diskutiert wurde ferner die Bedeutung bzw. die Relation der psychometrischen Gütekriterien Validität und Reliabilität im Gegensatz zu Praktikabilität und Akzeptanz. In diesem Punkt waren sich nahezu alle Beteiligten einig. Praktikabilität im Sinne von Verständlichkeit, kurzer Ausfülldauer, usw. sei die Grundvoraussetzung dafür, dass das Messinstrumentarium in der Praxis eingesetzt werde, unabhängig vom Verwendungszweck. Auf der anderen Seite müsse das Instrument aber zugleich den Mindestanforderungen im Hinblick auf die traditionellen Gütekriterien genügen, ansonsten sei das Instrument wertlos.

5.5.3.3 Bedeutung der Perspektive und Bedürfnisse einzelner Stakeholder

Konsens bestand auch im Hinblick auf die Bedeutung der Perspektive derjenigen, die Arbeitsfähigkeit messen wollen. Je nach Blickwinkel und Zweck müsse das Instrument anderen Anforderungen genügen. Entsprechend unterschiedlich waren auch die Wünsche, die die Einzelnen im Hinblick auf ein optimales Messinstrument äußerten. Ärzte hätten beispielsweise ganz andere Vorstellungen von einem Tool zur Messung von Arbeitsfähigkeit bzw. verfolgten andere Zielsetzungen als Unternehmen, Krankenkassen oder Wissenschaftler. So müsse ein optimales Tool für Ärzte zur Beurteilung der Arbeitsfähigkeit eines Einzelnen geeignet sein, während Unternehmen i. d. R. eher an der allgemeinen Situation in ihrem Betrieb interessiert seien und das Einzelschicksal weniger bedeutend sei.

Nach Prof. Schöffski seien die Instrumente eher in einen übergeordneten Kontext zu bringen. Die Instrumente müssten dafür geeignet sein verschiedene (Früh-) Interventionen auf deren Wirksamkeit hin zu überprüfen. Für Unterneh-

---

733 Vgl. Amler, N., Felder, S., Merkesdal, S., u. a. (zur Publikation angenommen).

men sei beispielsweise interessant, wie sich die Arbeitsfähigkeit ihrer Belegschaft im Laufe der Zeit entwickelt.

Im Rahmen der Debatte konnte man beobachten, dass sich die Gruppe teilte. Auf der einen Seite bildete sich eine Gruppe aus Personen, die aus einer ökonomischen, volkswirtschaftlichen bzw. epidemiologischen Perspektive heraus argumentierten. Demgegenüber formierte sich eine Gruppe von Medizinern, die die Instrumente hauptsächlich vor dem Hintergrund des Einsatzes in der Sprechstunde bzw. dem Nutzen für den einzelnen Patienten beurteilten. Vor diesem Hintergrund müsse auch die Wahl des Ziel-Journals für die abschließende Publikation noch einmal kritisch hinterfragt werden, da etwa Mediziner die angedachte Zeitschrift *Das Gesundheitswesen* kaum lesen. Wenn sich das Instrument auch in den Sprechstunden der niedergelassenen Ärzte und im Krankenhaus etablieren solle, müsse ein Journal gewählt werden, das auch von Medizinern gelesen werde, etwa das *Deutsche Ärzteblatt.*

Vor dem Hintergrund der unterschiedlichen Perspektiven favorisierten einige Experten die Verwendung bzw. Empfehlung der oben vorgeschlagenen Toolbox (vgl. Abbildung 35). Von den Befürwortern der Toolbox wurde der Lösungsvorschlag der Empfehlung des WAI und/oder des WPAI zumeist harsch kritisiert und darauf hingewiesen, dass die beiden Instrumente nicht in der Lage wären die Vielzahl verschiedener Blickwinkel bzw. Bedürfnisse abzubilden. Die Matrix hingegen biete den Vorteil, dass je nach Blickwinkel das bzw. die passenden Instrumente gewählt und somit auch komplementär genutzt werden können. Gegner der Matrix und Befürworter einer Einigung auf ein oder zwei Instrumente brachten hingegen vor, dass man dann wieder keine einheitliche Lösung hätte und jeder wieder beliebig irgendein Instrument heranziehen würde. Auf diese Weise käme man einer einheitlicheren Datengrundlage, wie sie ja auch in den Fernzielen des Projekts fixiert wurde, nicht näher.

5.5.3.4 Kritik hinsichtlich der Auswahl der Stichprobe

Auch die Auswahl bzw. Zusammensetzung der Runde wurde kritisiert. So fehle mit den Betriebsärzten eine für die Themenstellung zentrale Interessensgruppe.

Auch stellte sich die Frage, ob die Anwesenden ein rundes Bild ergeben. Einige der Experten mahnten auch an, dass sie sich zwar als Experten auf ihrem Gebiet sähen, keines Falls aber im Bereich der Messung von Arbeitsfähigkeit. In diesem Zusammenhang wurde auch der Prozess der Teilnehmerauswahl kritisiert. Wie oben bereits erläutert, erfolgte die Auswahl der Experten semi-systematisch auf Basis einer Internetrecherche. Einige angefragte Personen, u. a. aus dem Bereich der Arbeitsmedizin, haben jedoch abgesagt bzw. keinerlei Interesse am Projekt bekundet. Man einigte sich darauf, dass, sollte das Projekt fortgeführt werden, unbedingt Arbeitsmediziner mit integriert werden müssten.

5.5.3.5 Relevanz der Thematik

Einigkeit bestand im Rahmen der Einschätzung der Relevanz und dem Bedeutungszuwachs der Thematik. Der Diskussionsgegenstand sei insgesamt sehr spannend und werde auch zukünftig an Bedeutung gewinnen.

Ein ähnliches Bild ergab auch die Auswertung des Feedbackbogens. So gaben 65% (9 Personen) bzw. 14% (2 Personen) an, dass der Erhalt der Arbeitsfähigkeit aktuell in Ihren Fachkreisen einen sehr hohen bzw. hohen Stellenwert hätte. Lediglich drei Personen gaben an, dass das Thema lediglich eine eher große bzw. nicht allzu große Bedeutung hätte. Keine Bedeutung wurde von keinem der Teilnehmer angegeben. Leider haben mit insgesamt 14 Teilnehmern nicht alle Anwesenden an der Umfrage teilgenommen. Ähnlich verteilten sich die Meinungen auch im Hinblick auf die zweite Frage. Dabei ging es darum die Bedeutung des Themas in den nächsten drei Jahren vor dem Hintergrund des neuen Präventionsgesetzes zu beurteilen. Dabei gaben zwölf Teilnehmer an, dass die Bedeutung sehr groß oder groß sein werde. Lediglich zwei Befragte gaben hingegen an, dass die Bedeutung eher groß sein werde. Die beiden Antwortoptionen nicht allzu groß und keine wurden von keinem der Anwesenden gewählt. Mit insgesamt 65% schätzten gut zwei Drittel der Anwesenden auch die Bedeutung des Gesamtprojekts als hoch oder sehr hoch ein.

Die Stoßrichtung des Projekts ist grundsätzlich richtig. Dies kristallisierte sich auch im Zuge der Gruppendiskussion heraus. Die Messung von Arbeitsfähigkeit sei immens wichtig und die aktuelle Situation nicht befriedigend.

5.5.3.6 Notwendigkeit der Einigung auf ein Instrument

Trotz der verschiedenen Interessensgruppen mit ihren jeweiligen Perspektiven und Zielsetzungen, müsse man sich im Sinne einer besseren Vergleichbarkeit verschiedener Ansätze und auch im Sinne der Generierung einer soliden Datenbasis erst einmal auf eines bzw. wenige Instrumente verständigen. Als Kompromisslösung konnte man sich auf die Empfehlung der beiden Instrumente WAI und WPAI einigen. Der Großteil stimmte zu, dass sich beide Instrumente grundsätzlich gut verwenden ließen, dass aber die Notwendigkeit bestünde diese weiterzuentwickeln. Mit dieser Lösung hätte man einen Kompromiss zwischen hinreichend evaluierten und gleichzeitig praktikablen und akzeptierten Tools. Dafür spreche insbesondere auch die hohe Verbreitung der beiden Messinstrumente in Deutschland und auch international in den verschiedensten Kontexten.

Gleichzeitig war man sich aber auch einig, dass damit zwar ein erster, aber nur ein sehr kleiner Schritt in die richtige Richtung erfolgt ist. Mit der Empfehlung von WAI und/oder WPAI leiste die Arbeitsgruppe einen Beitrag zur graduellen Verbesserung der gegenwärtigen Situation bzw. Diskussion. Weitere Forschung insbesondere im Hinblick auf die Weiterentwicklung der Instrumente oder gar der Neuentwicklung eines Instruments sei aber unbedingt erforderlich. Diesbezüglich seien die notwendigen Schritte zu skizzieren und in einer Roadmap festzuhalten.

5.5.3.7 Weiteres Vorgehen

Im Hinblick auf das weitere Vorgehen, insbesondere vor dem Hintergrund der zeitnah bevorstehenden Einreichung des gemeinsamen Manuskripts, einigte man sich darauf, dass der Begriff Konsens bzw. Konsensuspapier aus dem Manuskript gestrichen und auch im Rahmen des Projekts nicht mehr weiter verwendet werden dürfe. Der Begriff war insbesondere den Medizinern zu stark besetzt. Der Gruppe zufolge käme der Begriff des Konsenses einer Leitlinie gleich. Die Anwesenden verständigten sich anstelle dessen auf den Begriff Position bzw. Positionspapier. Im Zuge des Manuskripts solle außerdem auf die besondere Zusammensetzung der Arbeitsgruppe hingewiesen werden, um den interdisziplinären Charakter deutlich zu machen. In das Papier solle zudem eine Roadmap integriert werden, in der die nächsten Schritte zur Weiterentwicklung der bestehenden Tools bzw. zur Konzeption eines neuen Instrumentariums skizziert werden. Ferner war man sich einig, dass bei Fortführung des Projekts weitere Experten, insbesondere Betriebsärzte bzw. Arbeitsmediziner mit in die Diskussion einbezogen werden sollten. Hierfür solle in der Roadmap ein erster Aufruf für Interessierte initiiert werden. Da man sich im Rahmen der Gruppendiskussion nicht hundertprozentig auf einen Konsens im Sinne einer uneingeschränkten Empfehlung eines oder zweier Instrumente einigen konnte, wurde vereinbart, dass die Ergebnisse des Arbeitstreffens nunmehr sukzessive in das Manuskript eingearbeitet werden und es dann noch einmal an alle Beteiligten verschickt werde. Jeder hätte dann noch einmal die Möglichkeit Stellung zu nehmen und ggf. aus dem Projekt auszuscheiden, sofern er das Manuskript nicht mittragen könne.

5.5.3.8 Auswertung des Feedbackbogens

Die Ergebnisse der Auswertung des Feedbackbogens decken sich im Wesentlichen mit den Aspekten bzw. Kritikpunkten, die bereits während der Gruppendiskussion thematisiert wurden. Die Ergebnisse zur Relevanz des Themas bzw. des Projekts wurden bereits in Kapitel 5.5.3.5 skizziert. Nachfolgend werden daher noch kurz die Ergebnisse im Hinblick auf die Kritik des Gesamtkonzepts beleuchtet.

Negativ angemerkt wurden von vier Teilnehmern insbesondere Unklarheiten im Vorfeld des Arbeitstreffens, etwa im Hinblick auf die Zusammensetzung der Experten bzw. einer unscharfen Zielsetzung des Projekts. Jeweils zwei Teilnehmer hätten sich kleinere Gruppen bzw. eine straffere Diskussionsleitung bzw. Moderation gewünscht. Jeweils von einem Teilnehmer wurde angemerkt, dass das Thema zu kurz gegriffen sei, die Zeit für die Diskussion zu kurz bemessen worden wäre, das Thema grundlegende definitorische Schwächen aufweise, Experten fehlten sowie der Patient mehr im Mittelpunkt stehen müsste. Ferner seien die Voraussetzungen für ein Konsensuspapier nicht gegeben.

Positiv angemerkt wurde insbesondere die Heterogenität bzw. der interdisziplinäre Charakter der Gruppe (5 Nennungen). Vier Teilnehmer freuten sich auch darüber, dass das Thema endlich aufgegriffen werde. Dies sei ein guter Anfang mit Zukunftsperspektive. Gute Vorträge, gute Ausarbeitung eines komplexen Themas, die offene Diskussion sowie die hohe Relevanz der Thematik wurden von jeweils einem Teilnehmer angemerkt. Als besonders positiv wurde zudem das Gesamtinteresse an einem Ergebnis sowie der Versuch der Implementierung eines komplexen Partizipationsprozesses beurteilt.

Die Ergebnisse der Auswertung lassen daher darauf schließen, dass die Teilnehmer insgesamt mit dem Projekt zufrieden waren.

5.5.4 Limitationen

Die folgenden Ausführungen im Hinblick auf die methodischen Limitationen orientieren sich am allgemeinen Ablaufschema der Planung und Durchführung von Gruppendiskussionen. Zunächst wird jedoch die Wahl der Erhebungsmethode der Gruppendiskussion an sich kritisch hinterfragt.

Vor dem Hintergrund, dass das Verfahren der Gruppendiskussion oftmals im Zusammenhang mit der Erfassung kollektiver Einstellungen, Ideologien und Vorureilen diskutiert wird, muss zunächst das Verfahren auf seine Eignung im bestehenden Kontext hin hinterfragt werden. Wenngleich sich die Gruppendiskussion insbesondere zur Erfassung kollektiver Einstellungen sowie von Ideologien und Vorurteilen eignet, ist die Methode der Gruppendiskussion ein sehr vielfältiges Instrument und dementsprechend für unterschiedlichste Fragestellungen und damit in unterschiedlichsten Anwendungsbereichen einsetzbar. So können Gruppendiskussion nach Lamnek beispielsweise auch zur Ermittlung von Gruppenmeinungen, als Pretest-Methode oder auch als Methode der Evaluation eingesetzt werden. Steht die Ermittlung von Gruppenmeinungen im Vordergrund, geht es darum eine einheitliche Meinung zu einem vorgegebenen Diskussionsgegenstand zu ermitteln. Im besten Fall wird diese von allen Diskussionsteilnehmern getragen, zumindest sollte sie jedoch von dem Großteil der Teilnehmer befürwortet werden. Dies stellt mitunter ein nicht ganz einfaches Unterfangen dar, insbesondere wenn ursprünglich sehr heterogene Meinungen bestanden.[734]

Ziel des Arbeitstreffens war die Zusammenführung und Diskussion der Ergebnisse der Literaturrecherche und der Interviews, sowie die Herbeiführung eines Konsenses hinsichtlich der Empfehlung eines Instruments für Deutschland. Das Erkenntnisziel der Gruppendiskussion bestand damit in der Ermittlung einer Gruppenmeinung. Die Herausforderung bestand damit von Anfang an darin, die teils sehr unterschiedlichen Sichtweisen bzw. Perspektiven der einzelnen Teilnehmer unter einen Hut zu bringen. Dass dieses Unterfangen nicht ganz einfach werden könnte, deutete sich bereits in der Phase der Interviews an.[735] Da Gruppendiskussionen insbesondere auch zur Ermittlung einer Gruppenmeinung geeignet sind, kann die Wahl der Erhebungsmethode als gerechtfertigt angesehen werden.

Bei den Teilnehmern der Gruppendiskussion handelte es sich im Wesentlichen um die Experten, die bereits für das Interview gewonnen werden konnten. Damit bestand die Gruppe aus sehr heterogenen Personen, die sich zum großen Teil auch noch nicht kannten. Sogenannte Ad-hoc Gruppen, also Gruppen, die vom Forscher speziell für diesen Untersuchungszweck zusammengestellt wurden, haben gegenüber natürlichen bzw. je nach Literatur auch als Realgruppen bezeichnet einige Nachteile. So gehen viele Methodiker so weit, von der Strategie möglichst unterschiedliche Teilnehmer zu rekrutieren strikt abzuraten. Andere weisen jedoch wieder darauf hin, dass es nicht entscheidend sei, ob sich die Personen kennen, sondern vielmehr, dass sie über gemeinsame Erfahrungen, die für den Erkenntnisgewinn wichtig sind, verfügen. Maßgeblich sei also die Strukturidentität, die Homologie der Erfahrungen. Hierzu müssten sich Personen nicht zwangsläufig persönlich kennen. Je nach Fragestellung kann es sogar wenig vorteilhaft sein auf natürliche Gruppen zu setzen, da sich bei Realgruppen

734 Vgl. Mayring, P. (2002), S. 78; Lamnek, S. (2005a), S. 69-76, 79.
735 Vgl. Lamnek, S. (2005a), S. 70.

i. d. R. eine sehr symmetrische Diskussion einstellt. Unabhängig davon bergen heterogene Gruppen immer die Gefahr, dass sich ein sehr breites Spektrum an unterschiedlichen Meinungen und Einstellungen findet und sich quasi kein Gruppenkonsens einstellt oder die Diskussion sogar in einen Streit ausartet. Bei der vorliegenden Arbeitsgruppe handelte es sich um eine sehr heterogene Gruppe. Wenngleich dies zu Beginn zu heftigen Auseinandersetzungen führte, konnte man sich letztlich doch darauf einigen die Vielschichtigkeit und Interdisziplinarität als Chance zu begreifen.[736]

Mit 15 Teilnehmern zuzüglich der Mitglieder des Kernteams war die Gruppe relativ groß. Im Allgemeinen gilt eine Gruppengröße zwischen fünf und 15 Personen als optimal. Umso größer die Gruppe, desto weniger Redeanteil fällt auf jeden Einzelnen und umso schwieriger wird es auch die Meinungen der Einzelnen zu eruieren bzw. eine Gruppenmeinung herbeizuführen. Zudem ist bei sehr großen Gruppen, ähnlich wie bei heterogenen Gruppen, die Gefahr gegeben, dass sich Einzelne nicht äußern, etwa aus Angst eine Meinung kund zu tun, die nicht ins Gruppenbild passt. Im Worst-Case gibt es Teilnehmer, die keine einzige Wortmeldung äußern und sich somit überhaupt nicht am Gespräch beteiligen. Dieses Phänomen wird oftmals als das Problem der Schweiger bezeichnet. Das Risiko für Schweiger ist erfahrungsgemäß in größeren Gruppen wesentlich höher als in kleineren Gruppen und zeigte sich auch im Rahmen dieser Studie. So äußerten zwei Teilnehmer keine einzige Wortmeldung. Auch die Terminfindung ist im Allgemeinen umso schwieriger je mehr Teilnehmer berücksichtig werden müssen. Dies war jedoch in der vorliegenden Untersuchung weniger ein Problem, da im Rahmen der Einladung bereits die Terminpräferenzen für die abschließende Gruppendiskussion abgefragt wurden und der Termin somit auch relativ frühzeitig feststand. Wenngleich knapp die Hälfte den Termin ursprünglich als nicht wahrnehmbar kennzeichnete, konnten es sich einige dann doch einrichten.[737]

Die allgemeine Gesprächssituation, der Verlauf der Diskussion und damit letztlich auch die Ergebnisse hängen von den sich einstellenden gruppendynamischen Prozessen ab. Bei der Auswertung kann dann i. d. R. aber nicht mehr zwi-

[736] Vgl. Przyborski, A., Wohlrab-Sahr, M. (2014), S. 95-96.
[737] Vgl. Hussy, W., Schreier, M., Echterhoff, G. (2013), S. 233; Mayring, P. (2002), S. 77.

schen Gruppen- und Themeneffekten unterschieden werden. So war es beispielsweise im Nachhinein nicht mehr zu eruieren, ob eine bestimmte Aussage tatsächlich die Meinung desjenigen wiederspiegelt oder ob die Äußerung auf gruppendynamische Prozesse zurückzuführen ist.[738]

Auch spielt das Verhalten der Diskussionsleitung eine entscheidende Rolle im Hinblick auf den Diskussionsverlauf. In der Methodenliteratur wird daher immer wieder die Zurückhaltung des Diskussionsleiters im Hinblick auf inhaltliche Aspekte betont. Es gilt Bedingungen zu schaffen, in denen sich „der Fall, hier also die Gruppe, in seiner Eigenstrukturiertheit prozesshaft entfalten kann.“[739]. Nachfragen ist wenn überhaupt nur zu einem späteren Zeitpunkt der Diskussion gestattet. Keinesfalls dürfe die Diskussionsleitung eine aktive Teilnehmerrolle einnehmen.

Die Rolle von Herrn Prof. Schöffski beschränkte sich im Rahmen der Gruppendiskussion im Wesentlichen auf die Gesprächssteuerung, er moderierte, ohne inhaltlich zu sehr einzugreifen. Gesprächsstrukturierende Einwürfe erfolgten nur sofern nötig. Aufgrund der zeitlichen Restriktionen und den zum Teil ausufernden Diskussionen zu Themen, die sehr wenig bis nichts mit dem eigentlichen Ziel der Diskussion zu tun hatten, ruf Herr Prof. Schöffski die Gruppe mit Voranschreiten der Diskussion mehrmals dazu auf, sich doch nun um eine Konsensusfindung zu bemühen, anstelle über Dinge zu diskutieren, die im Rahmen dieses Treffens nicht gelöst werden könnten. Die Gruppendiskussion erhielt damit einen zunehmenden Moderationscharakter. Damit sind zwar streng genommen die Prinzipien *Kein Eingriff in die Verteilung der Redebeiträge* sowie das Prinzip des *weitgehenden Verzichts auf die Teilnehmerrolle und des Zurückhaltens im Gespräch* verletzt, aber im Rahmen der qualitativen Sozialforschung gilt auch das übergeordnete Prinzip der Gegenstandsangemessenheit, wonach Methoden dem Forschungsgegenstand angemessen sein müssen und entsprechend auch schon einmal modifiziert werden können.[740]

---

[738] Vgl. Hussy, W., Schreier, M., Echterhoff, G. (2013), S. 232-233.
[739] Bohnsack, R. (2013), S. 380-382.
[740] Vgl. Przyborski, A., Wohlrab-Sahr, M. (2014), S. 96-99; Bohnsack, R. (2013), S. 380-382.

Im Rahmen der Datenaufbereitung und -analyse ist im Wesentlichen auf einen Aspekt hinzuweisen. Dieser Kritikpunkt betrifft die Unvollständigkeit der Transkription bzw. der Auswertung. Aufgrund zeitlicher Restriktionen vor dem Hintergrund der zeitnah anstehenden Publikation der Ergebnisse des Projekts, wurde auf eine vollständige Transkription des Materials verzichtet. Vielmehr erfolgte die Transkription bzw. Auswertung auf Basis eines zusammenfassenden Protokolls. Im Rahmen der Auswertung wurde dann noch einmal selektiert, sodass streng genommen eigentlich eine Mischvariante aus zusammenfassendem und selektivem Protokoll zur Anwendung kam. Durch dieses Vorgehen ging natürlich Information verloren.[741] Vor dem Hintergrund, dass mit der Gruppendiskussion primär das Ziel eines Konsenses hinsichtlich der Empfehlung eines Instruments verfolgt wurde und dementsprechend viele thematisierte Sachverhalte kaum eine Rolle spielten, kann dieses Vorgehen dennoch als gerechtfertigt betrachtet werden. Zumal gilt in der qualitativen Sozialforschung der Grundsatz „so viel Information […] aufzunehmen, wie dies für die Beantwortung der Forschungsfrage erforderlich ist – aber auch nicht mehr“[742]. Insofern wird der gewählte pragmatische Ansatz auch dem Motto so viel wie nötig, so wenig wie möglich gerecht.

5.6 Beurteilung der Güte der vorliegenden empirischen Studie(n)

Die Beurteilung der Güte bzw. Qualität der vorliegenden Arbeit erfolgte im Wesentlichen auf Basis der von Steinke (2013) vorgeschlagenen Kerngütekriterien: intersubjektive Nachvollziehbarkeit, Indikation des Forschungsprozesses, empirische Verankerung, Limitation, Kohärenz, Relevanz sowie reflektierte Subjektivität (vgl. Kapitel 4.6.6).[743] Zudem wurden die von Mayring skizzierten Gütekriterien Verfahrensdokumentation, argumentative Interpretationsabsicherung,

---

741 Vgl. Mayring, P. (2002), S. 91-92, 94-97; Hussy, W., Schreier, M., Echterhoff, G. (2013), S. 248.

742 Hussy, W., Schreier, M., Echterhoff, G. (2013), S. 248.

743 Vgl. Steinke, I. (2013), S. 324-331.

Regelgeleitetheit, Nähe zum Gegenstand, kommunikative Validierung und Triangulation herangezogen.[744]

Die *intersubjektive Nachvollziehbarkeit* kann als gegeben eingestuft werden. Der Forschungsprozess einschließlich Erhebungs- und Auswertungsmethoden sowie angewandter Transkriptionsregeln wurde sauber dokumentiert, sodass die Untersuchung(en) für Außenstehende nachvollziehbar sein sollte (vgl. *Dokumentation des Forschungsprozesses*). Ferner wurden der Ansatz sowie die gewählten Methoden nicht nur innerhalb des Kernteams sondern auch mit Außenstehenden diskutiert, sodass auch die Operationalisierung der *Interpretation in Gruppen* als gegeben eingestuft werden kann.

Im Rahmen der Forderung der *Indikation des Forschungsprozesses* gilt es die Gegenstandsangemessenheit des gewählten qualitativen Ansatzes, der Methoden, der verwendeten Transkriptionsregeln, der Samplingstrategie sowie die Angemessenheit sämtlicher Einzelentscheidungen bis hin zur Wahl der Bewertungskriterien zu überprüfen. Im Rahmen dessen stellt sich zunächst die Frage, ob das qualitative Design der Expertenbefragungen sowie der Gruppendiskussion angemessen war. Hierzu muss zunächst gesagt werden, dass teilweise auch quantitative Analyseschritte durchgeführt wurden, sodass man nicht von einer reinen qualitativen Arbeit sprechen kann. Insbesondere die Bekanntheit bzw. Verwendung der Instrumente in Deutschland wurde quantitativ ermittelt. Da es sich hierbei letztendlich um eine Frage der Repräsentativität handelt, wäre ein qualitativer Ansatz hier auch nicht angemessen gewesen. Einzig die Bezeichnung der Studien als qualitative Ansätze ist mitunter nicht ganz korrekt. So müsste man streng genommen eher von einer Mixed-Methods-Studie sprechen (vgl. Kapitel 4.4).

Hinsichtlich der Wahl der Transkriptionsregeln wurde ein pragmatischer Ansatz verfolgt. Getreu nach dem Motto so viel wie nötig, so wenig wie möglich, wurden lediglich die Informationen aufgenommen, die für die Forschungsfrage rele-

[744] Vgl. Mayring, P. (2002), S. 142.

vant waren.[745] Insofern kann die Wahl der Transkriptionsregeln als angemessen angesehen werden.

Das Sampling hingegen ist kritisch zu hinterfragen. Wenngleich sowohl in den Interviews als auch bei der Gruppendiskussion nahezu alle relevanten Fachgruppen vertreten waren, so erfolgte die Auswahl der Experten lediglich semisystematisch. Es wurde jedoch keine repräsentative Erhebung o. ä. durchgeführt. Auch wurden seitens des pharmazeutischen Unternehmens einige Experten vorgeschlagen.

Die qualitative Inhaltsanalyse gilt gemeinhin als Methode der Wahl zur Auswertung von Experteninterviews. Insofern passen Erhebungs- und Auswertungsmethoden auch zueinander. Bei den von Steinke (2013) vorgeschlagenen Kriterien zur Überprüfung der Güte bzw. Qualität der Untersuchung handelt es sich um einen akzeptierten Ansatz, der im Rahmen der hier vorliegenden Studie(n) gut umzusetzen ist. Insofern kann auch die Wahl der Gütekriterien als angemessen betrachtet werden.

Das *Verfahren der kommunikativen Validierung* ist laut Steinke (2013) eine Möglichkeit zur Operationalisierung des Kriteriums der *empirischen Verankerung* (vgl. Kapitel 4.6.6). Dabei werden Ergebnisse oder Daten des Forschungsprojekts den Untersuchten vorgezeigt mit dem Ziel diese durch die Probanden auf ihre Gültigkeit hin zu überprüfen bzw. bewerten zu lassen. Genau genommen kam das Verfahren innerhalb des Projekts sogar zwei- bzw. sogar dreimal zum Einsatz. So wurden im Rahmen der Gruppendiskussion den Teilnehmern zunächst die Ergebnisse der Befragungen rückgespiegelt und die Teilnehmer hatten die Möglichkeit darauf einzugehen. Auch wurde das Protokoll des Arbeitstreffens im Nachgang an alle Teilnehmer versandt. Auch hier hatten die Teilnehmer wieder die Möglichkeit sich dazu zu äußern. Ferner wurde auch das Manuskript des Arbeitspapiers mit der Bitte um Rückmeldung mehrfach an alle Beteiligten versandt. Die Projektbeteiligten hatten also mehrfach die Möglichkeit die Daten und Ergebnisse des Forschungsprojekts auf ihre Gültigkeit hin zu überprüfen.

---

745 Vgl. Hussy, W., Schreier, M., Echterhoff, G. (2013), S. 248; Bruce, G. (1992), S. 145; Steinke, I. (2013), S. 327-328.

Unter dem Kriterium der *Limitation* versteht Steinke das Prüfen der Ergebnisse hinsichtlich Verallgemeinerbarkeit bzw. Geltungsbereich (vgl. Kapitel 4.6.6). Vor dem Hintergrund der Zielsetzung des Projekts muss zunächst überlegt werden, ob das Gütekriterium für die Fragestellung überhaupt relevant ist. Die Zielsetzung bestand in der Empfehlung eines Tools für Deutschland. Entsprechend der Fragestellung wurde beispielsweise auch die Bekanntheit und Verwendung der Tools in Deutschland erhoben. Inwiefern diese Ergebnisse auf andere Länder übertragbar sind bleibt offen. Allerdings war eine Übertragbarkeit der Ergebnisse auch nicht indiziert. Selbstverständlich wäre es jedoch wünschenswert, wenn man sich weltweit auf eines bzw. wenige Tools zur Messung von Arbeitsfähigkeit und verwandten Konstrukten einigen könnte.

Widersprüche und ungelöste Fragen wurden offengelegt. Damit wurde ein entscheidender Beitrag zur *Kohärenz* geliefert. Inwiefern die im Rahmen des Forschungsprozesses konzipierte Theorie jedoch in sich konsistent ist, kann nicht abschließend geklärt werden.

Die *Relevanz* des Forschungsansatzes ist insgesamt als sehr hoch einzustufen. So wurde von den Experten mehrfach die Bedeutung bzw. der Stellenwert der Thematik des Erhalts bzw. der Wiederherstellung der Arbeitsfähigkeit hervorgehoben. Auch fordern Politiker wie Wissenschaftler gleichermaßen Arbeitsfähigkeit als Ergebnisparameter zu implementieren. Die Evaluation von Interventionen im Hinblick auf deren Beitrag zum Erhalt bzw. zur Wiederherstellung der Arbeitsfähigkeit setzt jedoch das Vorhandensein eines einheitlichen und validierten Messinstruments voraus. Wenngleich die vorliegende Arbeit nur einen kleinen Beitrag zur Lösung des Problems leistet, so stellt die Empfehlung einen ersten Schritt in die richtige Richtung dar, auf Basis dessen weiter gearbeitet und geforscht werden kann.

Gemäß dem Kriterium der *reflektierten Subjektivität* soll „die konstituierende Rolle des Forschers als Subjekt […] und als Teil der sozialen Welt, die er erforscht, möglichst weitgehend methodisch reflektiert in die Theoriebildung“[746] mit einbezogen werden. Der Forschungsprozess wurde dabei weitestgehend durch eine Selbstbeobachtung begleitet. Auch die persönlichen Voraussetzungen

[746] Steinke, I. (2013), S. 330-331.

des Forschers wurden kritisch reflektiert. So kamen die Möglichkeit sich gegebenenfalls am Leitfaden orientieren zu können, sowie der telefonische Befragungsmodus der Person des Forschers entgegen. Im Allgemeinen war die Gesprächssituation auch immer sehr angenehm, sodass von einer gewissen Vertrauensbeziehung zwischen Interviewtem und Forscher ausgegangen werden kann. Insgesamt kann auch das Kriterium der reflektierten Subjektivität als gegeben angesehen werden.

Auch die Gütekriterien nach Mayring (2002) Verfahrensdokumentation, argumentative Interpretationsabsicherung, Regelgeleitetheit, Nähe zum Gegenstand, kommunikative Validierung und Triangulation können als weitestgehend gegeben aufgefasst werden (vgl. Kapitel 4.6.5). Bei der gesamten Analyse, angefangen bei der Wahl der Erhebungs- und Auswertungsmethoden bis hin zur eigentlichen Auswertung der Daten wurde systematisch vorgegangen und alle Schritte wurden sauber dokumentiert. So wurde beispielsweise durch die Orientierung am Ablaufmodell der Analyse sowie durch das Aufzeigen der einzelnen Interpretationsschritte der Forderung nach einem systematischen und regelgeleiteten Vorgehen Rechnung getragen. Die beiden Kriterien *Verfahrensdokumentation* und *Regelgeleitetheit* können somit als gegeben angesehen werden.

Um die Interpretationen innerhalb der Auswertung abzusichern, wurde ein Kodierleitfaden mit kategorienspezifischen Definitionen sowie Ankerbeispielen erstellt. Damit wurde sowohl die Eröffnung neuer Kategorien als auch die Zuordnung von Textstellen zu einzelnen Kategorien argumentativ begründet und eine Rücküberprüfbarkeit des Kategoriensystems ermöglicht. Zudem wurden die Äußerungen der Befragten jeweils mit der zugehörigen Quellenangabe aus dem Interview gekennzeichnet, sodass der Kontext nachvollzogen werden kann. Insofern erfüllt die vorliegende Arbeit auch das Kriterium der *argumentativen Interpretationsabsicherung.*

Ferner enthält die Auswertung sowohl qualitative als auch quantitative Elemente, sodass von einer Methodentriangulation gesprochen werden kann. Die Softwareunterstützung erlaubte es dabei die verschiedenen Ebenen sinnvoll miteinander zu verknüpfen und die gebildeten Kategorien mittels Häufigkeiten oder Rangfolgen zu analysieren. Somit kann auch das Kriterium der *Triangulation* als gegeben angesehen werden.

Die *Nähe zum Gegenstand* bzw. Gegenstandsangemessenheit ist ein Teilbereich der Forderung nach Indikation des Forschungsprozesses nach Steinke. Da der Forschungsprozess in seiner Gesamtheit als indiziert gelten kann, ist damit gleichzeitig auch das Kriterium der Nähe zum Gegenstand erfüllt. Alle Projektbeteiligten hatten mehrfach die Gelegenheit Stellung zu den im Rahmen des Projekts ermittelten Daten und Ergebnissen zu nehmen und diese auf ihre Gültigkeit hin zu überprüfen. Insofern wird die Studie auch der Forderung nach einer *kommunikativen Validierung* gerecht.

Vor dem Hintergrund der von Steinke und Mayring vorgeschlagenen Gütekriterien kann die Qualität bzw. Güte der Studie(n) insgesamt als gut bis sehr gut eingestuft werden. Einschränkend ist hinzuzufügen, dass beispielsweise keine Überprüfung der Reliabilität bzw. Validität im engeren Sinne erfolgte, wie sie beispielsweise Krippendorff (1980) fordert (vgl. Kapitel 4.6.5).

5.7 Vergleich mit bestehenden (Übersichts-) Arbeiten

Im Rahmen der ersten Handsuche und der nachfolgenden Literaturrecherche wurden fünf Übersichtsarbeiten zu vorhandenen Instrumenten zur Messung von Produktivität bzw. Produktivitätsverlusten am Arbeitsplatz sowie vier weitere Publikationen ausfindig gemacht, die eine Zusammenstellung verschiedener Tools zur Thematik beinhalten. Diese werden nachfolgend skizziert und anschließend hinsichtlich Zielsetzung, Methode und Ergebnissen mit der vorliegenden Arbeit verglichen.

Zielsetzung der Übersichtsarbeit von Loeppke und Kollegen (2003) bestand darin einen Überblick über bestehende Instrumente zur Messung gesundheitsbedingter Produktivitätsverluste zu geben und die Instrumente kritisch zu bewerten. Besonderes Augenmerk galt dabei der Indikation Migräne. Hierzu wurde eine umfangreiche Literatursuche (1966-2000) in den Datenbanken MEDLINE, HealthSTAR, PsycINFO und EconLit durchgeführt. Basis für die Herleitung geeigneter Bewertungskriterien bildete ein abgewandeltes Delphi-Verfahren. Die Autoren fanden insgesamt neun Tools, von denen sie mit dem Employer Health Coalition of Tampa Assessment Instrument (EHC), dem Health and Performance Questionnaire (HPQ), der Standford Presenteeism Scale (SPS-6), dem Migraine Work and Productivity Loss Questionnaire (MWPLQ), dem Work Limitations Questionnaire (WLQ) sowie dem Work Productivity and Activity Impairment Questionnaire (WPAI) sechs Instrumente als prinzipiell geeignet einstuften. Den im Rahmen der Studie befragten Experten zufolge müsse ein geeignetes Instrument die Komponenten Absentismus, Präsentismus sowie die Mitarbeiterfluktuation und die Kosten für die Einstellung neuer Mitarbeiter beinhalten. Die Instrumente sollten wissenschaftlich fundiert und praktikabel sein, sowie berufs- bzw. industrieübergreifend angewendet werden können und die Umrechnung der Effekte in monetäre Einheiten erlauben. Die Übersichtsarbeit wurde 2003 in der Zeitschrift *Occupational and Environmental Medicine* veröffentlicht.[747]

Genau wie bei Loeppke und Kollegen (2003) bestand auch die Zielsetzung von Lofland und Kollegen (2004) darin die verschiedenen bestehenden Instrumente zur Messung von gesundheitsbedingten Produktivitätsverlusten aufzuzeigen. Der Fokus lag dabei auf Instrumenten, die eine Umrechnung der Effekte in monetäre Einheiten erlauben. Genau wie Loeppke und Kollegen (2003) führten die Autoren eine Literaturrecherche in den Datenbanken MEDLINE, HealthSTAR, PsycINFO und EconLit durch. Einzig der Suchzeitraum war mit 1966-2002 zwei Jahre länger. Ferner wurden Telefoninterviews mit Managern und Forschern geführt. Die Instrumente wurden u. a. hinsichtlich der Kriterien Reliabilität, Inhalts-, Konstrukt- sowie Kriteriumsvalidität, Merkmalsbereiche, Anzahl der Items, Befragungsmodus sowie hinsichtlich ihrer Eignung im Hinblick auf die Umrechenbarkeit der Effekte in monetäre Größen bewertet. Insgesamt fanden die Autoren elf Instrumente: ALWQ (Angina-related Limitation at Work Questionnaire), EWPS (Endicott Work Productivity Scale), HLQ (Health and Labor Questionnaire or Illness and Labor Questionnaire), HWQ (Health and Work Questionnaire), MWPLQ (Migraine Work and Productivity Loss Questionnaire), Osterhaus Technique, SPS (Stanford Presenteeism Scale), Unnamed Hepatitis Instrument, WLQ (Work Limitations Questionnaire), WPAI-GH (Work Productivity and Activity Impairment Questionnaire – General Health), WPI (Worker Productivity Index). Nur sechs der identifizierten Tools erlauben

[747] Vgl. Loeppke, R., Hymel, P. A., Lofland, J. H., u. a. (2003).

eine direkte Umrechnung der Effekte in monetäre Einheiten. Alle anderen bedürfen weiterer Umrechnungs- bzw. Transformationsschritte. Die Autoren bemerken zudem, dass viele der Instrumente eigens für eine bestimmte Fragestellung entwickelt wurden und dementsprechend für die Messung von Produktivitätsverlusten nur bedingt geeignet seien. Sie sind jedoch optimistisch was die Entwicklung eigener Instrumente für die Messung von Produktivitätsverlusten zur Abbildung indirekter Kosten im Kontext gesundheitsökonomischer Studien betrifft. Das Review wurde 2004 in der international renommierten Zeitschrift *PharmacoEconomics* publiziert.[748]

Mit der Übersichtsarbeit von Prasad und Kollegen (2004) erschien wenig später eine weitere Publikation in der *PharmacoEconomics* in diesem Bereich, was die Relevanz der Thematik unterstreicht. Auch die Wissenschaftler um Prasad führten eine Literaturrecherche in den einschlägigen elektronischen Literaturdatenbanken ABI Info, EconLit, PsychInfo, Medline, HealthStar, CANCERLIT und AIDSLINE durch. Der Suchzeitraum betrug 12 Jahre (1990-2002). Der Fokus der Autoren lag dabei auf Selbsterhebungsbögen. Ähnlich wie in der vorliegenden Arbeit wurden keine Arbeiten bzw. Instrumente berücksichtigt, die lediglich Absentismus erfassten. Die Bewertungskriterien umfassten die Validität, Reliabilität und Responsitivität der Instrumente. Die Instrumente wurden dahingehend unterteilt, ob es sich um generische oder krankheitsspezifische Fragebögen handelt. Ferner wurde die Recall-Periode und die Handhabbarkeit der Tools im Hinblick auf Zeit- und Materialaufwand, die Verständlichkeit der Fragen sowie die benötigte Ausfüllzeit bewertet. Die Trefferzahl bei der Literatursuche belief sich auf lediglich 100 Treffer. Bei einem Großteil der Artikel handelte es sich um Krankheitskostenstudien, die Produktivitätsverluste aufgrund von krankheitsbedingten Fehlzeiten berichten. Insgesamt wurden 17 Studien als für die Fragestellung relevant befunden und eingeschlossen. Die Autoren identifizierten sechs generische (Endicott Work Productivity Scale, Health and Labor Questionnaire, Health and Work Questionnaire, Health and Work Performance Questionnaire, Work Limitations Questionnaire (WLQ) and the Work Productivity and Activity Impairment Questionnaire (WPAI)) und sechs krankheitsspezifische Instrumente (WPAI-SHP (-Specific Health Problem), -AS (-allergic rhini-

[748] Vgl. Lofland, J. H., Pizzi, L., Frick, K. D. (2004).

tis), -ChHD (Chronic Hand Dermatitis), -GERD (Gastro-Esophageal Reflux Disease), MIDAS (Migraine Disability Assessment Questionnaire), MWPLQ (Migraine Work and Productivity Loss Questionnaire)). Den Autoren zufolge seien der WPAI und der WLQ die zwei am vielversprechendsten Instrumente. Beide seien ausreichend wissenschaftlich fundiert und für den Einsatz in Unternehmen geeignet. Für die beiden Instrumente spreche zudem, dass sie in vielen Sprachen verfügbar sind. Der WPAI eigne sich insbesondere aufgrund der zahlreichen krankheitsspezifischen Versionen bzw. der Möglichkeit ihn auf ein bestimmtes Krankheitsbild bzw. eine Schmerzsymptomatik hin zu modifizieren.[749]

Vor dem Hintergrund der enormen gesundheitsbedingten Produktivitätsverluste in den USA haben es sich Mattke und Kollegen (2007) zum Ziel gesetzt die vorhandenen Instrumente zur Messung von Produktivitätsverlusten und den damit verbundenen Kosten zu begutachten und den Forschungsbedarf bzw. die Defizite in diesem Bereich aufzuzeigen. Hierzu haben sie die bestehende wissenschaftliche Literatur (inkl. grauer Literatur) im Zeitraum von 1995 bis 2005 nach Instrumenten zur Messung von Produktivität bzw. Produktivitätsverlusten durchsucht. Im Hinblick auf die monetäre Bewertung der Produktivitätsverluste wurden zudem Gespräche mit fünf Experten geführt. Insgesamt haben die Autoren 17 verschiedene Instrumente identifiziert. Als Quelle für die 17 Instrumente verweisen die Autoren dabei explizit auf die vorhergehenden Arbeiten von Prasad (2004) bzw. Lofland und Kollegen (2004). Die Arbeit von Mattke und Kollegen (2007) unterscheidet sich jedoch in einem nicht ganz unwesentlichen Punkt von den bisher vorgestellten Übersichtsarbeiten. So haben die Autoren die betrachteten Instrumente insbesondere dahingehend untersucht, in welchem Ausmaß sie das Phänomen des Präsentismus abdecken. Mattke und Kollegen zufolge ließe sich das Phänomen des Präsentismus auf drei verschiedene Arten abbilden. Einige Fragebögen, u. a. der HPQ, der HWQ, die SPS, der WLQ und auch der WPAI erfassten das Ausmaß der Einschränkungen. Hierzu könnten die Items sowohl sehr offen (z. B. "I felt energetic enough to complete all my work" (SPS)) als auch sehr spezifisch (z. B. "difficulty in using upper body to operate tools or equipment" (WLQ)) formuliert sein. Sowohl der HPQ als auch der HWQ erheben zusätzlich die relative Produktivität im Vergleich zu anderen oder

[749] Vgl. Prasad, M., Wahlqvist, P., Shikiar, R., u. a. (2004).

der eigenen standardmäßigen Leistung. So müssen Probanden beim HWQ beispielsweise ihre eigene Leistung in der vergangenen Woche im Vergleich zu ihrer normalen Leistung auf einer Skala von 1 bis 10 bewerten. Laut Mattke und Kollegen gäbe es neben den zwei skizzierten Möglichkeiten eine weitere Alternative zur Erfassung des Präsentismus. So frage das Work Productivity Short Inventory beispielsweise direkt nach der Anzahl der Stunden, in denen man unproduktiv war. Daneben betrachten die Autoren verschiedene Ansätze zur Abschätzung bzw. Ermittlung der damit verbundenen Kosten (z. B. Humankapitalansatz, Friktionskostenansatz). Den größten Forschungsbedarf sehen die Autoren dabei in den fehlenden bzw. nicht ausreichend validierten Ansätzen zur Ermittlung der mit dem Produktivitätsverlust einhergehenden Kosten. Die Arbeit wurde 2007 im *American Journal of Managed Care* veröffentlicht.[750]

Mit der Übersichtsarbeit von Tang ist 2015 eine weitere Arbeit in der *PharmacoEconomics* publiziert worden, was die Relevanz und v. a. auch die Aktualität der Debatte betont. Tang zufolge werde die Berücksichtigung gesundheitsbedingter Produktivitätsverluste im Rahmen gesundheitsökonomischer Evaluationen immer wichtiger. Damit entstehe auch vermehrt der Bedarf für reliable und valide Instrumente zur Messung von Produktivität bzw. Produktivitätsverlusten und den damit einhergehenden Kosten. Vor diesem Hintergrund war es die Zielstellung der Arbeit von Tang die verfügbaren Instrumente zur Messung und Bewertung von Produktivitätsverlusten inklusive ihrer Stärken und Schwächen darzustellen und zu diskutieren. Hierzu wurde eine umfangreiche systematische Literaturrecherche in den Datenbanken MEDLINE, EMBASE, PsychINFO und Web of Science (bis 2013) durchgeführt. Um eingeschlossen zu werden, mussten die Tools in Form eines Fragebogens vorliegen, zur Umrechnung in monetäre Einheiten geeignet, krankheits- und berufsübergreifend einsetzbar und in irgendeiner Form wissenschaftlich evaluiert worden sein. Mit dem HLQ (Health and Labor Questionnaire), HPQ (Health and Work Productivity Questionnaire), HRPQ-D (Health-Related Productivity Questionnaire Diary), PRODISQ (Productivity and Disease Questionnaire), QQ (Quantity and Quality method), SPS-13 (Stanford Presenteeism Scale), VOLP (Valuation of Lost Productivity Questionnaire), WHI (Work and Health Interview), WLQ (Work Limitations

[750] Vgl. Mattke, S., Balakrishnan, A., Bergamo, G., u. a. (2007).

Questionnaire), WPAI (Work Productivity and Activity Impairment), und dem WPSI (Work Productivity Short Inventory) haben sich insgesamt elf Instrumente qualifiziert. Tang kommt dabei zu dem Ergebnis, dass sich die verfügbaren Instrumente sehr stark unterscheiden. Das *eine* beste Tool existiere nicht. Vielmehr hänge die Entscheidung für oder gegen ein Messinstrument vom Kontext und den Zielsetzungen der Studie ab. So sei hinsichtlich der Ganzheitlichkeit eines Instruments insbesondere die Perspektive der Studie relevant. Das Einnehmen einer gesellschaftlichen Perspektive erfordere beispielsweise auch die Erhebung von Produktivitätsverlusten außerhalb der Erwerbsarbeit, während die Erfassung unbezahlter Tätigkeiten aus Unternehmensperspektive entbehrlich sei. Ferner unterschieden sich die Tools auch insbesondere hinsichtlich der Anzahl der Studien, die die Tools wissenschaftlich untersucht haben.[751]

Mit Ausnahme der Übersichtsarbeit von Tang (2015) sind alle anderen Arbeiten schon einige Jahre alt. Dementsprechend weit liegt auch der Suchzeitraum zurück. Insbesondere im Bereich der Messung von gesundheitsbedingten Produktivitätsverlusten im Kontext gesundheitsökonomischer Studien ist in den letzten Jahren aber viel Bewegung gekommen, die sich mitunter in der Entwicklung vielversprechender neuer Tools zeigt (z. B. VOLP, iMTA Productivity Cost Questionnaire (iPCQ)[752]). Auch unterscheiden sich die bestehenden Übersichtsarbeiten hinsichtlich der Zielsetzung von der vorliegenden Arbeit. So waren die Zielsetzungen zumeist enger gefasst und auf den Bereich Messung von Produktivität bzw. Produktivitätsverlusten im Kontext gesundheitsökonomischer Studien ausgerichtet.[753] Dementsprechend wurden auch entsprechende Ein- und Ausschlusskriterien formuliert, während es in der vorliegenden Arbeit primär darum ging einen Gesamtüberblick über alle bestehenden Instrumente in diesem Bereich zu geben. Ferner sollten die Instrumente für einen breiten Einsatz im Unternehmen, im klinischen Alltag und der Versorgungsforschung und damit auch, aber nicht ausschließlich, im Rahmen gesundheitsökonomischer Evaluationsstudien anwendbar sein.

751 Vgl. Tang, K. (2015).

752 Vgl. Bouwmans, C., Krol, M., Brouwer, W., u. a. (2014); Krol, M., Brouwer, W. (2014); Bouwmans, C., Krol, M., Severens, H., u. a. (2015).

753 Vgl. Loeppke, R., Hymel, P. A., Lofland, J. H., u. a. (2003); Lofland, J. H., Pizzi, L., Frick, K. D. (2004); Prasad, M., Wahlqvist, P., Shikiar, R., u. a. (2004); Mattke, S., Balakrishnan, A., Bergamo, G., u. a. (2007); Tang, K. (2015).

Im Vergleich zu den Ergebnissen im Rahmen der vorliegenden Arbeit fällt insbesondere die geringe Anzahl an identifizierten Literaturstellen und damit einhergehend die geringe Anzahl der eingeschlossenen Publikationen und letztlich auch der identifizierten Tools in den Arbeiten von Loeppke und Kollegen (2003), Lofland und Kollegen (2004) Prasad und Kollegen (2004), Mattke und Kollegen (2007) respektive Tang (2015) auf.[754] Ein Stück weit mag dies sicherlich auf die engeren Zielsetzungen der Arbeiten zurückzuführen sein. Letzten Endes beziehen sich die Arbeiten aber auch aufeinander und es tauchen immer wieder die üblichen Instrumente auf. So weisen Mattke und Kollegen (2007) auch explizit darauf hin, dass sie sich in ihrer Arbeit auf die Ergebnisse von Prasad und Kollegen (2004) beziehen. Der methodische Ansatz ist durchweg sehr ähnlich, wenngleich im Rahmen der vorliegenden Arbeit mit weicheren Ein- und Ausschlusskriterien gearbeitet wurde. Jedoch wurden beispielsweise auch in der vorliegenden Arbeit, genau wie in der Arbeit von Prasad und Kollegen (2004) keine Publikationen bzw. Instrumente berücksichtigt, die lediglich Absentismus erfassen.[755]

Die größten Gemeinsamkeiten bestehen zu der Arbeit von Tang (2015). Im Unterschied zu den anderen Reviews tauchen hier erstmals auch ganz andere Instrumente, wie z. B. der VOLP oder die QQ-Methode auf, Tools die auch im Rahmen der vorliegenden Literaturrecherche gefunden wurden. Im Unterschied zu den älteren Arbeiten erfolgte hier auch keine zeitliche Einschränkung der Suche. Aufgrund der Aktualität sind zudem auch sehr junge Instrumente (wie z. B. der VOLP) enthalten.[756]

Wie eingangs kurz erläutert, wurden im Rahmen der Literaturrecherche bzw. Handsuche vier weitere Arbeiten identifiziert, die eine Auf- bzw. Gegenüberstellung verschiedener Tools zur Messung von Arbeitsfähigkeit, Präsentismus, Produktivität sowie verwandten Konstrukten beinhalten. Abgesehen von der Arbeit von Beaton und Kollegen (2009), liefern die Publikationen von Ozminkowski und Kollegen (2004), Goetzel und Kollegen (2004) und Steinke und

---

[754] Vgl. Loeppke, R., Hymel, P. A., Lofland, J. H., u. a. (2003); Lofland, J. H., Pizzi, L., Frick, K. D. (2004); Prasad, M., Wahlqvist, P., Shikiar, R., u. a. (2004); Mattke, S., Balakrishnan, A., Bergamo, G., u. a. (2007); Tang, K. (2015).

[755] Vgl. Prasad, M., Wahlqvist, P., Shikiar, R., u. a. (2004).

[756] Vgl. Tang, K. (2015).

Badura (2011) jedoch keine neuen Erkenntnisse, sodass auf eine Darstellung verzichtet wird.[757]

Die Arbeit von Beaton und Kollegen (2009) ist insofern ganz interessant, weil sowohl Zielsetzung als auch methodischer Ansatz der vorliegenden Arbeit sehr ähnlich sind. Die Publikation entstand neben zahlreichen weiteren Arbeiten im Rahmen der *OMERACT-Initiative*. Das Kürzel OMERACT steht dabei für Outcome Measures in Rheumatology. Dabei handelt es sich um eine unabhängige, internationale Initiative aus Experten unterschiedlicher Bereiche mit dem Ziel der Entwicklung und Validierung von Ergebnisparametern im Fachgebiet Rheumatologie. Die Mitglieder der Initiative treffen sich dabei in regelmäßigen Abständen und diskutieren über die bisherigen Erfolge und die weitere Vorgehensweise.[758]

Im Zuge der Bewegung entstand auch der *OMERACT-Filter*, ein Tool zur Bewertung verschiedener Instrumente im Hinblick auf deren Inhalts- und Konstruktvalidität (vgl. *OMERACT Truth*), Reliabilität und Responsitivität (vgl. *OMERACT Discrimination*) sowie im Hinblick auf deren Umsetzbarkeit (vgl. *OMERACT Feasibility*). Im Zuge des achten Konsensustreffens wurden erstmals die vorhandenen Tools zur Messung von Absentismus und Präsentismus auf deren Tauglichkeit im Hinblick auf deren Einsatz im Bereich Rheumatologie überprüft. Die Fragestellung wurde dann zwei Jahre später im Rahmen des nächsten Konsensustreffens noch einmal wiederbelebt. Die Ergebnisse des neunten Konsensustreffens finden sich in der besagten Publikation von Beaton und Kollegen (2009). Vorgehensweise und Ergebnisse werden im Folgenden kurz thematisiert.

Im Vorfeld des eigentlichen Treffens wurde eine Umfrage durchgeführt, um die Meinungen und Einstellungen sowie die Erfahrungen der einzelnen Teilnehmer zum Thema Messung von Absentismus und Präsentismus zu eruieren. Ferner wurde die Literaturrecherche im Hinblick auf potenziell relevante Messinstrumente aus dem Jahr 2007 aktualisiert. Im Rahmen des Treffens sollten die Ergebnisse dann synthetisiert sowie eine Auswahl an Instrumenten zur Verwen-

757 Vgl. Beaton, D., Bombardier, C., Escorpizo, R., u. a. (2009); Ozminkowski, R. J., Goetzel, R. Z., Chang, S., u. a. (2004); Goetzel, R. Z., Long, S. R., Ozminkowski, R. J., u. a. (2004); Steinke, M., Badura, B. (2011).

758 Vgl. Beaton, D., Bombardier, C., Escorpizo, R., u. a. (2009); OMERACT (2015).

dung vorgeschlagen werden. Außerdem sollte das weitere Vorgehen für die nächsten zwei Jahre (bis zum nächsten Arbeitstreffen) abgestimmt werden.[759]

Den Ergebnissen der Umfrage zufolge spiele für die Mehrheit der Befragten das Thema Arbeit bzw. Arbeitsfähigkeit im Rahmen ihrer Tätigkeit bislang kaum eine Rolle. Ferner stimmten die Experten dahingehend überein, dass ein Großteil der betroffenen Patienten arbeiten möchte und Arbeit demzufolge von entscheidender Bedeutung sei. Über 90% der Befragten waren der Meinung, dass man die Produktivität im Kontext der Arbeitsanforderungen, der Arbeitsplatzsituation sowie vor dem Hintergrund der Unterstützung seitens der Kollegen und Vorgesetzten sehen müsse. Ein Großteil der Befragten befürwortete die standardmäßige Messung von Absentismus und Präsentismus im Rahmen klinischer Studien. Der Mehrzahl der Befragten waren die im Rahmen des achten Konsensustreffens identifizierten Instrumente zur Messung von Absentismus und Präsentismus nicht bekannt. Nur ein Bruchteil der Experten gab an, eines oder mehrerer dieser Tools bereits im Alltag bzw. der Forschung zu verwenden bzw. bereits verwendet zu haben. Insgesamt befürworten lediglich fünf der 128 befragten Experten die Instrumente aus der Liste. Die meisten Experten könnten sich nicht vorstellen, dass die Instrumente den Anforderungen des OMERACT-Filters genügen.[760]

Diese Ergebnisse decken sich nahezu eins zu eins mit den Erkenntnissen der vorliegenden Befragung bzw. den Ergebnissen des Feedbackbogens im Nachgang an die Gruppendiskussion in Berlin.

Die Aktualisierung des Literaturreviews ergab insgesamt 21 Tools und damit zwei neue Instrumente im Vergleich zu der Literaturrecherche aus dem Jahr 2007. Alle 21 Instrumente genügten den Anforderungen des OMEARCT-Filters. Besonders vielversprechend erscheinen den Autoren zufolge folgende sechs Instrumente: WALS (Work Activity Limitations Scale), WIS (Work Instability Scale), WLQ-25 (Work Limitations Questionnaire), WPAI (Work Productivity and Activity Impairment), die Work Productivity Scale-Rheumatoid Arthritis (WPS-RA) sowie der Health Productivity Questionnaire (HPQ). Bei jedem der

[759] Vgl. Beaton, D., Bombardier, C., Escorpizo, R., u. a. (2009), S. 2103.
[760] Vgl. Beaton, D., Bombardier, C., Escorpizo, R., u. a. (2009), S. 2103.

genannten Tools bestünde zumindest eine geringe Evidenz dafür, dass jede der Dimensionen des OMERACT-Filters abgedeckt ist.[761]

Die Hälfte der genannten Tools (WLQ, WPAI, HPQ) wurden auch im Rahmen der vorliegenden Arbeit als vielversprechend eingeordnet.

Das Arbeitstreffen sah neben der Präsentation von Hintergrundinformationen insbesondere die Diskussion der verschiedenen Tools in Kleingruppen vor. Vielen Experten waren die Instrumente zu einfach. Den Experten zufolge würden die Instrumente der Komplexität der Thematik nicht gerecht. Ferner wurde auf einen Punkt verwiesen, der bereits beim achten Treffen thematisiert wurde. Demnach würden die verschiedenen Tools allesamt unterschiedliche Facetten von Produktivität bzw. Präsentismus abbilden, wobei keines der Instrumente wirklich in der Lage sei Absentismus und Präsentismus im Kontext der Passung von Individuum und Arbeitsanforderungen hinreichend zu erfassen. Wenngleich die Mehrheit der Anwesenden einräumte, dass die Instrumente weitestgehend den Anforderungen des OMERACT-Filters entsprechen, konnte man sich im Rahmen des neunten Konsensustreffens nicht auf die Empfehlung von einem Tool einigen. Dies sei insbesondere darauf zurückzuführen, dass es unter den Instrumenten keinen klaren Gewinner gäbe. Vielmehr sprach sich die Mehrheit der Experten dafür aus nochmals über die zugrundeliegenden Methoden und Ansätze zu diskutieren. Dennoch wurde dahingehend abgestimmt, welche der sechs Instrumente weiterverfolgt werden sollten. Dabei waren Mehrfachnennungen möglich. 54% der Anwesenden sprach sich dabei für die WIS aus, 48% für den WPS-RA, 47% für den WALS, 45% für den WPAI und 39% für den WLQ. Der HPQ erhielt lediglich 16% der Stimmen. Damit gelang es keinem der Instrumente die notwendige Hürde von 75% der Stimmen zu erhalten. Einschränkend muss hinzugefügt werden, dass viele der Anwesenden die Instrumente gar nicht kannten. Obwohl man sich nicht auf die Empfehlung eines oder mehrerer Tools einigen konnte, befürworteten die Experten und Teilnehmer des neunten Konsensustreffens die Relevanz von Arbeit als Ergebnisparameter.[762]

Wenngleich sich das Vorgehen der Diskussion in Kleingruppen geringfügig von der im Rahmen des vorliegenden Projekts durchgeführten Gruppendiskussion

[761] Vgl. Beaton, D., Bombardier, C., Escorpizo, R., u. a. (2009), S. 2103.
[762] Vgl. Beaton, D., Bombardier, C., Escorpizo, R., u. a. (2009), S. 2103, 2107.

unterscheidet, so sind die Ergebnisse des neunten OMERACT-Treffens mit den Ergebnissen im Rahmen der Gruppendiskussion dieses Projekts vergleichbar. Bei der im Rahmen der vorliegenden Gruppendiskussion erzielten Einigung handelt es sich gewissermaßen auch nur um einen Minimalkonsens, der weitestgehend auf den Mangel besserer Alternativen zurückzuführen ist.

Insgesamt aber ist die Studie von Beaton und Kollegen (2009) der vorliegenden Arbeit, sowohl was Zielsetzung, Vorgehen als auch Ergebnisse betrifft, sehr ähnlich.

6 Kritische Würdigung der erarbeiteten Empfehlung

Das Ziel der vorliegenden Arbeit bestand darin die vorhandenen Tools zur Messung von Arbeitsfähigkeit und verwandten Konstrukten darzustellen, sowie darauf aufbauend ein geeignet erscheinendes Instrument zur flächendeckenden Anwendung vorzuschlagen bzw. zu empfehlen. Die vorliegende Arbeit sah dabei ein dreistufiges Vorgehen vor. Zunächst wurde eine umfassende systematische Literaturrecherche durchgeführt, um einen Überblick über die in der Literatur vorhandenen Instrumente zu gewinnen. Darauf aufbauend wurden Experteninterviews durchgeführt, um den Status Quo hinsichtlich der Bekanntheit und Verwendung der Instrumente in Deutschland zu erheben. Abschließend sah der Prozess eine Gruppendiskussion der Experten und Mitglieder des Kernteams vor. Im Rahmen des Arbeitstreffens wurden die Ergebnisse der systematischen Literaturrecherche und der Interviews vorgestellt und eine Empfehlung erarbeitet. Diese wird im folgenden Kapitel diskutiert und kritisch gewürdigt.

6.1 Ausgangssituation

6.1.1 Vorhandene Tools

Im Rahmen der Literaturrecherche wurden insgesamt 4.655 Treffer identifiziert. Davon wurden 357 Studien näher ausgewertet. Insgesamt konnten 57 verschiedene Instrumente inklusive verschiedener Versionen einzelner Messinstrumentarien identifiziert werden. Die Tools decken die Aspekte Absentismus, Präsentismus, sowie Arbeits- bzw. Erwerbsfähigkeit in unterschiedlichem Ausmaß ab. Einige Fragebögen erfassen Details zur beruflichen Tätigkeit, Schwere der Gesundheitsbeeinträchtigung sowie Leistungseinschränkungen in anderen Bereichen. Abgesehen von den abgedeckten Merkmalsbereichen unterscheiden sich die Messinstrumente auch hinsichtlich der betrachteten Recall-Periode, dem Bewertungsansatz zur Quantifizierung der Effekte in monetären Einheiten, der wissenschaftlichen Evidenz, sowie der Länge bzw. Anzahl der Items. Ein Großteil der Instrumente wurde speziell für eine bestimmte Zielsetzung entwickelt und daher auch nur einmal bzw. nur wenige Male angewendet. Zu den häufiger verwendeten Instrumenten zählen: Work Productivity and Activity Impairment Questionnaire (WPAI), Work Limitations Questionnaire (WLQ), Stanford Presenteeism Scale (SPS), Health and Work Performance Questionnaire (HPQ), Health and Labor Questionnaire (HLQ), Work Ability Index (WAI) und Migraine Disability Assessment Questionnaire (MIDAS). Alle sieben Tools schneiden zudem bei der Bewertung verhältnismäßig gut ab und scheinen daher für einen breiten Einsatz in der Praxis geeignet (vgl. Abbildung 35). Ein Konsens bzw. ein allgemein akzeptiertes Instrument existiert jedoch nicht. Auf Basis der Literatur kann folglich kein Instrument uneingeschränkt empfohlen werden. Die Eignung der Instrumente hängt vielmehr von der jeweiligen Fragestellung bzw. dem Kontext ab.

6.1.2 Verbreitung und Akzeptanz der Instrumente in Deutschland

Vielen der befragten Experten waren die im Rahmen der Literaturrecherche identifizierten Instrumente nicht bekannt (z. B. WLQ, HPQ, WPAI).

Das im Rahmen der Interviews am häufigsten genannte und als bekannt eingestufte Instrument war der WAI, zum Teil auch in Verbindung mit der Arbeitsbewältigungscoaching, oder anderen Instrumenten wie z. B. dem KFZA. Zum Thema Präsentismus wurden der WPAI, sowohl in der generischen Fassung als auch in krankheitsspezifischen Versionen sowie die Stanford Presenteeism Scale (SPS) genannt. Die Experten aus dem Bereich Rehabilitationsforschung sowie Rehabilitationsmedizin führten zudem Instrumente aus dem Bereich der Erwerbsfähigkeit an. Dabei handelte es sich im Wesentlichen um Tools, die standardmäßig auch von der Deutschen Rentenversicherung eingesetzt werden, wie etwa das Würzburger Screening, die SPE-Skala, das Screening-Instrument für Beruf und Arbeit in der Rehabilitation (SIBAR) sowie das Screening-Instrument zur Erkennung eines Bedarfs an Maßnahmen medizinisch-beruflicher Orientierung (SIMBO).

Hinsichtlich des Themenkomplexes Belastungen, Beanspruchungen und Beanspruchungsfolgen wurden u. a. folgende Instrumente genannt und als bekannt eingestuft: KFZA (Kurz-Fragebogen zur Arbeitsanalyse), IMPULS-Test, COPSOQ, Fragebogen Arbeitsbezogenes Verhaltens- und Erlebensmuster (AVEM), Skala Irritation, sowie das Effort-Reward-Imbalance (ERI) Modell. Verwendet würden diese jedoch kaum. Bei den genannten Tools steht die Erhebung der Arbeitssituation, der Arbeitsbedingungen bzw. der Belastungen am Arbeitsplatz im Vordergrund. Insofern waren diese auch nicht Gegenstand der Literaturrecherche.

Ferner wurden mit dem Short-Form 36 (SF-36) bzw. dem Euro-Qol-5D (EQ-5D) zwei Instrumente zur Messung der gesundheitsbezogenen Lebensqualität angeführt. Beide Instrumente erfreuen sich großer Beliebtheit und werden häufig eingesetzt. Die Arbeitsfähigkeit bzw. Produktivität wird jedoch nicht bzw. im Fall vom SF-36 nur am Rande mit erhoben.

Neben den genannten Tools werden in Deutschland bislang vorwiegend krankheitsspezifische Fragebögen zur Messung der Krankheitsaktivität bzw. funktioneller Einschränkungen (z. B. DAS-28, FFbH, HAQ Score) sowie diverse selbst entwickelte Fragebögen eingesetzt.

Die Ergebnisse der Interviews zeigen, dass bislang je nach Setting vorwiegend Instrumente zur Messung der gesundheitsbezogenen Lebensqualität bzw. diverse krankheitsspezifische Fragebögen zur Messung der Krankheitsaktivität bzw. funktioneller Einschränkungen eingesetzt werden. Eine Messung der Arbeitsfähigkeit bzw. Produktivität erfolgt jedoch kaum.

6.1.3 Eignung der Tools zur Messung von Arbeitsfähigkeit

Die Eignung der vorhandenen Instrumente zur Messung von Arbeitsfähigkeit wurde von den Experten überwiegend als gut bis sehr gut eingestuft. Kritisch angemerkt wurde u. a., dass die psychometrischen Gütekriterien oft nicht oder nur unzureichend untersucht sind und die Instrumente demnach auch keine vernünftige wissenschaftliche Basis hätten. Ferner wurde von einigen Experten bemängelt, dass viele der Tools lediglich Einzelaspekte abdecken und damit der Komplexität der Thematik im Sinne einer ganzheitlichen Betrachtung nicht gerecht werden. Auch das Problem des Auftretens von kognitiven Erinnerungsverzerrungen, die das Ergebnis unabhängig vom verwendeten Tool verfälschen, wurde immer wieder thematisiert.

Nach Ansicht der Experten seien die Instrumente generell auch zur Verlaufskontrolle und damit zur Evaluation von Frühinterventionen geeignet, auch wenn die Instrumente nicht konkret nach Verbesserungen fragen. Im Zusammenhang mit der Veränderungsmessung wurde insbesondere die Problematik der Kausalität bemängelt. So wisse man bei einer Veränderung der Arbeitsfähigkeit oder des Präsentismusverhaltens letztlich nicht worauf der Effekt zurückzuführen sei. So könne man beispielsweise auch nicht sagen, ob eine Verbesserung letztlich auf die Frühinterventionsmaßnahme oder Veränderungen im familiären bzw. sozialen Umfeld des Probanden zurückzuführen sei. Ferner wurde kritisch angemerkt, dass man bei einem Vorher-Nachher-Vergleich immer auch nur einen Wert hätte. Würde die Arbeitsfähigkeit mittels des WAI gemessen, wisse man nicht, ob eine Veränderung der Arbeitsfähigkeit auf eine Veränderung der individuellen Ressourcen oder aber auf eine Verbesserung der Arbeitsbedingungen zurückzuführen sei. Auch seien Zustands- und Veränderungsmessung zwei komplett verschiedene Paar Stiefel. Ein Instrument, das zur Frühidentifizierung geeignet ist, müsse nicht zwangsläufig auch zur Verlaufskontrolle geeignet sein. Bei den beiden Bereichen handle es sich um zwei rudimentär unterschiedliche Zielsetzungen bzw. Einsatzbereiche, die mitunter nicht mit demselben Instrument abgedeckt werden könnten. Instrumente aus der Rehabilitation seien wenig veränderungssensitiv und daher im Bereich der Primärprävention wenig geeignet, da hier bereits kleine Änderungen abgebildet werden müssten. Krankheitsspezifsche Instrumente dagegen erlaubten viel genauere bzw. feinere Aussagen.

Die Mehrheit der befragten Experten würde im heutigen Format kein Instrument empfehlen. Einige Experten sprachen sich für den WAI (in der Kurzversion), zum Teil in Verbindung mit dem KFZA (Kurzfragebogen zur Arbeitsanalyse) sowie weiteren Tools aus. Vereinzelt wurde auch die Verwendung selbst konzipierter Fragebögen empfohlen.

Im Rahmen der Gruppendiskussion konnte man sich zwar auf die Empfehlung von WAI und/oder WPAI einigen, war sich aber bewusst, dass es sich bei dieser Lösung lediglich um einen ersten Schritt handeln könne und weiterer Forschungsbedarf notwendig sei.

6.1.4 Ausgestaltung eines optimalen Messinstruments

Vor dem Hintergrund der von den Experten geforderten Eigenschaften bzw. Merkmalsbereiche, die ein optimales Instrument abdecken müsse, muss man jedoch realistischerweise sagen, dass wenn überhaupt nur sehr wenige Instrumente für einen flächendeckenden Einsatz in Frage kommen.

So müsste ein optimales Messinstrument zumindest ansatzweise den Themenkomplex Belastungen, Beanspruchungen und Beanspruchungsfolgen, individuelle Ressourcen bzw. die individuelle Leistungsfähigkeit, prädiktive Faktoren wie beispielsweise Selbstwirksamkeit oder Freudsinn, die individuelle Einstellung gegenüber der Arbeit, Arbeitszufriedenheit und Eigenmotivation sowie das soziale Umfeld mitberücksichtigen.

Bezüglich der Frage, ob und inwiefern Krankheiten abgefragt werden müssten, waren sich die Experten uneinig. So konnte nicht abschließend geklärt werden, ob die Erhebung von Krankheiten notwendig ist oder man vielleicht besser darauf verzichten sollte. Auf der einen Seite erhielte man durch die Abfrage von Krankheiten bzw. Krankheitsgruppen oder Beschwerden auf einfache Art und Weise einen Hinweis auf mögliche gesundheitliche Probleme. Auf der anderen Seite löse das Abfragen von Krankheiten aber bei vielen Betroffenen eine Art Blockadehaltung aus. Dies hätte nicht nur eine verringerte Akzeptanz oder gar Ablehnung auf Seiten der Befragten zur Folge, sondern man müsse auch mit einem erheblich geringeren Rücklauf bzw. vermehrt fehlenden Antworten rechnen. Einigen Experten zufolge wäre es in diesem Bereich ausreichend das Vorliegen von Risikofaktoren (z. B. Suchtmittelkonsum, Übergewicht, usw.) abzufragen oder aber eine Selbsteinschätzung der Gesundheit bzw. des Gesundheitszustands vornehmen zu lassen. Mitunter könne man diesen (sensiblen) Bereich auch über die Ermittlung der gesundheitsbezogenen Lebensqualität bzw. der Erhebung von Schmerzen oder des Wohlbefindens abdecken.

Eng damit verbunden ist auch die Frage, ob man mit einem generischen Instrument auskommt oder ob man verschiedene krankheitsspezifische Fragebögen bräuchte, mittels derer man explizit auch nach bestimmten medizinischen Parametern fragen könnte. Vor dem Hintergrund, dass das Instrument sehr breit eingesetzt werden können sollte, ist von der Erhebung einzelner krankheitsspezifischer Parameter eher abzusehen. Wenn überhaupt könnte man ein modulares Konzept andenken, das aus einem allgemeinen Teil und dann verschiedenen krankheitsspezifischen Zusatzmodulen besteht.

In eine ähnliche Richtung geht auch die Frage bzw. der Trade-Off zwischen einem möglichst kurzen und prägnanten Tool versus einem möglichst (all)umfassenden Instrument. Dieser Trade-Off muss vermutlich auch vor dem Hintergrund des Anwendungszwecks betrachtet werden. Während in der (Primär-) Prävention vermutlich ein sehr knappes Instrument ausreichend ist, sollte im Bereich der Rehabilitation eher mit umfassenderen Bögen gearbeitet werden. Auch im klinischen Alltag müsste ein Instrument kurz und prägnant sein, ansonsten wird es nicht Fuß fassen können. Im Rahmen einer klinischen Studie hingegen wären Teilnehmer eher dazu bereit längere Bögen auszufüllen. Es bietet sich daher an ein zweistufiges Vorgehen zu wählen. Im Bereich der Bedarfserkennung ist sicherlich ein kurzes Tool ausreichend. Sollten sich jedoch Probleme bzw. Schwierigkeiten andeuten, müsste man in einem weiteren Schritt genauer hinsehen. Dann kann man immer noch auf differenziertere bzw. gar krankheitsspezifische Instrumente zurückgreifen.

Die Einstellung gegenüber der Arbeit, die Eigenmotivation der Beschäftigten sowie des Weiteren die Arbeitszufriedenheit spielt hinsichtlich der Bewertung und Einschätzung der eigenen Arbeitsfähigkeit eine zentrale Rolle. Wenn ein Beschäftigter nicht mehr arbeiten möchte, aus welchen Gründen auch immer, dann wird er kaum seine eigene Leistungs- bzw. Arbeitsfähigkeit als hoch einstufen. Die Arbeitszufriedenheit hängt wiederum sicherlich auch mit den vorliegenden Bedingungen am Arbeitsplatz zusammen. Gibt es beispielsweise erhebliche psychische oder körperliche Belastungen?

Auch das familiäre bzw. soziale Umfeld eines Beschäftigten hat erheblichen Einfluss auf dessen Leistungs- bzw. Arbeitsfähigkeit. Hat jemand beispielsweise einen Pflegefall zu Hause, um den er sich nahezu rund um die Uhr kümmern muss oder bestehen andere familiäre Probleme, wie beispielsweise eine Trennung oder Scheidung? All dies sind Situationen, die sich sicherlich auch negativ auf die berufliche Leistungsfähigkeit auswirken (können).

Diversen neueren Studien zufolge haben im Allgemeinen Persönlichkeitsmerkmale und im Besonderen die Faktoren Selbstwirksamkeit, Freudsinn, die erlebte bzw. wahrgenommene Sinnhaftigkeit und Zuversicht erheblichen Einfluss auf die Leistungsfähigkeit einer Person. Diese Faktoren haben allesamt einen prädiktiven Charakter. So weisen diverse Studien darauf hin, dass Personen mit einem geringen Sense-of-Coherence (SOC)[763] und damit einer geringen Sinnhaftigkeit, einem geringeren Freudsinn sowie einem hohen Maß an Erschöpfung ein höheres Risiko für die Entwicklung einer Depression, von Burnout oder auch für die Entwicklung psychischer Erkrankungen im Allgemeinen aufweisen.[764] Auch besteht ein Zusammenhang zwischen dem SOC und dem mentalen Wohlbefinden.[765] Insofern kann man über die Erhebung solcher Aspekte möglicherweise bereits im Vorfeld beginnende Einschränkungen der Arbeitsfähigkeit in der Zukunft erkennen. Auch die Abfrage von Leistungseinschränkungen im Alltag erlaubt möglicherweise den Schluss auf sich andeutende Einschränkungen im Erwerbsleben.

Zusammenfassend kann man sagen, dass die Einschätzungen der Experten im Hinblick auf die Merkmalsbereiche eines optimalen Messinstrumentariums sehr weit auseinandergehen.

Weitestgehende Einigkeit herrschte jedoch bezüglich der Eigenschaften bzw. Anforderungen, denen ein optimales Messinstrument genügen müsse. So waren sich die Experten dahingehend einig, dass zumindest die klassischen Gütekriterien Objektivität, Reliabilität sowie Validität gegeben sein müssten. Auch sollte das Instrument in der Lage sein kleine Veränderungen abbilden zu können. Die Instrumente aus dem Rehabilitationsbereich sind nach herrschender Meinung zu träge. Ferner müsse das Instrument praktikabel sein. Ein optimales Messtool müsste demnach kurz und benutzerfreundlich sein. Die Fragen müssten gut und

---

763 Der Sense of Coherence (SOC) beschreibt die Fähigkeit bzw. Einstellung einer Person das eigene Leben als strukturiert, handhabbar und bedeutsam, oder anders ausgedrückt, als kohärent wahrzunehmen.

764 Vgl. Kouvonen, A. M., Väänänen, A., Vahtera, J., u. a. (2010); Mattisson, C., Horstmann, V., Bogren, M. (2014); Eriksson, M., Lindström, B. (2007); Kikuchi, Y., Nakaya, M., Ikeda, M., u. a. (2014a); Kikuchi, Y., Nakaya, M., Ikeda, M., u. a. (2014b); Nordang, K., Hall-Lord, M. L., Farup, P. G. (2010); Johnston, C. S., de Bruin, G. P., Geldenhuys, M., Györkös, C. (2013).

765 Vgl. Nilsson, H. (2010); Pahkin, K., Väänänen, A., Koskinen, A., u. a. (2011).

einfach verständlich sein. Das Tool sollte wenn möglich frei verfügbar sein. Von Vorteil wäre zudem, wenn das Instrument bereits angewendet würde bzw. Referenzwerte für unterschiedliche Populationen vorlägen.

6.2 Bewertungskriterien

6.2.1 Ableitung geeigneter Bewertungskriterien

Bei der Vielzahl an vorhandenen Instrumenten stellt sich die Frage anhand welcher Kriterien man das beste Instrument auswählen soll. Die Vielzahl vorhandener Instrumente ist zwar eigentlich eine gute Ausgangsposition, auf der anderen Seite erschwert es aber die Auswahl eines geeigneten Tools.[766]

Zur Ableitung der Bewertungskriterien sollten insbesondere die Erkenntnisse, die im Rahmen der Interviews gewonnen wurden, herangezogen werden. Fragenkomplex 3 war eigens dazu konzipiert Informationen zu generieren, die man später zur Bewertung der Instrumente heranziehen kann. Dazu wurden die Experten zunächst einmal ganz allgemein danach gefragt, was Ihnen bei den Instrumenten wichtig sei. Durch die offene Fragestellung sollte so wenig wie möglich Einfluss auf die Antworten genommen werden. Im weiteren Verlauf des Gesprächs wurde die Frage dann sukzessive präzisiert. Zunächst wurde dabei explizit nach Eigenschaften bzw. Kriterien gefragt, denen ein Messinstrument ihrer Meinung nach genügen müsse. Abschließend wurde abgefragt, wie ein optimales Messinstrument ihrer Meinung nach ausgestaltet sein müsse. Gegebenenfalls wurde explizit nach Merkmalsbereichen bzw. Kriterien gefragt, die in der Literatur des Öfteren genannt wurden (z. B. die Relevanz von Gütekriterien und/oder Praktikabilität).

Neben den Erkenntnissen aus den Expertenbefragungen sollten für die Ableitung geeigneter Bewertungskriterien auch die Erkenntnisse aus der Literaturrecherche herangezogen werden. Basis hierfür bildeten im Wesentlichen die Publikationen von Loeppke und Kollegen (2003), Lofland und Kollegen (2004), Prasad und Kollegen (2004), Mattke und Kollegen (2007), sowie Tang (2015).

---

[766] Vgl. Tang, K. (2015), S. 46.

Die Einschätzungen hinsichtlich der Relevanz einzelner Kriterien bzw. auch die Empfehlungen der einzelnen Autoren divergieren jedoch stark.[767]

So sollten die Instrumente laut Loeppke und Kollegen (2003) wissenschaftlich fundiert und praktikabel sein sowie berufs- bzw. industrieübergreifend angewendet werden können und die Umrechnung der Effekte in monetäre Einheiten erlauben.[768] Auch Lofland und Kollegen (2004) befürworten es, wenn die Instrumente eine direkte Umrechnung in monetäre Einheiten erlauben und nicht erst weitere Umrechnungen bzw. Transformationen notwendig sind.[769] Prasad und Kollegen (2004) bewerteten die Instrumente anhand deren Validität, Reliabilität und Responsitivität. Ferner beurteilten sie auch die Recall-Periode und die Handhabbarkeit der Tools im Hinblick auf Zeit- und Materialauffand, die Verständlichkeit der Fragen sowie die benötigte Ausfüllzeit. Von großem Vorteil empfanden die Autoren ferner die Verfügbarkeit verschiedener krankheitsspezifischer Versionen bzw. die Möglichkeit einen Fragebogen auf ein bestimmtes Krankheitsbild bzw. eine Schmerzsymptomatik hin zu modifizieren.[770] Tang (2015) hingegen hielt sich bezüglich bestimmter Bewertungskriterien eher zurück und fokussierte sich auf die Darstellung der einzelnen Stärken und Schwächen der verschiedenen Tools. Tang zufolge existiere *das* eine beste Tool nicht. Vielmehr hänge die Beurteilung eins Tools bzw. die Relevanz einzelner Bewertungskriterien vom Kontext bzw. der Zielsetzungen einer Studie ab.[771]

Wenngleich die Einschätzungen und auch das Vorgehen der einzelnen Autoren sehr unterschiedlich sind, so liefern die Arbeiten dennoch einen Überblick über mögliche Bewertungskriterien bzw. -ansätze.[772]

---

767 Vgl. Ozminkowski, R. J., Goetzel, R. Z., Chang, S., u. a. (2004), S. 647; Loeppke, R., Hymel, P. A., Lofland, J. H., u. a. (2003); Lofland, J. H., Pizzi, L., Frick, K. D. (2004); Prasad, M., Wahlqvist, P., Shikiar, R., u. a. (2004); Mattke, S., Balakrishnan, A., Bergamo, G., u. a. (2007); Tang, K. (2015).

768 Vgl. Loeppke, R., Hymel, P. A., Lofland, J. H., u. a. (2003), S. 357.

769 Vgl. Lofland, J. H., Pizzi, L., Frick, K. D. (2004).

770 Vgl. Prasad, M., Wahlqvist, P., Shikiar, R., u. a. (2004), S. 243.

771 Vgl. Tang, K. (2015).

772 Vgl. Ozminkowski, R. J., Goetzel, R. Z., Chang, S., u. a. (2004), S. 647; Loeppke, R., Hymel, P. A., Lofland, J. H., u. a. (2003); Lofland, J. H., Pizzi, L., Frick, K. D. (2004); Prasad, M., Wahlqvist, P., Shikiar, R., u. a. (2004); Mattke, S., Balakrishnan, A., Bergamo, G., u. a. (2007); Tang, K. (2015).

Ferner ist bislang noch weitestgehend ungeklärt, welche Merkmalsbereiche Instrumente zur Messung von Arbeitsfähigkeit bzw. gesundheitsbedingten Produktivitätsverlusten abdecken sollten. So plädieren beispielsweise Loeppke und Kollegen (2003) dafür, dass die Instrumente zur Messung von krankheitsbedingten Produktivitätsverlusten zumindest Absentismus, Präsentismus, die Mitarbeiterfluktuation sowie die Kosten für die Einstellung neuer Mitarbeiter abdecken sollten.[773] Je nach Perspektive sei es Tang und Kollegen (2015) aber auch erforderlich die Produktivitätsverluste für unbezahlte Arbeiten zu berücksichtigen. Demnach müsse das Instrument auch Einschränkungen außerhalb der Erwerbsarbeit berücksichtigen. Dies ist jedoch im Wesentlichen eine Frage der Perspektive. So ist es aus der Perspektive eines Unternehmens wahrscheinlich unerheblich die Effekte auf unbezahlte Tätigkeiten zu erfassen.[774]

Weitestgehende Einigkeit besteht dahingehend, dass die Erfassung krankheitsbedingter Fehlzeiten zu kurz greift. Der Produktivitätsverlust, der Unternehmen bzw. der Volkswirtschaft dadurch entstehe, dass Arbeitnehmer krank zur Arbeit gehen, ist enorm. Je nach Krankheitsbild übersteige dieser sogar die Kosten, die Unternehmen bzw. der Gesellschaft durch Absentismus, also das Fernbleiben vom Arbeitsplatz, entstehen. Das Instrument müsse also zwingend die verringerte Produktivität aufgrund von Krankheit erfassen. Inwiefern dies jedoch geschehen soll, ist wiederum nicht geklärt. So gibt es ganz unterschiedliche Ansätze zur Erfassung bzw. Bewertung der verringerten Produktivität. Einige der Instrumente etwa gehen den direkten Weg und fragen nach der Zeit, die man benötigen würde, um den durch die Krankheit entstandenen Produktivitätsverlust wieder auszugleichen (z. B. HLQ, VOLP). Andere Instrumente wiederum gehen einen indirekten Weg und erfassen die verringerte Produktivität beispielsweise über das Ausmaß der Einschränkungen der Produktivität bzw. Arbeitsleistung (z. B. QQ, WPAI, HPQ, WLQ). Auf den ersten Blick klingt der direkte Ansatz zwar vielversprechender, da man sich einen zusätzlichen Umrechnungsschritt spart. Allerdings gibt es in der Literatur keinerlei Hinweise darauf, welcher Ansatz besser wäre. Die auf die unterschiedlichen Arten ermittelten Werte für den Präsentismus unterscheiden sich jedoch erheblich voneinander. Zu diesem

773 Vgl. Loeppke, R., Hymel, P. A., Lofland, J. H., u. a. (2003), S. 357.
774 Vgl. Tang, K. (2015), S. 41.

Schluss kommen diverse Studien, die verschiedene Tools direkt miteinander verglichen haben.[775]

Auch die Experten waren sich uneinig was die Merkmalsbereiche betrifft, die ein optimales Instrument abdecken müsse. Zumindest müssen die Bereiche Absentismus sowie das Phänomen des Präsentismus in seiner Gesamtheit, d. h. sowohl die verhaltensbezogene Ebene der Anwesenheit am Arbeitsplatz trotz Krankheit sowie die damit einhergehende verminderte Produktivität, erfasst werden. Darüber hinaus gingen die Vorstellungen der einzelnen Experten relativ weit auseinander. So wünschten sich einige, dass das Instrument die Arbeits (platz)situation/-bedingungen und -anforderungen inkl. psychischer und physischer Belastungen abdecken müsste. Einigen Experten zufolge müssten auch das soziale Umfeld sowie Leistungseinschränkungen im Alltag mit abgefragt werden. Das Fehlen von gesundheitsbedingten Leistungseinschränkungen im Alltag sei Voraussetzung für Leistungsfähigkeit am Arbeitsplatz. Einige Experten würden auch gerne die Lebensqualität bzw. das Wohlbefinden mit erfragen.

Dies geht einher mit Erkenntnissen aus der Literatur. So spiele die Lebensqualität in der Debatte rund um die Messung von Produktivität bzw. Produktivitätsverlusten eine entscheidende Rolle. Brouwer und Kollegen (2005) zufolge sei die Lebensqualität einer Person nicht nur ein wichtiger Indikator für die Schwere der Erkrankung, sondern damit einhergehend auch für die mit der Erkrankung verbundenen Einschränkungen in der Leistungsfähigkeit. Inwiefern sich eine reduzierte Lebensqualität jedoch auf die Produktivität am Arbeitsplatz auswirke, sei bislang wenig erforscht. Auch Angaben der Bundesanstalt für Arbeitsschutz und Arbeitsmedizin zufolge hätte das Wohlbefinden der Beschäftigten neben deren Gesundheitszustand einen großen Einfluss auf die Qualität der Arbeit. So könnten sich Mitarbeiter, die sich nicht wohl fühlten schlechter konzentrieren, machten mehr Fehler und müssten häufiger und auch längere Pausen machen.[776]

Ein paar Experten wünschten sich auch die Erhebung der Arbeitszufriedenheit bzw. der Einstellung gegenüber der eigenen Tätigkeit im Allgemeinen. Hinsicht-

---

[775] Vgl. Tang, K. (2015), S. 42-43; Lofland, J. H., Pizzi, L., Frick, K. D. (2004), S. 180-181; Braakman-Jansen, L. M., Taal, E., Kuper, I. H., u. a. (2012), S. 354.

[776] Vgl. Joiko, K., Schmauder, M., Wolff, G. (2010), S. 15; Brouwer, W. B. F., Meerding, W.-J., Lamers, L. M., u. a. (2005), S. 213.

lich der Erfassung von Krankheiten gingen die Meinungen unter den Experten weit auseinander. Während einige Befragten die Abfrage von Krankheiten für unerlässlich hielten, lehnten es andere vollkommen ab. Wieder andere meinten es sei möglicherweise ausreichend Risikofaktoren zu erheben oder die Abfrage der Krankheiten anhand der Selbsteinschätzung des Gesundheitszustandes geschickt zu umgehen, um einer möglichen Blockadehaltung seitens der Befragten entgegenzuwirken. Auch hinsichtlich der Frage, ob das Instrument medizinische Parameter erfassen soll oder nicht, herrschte Uneinigkeit unter den Experten. Einige plädierten auch für einen Fragebogen nach dem Baukastenprinzip.

Weitestgehende Uneinigkeit herrscht auch bezüglich der Länge der Recall-Periode. Während die Ergebnisse einiger Arbeiten für eine möglichst kurze Recall-Periode sprechen, zeichnet sich in anderen Arbeiten genau das Gegenteil ab. Laut Ozminkowski und Kollegen (2004) beispielsweise sprächen zahlreiche empirische Daten dafür, dass eine längere Recall-Periode eine konservativere Schätzung der Produktivitätsverluste erlaube.[777] Auf der anderen Seite sprechen viele Autoren davon, dass man die Recall-Periode so kurz wie möglich halten solle, um Verzerrungen zu verhindern. So zeigte sich in einer Studie von Stewart und Kollegen (2001), dass es bei einer Recall-Periode von vier Wochen zu signifikant höheren Erinnerungsverzerrungen kam, als bei einer Recall-Periode von nur einer Woche.[778] Im Rahmen einer anderen Studie wurden die mittels einer tagebuchbasierten Methode generierten Ergebnisse mit den Ergebnissen aus dem MIDAS verglichen. Die Migränepatienten führten dabei über einen Zeitraum von drei Monaten Tagebuch. Am Ende füllten sie zudem den MIDAS aus. Der Vergleich zeigte, dass es insbesondere hinsichtlich Items im Zusammenhang mit Fehlzeiten bzw. verringerter Leistungsfähigkeit zu erheblichen Erinnerungsverzerrungen kam. Die Schmerzsymptomatik wurde hingegen verhältnismäßig gut erinnert. Die Autoren folgerten, dass die im Rahmen des MIDAS gewählte Recall-Periode von drei Monaten deutlich zu lang wäre und auf Kosten der Validität des Messinstrumentariums ginge. Andere Arbeiten differenzieren hingegen hinsichtlich verschiedener Krankheitsbilder. So sei eine Recall-Periode von zwei Wochen bis drei Monaten adäquat für chronische Leiden, während für gelegent-

[777] Vgl. Ozminkowski, R. J., Goetzel, R. Z., Chang, S., u. a. (2004), S. 636.
[778] Vgl. Stewart, W. F., Ricci, J., Leotta, C. R., u. a. (2001); Prasad, M., Wahlqvist, P., Shikiar, R., u. a. (2004), S. 229.

lich auftretende Beschwerden bzw. akute Krankheiten, wie z. B. Kopfschmerzen, Migräne oder Depression ein deutlich größeres Intervall von mindestens zwölf Monaten gewählt werden müsse. Interessanterweise sprechen die Autoren des Artikels bereits bei den geforderten zwei Wochen bzw. drei Monaten im Zusammenhang mit chronischen Erkrankungen von einer kurzen Recall-Periode. Letztendlich handelt es sich bei der Entscheidung um einen Trade-Off zwischen dem Versuch Erinnerungsverzerrungen zu minimieren und die Belastungen für die Patienten etwa bei Verwendung von Tagebüchern zu reduzieren. Aufgrund der heterogenen Studienlage kann jedoch weder eine kurze noch eine längere Recall-Periode als gut oder schlecht angesehen werden.[779] Daher geht die Recall-Periode nicht unmittelbar in die Bewertung ein. Dennoch wird sie gesondert ausgewiesen, sodass man sich ein Bild von den unterschiedlichen Gegebenheiten der Instrumente machen kann.

Die im Rahmen der Arbeit herangezogenen Bewertungskriterien stellen letztlich eine Synopse aus der Literatur, den Expertenbefragungen und der eigenen Einschätzung dar.

6.2.2 Gütekriterien

Vor dem Hintergrund der in Kapitel 6.2.1 skizzierten Problematiken beschränkt sich die Bewertung der Tools im Wesentlichen auf die Einschätzung deren psychometrischen Eigenschaften. Bevor eine übergeordnete Bewertung der Messinstrumente erfolgt (vgl. Kapitel 6.3), werden zunächst die betrachteten Gütekriterien im Überblick vorgestellt. Abbildung 40 zeigt die Gütekriterien im Überblick.

In der sozialwissenschaftlichen Methodenlehre werden die Gütekriterien üblicherweise in „Maße der Reliabilität (Zuverlässigkeit) als der Stabilität und Genauigkeit [einer] Messung sowie der Konstanz der Messbedingungen“[780] sowie in Maße der Validität (Gültigkeit) einer Messung eingeteilt, „die sich darauf be-

[779] Vgl. Koopmanschap, M., Burdorf, A., Jacob, K., u. a. (2005), S. 50; Stewart, W. F., Lipton, R. B., Kolodner, K., u. a. (2000); Goetzel, R. Z., Ozminkowski, R. J., Long, S. R. (2003), S. 751.

[780] Mayring, P. (2015), S. 123.

ziehen, ob das gemessen wird, was gemessen werden sollte“[781]. Je nach Literatur wird die Objektivität als eigenständiges Gütekriterium oder als Teil der Reliabilität (Interraterreliabilität) gehandhabt. Neben den angesprochenen Kriterien, die sich insbesondere für die Zustandsmessung eignen, werden mit der Änderungssensitivität bzw. Responsitivität zwei weitere Kriterien eingeführt, die für die Beurteilung von evaluativen Tests bzw. Fragebögen von entscheidender Bedeutung sind.[782]

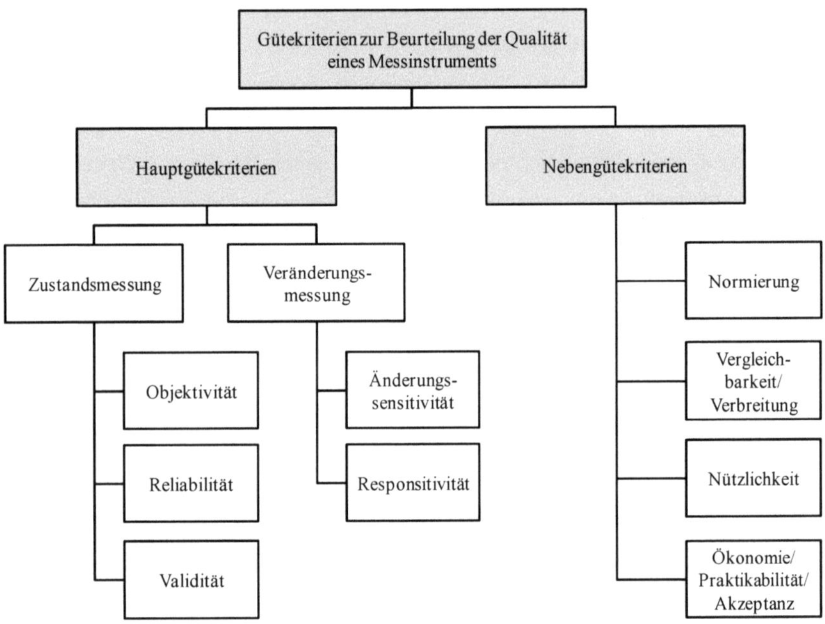

Abbildung 40: Gütekriterien im Überblick

Je nach Anwendungsziel eines Messinstruments (Diskrimination, Prognose oder Evaluation) sind im Hinblick auf die Beurteilung der Qualität bzw. Güte eines Tests nämlich verschiedene Kriterien ausschlaggebend. Während für die Beurteilung von diskriminativen und prognostischen Instrumenten, welche i. d. R. auf einer Zustandsmessung basieren, die Gütekriterien der Reliabilität und Validität im Mittelpunkt stehen, müssen evaluative Tools insbesondere auch auf deren Eignung im Hinblick auf deren Fähigkeit Veränderungen abzubilden über-

781 Mayring, P. (2015), S. 123.
782 Vgl. Igl, W. (2007), S. 23-24.

prüft werden. Die Überprüfung der psychometrischen Güte der betrachteten Messinstrumente wird daher im Hinblick auf das Konzept der Veränderungssensitivität bzw. Responsitivität ergänzt bzw. erweitert.[783]

Ferner werden mit der Normierung, Vergleichbarkeit, Nützlichkeit und Ökonomie weitere Gütekriterien skizziert, die in der Praxis eine zentrale Rolle spielen.

6.2.2.1 Hauptgütekriterien

6.2.2.1.1 Gütekriterien zur Zustands- bzw. Veränderungsmessung

In der sozialwissenschaftlichen Methodenlehre werden die klassischen Gütekriterien üblicherweise in Maße der Reliabilität und Validität unterschieden. Reliabilität meint dabei den „Grad der Genauigkeit, mit dem [ein Test] ein bestimmtes Persönlichkeits- oder Verhaltensmerkmal misst, gleichgültig, ob er dieses Merkmal auch zu messen beansprucht“[784]. Objektivität, als Unabhängigkeit der Daten von der Person des Forschers, ist damit streng genommen ein Teil der Reliabilität (Interraterreliabilität). Das Gütekriterium der Validität (Gültigkeit) gibt an, ob eine Untersuchung das misst, was sie zu messen vorgibt. Validität setzt dabei das Vorliegen von Reliabilität und Objektivität voraus. Ein Messinstrument, das nicht objektiv und/oder reliabel ist, kann auch nicht valide sein.[785] Für eine detailliertere Darstellung der klassischen Gütekriterien der Objektivität, Reliabilität sowie der Validität sei auf Kapitel 4.6.2, 4.6.3 bzw. 4.6.4 verwiesen.

Während für die Beurteilung von diskriminativen und prognostischen Instrumenten die Gütekriterien der Reliabilität und Validität im Mittelpunkt stehen, müssen evaluative Tools insbesondere auch auf deren Eignung im Hinblick auf deren Fähigkeit Veränderungen abzubilden überprüft werden. In diesem Zusammenhang werden oftmals die Kriterien der Änderungssensitivität bzw. Responsitivität diskutiert. Die Terminologie ist jedoch nicht eindeutig. So tauchen in der Literatur neben den beiden Begriffen der (Änderungs-) Sensitivität

783 Vgl. Igl, W. (2007), S. 24.
784 Lienert, G. A., Raatz, U. (1998), S. 9.
785 Vgl. Hussy, W., Schreier, M., Echterhoff, G. (2013), S. 23-25; Prasad, M., Wahlqvist, P., Shikiar, R., u. a. (2004), S. 228; Igl, W. (2007), S. 23; Lienert, G. A., Raatz, U. (1998), S. 9.

bzw. Responsitivität auch immer wieder Begriffe wie Reliabilität von Messwertdifferenzen, Empfindlichkeit oder auch Ansprechbarkeit auf.[786]

Bislang hat sich in der Methodenliteratur auch noch kein Konzept zur Beurteilung der Güte von Instrumenten zur Veränderungsmessung durchgesetzt. Vielmehr ist die wissenschaftliche Debatte um das Konzept der Responsitivität bzw. Änderungssensitivität von einer Vielzahl einzelner Ansätze und verschiedener Methoden geprägt. Terwee und Kollegen (2003) zufolge existieren allein 25 verschiedene Definitionen und 31 verschiedene Operationalisierungen für die Änderungssensitivität. In Übersichtsarbeiten wurde bereits mehrfach versucht die Debatte zu systematisieren bzw. Standards zu setzen. Bislang ist dies jedoch noch nicht gelungen.[787]

Das Konzept der Änderungssensitivität bzw. Responsitivität als Maß für die Beurteilung der Fähigkeit eines Instruments, Veränderungen adäquat abbilden zu können, ist für die Beurteilung der Qualität eines evaluativen Fragebogens dennoch von zentraler Relevanz. Die beiden Begriffe Änderungssensitivität und Responsitivität werden dabei oftmals synonym verwendet. Streng genommen wird mit dem Begriff der Responsitivität jedoch „die Eignung eines Tests beschrieben, (minimale) klinisch bedeutsame Unterschiede“ [788] abzubilden, während mit dem Begriff der Änderungssensitivität eher die Eigenschaft eines Fragebogens bzw. Tests bezeichnet wird, Veränderungen eines Konstrukts unabhängig von deren Ausmaß abzubilden.[789]

Für weitergehende Ausführungen zur Thematik, insbesondere für verschiedene Operationalisierungsansätze sei auf Igl (2007), S. 41-100 verwiesen.

6.2.2.1.2 Probleme

Die Beurteilung bzw. Bewertung der Instrumente einzig vor dem Hintergrund der klassischen Gütekriterien ist aus mehrerlei Hinsicht nicht ganz unproblema-

786 Vgl. Igl, W. (2007), S. 23-24.
787 Vgl. Terwee, C. B., Dekker, F. W., Wiersinga, W. M., u. a. (2003), S. 349; Igl, W. (2007), S. 43-44.
788 Igl, W. (2007), S. 45.
789 Vgl. Prasad, M., Wahlqvist, P., Shikiar, R., u. a. (2004), S. 228 ;Igl, W. (2007), S. 45.

tisch. Zum einen ist die Anzahl der verfügbaren Publikationen zur Überprüfung der psychometrischen Güte eines Instruments nicht notwendigerweise ein Hinweis bzw. Anhaltspunkt für eine hohe wissenschaftliche Evidenz. Vielmehr hängt das Ausmaß an verfügbaren Publikationen eher mit der Zeitspanne zusammen, seit der das Instrument schon verfügbar ist. Neuere Tools sind erwartungsgemäß eher seltener Gegenstand wissenschaftlicher Untersuchungen, aber auch einfach deshalb, weil sie bislang noch nicht so akzeptiert bzw. weit verbreitet sind.[790]

Hinzu kommen zum Teil erhebliche methodische Schwächen der Publikationen im Hinblick auf die Untersuchung der Gütekriterien.[791]

Dies betrifft insbesondere die Überprüfung der Validität. Das Fehlen eines geeigneten Außenkriteriums bzw. Vergleichsmaßstabs macht die Überprüfung der Reliabilität bzw. der Validität eigentlich nahezu unmöglich. Die Kriteriumsvalidität beispielsweise „refers to the ability of an instrument to produce the same result as an identified gold standard“[792]. Problematisch ist nur, dass dieser Goldstandard weder im Bereich der Produktivitätsmessung noch im Bereich der Arbeitsfähigkeit existiert. Es gibt keinen allgemein akzeptierten Goldstandard für die Messung von Absentismus oder Präsentismus, für die meisten Berufe auch nicht für Produktivität.[793] Hinzu kommt, dass die Kriteriumsvalidität eines Tests bzw. Fragebogens nicht nur von dem Grad der Gemeinsamkeit der durch den Test bzw. das Außenkriterium ermittelten Merkmalsanteile und der Reliabilität des Tests abhängt, sondern insbesondere auch von der Reliabilität des Außenkriteriums. Oftmals ist dies jedoch nicht gegeben bzw. die Reliabilität des Außenkriteriums selbst wurde nicht hinreichend untersucht.[794]

Um die Validität der Instrumente zu überprüfen, bräuchte man streng genommen einen akzeptierten Indikator bzw. eine Kennzahl für Arbeitsfähigkeit, Präsentismus bzw. Produktivitätsverluste. Da die Produktivität bzw. Arbeitsfähigkeit aber kaum messbar bzw. auch nur selten beobachtbar ist, liegt nur in sehr

---

790 Vgl. Tang, K. (2015), S. 43.
791 Vgl. Tang, K. (2015), S. 43.
792 Lofland, J. H., Pizzi, L., Frick, K. D. (2004), S. 168.
793 Vgl. Lofland, J. H., Pizzi, L., Frick, K. D. (2004), S. 168; Tang, K. (2015), S. 43-45; Mattke, S., Balakrishnan, A., Bergamo, G., u. a. (2007), S. 214.
794 Vgl. Lienert, G. A., Raatz, U. (1998), S. 11.

wenigen Fällen eine objektive Größe vor, die als Vergleichsmaßstab herangezogen werden könnte. Nur in dem man die Werte mit anderen Kennzahlen, die wenig mit dem eigentlichen Konstrukt zu tun haben, vergleicht und dann zum Ergebnis kommt, dass die Werte sehr wenig miteinander zu tun haben, lässt nicht notwendigerweise den Schluss zu, dass das Instrument damit in der Lage ist das Konstrukt der Arbeitsfähigkeit bzw. der Produktivität wiederzugeben. Hinzu kommt, dass Annahmen bzw. Hypothesen hinsichtlich des erwarteten Ausmaßes der Korrelation im Vorfeld oft nicht offengelegt werden. Erwartet man etwa eine hohe Korrelation und es zeigt sich am Ende aber nur eine schwache, so sollte dieser Aspekte zu Ungunsten der Validität des Instruments ausgelegt und nicht etwa dann von akzeptablen Validitätswerten, o. ä. gesprochen werden.[795] Ferner würde die Beurteilung eines Instruments ausschließlich anhand reliabel/nicht reliabel bzw. valide/nicht valide zu kurz greifen. Vielmehr hat jedes Instrument seine Stärken und Schwächen.[796]

6.2.2.2 Nebengütekriterien

Neben den klassischen (psychometrischen) Gütekriterien der Objektivität, Reliabilität und Validität, existieren in der Literatur auch eine Reihe von weiteren Gütekriterien bzw. Qualitätsmerkmalen. Dazu zählen z. B. die Normierung, die Vergleichbarkeit, die Nützlichkeit, die Testfairness oder auch die Ökonomie, Praktikabilität sowie Akzeptanz eines Tests bzw. Messinstruments. Je nach Literatur werden diese oftmals als Nebengütekriterien bezeichnet.

Von Normierung spricht man, wenn über einen Test Angaben bzw. Referenzwerte im Sinne eines Bezugssystems vorliegen, die eine Einordnung der Testergebnisse erlauben. Dies erlaubt die Vergleichbarkeit der Ergebnisse. Die Normierung kann dabei anhand einer bevölkerungsrepräsentativen Normalstichprobe oder auch für verschiedene Subgruppen erfolgen. Je nach betrachtetem Merkmal kann die Berücksichtigung alters- bzw. geschlechtsangepasster Normen erforderlich sein. In diesem Zusammenhang ist auch das Gütekriterium der Testfairness zu sehen, wonach ein Test nicht zur systematischen Über- oder Un-

---

795 Vgl. Tang, K. (2015), S. 43-45.
796 Vgl. Loeppke, R., Hymel, P. A., Lofland, J. H., u. a. (2003), S. 357.

terschätzung der Ergebnisse einer Subgruppe führen darf. Die Relevanz des Kriteriums der Normierung hängt vom Anwendungszweck des Messinstrumentariums ab. Eine Normierung ist i. d. R. unerheblich, wenn das Instrument zum relativen Vergleich zwischen Gruppen eingesetzt werden soll. In der Einzelfalldiagnostik hingegen wäre ein Instrument, welches nicht normiert ist, wenig bis kaum brauchbar, selbst wenn es alle Hauptgütekriterien erfüllt, da man das Testergebnis nicht einzuschätzen vermag.[797]

Die Vergleichbarkeit eines Tests ist nach Lienert und Raatz (1998) dann gegeben, wenn „ein oder mehrere Paralleltestformen“[798] bzw. Tests vorhanden sind, die ein ähnliches oder das gleiche Konstrukt messen. Die Verbreitung bzw. Vergleichbarkeit eines Tests ermöglicht zum einen die Überprüfung individueller Testergebnisse und zum anderen die Absicherung der Ergebnisse in der Forschung. In der Wissenschaft können Ergebnisse damit auch studienübergreifend verglichen und interpretiert werden.[799]

Die Nützlichkeit eines Messinstruments hängt entscheidend vom Bedarf für ein derartiges Instrument und damit sowohl von der Anzahl der zur Verfügung stehenden vergleichbaren Tools sowie der Häufigkeit ab, mit der eine entsprechende Anwendungssituation entsteht. Problematisch ist insbesondere die fehlende Möglichkeit einer Operationalisierung bzw. Quantifizierung.[800]

Die Kriterien Ökonomie, Praktikabilität und Akzeptanz werden oftmals gemeinsam abgehandelt, da sie sich auch wechselseitig bedingen. Lienert und Raatz (1998) zufolge gilt ein Test dann als ökonomisch, wenn er wenig Material verbraucht, nur eine kurze Bearbeitungszeit in Anspruch nimmt, einfach handzuhaben ist, als Gruppentest abgehalten werden kann und schnell und v. a. auch bequem auszuwerten ist.[801] Daneben spielen aber sicherlich auch noch andere Aspekte, wie der Anschaffungspreis, laufende Kosten sowie im Allgemeinen der Zeit- und Materialaufwand eine Rolle. Einzeltests sind in der Handhabung sicherlich um ein Vielfaches aufwendiger als Gruppentests. Eine einfache bzw. evtl. sogar EDV-gestützte Auswertung und Interpretation fördert sicherlich die

---

797 Vgl. Lienert, G. A., Raatz, U. (1998), S. 11-12; Igl, W. (2007), S. 39.
798 Lienert, G. A., Raatz, U. (1998), S. 12.
799 Vgl. Lienert, G. A., Raatz, U. (1998), S. 12; Igl, W. (2007), S. 39.
800 Vgl. Lienert, G. A., Raatz, U. (1998), S. 13; Igl, W. (2007), S. 39.
801 Vgl. Lienert, G. A., Raatz, U. (1998), S. 12.

Akzeptanz. Wenn ein Instrument bereits oftmals in früheren Studien eingesetzt wurde, spricht dies sicherlich auch dafür, dass sich das Instrument bewährt hat und auch akzeptiert ist. Auch vom Rücklauf bzw. der Anzahl der fehlenden Items können mitunter Rückschlüsse auf die Akzeptanz sowie die Verständlichkeit seitens der Befragten geschlossen werden. Die Akzeptanz auf Seiten der Untersucher ist hingegen eher vom notwendigen organisatorischen wie zeitlichen und finanziellen (Vorbereitungs-) Aufwand abhängig. Hier spielt sicherlich auch der Befragungsmodus eine Rolle. Ist ein Instrument als Selbsterhebungstool konzipiert oder bedarf es einer dritten Person? Auch die Länge des Instruments bzw. die Bearbeitungszeit beeinflussen die Praktikabilität und damit letztlich auch die Akzeptanz eines Fragebogens.[802]

Die genannten Nebengütekriterien spielen in der (Forschungs-) Praxis eine nicht zu vernachlässigende Rolle. Das beste Instrument (im Hinblick auf Reliabilität und Validität) nutzt nichts, wenn Patienten den Fragebogen nicht ausfüllen oder aufgrund mangelnder Motivation ganz aus der Untersuchung ausscheiden. Nicht zuletzt gilt es einen Kompromiss aus hinreichender wissenschaftlicher Evidenz bei gleichzeitig hoher Praktikabilität zu finden.

6.3 Bewertung der Instrumente

Im Folgenden werden die im Rahmen der Literatursuche identifizierten und als potenziell geeignet eingestuften Instrumente überblicksweise bewertet. Die Ausführungen orientieren sich dabei an den auf Basis der Literatur und den Expertenbefragungen abgeleiteten Bewertungskriterien.

Vorweg sei darauf hingewiesen, dass kaum eines der identifizierten Instrumente alle genannten Punkte vollumfänglich abdeckt. Um breit angewendet und akzeptiert zu werden, muss ein Instrument zumindest die Mindestanforderungen im Hinblick auf die klassischen Gütekriterien Objektivität, Reliabilität und Validität erfüllen. Ein Instrument, das wissenschaftlich nicht ausreichend fundiert ist, wird nicht flächendeckend Fuß fassen können. Abgesehen von den allgemeinen Problematiken, insb. im Hinblick auf die Validierung solcher Tools, gelten die

[802] Vgl. Lienert, G. A., Raatz, U. (1998), S. 12; Igl, W. (2007), S. 40.

genannten Fragebögen im Allgemeinen als wissenschaftlich fundiert. Insbesondere im Bereich der Veränderungsmessung jedoch besteht erheblicher Forschungsbedarf. So liegen für die meisten Tools kaum Studien vor, die die Änderungssensitivität bzw. die Responsivität der Messinstrumente untersucht hätten. Insofern ist die Frage, ob die Tools zur Verlaufsbeobachtung bzw. -kontrolle und dementsprechend zur Evaluation von Effekten von (Früh-) Interventionsmaßnahmen geeignet sind, kaum begründet zu beantworten. Insbesondere im Bereich der Primärprävention müssen Instrumente bereits auf kleinste Veränderungen der Parameter reagieren. Wenngleich die Experten überwiegend der Ansicht waren, dass die genannten Tools prinzipiell in der Lage wären Veränderungen abbilden zu können, kann dies aus Mangel von Evidenz nicht abschließend beurteilt werden. Hinzu kommt, dass keines der Instrumente nach Veränderungen bzw. Verbesserungen hinsichtlich der einzelnen Parameter fragt. Auf der anderen Seite muss man den Instrumenten bzw. ihren Entwicklern zu Gute halten, dass viele der Tools nicht explizit zur Veränderungsmessung konzipiert wurden. Einige jedoch wurden für die Messung bzw. Evaluation von Effekten von Interventionen konzipiert (z. B. WLQ). Auch bei diesen Tools gibt es jedoch kaum Studien, die die Instrumente dahingehend untersucht haben.

Im Rahmen der Nebengütekriterien schneiden die Messinstrumente überwiegend gut ab. Dies betrifft insbesondere die Dimension der Praktikabilität, Ökonomie und Akzeptanz. Ein Großteil der Instrumente ist kostengünstig bzw. frei verfügbar, benutzerfreundlich, kurz, einfach und verständlich. Damit eigenen sich die Tools prinzipiell auch für einen flächendeckenden Einsatz im betrieblichen Kontext, dem klinischen Alltag sowie der Versorgungsforschung. Anders sieht es jedoch in der Sektion Vergleichbarkeit bzw. Verbreitung aus. So werden nur wenige der Instrumente wirklich eingesetzt. Ein Großteil der vorhandenen Instrumente wurde lediglich im Rahmen weniger Untersuchungen verwendet und fristet ein Schattendasein, wenngleich einige dieser Instrumente (z. B. Health-related Productivity Questionnaire Diary (HRPQ-D), (i)Productivity Cost Questionnaire (PCQ))[803] auf den ersten Blick durchaus vielversprechend erscheinen. Warum sich diese nie durchsetzen konnten bleibt offen bzw. kann

[803] Vgl. Kumar, R. N., Hass, S. L., Li, J. Z., u. a. (2003), S. 907; Bouwmans, C., Jong, K. de, Timman, R., u. a. (2013).

nicht abschließend geklärt werden. Nicht zu unterschätzen ist in diesem Zusammenhang sicherlich der in Kapitel 5.3.4 bereits thematisierte Schneeballeffekt, der die Verbreitung von bereits eingesetzten Tools immer weiter fördert und so neue Instrumente kaum eine Chance bekommen. Das Vorliegen von Referenzwerten, um beispielsweise die Ergebnisse der eigenen Studie besser einschätzen bzw. einordnen zu können, ist jedoch unerlässlich, sodass ein Großteil der Instrumente an dieser Hürde scheitert. Eine alters-, geschlechts- bzw. Tätigkeitsstandardisierung der Messinstrumente wäre zwar wünschenswert, allerdings ist bislang kein Tool bekannt, das eine solche Standardisierung vornehmen würde. Dies könnte man auch dadurch abfangen, indem für die verschiedenen Gruppen Referenzwerte vorliegen (vgl. Normierung). Die Nützlichkeit eines optimalen Tools kann im Allgemeinen als sehr hoch eingestuft werden, da vergleichbare Tools nicht existieren.

Zusammenfassend kann man sagen, dass man auf dieser Basis eigentlich kein Messinstrument uneingeschränkt empfehlen könnte. Vielmehr haben die Tools alle ihre Stärken und Vorzüge, aber auf der anderen Seite auch zum Teil erhebliche Schwächen, die dazu veranlassen, dass es für die vorgegebene Zielsetzung derzeit kein optimales Messinstrument gibt.

6.4 Schwierigkeiten hinsichtlich der Empfehlung eines Instruments

Die Fülle der vorhandenen Instrumente ist Fluch und Segen zugleich. Eigentlich befindet man sich aufgrund der Vielzahl verfügbarer Instrumente in einer willkommenen Situation. Auf der anderen Seite erfordert die Auswahl eines für eine bestimmte Fragestellung optimal geeigneten Instruments eine genaue Kenntnis der Vor- und Nachteile der einzelnen Tools. Ferner sollte man auch die impliziten Annahmen bzw. Hintergründe der Instrumente kennen. Was genau wird unter Arbeit verstanden? Wie wird mit unbezahlter Arbeit umgegangen? Aufgrund der vielfältigen Einsatzmöglichkeiten der Instrumente und der Vielzahl von Kontextsituationen erscheint die Empfehlung eines Instruments für alle Fragestellungen bzw. Kontexte wenig sinnvoll. Das optimale Instrument für die eine

Fragestellung bzw. Zielsetzung muss nicht notwendigerweise das optimale Instrument in einem anderen Kontext sein. Ferner muss das Instrument je nach Anwendungszweck auch anderen Anforderungen genügen. Während in vielen Bereichen sicherlich ein sehr knappes Instrument von Vorteil ist, das sehr schnell ausgefüllt und ausgewertet werden kann, braucht man in anderen Situationen möglicherweise ein umfassenderes Instrument, das den Forschungsgegenstand ganzheitlich abdeckt. Dies ginge dann zwar zu Lasten der Praktikabilität im Sinne eines kurzen und schnell auszufüllenden Bogens, je nach Situation bzw. Erhebungskontext mag dies aber nicht entscheidend sein.[804]

Hinzu kommt, dass viele der Instrumente eigens für eine ganz spezifische Fragestellung entwickelt wurden.[805] Insofern würde man die Instrumente gewissermaßen zweckentfremden. Streng genommen ist es insofern auch nicht angemessen Kritik an Instrumenten zu üben, die vielleicht in einem ganz anderen Rahmen entwickelt wurden und dementsprechend für diese Fragestellung, also der Abbildung von Veränderungen der Arbeitsfähigkeit, gar nicht konzipiert wurden.

Aus den genannten Gründen erscheint die Empfehlung eines Instruments äußerst schwierig.

Die Empfehlung der Verwendung der Toolbox (vgl. Abbildung 35) hingegen läuft dem Aspekt der Generierung einer gemeinsamen und einheitlichen Datenbasis zuwider. Eine einheitliche Datenbasis ist jedoch eine notwendige Voraussetzung, um verschiedene Interventionsansätze auch indikations- bzw. studienübergreifend vergleichen zu können.

Zudem geht es primär auch darum, Arbeit bzw. Arbeitsfähigkeit erst einmal als Ergebnisparameter einzuführen. Bislang wird zwar immer vom Ziel des Erhalts, der Förderung bzw. der Wiederherstellung der Arbeits- bzw. Beschäftigungsfähigkeit gesprochen – gemessen wird die Wirkung aber nicht. Vielmehr stehen bei der Evaluation von Maßnahmen medizinische Parameter im Vordergrund, im Worst Case wird gar nicht evaluiert. Der Effekt der Maßnahmen auf die Arbeitsfähigkeit der Betroffenen wird jedoch kaum betrachtet.

---

[804] Vgl. Tang, K. (2015), S. 46.

[805] Vgl. Lofland, J. H., Pizzi, L., Frick, K. D. (2004), S. 181; Goetzel, R. Z., Long, S. R., Ozminkowski, R. J., u. a. (2004), S. 411.

Insofern kann die Empfehlung eines Instruments durchaus als gerechtfertigt interpretiert werden. Dies stellt zunächst einmal eine graduelle Verbesserung der gegenwärtigen Situation dar. Sobald das Instrument flächendeckend eingesetzt wird, kann dann auch über dessen Weiterentwicklung bzw. die Neuentwicklung eines Instrumentariums nachgedacht werden. Dies setzt aber das Vorhandensein valider Quer- und Längsschnittdaten voraus.

Diese Überlegungen legen eine pragmatische Lösung nahe. Man möchte die Anwendung und Verbreitung einzelner Instrumente in Deutschland fördern. Die ursprüngliche Idee des Projekts impliziert mehrerlei Aspekte:

- Zum einen muss das Instrument in deutscher Sprache vorliegen. Eine Übersetzung bestehender Instrumente wäre zwar grundsätzlich denkbar, würde dann aber wieder umfangreiche Validierungsversuche nach sich ziehen.
- Das Instrument sollte zumindest die Mindestanforderungen im Hinblick auf die psychometrischen Gütekriterien Objektivität, Reliabilität und Validität erfüllen. Ein wissenschaftlich nicht gut fundiertes Instrument wird sich langfristig nicht durchsetzen.
- Der breite Einsatz des Instruments in Unternehmen, dem ärztlichen Alltag und in der Versorgungsforschung gleichermaßen setzt eine gewisse Praktikabilität voraus. Das Instrument muss einfach anzuwenden, schnell auszufüllen und auszuwerten sein. Das Ausfüllen langer Fragebögen erscheint weder im Unternehmen noch im ärztlichen Alltag tragbar. Die Items bzw. Fragen müssen auch für Nicht-Wissenschaftler bzw. Personen mit geringer Bildung gut verständlich sein, sodass der Bogen allein ausgefüllt werden kann.
- Es ist davon auszugehen, dass Instrumente, die bisher bereits erfolgreich angewendet werden, auch eher von der breiten Masse akzeptiert und angenommen werden. Die bisherige Verbreitung lässt wiederum auf eine gewisse Akzeptanz und Anwendbarkeit der Instrumente schließen. Die Wahrscheinlichkeit, dass sich ein ganz neues bzw. in Deutschland bisher gänzlich unbekanntes Instrument flächendecken durchsetzen würde, ist gering.

Ein pragmatischer Ansatz sieht daher die Empfehlung eines Instruments vor, das hinreichend wissenschaftlich untersucht, in der Praxis umsetzbar und akzeptiert ist. Diese Kriterien, insbesondere die Forderung der Verfügbarkeit einer validierten, deutschen Fassung grenzt die zur Verfügung stehenden Optionen auf eine Handvoll von Messinstrumenten ein. Die Forderung nach einer gewissen Bekanntheit und Verwendung der Instrumente in Deutschland lässt dahingehend eigentlich nur noch eine bzw. zwei Möglichkeit offen.

6.5 WAI und/oder WPAI als pragmatische Lösung

Vor dem Hintergrund der in Kapitel 6.4 skizzierten Anforderungen verbleiben eigentlich nur noch der WAI und der WPAI als Instrumente. Die beiden Instrumente versprechen einen Kompromiss aus Praxistauglichkeit bei hinreichender wissenschaftlicher Evidenz. Beide Instrumente sind in deutscher Sprache verfügbar und werden in Deutschland auch bereits eingesetzt.

Die Empfehlung eines der beiden bzw. beider Instrumente erscheint zum gegenwärtigen Zeitpunkt die einzige vernünftige Lösung zu sein, um eine solide Datenbasis aufzubauen. Da beide Instrumente sehr unterschiedlich sind und der WPAI eher Absentismus und Präsentismus erfasst, der WAI hingegen eher die Selbsteinschätzung der Arbeitsfähigkeit, sollten wenn möglich beide Instrumente in Kombination angewendet werden. Der WAI eignet sich dabei besonders, um die Effekte von Interventionen auf den Erhalt bzw. die Wiederherstellung der Arbeitsfähigkeit im betrieblichen Kontext zu messen. Der WPAI hat sich insbesondere in klinischen Studien international etabliert. Aber auch im Bereich gesundheitsökonomischer Evaluationsstudien könnte er vielversprechend im Zusammenhang mit der Erfassung und Bewertung indirekter Kosten angewendet werden.

Vor dem Hintergrund, dass bislang kaum evaluiert bzw. gemessen wurde, erscheint die Forderung nach der simultanen Verwendung von zwei Instrumenten zunächst sehr ambitioniert. Auf der anderen Seite sind die Instrumente sehr kurz, sodass sie innerhalb von wenigen Minuten ausfüllbar sind. Die Integration in die bestehenden Untersuchungssettings bzw. auch in den klinischen Alltag sollte daher eigentlich kein größeres Problem darstellen.

6.5.1 Der Work Ability Index (WAI)

Der Work Ability Index (WAI), oder manchmal auch als Arbeitsbewältigungsindex (ABI) bezeichnet, ist ein Index zur Bestimmung und Prognose der Arbeitsfähigkeit. „Er zeigt auf, inwieweit ein Arbeitnehmer angesichts seiner persönlichen Voraussetzungen sowie angesichts der bei ihm vorliegenden Arbeitsbedingungen in der Lage ist, seine Arbeit zu verrichten.“[806] Der Begriff Arbeitsbewältigungsindex wurde 1995 von Karazman und Kollegen eingeführt, ist aber lange nicht so gebräuchlich wie die Bezeichnung WAI.[807]

6.5.1.1 Hintergrund und Entwicklung

Der Work Ability Index geht zurück auf ein Forscherteam um Juhani Ilmarinen, Professor am Institut für Arbeitsmedizin in Helsinki. Den Ausgangspunkt für die Entwicklung des Instruments markierte die Anfrage eines finnischen Versicherungsunternehmens nach Möglichkeiten zur „Bestimmung tätigkeitsspezifischer Altersgrenzen für den Renteneintritt“[808]. Mit der Anfrage des Unternehmens an die international renommierte Arbeitsgruppe um Ilmarinen kam Ende der 1970iger bzw. Anfang der 80-iger Jahre erstmals die Frage auf, wie man Arbeits- bzw. Beschäftigungsfähigkeit allgemein bzw. im Kontext unterschiedlicher Tätigkeiten messen könnte. Daraufhin wurden umfangreiche epidemiologische und arbeitsphysiologische Studien initiiert. Ferner wurde eine interdisziplinäre Arbeitsgruppe gegründet. Die Überlegungen gingen dabei von Anfang an in Richtung Selbsteinschätzung des Gesundheitszustandes, der vorhandenen Ressourcen sowie der erlebten psychischen und physischen Belastungen.

806 Hasselhorn, H.-M., Freude, G. (2007), S. 14.

807 Vgl. Tempel, J., Ilmarinen, J. (2013), S. 115-116; Hasselhorn, H.-M., Freude, G. (2007), S. 16; Freude, G., Pech, E. (2005), S. 213; Karazman, R., Geissler, H., Kloimuller, I. (1995) zitiert nach Hasselhorn, H.-M., Freude, G. (2007).

808 Hasselhorn, H.-M., Freude, G. (2007), S. 15.

Als Meilensteine in der Entwicklung des WAI gelten das *FinnAge-Programm Respect for the Ageing* sowie das finnische Nationalprogramm *Experience is a national treasure*. Das FinnAge-Programm umfasste 25 Einzelprojekte und lief insgesamt von 1990 bis 1996. Unter der Federführung des Ministeriums für Soziales und Gesundheit und des Ministeriums für Arbeit und Bildung in Finnland wurde zwei Jahre später das Nationalprogramm initiiert, um die Erkenntnisse und Erfahrungen aus dem FinnAge-Programm und diversen anderen Projekten in das Arbeitsleben zu überführen.

Heute ist der WAI weit über den skandinavischen Raum hinaus bekannt und wird auch in Deutschland zunehmend eingesetzt.[809]

6.5.1.2 Aufbau und Aussage

Der WAI besteht aus zehn bzw. elf Fragen, die wiederum sieben verschiedenen Kategorien zugeordnet werden können: (1) Derzeitige Arbeitsfähigkeit im Vergleich zu der besten, je erreichten Arbeitsfähigkeit, (2) Arbeitsfähigkeit in Bezug auf die Arbeitsanforderungen, (3) Anzahl der aktuellen ärztlich diagnostizierten Krankheiten, (4) Geschätzte Beeinträchtigung der Arbeitsleistung durch die Krankheiten, (5) Krankenstand im vergangenen Jahr, (6) Einschätzung der eigenen Arbeitsfähigkeit in zwei Jahren sowie (7) Psychische Leistungsreserven.

Bei der ersten Dimension sind die Befragten lediglich dazu angehalten ihre Einschätzung auf einer Skala von 0 bis 10 anzugeben, wobei 0 für *völlig arbeitsunfähig* und 10 für *derzeit die beste Arbeitsfähigkeit* steht. Dimension 2 frägt konkret nach der Einschätzung der Arbeitsfähigkeit im Hinblick auf körperliche bzw. psychische Arbeitsanforderungen. Hier können die Befragten Ihre Einschätzung auf einer Skala von 1 (*sehr schlecht*) bis 5 (*sehr gut*) bewerten. Dimension 3 frägt explizit nach ärztlich diagnostizierten Krankheiten. In der Kurzversion sind hier 14 verschiedene Krankheitsgruppen aufgeführt, unter ihnen Unfallverletzungen, Erkrankungen des Muskel-Skelett-Systems oder auch Herz-Kreislauf-Erkrankungen. Zur Verdeutlichung sind immer auch verschiedene Beispiele an-

---

[809] Vgl. Freude, G., Pech, E. (2005), S. 214-217; Hasselhorn, H.-M., Freude, G. (2007), S. 15-16; Tempel, J., Ilmarinen, J. (2013), S. 116-117.

gegeben. Der Befragte hat bei jeder der 14 Krankheitsgruppen dann die Wahl zwischen *eigener Diagnose*, *Diagnose vom Arzt* oder *liegt nicht vor*. Im Unterschied zur Kurzversion wird in der Langversion konkret nach 51 Krankheiten gefragt. Ansonsten unterscheiden sich Kurz- und Langversion aber nicht voneinander. Auf der vierten Dimension hat der Beschäftigte dann die Möglichkeit die geschätzte Beeinträchtigung seiner Arbeitsleistung durch die Erkrankung bzw. Erkrankungen zu bewerten. Die Möglichkeiten reichen hier von *keiner Beeinträchtigung* bzw. *ich habe keine Erkrankung* über *ich bin manchmal* gezwungen langsamer zu arbeiten oder meine Arbeitsmethoden zu ändern bis hin zu *meiner Meinung nach bin ich völlig arbeitsunfähig*. Dimension 5 erhebt den Krankenstand innerhalb der vergangenen zwölf Monate. Dimension 6 hat einen prädiktiven Charakter. Ganz konkret wird hier nach der Einschätzung der eigenen Arbeitsfähigkeit in zwei Jahren gefragt. Auf einer Dreierskala (*unwahrscheinlich – nicht sicher – ziemlich sicher*) können die Befragten angegeben, inwiefern sie davon ausgehen bzw. glauben, dass sie ihre derzeitige Arbeit vor dem Hintergrund ihrer jetzigen Gesundheitssituation in zwei Jahren noch ausüben können. Dimension 7 ist in drei Items unterteilt. Hier wird das Vorliegen psychischer Leistungsreserven erfragt. Konkret fragen die Items danach, ob der Betroffene in der letzten Zeit die anfallenden täglichen Aufgaben mit Freude erledigt hat, ob man in letzter Zeit rege und aktiv gewesen sei und ob man zuversichtlich sei, was die Zukunft anginge. Die Antwortmöglichkeiten reichen dabei von *niemals* bis *häufig/immer* bzw. *ständig*. Der Befragte kann auf einer Fünferskala auswählen.

Aus den Angaben bei den unterschiedlichen Dimensionen wird am Ende ein Gesamtscore ermittelt, der dem Beschäftigen anzeigt, „wie hoch die eigene Fähigkeit eingeschätzt wird, die bestehenden Arbeitsanforderungen zu bewältigen“[810]. Der Wert liegt dabei zwischen sieben (minimale Arbeitsfähigkeit) und 49 (maximale Arbeitsfähigkeit). Interessanterweise sind die einzelnen Dimensionen nicht gleich gewichtet. So sind beispielsweise bei der ersten Dimension null bis zehn Punkte erreichbar, während bei der sechsten Dimension entweder ein Punkt, vier oder sieben Punkte vergeben werden (vgl. Tabelle 21).

---

[810] Hasselhorn, H.-M., Freude, G. (2007), S. 14.

Tabelle 21: Dimensionen und Punktspannen des WAI[811]

Dimensionen des WAI		Punkte
1	Arbeitsfähigkeit im Vergleich zu der besten, je erreichten Arbeitsfähigkeit	0-10
2	Arbeitsfähigkeit in Bezug auf die körperlichen und psychischen Arbeitsanforderungen	2-10
3	Anzahl der aktuellen ärztlich diagnostizierten Krankheiten	1-7
4	Ausmaß von Arbeitseinschränkungen aufgrund von Erkrankung bzw. Verletzung	1-6
5	Krankheitsbedingte Ausfalltage während der letzten 12 Monate	1-5
6	Eigene Einschätzung der Arbeitsfähigkeit in den kommenden zwei Jahren	1, 4, 7
7	Mentale Ressourcen und Befindlichkeiten	1-4
Gesamt	Mögliche WAI-Werte	7-49

Die unterschiedlichen Punktspannen gehen auf komplexe Berechnungen auf Basis der Erkenntnisse aus den finnischen Studien zurück.

Die Berechnung des Indexes ist eigentlich trivial und erfolgt schlichtweg durch Addition der einzelnen Punktwerte der einzelnen Fragen. Sofern nicht die WAI-Software verwendet wird, muss die Addition manuell erfolgen.[812] Tabelle 22 gibt einen Überblick über die Berechnung des WAI.

Hinsichtlich der zweiten Dimension ist eine Besonderheit zu beachten. Bei der zweiten Dimension wird explizit nach der Einschätzung der Arbeitsfähigkeit in Bezug auf körperliche bzw. psychische Arbeitsanforderungen gefragt. Bei der Bewertung macht es einen Unterschied, ob der Beschäftigte vorwiegend geistige Tätigkeiten verrichtet oder ob er überwiegend körperlich tätig ist. Diesem Umstand wird über eine Gewichtung der Antworten Rechnung getragen. Ist ein Beschäftigter überwiegend geistig tätig (Bsp.: Büroarbeit, Lehrtätigkeit, Verwaltungstätigkeit, usw.), wird der beim ersten Item (Einschätzung der Arbeitsfähigkeit im Hinblick auf körperliche Anforderungen) angegebene Wert mit 0,5 und der beim zweiten Item (Einschätzung der Arbeitsfähigkeit im Hinblick auf psychische Anforderungen) angegebene Wert mit dem Faktor 1,5 multipliziert. Im Anschluss werden beide Werte addiert. Auf diese Weise geht das zweite Item mit einer höheren Gewichtung in die Bewertung der Dimension ein. Ist der Beschäftigte hingegen überwiegend körperlich tätig (Bsp.: Reinigung, Montage, usw.), wird analog zum ersten Fall der Wert bei Item 1 mit 1,5 gewichtet, wäh-

[811] In Anlehnung an Hasselhorn, H.-M., Freude, G. (2007), S. 14 bzw. Tempel, J., Ilmarinen, J. (2013), S. 131.

[812] Vgl. Hasselhorn, H.-M., Freude, G. (2007), S. 27-29.

rend der Wert bei Item 2 lediglich mit 0,5 in die Berechnung eingeht. Sofern die betreffende Person gleichermaßen geistig und körperlich tätig ist (Bsp.: Kraftfahrer, Pflegeberufe, usw.), findet keine Gewichtung statt und beide Werte werden einfach addiert.

Tabelle 22: Berechnung des WAI[813]

	Dimension	Zahl der Fragen	Punkteverteilung der Antworten
1	Derzeitige Arbeitsfähigkeit im Vergleich zu der besten, je erreichten Arbeitsfähigkeit	1	0-10 Punkte den angekreuzten Wert aus Fragebogen übernehmen
2	Derzeitige Arbeitsfähigkeit in Bezug auf die körperlichen und psychischen Arbeitsanforderungen	2	2-10 Punkte Gewichtung der Punkte entsprechend des Arbeitsinhalts
3	Anzahl der aktuellen ärztlich diagnostizierten Krankheiten (nur die ärztlich diagnostizierten Krankheiten werden berücksichtigt)	Langversion: Liste von 51 Krankheiten	≥ 5 Krankheiten: 1 Punkt 4 Krankheiten: 2 Punkte 3 Krankheiten: 3 Punkte 2 Krankheiten: 4 Punkte 1 Krankheit: 5 Punkte 0 Krankheiten: 7 Punkte
		Kurzversion: Liste von 14 Krankheitsgruppen	≥ 5 Krankheiten: 1 Punkt 4 Krankheiten: **1 Punkt** 3 Krankheiten: 3 Punkte 2 Krankheiten: **3 Punkte** 1 Krankheit: 5 Punkte 0 Krankheiten: 7 Punkte
4	Ausmaß von Arbeitseinschränkungen aufgrund von Erkrankung bzw. Verletzung	1	1-6 Punkte Wert der im Fragebogen angekreuzten Antworten; bei mehreren Antworten wird der niedrigste Wert gezählt
5	Krankheitsbedingte Ausfalltage während der letzten 12 Monate	1	1-5 Punkte Wert der im Fragebogen angekreuzten Antwort
6	Eigene Einschätzung der Arbeitsfähigkeit in den kommenden zwei Jahren	1	1, 4 oder 7 Punkte Wert der im Fragebogen angekreuzten Antwort
7	Mentale Ressourcen und Befindlichkeiten	3	Die Werte der angekreuzten Antworten auf die drei Fragen werden addiert. Aus der Summe resultiert die folgende Punkteverteilung: Summe 0-3: 1 Punkt Summe 4-6: 2 Punkte Summe 7-9: 3 Punkte Summe 10-12: 4 Punkte

813 In Anlehnung an Hasselhorn, H.-M., Freude, G. (2007), S. 27-29.

Bei der Berechnung des Werts auf der dritten Dimension ist zu berücksichtigen, ob die Kurz- oder die Langversion des WAI zum Einsatz gekommen ist. Wie bereits erläutert, unterscheiden sich Kurz- und Langversion lediglich in der Anzahl der unter Dimension 3 aufgeführten Krankheitsgruppen. Während bei der Langversion 51 Krankheiten abgefragt werden, beschränkt sich die Kurzversion auf die Erfassung von 14 Krankheitsgruppen. Verschiedene Studien haben jedoch gezeigt, dass bei Anwendung eines leicht veränderten Berechnungsschlüssels (vgl. Tabelle 22) nahezu identische WAI-Werte ermittelt werden. Daher kann bei der Anwendung in Unternehmen auch guten Gewissens auf die Langversion verzichtet werden. Neben den beiden üblichen Versionen hat sich im Lauf der Zeit auch eine Ultra-Kurz-Version des WAI-Fragebogens herausgebildet, die lediglich nach der Anzahl der diagnostizierten Krankheiten fragt und darauf verzichtet konkrete Krankheitsbilder oder -gruppen zu nennen. Bei Verwendung der Ultra-Kurz-Version sollte der gleiche Berechnungsschlüssel verwendet werden wie bei der Kurzversion, weil auch hier angenommen werden kann, dass tendenziell weniger Krankheiten angeführt werden, als wenn man explizit nach dem Vorliegen von 51 Krankheiten gefragt hätte. Es sei darauf hingewiesen, dass die Ultra-Kurz-Version bislang nicht validiert wurde.[814]

Auf diese Weise ergibt sich am Ende ein Wert zwischen sieben und 49. Der Index kann nur berechnet werden, wenn alle Items beantwortet wurden. Halbe Werte werden auf den nächsten ganzen Wert aufgerundet.[815] Ein niedriger Wert weist zunächst einmal auf ein Missverhältnis zwischen den individuellen Fähigkeiten auf der einen Seite und den betrieblichen Arbeitsanforderungen auf der anderen Seite hin. Es ist zu konstatieren, dass es weder einzelne Beschäftigte noch ganze Abteilungen „mit einem schlechten WAI“[816]. gibt. Niedrige Werte „beschreiben niemals individuelle Verhältnisse“[817], sondern sind ein Anzeichen für ein Missverhältnis von Arbeitsanforderung und der individuellen Leistungsfähigkeit eines Beschäftigten bzw. einer Abteilung.[818] Niedrige Werte sind mit einem erhöhten Risiko für ein vorzeitiges Ausscheiden aus dem Berufsleben as-

814 Vgl. Hasselhorn, H.-M., Freude, G. (2007), S. 28.
815 Vgl. Hasselhorn, H.-M., Freude, G. (2007), S. 28.
816 Hasselhorn, H.-M., Freude, G. (2007), S. 33.
817 Hasselhorn, H.-M., Freude, G. (2007), S. 33.
818 Vgl. Hasselhorn, H.-M., Freude, G. (2007), S. 33.

soziiert und deuten auf die Notwendigkeit von Maßnahmen zur Förderung bzw. Wiederherstellung der Arbeitsfähigkeit hin.[819]

Um beurteilen zu können, ab wann ein Wert als niedrig einzustufen ist, ist ein Vergleich mit Referenzwerten einer Vergleichspopulation unumgänglich. So bietet es sich beispielsweise an, den eigenen Wert mit den WAI-Werten der eigenen Altersgruppe in der Gesamtbevölkerung oder aber mit den Durchschnittswerten der Personen in derselben Tätigkeitsgruppe zu vergleichen. Hierfür stehen in der Zwischenzeit umfangreiche Datensätze zur Verfügung. In Deutschland beruhen die angegebenen Referenzwerte zumeist auf dem deutschen WAI-Referenzdatensatz. Dabei handelt es sich um einen umfangreichen Datensatz mit den Daten von rund 8.000 erwerbstätigen Personen.[820]

Häufiger findet sich jedoch eine Orientierung bzw. Einstufung anhand der vier von den finnischen Forschern vorgegebenen WAI-Kategorien, schlechte, mäßige, gute bzw. sehr gute Arbeitsfähigkeit, statt. Die Grenzwerte wurden damals auf Basis der Verteilung der finnischen Originaldaten definiert. Das Forscherteam legte die Werte dabei so fest, dass jeweils 15% der Personen in die beste und die schlechteste Kategorie fielen. In den beiden mittleren Kategorien lagen jeweils 35% der Personen. Je nach Kategorie definierten die Forscher auch unterschiedliche Präventionsziele. So sollten beispielsweise Personen, die in die Kategorie gute Arbeitsfähigkeit fallen Maßnahmen erhalten, die deren Arbeitsfähigkeit unterstützen. Die folgende Tabelle gibt einen Überblick über die Kategorien des WAI inklusive der Empfehlungen für Präventionsmaßnahmen sowie die Verteilung des Originaldatensatzes.[821]

Tabelle 23: WAI-Kategorien und Empfehlungen für Präventionsmaßnahmen[822]

Punkte	Arbeitsfähigkeit	Ziel von Maßnahmen	Verteilung Originaldaten
7-27	Schlecht	Arbeitsfähigkeit wiederherstellen	ca. 15% aller Teilnehmer
28-36	mäßig	Arbeitsfähigkeit verbessern	ca. 35%
37-43	gut	Arbeitsfähigkeit unterstützen	ca. 35%
44-49	Sehr gut	Arbeitsfähigkeit erhalten	ca. 15%

819 Vgl. Hasselhorn, H.-M., Freude, G. (2007), S. 16.
820 Vgl. Hasselhorn, H.-M., Freude, G. (2007), S. 16-18.
821 Vgl. Hasselhorn, H.-M., Freude, G. (2007), S. 18-19.
822 In Anlehnung an Tempel, J., Ilmarinen, J. (2013), S. 132 bzw. Hasselhorn, H.-M., Freude, G. (2007), S. 18-19.

Daneben bietet es sich an den Verlauf der Werte für einzelne Mitarbeiter über die Jahre zu verfolgen. Parallel dazu kann man verfolgen, wie sich der WAI im Vergleich zu anderen Personen derselben Arbeitsgruppe entwickelt hat. Auf diese Weise erhält man einen Ansatzpunkt, ob Interventionsmaßnahmen erfolgreich waren oder nicht. Damit ist der WAI prinzipiell auch zur Bewertung der Wirksamkeit verschiedener Interventionsansätze geeignet.[823]

Neben der Betrachtung und Analyse von individuellen Verläufen, ist insbesondere auch die Analyse der Entwicklung der WAI-Werte einzelner Abteilungen bzw. Unternehmen interessant. Die Betrachtung der Entwicklungen bzw. Trends und insbesondere auch der Vergleich einzelner Abteilungen untereinander kann den Unternehmen wichtige Hinweise auf die Notwendigkeit von Interventionsmaßnahmen geben.[824]

Anhand des Vergleichs mit geeigneten Referenzwerten lässt sich feststellen, ob Handlungsbedarf für die Durchführung von Interventionsmaßnahmen besteht oder nicht. Im Unterschied zu anderen Instrumente, wie beispielsweise dem CHEF (Windel (1989)) oder dem COPSOQ (Nübling und Kollegen (2006)), ist jedoch noch nicht klar, wie diese konkret aussehen, oder an welchem Ansatzpunkt die Maßnahmen greifen könnten. Das von der Forschergruppe um Ilmarinen entwickelte Konzept der Arbeitsfähigkeit kann dabei jedoch eine Hilfestellung sein. Anhand des Modells lassen sich Ansatzpunkte für mögliche Präventionsmaßnahmen festmachen.

Ilmarinen und Tuomi unterscheiden vier Handlungsfelder, an denen Präventionsmaßnahmen ansetzen können: die individuelle Gesundheit, der Arbeitsinhalt bzw. die Arbeitsumgebung, Aspekte der Führung und Arbeitsorganisation sowie die professionelle Kompetenz. Die konkrete Ausgestaltung obliegt jedoch den beteiligten Akteuren.[825]

---

823 Vgl. Hasselhorn, H.-M., Freude, G. (2007), S. 19-20.
824 Vgl. Hasselhorn, H.-M., Freude, G. (2007), S. 20.
825 Vgl. Hasselhorn, H.-M., Freude, G. (2007), S. 34.

6.5.1.3 Anwendungsformen und Funktionen

Die Funktionen des WAI sind vielfältig. Je nachdem, ob der WAI bei Gruppen oder Einzelpersonen verwendet wird, erfüllt er eine Reihe verschiedener Funktionen. Bei der individuellen Anwendung beispielsweise kann er als Art Dialoginstrument bzw. Checkliste für das betriebsärztliche Gespräch dienen. Darüber hinaus geben die Punktwerte dem Betriebsarzt einen Anhaltspunkt für die Einschätzung der Schwere der Beeinträchtigung. Aufgrund der Prädiktionskraft des Instruments dient er auch als Frühindikator für eine drohende Frühverrentung einzelner Arbeitnehmer. Im betriebsärztlichen Kontext kann es auch durchaus Sinn machen die Langversion zu verwenden. Aufgrund der Komplexität sollte in anderen Settings jedoch die Kurzversion zur Anwendung kommen.[826]

Durch einen Abgleich mit geeigneten Referenzwerten lässt sich auch direkt ableiten, ob Präventionsmaßnahmen ergriffen werden müssen, um die Arbeitsfähigkeit zu unterstützen oder ggf. wiederherzustellen. Als Verlaufsinstrument kann der WAI bei der Beurteilung des Erfolgs von Interventionsmaßnahmen unterstützen. Im Rahmen der betrieblichen Gesundheitsförderung dient er damit nicht nur als Dialoginstrument, sondern kann auch dabei unterstützen die Wirksamkeit verschiedener Ansätze zu vergleichen bzw. überhaupt erst messbar zu machen.

Darüber hinaus kann er beim Beschäftigten selbst einen Denkprozess in Gang setzen die eigene berufliche Orientierung zu reflektieren. So können sich Betroffene frühzeitig mit der Frage beschäftigen, ob sie den derzeitigen Beruf auch langfristig weiter ausüben können bzw. ob es nicht sinnvoller wäre sich Gedanken über eine Umschulung zu machen.[827] Die Auseinandersetzung mit der eigenen Arbeitsfähigkeit erwies sich auch im Kontext der Wiedereingliederung Langzeitarbeitsloser als sinnvoll. Ferner zeigte sich in einer Untersuchung von mehr als 600 Rehabilitanden Mitte der 90er Jahre in Dortmund, dass das WAI-

826 Vgl. Hasselhorn, H.-M., Freude, G. (2007), S. 21-26.

827 Vgl. Hasselhorn, H.-M., Freude, G. (2007), S. 22; Dr. med. Wolfgang Panter (Präsident des Verbands Deutscher Betriebs- und Werksärzte e.V. (VDBW)) und Dr. med. Anette Wahl-Wachendorf (Vizepräsidentin des Verbands Deutscher Betriebs- und Werksärzte e.V. (VDBW)) anlässlich der Fit-Work-Work Konferenz (April 2015) in Riga, Lettland.

Ergebnis ein Indiz für den Erfolg bzw. Misserfolg einer beruflichen Wiedereingliederungsmaßnahme zu sein scheint.[828]

Bei der Anwendung in Gruppen, seien es einzelne Abteilungen oder ganze Unternehmen, ist der Wert ein erster Anhaltspunkt für die Leistungsfähigkeit eines Betriebs. Der Vergleich der Werte einzelner Gruppen bzw. Abteilungen liefert zudem Hinweise auf mögliche Problembereiche. Zudem fördert die Anwendung des WAI in Unternehmen die Debatte rund um den Themenkomplex *Arbeit und Alter*. Die Analyse liefert harte Daten, die oftmals benötigt werden, um Entscheidungsträgern gegenüberzutreten. Auch bei der Anwendung in Gruppen dient der WAI als Initiator gezielter Interventionsmaßnahmen und kann zugleich als Verlaufsinstrument eingesetzt werden, um den Erfolg bzw. die Wirksamkeit einzelner Maßnahmen zu evaluieren. Die Analyse von Längsschnittdaten erlaubt zudem Rückschlüsse auf den Einfluss betrieblicher Veränderungen auf die Arbeitsfähigkeit der Belegschaft sowie die Identifikation von Ursachen verminderter Arbeitsfähigkeit. Auch im betriebsepidemiologischen Kontext erfreut sich der WAI zunehmender Beliebtheit.[829]

Bei der Anwendung im Unternehmen sind gewisse Grundsätze zu beachten. Sofern diese Grundsätze beachtet werden, steht einer Anwendung im Unternehmen nichts entgegen.

„1. Der WAI ist ein arbeitswissenschaftlich-arbeitsmedizinisches Erhebungsinstrument in der Hand der Arbeitsmedizin, der Arbeitswissenschaft, des betriebsärztlichen Dienstes, des betrieblichen Gesundheitsdienstes oder von entsprechenden externen Experten [...].

2. Die Anwendung des Fragebogens dient [...] dem mitarbeiterzentrierten Dialog zwischen der einzelnen Person und dem Betriebsarzt [...], dem Aufbau einer Betriebs- oder Branchen-Epidemiologie, der Feststellung von Handlungsbedarf und der Evaluation von Maßnahmen der betrieblichen Gesundheitsförderung.

[828] Vgl. Hasselhorn, H.-M., Freude, G. (2007), S. 25.
[829] Vgl. Hasselhorn, H.-M., Freude, G. (2007), S. 22, 24.

3. Dabei werden sensible Daten von Mitarbeiterinnen und Mitarbeitern erhoben, die besonders zu schützen sind. Dies muss erfolgen nach den Regeln des Datenschutzes und der ärztlichen Schweigepflicht, die für alle Akteure des Arbeits- und Gesundheitsschutzes im Unternehmen gelten sollten.

4. In einem Unternehmen, in dem die betriebliche Anwendung des WAI geplant ist, sollte dieses über das arbeitswissenschaftliche Konzept informiert werden, das dem WAI zu Grunde liegt.

5. Über die Verwendung des WAI bei *betriebsärztlichen Untersuchungen* entscheidet der Betriebsarzt. Er kann das Unternehmen hierüber informieren (Personalvertretung, Geschäftsführung).

6. Für die betriebsepidemiologische Anwendung des WAI muss die schriftliche Zustimmung der Geschäftsführung sowie des Betriebs- oder Personalrats eingeholt werden. Im Idealfall wird eine Regelung getroffen, die das weitere Vorgehen regelt.

7. Davon unabhängig bleibt die Entscheidung der Mitarbeiterinnen und Mitarbeiter, ob sie den WAI-Fragebogen ausfüllen wollen. Sofern sie dieses verweigern, dürfen ihnen daraus keinerlei Nachteile entstehen.

8. Die erhobenen Daten werden individuell für die Beratung der Mitarbeiterinnen und Mitarbeiter ausgewertet und ggf. statistisch für die Belange des Unternehmens. Individuelle Daten dürfen grundsätzlich nicht veröffentlicht werden. Ergebnisse dürfen nur für Gruppen von mindestens 10 Personen veröffentlicht werden, so dass eine Identifizierung von Einzelpersonen nicht möglich ist. Sofern das Unternehmen über einen Datenschutzbeauftragten verfügt, soll das Vorgehen mit diesem abgesprochen werden.

9. Die Bewertung der Gruppenergebnisse soll interdisziplinär und antizipativ vorgenommen werden: Unternehmensleitung, Betriebsrat/Personalrat, Betriebsarzt, Fachkraft für Arbeitssicherheit sowie ggf. weitere betriebliche Experten sollten zusammen mit den Betroffenen beraten, wie die Daten einzuordnen sind und welche Maßnahmen daraus erfolgen können.

10. Es gibt keine Mitarbeiter oder Abteilungen mit einem „schlechten WAI“. Schlechte WAI-Werte beschreiben niemals individuelle Verhältnisse, sondern

ein Missverhältnis zwischen der vorherrschenden Arbeitsanforderung des Unternehmens und der Leistungsfähigkeit der Individuen bzw. der Abteilung. [...]."[830]

Auch in der Forschung und Wissenschaft erfreut sich der WAI national und international zunehmender Beliebtheit. Die Fragestellungen und Zielsetzungen der einzelnen Studien sind dabei sehr unterschiedlich. Je nach Fragestellung dient der WAI-Wert bzw. die Arbeitsfähigkeit als abhängige bzw. unabhängige Variable. So beschäftigten sich zahlreiche Ansätze mit den Auswirkungen bzw. Folgen einer niedrigen Arbeitsfähigkeit. Bereits Ilmarinen und Tuomi haben damals Zusammenhänge zwischen dem WAI-Wert und der Wahrscheinlichkeit bzw. dem Risiko eines vorzeitigen Ausscheidens aus dem Erwerbsleben gefunden. Bei anderen Arbeiten hingegen stehen die Ursachen einer niedrigen bzw. guten Arbeitsfähigkeit im Mittelpunk. So zeigte sich in der europäischen *NEXT-Studie* (nurses' early exit study)[831] beispielsweise ein erheblicher Einfluss des Arbeitsinhalts und der Arbeitsmotivation auf den WAI-Wert.[832]

6.5.1.4 Psychometrische Güte

Hinsichtlich der Anwendung des WAI kann grundsätzlich von einer bedingten Objektivität ausgegangen werden. Da es keinerlei Instruktionen bezüglich der Durchführung der Untersuchung gibt, besteht ein gewisser Spielraum was die Gestaltung der Einführung, Anleitung, usw. betrifft. Das Fehlen fester Vorgaben hinsichtlich der Ausgestaltung der Untersuchungsbedingungen fördert zwar eine interventionsorientierte und flexible Anwendung des Instruments, schmälert aber die Durchführungsobjektivität.[833]

Aus datenschutzrechtlichen Gründen wird empfohlen den Fragebogen primär durch Betriebsärzte ausfüllen zu lassen. Bei der Anwendung im Unternehmen

---

830 Hasselhorn, H.-M., Freude, G. (2007), S. 32-33.

831 Die NEXT-Studie beschäftigt sich mit den Ursachen, Umständen und Folgen eines vorzeitigen Ausstiegs aus dem Pflegeberuf.

832 Vgl. Bergische Universität Wuppertal (2011); Hasselhorn, H.-M., Freude, G. (2007), S. 25-26.

833 Vgl. WAI-Netzwerk am Institut für Sicherheitstechnik Bergische Universität Wuppertal (2015), S. 11-12.

sollten die in Kapitel 6.5.1.3 skizzierten Grundsätze beachtet werden. Die Existenz von Interviewereffekten[834] bezüglich der Profession (Mediziner oder Nicht-Mediziner) wurden bislang jedoch wenig erforscht. Die Ergebnisse der wenigen verfügbaren Arbeiten deuten in verschiedene Richtungen.[835]

Hinsichtlich der Auswertung und auch der Interpretation der Testergebnisse kann jedoch aufgrund des vorgegebenen Auswertungsschlüssels und des dazugehörigen Kategoriensystems Objektivität unterstellt werden.[836]

Hinsichtlich des Kriteriums der Reliabilität zeigen sich länderübergreifend akzeptable bis gute interne Konsistenzen. So berichten Radkiewicz und Kollegen in ihrem Übersichtsartikel aus dem Jahr 2005 beispielsweise interne Konsistenzen zwischen 0,54 (Slovakei) und 0,79 (Finnland) und kommen zu dem Ergebnis, dass der WAI als konsistent angesehen werden kann. Die Auswertung basiert dabei im Wesentlichen auf Daten von knapp 40.000 Studienteilnehmern aus zehn verschiedenen europäischen Ländern. Zu ganz ähnlichen Ergebnissen kamen auch Martus und Kollegen (2010), Peralta und Kollegen (2012), Da Silva Junior und Kollegen (2011), Martinez und Kollegen sowie Abdolalizadeh und Kollegen. Insgesamt deuten die Veröffentlichungen aus Südamerika, Iran, China, Israel und Deutschland der letzten fünf Jahre auf akzeptable bis gute interne Konsistenzen hin (Cronbach's α zwischen 0,72 und 0,83). Mit der Studie von de Zwart und Kollegen (2002) konnte zwar nur eine Studie identifiziert werden, die die Test-Retest Reliabilität untersucht hat. Die Autoren berichten jedoch von akzeptablen Werten. Die Reliabilität des WAI kann somit als akzeptabel bis gut eingestuft werden. [837]

---

834 Unter Interviewereffekten versteht man die systematische Verzerrung von Test- bzw. Befragungsergebnissen, die auf Einflüsse des Interviewers zurückgehen.

835 Vgl. WAI-Netzwerk am Institut für Sicherheitstechnik Bergische Universität Wuppertal (2015), S. 12; Geissler, H., Tempel, J., Geissler-Gruber, B. (2005) zitiert nachWAI-Netzwerk am Institut für Sicherheitstechnik Bergische Universität Wuppertal (2015), S. 12.

836 Vgl. WAI-Netzwerk am Institut für Sicherheitstechnik Bergische Universität Wuppertal (2015), S. 12.

837 Vgl. de Zwart, B. C. H., Frings-Dresen, M. H. W., van Duivenbooden, J. C. (2002); Da Silva Junior, S. H. A. (2011); Peralta, N., Godoi Vasconcelos, A. G., Härter Griep, R., u. a. (2012); Radkiewicz, P., Widerszal-Bazyl, M. (2005) zitiert nach WAI-Netzwerk am Institut für Sicherheitstechnik Bergische Universität Wuppertal (2015); Abdolalizadeh, M., Arastoo, A. A., Ghsemzadeh, R., u. a. (2012); Martinez M. C.,

Der Work Ability Index ist in den 80er und 90er Jahren in zahlreichen Studien untersucht und validiert worden. Dabei zeigte sich u. a. eine gute Prognosevalidität für das Risiko eines vorzeitigen Berufsausstiegs. Bemerkenswerterweise waren es nicht etwa die krankheitszentrierten Dimensionen drei und fünf, welche das vorzeitige Ausscheiden aus dem Berufsleben prädizierten, sondern vor allem die Dimensionen sechs, zwei, vier und eins.[838] Die Autoren folgerten daraus, dass die Prognosekraft des WAI weitestgehend unabhängig von gesundheitsbezogenen Parametern zu sein scheint. Die Ergebnisse hinsichtlich der Prädiktionskraft im Hinblick auf das Risiko eines vorzeitigen Erwerbsausstiegs konnten in späteren Untersuchungen (z. B. Salonen und Kollegen (2003), Tuomi (1997); Sell und Kollegen (2009)) bestätigt werden.[839] In den Studien von Ilmarinen und Tuomi (2004) zeigte sich nicht nur ein Zusammenhang des WAI mit dem vorzeitigen Ausscheiden aus dem Erwerbsleben, sondern auch mit den Parametern Mortalität und Lebensqualität.[840] Diversen Studien zufolge eigne sich der WAI auch als Prognoseinstrument im Hinblick auf Gedanken an eine Berufsaufgabe sowie das Vorliegen von Rehabilitationsbedarf. [841] Interessanterweise scheint auch ein Zusammenhang mit längeren AU-Zeiten zu bestehen.[842] Damit können mit dem WAI Größen vorhergesagt werden, die gemeinhin als Folgen einer verminderten Arbeitsfähigkeit gelten. Die prädiktive Kriteriumsvalidität ist damit als überwiegend gut einzustufen.

Auch die Überprüfung der strukturellen Validität des WAI ist Gegenstand einer Reihe von Artikeln, die jedoch zum Teil zu sehr unterschiedlichen Ergebnissen kommen. So zeigen in den faktorenanalytischen Untersuchungen teilweise Mo-

---

Latorre, M. R. D. O., Fischer, F. M. (2009); WAI-Netzwerk am Institut für Sicherheitstechnik Bergische Universität Wuppertal (2015).

838 Vgl. Ilmarinen, J., Tuomi, K. (2004); Hasselhorn, H.-M., Freude, G. (2007), S. 14.

839 Vgl. Hasselhorn, H.-M., Freude, G. (2007), S. 14-15; Tuomi, K. (1997) zitiert nach WAI-Netzwerk am Institut für Sicherheitstechnik Bergische Universität Wuppertal (2015); Sell, L., Bültmann, U., Rugulies, R., u. a. (2009); Salonen, P., Arola, H., Nygård, C.-H., u. a. (2003).

840 Vgl. Hasselhorn, H.-M., Freude, G. (2007), S. 14; Ilmarinen, J., Tuomi, K. (2004).

841 Vgl. WAI-Netzwerk am Institut für Sicherheitstechnik Bergische Universität Wuppertal (2015); Derycke, H., Clays, E., Vlerick, P., u. a. (2012); Bethge, M., Radoschewski, F. M., Gutenbrunner, C. (2012).

842 Vgl. Kujala, V., Tammelin, T., Remes, J., u. a. (2006); Schouten, L. S., Joling, C. I., van der Gulden, J., u. a. (2015); Sell, L., Bültmann, U., Rugulies, R., u. a. (2009); Bethge, M., Radoschewski, F. M., Gutenbrunner, C. (2012).

delle mit einem Faktor, teilweise aber auch Modelle mit zwei bzw. drei Faktoren die besten Resultate. Selbst im Rahmen der europäischen *NEXT-Studie* zeigten sich je nach Land divergierende Ergebnisse. In den Länderdaten aus Deutschland und Frankreich beispielsweise zeigte eine einfaktorielle Struktur den besten Fit. Für alle anderen Länder ergab eine zweifaktorielle Struktur mehr Sinn. Die Autoren Radkiewicz und Kollegen (2005) sprechen in diesem Zusammenhang von einer *objektiven* und einer *subjektiven Komponente des WAI*. Diese Ergebnisse decken sich weitestgehend mit der Analyse von Martus und Kollegen (2010). Die Wissenschaftler befragten knapp 400 Personen verschiedener Berufe zu ihrer Arbeitsfähigkeit. Die anschließende Faktorenanalyse ergab ebenfalls eine zweifaktorielle Struktur. Dabei konnten bis auf eine Subskala alle anderen Subskalen einem der beiden Faktoren zugeordnet werden. Die Skalen 3 und 5 luden dabei auf den Faktor *Gesundheit der Betroffenen,* die Subskalen 1, 2 und 7 hingegen auf den Faktor *subjektives Empfinden*. Inhaltlich entsprechen diese beiden Konstrukte im Wesentlichen den Ergebnissen von Radkiewicz und Kollegen. Zu einem ganz ähnlichen Ergebnis kamen auch Da Silva Junior und Kollegen. Die Autoren benannten mit *perception of work ability/mental resources* bzw. *diseases and health restrictions* ihre zwei Faktoren dabei ganz ähnlich. Im Gegensatz dazu weisen die Studienergebnisse von Bethge und Kollegen (2012) auf eine einfaktorielle Faktorenstruktur des WAI hin. In den Arbeiten von Abdolalizadeh und Kollegen (2012), Peralta und Kollegen (2012) sowie Martinez und Kollegen (2009) fand sich jeweils eine dreifaktorielle Struktur in den Daten. Die Items luden dabei auf die Faktoren *mentale Ressourcen*, *gesundheitliche Einschränkungen bzw. Krankheiten* sowie *selbstwahrgenommene Arbeitsfähigkeit*.[843]

Die Ergebnisse der Studien hinsichtlich der strukturellen Validität des WAI sind, sowohl was die Anzahl der Faktoren also auch die dahinter liegenden Konstrukte angeht, nicht eindeutig. Dies liegt mitunter auch in der Entstehungsgeschichte des WAI begründet. Die Itemauswahl erfolgte seinerzeit mittels der Methode der externalen Testkonstruktion[844]. So ist es wenig verwunderlich, dass

843 Vgl. Martus, P., Jakob, O., Rose, U., u. a. (2010); Bethge, M., Radoschewski, F. M., Gutenbrunner, C. (2012); Martinez M. C., Latorre, M. R. D. O., Fischer, F. M. (2009).

844 Bei der sog. externalen Testkonstruktion wird zunächst eine große Anzahl Items generiert, die potenziell zwischen den Gruppen trennen können. In die endgültige Testversion

am Ende ein Instrument mit sehr unterschiedlichen Items und damit auch unklarer Faktorenstruktur entstand. Vor diesem Hintergrund kann keine endgültige Aussage über Anzahl bzw. Inhalt der Faktoren gegeben werden. Insofern sollte auch auf die Interpretation einzelner Itemwerte bzw. die Bildung von Subscores verzichtet werden.[845]

Auch die Situation hinsichtlich der Konstruktvalidität ist nicht ganz eindeutig. So zeigen sich teils deutlich signifikante Korrelationen mit dem SF-36 oder auch dem General-Health-Index bzw. signifikante inverse Korrelationen u. a. mit dem Korff-Disability-Index oder auch dem Copenhagen Burnout Inventory. Geringe WAI-Werte gehen zudem mit höheren Ausprägungen des *Maslach Burnout Inventory (MBI)* sowie einer größeren *Effort-Reward-Imbalance* einher.[846] Der Vergleich mit den genannten Kriterien, etwa der Lebensqualität, ist vor dem Hintergrund der in Kapitel 6.2.2.1.2 skizzierten methodischen Schwächen jedoch nicht ganz unproblematisch. Auch im Rahmen der Experteninterviews wurde die Konstruktvalidität überwiegend angezweifelt bzw. als fraglich eingestuft.

Zusammenfassend kann man also festhalten, dass der WAI ein weit verbreitetes und akzeptiertes Instrument zur Messung von Arbeitsfähigkeit darstellt. Die Studien zur Untersuchung der psychometrischen Güte kommen überwiegend zu guten bis akzeptablen Werten hinsichtlich der Objektivität, Reliabilität und Validität des Instruments. Tabelle 24 bzw. Tabelle 25 geben die Bewertung des Instruments hinsichtlich der einzelnen Dimensionen im Überblick wieder.

---

werden schließlich die Items übernommen, die auf Basis empirischer Studien tatsächlich zwischen den Gruppen unterscheiden können (vgl. Bühner, M. (2011), S. 193).

845 Vgl. Radkiewicz, P., Widerszal-Bazyl, M. (2005) zitiert nach WAI-Netzwerk am Institut für Sicherheitstechnik Bergische Universität Wuppertal (2015).

846 Vgl. Abdolalizadeh, M., Arastoo, A. A., Ghsemzadeh, R., u. a. (2012); Peralta, N., Godoi Vasconcelos, A. G., Härter Griep, R., u. a. (2012); Martinez M. C., Latorre, M. R. D. O., Fischer, F. M. (2009); Radkiewicz, P., Widerszal-Bazyl, M. (2005) zitiert nach WAI-Netzwerk am Institut für Sicherheitstechnik Bergische Universität Wuppertal (2015).

Tabelle 24: Bewertung WAI (Hauptgütekriterien)

Kriterium	Ausprägung
Objektivität/ Reliabilität	+/- **Objektivität**[847] - Durchführungsobjektivität +/- Interviewereffekte? + Auswertungs- und Interpretationsobjektivität +/- **Reliabilität**[848] +/- länderübergreifend akzeptable bis gute interne Konsistenzen +/- akzeptable Test-Retest Reliabilität
Validität	+/- **Validität** - divergierende Studienergebnisse hinsichtlich der **strukturellen Validität bzw. Faktorenstruktur**[849] +/- **Konstruktvalidität**[850] deutlich signifikante Korrelationen mit SF-36und General-Health-Index (bzw. signifikante inverse Korrelationen u. a. mit dem Korff Disability Index oder auch dem Copenhagen Burnout Inventory) versus Konstruktvalidität fraglich + **Kriteriumsvalidität** (prädiktiv)[851] Prognoseinstrument für vorzeitiges Ausscheiden aus Berufsleben, längere AU-Zeiten, Gedanke an Berufsaufgabe, Reha-Bedarf
Änderungs-sensitivität/ Responsitivität	+/- **Änderungssensitivität/Responsitivität** - wenig erforscht - fragt nicht nach Veränderungen - nur 1 Wert + scheint zu reagieren

\+ positive Bewertung - negative Bewertung +/- teils positive, teils negative bzw. widersprüchliche Ergebnisse

847 Vgl. WAI-Netzwerk am Institut für Sicherheitstechnik Bergische Universität Wuppertal (2015), S. 11-12; Geissler, H., Tempel, J., Geissler-Gruber, B. (2005).

848 Vgl. Da Silva Junior, S. H. A. (2011); Peralta, N., Godoi Vasconcelos, A. G., Härter Griep, R., u. a. (2012); Radkiewicz, P., Widerszal-Bazyl, M. (2005) zitiert nach WAI-Netzwerk am Institut für Sicherheitstechnik Bergische Universität Wuppertal (2015); Abdolalizadeh, M., Arastoo, A. A., Ghsemzadeh, R., u. a. (2012); Martinez M. C., Latorre, M. R. D. O., Fischer, F. M. (2009); de Zwart, B. C. H., Frings-Dresen, M. H. W., van Duivenbooden, J. C. (2002).

849 Vgl. WAI-Netzwerk am Institut für Sicherheitstechnik Bergische Universität Wuppertal (2015), S. 13; Radkiewicz, P., Widerszal-Bazyl, M. (2005) zitiert nach WAI-Netzwerk am Institut für Sicherheitstechnik Bergische Universität Wuppertal (2015); Peralta, N., Godoi Vasconcelos, A. G., Härter Griep, R., u. a. (2012); Da Silva Junior, S. H. A. (2011); Martinez M. C., Latorre, M. R. D. O., Fischer, F. M. (2009); Abdolalizadeh, M., Arastoo, A. A., Ghsemzadeh, R., u. a. (2012); Martus, P., Jakob, O., Rose, U., u. a. (2010); Bethge, M., Radoschewski, F. M., Gutenbrunner, C. (2012).

850 Vgl. Abdolalizadeh, M., Arastoo, A. A., Ghsemzadeh, R., u. a. (2012); Peralta, N., Godoi Vasconcelos, A. G., Härter Griep, R., u. a. (2012); Martinez M. C., Latorre, M. R. D. O., Fischer, F. M. (2009); Radkiewicz, P., Widerszal-Bazyl, M. (2005) zitiert nach WAI-Netzwerk am Institut für Sicherheitstechnik Bergische Universität Wuppertal (2015); Interviews.

851 Vgl. Radkiewicz, P., Widerszal-Bazyl, M. (2005) zitiert nach WAI-Netzwerk am Institut für Sicherheitstechnik Bergische Universität Wuppertal (2015); WAI-Netzwerk am Institut für Sicherheitstechnik Bergische Universität Wuppertal (2015), S. 14; Tuomi, K. (1997); Sell, L., Bültmann, U., Rugulies, R., u. a. (2009); Kujala, V., Tammelin, T., Remes, J., u. a. (2006); Schouten, L. S., Joling, C. I., van der Gulden, J., u. a. (2015); Bethge, M., Radoschewski, F. M., Gutenbrunner, C. (2012); Derycke, H., Clays, E., Vlerick, P., u. a. (2012).

Tabelle 25: Bewertung WAI (Nebengütekriterien)

Kriterium	Ausprägung
Vergleich-barkeit/Ver-breitung/ Nütz-lichkeit	+ **Vergleichbarkeit/Verbreitung** + weit verbreitet[852] + nationale und internationale Vergleichswerte + **Nützlichkeit** + Mangel an Alternativen[853]
Ökonomie/ Prak-tikabilität/ Ak-zeptanz	+ **Ökonomie/Praktikabilität/Akzeptanz** + frei verfügbar + praktikabel (kurz, verständlich, Handlungsempfehlung) + akzeptiert/anerkannt
Sonstiges	- sehr heterogenes Konstrukt - unterschiedliche Skalenniveaus/mühsame Datenaufbereitung - Ein Wert/Gewichtungen willkürlich - für kleine und mittlere Unternehmen (KMU) eher nicht geeignet

\+ positive Bewertung - negative Bewertung +/- teils positive, teils negative bzw. widersprüchliche Ergebnisse

6.5.1.5 Kritik

In den 90er Jahren in Finnland entwickelt, ist der WAI heute weit über die Grenzen Skandinaviens bekannt. Der WAI ist mittlerweile in mehr als 20 Sprachen verfügbar und hat sich in Deutschland und auch international als Instrument zur Messung und Prognose von Arbeitsfähigkeit etabliert. Hierzulande wird er überwiegend in der betriebsärztlichen Routine, der betrieblichen Gesundheitsförderung und in der Betriebsepidemiologie eingesetzt. Zunehmender Beliebtheit erfreut er sich auch im Rahmen der sozialepidemiologischen Forschung. In der jüngeren Zeit findet er auch im Rahmen der beruflichen Wiedereingliederung Langzeitarbeitsloser Anwendung. Neben zahlreichen kleineren Projekten, sind dabei insbesondere die Vielzahl von Großprojekten, wie beispielsweise das *NEXT-Projekt* der Universität Wuppertal (www.next.uni-wuppertal.de), *ABI-NR* (www.abi-nrw.de), *PIZA* (www.piza.org) sowie die Verwendung des Work Ability Index durch die Verkehrsbetriebe Hamburg-Holstein AG richtungsweisend.[854] Die zunehmende Verbreitung des WAI ist laut dem Forscherteam um Hasselhorn insbesondere auf folgende Faktoren zurückzuführen: Zum einen objektiviere der WAI das Konstrukt der Arbeitsfähigkeit. Das

[852] Vgl. u. a. Kujala, V., Tammelin, T., Remes, J., u. a. (2006); Martus, P., Jakob, O., Rose, U., u. a. (2010); Carel, R. S., Weinstein, N. (2013).

[853] Vgl. Hasselhorn, H.-M., Freude, G. (2007); Freude, G., Pech, E. (2005), S. 213.

[854] Vgl. Freude, G., Pech, E. (2005), S. 214-217; Hasselhorn, H.-M., Freude, G. (2007), S. 15-16.

Konzept sei eingängig und der dazugehörige Fragebogen kurz, einfach und vielseitig einsetzbar. Zudem liegen zahlreiche Referenzwerte vor, die die Aussagekraft des Tools stärken. Ferner sei der WAI gut mit anderen Tools, die die Arbeitsbelastungen bzw. die daraus resultierenden Beanspruchungen messen, kombinierbar. Auch gäbe es kein vergleichbares Messinstrument, dessen Prädiktionskraft empirisch bewiesen und das wissenschaftlich besser untersucht wurde.[855]

Der WAI ist jedoch nicht frei von Kritik geblieben. So wird er insbesondere in letzter Zeit von vielen Seiten heftig und kontrovers diskutiert. Die Positionen gehen dabei weit auseinander und reichen von Warnungen einer möglichen Fehlnutzung bzw. Fehlinterpretation bis hin zu substanzieller Kritik und völliger Ablehnung.[856]

Im Betrieb wird der WAI in der Regel im Kontext der Gefährdungsbeurteilung eingesetzt und dient als Anhaltspunkt für mögliche Interventionsmaßnahmen. Der ermittelte Gesamtindex ist dabei im Sinne des zugrunde liegenden Konzepts der Arbeitsfähigkeit zu verstehen und meint das „Resultat der Wechselwirkung zwischen Arbeitsanforderungen und Arbeitsbedingungen einerseits und den Ressourcen der Beschäftigen andererseits“[857]. Aus einem niedrigen Wert kann man daher weder unmittelbar auf ungünstige individuelle Voraussetzungen des Beschäftigten, noch auf schlechte Arbeitsbedingungen schließen. Der Wert sagt lediglich etwas über die Passung von Beschäftigten und Arbeitsanforderungen aus.[858] Dies muss bei der Interpretation des Gesamtwerts beachtet werden, um Fehldeutungen, etwa im Sinne eines „Universalinstrument[s] mit onesize fits all Qualität“[859] zu vermeiden.[860]

Der WAI selbst bleibt dahingehend jedoch sehr vage. Weder der Begriff der Arbeitsfähigkeit noch die Begriffe der körperlichen bzw. psychischen Arbeitsanforderungen werden in irgendeiner Weise erklärt bzw. präzisiert. Auch eine Ab-

---

855 Vgl. Hasselhorn, H.-M., Freude, G. (2007), S. 21.

856 Vgl. Freude, G., Pech, E. (2005), S. 214-217; Angermeier, M., Feldes, W., Römer, B. (2005), S. 39.

857 Freude, G., Pech, E. (2005), S. 214-217.

858 Vgl. Freude, G., Pech, E. (2005), S. 214-217.

859 Freude, G., Pech, E. (2005), S. 214-217.

860 Vgl. Georg, A., Peter, G. (2005), S. 23; Freude, G., Pech, E. (2005), S. 214-217.

grenzung zu verwandten Begriffen, wie etwa der Leistungsfähigkeit im Erwerbsleben im Kontext der Deutschen Rentenversicherung oder auch dem Begriff der Beschäftigungsfähigkeit, findet nicht statt. Fehlinterpretationen und Fehldeutungen sind damit gewissermaßen vorprogrammiert. So stellen manche Autoren bei der Interpretation auch auf die Arbeitsbedingungen bzw. die Beschäftigungsfähigkeit ab. Weder das eine, noch das andere ist mit dem Begriff der Arbeitsfähigkeit aber gemeint. Insbesondere die Deutung im Sinne der Beschäftigungsfähigkeit sprengt zudem den Rahmen des Konzepts.[861] Auch bleibt der Befragte beim Ausfüllen weitestgehend sich selbst überlassen. Wichtig, so die Aussagen vieler Experten, sei daher, dass die Befragten die Fragen beantworten ohne lange darüber nachzudenken. Sobald nämlich die Probanden anfingen die Items zu hinterfragen, werde es schwierig. Ferner ist nicht ganz klar, was der WAI eigentlich genau misst. Wenn man den Fragebogen nämlich mit dem Haus der Arbeitsfähigkeit vergleicht, auf dem er eigentlich aufbaut, so stellt man schnell fest, dass der WAI mit den einzelnen Ebenen des Hauses der Arbeitsfähigkeit wenig zu tun hat, sodass auch die Kritik an dessen Validität zunächst einmal gerechtfertigt erscheint. Dennoch aber funktioniere er, so zumindest die Einschätzung der Experten.

Wenngleich in allen zentralen Publikationen zum WAI immer wieder verdeutlicht wird, dass es beim erreichten Punktwert um die Wechselwirkung von Person und Arbeitsbedingungen geht, wäre im Sinne eines eindeutigeren Begriffsverständnisses eine klarere Abgrenzung zu verwandten Begrifflichkeiten wünschenswert. Damit würde man letztlich auch Fehl- bzw. Überinterpretationen des Konstrukts im Sinne eines Universalinstruments entgegenwirken.

Die von einigen Autoren vorgebrachte Kritik, der WAI reflektiere die Arbeitsanforderungen bzw. Arbeitsbedingungen nur ungenügend[862], kann so nicht ganz nachvollzogen werden. Genau das ist nämlich auch nicht die Absicht des Messinstruments. Die Beurteilung der Arbeitsbedingungen ist Gegenstand der betrieblichen Gefährdungsbeurteilung. Der Work Ability Index wurde zu keiner Zeit als „konkurrierendes Instrument zur Gefährdungsbeurteilung“[863] entwickelt.

861 Vgl. Freude, G., Pech, E. (2005), S. 214-217.
862 Vgl. z. B. Elsner, G. (2005), S. 21; Angermeier, M., Feldes, W., Römer, B. (2005), S. 38.
863 Freude, G., Pech, E. (2005), S. 215.

Die eigentliche Stärke des Instruments liegt in der unterstützenden Funktion im Rahmen des betrieblichen Arbeits- und Gesundheitsschutzes. Die Ergebnisse müssen immer im Kontext mit den Ergebnissen andere Analysen aus dem Bereich der Gefährdungsbeurteilung interpretiert werden. Der WAI kann Maßnahmen des betrieblichen Arbeits- und Gesundheitsschutzes sinnvoll ergänzen, jedoch niemals ersetzen. Für die Ableitung von Handlungsmaßnahmen sollten daher parallel auch immer Analysen der Arbeitsbedingungen herangezogen werden.[864]

Ein weiterer Kritikpunkt, der öfter angebracht wird, betrifft das Missbrauchspotenzial des Instruments. So werden immer wieder Befürchtungen (vgl. z. B. Elsner (2005), S. 21) laut, dass die Unternehmen die mittels WAI generierten Daten nutzen könnten, um Mitarbeiter mit einer vermeintlich schlechten Arbeits- bzw. Leistungsfähigkeit zu selektieren und dann entsprechend zu entlassen oder gar nicht erst einzustellen. Diese Befürchtung wurde u. a. auch im Rahmen der Gruppendiskussion von einem der Teilnehmer vorgebracht. Bislang sind zwar noch keine solchen Fälle von Missbrauch bekannt geworden, die Gefahr ist aber gegeben und die Befürchtungen sind ernst zu nehmen. Grundsätzlich handelt es sich bei den mittels des WAI erhobenen Daten um personenbezogene Daten der Mitarbeiter, die aufgrund des damit verbundenen Missbrauchspotenzials eines besonderen Schutzes bedürfen. Das gleiche gilt jedoch auch für alle anderen Daten, die im Rahmen der betriebsärztlichen Praxis erhoben werden. Maßnahmen der ärztlichen Schweigepflicht müssen daher ebenso Anwendung finden wie die gesetzlichen Bestimmungen im Rahmen des Datenschutzes. Daneben sollten bei der Anwendung im Betrieb die zehn goldenen Regeln beim Einsatz des Arbeitsfähigkeitsindex WAI im Unternehmen beachtet (vgl. Kapitel 6.5.1.3) und die Betriebsräte in den Prozess der Planung, Implementierung und Durchführung der Maßnahmen mit einbezogen werden.[865]

---

864 Vgl. Bieneck, H.-J., Sedlatschek, C., Kuhn, K., u. a. (2005), S. 38; Freude, G., Pech, E. (2005), S. 214-217; Elsner, G. (2005), S. 21; Angermeier, M., Feldes, W., Römer, B. (2005), S. 38.

865 Vgl. Freude, G., Pech, E. (2005), S. 214-217; Bieneck, H.-J., Sedlatschek, C., Kuhn, K., u. a. (2005), S. 39; WAI-Netzwerk (o. J.).

Im Sinne einer konstruktiven Kritik gilt es auch noch einmal auf die Ausgangsbedingungen hinzuweisen, unter denen der Work Ability Index entwickelt wurde, um Fehlinterpretationen in Richtung eines individuenzentrierten Messinstrumentariums (vgl. z. B. Elsner (2005), S. 20, Angermeier, M., Feldes, W., Römer, B. (2005), S. 39; Hasselhorn und Kollegen (2005), S. 35) zu vermeiden. Fälschlicherweise wird nämlich öfter behauptet, der WAI sei als Instrument zur Begutachtung Einzelner bzw. zur Prüfung individueller Rentenansprüche konzipiert worden. Dabei wird zumeist auf eine 1998 erschienene Arbeit von Mäkitalo und Launis verwiesen. In deren Arbeit wird der WAI ausschließlich als individuen- bzw. personenzentriertes Instrument zur Prüfung individueller Rentenansprüche dargestellt. Dies ist jedoch so nicht ganz korrekt. Wie oben dargestellt, wurde der WAI durch eine Arbeitsgruppe um Juhani Ilmarinen als Instrument zur Messung tätigkeitsspezifischer Altersgrenzen für den Renteneintritt entwickelt und damit eben gerade nicht im Kontext individueller Rentenansprüche.[866]

Neben den angebrachten Kritikpunkten weisen zahlreiche Autoren auf die unzureichende wissenschaftliche Evidenz hin bzw. empfehlen Arbeiten zur weiteren Verbesserung der Güte. Problematisch in der Anwendung gestaltet sich auch der Umstand der unterschiedlichen Skalenniveaus der einzelnen Dimensionen sowie die Tatsache, dass zur Berechnung des Gesamtindex alle Items ausgefüllt sein müssen.[867]

Für weitere Ausführungen zu Kritik bzw. der Notwendigkeit der Verbesserung des WAI sei auf Freude und Pech (2005), Bieneck und Kollegen (2005) sowie Hasselhorn und Kollegen (2005) verwiesen. Im Sinne einer konstruktiven Debatte und Kritik gilt es die Entstehungsgeschichte bzw. den Kontext, in dem der Fragebogen konzipiert wurde, zu beachten. Eine pauschale Ablehnung bzw. Verurteilung des Instruments ist wenig hilfreich, insbesondere vor dem Hintergrund, dass ein Instrument zur Messung von Arbeitsfähigkeit benötigt wird.[868]

---

[866] Vgl. Freude, G., Pech, E. (2005), S. 214-217; Mäkitalo, J., Launis, K. (1998) zitiert nach Freude, G., Pech, E. (2005); Elsner, G. (2005), S. 20; Hasselhorn, H.-M., Seibt, R., Tielsch, R., u. a. (2005), S. 35; Bieneck, H.-J., Sedlatschek, C., Kuhn, K., u. a. (2005), S. 39.

[867] Vgl. Hasselhorn, H.-M., Freude, G. (2007), S. 28; Freude, G., Pech, E. (2005), S. 213.

[868] Vgl. Freude, G., Pech, E. (2005), S. 214-217.

6.5.2 Der Work Productivity and Activity Impairment Questionnaire (WPAI)

6.5.2.1 Allgemeine Vorbemerkungen

Der Work Productivity and Activity Impairment Questionnaire (WPAI) ist ein Fragebogen zur Messung gesundheitsbedingter Einschränkungen der Arbeitsfähigkeit bzw. -produktivität. Daneben misst er die Auswirkungen gesundheitlicher Probleme auf nicht berufsbezogene Aktivitäten im Allgemeinen. Die Fragen decken die Merkmalsbereiche Absentismus sowie die angloamerikanische Sichtweise des Präsentismus, also die verminderte Produktivität am Arbeitsplatz durch gesundheitsbezogene Probleme ab. Ähnlich wie der WAI kann auch der WPAI sowohl von den Betroffenen selbst oder von Dritten ausgefüllt werden. Neben der allgemeinen krankheitsübergreifenden Version WPAI-General Health existiert eine Vielzahl krankheitsspezifischer Versionen des Fragebogens, die allesamt mehr oder weniger gut evaluiert sind (vgl. Kapitel 6.5.2.4). Die beiden Versionen WPAI-General Health (WPAI-GH) und WPAI-Specific Health Problem (WPAI-SHP) unterscheiden sich nur marginal voneinander. Während in der General Health Version im Deutschen immer von Gesundheitsproblemen die Rede ist, taucht in der Specific Health Problem Version ein Platzhalter bzw. der Begriff Problem auf. Aufgrund des Designs kann der Fragebogen leicht modifiziert und an eine Vielzahl von Krankheiten angepasst werden. Hierzu muss lediglich der Begriff Problem mit der spezifischen Krankheit ausgetauscht werden. Dennoch raten die Autoren in einigen Fällen von der Verwendung der SHP-Version ab. Dies betrifft insbesondere systemische bzw. sehr komplizierte Krankheitsbilder sowie Erkrankungen, bei denen es unwahrscheinlich erscheint, dass die Betroffenen der Krankheit einen Produktivitätsverlust zuschreiben können. Die SHP-Version biete sich am ehesten für lokale Krankheitsbilder wie beispielsweise eine chronische Dermatitis der Hand an, wohingegen Krankheitsbilder wie Multiple Sklerose oder Diabetes besser mit der General Health Version abgefragt werden sollten.[869]

[869] Vgl. Margaret Reilly Associates (2013).

6.5.2.2 Hintergrund und Entwicklung

Der WPAI wurde 1993 durch Reilly Associates entwickelt. Reilly Associates ist ein Forschungs- und Beratungsunternehmen aus den USA, das sich auf die Durchführung von gesundheitsökonomischen Studien spezialisiert hat. Ausgangspunkt für die Entwicklung des WPAI war der Mangel an quantitativen Tools zur Erfassung der gesundheitsbedingten Arbeitsfähigkeit bzw. -produktivität. So gab es bis Anfang der 1990er Jahre kein einziges Instrument zur Messung von gesundheitsbedingten Produktivitätsverlusten, das sowohl die Anzahl der Fehlzeiten (Absentismus) als auch die verringerte Produktivität in Folge von Krankheit (Präsentismus) betrachtet hätte.[870]

Vereinzelt gab es Tools bzw. Erhebungen, die in eine ähnliche Richtung gingen. Ein umfassendes Instrument existierte jedoch nicht. So wurden im Rahmen des National Health Survey (1980) zwar Fehlzeiten erfasst und ermittelt, ob es zu Einschränkungen bei der Arbeit kam, allerdings wurde weder das Ausmaß der Einschränkungen noch die Auswirkungen auf die Arbeitsproduktivität näher betrachtet.[871] Ähnlich verhielt es sich auch bei den vorhandenen Messinstrumenten. So gab es vereinzelt gesundheitsbezogene Lebensqualitätsfragebögen, die Einschränkungen erhoben, eine Differenzierung zwischen Einschränkungen bei der Arbeit bzw. sonstigen, alltäglichen Tätigkeiten wurde jedoch nicht vorgenommen. Ferner wurde auch das Ausmaß der Einschränkung nicht quantifiziert. Einzig das Nottingham Health Profile und das Sickness Impact Profile betrachteten die Einschränkungen bei der Arbeit unabhängig von den Einschränkungen in anderen Bereichen. Beim Nottingham Health Profile werden die Einschränkungen jedoch lediglich auf einer dichotomen Skala (Einschränkungen oder nicht) erfragt, sodass auch hier keine Möglichkeit besteht das Ausmaß der Einschränkungen quantifizieren zu können. Beim Sickness Impact Profile hingegen werden die Einschränkungen bei der Arbeit anhand einer Reihe von Items abgefragt, allerdings findet keinerlei Unterscheidung zwischen Absentismus und Präsentismus statt. Auch wird das Ausmaß der krankheitsbedingten Fehlzeiten nicht erhoben.

---

[870] Vgl. Reilly, M. C., Zbrozek, A. S., Dukes, E. M. (1993).

[871] Vgl. Reilly, M. (o. J.), S. 1-3.

Daneben gab es einige weitere Instrumente um Produktivität bzw. Produktivitätsverluste zu messen, allerdings handelte es sich bei den Instrumenten allesamt um qualitative Tools, quantitative Aussagen waren somit nicht möglich.[872]

Der Mangel an quantitativen Tools zur Erfassung krankheitsbedingter Produktivitätsverluste führte letztendlich zur Entwicklung des WPAI. Der WPAI wurde dabei von Anfang an als Selbsterhebungstool zur Erfassung krankheitsbedingter Einschränkungen auf der Arbeit aufgrund von Absentismus und Präsentismus sowie in anderen Bereichen konzipiert. Die beiden auch heute noch verfügbaren Versionen, eine allgemeine und eine krankheitsspezifische Version, wurden damals simultan entwickelt. Die Entwicklung der Items folgte dabei einem dreistufigen Prozess. Zunächst wurde eine umfassende Literaturrecherche durchgeführt, um eine Idee von den Komponenten zu bekommen, die der Fragebogen abdecken müsste. Im Zuge dessen entschied man sich auch auf die mit sieben Tagen doch sehr kurze Recall-Periode. Die Entscheidung basierte im Wesentlichen auf einer Studie, innerhalb welcher Daten aus Krankenakten mit Daten aus Interviews verglichen wurden. Der Vergleich des Datenmaterials deutete darauf hin, dass die Genauigkeit von berichteten Daten im Zusammenhang mit Arbeitsproduktivität mit einer längeren Recall-Periode erheblich abnimmt. Diese Untersuchung veranlasste die Reilly Associates eine Recall-Periode von einer Woche heranzuziehen. In einem zweiten Schritt wurden Patienten mit allergischer Rhinitis zu ihrer Arbeitsproduktivität befragt. Besonderer Fokus galt dabei den Reaktionen und Kommentaren der Patienten im Hinblick auf unterschiedliche Formulierungen im Zusammenhang mit Arbeitsfähigkeit bzw. Arbeitsunfähigkeit (z. B. *bed days*, *sick days*, *usw.)* Mittels der Methode des Cognitive Debriefings[873] wurde schließlich das finale Wording der Items bestimmt. Auf Basis der Ergebnisse einzelner Arbeiten wurden die ursprünglichen Versionen mittlerweile leicht adaptiert. Die aktuellen Versionen der Fragebögen (inkl. zahlreicher Übersetzungen) sind auf der Internetpräsenz der Reilly Associates kostenfrei verfügbar.[874]

---

872 Vgl. Reilly, M. (o. J.), S. 1-3.

873 Beim Cognitive Debriefing werden einzelne Items, nachdem sie von den Probanden ausgefüllt wurden nochmals besprochen, etwa hinsichtlich alternative Formulierungsvorschläge oder Verständlichkeit.

874 Vgl. Reilly, M. (o. J.), S. 1-3.

6.5.2.3 Aufbau und Aussage

Der WPAI besteht aus lediglich sechs Items und ist damit, genau wie der WAI, innerhalb von wenigen Minuten ausfüllbar. Im Unterschied zum WAI, wird beim WPAI eingangs kurz die Zielsetzung des Fragebogens skizziert. In den einleitenden Worten wird verdeutlicht, dass es in den Fragen um die Auswirkungen von Gesundheitsproblemen auf die Arbeitsfähigkeit bzw. der Fähigkeit normalen täglichen Aktivitäten nachzugehen geht. Ferner wird erläutert, was unter dem Begriff Gesundheitsprobleme zu verstehen ist. Dort heißt es explizit: „Unter Gesundheitsproblemen verstehen wir alle körperlichen oder seelischen Probleme oder Symptome“.

Die erste Frage des WPAI zielt auf die Erhebung des Erwerbsstatus ab. Konkret wird danach gefragt, ob man derzeit in einem Arbeitsverhältnis steht bzw. einer bezahlten Tätigkeit nachgeht. Sofern die Frage 1 mit *Nein* beantwortet wird, ist die Person dazu angehalten die nächsten vier Fragen zu überspringen und gleich zur letzten Frage, der Frage 6 überzugehen. Frage 6 bezieht sich (genau wie Fragen 2, 3, 4 und 5) auf die letzten sieben Tage, also die vergangene Woche. Im Unterschied zu vielen anderen Fragebögen liegt mit lediglich sieben Tagen eine extrem kurze Recall-Periode vor. Dies ist nicht ganz unproblematisch. Wenngleich davon ausgegangen werden kann, dass bei einem so kurzen Zeitraum weniger Erinnerungsverzerrungen zu erwarten sind, ist mit erheblichen Verzerrungen anderer Art zu rechnen. Ist eine Person beispielsweise von einer akuten Erkrankung betroffen, so ist mit erheblichen Beeinträchtigungen der Arbeitsfähigkeit bzw. anderen täglichen Aktivitäten zu rechnen. Diese Information ist aber wenig aussagekräftig, wenn es um die Erhebung der Leistungsfähigkeit der Person im Allgemeinen geht. Aus Sicht der Reilly Associates könnte die Recall-Periode sogar noch kürzer ausfallen, da dies die Genauigkeit der Antworten fördern würde. Der vorhandenen Literatur zufolge sei ein längerer Recall für diese Art der zu erhebenden Informationen nicht tragbar.[875]

Bei Frage 6 wird konkret nach den Einschränkungen im Alltag gefragt, also beispielsweise bei der Hausarbeit, der Kinderversorgung, beim Sport oder Einkaufen. Die Berufstätigkeit ist hier explizit ausgenommen. Hier haben die Befragten

[875] Vgl. Margaret Reilly Associates (2013).

die Möglichkeit auf einer Skala von 0 bis 10 zu bewerten, inwiefern ihre Gesundheitsprobleme sich auf ihre normalen täglichen Aktivitäten auswirkten. 0 steht dabei für *keinerlei Einschränkungen* (vgl. „Gesundheitsprobleme hatten keinen Einfluss auf meine täglichen Aktivitäten") und 10 steht für *erhebliche Auswirkungen* (vgl. „Gesundheitsprobleme hielten mich völlig von meinen täglichen Aktivitäten ab"). Insofern ist der Einsatz des WPAI nicht auf erwerbstätige Personen beschränkt, sondern kann auch bei erwerbslosen Personen angewandt werden. Dadurch unterscheidet er sich von einer Vielzahl der anderen Fragebögen.

Sofern die erste Frage nach dem Erwerbsstatus mit *Ja* beantwortet wurde, müssen auch die Fragen 2 bis 5 beantwortet werden. Zunächst einmal wird nach den krankheitsbedingten Fehlzeiten gefragt (Frage 2). Diese sind in Stunden zu quantifizieren. Ferner wird auch hier wieder genauer erläutert, wie die Frage zu verstehen ist bzw. was alles berücksichtigt werden soll. So wird ausgeführt, dass alle Stunden mit einzubeziehen seien, die man gefehlt hat, aber auch Tage, an denen man später kam oder krankheitsbedingt früher nach Hause gehen musste. Frage 3 geht in eine ähnliche Richtung. Hier wird jedoch explizit nach Fehlzeiten aufgrund anderer Gründe, wie beispielsweise Feiertagen, Urlaub, usw. gefragt. Frage 2 hingegen bezieht sich explizit auf krankheitsbedingte Fehlzeiten (vgl. „Wie viele Stunden fehlten Sie in den vergangenen sieben Tagen wegen Ihrer Gesundheitsprobleme bei der Arbeit?"). Bei Frage 4 ist die Zahl von Stunden zu quantifizieren, die man in der vergangenen Woche tatsächlich gearbeitet hat. Die Angabe dient als Bezugsbasis, um die prozentuale Beeinträchtigung der Produktivität ermitteln zu können. Frage 5 fragt schließlich danach, wie sehr sich Gesundheitsprobleme auf die Produktivität am Arbeitsplatz auswirkten. Auch hier wird wieder genauer erläutert, was man bei der Beantwortung der Frage berücksichtigen sollte. So wird darauf hingewiesen, dass man an Tage denken solle, bei denen entweder die Art der Arbeit oder auch das Arbeitspensum eingeschränkt waren, Tage, an denen man weniger leisten konnte als man eigentlich wollte bzw. Tage, an denen man die Tätigkeiten nicht so sorgfältig erledigen konnte wie üblich. Ähnlich wie bei Frage 6 sind die Teilnehmer auch bei Frage 5 wieder dazu angehalten die subjektiv erlebten Einschränkungen auf einer Skala von 0 bis 10 einzustufen.

Aus den Angaben lassen sich verschiedene Scores berechnen:

- Anteil der Arbeitszeit, die durch Gesundheitsprobleme versäumt wurde:
  Q2/(Q2+Q4) * 100%
- Produktivitätsverlust durch Präsentismus:
  Q5/10 *100%
- Produktivitätsverlust durch Absentismus und Präsentismus:
  Q2/ (Q2 + Q4) + [(1 - Q2/(Q2 + Q4)) x (Q5/10)] *100%
- Beeinträchtigung bei sonstigen bzw. Freizeitaktivitäten:
  Q6/10 *100%

Die Werte stehen dabei für die prozentuale Beeinträchtigung, d. h. größere Zahlen gehen mit einer schwerwiegenderen Beeinträchtigung bzw. einer geringeren Produktivität einher.[876]

6.5.2.4 Psychometrische Güte

Der WPAI gilt als einer dem besten erforschten Instrumente. Die psychometrischen Gütekriterien wurden nicht nur vielfach untersucht, sondern insgesamt auch als gut eingestuft.[877]

Hinsichtlich der Reliabilität konnten moderate bis hohe Übereinstimmungen bei Test-Retest-Untersuchungen für verschiedene krankheitsspezifische Versionen, u. a. für den WPAI-IBS, den WPAI-CD und den WPAI-SpA, gezeigt werden. Auch die krankheitsübergreifende Version (WPAI-GH) scheint sowohl als Selbsterhebungstool als auch als interviewbasierte Variante ausreichende Werte im Hinblick auf die Test-Retest-Reliabilität aufzuweisen. Ariza-Ariza und Kollegen (2013) untersuchten die Parallel-Test-Reliabilität zwischen der interviewbasierten Variante und der Selbsterhebungsversion des WPAI-RA und kamen zu dem Ergebnis, dass die Reliabilität als gut bis sehr gut einzustufen sei. Im All-

---

876 Vgl. Margaret Reilly Associates (o. J.).

877 Vgl. u. a. Zhang, W., Bansback, N., Boonen, A., u. a. (2010a); Tang, K. (2015); Lofland, J. H., Pizzi, L., Frick, K. D. (2004), S. 171; Loeppke, R., Hymel, P. A., Lofland, J. H., u. a. (2003), S. 356; Prasad, M., Wahlqvist, P., Shikiar, R., u. a. (2004), S. 231; Reilly, M. C., Zbrozek, A. S., Dukes, E. M. (1993); für eine Übersicht der Studien zu Validität siehe Reilly Associates (o. J.).

gemeinen wird die Reliabilität des WPAI in der Literatur als gut bis sehr gut bezeichnet.[878]

Im Kontext der Überprüfung der Validität finden sich die meisten Studien zur Konstruktvalidität. Kriteriums- und Inhaltsvalidität sind dagegen vergleichsweise wenig wissenschaftlich untersucht. Die Studien zur Überprüfung der Konstruktvalidität unterscheiden sich zum Teil stark im Hinblick auf die herangezogenen Vergleichsmaßstäbe. Lofland und Kollegen (2004) zufolge korreliere die mittels WPAI errechnete Produktivität sowohl positiv mit Messungen der Lebensqualität als auch mit der Schwere der Symptomatik. Auch Prasad und Kollegen (2004) sowie Loeppke und Kollegen (2003) stellten die Ergebnisse des WPAI mit denen des SF-36 gegenüber. Prasad und Kollegen (2004) zufolge ist die Konstruktvalidität der interviewbasierten Version besser als die der Selbsterhebungsversion. Zhang und Kollegen (2010) fanden moderate Zusammenhänge zwischen dem Absentismus-Score des WPAI und der funktionellen Kapazität, Schmerzen, Erschöpfung sowie der Schwere der Erkrankung sowie Zusammenhänge zwischen dem Präsentismus-Score und verschiedenen medizinischen Ergebnisparametern. Viele andere Studien weisen auf hohe konvergente bzw. diskriminierende Validität verschiedener krankheitsspezifischer Versionen des WPAI (z. B. WPAI-GERD oder WPAI-IBD) hin. Interessant auch die Untersuchung von Giovannetti und Kollegen, die eine auf ehrenamtliche Pflegekräfte modifizierte Version des WPAI hinsichtlich dessen Validität überprüft haben. Auch diese Autoren kommen zum Ergebnis, dass ihre Ergebnisse auf eine hohe konvergente Validität des Tools hindeuten.[879]

In diesem Zusammenhang sei ferner noch auf zwei Arbeiten von Zhang und Kollegen (2010) bzw. Braakman-Jansen und Kollegen (2012) verwiesen. Die beiden Studien sind insofern ganz interessant, weil sie verschiedene Instrumente

[878] Vgl. Lofland, J. H., Pizzi, L., Frick, K. D. (2004), S. 174; Bushnell, D. M., Reilly, M. C., Galani, C., u. a. (2006); Gläser, J., Laudel, G. (2008), S. 2731; Tang, K. (2015), S. 40; Prasad, M., Wahlqvist, P., Shikiar, R., u. a. (2004), S. 231; Tang, K. (2015), S. 393; Tang, K. (2015), S. 393; Stewart, W. F., Ricci, J. A., Chee, E., u. a. (2003), S. 812.

[879] Vgl. Lofland, J. H., Pizzi, L., Frick, K. D. (2004), S. 171, 174; Tang, K. (2015), S. 40; Zhang, W., Gignac, M. A. M., Beaton, D., u. a. (2010b); Tang, K., Beaton, D. E., Boonen, A., u. a. (2011); Prasad, M., Wahlqvist, P., Shikiar, R., u. a. (2004), S. 231; Stewart, W. F., Ricci, J., Leotta, C. R., u. a. (2001), S. 1805; Goetzel, R. Z., Ozminkowski, R. J., Long, S. R. (2003), S. 106; Koopmanschap, M., Burdorf, A., Jacob, K., u. a. (2005), S. 459.

zur Messung von Präsentismus direkt miteinander verglichen haben. So ergaben sich in der Studie von Zhang und Kollegen (2010) moderate Übereinstimmungen des WPAI mit dem HPQ, weniger aber mit dem WLQ bzw. dem HLQ. In der Studie von Braakman-Jansen und Kollegen (2012) hingegen korrelierten die Ergebnisse des WPAI mit denen der QQ-Methode sowie geringfügig mit denen des HLQ. Insgesamt aber variiert das Ausmaß des Präsentismus sehr stark, je nachdem mit welchem Tool es erhoben wird.[880] Die berichteten Werte hinsichtlich der (Konstrukt-) Validität liegen allesamt in einem akzeptablen Bereich. Die Validität des WPAI wird in der Literatur dennoch überwiegend als gut eingestuft.[881]

Demgegenüber ist die Änderungssensitivität vergleichsweise wenig untersucht. Dennoch finden sich vereinzelt Studien, die auf die Änderungssensitivität des WPAI verweisen (vgl. z. B. Tang (2015), S. 393 oder Stewart, Ricci, Chee und Kollegen (2003), S. 812).[882] Auch die befragten Experten im Projekt vertraten überwiegend den Standpunkt, dass der WPAI in der Lage sei Veränderungen abzubilden und demnach auch als Verlaufstool geeignet sei, auch wenn er nicht konkret danach frage.

Tabelle 26 bzw. Tabelle 27 geben die Bewertung des WPAI im Überblick wieder.

880 Vgl. Braakman-Jansen, L. M., Taal, E., Kuper, I. H., u. a. (2012), S. 354; Zhang, W., Gignac, M. A. M., Beaton, D., u. a. (2010b).

881 Vgl. Prasad, M., Wahlqvist, P., Shikiar, R., u. a. (2004), S. 231; Tang, K. (2015), S. 393; Stewart, W. F., Ricci, J. A., Chee, E., u. a. (2003), S. 812; Stewart, W. F., Ricci, J., Leotta, C. R., u. a. (2001), S. 1805.

882 Vgl. Tang, K., Beaton, D. E., Boonen, A., u. a. (2011), S. 40; Tang, K. (2015), S. 393; Stewart, W. F., Ricci, J. A., Chee, E., u. a. (2003), S. 812.

Tabelle 26: Bewertung WPAI (Hauptgütekriterien)

Kriterium	Ausprägung
Objektivität/ Reliabilität/ Validität	+/- **Reliabilität**[883] +/- Akzeptable bis sehr gute Parallel-Test-Reliabilität[884] +/- Akzeptable bis gute Test-Retest Reliabiltität[885] +/- **Validität**[886] +/- **Konstruktvalidität**[887] Zusammenhänge mit Lebensqualität, Schwere der Symptomatik, Schmerzen, Erschöpfung, Schwere der Erkrankung sowie teilweise mit anderen Produktivitätstools - **Kriteriums- und Inhaltsvalidität** Wenig untersucht[888] + **Allgemein** + gilt als eines der am besten erforschten Instrumente[889] + psychometrische Gütekriterien vielfach untersucht und insgesamt als gut eingestuft[890]
Änderungs-sensitivität/ Responsitivität	+/- **Änderungssensitivität/Responsivität** - wenig erforscht[891] + Einzelne Arbeiten weisen auf eine gute Responsitivität einzelner krankheitsspezifischer Versionen hin[892] + Kann Verlauf abdecken[893]

+ positive Bewertung - negative Bewertung +/- teils positive, teils negative bzw. widersprüchliche Ergebnisse

883 Vgl. Lofland, J. H., Pizzi, L., Frick, K. D. (2004), S. 174; Bushnell, D. M., Reilly, M. C., Galani, C., u. a. (2006); Gläser, J., Laudel, G. (2008), S. 2731; Tang, K. (2015), S. 40; Prasad, M., Wahlqvist, P., Shikiar, R., u. a. (2004), S. 231; Stewart, W. F., Ricci, J. A., Chee, E., u. a. (2003), S. 812.

884 Vgl. Prasad, M., Wahlqvist, P., Shikiar, R., u. a. (2004), S. 231; Gläser, J., Laudel, G. (2008), S. 2731.

885 Vgl. Bushnell, D. M., Reilly, M. C., Galani, C., u. a. (2006); Tang, K. (2015), S. 39; Stewart, W. F., Ricci, J. A., Chee, E., u. a. (2003), S. 812.

886 Vgl. Prasad, M., Wahlqvist, P., Shikiar, R., u. a. (2004), S. 231; Tang, K. (2015), S. 39; Stewart, W. F., Ricci, J. A., Chee, E., u. a. (2003), S. 812; Stewart, W. F., Ricci, J., Leotta, C. R., u. a. (2001), S. 1805.

887 Vgl. Lofland, J. H., Pizzi, L., Frick, K. D. (2004); Prasad, M., Wahlqvist, P., Shikiar, R., u. a. (2004), S. 231; Stewart, W. F., Ricci, J., Leotta, C. R., u. a. (2001), S. 1805; Goetzel, R. Z., Ozminkowski, R. J., Long, S. R. (2003), S. 106; Koopmanschap, M., Burdorf, A., Jacob, K., u. a. (2005), S. 459; Tang, K., Beaton, D. E., Boonen, A., u. a. (2011); Braakman-Jansen, L. M., Taal, E., Kuper, I. H., u. a. (2012), S. 354.

888 Vgl. Lofland, J. H., Pizzi, L., Frick, K. D. (2004), S. 171; Loeppke, R., Hymel, P. A., Lofland, J. H., u. a. (2003), S. 356; Tang, K. (2015), S. 40.

889 Vgl. Tang, K. (2015); Tang, K., Beaton, D. E., Boonen, A., u. a. (2011); Loeppke, R., Hymel, P. A., Lofland, J. H., u. a. (2003), S. 356.

890 Vgl. u. a. Zhang, W., Bansback, N., Boonen, A., u. a. (2010a); Tang, K. (2015); Lofland, J. H., Pizzi, L., Frick, K. D. (2004), S. 171; Loeppke, R., Hymel, P. A., Lofland, J. H., u. a. (2003), S. 356; Prasad, M., Wahlqvist, P., Shikiar, R., u. a. (2004), S. 231; Reilly, M. C., Zbrozek, A. S., Dukes, E. M. (1993); für eine Übersicht der Studien zu Validität siehe Reilly Associates (o. J.).

891 Vgl. Tang, K., Beaton, D. E., Boonen, A., u. a. (2011).

892 Vgl. Tang, K. (2015), S. 393; Stewart, W. F., Ricci, J. A., Chee, E., u. a. (2003), S. 812.

893 Einschätzung der Experten.

Tabelle 27: Bewertung WPAI (Nebengütekriterien)

Kriterium	Ausprägung
Vergleichbarkeit/Verbreitung/ Nützlichkeit	+/- **Vergleichbarkeit/Verbreitung** + international weit verbreitet und häufig in Studien verwendetes Instrument[894] - in Deutschland eher weniger verbreitet - **Nützlichkeit** - Einige vergleichbare Tools zur Messung krankheitsbedingter Produktivitätsverluste
Ökonomie/ Praktikabilität/ Akzeptanz	+ **Ökonomie/Praktikabilität/Akzeptanz** + frei verfügbar + praktikabel (kurz, verständlich)[895] + akzeptiert/anerkannt
Sonstiges	+ erlaubt Quantifizierung in monetäre Größen[896] - uneinheitliches Skalenniveau + erfasst Leistungseinschränkungen in anderen Bereichen + verschiedene krankheitsspezifische Versionen[897]

\+ positive Bewertung - negative Bewertung +/- teils positive, teils negative bzw. widersprüchliche Ergebnisse

6.5.2.5 Kritik

Der WPAI gilt gemeinhin als das psychometrisch am besten validierte und gleichzeitig am häufigsten eingesetzte Messinstrument zur Bestimmung gesundheitsbedingter Einschränkungen der Arbeitsfähigkeit bzw. -produktivität. Der WPAI ist mittlerweile in mehr als 100 Sprachen übersetzt und berufsgruppen- sowie krankheitsgruppenübergreifend einsetzbar. Der WPAI ist international weit verbreitet und ein häufig in klinischen Studien verwendetes Instrument. Im Vergleich zum WAI, der durch das dahinter stehende Netzwerk auch in vielen Betrieben eingesetzt wird, ist er in Deutschland vergleichsweise weniger bekannt.[898]

Der WPAI ist kostenfrei verfügbar und darf ohne eine bestimmte Genehmigung verwendet werden. Die Verwender sind einzig dazu angehalten die Reilly Associates zu verständigen, sobald Daten publiziert bzw. an anderer Stelle ver-

894 Vgl. Tang, K. (2015); Lofland, J. H., Pizzi, L., Frick, K. D. (2004), S. 171.

895 Vgl. u. a. Tang, K., Beaton, D. E., Boonen, A., u. a. (2011); Loeppke, R., Hymel, P. A., Lofland, J. H., u. a. (2003), S. 356; Lofland, J. H., Pizzi, L., Frick, K. D. (2004), S. 171.

896 Vgl. Margaret Reilly Associates (o. J.);Tang, K., Beaton, D. E., Boonen, A., u. a. (2011); Loeppke, R., Hymel, P. A., Lofland, J. H., u. a. (2003), S. 356.

897 Vgl. Tang, K., Beaton, D. E., Boonen, A., u. a. (2011); Prasad, M., Wahlqvist, P., Shikiar, R., u. a. (2004), S. 230.

898 Vgl. u. a. Tang, K. (2015); Lofland, J. H., Pizzi, L., Frick, K. D. (2004), S. 171; Prasad, M., Wahlqvist, P., Shikiar, R., u. a. (2004); Margaret Reilly Associates (2013).

öffentlicht wurden, damit diese Informationen auf deren Webseite aufgenommen werden können. Neben den einzelnen Versionen und zahlreichen Übersetzungen finden sich auf der Internetpräsenz der Reilly Associates zudem detaillierte Kodierungsvorschriften sowie allgemeine Hinweise zur Verwendung des Instruments. Einschränkend ist hinzuzufügen, dass eine Veränderung des Wordings, das Kürzen oder auch Ergänzen des Fragenbogens nicht gestattet ist. Änderungen hinsichtlich der Formatierung (z. B. Schriftart) sind jedoch erlaubt.[899]

Auch der WPAI ist ein sehr praktikables Instrument. Er ist mit den sechs Items sehr kurz und, genau wie der WAI, innerhalb weniger Minuten auszufüllen. Ferner gelten die Fragen gemeinhin als sehr gut verständlich. Im Gegensatz zum WAI erlaubt er die Quantifizierung der Effekte in monetäre Größen und erfasst auch Leistungseinschränkungen in anderen Bereichen. Damit eignet er sich insbesondere auch für den Einsatz in gesundheitsökonomischen Studien. Ferner punktet er durch das Vorhandensein zahlreicher krankheitsspezifischer Versionen.[900]

6.6 Alternative Lösungsansätze

Im Folgenden werden zwei alternative Lösungsansätze vorgestellt und diskutiert. Die beiden Ansätze greifen dabei zwei auch von den Experten bemängelte Kritikpunkte auf. So würden viele der Tools lediglich Einzelaspekte abdecken und damit der Komplexität der Thematik im Sinne einer ganzheitlichen Betrachtung nicht gerecht werden. Zum anderen wäre, unabhängig vom verwendeten Tool, insbesondere das Auftreten von kognitiven Erinnerungsverzerrungen nach wie vor ein großes Problem.

---

899 Vgl. Margaret Reilly Associates (2013); Margaret Reilly Associates (2002).

900 Vgl. u. a. Tang, K., Beaton, D. E., Boonen, A., u. a. (2011); Loeppke, R., Hymel, P. A., Lofland, J. H., u. a. (2003), S. 356; Lofland, J. H., Pizzi, L., Frick, K. D. (2004), S. 171; Prasad, M., Wahlqvist, P., Shikiar, R., u. a. (2004), S. 231; Margaret Reilly Associates (o. J.).

6.6.1 Rahmenkonzept

Losgelöst von den Begriffsproblematiken gilt es zunächst einmal zu entscheiden, was man eigentlich messen möchte. Die Arbeitsfähigkeit nach dem Begriffsverständnis des WAI hat zunächst einmal lediglich etwas mit der Passung von individuellen Ressourcen bzw. dem Faktor Mensch auf der einen Seite und den Arbeitsbedingungen auf der anderen Seite zu tun. Zur Konzeptualisierung bzw. Veranschaulichung des Konzepts der Arbeitsfähigkeit haben die Forscher um Ilmarinen ihrerzeit das sogenannte *Haus der Arbeitsfähigkeit* entwickelt. Das Haus der Arbeitsfähigkeit beschreibt und visualisiert dabei die gegenseitigen Beziehungen bzw. Abhängigkeiten der gesellschaftlichen, betrieblichen und individuellen Aspekte rund um das Thema Arbeitsfähigkeit (vgl. Abbildung 27). Damit hat der WAI aber erst einmal wenig zu tun. Im WAI erfolgt letzten Endes lediglich eine Selbsteinschätzung der Arbeitsfähigkeit im Hinblick auf die psychischen bzw. physischen Arbeitsanforderungen. Neben der Selbsteinschätzung der Arbeitsfähigkeit werden der Gesundheitszustand, die vorliegenden Leistungsreserven sowie die Anzahl der Fehlzeiten ermittelt. Damit bleiben jedoch einige Bestandteile des Konzepts des Hauses der Arbeitsfähigkeit unberührt. Ferner wird mit dem WAI lediglich ein Wert ermittelt. Aus dem Wert lassen sich jedoch keine Aussagen darüber treffen, auf welchen Ebenen Veränderungen stattgefunden haben. Den genannten Problematiken könnte man mittels einer Eigenschaftsspinne begegnen. Die einzelnen Ebenen werden dabei anhand eines Netzes aufgezogen (vgl. Abbildung 41). Ein solches Instrument wäre nicht nur differenzierter, sondern zugleich auch sehr viel konkreter als der WAI.

Mit einer solchen Eigenschaftsspinne wäre auch eine feinere Auswertung möglich. Man könnte beispielsweise ersehen, auf welcher Ebene eine Veränderung eingetreten ist. Über die Fläche innerhalb des Netzes könnte man zudem eine Art Gesamtindex bilden, der die Arbeitsfähigkeit eines Individuums ausdrückt. Theoretisch wäre es ja auch denkbar, dass sich die Arbeitsfähigkeit eines Individuums insgesamt verbessert (bzw. verschlechtert), obwohl auf einzelnen Ebenen eine Verschlechterung (bzw. Verbesserung) stattgefunden hat. Auf diese Weise könnte man auch sehr bildlich einen Vergleich mit einer Referenzpopulation bzw. eigenen Werten über die Zeit herstellen.

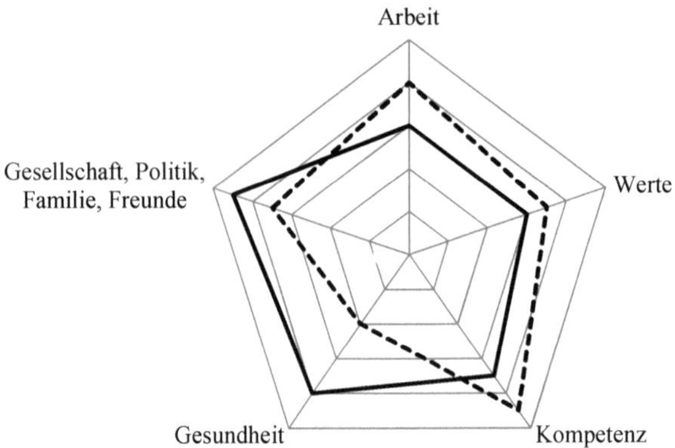

Abbildung 41: Beispielhafte Eigenschaftsspinne

Als Basis für die Weiterentwicklung des WAI bzw. des WPAI könnte auch das sogenannte Belastungs-Beanspruchungsmodell herangezogen werden. Dem Modell zufolge führt Belastung zu Beanspruchung, die sich sowohl positiv als auch negativ auswirken kann (vgl. Abbildung 42).

Die Belastung ist das „Ergebnis einer Vielzahl von außen auf den Menschen mit seinen individuellen Voraussetzungen einwirkenden Einflüsse“[901]. Die Beanspruchung hingegen ist die „unmittelbare (nicht langfristige) Auswirkung der [...] Belastung im [Inneren des] Individuum[s] in Abhängigkeit von seinen jeweiligen überdauernden und augenblicklichen Voraussetzungen, einschließlich der individuellen Bewältigungsstrategien“[902].

Die Einflüsse ergeben sich dabei aus den vorliegenden Arbeitsbedingungen im Hinblick auf die Arbeitsaufgabe, die Arbeitsmittel, die Arbeitsumgebung, die Arbeitsorganisation, den Arbeitsablauf sowie den Arbeitsplatz an sich. Der Begriff der Belastung ist dabei neutral, d. h. er schließt auch Einflüsse mit ein, die gemeinhin als Entlastung betrachtet werden. So kann das Lesen eines Buchs beispielsweise sowohl entspannend als auch anstrengend sein. Das Lesen an sich,

901 Joiko, K., Schmauder, M., Wolff, G. (2010), S. 8.
902 Joiko, K., Schmauder, M., Wolff, G. (2010), S. 10.

stellt jedoch erst einmal eine neutrale Belastung dar, die Auswirkungen davon sind jedoch von Individuum zu Individuum unterschiedlich.[903]

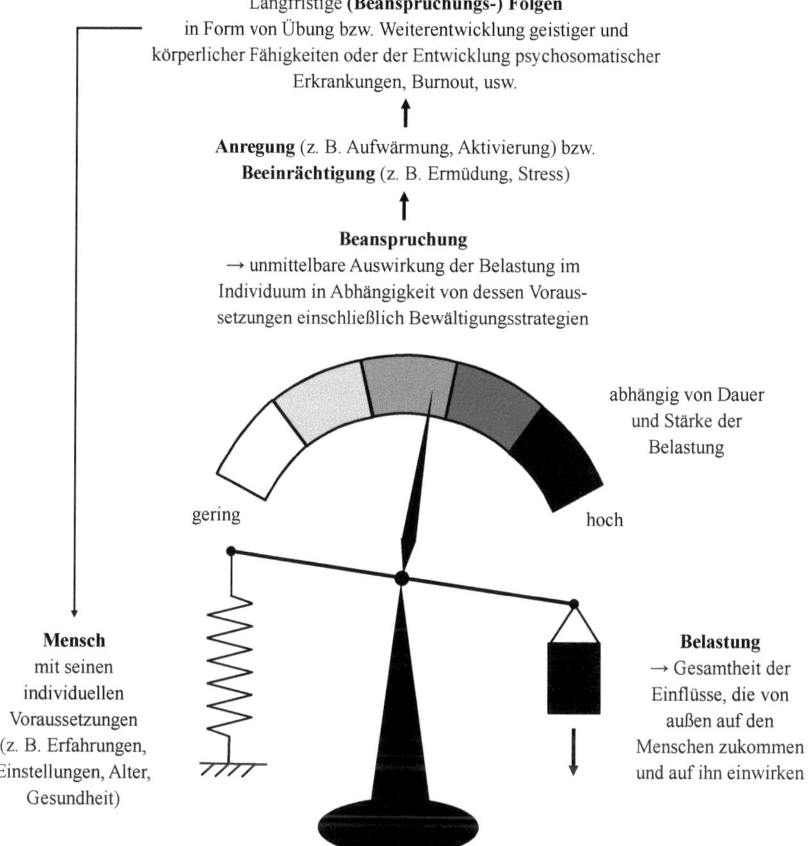

Abbildung 42: Erweitertes Belastungs-Beanspruchungs-Modell[904]

Die resultierende Beanspruchung wird dabei insbesondere von den Eigenschaften, Merkmalen und Verhaltensweisen eines Individuums determiniert. Zu den Voraussetzungen eines Menschen zählen u. a. die Fertigkeiten und Fähigkeiten

---

903 Vgl. Joiko, K., Schmauder, M., Wolff, G. (2010), S. 9-10; Schröder, J. (2009), S. 173-174; van Dick, R., Stegmann, S. (2013), S. 44-45; Tempel, J., Ilmarinen, J. (2013), S. 98-103.

904 In Anlehnung an Joiko, K., Schmauder, M., Wolff, G. (2010), S. 7, 19.

eines Menschen, seine Erfahrungen, Kenntnisse und Einstellungen, aber auch Faktoren wie das Alter, der Gesundheitszustand, die aktuelle Verfassung oder auch die körperliche Konstitution. Die körperlichen, psychischen, genetischen und sozialen Voraussetzungen sind dabei von Individuum zu Individuum unterschiedlich und mit dafür verantwortlich, dass jede Person anders fühlt bzw. handelt. Auch sind die Bewältigungsstrategien individuell unterschiedlich. Erst durch die Reaktion des Individuums auf den äußeren Einfluss entscheidet sich, wie beanspruchend eine Situation erlebt wird. Neben den individuellen Voraussetzungen spielen dabei auch die Dauer und Stärke der Belastung eine Rolle.[905]

Ob es letzten Endes zu einer beeinträchtigenden Beanspruchung in Form einer Fehlbeanspruchung oder zu einer Anregung kommt, hängt von den individuellen überdauernden bzw. augenblicklichen Voraussetzungen und den Belastung(en) ab. So kann sich eine kurzfristige Beanspruchung sowohl in Form von Aktivierung oder Aufwärmung, aber auch in Form von Ermüdung oder Stress äußern. Dies wiederum kann zu „langfristigen Folgen führen, die wiederum die individuellen Voraussetzungen des Beschäftigten“[906] sowohl positiv als auch negativ beeinflussen können (vgl. Abbildung 42).[907]

So kann eine erwünschte (kurzfristige) Beanspruchung beispielsweise zu einer höheren Motivation bzw. zur Weiterentwicklung geistiger oder körperlicher Fähigkeiten führen. Beeinträchtigende Beanspruchung hingegen führt nicht selten zu gesundheitlichen Einschränkungen oder sogar zur Entwicklung von Krankheiten.[908]

In einem erweiterten Belastungs-Beanspruchungs-Modell werden diese Entwicklungen i. d. R. als Beanspruchungsfolgen bezeichnet (vgl. Abbildung 42).

Dieses Modell ist mitunter besser geeignet als das Haus der Arbeitsfähigkeit, weil es umfassender ist und die Komplexität bzw. die Vielschichtigkeit der Wechselbeziehungen besser abdeckt. Auf Basis dieses erweiterten Belastungs-

---

905 Vgl. Joiko, K., Schmauder, M., Wolff, G. (2010), S. 9-10; Schröder, J. (2009), S. 173-174; van Dick, R., Stegmann, S. (2013), S. 44-45; Tempel, J., Ilmarinen, J. (2013), S. 98-103.

906 Joiko, K., Schmauder, M., Wolff, G. (2010), S. 12.

907 Vgl. Schröder, J. (2009), S. 173-174; van Dick, R., Stegmann, S. (2013), S. 45; Joiko, K., Schmauder, M., Wolff, G. (2010), S. 11-12.

908 Vgl. Joiko, K., Schmauder, M., Wolff, G. (2010), S. 14.

Beanspruchungs-Modells gilt es die notwendigen Stellschrauben zu ermitteln, die gemessen werden müssen, um die Arbeits- bzw. Leistungsfähigkeit eines Beschäftigten im weiteren Sinne bestimmen zu können. Ein Messinstrument, das diesen Gegebenheiten Rechnung tragen möchte, müsste viel weiter, viel umfassender und ganzheitlicher die komplexen Beziehungen von Mensch und Arbeit betrachten als dies bislang, beispielsweise mit dem WAI, erfolgt. Auch müssten die Beanspruchungen sowie die Beanspruchungsfolgen gemessen werden.

Über dieses Konzept hinaus müsste zudem das soziale bzw. familiäre Umfeld mit einbezogen werden. Im Allgemeinen muss sowohl die Person in ihrer Ganzheit als auch die Arbeitsbedingungen bewertet werden. So spielen nicht nur die Fähigkeiten und Fertigkeiten einer Person eine Rolle, sondern etwa auch ihre Einstellung gegenüber der Arbeit, die Arbeitszufriedenheit, die Motivation, die Leistungsbereitschaft sowie die Persönlichkeit im Allgemeinen. Neuere Studien weisen darauf hin, dass auch die erlebte Selbstwirksamkeit und die Sinnhaftigkeit bzw. der Freudsinn eine wichtige Rolle spielen. Neben der Person muss natürlich auch das Arbeitsumfeld in seiner Ganzheit betrachtet werden. Dazu zählen nicht nur die Arbeitsbedingungen, sondern etwa auch das Arbeitsklima unter den Kollegen bzw. das Verhältnis zum Vorgesetzten.

Die Beurteilung der Arbeitsbedingungen ist klassischerweise Aufgabe der Gefährdungsbeurteilung. Dabei steht eine Vielzahl erprobter Verfahren bzw. Methoden zur Verfügung (z. B. Kurzfragebogen zur Arbeitsanalyse, IMPULS-Test, Screening Gesundes Arbeiten, Fragebogen zur Erfassung beruflicher Gratifikationskrisen). Auch für viele anderen der genannten Bereiche existierten bereits validierte Fragebögen, z. B.:

- Allgemeine Selbstwirksamkeitsskala bzw. SOC (Selbstwirksamkeit/Freudsinn/Sinnhaftigkeit),
- Trierer Persönlichkeitsfragebogen (TPF), Emotionale Kompetenz Fragebogen, Bochumer Inventar zur berufsbezogenen Persönlichkeitsbeschreibung (Persönlichkeit),
- Fragebogen zur sozialen Unterstützung (soziales Umfeld),
- Skala-Irritation (arbeitsbezogene Beanspruchungsfolgen),
- usw.

Viele der genannten Fragebögen werden bereits sehr erfolgreich eingesetzt. Von einigen existieren auch Kurzversionen, sodass es theoretisch denkbar wäre, auf Basis vorhandener Tools ein neues Instrumentarium zu entwickeln. Dieses könnte sodann unter dem Schlagwort WAI 2.0 eingeführt werden.

Mit so einem Tool könnte man dann zwar die Arbeitsfähigkeit umfassend abbilden, zur Messung der Produktivität hingegen wäre jedoch auch dieses Tool nicht bzw. nur bedingt geeignet. Nun stellt sich wiederum die Frage, was eigentlich gemessen werden soll. Geht es im Rahmen der eingangs erläuterten Debatte des Erhalts bzw. der Wiederherstellung der Arbeitsfähigkeit wirklich um die Arbeitsfähigkeit als solche? Oder geht es vielmehr um das Arbeitsergebnis, um Leistung bzw. Produktivität? Ist es nicht im Interesse aller Beteiligten, dass Beschäftigte möglichst lange einer Beschäftigung nachgehen und damit einen Beitrag zum Bruttosozialprodukt leisten? Diese Entscheidung ist letzten Endes wiederum eine Frage der Perspektive. Von Seiten der Leistungserbringer und der Betroffenen steht sicherlich zunächst einmal die Gesundheit bzw. die Arbeitsfähigkeit im Mittelpunkt. Für Unternehmen wie Gesellschaft greift dieser Ansatz aber vermutlich zu kurz. Selbstverständlich geht es bei sämtlichen betrieblichen Interventionsmaßnahmen zunächst einmal darum die Gesundheit und Arbeitsfähigkeit der Beschäftigten möglichst lange auf einem hohen Niveau zu halten. Damit kommen die Unternehmen auch ihrer sozialen Verantwortung nach. Langfristig müssen sich die Investitionen für die Unternehmen aber auch rechnen. Dazu ist es nicht ausreichend, wenn die Beschäftigten lediglich arbeitsfähig sind, sondern sie müssen gleichzeitig eine hohe Leistung erbringen. Die Produktivität bzw. Leistung ist neben der Gesundheit bzw. Arbeitsfähigkeit aber von zahlreichen anderen Parametern abhängig. Die Gesundheit (bzw. Arbeitsfähigkeit) ist eine notwendige, aber keine hinreichende Voraussetzung für eine hohe Produktivität. Bei beiden Parametern (Gesundheit und Arbeitsfähigkeit) handelt es sich aber gewissermaßen um Grundvoraussetzungen. Insofern stellt sich wiederum die Frage, ob die Messung der Arbeitsfähigkeit mitunter als Proxy für eine hohe Produktivität bzw. Leistung herangezogen werden kann. Dies müsste in aufwendigen Quer- und Längsschnittuntersuchungen verifiziert werden.

In Abbildung 43 wurde versucht die komplexen Zusammenhänge zwischen den verschiedenen Konstrukten sowie deren Auswirkungen auf die Produktivität der Beschäftigten darzustellen.

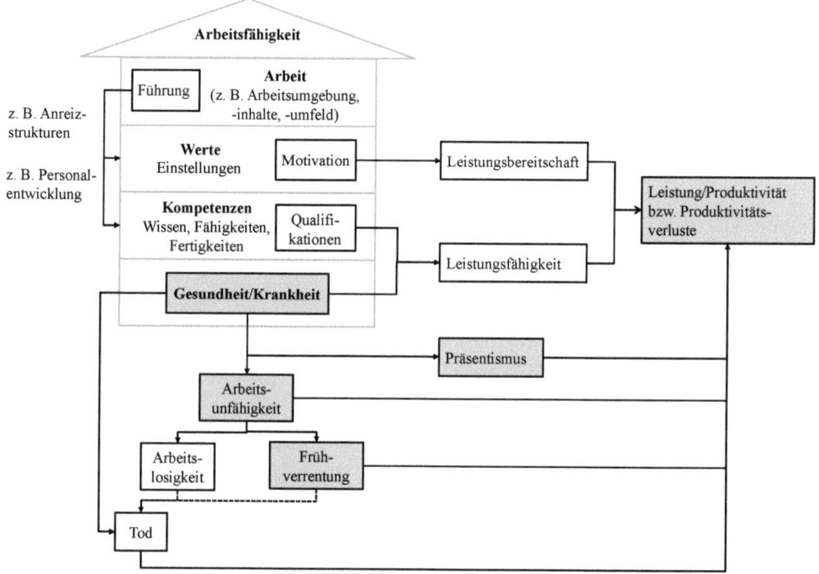

Abbildung 43: Zusammenhang Gesundheit, Arbeits(un)fähigkeit, Präsentismus

Produktivität gilt gemeinhin als Produkt aus Leistungsbereitschaft und Leistungsfähigkeit. Um die Produktivität abbilden zu können, müsste man zumindest die verschiedenen Determinanten der Leistungsbereitschaft bzw. -fähigkeit abfragen. So setzt eine hohe Leistungsfähigkeit neben der Gesundheit beispielsweise auch eine entsprechende Qualifikation des Beschäftigten voraus, die wiederum durch gezielte Maßnahmen der Personalentwicklung (z. B. Fort- und Weiterbildungsmaßnahmen) gefördert werden kann. Die Leistungsfähigkeit allein ist jedoch nicht ausreichend. Eine hohe Produktivität setzt auch eine gewisse Leistungsbereitschaft voraus, die wiederum u. a. von der Motivation eines Individuums abhängig ist (vgl. Abbildung 43).[909]

Die bestehenden Beziehungen sind äußert komplex und nach wie vor nur unzureichend wissenschaftlich untersucht.

[909] Vgl. Naidoo, J., Wills, J. (2010), S. 335; Hungenberg, H., Wulf, T. (2015), S. 224.

6.6.2 Smart Diary – The Smart Solution

Ein Problem wird selbst der beste Fragebogen der Welt nicht lösen können: das Auftreten von Erinnerungsverzerrungen. Die Recall-Perioden der bestehenden Instrumente variieren sehr stark und reichen von einem Tag (vgl. QQ-Methode) bis zu den letzten 12 Monaten (vgl. WAI Dimension 5). Je kürzer die Recall-Periode gewählt wird, umso weniger Erinnerungsverzerrungen sind zu erwarten. Auf der anderen Seite muss mit Verzerrungen anderer Natur gerechnet werden (vgl. Kapitel 6.5.2). Der WPAI beispielsweise fragt konkret nach den letzten sieben Tagen. Litt eine Person in der vergangenen Woche an einer akuten Erkrankung (z. B. einem akuten viralen Infekt), so ist mit einer erheblichen Einschränkung der Arbeitsfähigkeit bzw. Beeinträchtigungen bei alltäglichen Aktivitäten zu rechnen. Diese Information ist aber wenig aussagekräftig, wenn es um die Erhebung der Leistungs- bzw. Arbeitsfähigkeit der Person im Allgemeinen geht.

Wie kann man das Problem also lösen? Mitunter wäre vielleicht ein ganz einfacher Fragebogen ausreichend, wenn man nur den Administrationsmodus verändert. Man stelle sich kurz vor, die Individuen würden den Fragebogen täglich ausfüllen. Auf diese Weise könnte man nicht nur das Risiko von Erinnerungsverzerrungen auf ein Minimum reduzieren, sondern zugleich der Tatsache Rechnung tragen, dass Personen den gleichen Schmerz bzw. das gleiche Befinden unterschiedlich bewerten. Trotz der interindividuell verschiedenen Bewertung, könnte man aus der Entwicklung über die Zeit Rückschlüsse auf die Veränderung der Arbeitsfähigkeit ziehen. Würde zusätzlich noch ein Freitextfeld für ungewöhnliche bzw. nicht alltägliche Ereignisse bzw. Umstände mit eingefügt, so ließen sich unter Umständen sogar Rückschlüsse auf kausale Zusammenhänge treffen, wenn man die Veränderung der Arbeitsfähigkeit unmittelbar mit einem bestimmten Ereignis in Verbindung bringen könnte.

Die Basis für das Konzept bildet eine alte, aber bewährte Methode aus der Psychologie: die Tagebuchmethode. Wenngleich die Methode schon sehr alt ist, wird sie auch heute noch häufig eingesetzt. So kommt sie beispielsweise in der Sportpsychologie im Rahmen der Selbstgesprächsregulation zum Einsatz.[910]

Die Tagebuchmethode verlangt dabei von den Patienten genau über ihre Gefühle bzw. ihr Befinden Buch zu führen, Tag für Tag. Der Psychologe oder Forscher erhält damit einen sehr genauen Einblick in das Innenleben des Patienten. Der Aufbau der Tagebücher in der Psychologie ist dabei sehr unterschiedlich und reicht von sehr stark strukturierten Fragebögen zum Ankreuzen bis hin zu völlig offenen Varianten, bei denen die Patienten, wie beim herkömmlichen Tagebuchschreiben auch, ihre Gedanken in Freitextform zu Papier bringen. Auch den Auswertungsmöglichkeiten sind keine Grenzen gesetzt.[911]

Die Führung eines Tagebuchs würde es erlauben die Veränderungen der Arbeitsfähigkeit bzw. des Befindens der Patienten bzw. Beschäftigten über die Zeit genau zu verfolgen. Auf diese Weise entstünde eine Vielfalt von Informationen, die mit keinem Fragebogen der Welt unabhängig von dessen Design bzw. Ausgestaltung generiert werden könnte. Diese Datenmenge muss dann nur noch ausgewertet werden.

Auf den ersten Blick mag das vorgeschlagene Konzept sehr (zeit-) aufwendig klingen, und zwar sowohl für die Betroffenen, die den Fragebogen täglich ausfüllen müssen als auch für diejenigen, die die auf diese Weise gewonnenen Daten auswerten müssen. Im Zeitalter moderner Medien gibt es aber möglicherweise auch eine Alternative zum traditionellen papierbasierten Ansatz. Was spräche denn beispielsweise dagegen die Erhebung app-basiert durchzuführen? Die alte Papier-Bleistift-Version erscheint ohnehin etwas veraltet bzw. nicht mehr zeitgemäß. Damit ließen sich die Vorzüge moderner Medien mit den Vorteilen einer alt bewährten Methode vereinen. Das Konzept könnte beispielsweise unter dem Titel *Smart-Diary – The Smart Solution* eingeführt werden.

Denkbar wären dabei verschiedene Versionen auf Basis eines Baukastenprinzips. Der hinterlegte Fragebogen bestünde zunächst einmal aus einem obligatorischen, eher allgemeinen Modul zum Thema Arbeitsfähigkeit und allgemeinem Befinden.

910 Vgl. Häder, M. (2015), S. 382; Möhring, W., Schlütz, D. (2003), S. 157-158.
911 Vgl. Möhring, W., Schlütz, D. (2003), S. 157; Häder, M. (2015), S. 382.

Daneben sollten verschiedene krankheitsspezifische Module zu den relevantesten Krankheitsbildern verfügbar sein. Die Fragen selbst sollten relativ einfach und verständlich sein sowie intuitiv, beispielsweise auf einer Skala von 1 bis 5, beantwortet werden können. In einem Freitextfeld am Ende des Fragebogens könnten die Probanden außergewöhnliche Umstände bzw. Geschehnisse vermerken, die Einfluss auf ihr Befinden bzw. ihre Leistungs- und Arbeitsfähigkeit haben könnten. Dadurch könnte es möglicherweise einmal möglich sein, Rückschlüsse auf bestimmte Auslöser herzustellen bzw. kausale Zusammenhänge zu erarbeiten. Ist der Betroffene beispielsweise im privaten Bereich durch die Pflege eines Angehörigen überfordert, kann davon ausgegangen werden, dass eine Verschlechterung der Arbeitsfähigkeit nicht zwangsläufig auf Bedingungen im Betrieb oder eine angehende Erkrankung zurückzuführen ist.

Das regelmäßige Ausfüllen seitens des Beschäftigten könnte dabei mittels kleiner Prämien belohnt werden.

Die auf diese Weise generierten Daten könnten automatisch an einen Server übermittelt und gleichzeitig analysiert werden. Die Auswertung könnte beispielsweise eine grafische Illustration einzelner Parameter bzw. eines Index enthalten. Im Falle eines ungünstigen Verlaufs der Arbeitsfähigkeit oder aber bei generell unterdurchschnittlichen Werten, könnte das System automatisch einen Alarm auslösen und dem Betroffenen signalisieren, dass er doch einen Arzt aufsuchen sollte. Ferner könnte man andenken, dass auch der Haus- respektive Betriebsarzt über ungünstige Entwicklungen informiert wird, sodass er ggf. auf den Betroffenen zugehen kann, sollte dieser nicht von selbst vorstellig werden.

Das vorgeschlagene Konzept ermöglicht auf relativ einfache und kostengünstige Art und Weise die Entwicklung der Arbeitsfähigkeit im Verlauf darzustellen. Auf diese Weise könnten gefährdete Personen frühzeitig erkannt und zeitnah Gegenmaßnahmen eingeleitet werden. Zudem könnte man damit auch beobachten, ob und in welchem Ausmaß sich aufgrund bestimmter Behandlungen oder Maßnahmen eine Verbesserung einstellt.

Ferner hätte das Konzept den Vorteil, dass auch der Betroffene selbst, die Entwicklung der Arbeitsfähigkeit und seines Befindens über die Zeit beobachten kann. Menschen tendieren nämlich dazu, immer die negativen Dinge besonders wahrzunehmen. Insofern wird sich ein Betroffener immer eher an schlechte Tage mit Schmerzen und geringer Arbeitsfähigkeit erinnern als vielleicht an Tage, an denen es ihm relativ gut gegangen ist und er eigentlich arbeitsfähig gewesen wäre.

Unternehmen hätten nicht immer nur den Status Quo der Arbeitsfähigkeit zu einem bestimmten Stichtag, sondern könnten die Entwicklung der Arbeitsfähigkeit auch über die Zeit nachvollziehen. Insofern könnten nicht nur einzelne Abteilungen mit Optimierungsbedarf identifiziert werden, sondern man hätte auch die Möglichkeit zu kontrollieren, ob die getroffenen Maßnahmen greifen und sich die Arbeitsfähigkeit verbessert. Man müsste einzig einen Weg finden die Mitarbeiter bzw. Patienten dazu zu gewinnen, ihr Tagebuch regelmäßig zu führen.

Da das Konzept sowohl auf individueller Ebene als auch auf betrieblicher Ebene umsetzbar wäre, verspricht es eine Win-Win-Situation. Außerdem könnten auf einfache und kostengünstige Art und Weise aufschlussreiche Längsschnittdaten gewonnen werden.

Davon würde nicht zuletzt die Forschung und Wissenschaft sehr profitieren. Die gewonnenen Erkenntnisse könnten beispielsweise in die Weiter- bzw. Neuentwicklung eines Tools zur Messung von Arbeitsfähigkeit münden. Dies käme letztlich dann auch den Betroffenen zugute.

7 Diskussion

Ziel der vorliegenden Arbeit war die Darstellung der vorhandenen Tools zur Messung von Arbeitsfähigkeit und verwandten Konstrukten sowie die Empfehlung eines geeignet erscheinenden Instruments zur flächendeckenden Anwendung im Kontext der kurativen und rehabilitativen Versorgung, der betriebsärztlichen Praxis sowie der Versorgungsforschung. Das Instrument sollte dabei sowohl im ärztlichen Alltag also auch im Bereich der Versorgungsforschung anwendbar sein und einen Vergleich von verschiedenen (Früh-) Interventionsansätzen ermöglichen.

Die vorliegende Arbeit entstand dabei im Rahmen eines von einem pharmazeutischen Unternehmen finanziell geförderten Projekts in Kooperation mit Prof. Dr. Stefan Felder, Professor für Health Economics der Universität Basel, Prof. Dr. Wilfried Mau, Direktor des Instituts für Rehabilitationsmedizin der Martin-Luther-Universität Halle-Wittenberg, PD Dr. med. Sonja Merkesdal, Mitarbeiterin der Klinik für Immunologie und Rheumatologie der Medizinischen Hochschule Hannover und Prof. Dr. Oliver Schöffski, Leiter des Lehrstuhls für Gesundheitsmanagement der Friedrich-Alexander-Universität Erlangen-Nürnberg. Teilergebnisse des Projekts wurden und werden auf nationalen und internationalen Konferenzen im Bereich der Gesundheitsökonomie vorgestellt. Das finale Arbeitspapier mit dem Titel *Instrumente zur Messung von Effekten einer Frühintervention auf den Erhalt bzw. die Wiederherstellung der Arbeitsfähigkeit in Deutschland – Stellungnahme einer interdisziplinären Arbeitsgruppe* wurde am 6. Juli 2015 bei der Zeitschrift *Das Gesundheitswesen* eingereicht und zur Publikation angenommen.[912]

In der vorliegenden Arbeit wurde ein Konzept vorgeschlagen, mittels dem man die Arbeitsfähigkeit sowie Veränderungen der Arbeitsfähigkeit einer Person über die Zeit messen bzw. abbilden kann. Wenngleich kein Instrument uneingeschränkt empfohlen werden kann, stellt der dargestellte Ansatz dennoch eine pragmatische Lösung dar. Beide Instrumente, sowohl WPAI als auch WAI, sind im ärztlichen Alltag und in der Versorgungsforschung anwendbar. Die beiden Instrumente versprechen einen Kompromiss aus Praktikabilität bei gleichzeitig

---

[912] Vgl. Amler, N., Felder, S., Merkesdal, S., u. a. (zur Publikation angenommen).

ausreichender wissenschaftlicher Evidenz, abgesehen von den allgemeinen methodischen Schwierigkeiten im Hinblick auf die Untersuchung der psychometrischen Güte solcher Messinstrumente (vgl. hierzu z. B. Tang (2015)). Für die Empfehlung der beiden Instrumente spricht zudem, dass sie beide akzeptiert sind und bereits in den verschiedensten Bereichen angewendet werden. Der WAI punktet insbesondere hinsichtlich seiner Praktikabilität sowie der Tatsache, dass dieser in Deutschland bereits weit verbreitet ist und damit entsprechend auch zahlreiche Referenzwerte vorliegen. Auch der WPAI ist ein vielfach eingesetztes Instrument, das national und international insbesondere in Studien sehr gerne eingesetzt wird und daher auch für eine flächendeckende Verwendung in Deutschland empfohlen werden kann. Beide Instrumente eignen sich nicht nur zur Zustandsmessung, sondern sind nach Ansicht der befragten Experten auch zur Verlaufskontrolle und damit zur Veränderungsmessung geeignet, auch wenn die Instrumente nicht explizit nach Veränderungen fragen. Wenngleich weder der WAI noch der WPAI explizit zur Veränderungsmessung konzipiert wurden, sollten Veränderungen über die Zeit durch einen Vorher-Nachher-Vergleich gut abbildbar sein.

Bei der Empfehlung der beiden Instrumente handelt es sich jedoch um einen Kompromiss aus Mangel an besseren Alternativen. Es ist ein erster Schritt bzw. ein kleiner Beitrag im Rahmen der Debatte rund um die Messung von Arbeitsfähigkeit bzw. die Implementierung von Arbeitsfähigkeit als Ergebnisparameter. Sollte die Empfehlung innerhalb der wissenschaftlichen Community auf Akzeptanz stoßen und zukünftig eines oder beide Instrumente verwendet werden, so wäre das ein weiterer wichtiger Schritt auf dem Weg zu einer besseren Datengrundlage, die wiederum Voraussetzung für die Weiterentwicklung der Instrumente bzw. die Entwicklung eines neuen Fragebogens ist. Zudem könnten fortan Interventionsansätze auch studienübergreifend verglichen werden.

Im Zuge der Weiter- bzw. Neuentwicklung eines besser geeigneten Messinstruments müsste zwingend geklärt werden, welche Merkmalsbereiche das Instrument in welchem Ausmaß erfassen soll. Ferner müsste man einen Konsens hinsichtlich des Trade-Offs zwischen Praktikabilität und einem möglichst umfangreichen bzw. ganzheitlichen Tool finden. Auch im Rahmen der Validierung des Instruments müssten einige methodische Schwierigkeiten, zumindest aber die

Festlegung auf ein geeignetes Außen- bzw. Vergleichskriterium, geklärt werden. Ferner gilt es zu prüfen, inwiefern man die unterschiedlichen Anforderungen bzw. Sichtweisen der verschiedenen Stakeholder unter einen Hut bringen kann. Letztlich müsste man klären, ob wirklich ein Instrument ausreichend ist oder ob man nicht lieber mit einem modularen Prinzip arbeitet. Die Aufzählung der offenen bzw. ungelösten Fragen macht bereits deutlich, dass im Hinblick auf die Entwicklung eines für die genannte Zielsetzung geeigneten Tools noch ein erheblicher Forschungsbedarf besteht. Ein erster Schritt könnte dabei die Weiterentwicklung der beiden Instrumente WAI und WPAI sein. Aufgrund der Komplexität bzw. Vielschichtigkeit der Problematik sollten weitere Arbeiten in Kooperation mit den verschiedenen Beteiligten, insbesondere auch unter Einbeziehung der Arbeitsmedizin erfolgen. In der entsprechenden Publikation wurde deshalb explizit zur aktiven Beteiligung am weiteren Forschungsprozess aufgerufen.[913]

Die vorliegende Arbeit leistet damit einen Beitrag zur graduellen Verbesserung der Situation hinsichtlich der Messung von Arbeitsfähigkeit. Inwiefern sich Veränderungen der Arbeitsfähigkeit jedoch auf die Frühintervention zurückführen lassen, wurde hierbei außer Acht gelassen. So lässt sich über einen Prä-Post-Vergleich lediglich etwas über die Veränderung der Arbeitsfähigkeit, das Delta der Arbeitsfähigkeit aussagen. Dieser Unterschied muss jedoch nicht zwangsläufig auf die (Früh-) Intervention zurückzuführen sein. So kommen als Ursachen beispielsweise auch Veränderungen im sozialen oder familiären Umfeld in Betracht (vgl. Abbildung 44).

Letztlich müsste erst einmal geklärt werden, ob man lediglich Veränderungen der Arbeitsfähigkeit messen wöllte oder aber, ob man die Effekte einer Frühintervention auf den Erhalt bzw. die Wiederherstellung der Arbeitsfähigkeit bestimmen möchte.

Genau genommen handelt es sich dabei nämlich um zwei unterschiedliche Fragestellungen. Wenn man die Effekte einer Frühintervention auf den Erhalt bzw. die Wiederherstellung der Arbeitsfähigkeit abbilden möchte, müsste man zumindest die anderen Faktoren, die eine Auswirkung auf die Arbeitsfähigkeit von

[913] Vgl. Amler, N., Felder, S., Merkesdal, S., u. a. (zur Publikation angenommen).

Individuen haben könnten, kontrollieren oder gesondert erfassen. Dies würde jedoch voraussetzen, dass die Wechselbeziehungen verstanden werden. Im Allgemeinen sind die bestehenden Zusammenhänge zwischen den einzelnen Faktoren jedoch nur unzureichend wissenschaftlich untersucht.

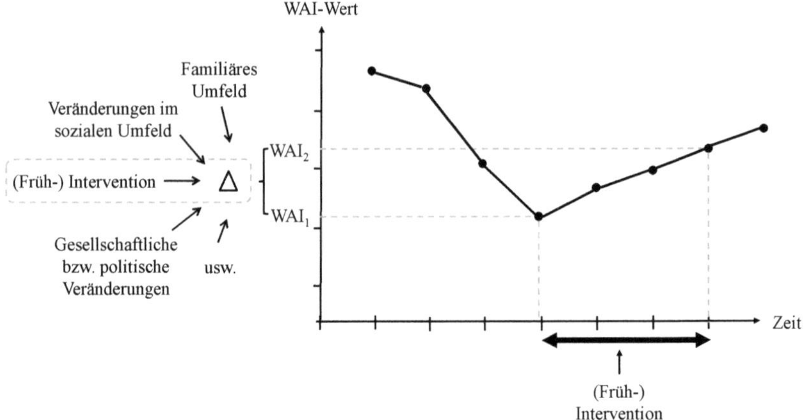

Abbildung 44: Ursachen für Veränderungen der Arbeitsfähigkeit

8 Fazit

Vor dem Hintergrund der demographischen Entwicklung und den damit verbundenen Auswirkungen auf den Arbeitsmarkt gewinnt der Erhalt bzw. die Wiederherstellung der Arbeits- und Beschäftigungsfähigkeit von Erwerbstätigen zunehmend an Bedeutung. Alternde Belegschaften und der Mangel an geeigneten Nachwuchs- und Fachkräften stellen Unternehmen sowie die Gesellschaft gleichermaßen vor zentrale Herausforderungen. Mit zunehmendem Alter steigt nicht nur die Häufigkeit chronischer Erkrankungen und das Risiko für Multimorbidität, sondern es treten auch vermehrt andere altersbedingte Beschwerden auf. Diese beeinträchtigen nicht nur die Lebensqualität der Betroffenen, sondern wirken sich auch negativ auf die Arbeits- bzw. Beschäftigungsfähigkeit aus. So gingen im Jahr 2013 allein mehr als ein Fünftel (21,8%) der Fehlzeiten auf Erkrankungen des Muskelskelettapparats zurück. Schätzungen der Bundesanstalt für Arbeitsschutz und Arbeitsmedizin zufolge führten krankheitsbedingte Fehlzeiten im Jahr 2012 zu volkswirtschaftlichen Produktionsausfällen in Höhe von rund 53 Milliarden Euro bzw. einem Verlust an Arbeitsproduktivität (Ausfall an Bruttowertschöpfung) von 92 Milliarden Euro. Ein Großteil der Fehltage ist dabei auf chronische Erkrankungen zurückzuführen.[914]

Ein Mindestmaß an Gesundheit ist dabei Grundvoraussetzung für die Leistungs- und Arbeitsfähigkeit der Beschäftigten. Auf der anderen Seite bedingen sich Arbeit und Gesundheit wechselseitig. So geht man heute davon aus, dass (Erwerbs-) Arbeit überwiegend positive Effekte auf die Gesundheit, die Leistungsfähigkeit und das Wohlbefinden der Beschäftigten hat. Der Erhalt der Arbeitsfähigkeit bzw. das Verhindern eines vorzeitigen Ausstiegs aus dem Erwerbsleben spielt somit für ein gesundes Altern eine zentrale Rolle. Dies impliziert die Notwendigkeit einer alter(n)sgerechten Ausgestaltung der Arbeitsbedingungen sowie des Angebots verschiedener altersspezifischer und alternsgerechter Präventionsmaßnahmen, welche den Verbleib der Beschäftigten im Erwerbsleben fokussieren.

[914] Vgl. Meyer, M., Modde, J., Glushanok, I. (2014); Werner, S. (2014); Bundesministerium für Arbeit und Soziales (2014), S. 41.

In der Zwischenzeit hat sich eine Vielzahl von Programmen mit dem Ziel des Erhalts bzw. der Wiederherstellung der Arbeitsfähigkeit etabliert. Den Unternehmen stehen dabei verschiedenste Gestaltungsmöglichkeiten, angefangen beim Angebot verschiedener Qualifizierungs- und Weiterbildungsmaßnahmen bis hin zu systematischen Maßnahmen im Rahmen der Betrieblichen Wiedereingliederung, zur Verfügung. Ferner besteht eine Reihe von Unterstützungsleistungen seitens der Sozialversicherungen. Auch die Sozialversicherungsträger selbst bieten ihren Versicherten ein breites Rahmenprogramm an verschiedenen Maßnahmen an. Die verschiedenen ambulanten Präventionsprogramme der Deutschen Rentenversicherung gelten dabei als besonders innovativ und vielversprechend. Die Erfahrungen mit den Programmen sind überwiegend positiv und die Evaluationen der Modellprojekte weisen auf sehr gute Resultate hin. Leider werden aber auch die Angebote der Sozialversicherungen viel zu selten in Anspruch genommen. Daneben existieren auch zahlreiche trägerübergreifende Angebote und verschiedene Best-Practice-Beispiele aus den Betrieben, die eindrucksvoll unter Beweis stellen, dass die Konzepte sehr vielversprechend sind und dazu beitragen können die Arbeitsfähigkeit langfristig auf einem hohen Niveau zu halten.

Trotz der bestehenden Vielfalt an Möglichkeiten und des zunehmenden Handlungsdrucks, geschieht noch immer viel zu wenig. Mangelnde Ressourcenausstattung und der kurze Planungshorizont der Betriebe, fehlende bzw. ungenügende Motivation bzw. Bereitschaft der Beschäftigten sowie diverse Schnittstellenprobleme und Kastendenken der verschiedenen Akteure der Sozialversicherungslandschaft führen dazu, dass von den verschiedenen Möglichkeiten nur sehr wenig Gebrauch gemacht wird. Die mangelnde präventive Ausrichtung des Gesundheitssystems und Fehlanreize im Versorgungssystem tragen ihr Übriges dazu bei. Wenngleich die Evidenz für die Wirksamkeit von Frühinterventionsmaßnahmen im Hinblick auf den Erhalt bzw. die Wiederherstellung der Arbeits- und Beschäftigungsfähigkeit in Deutschland und auch international noch unzureichend ist, deuten die vorhandenen Publikationen auf vielversprechende Potenziale hin. Demnach tragen Frühinterventionsmaßnahmen nicht nur zu besseren klinischen Ergebnissen bei, sondern haben auch das Potenzial krankheitsbedingte Fehlzeiten und die Gesamtkosten zu reduzieren.

Ein großes Problem im Hinblick auf die Evaluation von (Früh-) Interventionsmaßnahmen stellt nach wie vor die Messung von Arbeitsfähigkeit dar. Vorhandene Publikationen beschränken sich daher zumeist auf die Darstellung klinischer Ergebnisparameter. Im besten Fall werden zusätzlich krankheitsbedingte Fehlzeiten (Absentismus) bzw. die Dauer bis zur Rückkehr an den Arbeitsplatz (RTW) als Outcome-Parameter betrachtet. Die alleinige Betrachtung dieser Kennzahlen greift jedoch zu kurz. Zum Teil werden auch eigens für die jeweilige Fragestellung bzw. den jeweiligen Kontext entwickelte Messinstrumentarien herangezogen. In Summe führt dies dazu, dass zwar eine Vielzahl an Daten generiert wird, diese aber kaum genutzt werden kann. So können die Ergebnisse der verschiedenen Interventionsansätze aufgrund der unterschiedlichen Herangehensweisen bzw. betrachteten Ergebnisparameter nicht studienübergreifend verglichen werden.

Die Evaluation von Effekten einer (Früh-) Intervention auf den Erhalt bzw. die Wiederherstellung der Arbeitsfähigkeit von Beschäftigten bedarf eines geeigneten Messinstruments zur Abbildung der Leistungs- bzw. Arbeitsfähigkeit von Erwerbstätigen. Das Vorhandensein eines reliablen und validen Tools zur Messung von Arbeitsfähigkeit ist wiederum Voraussetzung für gezielte Intervention. Es existieren zwar einige Fragebögen, ein gemeinhin akzeptierter Goldstandard hat sich jedoch noch nicht etabliert. Vor diesem Hintergrund bestand die Zielsetzung der vorliegenden Arbeit darin, die verschiedenen Möglichkeiten zur Messung von Arbeitsfähigkeit und verwandten Konstrukten aufzuzeigen und dann entsprechend ein geeignet erscheinendes Tool zur flächendeckenden Verwendung in Deutschland vorzuschlagen bzw. zu empfehlen. Auf diese Weise sollen in Zukunft Interventionsansätze studienübergreifend verglichen werden können und die Datenqualität insgesamt verbessert werden. Das Instrument oder die Instrumente sollten dabei zur indikationsübergreifenden Messung von Effekten einer (Früh-) Intervention auf den Erhalt bzw. die Wiederherstellung von Arbeits- und Beschäftigungsfähigkeit in den unterschiedlichsten Settings (Betrieb, ärztlicher Alltag, Versorgungsforschung) geeignet sein.

Die systematische Literaturrecherche hat gezeigt, dass es insgesamt eine große Zahl an Tools zur Messung von Arbeitsfähigkeit und verwandten Konstrukten gibt. Nur wenige eignen sich jedoch für einen breiten Einsatz in der Praxis. Zu den am häufigsten verwendeten Instrumenten zählen der Work Productivity and Activity Impairment Questionnaire (WPAI), der Work Limitations Questionnaire (WLQ), die Stanford Presenteeism Scale (SPS), der Health and Work Performance Questionnaire (HPQ), der Health and Labor Questionnaire (HLQ), der Work Ability Index (WAI) und der Migraine Disability Assessment Questionnaire (MIDAS). Diese Tools scheinen gleichzeitig auch am vielversprechendsten zu sein. Im Rahmen der Expertenbefragungen kristallisierte sich sehr schnell heraus, dass der WAI und der WPAI zu den bekanntesten und zugleich am häufigsten verwendeten Instrumenten in Deutschland gehören. Beide Instrumente sind in deutscher Sprache verfügbar und versprechen einen Kompromiss zwischen Praktikabilität bei gleichzeitig hinreichender wissenschaftlicher Evidenz. Zugleich weisen die Experten aber auch auf erhebliche methodische Schwächen der Instrumente hin. Viele gehen sogar so weit, dass sie zum gegebenen Zeitpunkt keines der vorhandenen Instrumente guten Gewissens empfehlen können. Im Rahmen der Gruppendiskussion konnte man sich auf einen Minimalkonsens einigen. Die Empfehlung zur Verwendung von WAI und/oder WPAI stellt dabei einen pragmatischen Ansatz dar, der, sofern die Instrumente in der wissenschaftlichen Community Fuß fassen und zukünftig auch tatsächlich in den unterschiedlichen Settings verwendet werden, zu einer graduellen Verbesserung im Hinblick auf die Datengrundlage und einer besseren Vergleichbarkeit der einzelnen Interventionsansätze beitragen kann.

Die standardmäßige Verwendung von WAI und/oder WPAI kann dabei lediglich als erster Schritt gewertet werden. Auf Basis der auf diese Weise generierten Daten kann sodann an der Weiterentwicklung der Instrumente bzw. an der Entwicklung eines gänzlich neuen Tools, möglicherweise auf Basis bestehender anderer Kurzfragebögen, gearbeitet werden. Aufgrund der Komplexität und Vielschichtigkeit der Thematik setzt dies eine interdisziplinäre Arbeitsgruppe aus Mitgliedern der verschiedenen beteiligten Fachdisziplinen voraus. Möglicherweise kann auch bereits ein anderer Administrationsmodus für viele der Probleme Abhilfe schaffen. An diesen Fragen kann jedoch erst vertieft gearbeitet werden, sobald eine solide Datengrundlage gegeben ist. Daher wäre es wünschenswert, wenn die im Rahmen dieser Arbeit bzw. der entsprechenden Publikation empfohlenen Instrumente auf breiter Basis auf Akzeptanz stoßen und angewendet werden.

Die vorliegende Arbeit leistet damit einen Beitrag zur graduellen Verbesserung der Diskussion rund um die Debatte der Messung von Arbeitsfähigkeit. Nicht geklärt ist damit jedoch die Frage, inwiefern man beispielsweise sicherstellen kann, ob die Veränderungen der Arbeitsfähigkeit letztendlich auf die Intervention an sich und nicht etwa auf Veränderung der Lebensumstände der Beschäftigten bzw. Patienten zurückzuführen sind. Dies würde ein kontrolliertes Setting erfordern, das jedoch im Bereich der Prävention kaum geleistet werden kann.

Nicht zuletzt vor dem Hintergrund der mittlerweile erwiesenen positiven, salutogenen Wirkung gut gestalteter und organisierter Erwerbsarbeit auf die Gesundheit und das Wohlbefinden der Beschäftigten, wäre es dennoch erstrebenswert, wenn die Arbeitsfähigkeit als standardmäßiger Outcome-Parameter in den unterschiedlichen Settings Einzug halten würde. Denn wie bemerkte schon der Philosoph Arthur Schopenhauer: „Die Gesundheit ist zwar nicht alles, aber ohne Gesundheit ist alles nichts.“[915]

[915] Smith, P. (2010).

Literaturverzeichnis

Abásolo, L., Blanco, M., Bachiller, J., Candelas, G., Collado, P. u. a. (2005)
A Health System Program To Reduce Work Disability Related to Musculoskeletal Disorders, in: Annals of Internal Medicine 143, 6, S. 404-414.

Abdolalizadeh, M., Arastoo, A. A., Ghsemzadeh, R., Montazeri, A. (2012)
The psychometric properties of an Iranian translation of the Work Ability Index (WAI) questionnaire, in: Journal of Occupational Rehabilitation 22, 3, S. 401-408.

AGV Chemie Rheinland-Pfalz (o. J.)
Gesund im Beruf – Eine Initiative der Chemiearbeitgeber in Rheinland-Pfalz, URL: http://www.chemie-rp.de/fileadmin/user_upload/publikationen/AGV_Gesund_im_Beruf_web.pdf [Stand 20.07.2015].

Amelung, V. (2011)
Neue Versorgungsformen auf dem Prüfstand, in: Amelung, V. E., Eble, S., Hildebrandt, H. (Hrsg.), Innovatives Versorgungsmanagement, Berlin, MWV Medizinisch Wissenschaftliche Verlagsgesellschaft, S. 3-16.

Amelung, V., Eble, S., Hildebrandt, H. (Hrsg.) (2011)
Innovatives Versorgungsmanagement, Berlin, MWV Medizinisch Wissenschaftliche Verlagsgesellschaft.

Amler, N., Felder, S., Merkesdal, S., Mau, W., Schöffski, O. und Mitglieder einer interdisziplinären Arbeitsgruppe (zur Publikation angenommen)
Instrumente zur Messung von Effekten einer Frühintervention auf den Erhalt bzw. die Wiederherstellung der Arbeitsfähigkeit in Deutschland – Stellungnahme einer interdisziplinären Arbeitsgruppe, in: Das Gesundheitswesen.

Anderson, L. M., Quinn, T. A., Glanz, K., Ramirez, G. (2009)
The effectiveness of worksite nutrition and physical activity interventions for controlling employee overweight and obesity: a systematic review, in: American Journal of Preventive Medicine 37, 4, S. 340-357.

Angermeier, M., Feldes, W., Römer, B. (2005)
Der Work Ability Index (WAI) oder auf deutsch der Arbeitsbewältigungsindex (ABI) aus Sicht der IG Metall, in: Gute Arbeit 4, S. 37-39.

AOK-Bundesverband, BKK-Bundesverband, IKK, Spitzenverband der Landwirtschaftlichen Sozialversicherung (2011)
Vereinbarung zur Zuständigkeitsabgrenzung bei stufenweiser Wiedereingliederung nach § 28 i. V. m. § 51 Abs. 5 SGB IX.

Arnold, G., Krancioch, S. (2007)
Best agers – Best targets? Neue Potenziale für Produzenten und Dienstleister, Saarbrücken, VDM, Müller.

Aronsson, G. (2000)
Sick but yet at work. An empirical study of sickness presenteeism, in: Journal of Epidemiology & Community Health 54, 7, S. 502-509.

Badura, B., Astor, M. (Hrsg.) (2003)
Demographischer Wandel: Herausforderung für die betriebliche Personal- und Gesundheitspolitik, Berlin u. a., Springer.

Badura, B., Ducki, A., Schröder, H., Klose, J., Macco, K. (Hrsg.) (2011)
Führung und Gesundheit, Berlin u. a., Springer.

Badura, B., Ducki, A., Schröder, H., Klose, H., Meyer, M. (Hrsg.) (2014)
Erfolgreiche Unternehmen von morgen – gesunde Zukunft heute gestalten. Zahlen, Daten, Analysen aus allen Branchen der Wirtschaft, Berlin u. a., Springer.

Badura, B., Hehlmann, T., Walter, U. (2010)
Betriebliche Gesundheitspolitik. Der Weg zur gesunden Organisation, 2., vollst. überarb. Aufl., Berlin u. a., Springer.

Badura, B., Klose, J., Macco, K., Schröder, H. (Hrsg.) (2010)
Arbeit und Psyche: Belastungen reduzieren – Wohlbefinden fördern, Berlin u. a., Springer.

Badura, B., Schellschmidt, H., Vetter, C. (Hrsg.) (2007)
Chronische Krankheiten. Betriebliche Strategien zur Gesundheitsförderung, Prävention und Wiedereingliederung, Heidelberg, Springer.

Badura, B., Schröder, H., Klose, J., Macco, K. (Hrsg.) (2010)
Vielfalt managen: Gesundheit fördern – Potenziale nutzen, Berlin u. a., Springer.

Baldwin, M. L., Johnson, W. G., Butler, R. J. (1996)
The error of using returns-to-work to measure the outcomes of health care, in: American Journal of Industrial Medicine 29, 6, S. 632-641.

BARMER GEK (2014)
Fit for work – Schneller zurück in den Job, URL: https://firmenangebote.barmer-gek.de/barmer/web/Portale/Firmenangebote/Gesundheitsangebote-fuer-Beschaeftigte/Gesundheit-im-Unternehmen/Ratgeber/fit_20for_20work/Fit_20for_20 work.html [Stand 17.07.2015].

Bayrisches Staatsministerium für Arbeit und Soziales, Familie und Integration (o. J.)
Arbeitsschutz in Deutschland, URL: http://www.stmas.bayern.de/gewerbeaufsicht/organisation/deutschland.php [Stand 21.07.2015].

Beaton, D., Bombardier, C., Escorpizo, R., Zhang, W. (2009)
Measuring worker productivity: frameworks and measures, in: The Journal of Rheumatology 36, 9, S. 2100-2109.

Bechmann, S., Dahms, V., Tschersich, N., Frei, M. (2012)
Fachkräfte und unbesetzte Stellen in einer alternden Gesellschaft – Problemlagen und betriebliche Reaktionen, IAB Forschungsbericht 13/2012, URL: http://doku.iab.de/forschungsbericht/2012/ fb1312.pdf [Stand: 17.09.2015].

Behrens, J. (2003)
Fehlzeit Frühberentung oder: Länger erwerbstätig durch Personal- und Organisationsentwicklung, in: Badura, B., Astor, M. (Hrsg.), Demographischer Wandel, Berlin u. a., Springer, S. 115-136.

Bellmann, L., Hilpert, M., Kistler, E., Wahse, J. (2003)
Herausforderungen des demografischen Wandels für den Arbeitsmarkt und die Betriebe, in: Mitteilungen aus der Arbeitsmarkt- und Berufsforschung 2, S. 133-149.

Bergische Universität Wuppertal (2011)
Die NEXT-Studie (Nurses' early exit study), URL: http://www.next.uni-wuppertal.de/index.php?next-studie [Stand 09.09.2015].

Bergström, G., Bodin, L., Hagberg, J., Aronsson, G., Josephson, M. (2009a)
Sickness presenteeism today, sickness absenteeism tomorrow? A prospective study on sickness presenteeism and future sickness absenteeism, in: Journal of Occupational and Environmental Medicine/American College of Occupational and Environmental Medicine 51, 6, S. 629-638.

Bergström, G., Bodin, L., Hagberg, J., Lindh, T. (2009b)
Does sickness presenteeism have an impact on future general health?, in: International Archives of Occupational and Environmental Health 82, 10, S. 1179-1190.

Bethge, M., Radoschewski, F. M., Gutenbrunner, C. (2012)
The Work Ability Index as a screening tool to identify the need for rehabilitation: longitudinal findings from the Second German Sociomedical Panel of Employees, in: Journal of Rehabilitation Medicine 44, 11, S. 980-987.

Bevan, S. (2015)
Back to Work – Exploring the benefits of Early Interventions which help people with Chronic Illness remain in work, URL: http://www.fitforworkeurope.eu/Downloads/Economics%20of%20 Early%20 Intervention%20FINAL.pdf [Stand 14.07.2015].

Bieneck, H.-J., Sedlatschek, C., Kuhn, K., Freude, G., Pech, E. (2005)
Position der Bundesanstalt für Arbeitsschutz und Arbeitsmedizin in der Debatte um den „Work Ability Index", in: Gute Arbeit 7, S. 36-39.

Birg, H. (2003)
Dynamik der demographischen Alterung, Bevölkerungsschrumpfung und Zuwanderung in Deutschland, in: Aus Politik und Zeitgeschichte, S. 6-17.

Blancke, S., Roth, C., Schmid, J. (2000)
Employability ("Beschäftigungsfähigkeit") als Herausforderung für den Arbeitsmarkt. Auf dem Weg zur flexiblen Erwerbsgesellschaft; eine Konzept- und Literaturstudie, Stuttgart, Akademie für Technikfolgenabschätzung in Baden-Württemberg.

Böckerman, P., Laukkanen, E. (2009)
Presenteeism in Finland – Determinants By Gender and The Sector of Economy, in: Ege Academic Review 9, 3, S. 1007-1016.

Bödeker, W., Barthelmes, I. (2011)
Arbeitsbedingte Gesundheitsgefahren und Berufe mit hoher Krankheitslast in Deutschland. Synopse des wissenschaftlichen Kenntnisstandes und ergänzende Datenanalysen, iga.Report 22, URL: http://www.iga-info.de/veroeffentlichungen/igareporte/igareport-22/?L=0 [Stand 17.09.2015].

Bogner, A. (Hrsg.) (2009)
Experteninterviews, Wiesbaden, Verlag für Sozialwissenschaften.

Bogner, A., Littig, B., Menz, W. (Hrsg.) (2005)
Das Experteninterview – Theorie, Methode, Anwendung, 2. Aufl., Wiesbaden, Verlag für Sozialwissenschaften.

Böhm, K., Tesch-Römer, C., Ziese, T. (2009)
Gesundheit und Krankheit im Alter, Beiträge zur Gesundheitsberichterstattung des Bundes, URL: http://www.rki.de/DE/Content/Gesundheitsmonitoring/Gesundheitsberichterstattung/GBEDownloadsB/alter_gesundheit.pdf?__blob=publicationFile [Stand 17.09.2015].

Bohnsack, R. (2013)
Gruppendiskussion, in: Flick, U., Kardorff, E. v., Steinke, I. (Hrsg.), Qualitative Forschung, 6., durchges. und aktualisierte Aufl., Reinbek bei Hamburg, Rowohlt Taschenbuch-Verlag, S. 369-383.

Bohnsack, R., Przyborski, A., Schäffer, B. (2010)
Gruppendiskussion als Methode rekonstruktiver Sozialforschung, in: Bohnsack, R., Przyborski, A., Schäffer, B. (Hrsg.), Das Gruppendiskussionsverfahren in der Forschungspraxis, 2., überarb. Aufl., Opladen, Budrich, S. 7-24.

Bohnsack, R., Przyborski, A., Schäffer, B. (Hrsg.) (2010)
Das Gruppendiskussionsverfahren in der Forschungspraxis, 2., überarb. Aufl., Opladen, Budrich.

Bortz, J., Döring, N. (2009)
Forschungsmethoden und Evaluation. Für Human- und Sozialwissenschaftler, 4., überarb. Aufl., Heidelberg, Springer-Medizin-Verlag.

Bouwmans, C., Jong, K. de, Timman, R., Zijlstra-Vlasveld, M. (2013)
Feasibility, reliability and validity of a questionnaire on healthcare consumption and productivity loss in patients with a psychiatric disorder (TiC-P), in: BMC Health Services Research 13, 217, S. 1-9.

Bouwmans, C., Krol, M., Brouwer, W., Severens, J. L. (2014)
IMTA Productivity Cost Questionnaire (IPCQ), in: Value in Health 17, 7, S. A550.

Bouwmans, C., Krol, M., Severens, H., Koopmanschap, M. (2015)
The iMTA Productivity Cost Questionnaire: A Standardized Instrument for Measuring and Valuing Health-Related Productivity Losses, in: Value in Health [in Press].

Braakman-Jansen, L. M., Taal, E., Kuper, I. H., van de Laar, M. A. (2012)
Productivity loss due to absenteeism and presenteeism by different instruments in patients with RA and subjects without RA, in: Rheumatology 51, 2, S. 354-361.

Brandenburg, U., Domschke, J.-P. (2007)
Die Zukunft sieht alt aus. Herausforderungen des demografischen Wandels für das Personalmanagement, Wiesbaden, Gabler.

Braun, M. (2004)
Unternehmensstrategie Gesundheit. Konzepte für einen zeitgemäßen Arbeitsschutz, Renningen, Expert Verlag.

Broding, H. C., Kiesel, J., Lederer, P., Kötter, R., Drexler, H. (2010)
Betriebliche Gesundheitsförderung in Netzwerkstrukturen am Beispiel des Erlanger Modells – "Bewegte Unternehmen", in: Gesundheitswesen 72, 7, S. 425-432.

Brosius, H.-B., Haas, A., Koschel, F. (2012)
Methoden der empirischen Kommunikationsforschung. Eine Einführung, 6., erweiterte und aktualisierte Aufl., Wiesbaden, Springer VS.

Brouwer, W. B. F., Koopmanschap, M., Rutten, F. F. H. (1999)
Productivity losses without absense: measurement validation and empirical evidence, in: Health Policy 48, S. 13-27.

Brouwer, W. B. F., Meerding, W.-J., Lamers, L. M., Severens, J. L. (2005)
The Relationship between Productivity and Health-Related QOL, in: PharmacoEconomics 23, 3, S. 209-218.

Bruce, G. (1992)
Comments, in: Svartvik, J. (Ed.), Trends in Linguistics – Directions in Corpus Linguistics, Berlin, Walter de Gruyter & Co., S. 145-149.

Bühner, M. (2011)
Einführung in die Test- und Fragebogenkonstruktion, 3., aktualisierte Auflage, München, Person Studium.

Bullinger, H.-J., Buck, H. (2007)
Demographischer Wandel und die Notwendigkeit, Kompetenzsicherung und -entwicklung in der Unternehmung neu zu betrachten, in: Jochmann, W., Gechter, S. (Hrsg.), Strategisches Kompetenzmanagement, Berlin u. a., Springer, S. 61-77.

Bundesagentur für Arbeit (2011)
Perspektive 2025: Fachkräfte für Deutschland, URL: https://www.arbeitsagentur.de/web/wcm/idc/groups/public/documents/webdatei/mdaw/mtaw/~edisp/l6019022dstbai398619.pdf?_ba.sid=L6019022DSTBAI398622 [Stand 17.09.2015].

Bundesagentur für Arbeit (2014a)
Arbeitskräftenachfrage und Fachkräfteengpass, URL: https://statistik.arbeitsagentur.de/Statischer-Content/Grundlagen/Methodenberichte/ Arbeitsmarktstatistik/Generische-Publikationen/ Methodenbericht-Arbeitskraeftenachfrage-und-Fachkraefteengpass.pdf [Stand 25.08.2015].

Bundesagentur für Arbeit (2014b)
Beschäftigungsquoten – Deutschland, Länder, Kreise, Regionen der Agenturen für Arbeit, URL: https://statistik.arbeitsagentur.de/nn_31966/SiteGlobals/Forms/Rubrikensuche/Rubri ken suche_Form.html?view=processForm&resourceId=210368&input_=&page Locale=de &topicId=746714&year_month=201406&year_month.GROUP=1&search=Suchen [Stand 25.08.2015].

Bundesagentur für Arbeit (2015)
Der Arbeitsmarkt in Deutschland - Fachkräfteengpassanalyse, URL: https://statistik.arbeits agentur.de/Statischer-Content/Arbeitsmarktberichte/Fachkraeftebedarf-Stellen/Fachkraefte/BA-FK-Engpassanalyse-2015-06.pdf [Stand 25.08.2015].

Bundesanstalt für Arbeitsschutz und Arbeitsmedizin (2001)
Gesunde MitarbeiterInnen in gesunden Unternehmen, URL: http://www.baua.de/de/Publikationen/Broschueren/A5.pdf?__blob=publicationFile [Stand 22.07.2015].

Bundesanstalt für Arbeitsschutz und Arbeitsmedizin (2012)
Betriebliches Eingliederungsmanagement, URL: http://www.baua.de/de/Themen-von-A-Z/BEM/BEM.html [Stand 20.07.2015].

Bundesanstalt für Arbeitsschutz und Arbeitsmedizin (2014)
Gefährdungsbeurteilung, URL: http://www.baua.de/de/Themen-von-A-Z/Gefaehrdungs beurteilung/Gefaehrdungsbeurteilung.html [Stand 20.07.2015].

Bundesarbeitsgemeinschaft für Rehabilitation (2004)
Gemeinsame Empfehlung nach §§ 12 Abs. 1 Nr. 5, 13 Abs. 2 Nr. 1 SGB IX, dass Prävention entsprechend dem in § 3 SGB IX genannten Ziel erbracht wird (Gemeinsame Empfehlung „Prävention nach § 3 SGB IX“) vom 16. Dezember 2004.

Bundesarbeitsgemeinschaft für Rehabilitation (2010)
Perspektiven für die Optimierung von Wirksamkeit und Wirtschaftlichkeit in der Rehabilitation unter besonderer Berücksichtigung trägerübergreifender Aspekte. Zusammenfassender Ergebnisbericht des BAR-Projektes „Wirksamkeit und Wirtschaftlichkeit", URL: http://www.bar-frankfurt.de/fileadmin/dateiliste/rehabilitation_und_teilhabe/Qualitaet_in_der_Reha/Effektivitaet_ und_Effizienz/downloads/BAR_Projekt_WuW_Ergebnisbericht.pdf [Stand 17.09.2015].

Bundesinstitut für Bevölkerungsforschung (2004)
Bevölkerung. Fakten - Trends - Ursachen - Erwartungen, URL: http://www.bib-demografie.de/SharedDocs/Publikationen/DE/Broschueren/bevoelkerung_2004.pdf [Stand 17.09.2015].

Bundesinstitut für Bevölkerungsforschung (2015a)
Lebenserwartung, URL: http://www.bib-demografie.de/SharedDocs/Glossareintraege/DE/L/lebenserwartung.html?nn=3072818 [Stand 13.07.2015].

Bundesinstitut für Bevölkerungsforschung (2015b)
Rohe Sterbeziffer, URL: http://www.bib-demografie.de/SharedDocs/Glossareintraege/DE/R/rohe_sterbeziffer.html?nn=3072818 [Stand 13.07.2015].

Bundesministerium des Innern (2011)
Demografiebericht. Bericht der Bundesregierung zur demografischen Lage und künftigen Entwicklung des Landes, URL: https://www.bmi.bund.de/SharedDocs/Downloads/DE/Broschueren/2012/demografiebericht.pdf?__blob=publicationFile [Stand 17.09.2015].

Bundesministerium des Innern (o. J.)
Jedes Alter zählt. Demografiestrategie der Bundesregierung, URL: https://www.bmi.bund.de/SharedDocs/Downloads/DE/Broschueren/2012/demografiestrategie.pdf?__blob=publicationFile [Stand 17.09.2015].

Bundesministerium für Arbeit und Soziales (2014)
Sicherheit und Gesundheit bei der Arbeit 2012. Unfallverhütungsbericht Arbeit, URL: http://www.baua.de/de/Publikationen/Fachbeitraege/Suga-2012.html;jsessionid=56D4273BA13CD36E2EA22A234CFF69D3.1_cid333 [Stand 17.09.2015].

Bundesministerium für Arbeit und Soziales (2015)
Rehabilitation und Teilhabe behinderter Menschen, URL: http://www.bmas.de/SharedDocs/Downloads/DE/PDF-Publikationen/a990-rehabilitation-und-teilhabe-deutsch.pdf?__blob= publicationFile [Stand 17.09.2015].

Bundesministerium für Arbeit und Soziales (o. J. a)
Arbeitsschutzgesetz (ArbSchG), URL: http://www.bmas.de/DE/Service/Gesetze/arbschg.html [Stand 21.07.2015].

Bundesministerium für Arbeit und Soziales (o. J. b)
Betriebliches Eingliederungsmanagement, URL: http://www.bmas.de/DE/Themen/Arbeitsschutz/ Gesundheit-am-Arbeitsplatz/betriebliches-eingliederungsmanagement.html [Stand 22.07.2015].

Bundesministerium für Arbeit und Soziales (o. J. c)
Erhalt der Beschäftigungsfähigkeit. Arbeitsmedizinische Empfehlung, URL: http://www.bmas.de/SharedDocs/Downloads/DE/PDF-Publikationen-DinA4/a452-erhalt-beschaeftigungsfaehigkeit.pdf ?__blob=publicationFile [Stand 17.09.2015].

Bundesministerium für Familie, Senioren, Frauen und Jugend (2010)
Sechster Bericht zur Lage der älteren Generation in der Bundesrepublik Deutschland. Altersbilder in der Gesellschaft, URL: http://www.bmfsfj.de/RedaktionBMFSFJ/Abteilung3/Pdf-Anlagen/bt-drucksache-sechster-altenbericht,property=pdf,bereich=bmfsfj,sprache=de,rwb=true.pdf [Stand 17.09.2015].

Bundesministerium für Gesundheit (2011a)
„befit per click" – Robert Bosch GmbH und Bosch BKK, URL: http://www.bmg.bund.de/themen/praevention/betriebliche-gesundheitsfoerderung/best-practice-baden-wuerttemberg/projekte-bewegung/befit-per-click.html [Stand 14.09.2015].

Bundesministerium für Gesundheit (2011b)
Genuss is(s)t gesund! – Beiersdorf AG und tesa SE und BKK Beiersdorf AG, URL: http://www.bmg.bund.de/themen/praevention/betriebliche-gesundheitsfoerderung/best-practice-hamburg/projekte-ernaehrung.html [Stand 14.09.2015].

Bundesministerium für Gesundheit (2011c)
„Rauchfrei-Programm" der ZF Friedrichshafen AG und der BKK ZF & Partner, URL: http://www.bmg.bund.de/themen/praevention/betriebliche-gesundheitsfoerderung/best-practice-nordrhein-westfalen/projekte-sucht/rauchfrei-programm-zf-friedrichshafen-ag.html [Stand 14.09.2015].

Bundesministerium für Gesundheit (2011d)
Unternehmen unternehmen Gesundheit. Betriebliche Gesundheitsförderung in kleinen und mittleren Unternehmen, URL: https://www.bundesgesundheitsministerium.de/fileadmin/dateien/Publikationen/Praevention/Broschueren/Broschuere_Unternehmen_unternehmen_Gesundheit_-_Betriebliche_Gesundheitsfoerderung_in_kleinen_und_mittleren_Unternehmen.pdf [Stand 17.09.2015].

Bundesministerium für Gesundheit (2012)
Präventionsstrategie, URL: http://www.bmg.bund.de/fileadmin/dateien/Downloads/P/praeventonsstrategie/Praeventionsstrategie_Endfassung_121213.pdf [Stand 17.09.2015].

Bundesministerium für Gesundheit (2015a)
Präventionsgesetz im Bundestag, URL: http://www.bmg.bund.de/themen/praevention/praeventionsgesetz.html [Stand 15.05.2015].

Bundesministerium für Gesundheit (2015b)
Stadt Nürnberg, URL: http://www.bmg.bund.de/service/medien.html?tx_bmgmedia_pi1[content]=27988&tx_bmgmedia_pi1[controller]=Page&cHash=a47324bf13cee256c0e6fb56e4c70c61 [Stand 14.09.2015].

Bundessozialgericht (1967)
Urteil vom 30.05.1967 (3 RK 15/65). BSGE 26, 288 - 292.

Burton, W. N., Conti, D. J., Chen, C. Y., Schultz, A. B., Edington, D. W. (1999)
The role of health risk factors and disease on worker productivity, in: Journal of Occupational and Environmental Medicine 41, 10, S. 863-877.

Bushnell, D. M., Reilly, M. C., Galani, C., Martin, M. L. (2006)
Validation of electronic data capture of the Irritable Bowel Syndrome – Quality of Life Measure, the Work Productivity and Activity Impairment Questionnaire for Irritable Bowel Syndrome and the EuroQol, in: Value in Health 9, 2, S. 98-105.

Busse, G. (2003)
Leitfadengestützte, qualitative Telefoninterviews, in: Katenkamp, O., Kopp, R., Schröder, A. (Hrsg.), Praxishandbuch Empirische Sozialforschung, Münster, Lit, S. 27-33.

Butterworth, P., Leach, L. S., Strazdins, L., Olesen, S. C. (2011)
The psychosocial quality of work determines whether employment has benefits for mental health: results from a longitudinal national household panel survey, in: Occupational and Environmental Medicine 68, 11, S. 806-812.

California Health Benefits Review Program (CHBRP) (2013)
Analysis of Senate Bill 189: Health Care Coverage: Wellness Programs, URL: http://chbrp. ucop.edu/index.php?action=read&bill_id=149&doc_type=3 [Stand 23.06.2015].

Carel, R. S., Weinstein, N. (2013)
Work ability index questionnaire – first utilization of the Hebrew translation in Israel, in: Harefuah 152, 1, S. 7-10, 60.

Centre for Reviews and Dissemination (2009)
Systematic Reviews. CRD's guidance for undertaking reviews in health care, York, University of York.

Chau, J. (2009)
Evidence module: workplace physical activity and nutrition interventions, in: Physical Activity Nutrition and Obesity Research Group, University of Sydney, URL: http://sydney.edu.au/ medicine/public-health/prevention-research/news/reports/Evidence_ module_Workplace.pdf [Stand 17.09.2015].

Chojnacki, M. (1982)
Eine Typologie der psychosozialen Mitursachen des krankheitsbedingten Absentismus, in: Sozial- und Präventivmedizin 27, 4, S. 173-177.

Christmann, G. (2009)
Telefonische Experteninterviews – ein schwieriges Unterfangen, in: Bogner, A. (Hrsg.), Experteninterviews, Wiesbaden, Verlag für Sozialwissenschaften, S. 197-222.

Craig, D., Rice, S. (2007)
NHS Economic Evaluation Database Handbook, York, University of York.

Da Silva Junior, S. H. A. (2011)
Validity and Reliability of the work ability index questionnaire in nurse's work, in: Journal of Epidemiology & Community Health 65, Suppl 1, S. A457.

Das Zweite Buch Sozialgesetzbuch – Grundsicherung für Arbeitsuchende (2015)
in der Fassung der Bekanntmachung vom 13. Mai 2011 (BGBl. I S. 850, 2094), zuletzt geändert durch Artikel 5 des Gesetzes vom 24. Juni 2015 (BGBl. I S. 974).

Das Fünfte Buch Sozialgesetzbuch – Gesetzliche Krankenversicherung (2015)
vom 20. Dezember 1988 (BGBl. I S. 2477, 2482), zuletzt geändert durch Artikel 1 und 2 des Gesetzes vom 17. Juli 2015 (BGBl. I S. 1368).

Das Sechste Buch Sozialgesetzbuch – Gesetzliche Rentenversicherung (2015)
in der Fassung der Bekanntmachung vom 19. Februar 2002 (BGBl. I S. 754, 1404, 3384), zuletzt geändert durch Artikel 3 des Gesetzes vom 17. Juli 2015 (BGBl. I S. 1368).

Das Siebte Buch Sozialgesetzbuch – Gesetzliche Unfallversicherung (2015)
vom 7. August 1996 (BGBl. I S. 1254), zuletzt geändert durch Artikel 451 der Verordnung vom 31. August 2015 (BGBl. I S. 1474).

Das Neunte Buch Sozialgesetzbuch – Rehabilitation und Teilhabe behinderter Menschen (2015)
vom 19. Juni 2001 (BGBl. I S. 1046, 1047), zuletzt geändert durch Artikel 452 der Verordnung vom 31. August 2015 (BGBl. I S. 1474).

de Zwart, B. C. H., Frings-Dresen, M. H. W., van Duivenbooden, J. C. (2002)
Test-retest reliability of the Work Ability Index questionnaire, in: Occupational Medicine 52, 4, S. 177-181.

Denzin, N. K. (1978)
The Research Act, Englewood Cliffs, Prentice Hal.

Derycke, H., Clays, E., Vlerick, P., D'Hoore, W. (2012)
Perceived work ability and turnover intentions: a prospective study among Belgian healthcare workers, in: Journal of Advanced Nursing 68, 7, S. 1556-1566.

Deutsche Rentenversicherung (o. J.)
Reha-Servicestellen, URL: http://www.reha-servicestellen.de/ [Stand 15.07.2015].

Deutsche Akademie für Rehabilitation, Deutsche Vereinigung für Rehabilitation (2013)
RehaFutur, URL: http://www.rehafutur.de/index.php?id=61 [Stand 17.07.2015].

Deutsche Gesellschaft für Arbeitsmedizin und Umweltmedizin (o. J.)
Duales Arbeitsschutzsystem, URL: http://www.dgaum.de/gesetze-verordnungen/duales-arbeitsschutzsystem/ [Stand 21.07.2015].

Deutsche Gesellschaft für Rheumatologie (2012)
S1-Leitlinie der Deutschen Gesellschaft für Rheumatologie: Handlungsempfehlungen der DGRh zur sequenziellen medikamentösen Therapie der rheumatoiden Arthritis 2012, URL: http://dgrh.de/fileadmin/media/Praxis___Klinik/Leitlinien/2012/leitlinie_s1__medikamentoese_therapie_ra.pdf [Stand 17.09.2015].

Deutsche Gesetzliche Unfallversicherung, Spitzenverband der landwirtschaftlichen Sozialversicherung, Spitzenverband Bund der Krankenkassen (2009)
Rahmenvereinbarung der Deutschen Gesetzlichen Unfallversicherung, des Spitzenverbandes der landwirtschaftlichen Sozialversicherung und des GKV-Spitzenverbandes unter Beteiligung der Verbände der Krankenkassen auf Bundesebene zur Zusammenarbeit bei der betrieblichen Gesundheitsförderung und der Verhütung arbeitsbedingter Gesundheitsgefahren.

Deutsche Rentenversicherung (2013)
Rahmenkonzept zur Umsetzung der medizinischen Leistungen zur Prävention und Gesundheitsförderung nach § 31 Abs. 1 Satz 1 Nr. 2 SGB VI, URL: http://www.deutsche-rentenversicherung.de/Allgemein/de/Inhalt/3_Infos_fuer_Experten/01_sozialmedizin_forschung/downloads/konzepte_systemfragen/konzepte/Rahmenkonzept_Med_Leistungen_Pr%C3%A4 vention.pdf?__blob=publicationFile&v=5 [Stand 17.09.2015].

Deutsche Rentenversicherung Baden-Württemberg (2015)
RehaBau, URL: http://www.deutsche-rentenversicherung.de/BadenWuerttemberg/de/Navigation/2_Rente_Reha/02_Reha/01_Modellprojekte/RehaBau_node.html [Stand 17.07.2015].

Deutsche Rentenversicherung Bund (2013)
Sozialmedizinisches Glossar der Deutschen Rentenversicherung, URL: http://www.deutsche-rentenversicherung.de/cae/servlet/contentblob/208364/publicationFile/59514/druckfassung_glossar_.pdf [Stand 05.06.2015].

Deutsche Rentenversicherung Bund (2014)
Rentenversicherung in Zeitreihen. Oktober 2014, URL: http://www.deutsche-rentenversiche rung.de/cae/servlet/contentblob/238700/publicationFile/50912/03_rv_in_zeitreihen.pdf [Stand 17.09.2015].

Deutsche Rentenversicherung Oldenburg-Bremen (o. J.)
Historie der Deutsche Rentenversicherung Oldenburg-Bremen, URL: http://www.deutsche-rentenversicherung.de/OldenburgBremen/de/Navigation/6_Wir_ueber_uns/Fakten%20und%20Wissen/Bibliothek/historie_node.html [Stand 26.05.2015].

Deutsche Rentenversicherung Rheinland (2015)
Web-Reha, URL: http://www.deutsche-rentenversicherung.de/Rheinland/de/Inhalt/2_Rente_Reha/02_Reha/05_fachinformationen/03_reha_projekte_/01_web_reha/00_web_reha.html [Stand 17.07.2015].

Deutscher Bundestag (2003)
Gutachten 2003 des Sachverständigenrates für die Konzertierte Aktion im Gesundheitswesen, URL: http://dip21.bundestag.de/dip21/btd/15/005/1500530.pdf [Stand 27.08.2015].

Deutscher Bundestag (2015)
Entwurf eines Gesetzes zur Stärkung der Gesundheitsförderung und der Prävention. (Präventionsgesetz - PrävG), URL: http://www.bmg.bund.de/fileadmin/dateien/Downloads/P/Praeventionsgesetz/141217_Gesetzentwurf_Praeventionsgesetz.pdf [Stand 17.09.2015].

Dew, K., Keefe, V., Small, K. (2005)
'Choosing' to work when sick: workplace presenteeism, in: Social Science & Medicine 60, 10, S. 2273-2282.

Dickmann, N. (2003)
Demographischer Wandel. Geburtenraten im internationalen Vergleich, URL: http://www.roman herzoginstitut.de/uploads/tx_mspublication/Dickmann-Demographischer_Wandel-_Geburtenraten_ im_internationalen_Vergleich.pdf [Stand 17.09.2015].

Dragano, N., Schneider, L. (2011)
Psychosoziale Arbeitsbelastungen als Prädiktoren der krankheitsbedingten Frühberentung: Ein Beitrag zur Beurteilung des Rehabilitationsbedarfs, in: Die Rehabilitation 50, 1, S. 28-36.

Egner, U., Schliehe, F., Streibelt, M. (2011)
MBOR – Ein Prozessmodell in der medizinischen Rehabilitation, in: Die Rehabilitation 50, 3, S. 143-144.

Ehrentraut, O., Fetzer, S. (2007)
Die Bedeutung älterer Arbeitnehmer im Zuge der demografischen Entwicklung, in: Holz, M., Da-Cruz, P. (Hrsg.), Demografischer Wandel in Unternehmen – Herausforderung für die strategische Personalplanung, Wiesbaden, Betriebswirtschaftlicher Verlag Dr. Th. Gabler / GWV Fachverlage GmbH, S. 23-35.

Eichhorst, W. (2014)
Beschäftigungsfähigkeit als ein zentraler Faktor eines längeren Erwerbslebens, IZA Standpunkte Nr. 64, URL: http://ftp.iza.org/sp64.pdf [Stand: 19.09.2015].

Elsner, G. (2005)
Der Arbeitsbewältigungsindex: Eine Bewertung aus arbeitsmedizinischer Sicht, in: Gute Arbeit 2, S. 18-21.

Eriksson, M., Lindström, B. (2007)
Antonovsky's sense of coherence scale and its relation with quality of life: a systematic review, in: Journal of Epidemiology & Community Health 61, 11, S. 938-944.

Esch, F.-R. (2004)
Strategie und Technik der Markenführung, 2., überarb. und erw. Aufl., München, Vahlen.

Esslinger, A. S., Emmert, M., Schöffski, O. (Hrsg.) (2010)
Betriebliches Gesundheitsmanagement, Wiesbaden, Gabler.

Europäisches Netzwerk für Betriebliche Gesundheitsförderung (2007)
Luxemburger Deklaration. zur betrieblichen Gesundheitsförderung in der Europäischen Union in der Fassung von Januar 2007, URL: http://www.luxemburger-deklaration.de/fileadmin/rs-dokumente/dateien/LuxDekl/Luxemburger_Deklaration_09-12.pdf [Stand 17.09.2015].

Evers, J. C., Silver, C., Mruck, K., Peeters, B. (2011)
Introduction to the KWALON Experiment: Discussions on Qualitative Data Analysis Software by Developers and Users, in: Forum Qualitative Social Research 12, 1.

Fit for Work Europe (2015)
A fit workforce for a fit economy: a collection of fit for work good practices, URL: http://www.fitforworkeurope.eu/Downloads/FFW_brochhure_04.pdf [Stand 26.06.2015].

Fit for Work Europe (o. J.)
Why chronic ill-health in the EU workforce should be an economic priority, URL: http://www.fitforworkeurope.eu/Downloads/Website-Documents/FfW%20Europe%20Policy%20Paper%20for%20Lithuanian%20Presidency%20FINAL%20FOR%20PRINTING.pdf [Stand 26.06.2015].

Flick, U. (2009)
Sozialforschung. Methoden und Anwendungen, Reinbek bei Hamburg, Rowohlt Taschenbuch-Verlag.

Flick, U. (2011)
Qualitative Sozialforschung. Eine Einführung., 4. Auflage, Reinbek bei Hamburg, Rowohlt Taschenbuch-Verlag.

Flick, U. (2012)
Qualitative Sozialforschung. Eine Einführung, 5. Auflage, Reinbek bei Hamburg, Rowohlt-Taschenbuch-Verlag.

Flick, U. (2013)
Triangulation in der qualitativen Forschung, in: Flick, U., Kardorff, E. v., Steinke, I. (Hrsg.), Qualitative Forschung, 6., durchges. und aktualisierte Aufl., Reinbek bei Hamburg, Rowohlt Taschenbuch-Verlag, S. 309-318.

Flick, U., Kardorff, E. v., Steinke, I. (Hrsg.) (2013)
Qualitative Forschung – Ein Handbuch, 6., durchges. und aktualisierte Aufl., Reinbek bei Hamburg, Rowohlt Taschenbuch-Verlag.

Franche, R., Krause, N. (2003)
Critical factors in recovery and return to work, in: Sullivan, T., Frank, J. (Eds.), Preventing and managing injury and disability at work, New York, London, Taylor & Francis, S. 33-57.

Freude, G., Falkenstein, M., Zülch, J. (Hrsg.) (2009)
Förderung und Erhalt intellektueller Fähigkeiten für ältere Arbeitnehmer, Berlin, INQA.

Freude, G., Pech, E. (2005)
Demographischer Wandel, Gesundheit und Arbeitsfähigkeit, in: Kerschbaumer, J., Schroeder, W. (Hrsg.), Sozialstaat und demographischer Wandel, Wiesbaden, Verlag für Sozialwissenschaften, S. 185-222.

Friemelt, G., Ritter, J. (2012)
Welche Hilfen benötigen Betriebe und Unternehmen beim Erhalt der Beschäftigungsfähigkeit ihrer Mitarbeiter – Was kann die Rentenversicherung tun?, in: Die Rehabilitation 51, 1, S. 24-30.

Fuchs, J., Dörfler, K. (2005)
Projektion des Erwerbspersonenpotenzials bis 2050 – Annahmen und Datengrundlage, IAB Forschungsbericht 25/2005, URL: http://doku.iab.de/forschungsbericht/2005/fb2505.pdf [Stand 17.09.2015].

Gatchel, R. J., Polatin, P. B., Noe, C., Gardea, M. (2003)
Treatment- and Cost-Effectiveness of Early Intervention for Acute Low-Back Pain Patients: A One-Year Prospective Study, in: Journal of Occupational Rehabilitation 13, 1, S. 1-9.

Geissler, H., Tempel, J., Geissler-Gruber, B. (2005)
Can the Work Ability Index also be used by non-medical professionals? A comparative study, in: International Congress Series 1280, S. 281-285.

Gemeinsamer Bundesausschuss (2013)
Richtlinie des Gemeinsamen Bundesausschusses über die Beurteilung der Arbeitsunfähigkeit und die Maßnahmen zur stufenweisen Wiedereingliederung nach § 92 Abs. 1 Satz 2 Nr. 7 SGB V (Arbeitsunfähigkeits-Richtlinie) in der Fassung vom 14. November 2013 veröffentlicht im Bundesanzeiger AT 27.01.2014 B4 in Kraft getreten am 28. Januar 2014.

Georg, A., Peter, G. (2005)
Zur gesellschaftspolitischen und wissenschaftlichen Einordnung des Arbeitsbewältigungsindex', in: Gute Arbeit 2, S. 22-25.

Gesetz über die Durchführung von Maßnahmen des Arbeitsschutzes zur Verbesserung der Sicherheit und des Gesundheitsschutzes der Beschäftigten bei der Arbeit (2015)
vom 7. August 1996 (BGBl. I S. 1246), zuletzt geändert durch Verordnung vom 31.08.2015 (BGBl. I S. 1474) m.W.v. 08.09.2015.

Giesert, M., Reiter, D., Reuter, T. (2013)
Neue Wege im Betrieblichen Eingliederungsmanagement – Arbeits- und Beschäftigungsfähigkeit wiederherstellen, erhalten und fördern. Ein Handlungsleitfaden für Unternehmen, betriebliche Interessensvertretungen und Beschäftigte, Düsseldorf, Schaab & Co GmbH.

GKV-Spitzenverband (2014)
Leitfaden Prävention. Handlungsfelder und Kriterien des GKV-Spitzenverbandes zur Umsetzung der §§ 20 und 20a SGB V vom 21. Juni 2000 in der Fassung vom 10. Dezember 2014.

Gläser, J., Laudel, G. (2008)
Experteninterviews und qualitative Inhaltsanalyse als Instrumente rekonstruierender Untersuchungen, 3. Auflage, Wiesbaden, Verlag für Sozialwissenschaften.

Gläser, J., Laudel, G. (2009)
Wenn zwei das Gleiche sagen – Qualitätsunterschiede zwischen Experten, in: Bogner, A. (Hrsg.), Experteninterviews, Wiesbaden, Verlag für Sozialwissenschaften, S. 137-158.

Gläser, J., Laudel, G. (2010)
Experteninterviews und qualitative Inhaltsanalyse. Als Instrumente rekonstruierender Untersuchungen, 4. Aufl., Wiesbaden, Verlag für Sozialwissenschaften.

Gloede, D. (2010)
Betriebliche Gesundheitsförderung und wirtschaftliche Effizienz Entwicklungsstand und Perspektiven der Wirtschaftlichkeitsevaluation in der Präventionsforschung, URL: https://prof. beuth-hochschule.de/fileadmin/user/gloede/Gloede__Betriebliche_ Gesundheitsfoerderung.pdf [Stand 17.09.2015].

Gloede, D., Ducki, A. (2011)
Die Effizienz betrieblicher Gesundheitsförderung. Ergebnisse der Analyse eines Programms für un- und angelernte Beschäftigte, in: Prävention und Gesundheitsförderung 6, 2, S. 131-137.

Gödecker-Greenen, N. (2011)
Mit Vernetzung und Kooperation zum Erfolg. Berufliche Teilhabe integrationsorientiert gestalten - ein Modellversuch der Deutschen Rentenversicherung Westfalen, in: FORUM Sozialarbeit und Gesundheit 4, S. 18-23.

Gödecker-Greenen, N., Ahlvers, C., Verhorst, H. (o. J.)
RehaFutur Real. Modellversuch zur Umsetzung der zentralen Eckpunkte von RehaFutur in die Praxis, URL: http://www.rehafutur.de/fileadmin/DOWNLOADS/RehaFutur_in_ Aktion/Poster_DRV_Westfalen_Modellversuch.pdf [Stand 17.09.2015].

Goetzel, R. Z., Long, S. R., Ozminkowski, R. J., Hawkins, K. (2004)
Health, absence, disability, and presenteeism cost estimates of certain physical and mental health conditions affecting U.S. employers, in: Journal of Occupational and Environmental Medicine 46, 4, S. 398-412.

Goetzel, R. Z., Ozminkowski, R. J., Long, S. R. (2003)
Development and reliability analysis of the Work Productivity Short Inventory (WPSI) instrument measuring employee health and productivity, in: Journal of Occupational and Environmental Medicine 45, 7, S. 743-762.

Göke, M., Heupel, T. (Hrsg.) (2013)
Wirtschaftliche Implikationen des demografischen Wandels, Wiesbaden, Springer Fachmedien Wiesbaden.

Grabbe, J., Richter, G. (2014)
Arbeits- und Beschäftigungsfähigkeit – Grundlage von Innovations- und Wettbewerbsfähigkeit, in: Klaffke, M. (Hrsg.), Generationen-Management, Konzepte, Instrumente – Good-Practice-Ansätze, Wiesbaden, Springer Fachmedien Wiesbaden, S. 83-106.

Greiner, W., Damm, O. (2012)
Die Berechnung von Kosten und Nutzen, in: Schöffski, O., Schulenburg, J.-M. Graf v. d. (2012) (Hrsg.), Gesundheitsökonomische Evaluationen, 4., vollst. überarb. Aufl., Berlin u. a., Springer, S. 23-42.

Grünheid, E., Fiedler, C. (2013)
Bevölkerungsentwicklung 2013. Daten, Fakten, Trends zum demografischen Wandel, URL: http://www.bib-demografie.de/SharedDocs/Publikationen/DE/Broschueren/bevoelkerung_2013.pdf?__blob=publicationFile&v=12 [Stand 17.09.2015].

Gündisch, U. (2012)
Alternsmanagement. Die zukünftige Herausforderung in der Arbeitswelt, Hamburg, Diplomica Verlag.

Günther, T. (2010)
Die demografische Entwicklung und ihre Konsequenzen für das Personalmanagement, in: Preißing, D. (Hrsg.), Erfolgreiches Personalmanagement im demografischen Wandel, München, Oldenbourg Wissenschaftsverlag, S. 1-40.

Hacker, W. (2003)
Leistungsfähigkeit und Alter, URL: http://doku.iab.de/grauepap/2003/lauf_hacker_vortrag.pdf [Stand 26.08.2015].

Häder, M. (2015)
Komplexe Designs, in: Häder, M. (Hrsg.), Empirische Sozialforschung, 3. Aufl., Wiesbaden, Springer, S. 345-393.

Häder, M. (Hrsg.) (2015)
Empirische Sozialforschung, 3. Aufl., Wiesbaden, Springer.

Hansen, C. D., Andersen, J. H. (2008)
Going ill to work – What personal circumstances, attitudes and work-related factors are associated with sickness presenteeism?, in: Social Science & Medicine 67, 6, S. 956-964.

Hansen, C. D., Andersen, J. H. (2009)
Sick at work – a risk factor for long-term sickness absence at a later date?, in: Journal of Epidemiology and Community Health 63, 5, S. 397-402.

Hansmaier, T., Radoschewski, F. M. (2007)
Bestandsaufnahme zu medizinisch-beruflich orientierten Aktivitäten in Rehabilitationseinrichtungen (PORTAL-Studie), in: RVaktuell 6, S. 183-190.

Hardes, H.-D., Holzträger, D. (2009)
Betriebliches Gesundheitsmanagement in der Praxis. Strategien zur Förderung der Arbeitsfähigkeit von älter werdenden Beschäftigten, München u. a., Rainer Hampp Verlag.

Hasselhorn, H.-M., Freude, G. (2007)
Der Work-Ability-Index. Ein Leitfaden, Bremerhaven, Wirtschaftsverlag NW Verlag für Neue Wissenschaft GmbH.

Hasselhorn, H.-M., Seibt, R., Tielsch, R., Müller, B. H. (2005)
Der Work Ability Index Segen?, in: Gute Arbeit 4, S. 33-37.

Heistinger, A. (2006)
Qualitative Interviews - Ein Leitfaden zu Vorbereitung und Durchführung inklusive einiger theoretischer Anmerkungen, URL: http://www.univie.ac.at/igl.geschichte/kaller-dietrich/WS%2006-07/MEXEX_06/061102Durchf%FChrung%20von%20Interviews.pdf [Stand 17.09.2015].

Helfferich, C. (2011)
Die Qualität qualitativer Daten. Manual für die Durchführung qualitativer Interviews, 4. Aufl., Wiesbaden, Verlag für Sozialwissenschaften.

Hemp, P. (2004)
Presenteeism: At work – But Out of It, in: Harvard Business Review, S. 49-58.

Higgins, J. P. T., Green, S. (2008)
Cochrane Handbook for Systematic Reviews of Interventions, Chichester, John Wiley & Sons Ltd.

Hirschberg, A. (2011)
Berufsunfähigkeit, Invalidität, Erwerbsminderung und ähnliche Begriffe. Eine vergleichende Untersuchung mit Vorschlägen für Harmonisierungen, Karlsruhe, Verlag Versicherungswirtschaft GmbH.

Hirth, C., Ziegler, M. (2005)
Das Gruppendiskussionsverfahren, URL: https://www.ph-freiburg.de/fileadmin/dateien/fakultaet3/sozialwissenschaft/Quasus/Hausarbeiten/Hausarbeit_Gruppendiskussion.pdf [Stand 17.09.2015].

Holt-Lunstad, J., Smith, T. B., Layton, J. B. (2010)
Social relationships and mortality risk: a meta-analytic review, in: PLoS medicine 7, 7, S. e1000316.

Holz, M., Da-Cruz, P. (Hrsg.) (2007)
Demografischer Wandel in Unternehmen – Herausforderung für die strategische Personalplanung, Wiesbaden, Betriebswirtschaftlicher Verlag Dr. Th. Gabler / GWV Fachverlage GmbH.

Hopf, C. (2013)
Qualitative Interviews – ein Überblick, in: Flick, U., Kardorff, E. v., Steinke, I. (Hrsg.), Qualitative Forschung, 6., durchges. und aktualisierte Aufl., Reinbek bei Hamburg, Rowohlt Taschenbuch-Verlag, S. 349-359.

Hoß, K., Pomorin, N., Reifferscheid, A., Wasem, J. (2013)
Arbeits- und Beschäftigungsfähigkeit vor dem Hintergrund des demografischen Wandels. Version 1.0, URL: https://www.wiwi.uni-due.de/fileadmin/fileupload/WIWI/pdf/IBES_2013_nr200.pdf [Stand 17.09.2015].

House, J. S., Landis, K. R., Umberson, D. (1988)
Social Relationships and Health, in: Science 241, S. 540-545.

Hungenberg, H., Wulf, T. (2015)
Personal und Führung, in: Hungenberg, H., Wulf, T. (Hrsg.), Grundlagen der Unternehmensführung, 5., aktual. Aufl., Berlin u. a., Springer, S. 223-376.

Hungenberg, H., Wulf, T. (Hrsg.) (2015)
Grundlagen der Unternehmensführung, 5., aktual. Aufl., Berlin u. a., Springer.

Hussy, W., Schreier, M., Echterhoff, G. (2013)
Forschungsmethoden in Psychologie und Sozialwissenschaften für Bachelor, 2., überarbeitete Aufl., Berlin u. a., Springer.

Igl, W. (2007)
Änderungssensitivität und Responsivität von generischen Patientenfragebogen in der Rehabilitation, URL: https://www.freidok.uni-freiburg.de/data/3015/ [Stand 17.09.2015].

Ilmarinen, J. (2000)
Die Arbeitsfähigkeit kann mit dem Alter steigen, in: Rothkirch, C. v. (Hrsg.), Altern und Arbeit, Berlin, Edition Sigma, S. 88-96.

Ilmarinen, J., Lehtinen, S. (Eds.) (2004)
Past, Present and Future of Work Ability – People and Work Research Report 65, Helsinki, Finnish Institute of Occupational Health.

Ilmarinen, J., Tempel, J. (2002)
Arbeitsfähigkeit 2010. Was können wir tun, damit Sie gesund bleiben?, Hamburg, VSA-Verlag.

Ilmarinen, J., Tuomi, K. (2004)
Past present and future of work ability, in: Ilmarinen, J.,Lehtinen, S. (Eds.), Past, Present and Future of Work Ability – People and Work Research Report 65, Helsinki, Finnish Institute of Occupational Health, S. 1-25.

Initiative Neue Qualität der Arbeit (2005)
Demographischer Wandel und Beschäftigung. Plädoyer für neue Unternehmensstrategien, URL: http://www.inqa.de/SharedDocs/PDFs/DE/Publikationen/memorandum-demographie.pdf?__blob=publicationFile [Stand 17.09.2015].

Initiative Neue Qualität der Arbeit (2011)
Arbeitsfähigkeit erhalten und fördern. Chance für Betriebe und Tarifpolitik, URL: http://www.sofi-goettingen.de/fileadmin/Knut_Tullius/Material/INQA_Arbeitsfaehigkeit-erhalten-foerdern.pdf [Stand 17.09.2015].

Institut für Qualität und Wirtschaftlichkeit im Gesundheitswesen (2015)
Allgemeine Methoden. Version 4.2, Köln, Institut für Qualität und Wirtschaftlichkeit im Gesundheitswesen.

Jacobi, F. (2009)
Nehmen psychische Störungen zu?, in: Reportpsychologie 34, 1, S. 16-28.

Jacobi, G. (2005)
Anti-Ageing: Sinnbild, Sehnsucht, Wirklichkeit, in: Jacobi, G., Biesalski, H. K., Gola, U., Huber, J., Sommer, F. (Hrsg.), Kursbuch Anti-Aging, Stuttgart u. a., Thieme, S. 2-13.

Jacobi, G., Biesalski, H. K., Gola, U., Huber, J., Sommer, F. (Hrsg.) (2005)
Kursbuch Anti-Aging, Stuttgart u. a., Thieme.

Jochmann, W., Gechter, S. (Hrsg.) (2007)
Strategisches Kompetenzmanagement, Berlin u. a., Springer.

Johansson, G., Lundberg, I. (2004)
Adjustment latitude and attendance requirements as determinants of sickness absence or attendance. Empirical tests of the illness flexibility model, in: Social Science & Medicine 58, 10, S. 1857-1868.

Johnston, C. S., de Bruin, G. P., Geldenhuys, M., Györkös, C. (2013)
Sense of coherence and job characteristics in predicting burnout in a South African sample, in: South African Journal of Industrial Psychology 39, 1, S. 1-9.

Joiko, K., Schmauder, M., Wolff, G. (2010)
Psychische Belastung und Beanspruchung im Berufsleben. Erkennen – gestalten, 5. Aufl., Dortmund-Dorstfeld, Bundesanstalt für Arbeitsschutz und Arbeitsmedizin.

Jover, J. (2014)
Early Intervention – A cost-effective evidence-based solution to reduce the burden of MSDs, URL: http://www.fitforworkeurope.eu/Default.aspx.LocID-0afnew01h.RefLocID-0af01j. Lang-EN.htm [Stand 07.07.2015].

Karasek, R., Theorell, T. (2009)
Healthy work. Stress, productivity, and the reconstruction of working life, New York, Basic Books.

Karazman, R., Geissler, H., Kloimuller, I. (1995)
Work Ability Index. Arbeitsbewältigungsindex, 1., deutschsprachige Ausgabe, Helsinki, Finnisches Institut für Arbeitsmedizin.

Karsten, J. (2013)
Die Alterspyramide kippt: Viele Alte – wenig Steuern?, in: Göke, M., Heupel, T. (Hrsg.), Wirtschaftliche Implikationen des demografischen Wandels, Wiesbaden, Springer Fachmedien Wiesbaden, S. 117-127.

Katenkamp, O., Kopp, R., Schröder, A. (Hrsg.) (2003)
Praxishandbuch Empirische Sozialforschung, Münster, Lit.

Kelle, U. (2007)
Die Integration qualitativer und quantitativer Methoden in der empirischen Sozialforschung. Theoretische Grundlagen und methodologische Konzepte, Wiesbaden, Verlag für Sozialwissenschaften.

Kelle, U., Erzberger, C. (2013)
Qualitative und quantitative Methoden: kein Gegensatz, in: Flick, U., Kardorff, E. v., Steinke, I. (Hrsg.), Qualitative Forschung, 6., durchges. und aktualisierte Aufl., Reinbek bei Hamburg, Rowohlt Taschenbuch-Verlag, S. 299-308.

Kern, P., Schmauder, M. (2005)
Einführung in den Arbeitsschutz. Für Studium und Betriebspraxis, München u. a., Hanser.

Kerschbaumer, J., Schroeder, W. (Hrsg.) (2005)
Sozialstaat und demographischer Wandel, Wiesbaden, Verlag für Sozialwissenschaften.

Kessler, R. C., Barber, C., Beck, A., Berglund, P. (2003)
The World Health Organization Health and Work Performance Questionnaire (HPQ), in: Journal of Occupational and Environmental Medicine 45, 2, S. 156-174.

Kiefl, W., Lamnek, S. (1984)
Qualitative Methoden in der Marktforschung, in: Planung und Analyse 11, S. 474-480.

Kikuchi, Y., Nakaya, M., Ikeda, M., Okuzumi, S. (2014a)
Relationship between depressive state, job stress, and sense of coherence among female nurses, in: Indian Journal of Occupational & Environmental Medicine 18, 1, S. 32-35.

Kikuchi, Y., Nakaya, M., Ikeda, M., Okuzumi, S. (2014b)
Sense of coherence and personality traits related to depressive state, in: Psychiatry Journal 2014, S. 1-6.

Kistler, E. (2008)
"Alternsgerechte Erwerbsarbeit". Ein Überblick über den Stand von Wissenschaft und Praxis, Düsseldorf, Hans-Böckler-Stiftung.

Kittel, J., Fröhlich, S., Kruse, N., Olbrich, D., Heilmeyer, P., Greitemann, B., Kardoff, M. (2011)
Beschäftigungsfähigkeit teilhabeorientiert sichern (BETSI): Erste Ergebnisse aus den Modellprojekten, in: DRV-Schriften 93, S. 247-248.

Kivimäki, M., Head, J., Ferrie, J. E., Hemingway, H. (2005)
Working while ill as a risk factor for serious coronary events: the Whitehall II study, in: American Journal of Public Health 95, 1, S. 98-102.

Klaffke, M. (Hrsg.) (2014)
Generationen-Management, Konzepte, Instrumente – Good-Practice-Ansätze, Wiesbaden, Springer Fachmedien Wiesbaden.

Knoche, K., Sochert, R. (2013)
Betriebliches Eingliederungsmanagement in Deutschland – eine Bestandsaufnahme, iga.Report 24, URL: http://www.eugf.de/media/iga-Report_24_Betriebliches_Eingliederungsmanagement.pdf [Stand 17.09.2015].

Kohler, H. (o. J.)
Mit MBO-Reha zurück an den Arbeitsplatz, URL: http://www.rehafutur.de/fileadmin/DOWNLOADS/RehaFutur_in_Aktion/Poster_DGUV_MBO_Reha.pdf [Stand 27.08.2015].

Koller, B., Plath, H.-E. (2000)
Qualifikation und Qualifizierung älterer Arbeitnehmer, in: Mitteilungen aus der Arbeitsmarkt- und Berufsforschung 33, S. 112-125.

Koopman, C., Pelletier, K. R., Murray, J. F., Sharda, C. E., Berger, M., Turpin, R. S. (2002)
Standford Presenteeism Scale: Health Status and Employee Productivity, in: Journal of Occupational and Environmental Medicine 44, 1, S. 14-20.

Koopmanschap, M., Burdorf, A., Jacob, K., Meerding, W. J., Brouwer, W., Severens, H. (2005)
Measuring Productivity Changes in Economic Evaluation, in: PharmacoEconomics 23, 1, S. 47-54.

Köpke, K.-H. (2012)
Betriebliche Gesundheitsförderung als mögliche Vorstufe wirksamer Rehabilitation, in: Die Rehabilitation 51, 1, S. 2-9.

Kouvonen, A. M., Väänänen, A., Vahtera, J., Heponiemi, T. (2010)
Sense of coherence and psychiatric morbidity: a 19-year register-based prospective study, in: Journal of Epidemiology & Community Health 64, 3, S. 255-261.

Kramer, I., Bödeker, W. (2008a)
Return on Investment im Kontext der betrieblichen Gesundheitsförderung und Prävention. Die Berechnung des prospektiven Return on Investment: eine Analyse von ökonomischen Modellen, iga.Report 16, URL: http://www.iga-info.de/fileadmin/Veroeffentlichungen/iga-Reporte_ Projektberichte/iga-Report_16_Analyse_ROI-Kalkulatoren.pdf [Stand 17.09.2015].

Kramer, I., Bödeker, W. (2008b)
Prospektiver Return on Investment zur Berechnung des ökonomischen Nutzens von Maßnahmen der betrieblichen Gesundheitsförderung, in: Das Gesundheitswesen 70, S. A199.

Krippendorff, K. (1980)
Content analysis. An introduction to its methodology, Beverly Hills, Sage Publications.

Krol, M., Brouwer, W. (2014)
How to estimate productivity costs in economic evaluations, in: PharmacoEconomics 32, 4, S. 335-344.

Kruse, J. (2014)
Qualitative Interviewforschung. Ein integrativer Ansatz, Weinheim, Beltz Juventa.

Kuckartz, U. (2014)
Qualitative Inhaltsanalyse. Methoden, Praxis, Computerunterstützung, 2. Aufl., Weinheim, Beltz Juventa.

Kuhn, K. (2007)
Arbeitsbedingte Einflüsse bei der Entstehung chronischer Krankheiten, in: Badura, B., Schellschmidt, H.,Vetter, C. (Hrsg.), Chronische Krankheiten. Betriebliche Strategien zur Gesundheitsförderung, Prävention und Wiedereingliederung, Heidelberg, Springer, S. 25-44.

Kujala, V., Tammelin, T., Remes, J., Vammavaara, E. (2006)
Work ability index of young employees and their sickness absence during the following year, in: Scandinavian Journal of Work, Environment & Health 32, 1, S. 75-84.

Kumar, R. N., Hass, S. L., Li, J. Z., Nickens, D. J. (2003)
Validation of the Health-Related Productivity Questionnaire Diary (HRPQ-D) on a sample of patients with infectious mononucleosis: results from a phase 1 multicenter clinical trial, in: Journal of Occupational and Environmental Medicine 45, 8, S. 899-907.

Lamnek, S. (2005a)
Gruppendiskussion. Theorie und Praxis, 2., überarb. und erw. Aufl., Weinheim u. a., Beltz.

Lamnek, S. (2005b)
Qualitative Sozialforschung, 4., vollst. überarb. Aufl., Weinheim u. a., Beltz.

Lawall, C., Lewerenz, M., Muschalla, B. (2008)
Wie organisieren Arbeitgeber betriebliches Eingliederungsmanagement und welche Hilfe erwarten sie von Rehabilitationsträgern? Ergebnisse einer Arbeitgeberbefragung im Rahmen der "Regionalen Initiative Betriebliches Eingliederungsmanagement" der Deutschen Rentenversicherung Bund, in: RVaktuell 2, S. 55-60.

Leber, U., Stegmaier, J., Tisch, A. (2013)
Altersspezifische Personalpolitik. Wie Betriebe auf die Alterung ihrer Belegschaften reagieren, in: IAB-Kurzbericht 13/2013, URL: http://doku.iab.de/kurzber/2013/kb1313.pdf [Stand 17.09.2015].

Lerner, D., Amick, B. C., Rogers, W. H., Malspeis, S. (2001)
The Work Limitations Questionnaire, in: Medical Care 39, 1, S. 72-85.

Letzel, S., Stork, J., Tautz, A. (2007)
13 Thesen der Arbeitsmedizin zu Stand und Entwicklungsbedarf von betrieblicher Prävention und Gesundheitsförderung in Deutschland, in: Gesundheitswesen 69, 5, S. 319-322.

Lienert, G. A., Raatz, U. (1998)
Testaufbau und Testanalyse, 6. Aufl., Weinheim, Beltz.

Lisch, R., Kriz, J. (1978)
Grundlagen und Modelle der Inhaltsanalyse. Bestandsaufnahme und Kritik, Reinbek bei Hamburg, Rowohlt.

Loeppke, R., Hymel, P. A., Lofland, J. H., Pizzi, L. T. (2003)
Health-related workplace productivity measurement: general and migraine-specific recommendations from the ACOEM Expert Panel, in: Journal of occupational and environmental medicine 45, 4, S. 349-359.

Lofland, J. H., Pizzi, L., Frick, K. D. (2004)
A Review of Health-Related Workplace Productivity Loss Instruments, in: PharmacoEconomics 22, 3, S. 165-184.

Loosen, W. (2011)
Konstruktive Prozesse bei der Analyse von (Medien-) Inhalten. Inhaltsanalyse im Kontext qualitativer, quantitativer und hermeneutischer Verfahren, in: Moser, S. (Hrsg.), Konstruktivistisch forschen, 2. Aufl., Wiesbaden, Verlag für Sozialwissenschaften, S. 92-121.

Macco, K., Stallauke, M. (2010)
Krankheitsbedingte Fehlzeiten in der deutschen Wirtschaft im Jahr 2009, in: Badura, B., Schröder, H., Klose, J., Macco, K. (Hrsg.), Vielfalt managen: Gesundheit fördern – Potenziale nutzen, Berlin u. a., Springer, S. 271-431.

Maintz, G. (2003a)
Abschied vorn Defizitmodell - Überlegungen aus arbeitsmedizinischer Sicht, in: Amtliche Mitteilungen der Bundesanstalt für Arbeitsschutz und Arbeitsmedizin 2, S. 6-8.

Maintz, G. (2003b)
Leistungsfähigkeit älterer Arbeitnehmer – Abschied vom Defizitmodell, in: Badura, B. (Hrsg.), Demographischer Wandel, Berlin, u. a., Springer, S. 43-58.

Mäkitalo, J., Launis, K. (1998)
The Finnish Work Ability Approach – a historical and conceptual analysis, in: Työterveyslääkäri 16, 1, S. 42-46.

Mangold, W. (1960)
Gegenstand und Methode des Gruppendiskussionsverfahrens, Frankfurt, Europäische Verlagsanstalt.

Mani, T. M., Bedwell, J. S., Miller, L. S. (2005)
Age-related decrements in performance on a brief continuous performance test, in: Archives of clinical neuropsychology 20, 5, S. 575-586.

Margaret Reilly Associates (2002)
WPAI Coding, URL: http://www.reillyassociates.net/WPAI_Coding.html [Stand 20.05.2015].

Margaret Reilly Associates (2013)
WPAI General Information, URL: http://www.reillyassociates.net/WPAI_General.html [Stand 20.05.2015].

Margaret Reilly Associates (o. J.)
WPAI Scoring, URL: http://www.reillyassociates.net/WPAI_Scoring.html [Stand 20.05.2015].

Martinez, M. C., Latorre, M. R. D. O., Fischer, F. M. (2009)
Validity and reliability of the Brazilian version of the Work Ability Index Questionnaire, in: Rev Saúde Pública 43, 3, S. 1-7.

Martus, P., Jakob, O., Rose, U., Seibt, R., Freude, G. (2010)
A comparative analysis of the Work Ability Index, in: Occupational Medicine 60, 7, S. 517-524.

Mattisson, C., Horstmann, V., Bogren, M. (2014)
Relationship of SOC with sociodemographic variables, mental disorders and mortality, in: Scandinavian Journal of Public Health 42, 5, S. 434-445.

Mattke, S., Balakrishnan, A., Bergamo, G., Newberry, S. J. (2007)
A review of methods to measure health-related productivity loss, in: The American Journal of Managed Care 13, 4, S. 211-217.

Mattke, S., Liu, H., Caloyeras, J. P., Huang, C. Y., Busum, K. R., Khodyakov, D., Shier, V. (2013)
Workplace Wellness Programs Study: Final Report, URL: http://www.rand.org/content/dam/rand/pubs/research_reports/RR200/RR254/RAND_RR254.sum.pdf [Stand 23.06.2015].

Mayer, H. O. (2009)
Interview und schriftliche Befragung. Entwicklung, Durchführung und Auswertung, 5., überarb. Aufl., München u. a., Oldenbourg Wissenschaftsverlag.

Mayring, P. (2002)
Einführung in die qualitative Sozialforschung. Eine Anleitung zu qualitativem Denken, 5., neu ausgestattete Aufl., Weinheim, Beltz.

Mayring, P. (2013)
Qualitative Inhaltsanalyse, in: Flick, U., Kardorff, E. v., Steinke, I. (Hrsg.), Qualitative Forschung, 6., durchges. und aktualisierte Aufl., Reinbek bei Hamburg, Rowohlt Taschenbuch-Verlag, S. 468-474.

Mayring, P. (2015)
Qualitative Inhaltsanalyse. Grundlagen und Techniken, 12., vollständig überarbeitete und aktualisierte Aufl., Weinheim, Beltz.

Medizinische Hochschule Hannover (o. J.)
JobReha, URL: https://www.mh-hannover.de/jobreha.html [Stand 17.07.2015].

Medizinischer Dienst des Spitzenverbandes Bund der Krankenkassen (2011)
Begutachtungsanleitung Arbeitsunfähigkeit (AU), URL: www.mds-ev.de/media/pdf/BGA-AU_2011-12-12.pdf [Stand 17.06.2015].

Meerding, W. J., IJzelenberg, W., Koopmanschap, M. A., Severens, J. L., Burdorf, A. (2005)
Health problems lead to considerable productivity loss at work among workers with high physical load jobs, in: Journal of Clinical Epidemiology 58, 5, S. 517-523.

Meffert, C., Mittag, O., Jäckel, W. H. (2013)
Betriebsnahe Präventionsprogramme der Deutschen Rentenversicherung, in: Die Rehabilitation 52, 6, S. 391-398.

Meuser, M., Nagel, U. (2005)
ExpertInneninterviews – vielfach erprobt, wenig bedacht. Ein Beitrag zur qualitativen Methodendiskussion, in: Bogner, A., Littig, B., Menz, W. (Hrsg.), Das Experteninterview: Theorie, Methode, Anwendung, 2., Aufl., Wiesbaden, Verlag für Sozialwissenschaften, S. 71-94.

Meuser, M., Nagel, U. (2009)
Das Experteninterview – konzeptionelle Grundlagen und methodische Anlage, in: Pickel, S., Pickel, G., Lauth, H.-J., Jahn, D. (Hrsg.), Methoden der vergleichenden Politik- und Sozialwissenschaft, Wiesbaden, Verlag für Sozialwissenschaften, S. 465-479.

Meyer, M., Modde, J., Glushanok, I. (2014)
Krankheitsbedingte Fehlzeiten in der deutschen Wirtschaft im Jahr 2013, in: Badura, B., Ducki, A., Schröder, H., Klose, H., Meyer, M. (Hrsg.), Erfolgreiche Unternehmen von morgen – gesunde Zukunft heute gestalten, Berlin u. a., Springer, S. 323-512.

Meyer, M., Stallauke, M., Weirauch, H. (2011)
Krankheitsbedingte Fehlzeiten in der deutschen Wirtschaft im Jahr 2010, in: Badura, B., Ducki, A., Schröder, H., Klose, J., Macco, K. (Hrsg.), Führung und Gesundheit, Berlin u. a., Springer, S. 223-384.

Moher, D., Liberati, A., Tetzlaff, J., Altman, D. G. (2009)
Preferred Reporting Items for Systematic Reviews and Meta-Analyses. The PRISMA Statement, in: Journal of Clinical Epidemiology 62, 10, S. 1006-1012.

Möhring, W., Schlütz, D. (2003)
Varianten der Befragung, in: Möhring, W., Schlütz, D. (Hrsg.), Die Befragung in der Medien- und Kommunikationswissenschaft, Wiesbaden, Westdeutscher Verlag, S. 145-158.

Möhring, W., Schlütz, D. (Hrsg.) (2003)
Die Befragung in der Medien- und Kommunikationswissenschaft, Wiesbaden, Westdeutscher Verlag.

Molde Hagen, E., Grasdal, A., Eriksen, H. R. (2003)
Does early intervention with a light mobilization program reduce long-term sick leave for low back pain: a 3-year follow-up study, in: Spine 28, 20, S. 2309-2315.

Moser, K., Paul, K. (2001)
Arbeitslosigkeit und seelische Gesundheit, in: Verhaltenstherapie und psychosoziale Praxis 33, 3, S. 431-442.

Moser, N.-T., Fischer, K., Korsukéwitz, C. (2010)
Prävention als Aufgabe der Rentenversicherung: Innovative Modelle ergänzen bewährte Konzepte, in: Die Rehabilitation 49, 2, S. 80-86.

Moser, S. (Hrsg.) (2011)
Konstruktivistisch forschen, 2. Aufl., Wiesbaden, Verlag für Sozialwissenschaften.

Mozdzanowski, M. (2015)
Das Betriebliche Eingliederungsmanagement, in: Weber, A. (Hrsg.), Return to Work – Arbeit für alle, Stuttgart, Gentner, S. 479-489.

Münz, R. (2007)
Bevölkerung, URL: http://www.berlin-institut.org/fileadmin/user_upload/handbuch_texte/pdf_Muenz_Bevoelkerung.pdf [Stand 21.05.2015].

Munz, S. (2001)
Projektionen zum Fachkräftebedarf bis zum Jahr 2015, ifo Schnelldienst 54, URL: https://ideas.repec.org/a/ces/ifosdt/v54y2001i22p7-16.html [Stand 17.09.2015].

Nägele, G. (Hrsg.) (2010)
Soziale Lebenslaufpolitik, Wiesbaden, Verlag für Sozialwissenschaften.

Naidoo, J., Wills, J. (2010)
Lehrbuch der Gesundheitsförderung, 2. Aufl., überarbeitete, aktualisierte und durch Beiträge zum Entwicklungsstand in Deutschland erweiterte Neuauflage, Gamburg, Verlag für Gesundheitsförderung.

Nilsson, H. (2010)
Resilient appliance therapy of temporomandibular disorders. Subdiagnoses, sense of coherence and treatment outcome, in: Swedish Dental Journal. Supplement, 206, S. 9-88.

Nilsson, K., Hydbom, A. R., Rylander, L. (2011)
Factors influencing the decision to extend working life or retire, in: Scandinavian Journal of Work, Environment & Health 37, 6, S. 473-480.

Nordang, K., Hall-Lord, M. L., Farup, P. G. (2010)
Burnout in health-care professionals during reorganizations and downsizing. A cohort study in nurses, in: BMC Nursing 9, 8, S. 1-7.

o. A. (o. J.)
IMBA (Integration von Menschen mit Behinderungen in die Arbeitswelt), URL: http://www.imba.de/index.html [Stand 01.09.2015].

Olbrich, D., Ritter, J. (2010)
Gesundheitsförderung und Selbstregulation durch individuelle Zielanalyse – GUSI®. Ein Modellprojekt zur Prävention der Deutschen Rentenversicherung Bund auf der Grundlage des Rahmenkonzepts Beschäftigungsfähigkeit teilhabeorientiert sichern - Betsi®, in: Praktische Arbeitsmedizin 20, S. 33-35.

Oldenburg, R., Ilmarinen, J. (2010)
Für eine lebenslaufbezogene Arbeitsfähigkeitspolitik, in: Nägele, G. (Hrsg.), Soziale Lebenslaufpolitik, Wiesbaden, Verlag für Sozialwissenschaften, S. 429-448.

OMERACT (2015)
Omeract – Outcome Measures in Rheumatology, URL: http://www.omeract.org/ [Stand 03.09.2015].

Opdenakker, R. (2006)
Advantages and Disadvantages of Four Interview Techniques in Qualitative Research, in: Forum Qualitative Social Research 7, 4, URL: http://www.qualitative-research.net/index.php/fqs/article/view/175/391 [Stand 17.09.2015].

Ozminkowski, R. J., Goetzel, R. Z., Chang, S., Long, S. (2004)
The application of two health and productivity instruments at a large employer, in: Journal of Occupational and Environmental Medicine / American College of Occupational and Environmental Medicine 46, 7, S. 635-648.

Pahkin, K., Väänänen, A., Koskinen, A., Bergbom, B., Kouvonen, A. (2011)
Organizational change and employees' mental health: the protective role of sense of coherence, in: Journal of Occupational & Environmental Medicine 53, 2, S. 118-123.

Paul, K. I., Moser, K. (2009)
Unemployment impairs mental health. Meta-analyses, in: Journal of Vocational Behavior 74, 3, S. 264-282.

Peralta, N., Godoi Vasconcelos, A. G., Härter Griep, R., Miller, L. (2012)
Validity and reliability of the Work Ability Index in primary care workers in Argentina, in: Salud colectiva 8, 2, S. 163-173.

Pfadenhauer, M. (2009)
Auf gleicher Augenhöhe. Das Experteninterview – ein Gespräch zwischen Experte und Quasi-Experte, in: Bogner, A. (Hrsg.), Experteninterviews, Wiesbaden, Verlag für Sozialwissenschaften, S. 99-116.

Pickel, S., Pickel, G., Lauth, H.-J., Jahn, D. (Hrsg.) (2009)
Methoden der vergleichenden Politik- und Sozialwissenschaft, Wiesbaden, Verlag für Sozialwissenschaften.

Pischke, S. (2012)
Personalmanagement in einer alternden Gesellschaft. Handlungsempfehlungen für Unternehmen in Zeiten des Demographischen Wandels, Hamburg, Diplomica Verlag.

Pollok, F. (1955)
Gruppenexperiment, Frankfurt, Europäische Verlagsanstalt.

Pöttering, H.-G. (Hrsg.) (2011)
Die Zukunft des Sozialstaates, Freiburg, Herder Verlag.

Prasad, M., Wahlqvist, P., Shikiar, R., Shih, T. (2004)
A Review of Self-Report Instruments Measuring Health-Related Work Productivity, in: PharmacoEconomics 22, 4, S. 225-244.

Preißing, D. (Hrsg.) (2010)
Erfolgreiches Personalmanagement im demografischen Wandel, München, Oldenbourg Wissenschaftsverlag.

Prezewowsky, M. (2007)
Demografischer Wandel und Personalmanagement. Herausforderungen und Handlungsalternativen vor dem Hintergrund der Bevölkerungsentwicklung, Wiesbaden, Deutscher Universitäts-Verlag.

Przyborski, A., Wohlrab-Sahr, M. (2014)
Qualitative Sozialforschung. Ein Arbeitsbuch, 4., erweiterte Aufl., München, Oldenbourg Wissenschaftsverlag.

Radkiewicz, P., Widerszal-Bazyl, M. (2005)
Psychometric properties of Work Ability Index in the light of comparative survey study, Proceedings of 2nd International Symposium on Work Ability, S. 304-309.

Rat der europäischen Gemeinschaften (o. J.)
Richtlinie 89/391/EWG des Rates über die Durchführung von Maßnahmen zur Verbesserung der Sicherheit und des Gesundheitsschutzes der Arbeitnehmer bei der Arbeit.

Reha-Zentrum Bad Salzuflen (2015)
Gesundheitsförderung durch Selbstregulation und individuelle Zielanalyse (GUSI), URL: http://www.rehazentrum-badsalzuflen.de/praevention/gesundheitsfoerderung-durch-selbstregulation-und-individuelle-zielanalyse-gusi/191/191.html [Stand 16.07.2015].

Reilly Associates (o. J.)
WPAI References – Validation, URL: http://www.reillyassociates.net/WPAI_References 5.html [Stand 12.06.2015].

Reilly, M. (o. J.)
Development of the Work Productivity and Activity Impairment (WPAI) Questionnaire, URL: http://www.reillyassociates.net/WPAI-Devolpment.doc [Stand 16.09.2015].

Reilly, M. C., Zbrozek, A. S., Dukes, E. M. (1993)
The validity and reproducibility of a work productivity and activity impairment instrument, in: PharmacoEconomics 4, 5, S. 353-365.

Richenhagen, G. (2009)
Leistungsfähigkeit, Arbeitsfähigkeit, Beschäftigungsfähigkeit und ihre Bedeutung für das Age Management, in: Freude, G., Falkenstein, M., Zülch, J. (Hrsg.), Förderung und Erhalt intellektueller Fähigkeiten für ältere Arbeitnehmer, Berlin, INQA.

Richter, G., Bode, S., Köper, B. (2012)
Demografischer Wandel in der Arbeitswelt, URL: http://www.baua.de/de/Publikationen/Fachbeitraege/artikel30.pdf?__blob=publicationFile [Stand 17.09.2015].

Ritsert, J. (1972)
Inhaltsanalyse und Ideologiekritik. Ein Versuch über kritische Sozialforschung, Frankfurt am Main, Athenäum-Fischer-Taschenbuch-Verlag.

Robert Koch-Institut (2014)
Chronisches Kranksein. Faktenblatt zu GEDA 2012: Ergebnisse der Studie Gesundheit in Deutschland aktuell 2012, Berlin, RKI.

Rogerson, M. D., Gatchel, R. J., Bierner, S. M. (2010)
A cost utility analysis of interdisciplinary early intervention versus treatment as usual for high-risk acute low back pain patients, in: Pain practice : the official journal of World Institute of Pain 10, 5, S. 382-395.

Rothkirch, C. v. (Hrsg.) (2000)
Altern und Arbeit, Berlin, Edition Sigma.

Rothland, M. (Hrsg.) (2013)
Belastung und Beanspruchung im Lehrerberuf, 2., überarb. Aufl., Wiesbaden, Verlag für Sozialwissenschaften.

Ruf, U. P. (2008)
Beschäftigungsfähigkeit für den demografischen Wandel. Wie Unternehmen und Beschäftigte die Zukunft gestalten, Arbeit, Gesundheit, Umwelt, Technik 68, URL: http://www.boeckler.de/ pdf_fof/S-2007-966-3-3.pdf [Stand 17.09.2015].

Rump, J. (2006)
Employability Management. Grundlagen, Konzepte, Perspektiven, Wiesbaden, Betriebswirtschaftlicher Verlag Dr. Th. Gabler / GWV Fachverlage GmbH.

Rump, J., Eilers, S. (2011)
Employability. Die Grundlagen, in: Rump, J. S., Sattelberger, T. (Hrsg.), Employability-Management 2.0, Sternenfels, Verlag Wissenschaft & Praxis, S. 73-166.

Rump, J. S., Sattelberger, T. (Hrsg.) (2011)
Employability-Management 2.0, Sternenfels, Verlag Wissenschaft & Praxis.

Salonen, P., Arola, H., Nygård, C.-H., Huhtala, H., Koivisto, A.-M. (2003)
Factors associated with premature departure from working life among ageing food industry employees, in: Occupational Medicine 53, 1, S. 65-68.

Salvaggio, N. (2007)
Betriebliches Gesundheitsmanagement. Der ökonomische Nutzen der Unternehmen bei betrieblicher Gesundheitsförderung, Saarbrücken, VDM Verlag Dr. Müller.

Schäuble, W. (2011)
Der Sozialstaat im demographischen Wandel – Herausforderungen und Chancen, in: Pöttering, H.-G. (Hrsg.), Die Zukunft des Sozialstaates, Freiburg, Herder Verlag, S. 73-97.

Schimany, P. (2005)
Die alternde Gesellschaft, in: Working Papers des Bundesamtes für Migration und Flüchtlinge, S. 1-17, URL: http://www.bamf.de/SharedDocs/Anlagen/DE/Publikationen/WorkingPapers/wp04-alternde-gesellschaft.pdf?__blob=publicationFile [Stand: 17.09.2015].

Schmidt, C. (2013)
Analyse von Leitfadeninterviews, in: Flick, U., Kardorff, E. v., Steinke, I. (Hrsg.), Qualitative Forschung, 6., durchges. und aktualisierte Aufl., Reinbek bei Hamburg, Rowohlt Taschenbuch-Verlag, S. 447-455.

Schmidt, J., Schröder, H. (2010)
Präsentismus – Krank zur Arbeit aus Angst vor Arbeitsplatzverlust, in: Badura, B., Klose, J., Macco, K., Schröder, H. (Hrsg.), Arbeit und Psyche: Belastungen reduzieren – Wohlbefinden fördern, Berlin u. a., Springer, S. 93-100.

Schneider, M., Lelgemann, M., Abholz, H.-H., Blumenroth, M. (2011)
Interdisziplinäre Leitlinie Management der frühen rheumatoiden Arthritis, 3., überarb. und erw. Aufl., Berlin u. a., Springer.

Schnell, R., Esser, E., Hill, P. B. (2013)
Methoden der empirischen Sozialforschung, 10., überarb. Aufl., München u. a., Oldenbourg Wissenschaftsverlag.

Schobert, D. (2012)
Personalmanagementkonzepte zur Erhaltung und Steigerung des individuellen Leistungspotentials der Belegschaft. Work-Life Balance, Diversity Management und Betriebliches Gesundheitsmanagement als Teil einer werteorientierten Unternehmenskultur, Hamburg, Kovac.

Schöffski, O., Schulenburg, J.-M. Graf v. d. (2012) (Hrsg.)
Gesundheitsökonomische Evaluationen, 4., vollst. überarb. Aufl., Berlin u. a., Springer.

Schott, T., Hornberg, C. (Hrsg.) (2010)
Die Gesellschaft und ihre Gesundheit, Wiesbaden, Verlag für Sozialwissenschaften.

Schouten, L. S., Joling, C. I., van der Gulden, J., Heymans, M. W. (2015)
Screening manual and office workers for risk of long-term sickness absence: cut-off points for the Work Ability Index, in: Scandinavian journal of work, environment & health 41, 1, S. 36–42.

Schröder, J. (2009)
Besinnung in flexiblen Zeiten – Leibliche Perspektiven auf postmoderne Arbeit, Wiesbaden, Verlag für Sozialwissenschaften.

Sell, L., Bültmann, U., Rugulies, R., Villadsen, E. (2009)
Predicting long-term sickness absence and early retirement pension from self-reported work ability, in: International Archives of Occupational and Environmental Health 82, 9, S. 1133-1138.

Siegrist, J. (1996)
Soziale Krisen und Gesundheit. Eine Theorie der Gesundheitsförderung am Beispiel von Herz-Kreislauf-Risiken im Erwerbsleben, Göttingen, Hogrefe.

Siegrist, J., Starke, D., Chandola, T., Godin, I., Marmot, M., Niedhammer, I., Peter, R. (2004)
The measurement of effort-reward imbalance at work: European comparisons. Social Science & Medicine, 58, 8, S. 1483-1499.

Siegrist, J. (2015)
Arbeitswelt und stressbedingte Erkrankungen: Forschungsevidenz und präventive Maßnahmen, München, Elsevier.

Singer, S., Neumann, A. (2010)
Beweggründe für ein Betriebliches Gesundheitsmanagement und seine Integration, in: Esslinger, A. S., Emmert, M., Schöffski, O. (Hrsg.), Betriebliches Gesundheitsmanagement, Wiesbaden, Gabler, S. 49-66.

Slesina, W., Bohley, S. (2010)
Gesundheitsförderung und Prävention in Settings: Betriebliches Gesundheitsmanagement, in: Schott, T., Hornberg, C. (Hrsg.), Die Gesellschaft und ihre Gesundheit, Wiesbaden, Verlag für Sozialwissenschaften, S. 619-633.

Smith, P. (2010)
Schopenhauer: Gesundheit als Schlüssel zum Lebensglück, URL: http://www.aerztezeitung.de/panorama/article/616284/schopenhauer-gesundheit-schluessel-lebensglueck.html [Stand 20.05.2015].

Sonntag, K., Frieling, E., Stegmaier, R. (2013)
Lehrbuch Arbeitspsychologie, 3., vollst. überarb. Aufl., Bern, Huber.

Sporket, M. (2011)
Organisationen im demographischen Wandel. Alternsmanagement in der betrieblichen Praxis, Wiesbaden, Verlag für Sozialwissenschaften.

Squires, H., Rick, J., Carroll, C., Hillage, J. (2012)
Cost-effectiveness of interventions to return employees to work following long-term sickness absence due to musculoskeletal disorders, in: Journal of Public Health 34, 1, S. 115-124.

Statistisches Bundesamt (2010)
Krankheitskosten 2002, 2004, 2006 und 2008, URL: https://www.destatis.de/DE/Publikationen/Thematisch/Gesundheit/Krankheitskosten/Krankheitskosten2120720089004.pdf?__blob= publicationFile [Stand 17.09.2015].

Statistisches Bundesamt (2012a)
Geburten in Deutschland, URL: https://www.destatis.de/DE/Publikationen/Thematisch/Bevoelkerung/Bevoelkerungsbewegung/BroschuereGeburtenDeutschland0120007129004.pdf ?__blob=publicationFile [Stand 21.05.2015].

Statistisches Bundesamt (2012b)
Leichter Rückgang der Geburtenziffer 2011 auf 1,36 Kinder je Frau, URL: https://www.destatis.de/DE/PresseService/Presse/Pressemitteilungen/2012/09/PD12_329_12612pdf.pdf?__blob= publicationFile [Stand 17.09.2015].

Statistisches Bundesamt (2015a)
13. koordinierte Bevölkerungsvorausberechnung, URL: https://www.destatis.de/bevoelkerungs pyramide/ [Stand 14.09.2015].

Statistisches Bundesamt (2015b)
Bevölkerung Deutschlands bis 2060 – 13. koordinierte Bevölkerungsvorausberechnung, URL: https://www.destatis.de/DE/Publikationen/Thematisch/Bevoelkerung/VorausberechnungBevoelkerung/BevoelkerungDeutschland2060Presse5124204159004.pdf?__blob=publicationFile [Stand 17.09.2015].

Statistisches Bundesamt (2015c)
Bevölkerungsstand, URL: https://www-genesis.destatis.de/genesis/online;jsessionid=B4C27C15A5E47B1811C76503F6335341.tomcat_GO_2_1?operation=previous&levelindex=2&levelid=1440483525890&step=2 [Stand 25.08.2015].

Statistisches Bundesamt (2015d)
Erwerbstätigenrechnung, URL: https://www.destatis.de/DE/ZahlenFakten/GesamtwirtschaftUmwelt/Arbeitsmarkt/Erwerbstaetigkeit/TabellenErwerbstaetigenrechnung/InlaenderInlands konzept.html [Stand 26.05.2015].

Statistisches Bundesamt (2015e)
Gesellschaft & Staat: Geburten - Durchschnittliche Kinderzahl, URL: https://www.destatis.de/DE/ZahlenFakten/GesellschaftStaat/Bevoelkerung/Geburten/AktuellGeburtenentwicklung.html [Stand 30.06.2015].

Statistisches Bundesamt (2015f)
Lebenserwartung in Deutschland, URL: https://www.destatis.de/DE/ZahlenFakten/Gesellschaft Staat/Bevoelkerung/Sterbefaelle/Tabellen/LebenserwartungDeutschland.html [Stand 17.09.2015].

Statistisches Bundesamt (2015g)
Wanderungen, URL: https://www.destatis.de/DE/ZahlenFakten/GesellschaftStaat/Bevoelkerung/Wanderungen/Tabellen/WanderungenAlle.html [Stand 25.08.2015].

Statistisches Bundesamt (o. J.)
Bevölkerung - Geborene und Gestorbene Deutschland, URL: https://www.destatis.de/DE/ZahlenFakten/Indikatoren/LangeReihen/Bevoelkerung/lrbev04.html [Stand 13.07.2015].

Steinke, I. (2013)
Gütekriterien qualitativer Forschung, in: Flick, U., Kardorff, E. v., Steinke, I. (Hrsg.), Qualitative Forschung, 6., durchges. und aktualisierte Aufl., Reinbek bei Hamburg, Rowohlt Taschenbuch-Verlag, S. 319-331.

Steinke, M., Badura, B. (2011)
Präsentismus. Ein Review zum Stand der Forschung, Dortmund, Bundesanstalt für Arbeitsschutz und Arbeitsmedizin.

Stewart, W. F., Lipton, R. B., Kolodner, K. B., Sawyer, J. (2000)
Validity of the Migraine Disability Assessment (MIDAS) score in comparison to a diary-based measure in a population sample of migraine sufferers, in: Pain 88, 1, S. 41-52.

Stewart, W. F., Lipton, R. B., Kolodner, K., Liberman, J., Sawyer, J. (1999)
Reliability of the migraine disability assessment score in a population-based sample of headache sufferers, in: Cephalalgia 19, 2, S. 107-14.

Stewart, W. F., Ricci, J. A., Chee, E., Hahn, S. R., Morganstein, D. (2003)
Cost of lost productive work time among US workers with depression, in: JAMA 289, 23, S. 3135-3144.

Stewart, W. F., Ricci, J., Leotta, C. R., Chee, E. (2001)
Self-report of Health-Related Lost Productive Time at Work. Bias and the Optimal Recall Period, in: Value in Health 4, 6, S. 421.

Stöber, R. (2008)
Kommunikations- und Medienwissenschaften. Eine Einführung, Orig-Ausg., München, Beck.

Streibelt, M., Buschmann-Steinhage, R. (2011)
Ein Anforderungsprofil zur Durchführung der medizinisch-beruflich orientierten Rehabilitation aus der Perspektive der gesetzlichen Rentenversicherung, in: Die Rehabilitation 50, 3, S. 160-167.

Sullivan, T., Frank, J. (Eds.) (2003)
Preventing and managing injury and disability at work, New York, London, Taylor & Francis.

Svartvik, J. (Eds.) (1992)
Trends in Linguistics – Directions in Corpus Linguistics, Berlin, Walter de Gruyter & Co.

Tang, K. (2015)
Estimating productivity costs in health economic evaluations: a review of instruments and psychometric evidence, in: PharmacoEconomics 33, 1, S. 31-48.

Tang, K., Beaton, D. E., Boonen, A., Gignac, Monique A M, Bombardier, C. (2011)
Measures of work disability and productivity: Rheumatoid Arthritis Specific Work Productivity Survey (WPS-RA), Workplace Activity Limitations Scale (WALS), Work Instability Scale for Rheumatoid Arthritis (RA-WIS), Work Limitations Questionnaire (WLQ), and Work Productivity and Activity Impairment Questionnaire (WPAI), in: Arthritis Care & Research 63 Suppl 11, S. S337-349.

Tempel, J., Ilmarinen, J. (2013)
Arbeitsleben 2025 – Das Haus der Arbeitsfähigkeit im Unternehmen bauen, Hamburg, VSA Verlag.

Terwee, C. B., Dekker, F. W., Wiersinga, W. M., Prummel, M. F., Bossuyt, P. M. M. (2003)
On assessing responsiveness of health-related quality of life instruments: Guidelines for instrument evaluation, in: Quality of Life Research 12, S. 349-362.

Theißen, U., Baumann, H. (2015)
Plan Gesundheit – vom Pilotprojekt in die Präventionsroutine, in: Weber, A. (Hrsg.), Return to Work - Arbeit für alle, Stuttgart, Gentner, S. 784-794.

Theodore, B. R., Mayer, T. G., Gatchel, R. J. (2015)
Cost-effectiveness of early versus delayed functional restoration for chronic disabling occupational musculoskeletal disorders, in: Journal of Occupational Rehabilitation 25, 2, S. 303-315.

Tordrup, D., Stephan, L., Attwill, A., Karunaratns, S., Bertollini, R. (o. J.)
Research agenda for health economic evaluation, Brüssel, WHO Europe.

Tuomi, K. (1997)
Eleven-year follow-up of ageing workers, in: Scandinavian Journal of Work, Environment & Health 23, 1, S. 1-7.

TÜV Rheinland (o. J.)
Die Geschichte des Arbeitsschutzes in Deutschland, URL: http://www.tuv.com/de/deutschland/aktuelles/40_jahre_arbeitsschutzgesetz/geschichte_des_arbeitsschutzes_in_deutschland/ diegeschichtedesarbeitsschutzesindeutschland.html [Stand 14.09.2015].

van Dalen, H. P., Henkens, K., Schippers, J. (2010)
How do employers cope with an ageing workforce?, in: Demographic Research 22, S. 1015-1036.

van Dick, R., Stegmann, S. (2013)
Belastung, Beanspruchung und Stress im Lehrerberuf – Theorien und Modelle, in: Rothland, M. (Hrsg.), Belastung und Beanspruchung im Lehrerberuf, 2., überarb. Aufl., Wiesbaden, Verlag für Sozialwissenschaften, S. 43-59.

van Roijen, L., Essink-Bot, M. L., Koopmanschap, M. A., Bonsel, G., Rutten, F. F. (1996)
Labor and health status in economic evaluation of health care. The Health and Labor Questionnaire, in: International Journal of Technology Assessment in Health Care 12, 3, S. 405-415.

Vandenberghe, V., Waltenberg, F., Rigo, M. (2013)
Ageing and employability. Evidence from Belgian firm-level data, in: Journal of Productivity Analysis 40, 1, S. 111-136.

Vermeulen, S. J., Heymans, M. W., Anema, J. R., Schellart, A. J. M. (2013)
Economic evaluation of a participatory return-to-work intervention for temporary agency and unemployed workers sick-listed due to musculoskeletal disorders, in: Scandinavian Journal of Work, Environment & Health 39, 1, S. 46-56.

Versicherungsvertragsgesetz (2015)
vom 23. November 2007 (BGBl. I S. 2631), zuletzt geändert durch Artikel 8 Absatz 21 des Gesetzes vom 17. Juli 2015 (BGBl. I S. 1245).

Vetter, C., Küsgens, I., Madaus, C. (2007)
Krankheitsbedingte Fehlzeiten in der deutschen Wirtschaft im Jahr 2005, in: Badura, B., Schellschmidt, H.,Vetter, C. (Hrsg.), Chronische Krankheiten. Betriebliche Strategien zur Gesundheitsförderung, Prävention und Wiedereingliederung, Heidelberg, Springer, S. 201-423.

Voelpel, S., Leibold, M., Früchtenicht, J.-D. (2007)
Herausforderung 50 plus. Konzepte zum Management der Aging Workforce : die Antwort auf das demographische Dilemma, Erlangen, Publicis KommunikationsAgentur GmbH.

Waddell, G., Burton, A. K. (2006)
Is work good for your health and well-being?, London, TSO.

WAI-Netzwerk (o. J.)
Arbeitsfähigkeit - ein Informationspapier, URL: http://www.age-management.net/data/wai_informationspapier.pdf [Stand 15.09.2015].

WAI-Netzwerk am Institut für Sicherheitstechnik Bergische Universität Wuppertal (2015)
WAI-Manual. Anwendung des Work-Ability Index, URL: http://www.arbeitsfaehigkeit.uni-wuppertal.de/picture/upload/file/WAI-Manual.pdf [Stand 15.09.2015].

Weber, A. (Hrsg.) (2015)
Return to Work – Arbeit für alle, Stuttgart, Gentner.

Weber, A., Peschkes, L., Boer, W. de (2015)
Return to Work – Ausgangslage, Definition und Ziele, in: Weber, A. (Hrsg.), Return to Work – Arbeit für alle, Stuttgart, Gentner, S. 23-34.

Weitzel, T., Eckhardt, A., Laumer, S., Stetten, A. von, Maier, C. & Weinert, C. (2014)
Recruiting Trends 2014. Eine empirische Untersuchung mit den Top-1.000- Unternehmen aus Deutschland sowie den Top-300-Unternehmen aus den Branchen Health Care, IT und Maschinenbau, URL: https://www.uni-bamberg.de/fileadmin/uni/fakultaeten/wiai_lehrstuehle/isdl/RecruitingTrends_2014.pdf [Stand 17.09.2015].

Weltgesundheitsorganisation (1986)
Ottawa-Charta zur Gesundheitsförderung, URL: http://www.euro.who.int/__data/assets/pdf_file/ 0006/129534/Ottawa_Charter_G.pdf [Stand 22.07.2015].

Werner, S. (2014)
Demografie: Arbeitsausfälle kosten Milliarden, URL: http://www.aerztezeitung.de/politik_gesellschaft/pflege/rehabilitation/article/864077/demografie-arbeitsausfaelle-kosten-milliarden.html [Stand 20.05.2015].

Westerlund, H., Kivimaki, M., Ferrie, J. E., Marmot, M. (2009)
Does working while ill trigger serious coronary events? The Whitehall II study, in: Journal of Occupational and Environmental Medicine 51, 9, S. 1099-1104.

Wienemann, E. (2002)
Betriebliches Gesundheitsmanagement, URL: http://www.uni-oldenburg.de/fileadmin/user_upload/bssb/bilder/Netzwerkbund/WA_BGesundheitsmanagementKonzept.pdf [Stand 20.07.2015].

Wolff, H., Spiess, C. K., Mohr, H. (2001)
Arbeit – Altern – Innovation, Wiesbaden, Universum-Verlagsanstalt.

World Health Organization (1986)
Ottawa Charter for Health Promotion, URL: http://www.euro.who.int/__data/assets/pdf_file/0004/129532/Ottawa_Charter.pdf?ua=1 [Stand 22.07.2015].

World Health Organization (2013)
Review of social determinants and the health divide in the WHO European Region: final report, URL: http://www.euro.who.int/__data/assets/pdf_file/0004/251878/Review-of-social-determinants-and-the-health-divide-in-the-WHO-European-Region-FINAL-REPORT.pdf [Stand 17.09.2015].

Zentralstelle für die Weiterbildung im Handwerk (2015)
AKKu: Arbeitsfähigkeit in kleinen Unternehmen erhalten, URL: http://www.arbeitsfähigkeit-erhalten.de [Stand 01.09.2015].

Zhang, W., Bansback, N., Boonen, A., Young, A. (2010a)
Validity of the work productivity and activity impairment questionnaire--general health version in patients with rheumatoid arthritis, in: Arthritis Research & Therapy 12, 5, S. R177.

Zhang, W., Bansback, N., Kopec, J., Anis, A. H. (2011)
Measuring time input loss among patients with rheumatoid arthritis: validity and reliability of the Valuation of Lost Productivity questionnaire, in: Journal of Occupational and Environmental Medicine 53, 5, S. 530-536.

Zhang, W., Gignac, M. A. M., Beaton, D., Tang, K., Anis, A. H. (2010b)
Productivity loss due to presenteeism among patients with arthritis: estimates from 4 instruments, in: The Journal of Rheumatology 37, 9, S. 1805-1814.

Anhang

Anhang 1: Suchalgorithmus

Anhang 1.1: Pubmed

#1 (Arbeitsplatz): 26.08.2014; N=986.816 [Title/Abstract]
(employer [Title/Abstract] or employers [Title/Abstract] or arbeit [Title/Abstract] or arbeitsplatz [Title/Abstract] or employee [Title/Abstract] or employment [Title/Abstract] or job [Title/Abstract] or labor [Title/Abstract] or labour [Title/Abstract] or work [Title/Abstract] or worker [Title/Abstract] or working [Title/Abstract] or workplace [Title/Abstract] or unternehmen [Title/Abstract] or company [Title/Abstract] or firm [Title/Abstract] or firma [Title/Abstract] or staff [Title/Abstract])

#2 (Instrument): 26.08.2014; N=4.471.595 [Title/Abstract]
(index [Title/Abstract] or indices [Title/Abstract] or indexes [Title/Abstract] or instrument [Title/Abstract] or instruments [Title/Abstract] or questionnaire [Title/Abstract] or questionnaires [Title/Abstract] or scale [Title/Abstract] or scales [Title/Abstract] or survey [Title/Abstract] or surveys [Title/Abstract] or tool [Title/Abstract] or tools [Title/Abstract] or fragebogen [Title/Abstract] or skala [Title/Abstract] or umfrage [Title/Abstract] or measure [Title/Abstract] or measurement [Title/Abstract] or evaluation [Title/Abstract] or beurteilen [Title/Abstract] or beurteilung [Title/Abstract] or valuate [Title/Abstract] or valuation [Title/Abstract] or evaluate [Title/Abstract] or method [Title/Abstract] or messen [Title/Abstract] or evaluieren [Title/Abstract] or methode[Title/Abstract])

#3 (Arbeits(un)fähigkeit/Präsentismus/usw.): 26.08.2015; N=30.846 [Title]
(presenteeism [title] or sick at work [title] or sickness at work [title] or sickness presence [title] or ill at work [title] or illness at work [title] or präsentismus [title] or "absenteeism"[title] or "sick leave" [title] or "sickness absence" [title] or "Absentismus" [title] or productivity [title] or work impairment [title] or work loss [title] or work outcome [title] or produktivität [title] or produktivitätsverlust [title] or "ability to work" [title] or "able to work" [title] or "capable of work" [title] or "capacity for work" [title] or "capacity to work" [title] or "earning capacity" [title] or "employability" [title] or "employable" [title] or "workableness" [title] or "working ability" [title] or "working capacity" [title] or "working power" [title] or "work disability" [title] or fit for work [title]or fitness for work [title] or arbeitsfähig [title] or beschäftigungsfähig [title] or dienstfähig [title] or einsatzfähig[title] or erwerbsfähig [title] or leistungsfähig [title] or arbeitsfähigkeit [title] or beschäftigungsfähigkeit [title] or dienstfähigkeit [title] or einsatzfähigkeit [title] or erwerbsfähigkeit [title] or leistungsfähigkeit [title] or disability [title] or incapacity for work [title] or work instability [title] or job retention [title] or arbeitsplatzerhaltung [title] Or arbeitsunfähig [title] or arbeitsunfähigkeit [title] or erwerbsminderung [title])

#4 (#1 AND #2 AND #3): 26.08.2015; N=3.948
((employer [Title/Abstract] or employers [Title/Abstract] or arbeit [Title/Abstract] or arbeitsplatz [Title/Abstract] or employee [Title/Abstract] or employment [Title/Abstract] or job [Title/Abstract] or labor [Title/Abstract] or labour [Title/Abstract] or work [Title/Abstract] or worker [Title/Abstract] or working [Title/Abstract] or workplace [Title/Abstract] or unternehmen [Title/Abstract] or company [Title/Abstract] or firm [Title/Abstract] or firma [Title/Abstract] or staff [Title/Abstract]) and (presenteeism [title] or sick at work [title] or sickness at work [title] or sickness presence [title] or ill at work [title] or

illness at work [title] or präsentismus [title] or "absenteeism"[title] or "sick leave" [title] or "sickness absence" [title] or "Absentismus" [title] or productivity [title] or work impairment [title] or work loss [title] or work outcome [title] or produktivität [title] or produktivitätsverlust [title] or "ability to work" [title] or "able to work" [title] or "capable of work" [title] or "capacity for work" [title] or "capacity to work" [title] or "earning capacity" [title] or "employability" [title] or "employable" [title] or "workableness" [title] or "working ability" [title] or "working capacity" [title] or "working power" [title] or "work disability" [title] or fit for work [title]or fitness for work [title] or arbeitsfähig [title] or beschäftigungsfähig [title] or dienstfähig [title] or einsatzfähig[title] or erwerbsfähig [title] or leistungsfähig [title] or arbeitsfähigkeit [title] or beschäftigungsfähigkeit [title] or dienstfähigkeit [title] or einsatzfähigkeit [title] or erwerbsfähigkeit [title] or leistungsfähigkeit [title] or disability [title] or incapacity for work [title] or work instability [title] or job retention [title] or arbeitsplatzerhaltung [title] Or arbeitsunfähig [title] or arbeitsunfähigkeit [title] or erwerbsminderung [title]) and (index [Title/Abstract] or indices [Title/Abstract] or indexes [Title/Abstract] or instrument [Title/Abstract] or instruments [Title/Abstract] or questionnaire [Title/Abstract] or questionnaires [Title/Abstract] or scale [Title/Abstract] or scales [Title/Abstract] or survey [Title/Abstract] or surveys [Title/Abstract] or tool [Title/Abstract] or tools [Title/Abstract] or fragebogen [Title/Abstract] or skala [Title/Abstract] or umfrage [Title/Abstract] or measure [Title/Abstract] or measurement [Title/Abstract] or evaluation [Title/Abstract] or beurteilen [Title/Abstract] or beurteilung [Title/Abstract] or valuate [Title/Abstract] or valuation [Title/Abstract] or evaluate [Title/Abstract] or method [Title/Abstract] or messen [Title/Abstract] or evaluieren [Title/Abstract] or methode[Title/Abstract]))

Anhang 1.2: ScienceDirect

#1 (Arbeitsplatz): 26.08.2014; N=742.684 [Title/Abstract/Keywords]
title-abstr-key(employer or employers or arbeit or arbeitsplatz or employee or employment or job or labor or labour or work or worker or working or workplace or unternehmen or company or firm or firma or staff)

#2 (Instrument): 26.08.2014; N=3.476.380 [Title/Abstract/Keywords]
title-abstr-key (index or indices or indexes or instrument or instruments or questionnaire or questionnaires or scale or scales or survey or surveys or tool or tools or fragebogen or skala or umfrage or measure or measurement or evaluation or beurteilen or beurteilung or valuate or valuation or evaluate or method or messen or evaluieren or methode)

#3 (Arbeits(un)fähigkeit/Präsentismus/usw.): 26.08.2015; N=850 [Title]
(presenteeism or sick at work or sickness at work or sickness presence or ill at work or illness at work or absenteeism or sick leave or sickness absence or productivity or work impairment or work loss or work outcome or ability to work or able to work or capable of work or capacity for work or capacity to work or earning capacity or employability or employable or workableness or working ability or working capacity or working power or work disability or fit for work or fitness for work or disability or incapacity for work or work instability or job retention)

#4 (#1 AND #2 AND #3): 26.08.2015; N=112
(title-abstr-key(employer or employers or arbeit or arbeitsplatz or employee or employment or job or labor or labour or work or worker or working or workplace or unternehmen or company or firm or firma or staff)) AND (title-abstr-key (index or indices or indexes or

instrument or instruments or questionnaire or questionnaires or scale or scales or survey or surveys or tool or tools or fragebogen or skala or umfrage or measure or measurement or evaluation or beurteilen or beurteilung or valuate or valuation or evaluate or method or messen or evaluieren or methode)) AND ((presenteeism or sick at work or sickness at work or sickness presence or ill at work or illness at work or absenteeism or sick leave or sickness absence or productivity or work impairment or work loss or work outcome or ability to work or able to work or capable of work or capacity for work or capacity to work or earning capacity or employability or employable or workableness or working ability or working capacity or working power or work disability or fit for work or fitness for work or disability or incapacity for work or work instability or job retention))

Anhang 1.3: Cochrane

#1 (Arbeitsplatz): 26.08.2014; N=39.845 [Title/Abstract/Keywords]
(employer or employers or arbeit or arbeitsplatz or employee or employment or job or labor or labour or work or worker or working or workplace or unternehmen or company or firm or firma or staff) :ti,ab,kw

#2 (Instrument): 26.08.2014; N=484.699 [Title/Abstract/Keywords]
(index or indices or indexes or instrument or instruments or questionnaire or questionnaires or scale or scales or survey or surveys or tool or tools or fragebogen or skala or umfrage or measure or measurement or evaluation or beurteilen or beurteilung or valuate or valuation or evaluate or method or messen or evaluieren or methode):ti,ab,kw

#3 (Arbeits(un)fähigkeit/Präsentismus/usw.): 26.08.2015; N=2.142 [Title]
(presenteeism or sick at work or sickness at work or sickness presence or ill at work or illness at work or präsentismus or "absenteeism" or "sick leave" or "sickness absence" or "Absentismus" or productivity or work impairment or work loss or work outcome or produktivität or produktivitätsverlust or "ability to work" or "able to work" or "capable of work" or "capacity for work" or "capacity to work" or "earning capacity" or "employability" or "employable" or "workableness" or "working ability" or "working capacity" or "working power" or "work disability" or fit for work or fitness for work or arbeitsfähig or beschäftigungsfähig or dienstfähig or einsatzfähig or erwerbsfähig or leistungsfähig or arbeitsfähigkeit or beschäftigungsfähigkeit or dienstfähigkeit or einsatzfähigkeit or erwerbsfähigkeit or leistungsfähigkeit or disability or incapacity for work or work instability or job retention or arbeitsplatzerhaltung or arbeitsunfähig or arbeitsunfähigkeit or erwerbsminderung):ti

#4 (#1 AND #2 AND #3): 26.08.2015; N=605

Anhang 2: Interviewleitfaden

Anhang 2.1: Version Teilnehmer

Teil 1: Instrumente zur Messung von Arbeits- bzw. Erwerbsfähigkeit/Präsentismus sowie verwandten Konstrukten

- Welche Instrumente zur Messung von Arbeitsfähigkeit/Präsentismus/Absentismus sind Ihnen bekannt? Welche Instrumente verwenden Sie?
- Wie schätzen Sie die Eignung der Instrumente zur Messung bzw. zur Abbildung des Erfolgs von Frühinterventionsmaßnahmen ein?
- Was ist Ihnen bei den Instrumenten wichtig? Welche Eigenschaften müssen die Instrumente aufweisen, damit sie sich eignen, um den Erfolg von Frühinterventionsmaßnahmen abbilden zu können? Wie müsste ein optimales Messinstrument Ihrer Ansicht nach ausgestaltet sein?
- Welche Instrumente würden Sie empfehlen? Und warum?

Teil 2: Early Intervention Pilot bzw. Erfahrungen im Zusammenhang mit Interventionen zum Erhalt bzw. zur Wiederherstellung der Arbeits-/Erwerbsfähigkeit im Allgemeinen

Allgemein (Ziel(e) und Hintergrund der Maßnahme)

Ausgestaltung des Piloten (Strukturelemente/(Anzahl) Player/Setting/zeitlicher Rahmen):
- Ausgestaltung der Maßnahmen (Bestandteile der Intervention, Dauer der Maßnahmen, usw.)
- Qualitätssicherung (im Bereich der Leistungen)
- Datenerhebung
- Evaluation (Messparameter, Abbildung des Erfolgs der Maßnahmen, usw.)

Persönliche Erfahrungen, Schwierigkeiten, Erfolgsfaktoren und Empfehlungen im Zusammenhang mit Ihrem Piloten bzw. allgemein im Zusammenhang mit dem Erhalt bzw. der Wiederherstellung der Arbeits-/Erwerbsfähigkeit

Anhang 2.2: Langversion

Teil 1: Instrumente zur Messung von Arbeits- bzw. Erwerbsfähigkeit/Präsentismus sowie verwandten Konstrukten

- Welche Instrumente zur Messung von Arbeitsfähigkeit/Präsentismus/Absentismus sind Ihnen bekannt? Welche Instrumente verwenden Sie?
  - Evtl. gestützte Bekanntheit abfragen (vgl. Ergebnisse Literaturrecherche)
    - WPAI (Work Productivity and Activity Impairment Questionnaire)
    - WLQ (Work Limitations Questionnaire)
    - SPS (Stanford Presenteeism Scale)

    - HPQ (Health and Work Performance Questionnaire)
    - HLQ (Health and Labour Questionnaire)
    - WAI (Work Ability Index)
    - MIDAS (Migraine Disability Assessment Questionnaire)
    - Würzburger Screening
    - SIMBO (Screening-Instrument zur Erkennung eines MBO-Rehabilitationsbedarfs bei chronischen Erkrankungen)
        - MBO=**m**edizinisch **b**eruf**s**o**r**ientierte
    - SIBAR (Screening-Instrument für Beruf und Arbeit in der Rehabilitation)
- Wie schätzen Sie die Eignung der Instrumente zur Messung bzw. zur Abbildung des Erfolgs von Frühinterventionsmaßnahmen ein/Eignung zur Messung von (Verlaufs-) Effekten bei Interventionen
- Was ist Ihnen bei den Instrumenten wichtig? Welche Eigenschaften müssen die Instrumente aufweisen, damit sie sich eignen, um den Erfolg von Frühinterventionsmaßnahmen abbilden zu können? Wie müsste ein optimales Messinstrument Ihrer Ansicht nach ausgestaltet sein?
    - Praktikabilität, wissenschaftliche Evidenz, Anwendungsbereiche, Umrechenbarkeit der Effekte in Geldeinheiten
    - Was müssen die Instrumente messen?
- Welche Instrumente würden Sie empfehlen? Und warum?

Teil 2: Early Intervention Pilot bzw. Erfahrungen im Zusammenhang mit Interventionen zum Erhalt bzw. zur Wiederherstellung der Arbeits-/Erwerbsfähigkeit im Allgemeinen

Allgemein (Ziel(e) und Hintergrund der Maßnahme)

- Ziel (allgemein und hinsichtlich Arbeitsfähigkeit)
- Hintergrund der Maßnahme (warum wurde diese ins Leben gerufen?)
- (Genereller) Ablauf
- Beteiligte und Verantwortlichkeiten
- Seit wann gibt es das Programm/Laufzeit?
- Finanzierung

Ausgestaltung des Piloten (Strukturelemente/(Anzahl) Player/Setting/zeitlicher Rahmen):

- Ausgestaltung der Maßnahmen (Bestandteile der Intervention, Dauer der Maßnahmen, usw.)
    - Inhalte/Bestandteile der Intervention (Untersuchung, Information, konkrete Maßnahmen (z. B. Arztbesuche, Fitnessstudio, best. Präventionsprogramme, usw.)
    - Bedarfsorientierung (Betrieb; individuelle Therapieziele der Betroffenen)
    - Maßnahmen individuell zugeschnitten? Modulares Angebot?
    - Dauer der Maßnahmen

- Auswahl und Ansprache der Teilnehmer
  - Zugang (Hausarzt, Betriebsarzt)
  - Zielgruppe? Aufnahmekriterien? Incentivierung?
- Qualitätssicherung (im Bereich der Leistungen)
- Datenerhebung
  - Welche Daten werden erhoben?
  - Soziodemographische Daten (Alter, Geschlecht, Einkommen, Bildung), Medikation?
  - organisationsbezogene Daten?
- Evaluation (Messparameter, Abbildung des Erfolgs der Maßnahmen, usw.)/Messung Outcome
  - primäre und sekundäre Outcome-Parameter? Messung Erfolg: AU-Tage?
  - welche Instrumente kommen zum Einsatz? Wann und wie oft? (kurz-, mittel- und langfristig)

Persönliche Erfahrungen, Schwierigkeiten, Erfolgsfaktoren und Empfehlungen im Zusammenhang mit Ihrem Piloten bzw. allgemein im Zusammenhang mit dem Erhalt bzw. der Wiederherstellung der Arbeits-/Erwerbsfähigkeit

- Persönliche Erfahrungen (Effektiv ja/nein, was funktioniert gut/was weniger gut, Akzeptanz der Betroffenen, usw.)
  - Verbesserungen erkennbar (wie schnell in welchem Ausmaß)
- Schwierigkeiten bei der Implementierung/Hürden (z. B. Mangelnde Unterstützung auf Seiten der Managementebene, Einbindung der wichtigsten Player/Entscheidungs-/Kostenträger, usw.)?
- Erfolgsfaktoren (z. B. Integrität und Commitment der beteiligten Akteure, Vernetzung, wissenschaftliche Begleitung, usw.)?
- Verbesserungspotenziale/Lessons Learned (engere Verzahnung, Einbindung der Betroffenen, Informationsfluss, usw.)
- Empfehlungen für Politik/Arbeitgeber/Ärzte/andere Stakeholder?

Gesamteinschätzung/Resümee

- Beitrag des Piloten im Rahmen der Frühintervention zum Erhalt bzw. Wiederherstellung der Arbeitsfähigkeit

Schriften zur Gesundheitsökonomie

HERZ

Health Economics Research Zentrum
Buchweizenfeld 27
31303 Burgdorf
Fax: +49(0)5136/976187
email: herz@schoeffski.de

Bisher erschienen:

Band 1 *Steininger-Niederleitner, M., Sohn, S., Schöffski, O. (2003)*
Managed Care in der Schweiz und Übertragungsmöglichkeiten nach Deutschland
ISBN 3-936863-00-8, 172 S., 18 Abb., Geb. EUR 19,90

Band 2 *Esslinger, A. S. (2003)*
Qualitätsorientierte strategische Planung und Steuerung in einem sozialen Dienstleistungsunternehmen mit Hilfe der Balanced Scorecard
ISBN 3-936863-01-6, 276 S., 36 Abb., 50 Tab., Geb. EUR 29,90

Band 3 *Lindenthal, J., Sohn, S., Schöffski, O. (2004)*
Praxisnetze der nächsten Generation: Ziele, Mittelverteilung und Steuerungsmechanismen
ISBN 3-936863-02-4, 216 S., 16 Abb., 19 Tab., Geb. EUR 24,90

Band 4 *Steinbach, H., Sohn, S., Schöffski, O. (2004)*
Möglichkeiten der Kalkulation von sektorenübergreifenden Kopfpauschalen (Capitation)
ISBN 3-936863-03-2, 312 S., 22 Abb., 28 Tab., Geb. EUR 29,90

Band 5 *Glock, G., Sohn, S., Schöffski, O. (2004)*
IT-Unterstützung für den medizinischen Prozess in der integrierten Versorgung
ISBN 3-936863-04-0, 208 S., 22 Abb., Geb. EUR 24,90

Band 6 *Hagn, D., Schöffski, O. (2005)*
Orphan Drugs. A Challenge for the Pharmaceutical Industry in Europe
ISBN 3-936863-05-9, 160 S., 37 Abb., 20 Tab., Geb. EUR 19,90

Band 7 *Pelleter, J., Sohn, S., Schöffski, O. (2004)*
Medizinische Versorgungszentren. Grundlagen, Chancen und Risiken einer neuen Versorgungsform
ISBN 3-936863-06-7, 196 S., 18 Abb., Geb. EUR 24,90

Band 8 *Sohn, S. (2006)*
Integration und Effizienz im Gesundheitswesen. Instrumente und ihre Evidenz für die integrierte Versorgung
ISBN 3-936863-07-5, 288 S., 26 Abb., 28 Tab., Geb. EUR 29,90

Band 9 *Hämmerle, P., Estelmann, A., Schwandt, M., Schöffski, O. (2006)*
Moderne Verfahren der Qualitätsberichterstattung im Krankenhaus
ISBN 3-936863-08-3, 140 S., 33 Abb., Geb. EUR 19,90

Band 10 *Marschall, D. (2007)*
Positionierung einer erfolgreichen Arzneimittelmarke
ISBN 978-3-936863-09-3, 244 S., 54 Abb., 24 Tab., Geb. EUR 24,90

Band 11 *Haarländer, S., Bühner, A., Schwandt, M., Schöffski, O. (2007)*
Public Private Partnership (PPP) im Krankenhausbereich
ISBN 978-3-936863-10-9, 192 S., 32 Abb., 3 Tab., Geb. EUR 24,90

Band 12 *Schmitt-Rüth, S., Esslinger, A. S., Schöffski, O. (2007)*
Der Markt für Medizintechnik – Analyse der Entwicklungen im Wandel der Zeit
ISBN 978-3-936863-11-6, 172 S., 20 Abb., 6 Tab., Geb. EUR 19,90

Band 13 *Sauer, F. (2007)*
Erfolgsfaktoren für das marktorientierte Management patentgeschützter Arzneimittel
ISBN 978-3-936863-12-3, 388 S., 54 Abb., 29 Tab., Geb. EUR 34,90

Band 14 *Emmert, M. (2008)*
Pay for Performance (P4P) im Gesundheitswesen – Ein Ansatz zur Verbesserung der Gesundheitsversorgung?
ISBN 978-3-936863-12-3, 460 S., 41 Abb., 77 Tab., Geb. EUR 39,90

Band 15 *Patzak, M. (2009)*
Alternative Finanzierungsinstrumente für Krankenhäuser
ISBN 978-3-936863-14-7, 320 S., 340 Abb., 28 Tab., Geb. EUR 39,90

Band 16 *Heil, A., Schwandt, M., Schöffski, O. (2009)*
Darstellung ärztlicher Weiterbildungskosten im Krankenhaus
ISBN 978-3-936863-15-4, 156 S., 9 Abb., 8 Tab., Geb. EUR 24,90

Band 17 *Held, S., Bolte, C., Bierbaum, M., Schöffski, O. (2009)*
Impact of Big Pharma organizational structure on R&D productivity
ISBN 978-3-936863-16-1, 160 S., 22 Abb., 29 Tab., Geb. EUR 24,90

Band 18 *Lauerer, M., Emmert, M., Schöffski, O. (2011)*
Die Qualität des deutschen Gesundheitswesens im internationalen Vergleich
ISBN 978-3-936863-17-8, 204 S., 14 Abb., 27 Tab., Geb. EUR 24,90

Band 19 *Scheppach, M., Emmert, M., Schöffski, O. (2011)*
Pay for Performance (P4P) im Gesundheitswesen: Leitfaden für eine erfolgreiche Einführung
ISBN 978-3-936863-18-5, 184 S., 23 Abb., 18 Tab., Geb. EUR 24,90

Band 20 *Pelleter, J. (2012)*
Organisatorische und institutionelle Herausforderungen bei der Implementierung von Integrierten Versorgungskonzepten am Beispiel der Telemedizin
ISBN 978-3-936863-19-2, 675 S., 67 Abb., 10 Tab., Geb. EUR 49,90

Band 21 *Kloep, M. (2012)*
Managed Equipment Services as a Conceptual Business Opportunity Model for the GCC with Focus on UAE - An Institutional and Economic Analysis.
ISBN 978-3-936863-20-8, 212 S., 17 Abb., 22 Tab., Geb. EUR 24,90

Band 22 *Wolf Sussman, J. (2013)*
Key Considerations for Successful Biotechnological and Pharmaceutical Product Launches
ISBN 978-3-936863-21-5, 268 S., 47 Abb., 26 Tab., Geb. EUR 29,90

Band 23 *Bierbaum, M. (2013)*
Budget Impact Analysen für pharmazeutische Innovationen in Deutschland
ISBN 978-3-936863-22-2, 288 S., 30 Abb., 32 Tab., Geb. EUR 29,90

Band 24 *Eisenreich, S. (2014)*
Identifikation von Erfolgsfaktoren und Ableitung von Handlungsempfehlungen für die Implementierung eines Qualitätsmanagementsystems in der Apotheke
ISBN 978-3-936863-23-9, 364 S., 67 Abb., 48 Tab., Geb. EUR 34,90

Band 25 *Amler, N. (2016)*
Produktivität, Präsentismus und Arbeitsfähigkeit – Konzepte und Instrumente
ISBN 978-3-936863-24-6, 464 S., 44 Abb., 27 Tab., Geb. EUR 39,90